SIEMENS-HANDBÜCHER

Herausgegeben von der Siemens & Halske A.-G.
und der Siemens-Schuckertwerke A.-G.

XV. Band:
Elektrische Bahnen

WALTER DE GRUYTER & CO.
BERLIN UND LEIPZIG
1929

ELEKTRISCHE BAHNEN

Bearbeitet
von
Regierungsbaumeister a. D. O. Höring
Prokurist der Siemens-Schuckertwerke A.-G.

Mit 502 Abbildungen, 9 Zahlentafeln, einer Karte
und 8 Tiefdruckbeilagen

WALTER DE GRUYTER & CO.
BERLIN UND LEIPZIG
1929

vormals G. J. Göschen'sche Verlagshandlung — J. Guttentag, Verlagsbuchhandlung — Georg Reimer — Karl J. Trübner — Veit & Comp.
Berlin W 10, Genthiner Straße 38.

Vorwort

Bei Erscheinen des Buches sind 50 Jahre vergangen, seit Werner Siemens die erste elektrische Bahn auf der Gewerbe- und Industrieausstellung in Berlin vorgeführt hat. Die in den Text eingestreuten Kunstbeilagen zeigen einige historisch bemerkenswerte und für die Entwicklung der elektrischen Bahnen bedeutsame Ausführungen der Siemenswerke, die innerhalb dieser 50 Jahre entstanden sind.

Das Buch gibt einen Überblick über das Arbeitsfeld der Siemenswerke auf dem Gebiet der elektrischen Bahnen. Es soll dem mit Entwurf und Ausführung elektrischer Bahnanlagen betrauten Ingenieur die Möglichkeit geben, auch Fragen, die nicht in sein eigenes Sonderfach fallen, sachgemäß zu behandeln.

Bei der Fülle des Stoffes war es nicht möglich, alle Einzelheiten erschöpfend zu bearbeiten. Es mußte zum Teil auf andere fachwissenschaftliche Arbeiten der Siemenswerke und auf andere Autoren verwiesen werden.

Das Buch entstand unter Mitwirkung folgender Herren:

Oberingenieur Heinze
Oberingenieur v. Kalnassy
Oberingenieur Charles Werner
Oberingenieur Passauer
Oberingenieur Rink
Oberingenieur Grimm
Reg.-Baumeister Busse
Oberingenieur Kuntze
Oberingenieur Amon
Oberingenieur Jatho
Ingenieur Groeger
Dipl.-Ingenieur Dette
Dipl.-Ingenieur Selmer.

Der Abschnitt über „Seilschwebebahnen" stammt von den Österreichischen Siemens-Schuckert-Werken in Wien. Die Bearbeitung des Abschnitts über „Betriebsführung" hat freundlicherweise Herr Oberbaurat Zehnder übernommen. Die Abschnitte über Fernmelde-Einrichtungen und Kabelkorrosionen stammen von dem Wernerwerk der Siemens & Halske A.-G., der Abschnitt „Elektrokarren im Bahnbetrieb" von der zuständigen Abteilung (EFV) der SSW. — Ihnen allen sei an dieser Stelle für ihre Mitarbeit gedankt.

Inhaltsübersicht

Alphabetisches Stichwortverzeichnis

Druckfehler-Berichtigung.

Es haben sich beim Druck leider einige Druckfehler eingeschlichen, die nicht mehr richtiggestellt werden konnten.

Es muß heißen:

S. 133, 12. Zeile von unten: Bild 101 statt Bild 98
„ 142, 11. „ „ oben: $\overline{B + B}$ statt B + B
„ 185, 8. „ „ unten Wechmann statt Naderer
„ 219, 6. „ „ oben: 14500 zu 6620 kW statt 6520 kW
„ 233, dreimal Motorgeneratoren statt Motorengeneratoren
„ 308, 6. Zeile von unten: dreiseitiger Schutz statt dreisitziger
„ 385, 3. „ „ „ : sechszylindriger Viertaktmotor statt sechspoliger
„ 415, 2. „ „ oben: Bild 441 statt 440
„ 435, 20. „ „ unten: einschienig statt eingleisig
12. „ „ „ zweischienig statt zweigleisig
„ 443, 8. „ „ oben: zwei und mehr Wagen statt drei und mehr
nach S. 458 ist statt S. 495 = S. 459 zu setzen.

Erste elektrische Eisenbahn der Welt, Berliner Gewerbeausstellung 1879

Elektrische Bahnen

I. Ausdehnung des elektrischen Bahnbetriebes

Im Jahre 1879 führte Werner von Siemens auf der Berliner Gewerbe-Ausstellung der Öffentlichkeit die erste elektrisch betriebene Bahn vor, die in mehrmonatigem Betrieb den Nachweis ihrer praktischen Brauchbarkeit erbrachte. Es war dies eine 300 m lange Rundbahn, auf der eine kleine zweiachsige Lokomotive von 3 PS drei Personenwagen mit zusammen 18 Fahrgästen mit mäßiger Geschwindigkeit beförderte.

Aus diesem bescheidenen Anfang hat sich das elektrische Bahnwesen entwickelt, das in der kurzen Spanne von 50 Jahren über die ganze Erde sich verbreitet hat. Heute werden mit verschwindend geringen Ausnahmen sämtliche Straßenbahnen der Welt elektrisch betrieben. Bestehende Pferdebahnen mußten zum elektrischen Betrieb übergehen, neue elektrische Bahnen entstanden allerorts. Keine der sonst noch bekannten Antriebsarten konnte sich im Straßenbahnwesen auf die Dauer gegenüber dem Elektromotor halten.

Die Einführung des elektrischen Betriebes auf den Vollbahnen ist in allen Ländern der Erde noch in der Entwicklung begriffen, von Jahr zu Jahr nimmt das elektrisch betriebene Bahnnetz an Umfang zu. Im Jahre 1927 waren in elektrischem Betrieb:*)

Zahlentafel I.

Fernbahnen mit elektrischem Betrieb.

Europa					
Deutschland	1 191 km	=	2,2 %	des	Gesamtnetzes
Österreich	650 „	=	9,3 %	„	„
Schweiz	1 767 „	=	30,8 %	„	„
Schweden	1 153 „	=	7,3 %	„	„
Norwegen	205 „	=	5,9 %	„	„
Italien	2 070 „	=	10,0 %	„	„
Frankreich	1 031 „	=	1,9 %	„	„
England	91 „	=	— %	„	„
Niederlande	130 „	=	— %	„	„
Spanien	227 „	=	1,5 %	„	„
Ungarn	143 „	=	— %	„	„
Estland	12 „	=	— %	„	„
zusammen:	8 670 km Strecke				

*) Die seitdem erfolgten Erweiterungen der elektrischen Bahnnetze sind hier noch nicht berücksichtigt.

Außereuropäische Länder

Vereinigte Staaten Amerika	3 301	km	=	0,8 %	des	Gesamtnetzes
Canada	303	„	=	0,5 %	„	„
Mexiko	48	„	=	0,2 %	„	„
Cuba	52	„	=	— %	„	„
Brasilien	310	„	=	1,0 %	„	„
Chile	255	„	=	— %	„	„
Südafrika	275	„	=	1,5 %	„	„
Japan	211	„	=	1,0 %	„	„
Java	52	„	=	— %	„	„
Australien und Neuseeland .	246	„	=	— %	„	„
zusammen:	5 053	km Strecke				
Insgesamt:	13 723	km Strecke				

Von den Gleichstrombahnen sind hier nur diejenigen mit einer Betriebspannung von 1500 V und darüber berücksichtigt (Bild 1).

II. Unter welchen Umständen ist der elektrische Betrieb angebracht?

Im Straßenbahnwesen bot der elektrische Betrieb gegenüber den früher üblichen Pferdebahnen, Dampfstraßenbahnen und Kabelbahnen dem reisenden Publikum die Annehmlichkeiten einer rascheren Beförderung in bequemeren und besser ausgestatteten und beleuchteten Wagen. Für die Straßenbahn-Verwaltungen bot die bessere Anpassungsfähigkeit des elektrischen Betriebes an die Bedürfnisse des Verkehrs, seine größere Leistungsfähigkeit und nicht zum wenigsten die geringeren Betriebskosten bei gesteigerten Einnahmen einen Anreiz, die Umwandlung auf elektrischen Betrieb zu beschleunigen und außerdem neue elektrische Bahnlinien anzulegen.

Für die Fernbahnen lagen die Verhältnisse nicht so günstig. Daß der elektrische Betrieb sich anfangs nur sehr langsam und zögernd auf Fernbahnen einführen konnte, wird durch Schwierigkeiten technischer und wirtschaftlicher Art begründet. Auch strategische Bedenken wurden geltend gemacht. Zunächst sind die Betriebsverhältnisse auf Vollbahnen wesentlich schwieriger. Während im Straßenbahnbetrieb nur einzelne leichte Wagen mit mäßiger Geschwindigkeit in kurzen Zeitabständen fortzubewegen sind, handelt es sich im Vollbahnbetrieb darum, geschlossene schwere Züge mit großer Fahrgeschwindigkeit über weite Strecken zu befördern. Der im Straßenbahnbetrieb bewährte Gleichstrom mit mäßiger Spannung war für Vollbahnen nicht geeignet, da die Übertragung der erforder-

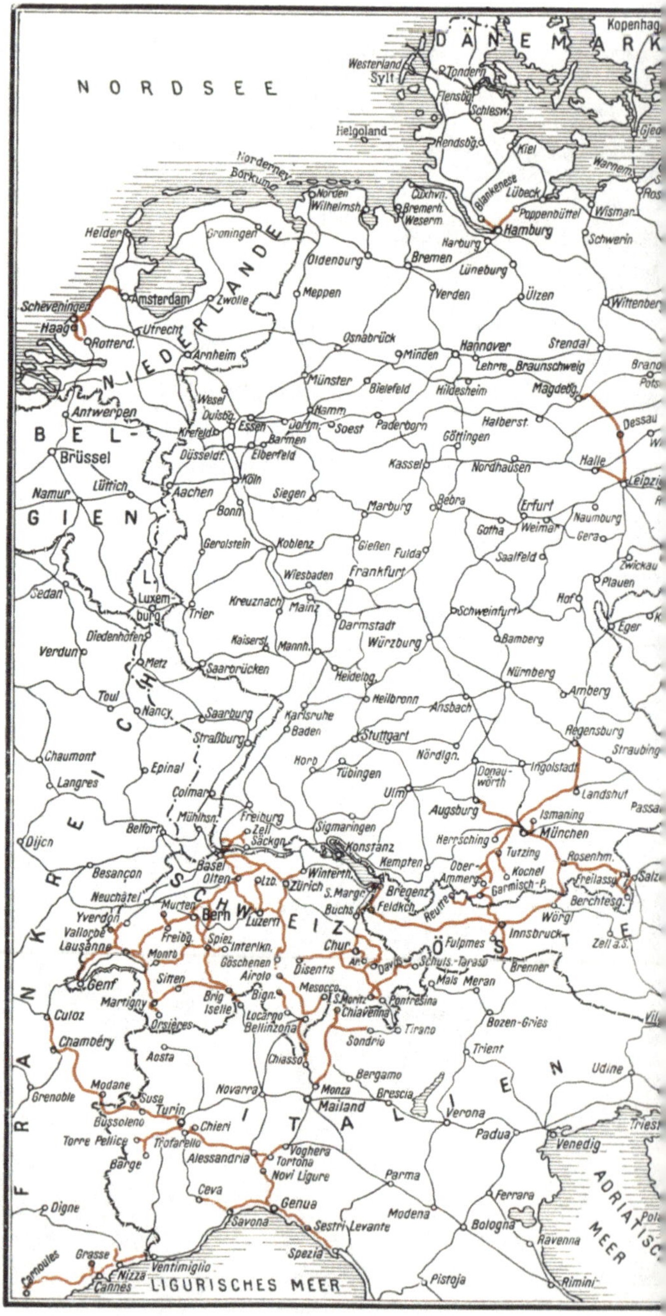
NORDSEE
DÄNEMARK
Kopenhag
Westerland
Sylt
Tondern
Flensbg.
Schlesw.
Helgoland
Rendsbg.
Kiel
Warnem.
Norderney
Borkum
Norden
Wilhelmsh.
Cuxhvn.
Bremerh.
Weserm.
Blankenese
Lübeck
Poppenbüttel
Wismar
Helder
Groningen
NIEDERLANDE
Harburg
Hamburg
Schwerin
Oldenburg
Bremen
Lüneburg
Amsterdam
Zwolle
Meppen
Verden
Ülzen
Scheveningen
Haag
Rotterd.
Utrecht
Arnheim
Osnabrück
Minden
Hannover
Stendal
Wittenberg
Lehrte
Braunschweig
Münster
Bielefeld
Hildesheim
Magdebg.
Antwerpen
Wesel
Duisbg.
Hamm
Essen
Dortm.
Soest
Paderborn
Halberst.
Dessau
BELGIEN
Krefeld
Barmen
Elberfeld
Göttingen
Brüssel
Düsseldf.
Kassel
Nordhausen
Halle
Namur
Lüttich
Aachen
Köln
Siegen
Bonn
Marburg
Bebra
Erfurt
Naumburg
Gotha
Weimar
Gera
Gerolstein
Koblenz
Gießen
Fulda
Saalfeld
Zwickau
Wiesbaden
Frankfurt
Plauen
Sedan
Luxemburg
Trier
Kreuznach
Mainz
Schweinfurt
Hof
Diedenhofen
Darmstadt
Eger
Kaisersl.
Mannh.
Würzburg
Bamberg
Verdun
Metz
Saarbrücken
Heidelbg.
Nürnberg
Amberg
Heilbronn
Ansbach
Toul
Nancy
Saarburg
Karlsruhe
Baden
Regensburg
Straßburg
Stuttgart
Straubing
Chaumont
Horb
Nördlgn.
Donauwörth
Ingolstadt
Epinal
Tübingen
Langres
Colmar
Ulm
Landshut
Augsburg
Passau
Mühlhsn.
Freiburg
Ismaning
Dijon
Belfort
Zell
Säckgn.
Sigmaringen
Herrsching
München
Konstanz
Tutzing
Besançon
Basel
Kempten
Rosenhm.
Olten
Lzb.
Winterth.
Ober-Ammerg.
Kochel
Freilassg.
Salzburg
Zürich
Bregenz
Garmisch-P.
Neuchâtel
Murten
S. Marg.
Feldkch.
Reutte
Berchtesg.
Yverdon
Bern
Luzern
SCHWEIZ
Buchs
Wörgl
Vallorbe
Lausanne
Freibg.
Spiez
Interlkn.
Chur
Fulpmes
Innsbruck
ÖSTERREICH
Zell a.S.
Montr.
Göschenen
Disentis
Davos
Schuls-Tarasp
Brenner
Genf
Sitten
Airolo
Mesocco
Mals
Meran
Martigny
Brig
Iselle
Bign.
S. Moritz
Pontresina
Culoz
Orsières
Locarno
Bellinzona
Chiavenna
Tirano
Bozen-Gries
Chambéry
Sondrio
Aosta
Chiasso
Trient
Udine
Bergamo
Modane
Novarra
Monza
Brescia
Grenoble
Susa
Turin
Mailand
Verona
Bussoleno
Chieri
ITALIEN
Triest
Torre Pellice
Trofarello
Voghera
Padua
Venedig
Barge
Alessandria
Tortona
Novi Ligure
Parma
Ceva
Genua
Ferrara
ADRIATISCHES MEER
FRANKREICH
Digne
Savona
Sestri Levante
Modena
Bologna
Ravenna
Camoules
Grasse
Spezia
Nizza
Ventimiglia
Cannes
LIGURISCHES MEER
Pistoja
Rimini

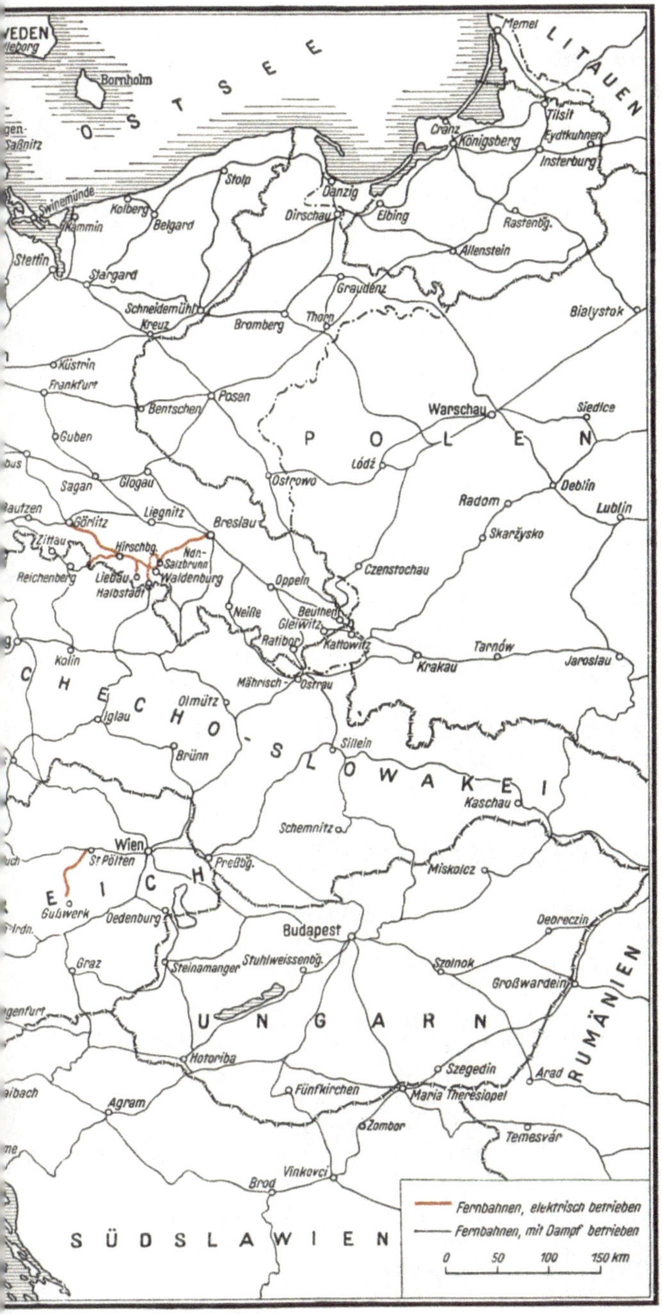

O S T S E E
Bornholm
Memel
L I T A U E N
Tilsit
Cranz
Königsberg
Eydtkuhnen
Insterburg
Swinemünde
Kolberg
Stolp
Danzig
Kammin
Belgard
Dirschau
Elbing
Rastenbg.
Allenstein
Stettin
Stargard
Graudenz
Schneidemühl
Kreuz
Bromberg
Thorn
Bialystok
Küstrin
Frankfurt
Posen
Bentschen
Warschau
Siedlce
Guben
P O L E N
Lódź
Sagan
Glogau
Ostrowo
Radom
Deblin
Lublin
Görlitz
Liegnitz
Breslau
Skarżysko
Zittau
Hirschbg.
Ndr.-Salzbrunn
Waldenburg
Reichenberg
Liebau
Halbstadt
Czenstochau
Oppeln
Neiße
Beuthen
Gleiwitz
Ratibor
Kattowitz
Tarnów
Kolin
Krakau
Jaroslau
Mährisch-Ostrau
Olmütz
Iglau
C H E C H O - S L O W A K E I
Brünn
Sillein
Kaschau
Schemnitz
Wien
St Pölten
Preßbg.
Miskolcz
Gußwerk
Oedenburg
Budapest
Debreczin
Graz
Steinamanger
Stuhlweissenbg.
Szolnok
Großwardein
R U M Ä N I E N
U N G A R N
Kotoriba
Szegedin
Arad
Fünfkirchen
Maria Theresiopel
Agram
Zombor
Temesvár
Vinkovci
Brod
S Ü D S L A W I E N
Fernbahnen, elektrisch betrieben
Fernbahnen, mit Dampf betrieben
0
50
100
150 km

lichen großen Energiemengen auf große Entfernungen technisch fast unmöglich und in Anbetracht der hohen Anlagekosten nicht zu rechtfertigen gewesen wäre. Erst nachdem es anfangs dieses Jahrhunderts gelungen war, den Einphasen-Wechselstrom mit hoher Fahrdrahtspannung dem Vollbahnbetrieb dienstbar zu machen, war damit eine allen Anforderungen dieses Betriebes entsprechende Stromart gefunden und die technische Möglichkeit für die elektrische Zugförderung auf Vollbahnen gegeben.

Die neuzeitlichen Dampflokomotiven sind äußerst betriebsichere und zuverlässige Maschinen und entsprechen durchaus den Anforderungen eines schweren Bahnbetriebes. Um die Dampflokomotive zu verdrängen, mußte die Elektrolokomotive nicht nur das gleiche, sondern womöglich noch mehr zu leisten imstande sein. Dabei hatte die Dampflokomotive eine hundertjährige Entwicklungszeit hinter sich, während für den Bau der Elektrolokomotive die Erfahrungen zunächst noch fehlten.

So ist es erklärlich, daß der elektrische Betrieb für Vollbahnen auf Einzelfälle beschränkt blieb und sich auch nur dort durchsetzen konnte, wo besonders günstige Vorbedingungen vorlagen, daß aber an eine planmäßige Umwandlung des Betriebes für ein ganzes Bahnnetz nicht gedacht wurde.

Allmählich reifte indessen — und unter den ungünstigen wirtschaftlichen Verhältnissen der Nachkriegszeit in steigendem Maße — die Erkenntnis, daß der Wirtschaftlichkeit des Eisenbahnbetriebes eine größere Aufmerksamkeit als bisher geschenkt werden müsse. Insbesondere wurde größere Sparsamkeit im Kohlenverbrauch zu einer unabweisbaren Forderung und die elektrische Zugförderung, die hierfür die Möglichkeit bietet, gewann in allen Kulturländern der Erde eine erhöhte Bedeutung.

Der Kohlenverbrauch der Eisenbahnen macht einen sehr erheblichen Anteil der gesamten Kohlenwirtschaft eines Landes aus und jede Ersparnis auf diesem Gebiet bedeutet eine merkliche Entlastung der Wirtschaft.

Auf der Deutschen Reichsbahn wurden im Jahre 1922 für Lokomotivfeuerung nicht weniger als 15 Millionen t bester Steinkohle verbraucht bei einer Gesamtförderung von 119 Millionen t, d. s. 12½ %. Die übrigen europäischen Länder weisen ähnliche Verbrauchsziffern auf.

Die Eisenbahnen der Vereinigten Staaten von Amerika verbrauchen jährlich 163 Millionen t Kohle = 24 % der gesamten Förderung.

Sofern ausgiebige Wasserkräfte für die Elektrifizierung der Eisenbahnen zur Verfügung stehen, kann die ganze bisher von den

Dampflokomotiven verbrauchte Kohlenmenge erspart werden; aber auch, wenn die elektrische Energie in Wärmekraftwerken erzeugt werden muß, bietet der elektrische Betrieb Vorteile. Es ist hierbei zu berücksichtigen, daß die Eisenbahnen die Kohlen im allgemeinen recht schlecht ausnutzen. Dies liegt weniger an der Konstruktion der Dampflokomotiven, die in den letzten Jahren durch die Einführung der Dampfüberhitzung, einer erhöhten Dampfspannung, der Speisewasservorwärmung und durch verbesserte Rostkonstruktionen erhebliche Verbesserungen erfahren haben und bei voller Belastung bezüglich der Erzeugungskosten der Energie hinter gut eingerichteten ortsfesten Kraftwerken nicht weit zurückstehen, als vielmehr in der Natur des Eisenbahnbetriebes selbst. Es ist im Eisenbahnbetrieb nicht möglich, die Lokomotive dauernd mit ihrer günstigsten vollen Belastung zu beanspruchen. Das wechselnde Streckenprofil, die fortwährenden Änderungen der Zuggewichte und Fahrgeschwindigkeiten bewirken schon in der Fahrt sehr starke Schwankungen in der Dampferzeugung und im Kohlenverbrauch. Noch ungünstiger wirken in dieser Beziehung das häufige Anhalten und Wiederanfahren, die oft recht langen Betriebspausen unter Feuer und die Notwendigkeit, nach jeder größeren Betriebspause den Kessel von neuem wieder anheizen zu müssen. Der Ausnutzungsgrad einer Dampflokomotive, d. h. das Verhältnis der Zeit, während welcher die Lokomotive mit voller Belastung arbeitet, zu der Dauer eines Tages beträgt für deutsche Verhältnisse etwa 1 : 24 = 4 %.*) Die Lokomotive arbeitet demnach nur etwa 1 Stunde lang mit ihrer vollen Leistung, die übrigen 23 Stunden des Tages ist ihre Leistung geringer oder gleich Null.

Unter diesen Verhältnissen ist ein rationeller Kesselbetrieb nicht möglich, und hieraus erklärt sich auch der niedrige thermische Wirkungsgrad und der ungünstige Kohlenverbrauch selbst der besten neuzeitlichen Lokomotiven.

Auf den schlesischen Gebirgsbahnen wurden bei Dampfbetrieb durchschnittlich 0,06 kg Kohle von 7 000 kcal/kg, d. h. 420 kcal für 1 Tonnenkilometer gebraucht. Bei elektrischem Betrieb wurden dagegen einschließlich der Verluste in den Stromverteilungsanlagen nur 28 Wattstunden für 1 tkm benötigt. Der Wärmeverbrauch je abgegebene Kilowattstunde beträgt im Kraftwerk Mittelsteine etwa 6100 kcal. Es werden also für 1 tkm 170 kcal aufgewendet, das sind 40 % der beim Dampfbetrieb bisher erforderlichen Wärmemenge. Die Ersparnis beträgt daher 60 %.

Bei ganz modernen Dampflokomotiven mag der obige Satz von 0,06 kg Kohle vielleicht noch unterschritten werden können, anderer-

*) Lotter, Jahrbuch für Eisenbahnwesen 1925/26, S. 453.

seits ist aber auch die Stromerzeugung im Kraftwerk Mittelsteine, das bereits im Jahre 1914 erbaut wurde, also ein älteres Werk ist, keineswegs besonders günstig. In ganz großen Kraftwerken mit besserem Ausnutzungsfaktor und mit allen neuzeitlichen Verbesserungen, wie Steigerung der Dampfspannung und der Ueberhitzung, Kohlenstaubfeuerung usw. läßt sich die Wärmeökonomie noch erheblich steigern. Heute wird 1 Kilowattstunde in einem modernen Großkraftwerk mit nur 4000 kcal erzeugt, so daß für 1 tkm nur noch 112 kcal aufzuwenden sind.

Die Einführung des elektrischen Betriebes auf Bahnen ermöglicht aber nicht nur eine sparsamere Verwendung der Kohle, sondern sie beseitigt auch die bisherige Abhängigkeit von der hochwertigen Steinkohle.

Dampflokomotiven können auf die hochwertige und entsprechend teuere Steinkohle nicht verzichten; ortsfeste Kraftwerke können dagegen auch minderwertige Brennstoffe, wie Braunkohle, Torf und Abfallkohle mit Vorteil verwenden. Der Preis dieser Brennstoffe bezogen auf ihren Heizwert ist erheblich niedriger als der der Steinkohle, wie aus der folgenden Zahlentafel II ersichtlich ist.

Zahlentafel II.

Art des Brennstoffes	Heizwert kcal je kg	Vorkriegspreis je Gewichtseinheit M/t	Vorkriegspreis je 1000 kcal Pf.
frei Kesselhaus			
Rohbraunkohle	2500	2.5	0.10
Steinkohle, Abfall	6500	8.5	0.13
„ hochwertige	7000	14.0	0.20
frei Lokomotivtender			
Steinkohle, hochwertige	7000	18.0	0.26

Gegenwärtig ist der Preis der Abfallsteinkohle wie sie z. B. im Bahnkraftwerk Mittelsteine verwendet wird, auf 10,80 M. je Tonne, entsprechend einem Preise von 0,166 Pf. für je 1000 kcal, der Preis der Lokomotivkohle frei Tender auf 20,0 M/t oder 0,286 Pf. für 1000 kcal gestiegen.

Der sparsamere Verbrauch, in Verbindung mit dem niedrigeren Preise des Brennstoffes, hat zur Folge, daß die Energieerzeugungskosten bei elektrischem Bahnbetrieb ganz erheblich niedriger sind, als beim Dampfbetrieb.

Während nach dem obigen Beispiel bei elektrischem Betrieb der Brennstoff für 1 tkm

$$170 \times \frac{0,166}{1000} = 0,028 \text{ Pf. kostet,}$$

erfordert der Dampfbetrieb für die gleiche Einheit

$$420 \times \frac{0,286}{1000} = 0,12 \text{ Pf.}$$

d. h. die Kosten des Brennstoffes betragen bei elektrischem Betrieb nur 23 % von denen bei Dampfbetrieb.

Die Gewinnung und Verwertung der Nebenprodukte und Abfallstoffe aus der Kohle, die noch wenig Anwendung gefunden hat, aber reiche Entwicklungsmöglichkeiten bietet, werden dazu beitragen, die Energieerzeugung zu verbilligen. Sie ist nur in ortsfesten Anlagen, nicht auf Lokomotiven möglich.

Die Zentralisierung der Energieerzeugung, die durch den elektrischen Betrieb ermöglicht wird, hat den weiteren Vorteil, daß die Kohlentransporte der Eisenbahn für ihren eigenen Bedarf ganz aufhören oder wesentlich eingeschränkt werden können. Während die Großkraftwerke, die den Bahnstrom zu liefern haben, in unmittelbarer Nähe des Brennstoffvorkommens angelegt werden können, müssen die für den Dampflokomotivbetrieb erforderlichen Kohlen den einzelnen Bekohlungstationen zugeführt werden. Es handelt sich dabei um recht beträchtliche Verkehrsleistungen. Die Deutsche Reichsbahn verbraucht, wie erwähnt, jährlich 15 Millionen t Kohle für Lokomotivfeuerung, die durchschnittlich 400 km weit zu befördern sind. Hierfür sind jährlich 15 000 ausgelastete Güterzüge mit 1000 t Nutzlast zu fahren, ohne Berücksichtigung der Rückbeförderung der leeren Wagen. Wenn man annimmt, daß ein Güterwagen die 400 km lange Strecke in 3—4 Tagen, einschließlich der Zeit für das Auf- und Abladen und die Verschubbewegungen, zurücklegt, so werden allein für die Beförderung der Dienstkohle nicht weniger als 20 000 Güterwagen, d. i. fast 5 % des Gesamtbestandes an offenen Güterwagen dauernd in Anspruch genommen. Abgesehen von den beträchtlichen Betriebskosten wird durch die Beförderung des Eigenbedarfs an Kohlen eine große Zahl von Wagen und Lokomotiven gebunden und anderen nützlicheren Zwecken entzogen. Ferner werden die Bahnstrecken und Bahnhöfe dauernd mit den eigenen Kohlenzügen belastet.

Die Kohle muß abgeladen, gestapelt und auf den Tender verladen, die abfallende Lösche und Schlacke entfernt werden, wofür teure Einrichtungen und Arbeitskräfte gebraucht werden, die bei elektrischem Betriebe fehlen können. Auch die Platzfrage darf nicht unerwähnt bleiben. Für die Stapelung der genannten Kohlenmenge sind bei 2,5 m Stapelhöhe über 7 Millionen m² Bodenfläche erforderlich, ohne die Fläche, die durch die Zufuhr- und Abstellgleise in Anspruch genommen wird.

Die Überlegenheit des elektrischen Betriebes zeigt sich auch in der größeren Leistungsfähigkeit der Betriebsmittel. Das Anwendungsgebiet der Dampflokomotiven ist bezüglich ihrer Leistung nach unten wie nach oben begrenzt. Die untere Grenze wird durch das unwirtschaftliche Arbeiten der Dampflokomotive bei kleineren Leistungen als etwa 300 PS bedingt. Die Bildung von „Kleinzügen“ ist bei Dampfbetrieb ausgeschlossen, da deren Betrieb zu unwirtschaftlich sein würde. Ein vielfach vorhandenes örtliches Verkehrsbedürfnis, wie Markt- und Schülerverkehr oder dergleichen, muß daher häufig unbefriedigt bleiben, da der geringe Umfang des Bedarfs die Einlegung eines Dampfzuges nicht gestattet. Bei elektrischem Betrieb dagegen ist die kleinste Zugeinheit der einzeln fahrende Triebwagen, dessen Betrieb nicht weniger wirtschaftlich ist, als der eines ausgelasteten ganzen Zuges. Der elektrische Betrieb kann daher auch dem geringsten Verkehrsbedürfnis entgegenkommen und dem reisenden Publikum häufigere Verkehrsgelegenheit bieten, was andererseits zur Folge hat, daß der Verkehr und die Einnahmen sich heben, da erfahrungsgemäß jede Verkehrsverbesserung neuen Verkehr schafft.

Die obere Grenze der Leistungsfähigkeit einer Dampflokomotive ist durch die Größe der Heizfläche des Kessels gegeben, die wiederum aus konstruktiven Gründen nicht beliebig gesteigert werden kann.

Die elektrische Lokomotive ist zwar auch an das Umgrenzungsprofil des lichten Raumes gebunden, jedoch lassen sich in dem verfügbaren Raum größere Motorleistungen einbauen. Bei Dampflokomotiven können mit Rücksicht auf die Kurvenläufigkeit nicht mehr als 5 Achsen gekuppelt werden. Reicht das hiermit erzielbare Reibungsgewicht nicht aus oder genügt die Kesselleistung nicht, so muß zum Vorspanndienst gegriffen werden, dessen Unwirtschaftlichkeit bekannt ist.

Bei elektrischen Lokomotiven läßt sich durch Vermehrung der angetriebenen Achsen jede beliebige Zugkraft oder Lokomotivleistung erzielen. Ist es aus konstruktiven Gründen nicht mehr zweckmäßig, die Triebachsen alle in einem festen Rahmen zu vereinigen, so können mehrere kurzgekuppelte Laufgestelle verwendet werden, die aber gleichwohl ein einziges Fahrzeug bilden, da ihre Motoren gemeinsam gesteuert werden.

Bild 2a. D-Zug Paris—Wien auf der Arlberg-Westrampe Bludenz—Langen (30 °/₀₀), gefördert von 2 Dampflokomotiven, am 13. Mai 1925.

Eine der leistungsfähigsten elektrischen Lokomotivtypen ist die Lokomotive der Virginian-Railway in Amerika. Diese Lokomotive besteht aus 3 Einheiten der Bauart 1B—B1 und hat ein Gesamtgewicht von 580 t und ein Reibungsgewicht von rund 440 t. Je 2 solcher Lokomotiven, eine an der Spitze und eine am Schluß des Zuges, befördern beladene Kohlenzüge im Gesamtgewicht von 6000 t auf einer längeren Steigung von 20 °/₀₀ mit einer Geschwindigkeit von 22,5 km/h. Jede Lokomotive entwickelt beim Anfahren eine Zugkraft am Treibradumfang von 107 000 kg und leistet in voller Fahrt auf der Steigungsstrecke etwa 7000 PS. Das sind Leistungen, wie sie von Dampflokomotiven auch nicht annähernd erreicht werden. Nun sind zwar derartig gewaltige Leistungen für europäische Verhältnisse im allgemeinen noch nicht anwendbar, da die Konstruktion der durch internationale Vereinbarungen festgelegten Zug- und Stoßvorrichtungen die volle Ausnutzung der Zugkraft nicht zulassen würde. Indessen zeigt das amerikanische Vorbild doch, daß den elektrischen Lokomotiven in bezug auf Zugkraft und Leistung kaum Schranken gesetzt sind.

Die Vergrößerung der Lokomotivleistung kann sowohl zu einer Erhöhung der Zuggewichte, als auch zu einer Erhöhung der Fahrgeschwindigkeit und Abkürzung der Fahrzeiten ausgenutzt werden. In letzterer Beziehung kommt der elektrischen Lokomotive noch der

Bild 2b. Derselbe Zug an gleicher Stelle, gefördert von einer elektrischen E-Lokomotive, bei der Eröffnung des elektrischen Betriebes am 14. Mai 1925.

Umstand zugute, daß der Elektromotor vorübergehend stark überlastet werden kann und daß seine Umdrehungszahl auch bei hoher Belastung weniger abfällt, als die einer Dampflokomotive. Eine elektrische Lokomotive wird daher eine höhere Anfahrbeschleunigung aufweisen und Steigungen mit größerer Geschwindigkeit nehmen, als Dampflokomotiven es vermögen. Es ist daher möglich, bei elektrischem Betrieb die Fahrzeiten erheblich zu kürzen, auch ohne daß die obere Geschwindigkeitsgrenze heraufgesetzt wird.

An Beispielen für die Überlegenheit der elektrischen Lokomotiven bezüglich ihrer Leistung fehlt es auch auf den europäischen Bahnen nicht.

Auf den schlesischen Gebirgsbahnen zog eine P 8, eine der leistungsfähigsten deutschen Personenzug-Dampflokomotiven, Züge von 360 t Anhängelast auf längeren Steigungen von 10 ‰ mit 40 bis 45 km/h. Auf größeren Steigungen und mit größeren Zuggewichten mußte Vorspann genommen werden. Eine elektrische 2 D 1-Lokomotive, die an ihre Stelle trat, beförderte unter den gleichen Bedingungen 550 t mit 65 km/h. Vorspann war niemals erforderlich. Im Güterzugdienst beförderte die stärkste Güterzug-Dampflokomotivtype, G 12, Zuggewichte von 1170 t mit Geschwindigkeiten von 15 bis 20 km/h auf 10 ‰, eine elektrische C+C-Lokomotive unter den gleichen Voraussetzungen 1400 t mit 35 km/h. Das Zuggewicht konnte um 20 %, die mittlere Fahrgeschwindigkeit um 100 % erhöht werden.

Auf den bayerischen Strecken der Deutschen Reichsbahn konnten mit Einführung des elektrischen Betriebes die Fahrzeiten erheblich gekürzt werden, und zwar:

bei den Schnellzügen . . um 39 %,
„ „ Personenzügen . „ 47 %,
„ „ Güterzügen . . „ 42 %.

Die Abkürzung der Fahrzeiten hat zur Folge, daß die Bahnstrecken weniger lange mit Zügen besetzt sind und daß infolgedessen in der Zeiteinheit mehr Züge gefahren werden können. Der elektrische Betrieb bietet daher auch die Möglichkeit, die Leistungsfähigkeit der Bahnstrecken zu erhöhen. Ein Beispiel hierfür bietet die schwedische Riksgränsbahn, die, eingleisig angelegt, mit Dampfbetrieb nur eine jährliche Höchstmenge von 3 Millionen t Erz befördern konnte. Der tägliche Zugverkehr umfaßte in 18stündiger Betriebszeit 8 Erzzüge und 2 Personenzüge in jeder Richtung und war damit an der Grenze seiner Leistungsfähigkeit angelangt, da die recht kräftigen, aber im Erzzugverkehr stark beanspruchten Dampflokomotiven bereits 2 Heizer für die Kesselbedienung benötigten. Die Dampflokomotiven beförderten 28 Erzwagen mit zusammen 1288 t Anhängelast mit 28 km/h mittlerer Fahrgeschwindigkeit.

Mit Einführung des elektrischen Betriebes wurde die mittlere Fahrgeschwindigkeit der Erzzüge auf 38 km/h erhöht, trotzdem das zu befördernde Zuggewicht von 28 auf 40 Erzwagen mit zusammen 1840 t Anhängelast vergrößert worden war. Infolge der Geschwindigkeitserhöhung konnten in 18stündiger Betriebszeit jetzt außer den beiden Personenzügen 12 Erzzüge über die Strecke gebracht werden.

Die Zahl der Erzzüge konnte daher um 50 % erhöht werden, während gleichzeitig die Nutzlast je Zug um 43 % sich vergrößerte. Die Bahnstrecke war also durch Einführung des elektrischen Betriebes um 115 % leistungsfähiger geworden und der geplante kostspielige Ausbau des zweiten Gleises konnte unterbleiben.

Die durch den elektrischen Betrieb ermöglichte größere Leistungsfähigkeit der Bahnstrecken hat auch besonders für Stadtschnellbahnen eine große Bedeutung. Für die Berliner Stadtbahn ist ermittelt worden, daß die beim Dampflokomotivbetrieb erreichbare Anfahrbeschleunigung nur 0,20 m/s^2 beträgt und daß hierbei nur 24 Züge in jeder Richtung stündlich abgefertigt werden können. Bei elektrischem Betrieb kann die Anfahrbeschleunigung auf 0,5 m/s^2 gesteigert werden, wodurch es ermöglicht wird, die Zugdichte auf 40 Züge stündlich zu erhöhen. Die Zugzahl kann demnach um $66^2/_3$ % vermehrt werden. Gleichzeitig wird der Fassungsraum der Züge um

40 % vergrößert und so die stündliche Verkehrsleistung der Bahn fast auf das 2½fache gesteigert.

Die Überlegenheit der Elektrolokomotive zeigt sich auch in ihrer kilometrischen Fahrleistung. Eine elektrische Lokomotive ist stets dienstbereit, sie bedarf, abgesehen vom Nachfüllen der Schmiergefäße, keiner Vorbereitung zur Fahrt, wie die Dampflokomotive, die zur Ergänzung ihres Kohlen- und Wasservorrats und zur Reinigung des Feuers in regelmäßigen kurzen Abständen aus dem Fahrdienst vorübergehend herausgezogen werden muß.

Nach den Erfahrungen der Deutschen Reichsbahn ist eine Dampflokomotive täglich im Durchschnitt nur 10,5 Stunden*) im Zugdienst tätig, 13,5 Stunden oder 56 % der ganzen Tageszeit werden durch das Auf- und Abrüsten vor- und nach der Fahrt, durch Ruhe unter Feuer und durch Bereitschaftsdienst beansprucht. Dem anzustrebenden Idealzustand, daß eine Lokomotive den Lokomotivschuppen ihrer Heimatstation nur aufsuchen soll, wenn die planmäßig vorgesehenen kleineren und größeren Untersuchungen fällig sind, kommt eine Elektrolokomotive ziemlich nahe, da sie bei dreifacher Besetzung bis 23 Stunden täglich Fahrdienst leisten kann, ohne daß ihr Unterhaltungszustand hierdurch ungünstig beeinflußt wird. Entsprechend hoch sind auch die kilometrischen Tagesleistungen. Auf den deutschen Bahnen werden von elektrischen Lokomotiven Tagesleistungen von 400—500 km im Personenzugdienst und von über 200 km im Güterzugdienst geleistet, wobei berücksichtigt werden muß, daß der geringe Verkehrsumfang der elektrisierten Strecken eine volle Ausnutzung der Lokomotiven heute noch nicht zuläßt. Die Schweizer Bundesbahnen haben mit den elektrischen Lokomotiven sogar tägliche Durchschnittsleistungen von 566 km und Höchstleistungen von 765 km erzielt. Diese Ergebnisse sind um so bemerkenswerter, als die Höchstgeschwindigkeit der Züge dort nur 75 km/h beträgt.

Die betriebliche Ausnutzung der Elektrolokomotive wird auch dadurch noch erhöht, daß die Reparaturzeiten erfahrungsgemäß wesentlich kürzer sind, als die von Dampflokomotiven, da einmal die zeitraubenden Kesselreparaturen fortfallen und ferner der Austausch beschädigter Teile durch vorrätig gehaltene Ersatzteile in weit größerem Maße möglich ist, als es bei Dampflokomotiven der Fall ist. Nach den Erfahrungen der Deutschen Reichsbahn, die durch die anderer größerer Eisenbahnverwaltungen bestätigt werden, ist eine Elektrolokomotive durch die laufenden Untersuchungen in den Betriebs- und den Hauptwerkstätten 42 bis 63 Tage jährlich dem

*) Mühl, Organ für Fortschritte des Eisenbahnwesens 1925, S. 525.

Fahrdienst entzogen, während für Dampflokomotiven dafür mindestens 73 Tage anzusetzen sind.

Hand in Hand mit der Verkürzung der Reparaturzeiten geht auch eine Verminderung der Unterhaltungskosten der Fahrzeuge.

Die Jahresleistungen von elektrischen Lokomotiven erreichen 100 000 Lokomotivkilometer im Personenzugdienst und 70 000 Lokomotivkilometer im Güterzugdienst. Derartige Laufleistungen können mit Dampflokomotiven nicht erzielt werden, am wenigsten im Güterzugdienst.

Infolge der besseren Ausnutzung der Lokomotiven kann die Zahl der in Dienst zu stellenden Lokomotiven erheblich vermindert werden. Mit Einführung des elektrischen Betriebes auf den schweizerischen Bundesbahnen konnten 490 Dampflokomotiven durch 440 elektrische Lokomotiven ersetzt werden. Bei der Lötschbergbahn traten an die Stelle von 24 Dampflokomotiven 14 Elektrolokomotiven, bei der Rhätischen Bahn konnte sogar der Lokomotivbestand von 47 auf 25 herabgesetzt werden. Die Deutsche Reichsbahn rechnet auf Grund ihrer Erfahrungen mit einer Verringerung der Lokomotivzahl um etwa 20 bis 30 %.

Ein wichtiger Ausgabeposten in der Betriebsrechnung sind die Personalkosten für die Lokomotivmannschaften. Auch hier ergeben sich bei elektrischem Betriebe Ersparnisse einmal durch die größere Fahrleistung der Lokomotiven, dann aber auch, weil die einmännige Besetzung wenigstens für alle langsam fahrenden Züge (bis 70 km/h) zugelassen ist. Bei den Schnellzügen erfordert die Streckenbeobachtung die ungeteilte Aufmerksamkeit des Führers, so daß ihm für die Bedienung der Maschine ein zweiter Mann beigegeben werden muß. Bei den langsamer fahrenden Zügen nimmt der Zugführer oder ein anderer Zugbeamter auf der Lokomotive Platz, um eingreifen zu können, falls dem Lokomotivführer ein Unfall zustößt.

Die hierdurch erzielbare Ersparnis wird von der Reichsbahn-Direktion Breslau auf 0,17 Köpfe für 1000 Lokomotivkilometer (0,19 statt 0,36 Köpfe) oder 47 % angegeben.

Auf den schweizerischen Bahnen rechnet man einschließlich des Schuppenpersonals bei elektrischem Betrieb 2,9 Mann gegenüber 3,7 Mann bei Dampflokomotivbetrieb. Die Ersparnis ist hier mehr als 20 %.

Ein Vorteil der elektrischen Zugförderung ist auch die Rauchfreiheit (Bild 2a u. b). Diese ist nicht nur eine Annehmlichkeit für die Reisenden, sondern trägt auch dazu bei, die Betriebsicherheit zu erhöhen. Es ist bekannt, daß vielfach schon Eisenbahnunfälle dadurch entstanden sind, daß das Lokomotivpersonal in schlecht entlüfteten Tunnels durch den Lokomotivrauch Ohnmachtsanfälle erlitten hat. Die ständige Verqualmung des Giovi-Tunnels bei Genua war z. B. einer der Gründe für die Elektrisierung dieser Strecke. Im Gotthardtunnel mußte eine maschinelle Entlüftungsanlage nachträglich gebaut werden, da mit zunehmendem Verkehr die Rauchbelästigung zu ernsten Besorgnissen Anlaß bot. Diese ist jetzt durch die Einführung des elektrischen Betriebes überflüssig geworden.

Die schwefelhaltigen Lokomotivgase greifen auch den Oberbau und die Tunnelwandungen stark an und verursachen hohe Unterhaltungskosten an den Gleisen und der Tunnelausmauerung.

Durch Funkenflug aus Lokomotiven sind häufig größere Brandschäden, besonders in Waldungen entstanden, so daß die Eisenbahnverwaltungen vielfach genötigt wurden, Schutzstreifen längs der Bahn anzulegen, um die Verbreitung des Feuers zu verhindern. Bei elektrischem Betrieb entfällt die Notwendigkeit hierzu und die brach liegenden Schutzstreifen können für die forstwirtschaftliche Verwertung nutzbar gemacht werden.

Diese unmittelbaren und mittelbaren Vorzüge würden indessen die Einführung der elektrischen Betriebsweise allein noch nicht rechtfertigen können; es bleibt noch das Anlagekapital zu berücksichtigen. Da die Elektrisierung der Vollbahnen einen erheblichen Kapitalaufwand erfordert, wäre es nicht ausgeschlossen, daß die erzielbaren Betriebsersparnisse durch den erhöhten Kapitaldienst wieder aufgezehrt werden. Hier ist nun ein grundsätzlicher Unterschied zwischen den beiden Betriebsarten zu beachten. Während beim Dampfbetrieb sowohl das Anlagekapital als auch die Zugförderungskosten fast in dem gleichen Verhältnis mit der zugkilometrischen Verkehrsleistung anwachsen, ist der elektrische Betrieb dadurch gekennzeichnet, daß die Verkehrleistung einen gewissen Mindestumfang haben muß, bevor diese Betriebsart wirtschaftlich überhaupt in Frage kommen kann. Mit einer Zunahme des Verkehrs verliert der Einfluß der Anlagekosten auf die Wirtschaftlichkeit immer mehr an Bedeutung, da mit zunehmendem Verkehr die vorhandenen Anlagen, insbesondere die Leitungs- und Krafterzeugungsanlagen, nur um so besser ausgenutzt werden. Der elektrische Betrieb wird um so billiger, je mehr der Verkehr anwächst.

Wo die untere Grenze der Wirtschaftlichkeit zu ziehen ist, läßt sich allgemein nicht sagen, weil die örtlichen und betrieblichen Verhältnisse der einzelnen Bahnlinien zu verschieden sind. Die Grenzlinie ist auch deswegen schon fließend, weil der Zinsfuß mit dem gerechnet werden muß, Schwankungen unterworfen ist.

Für die Deutsche Reichsbahn sind Ermittelungen angestellt worden, die ergeben, daß der elektrische Betrieb dann nicht mehr teuerer wird, als Dampflokomotivbetrieb, wenn der durchschnittliche

Arbeitsbedarf im Kraftwerk für 1 km Betriebslänge und 1 Jahr rd. 200 000 kWh bei zweigleisiger Strecke beträgt. Da der Arbeitsbedarf der Züge auf Vollbahnen im Durchschnitt zu 28—30 Wattstunden je tkm angesetzt werden kann, entspricht dies einer jährlichen Verkehrsleistung von etwa 7 Millionen tkm für 1 km zweigleisiger Strecke. Für eingleisige Strecken genügt schon ein schwächerer Verkehr, um Kostengleichheit zwischen beiden Betriebsarten herbeizuführen. Unter besonders günstigen Vorbedingungen z. B. bei Gebirgsbahnen, wo der Dampfbetrieb mit großen Schwierigkeiten zu kämpfen hat und entsprechend teuer ist, während für den elektrischen Betrieb billiger Strom aus Wasserkräften zur Verfügung steht, liegt die Grenze der Wirtschaftlichkeit unter Umständen noch wesentlich tiefer.

Für die eingleisige Wiesentalbahn hat sich bei einer jährlichen Verkehrsleistung von etwa 2,5 Millionen tkm, für die Rhätische Bahn sogar schon bei 547 000 tkm der elektrische Betrieb als wirtschaftlich erwiesen.

Die als Grenzwerte angegebenen Verkehrsziffern werden von der Mehrzahl der deutschen und europäischen Vollbahnen nicht nur erreicht, sondern vielfach weit übertroffen. Da indessen die Grenzlinien nicht scharf zu ziehen sind, wird bei der Erwägung, ob eine Bahnlinie für den elektrischen Betrieb geeignet ist, die Aufstellung einer vergleichenden Betriebskostenberechnung kaum zu umgehen sein.

III. Die verschiedenen Arten von elektrischen Bahnen

Man kann die elektrisch betriebenen Bahnen nach verschiedenen Gesichtspunkten einteilen. In technischer Beziehung ergeben sich kennzeichnende Unterschiede bei einer Einteilung in

A. Bahnen auf öffentlichen Straßen;
B. Bahnen auf eigenem Bahnkörper;
C. Industriebahnen.

A. Bahnen auf öffentlichen Straßen.

Hierher gehören die Straßenbahnen und die ihnen nahestehenden Überlandbahnen. Letztere haben zwar vielfach auch ein von der öffentlichen Straße abgetrenntes Bahnplanum; jedoch ist die Abtrennung meist nicht so vollkommen, daß die Bahn von dem übrigen Straßenverkehr gänzlich unbeeinflußt bleibt. Mäßige Geschwindigkeit und kleine Zugeinheiten sind die Kennzeichen der Straßenbahnen.

Die Straßen- und Überlandbahnen dienen fast ausschließlich dem Personenverkehr; in Ausnahmefällen findet auch ein Post- und

Güterverkehr statt. Es überwiegt der Triebwagen; Lokomotiven sind selten und auch nur für Güterbeförderung in Benutzung. Als Stromart findet sich fast ausschließlich der Gleichstrom mit mittlerer Spannung (550 V).

B. Bahnen auf eigenem Bahnkörper.

Unter den Bahnen auf eigenem Bahnkörper sind in erster Linie die Stadtschnellbahnen zu nennen, die zum Teil als Hochbahnen, zum Teil als Untergrund- oder Unterpflasterbahnen ausgeführt sind. Da sie von dem eigentlichen Straßenplanum völlig losgelöst sind und daher durch den übrigen Straßenverkehr nicht behindert werden, können sie erheblich höhere Fahrgeschwindigkeiten anwenden und sind auch bezüglich der Zugbildung vollständig frei. Um trotz der üblichen kurzen Haltestellenabstände eine hohe Reisegeschwindigkeit erzielen zu können, sind große Anfahrbeschleunigungen und entsprechend große Motorleistungen erforderlich. Die Züge bestehen daher meist aus mehreren Triebwagen mit oder ohne Anhängewagen. Im Gegensatz zu den Straßenbahnwagen, die nur Fahrschaltersteuerung haben, findet sich bei Stadtschnellbahnen meist eine Zugsteuerung, d. h. es werden sämtliche Motoren eines Zuges von dem Führerstand des führenden Wagens gemeinsam gesteuert.

Die Zugfolge wird durch ein Blocksystem geregelt.

Stadtschnellbahnen haben ausschließlich Personenverkehr; es sind daher auch nur Triebwagen, keine Lokomotiven in Anwendung.

Als Stromart findet sich fast ausschließlich der Gleichstrom mit Spannungen bis zu 1500 V. Die Stromzuführung zu den Zügen geschieht meist durch eine dritte Schiene.

Eine besondere Abart der Hochbahnen bilden die Schwebebahnen, bei denen die Tragkonstruktion sich oberhalb der Wagenkästen befindet. Da die Wagenkästen an ihren Radgestellen hängen und um die Schienenoberkante frei pendeln können, wird den Schwebebahnen eine stoßfreiere Fahrt auch in Bahnkrümmungen nachgerühmt. Da sie ferner als Einschienenbahnen gebaut sind, vermögen sie engere Krümmungen zu durchfahren, was bezüglich der Linienführung in eng bebauten Städten zweifellos von Vorteil ist. Dagegen ist die Ausbildung von Weichen und Abzweigungen außerordentlich schwierig, so daß Schwebebahnen nur für Strecken ohne Abzweigungen in Frage kommen. Schwebebahnen werden nur als Hochbahnen ausgeführt, für Untergrundbahnen verbietet sich ihre Anwendung wegen der erforderlichen großen Bauhöhe. Aus den genannten Gründen wird eine Schwebebahn nur in besonderen Fällen angelegt werden können. Die technisch recht vollkommen ausgeführte Schwebebahn Barmen—Elberfeld ist bisher ohne Nachfolge geblieben.

Den Stadtschnellbahnen stehen bezüglich des Verkehrs und der Betriebsführung die Vorortbahnen sehr nahe. Da aber vielfach erheblich größere Entfernungen zurückzulegen sind, und da ferner die Vorortzüge zum Teil die Gleise der Fernbahnen mitbenutzen, sind sie häufig nicht mehr frei in der Wahl der Betriebsart. Man findet daher neben dem Gleichstrom auch den einphasigen Wechselstrom in Anwendung.

Unter dem Sammelbegriff „Fernbahnen" sind nicht nur die Haupteisenbahnen, sondern auch die Nebenbahnen und nebenbahnähnlichen Kleinbahnen zu verstehen, die sich von den Hauptbahnen nur dem Grade nach, aber nicht dem Wesen nach unterscheiden. Auf den Fernbahnen spielt neben dem Personenverkehr auch der Güterverkehr eine beträchtliche, oft sogar ausschlaggebende Rolle. Große Zugeinheiten und hohe Fahrgeschwindigkeiten sind weitere kennzeichnende Eigentümlichkeiten des Vollbahnbetriebes. Es überwiegt der Lokomotivbetrieb schon mit Rücksicht auf die Freizügigkeit der Wagen, aber auch aus wirtschaftlichen Gründen. Triebwagen sind nur ausnahmsweise zur Bedienung eines leichten Nah-Personenverkehrs in Gebrauch. Die hohe Fahrgeschwindigkeit der Züge und die großen aus den Fahrleitungen zu entnehmenden Energiemengen verlangen eine besonders solide und schwere Fahrleitungskonstruktion. Die für Straßenbahnen übliche einfache Aufhängung des Fahrdrahtes an Querdrähten ist für Vollbahnen nicht mehr anwendbar und muß durch die sogenannte Vielfachaufhängung ersetzt werden. Bezüglich der Wahl der Stromart besteht keine Einheitlichkeit; Einphasenwechselstrom und Gleichstrom sind gleicherweise auf Vollbahnen in Anwendung, aber auch der Drehstrom wird für Sonderfälle verwendet.

Zu den Bahnen mit eigenem Bahnkörper gehören auch die Zahnradbahnen. Wegen der sehr verschiedenen Betriebsbedingungen lassen sich allgemeine Gesichtspunkte für die Gestaltung dieser Bahnen nicht anführen. Der Drehstrom hat für diese Bahnen wegen der leichten Möglichkeit einer Stromrückgewinnung bei der Talfahrt vielfach Anwendung gefunden.

C. Industriebahnen.

Als Bahnen besonderer Art sind die Gruben- und Industriebahnen zu nennen. Erstere sind in Band XIII der Siemens-Handbücher „die Elektrizität im Bergbau" behandelt; die Industriebahnen werden ihrer Eigenart wegen in einem besonderen Abschnitt dieses Bandes eingehend besprochen werden.

IV. Grundlagen für den Entwurf elektrischer Bahnen

A. Gesetzliche Vorschriften.

Die deutsche Eisenbahngesetzgebung unterscheidet zwischen

a) Haupt- und Nebenbahnen.
b) Kleinbahnen.

Die Haupt- und Nebenbahnen sind Glieder des allgemeinen öffentlichen Verkehrsnetzes und unterliegen in technischer Beziehung der „Eisenbahn-Bau- und Betriebsordnung". Diese enthält sechs Hauptabschnitte:

1. Allgemeines (Geltungsbereich, Aufsichtsbehörden usw.).
2. Bahnanlagen (Bestimmungen über Spurweite, Krümmungshalbmesser, Längsneigung, Gleislage, Umgrenzung des lichten Raumes, Streckenblockierung usw.).
3. Fahrzeuge (Raddruck, Abmessungen der Räder, Zug- und Stoßvorrichtungen, Bremsung, Ausrüstung der Lokomotiven, Tender und Wagen).
4. Bahnbetrieb (Fahrordnung, Rangieren, Zusammensetzung der Züge, Bremstafeln, zulässige Fahrgeschwindigkeiten).
5. Bahnpolizei.
6. Bestimmungen für das Publikum.

Für Nebenbahnen sind entsprechend ihrer einfacheren Betriebsverhältnisse gewisse Vereinfachungen und Erleichterungen zugelassen. Sie können mit stärkeren Neigungen, kleineren Krümmungshalbmessern und mit einer vereinfachten Signal- und Zugmeldeeinrichtung angelegt werden; ferner ist Schmalspur zugelassen, und es kann auf die Bewachung der Bahnübergänge verzichtet werden. Dagegen ist die Fahrgeschwindigkeit wesentlich enger begrenzt als bei einer Haupteisenbahn.

Die Haupt- und vollspurigen Nebeneisenbahnen, soweit sie dem Verein Deutscher Eisenbahnverwaltungen angehören, sind ferner den „Technischen Vereinbarungen" (T. V.) dieses Vereins unterworfen. Dem Verein gehören nicht nur fast sämtliche deutsche Bahnen an, sondern auch die Mehrzahl der europäisch-kontinentalen Eisenbahnen. Die „Technischen Vereinbarungen" bezwecken hauptsächlich, den Übergang von Fahrzeugen von einem Eisenbahnnetz auf ein anderes zu ermöglichen und enthalten daher vorzugsweise Bestimmungen über die Bauart und Ausrüstung der Strecke und der Fahrzeuge. Sie decken sich im wesentlichen mit der deutschen „Eisenbahn-, Bau- und Betriebsordnung" und enthalten neben bindenden Bestimmungen noch solche, deren Anwendung nur empfohlen wird.

Kleinbahnen im Sinne des „Gesetzes über Kleinbahnen und Privatanschlußbahnen“ vom 28. Juli 1892 sind solche Bahnen, die den örtlichen Verkehr innerhalb eines Gemeindebezirkes oder zwischen benachbarten Gemeindebezirken vermitteln, sowie Bahnen, die nicht mit Lokomotiven betrieben werden. Entscheidend dafür, ob einer geplanten Bahn der Charakter einer Kleinbahn oder einer Nebenbahn zuerkannt werden soll, ist lediglich ihre wirtschaftliche Bedeutung und ihre Zweckbestimmung. Technische Merkmale zu ihrer Kennzeichnung als Kleinbahn sind nicht vorhanden; es hat weder der bauliche Zustand noch die Betriebseinrichtung oder der Umfang des Verkehrs eine Bedeutung für die Beurteilung dieser Frage. Zu den Kleinbahnen gehören daher Bahnen der verschiedensten Art: Straßenbahnen mit Pferde-, Dampf-, elektrischem Betrieb oder mit einer anderen Betriebsart, Drahtseilbahnen, Zahnradbahnen, ferner Stadtschnellbahnen auf eigenem Bahnkörper (Hoch-, Untergrund- und Schwebebahnen).

Für die technische Ausführung der Kleinbahnen mit Maschinenbetrieb sind die „Bau- und Betriebsvorschriften für nebenbahnähnliche Kleinbahnen mit Maschinenbetrieb“ vom 1. April 1914 maßgebend. Diese enthalten, in der gleichen Weise, wie die Bau- und Betriebsordnung für die Haupteisenbahnen, Vorschriften über den Zustand der Bahn und der Fahrzeuge sowie über den Betrieb.

Die genannten Vorschriften über die Haupt- und Nebeneisenbahnen bzw. über die Kleinbahnen haben allgemein für alle unter die betreffende Kategorie fallenden Bahnen ohne Rücksicht auf die Art ihrer Antriebskraft Geltung. Für elektrische Bahnen gelten im besonderen noch die vom Verband Deutscher Elektrotechniker (V. D. E.) herausgegebenen und in einem Vorschriftenbuch gesammelten folgenden Vorschriften:

1. Vorschriften für elektrische Bahnen, gültig ab 1. Januar 1926.
2. Regeln für die Bewertung und Prüfung von elektrischen Bahnmotoren und sonstigen Maschinen und Transformatoren auf Triebfahrzeugen (R. E. B.), gültig ab 1. Oktober 1925.
3. Vorschriften zum Schutze der Gas- und Wasserröhren gegen schädliche Einwirkungen der Ströme elektrischer Gleichstrombahnen, die die Schienen als Leiter benutzen, gültig ab 1. Juli 1910.

Außerdem sind die elektrischen Bahnanlagen natürlich auch den allgemeinen für alle elektrischen Anlagen geltenden Vorschriften des V. D. E. unterworfen, soweit die genannten Sondervorschriften nicht Ausnahmebestimmungen enthalten.

Die unter 1. genannten Vorschriften für elektrische Bahnen bringen eingehende Bestimmungen über den Bau und die Aufstellung von elektrischen Maschinen, Transformatoren, Schalt- und Anlaßapparaten, Fahr- und Speiseleitungen, über Fahrzeugausrüstungen sowie über die Beschaffenheit der Betriebsräume, sie sind nach dem in der Einleitung festgesetzten Geltungsbereich auf Bahnanlagen mit Fahrdrahtspannungen bis zu 1650 V beschränkt. Für die mit höherer Spannung betriebenen Bahnen, insbesondere für die Einphasenbahnen, fehlen zur Zeit noch Sonderbestimmungen. Die Deutsche Reichsbahn ist damit beschäftigt, solche für den Bereich der deutschen Bahnen aufzustellen.

Die unter 2. aufgeführten „Regeln usw." (R. E. B.) sind in Anlehnung an die vom V. D. E. bearbeiteten „Regeln für die Bewertung und Prüfung elektrischer Maschinen" (R. E. M.) und an die „Regeln zur Bewertung und Prüfung von Transformatoren" (R. E. T.) aufgestellt mit den durch die besonderen Verhältnisse der Bahnen gebotenen Abweichungen. Besonders wichtig sind darin die Bestimmungen über die zulässigen Grenzwerte für die Erwärmung.

In außerdeutschen Ländern sind andere, z. T. abweichende Vorschriften in Kraft. Die wichtigsten sind die für die Vereinigten Staaten von Nord-Amerika geltenden, von der American Institution of Electrical Engineers (A. I. E. E.) aufgestellten „Standards" und für England die Vorschriften der British Engineering Standards Association. Bei den ersteren sind die bahntechnischen Fragen behandelt in Standard Nr. 1 (General principles upon which temperature limits are based in the rating of electrical machinery and apparatus), Standard Nr. 7 (Railway motors) und Standard Nr. 16 (Railway control and mine locomotive control-apparatus). Unter den englischen Vorschriften ist für Bahnen besonders wichtig der Teil VII (Traction) mit den Unterabteilungen

Track construction
Overhead construction
Vehicle Equipment
Miscellaneous Terms.

B. Linienführung.

Bei der Anlage städtischer Straßenbahnen ist die Größe der Stadt nach ihrer Einwohnerzahl und räumlichen Ausdehnung und die Form des Stadtgrundrisses von wesentlicher Bedeutung für die Wahl der Linienführung und die Zahl der anzulegenden Betriebslinien. Die Einflußzone (das Interessengebiet) einer Betriebslinie ist immer nur eine beschränkte, weil bei zu großer Entfernung von der Bahnlinie ein Teil der Einwohnerschaft auf die Benutzung der Bahn überhaupt verzichten und vorziehen würde, den Weg gänzlich zu Fuß zu gehen.

Grundsätzlich soll die Linienführung den Hauptverkehrsadern folgen, es ergibt sich alsdann schon von selbst, daß wichtige Verkehrspunkte, wie Gebäude der staatlichen und städtischen Behörden, Bahnhöfe, Stätten der Kunst, Wissenschaft und des Handels usw. von der Bahn berührt werden.

Erstreckt sich die Ausdehnung des Stadtgebietes vorwiegend in der Längsrichtung, so ist der Verkehr in dieser Richtung zweifellos am ausgeprägtesten und die Frage der Linienführung meist hierdurch schon vorweg beantwortet.

Bei mehr kreisförmigem Stadtgrundriß wird eine strahlenförmige Anordnung der Linien mit dem Stadtzentrum als Verkehrsmittelpunkt erforderlich. Meistens empfiehlt sich in Städten mittlerer Größe die Anlage zweier sich im Stadtzentrum kreuzenden Linien, die an dieser Stelle einen Umsteigeverkehr nach allen Richtungen ermöglichen. Vielfach ist in solchen Städten zur Aufteilung des Verkehrsgebietes die Anordnung von 3 strahlenförmig verlaufenden Linien zweckmäßig, von denen zwei über die dritte das Hauptverkehrsgebiet durchziehende Linie gemeinsam geführt sind, so daß sich für diese die doppelte Verkehrsdichte ergibt.

Bei größerer Flächenausdehnung, wie z. B. in Großstädten, ist außer den Radiallinien noch die Anlage von Ringlinien erforderlich, die den Verkehrsbeziehungen der Außenbezirke untereinander zu dienen haben.

Als besonderer Fall ist die Anlage solcher Straßenbahnlinien zu betrachten, die weniger einem bereits vorhandenen Verkehrsbedürfnis entsprechen sollen, sondern in der Absicht erbaut werden, die zukünftige Stadtentwicklung in eine bestimmte Richtung zu weisen, Linien, die also aus Gründen der Städtebaupolitik zur Ausführung gelangen. Die Erstellung dieser Linien erfolgt, um neues Gelände, das der Bebauung für Wohnstätten, Fabrik- oder Hafenanlagen erschlossen werden soll, sogleich in Verbindung und Verkehrsbeziehung zu dem bewohnten Stadtgebiet zu bringen und damit der einsetzenden Bautätigkeit und der Besiedlung des neuen Geländes möglichst Vorschub zu leisten.

Meist wird zu dem in Entstehung begriffenen Stadtteil vor allem die Anlage neuer Zugangsstraßen erforderlich, die dann auch gleichzeitig für den Einbau der Straßenbahnlinien vorgesehen werden. Die bauliche Anlage solcher Linien muß mit weitgehender Rücksichtnahme auf die zukünftig zu erwartende Verkehrsentwickelung entworfen sein.

An die eigentlichen Stadtlinien schließen sich die Außenlinien an, welche die Vororte mit der Stadt verbinden, um den Landbewohnern ohne großen Zeitverlust die Erreichung der staatlichen und städtischen Amtsstellen und den außerhalb wohnenden Arbeitern die Fahrt zu ihrer in der Stadt gelegenen Arbeitstätte zu ermöglichen, oder um die Zuführung der landwirtschaftlichen Produkte nach der Stadt zu erleichtern und die Bewohner der Vororte zum Einkauf nach der Stadt zu ziehen oder endlich um bequeme und billige Wohngelegenheit in den Vororten zu schaffen. Des öfteren werden auch Außenlinien nur zu dem Zwecke angelegt, um entfernter gelegene, stark besuchte Ausflugsorte den Stadtbewohnern zugänglich zu machen.

In allen diesen Fällen ist die Frage der Linienführung dadurch vorweggenommen, daß für die Erstellung der Gleisanlage vorhandene Straßenzüge benutzt werden müssen und es bleibt lediglich zu prüfen, ob die Straßenbreite, die Steigungs- und Krümmungsverhältnisse der Straßen einen Straßenbahnverkehr zulassen. Da elektrische Straßenbahnwagen noch Steigungen von 80 ‰, in besonderen Fällen auch noch mehr, und Krümmungen von 18 m Halbmesser und darunter befahren können, werden in den seltensten Fällen unüberwindliche technische Schwierigkeiten vorliegen. Jedoch ist mit Rücksicht auf den Betrieb eine möglichst schlanke Linienführung mit schwachen Steigungen anzustreben.

Auch die Linienführung der Überlandbahnen, die von einem größeren Verkehrszentrum ausgehend die Aufgabe haben, eine Reihe von Landorten untereinander zu verbinden und die Verkehrsbeziehungen zwischen diesen und nach dem Verkehrszentrum zu fördern, wird in der Hauptsache durch die bereits vorhandenen Landstraßen bestimmt; von letzteren wird mit der Linienführung nur in Ausnahmefällen abgewichen, wenn durch Anlage eines eigenen Bahnkörpers eine wesentliche Abkürzung der Streckenlänge oder eine Verbesserung der Steigungsverhältnisse der Linie zu erzielen ist.

Bezüglich der Linienführung der Stadtschnellbahnen (Hoch- und Untergrundbahnen) gilt sinngemäß das über Straßenbahnen Gesagte. Die Linienführung wird aber hier noch mehr durch die örtlichen Verhältnisse, durch die verfügbare Straßenbreite, durch die Beschaffenheit des Baugrundes, durch das Vorhandensein störender Bauwerke und dergleichen beeinflußt. Allgemeine Regeln über die zweckmäßigste Linienführung lassen sich nicht angeben. Auch die Frage, ob eine Hochbahn oder eine Untergrundbahn vorzuziehen ist, kann nur auf Grund genauer örtlicher Studien beurteilt werden. Grundsätzlich ist eine möglichst einfache Linienführung ohne Verzweigungen anzustreben. Alle schienengleichen Abzweigungen sind Störungs- und Gefahrenquellen und daher nach Möglichkeit zu vermeiden. Kreuzungen müssen als Unter- oder Überführungen ausgeführt werden. Wo ein Übergang von einer Linie zu einer anderen notwendig wird, ist nicht ein unmittelbarer Wagenübergang, sondern ein Umsteigeverkehr vorzusehen, wobei die Linienführung der aneinander anschließenden Bahnlinien so zu wählen ist, daß möglichst kurze Wege für den Umsteigeverkehr sich ergeben. Am vorteilhaftesten ist es, wenn die Züge der Anschlußbahnen an dem gleichen Bahnsteig, wenn auch an getrennten Bahnsteigkanten halten.

Bei Fernbahnen handelt es sich in den meisten Fällen nur um die Umwandlung einer bestehenden Bahn auf elektrischen Betrieb. Die Frage der Linienführung wird damit gegenstandslos; denn nur in seltenen Ausnahmefällen werden beim Übergang zum elektrischen Betrieb noch Verbesserungen an der Linienführung vorgenommen.

Die Neuanlage von Fernbahnlinien, für die von vornherein der elektrische Betrieb vorgesehen ist, wird selten in Betracht kommen, da das Fernbahnnetz in allen Kulturländern im wesentlichen ausgebaut ist und es sich meist nur darum handeln kann, Zubringerlinien oder Verbindungstrecken zu schaffen, für die aber wegen ihres zu geringen Verkehrsumfanges die elektrische Zugförderung nicht immer wirtschaftlich gerechtfertigt sein wird.

Sollte die Anlage einer neuen elektrischen Bahnlinie in Frage kommen, so gelten für diese im wesentlichen die gleichen Grundsätze, die auch bei der Anlage einer Fernbahn mit Dampfbetrieb maßgebend sind. Auf diese hier im einzelnen einzugehen, verbietet der Umfang dieses Buches. Der elektrische Betrieb gestattet nur eine etwas größere Freiheit in bezug auf die Wahl der größten Steigung, da mit elektrischen Fahrzeugen noch Steigungen überwunden werden können, die den Dampflokomotiven schon große Schwierigkeiten bereiten. Dieser Vorzug wird bei Bahnen in gebirgigem Gelände häufig eine Verkürzung der Streckenlänge und eine Ermäßigung der Anlagekosten ermöglichen. Eine der steilsten Dampfbahnen mit Reibungsbetrieb dürfte die Halberstadt—Blankenburger Eisenbahn mit 60 ‰ Maximalsteigung sein.

Der elektrische Betrieb verlangt die Freihaltung des Luftraumes über den Gleisen zur Ausführung der Fahrleitungsanlage. Auf freier Strecke bereitet dies in der Regel keine Schwierigkeiten, wohl aber muß bei Unterführungen und in Tunnels hierauf Bedacht genommen werden. Es wird daher im allgemeinen vorteilhaft sein, ein größeres Lichtraumprofil anzuwenden; jedoch kann man sich vielfach auch mit Sonderkonstruktionen der Fahrleitung helfen, falls die Erweiterung des Lichtraumprofils an einzelnen Bauwerken untunlich ist.

C. Verkehr.

Aus den jeweils vorliegenden Verhältnissen und dem hierdurch bedingten Charakter einer neu anzulegenden Bahn ergibt sich, ob diese ausschließlich dem Personenverkehr dienen soll oder ob sie gleichzeitig auch für die Beförderung von Gütern einzurichten ist.

Für städtische Straßenbahnen kommt die Güterbeförderung nur in seltenen Fällen in Betracht. Meist handelt es sich dann um die Vermittelung des Verkehrs zwischen Güterbahnhöfen und Fabriken, wofür besondere Züge gefahren werden. Hier und da wird in Kleinstädten die Gepäckbeförderung von Reisenden von und nach den Bahnhöfen übernommen, wofür besondere kleine Anhängewagen vorgesehen sind, sofern nicht der Raum der vorderen Plattform des Triebwagens für diesen Zweck ausreicht.

Häufiger schon tritt an Überlandbahnen die Notwendigkeit heran, neben der Personenbeförderung auch die Verfrachtung von Gütern zu übernehmen. Es handelt sich meist um die Beförderung von Stückgut in den fahrplanmäßigen Personenzügen. Von dem Umfang dieses Güterverkehrs hängt es ab, ob Personenwagen mit abgetrenntem Gepäckraum oder ob besondere Güterwagen in die Züge eingestellt werden.

Für Stadtschnellbahnen ist der Güterverkehr völlig ausgeschlossen, weil dieser mit seinem durchaus abweichenden Charakter die Bahn ihrer eigentlichen Bestimmung, der raschen Personenbeförderung, entfremden würde. Auch verbietet sich der Güterverkehr durch die dichte Zugfolge und die kurzen Aufenthalte auf den Bahnhöfen.

Bei Fernbahnen spielt dagegen der Güterverkehr eine wesentliche Rolle. Für Bahnen mit Hauptbahn-Charakter werden besondere Güterzüge gefahren werden müssen; auf Nebenbahnen geschieht die Personen- und Güterbeförderung vielfach gleichzeitig in gemischten Zügen. Es läßt sich nicht verkennen, daß der Betrieb mit gemischten Zügen für die Fahrgäste Unbequemlichkeiten mit sich bringt, weil durch das Aus- und Einladen der Güter und durch Verschiebebewegungen die Fahrzeit erheblich verlängert wird. Es empfiehlt sich daher bei Einrichtung des elektrischen Betriebes von der leichten Teilbarkeit der Züge Gebrauch zu machen und getrennte Personen- und Güterzüge zu fahren. Auf diese Weise kann der Betrieb den verschiedenartigen Bedürfnissen des Verkehrs besser angepaßt werden.

Beachtung ist auch dem Postverkehr zuzuwenden, da für Straßenbahnen häufig die Bedingung gestellt wird, daß der Postbehörde die Möglichkeit der Beförderung ihrer Briefe und Pakete gegeben sein muß. Vielfach wird es genügen, daß der Wagenführer des Straßenbahnwagens einige Postsäcke mitnimmt, oder daß in dem Wagen ein verschließbarer Behälter für Postsachen vorgesehen wird. In Großstädten läßt die Post häufig eigene Triebwagen auf den Straßenbahngleisen laufen.

Bei der Anlage einer neuen Bahn müssen möglichst sorgfältige Erhebungen über den Umfang des zu erwartenden Verkehrs angestellt werden. Es kann zwar durch die Erfahrung als erwiesen gelten, daß in Städten von etwa 50 000 Einwohnern der Betrieb einer elektrischen Straßenbahn unter normalen wirtschaftlichen Verhältnissen ein finanzielles Wagnis nicht bedeutet, weil infolge der räumlichen Ausdehnung dieser Städte das Verkehrsbedürfnis bereits beträchtlich ist. Indessen bleibt auch hier eine Ermittlung des Verkehrs unerläßlich, um durch die Auswahl der Betriebslinien und die Gestaltung des Fahrplanes den Bedürfnissen des Verkehrs so weit als möglich zu entsprechen. Die Zahl der zu befördernden Personen oder die Menge der zu verfrachtenden Güter läßt sich im voraus nicht feststellen. Man ist auf Schätzungen angewiesen, die entweder aus den durch die Statistik festgestellten Betriebsergebnissen anderer ähnlicher Bahnanlagen gewonnen werden, oder die auf Ermittlung des im Interessengebiet der neuen Bahn vorliegenden Verkehrsbedürfnisses beruhen.

Für Straßenbahnen gibt die Verwertung der statistischen Ergebnisse aus bestehenden Straßenbahn-Unternehmungen mit hinlänglicher Annäherung die Anhaltspunkte für den zu erwartenden Verkehr. Für Überlandbahnen ist es indessen vorzuziehen, Erhebungen über den im Interessengebiet der neuen Bahn bereits vorhandenen Personen- und Lastenverkehr anzustellen, wobei zu berücksichtigen ist, daß jedes neue Verkehrsmittel selbst wieder zur weiteren Entwicklung und Steigerung des bereits vorhandenen Verkehrs beiträgt.

Zur Ermittelung des zu erwartenden Personenverkehrs dienen Erhebungen über die Bebauungs- und Wohndichte, ferner Zählungen der Passanten auf den Landstraßen und sonstigen Verkehrswegen, wobei auch der Verkehrszweck nach Möglichkeit festzustellen ist, d. h. es muß ermittelt werden, ob vorwiegend ein Berufs- oder Geschäftsverkehr oder ein Vergnügungs- und Ausflugsverkehr vorliegt. Daneben wird auch die Verwertung der Verkehrsziffern etwa schon bestehender Verkehrsmittel, wie Omnibusse, Droschken und dergl. erforderlich sein.

Die Verfrachtungsmengen sind nach Art und Gewicht für die einzelnen Jahreszeiten durch Umfrage bei den im Gebiete liegenden Fabriken, Werkstätten und landwirtschaftlichen Betrieben zu erkunden.

Nur unter sorgfältiger Abwägung aller in Betracht kommenden Umstände kann die Einflußzone der neuen Bahn abgegrenzt, d. h. ermittelt werden, bis zu welcher Entfernung beiderseits der Bahnlinie die Benutzung der Bahn der Bevölkerung noch Vorteile in bezug auf Zeit- und Geldersparnis gewährt.

Eine kritische Vergleichung der auf Grund solcher Erhebungen gewonnenen Ergebnisse mit statistischen Ausweisen ähnlicher Bahnen sollte jedoch keineswegs unterlassen werden.

Aber nicht nur die Größe des Gesamtverkehrs ist festzustellen, sondern es ist auch zu ermitteln, wie sich dieser auf die verschiedenen

Jahreszeiten, auf die einzelnen Wochentage und auf die Tagesstunden verteilt. Die Stärke des Verkehrs und damit die Beanspruchung der Bahn ist nicht zu allen Zeiten die gleiche, sondern wechselt erfahrungsgemäß mit einer gewissen Regelmäßigkeit in kürzeren oder längeren Zeitabschnitten. Während sich bei der Personenbeförderung im städtischen Verkehr (Straßenbahnen und Stadtschnellbahnen) die Verkehrschwankungen mit fast gleichbleibender Pünktlichkeit an jedem Werktage wiederholen, weisen die Überlandbahnen nur an bestimmten Wochentagen (z. B. Marktverkehr nach der Stadt) oder bei überwiegendem Güterverkehr nur zu gewissen Jahreszeiten eine erhöhte Inanspruchnahme auf. Bei Vorortlinien nach beliebten Ausflugszielen fällt auf die Sonn- und Festtage der stärkste Verkehrsandrang. Für reine Touristenbahnen beschränkt sich vielfach der Verkehr nur auf die Sommermonate.

Auf Fernbahnen pflegt der Personenverkehr in den Sommermonaten seinen Höhepunkt zu erreichen, der Güterverkehr in den Frühjahrs- und namentlich Herbstmonaten.

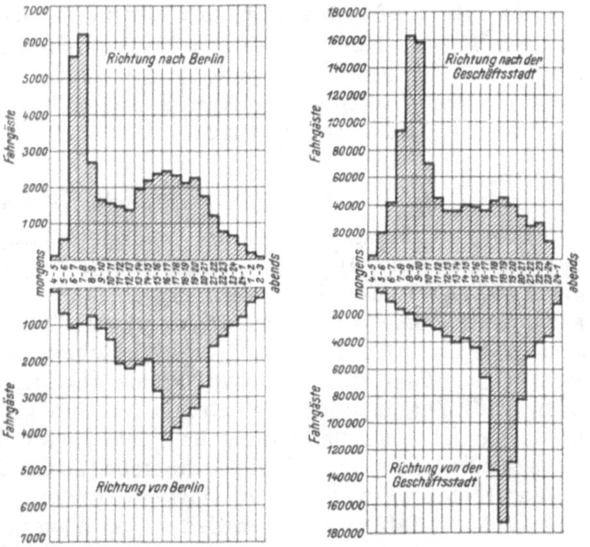

Stündliche Schwankungen des Durchgangs- und Ortsverkehrs der Straßenbahnen am Hermannplatz in Berlin.

Stündliche Schwankungen des Gesamtverkehrs nach und von der Geschäftsstadt in London.

Bild 3. Schaulinien des Tagesverkehrs auf Straßenbahnlinien.

Im Stadtverkehr fallen die Hauptverkehrstunden des Tages mit dem Beginn und Schluß der Geschäfts- und Arbeitstunden zusammen. Auch das Anwachsen des Verkehrs in den Mittagstunden ist eine häufig beobachtete Erscheinung. Wie sehr die Lebensgewohnheiten der Bevölkerung den Verlauf der Verkehrskurve beeinflussen, zeigt der Vergleich zwischen dem Berliner und Londoner Verkehr (Bild 3). In London drängt sich infolge der durchgängig eingeführten ununterbrochenen Arbeitszeit der Verkehr auf ganz kurze Zeiten vormittags und nachmittags zusammen, was zu einer außerordentlichen Anspannung der Verkehrsmittel führt. In

Berlin dagegen, wo die Geschäftszeiten nicht so einheitlich geregelt sind, verteilt sich die Rückflut auf einen längeren Zeitraum und erreicht daher bei weitem nicht die Höhe des Morgenverkehrs.

Im Betrieb der Überlandbahnen stellt sich der Höchstverkehr gewöhnlich in den frühen Morgenstunden auf den nach der Stadt fahrenden Zügen ein; er macht sich im verstärkten Maße an Markttagen bemerkbar, da dann der Marktverkehr mit dem Arbeiterverkehr zusammenfällt. In umgekehrter Richtung ist der Verkehrsandrang in der Regel nicht so groß, weil die Rückfahrt der Marktbesucher bereits um die Mittagstunde erfolgt, während der Arbeiterverkehr erst in den späteren Nachmittagstunden wieder einsetzt.

Beim Ausflugsverkehr an Sonn- und Festtagen liegt die Zeit des Hauptandranges um die Mittagszeit und in den ersten Nachmittagstunden, für die Rückfahrt in den ersten Abendstunden.

Der Betrieb hat allen diesen Verkehrschwankungen Rechnung zu tragen und die Fahrbetriebsmittel in solchem Umfang bereitzustellen, daß den jeweils auftretenden Anforderungen hinsichtlich Platzzahl oder Verfrachtungsraum genügt wird.

D. Fahrplan und Zugbildung.

Die Aufstellung eines Fahr- und Zugbildungsplanes hat an Hand der Ermittelungen über die Verkehrsdichte zu geschehen. Wenn auch der Fassungsraum und die Zahl der zu fahrenden Züge auf alle Fälle auskömmlich sein soll, so ist doch andererseits eine unnötig reichliche Bemessung mit Rücksicht auf die Wirtschaftlichkeit des Betriebes zu vermeiden. Man kann entweder kleine Zugeinheiten in dichter Folge oder große Zugeinheiten in weiterem Abstand verkehren lassen. Beides hat seine Vorzüge und Nachteile. Die dichte Zugfolge mit kleinen Zugeinheiten paßt sich dem Verkehrsbedürfnis des Publikums besser an und bietet einen Anreiz zu stärkerer Benutzung der Bahn, hat aber den Nachteil, daß zu gewissen Zeiten der Wagenraum unter Umständen nicht ausreicht, während zu anderen Zeiten die Wagen nicht genügend besetzt sind. Die Bildung großer Zugeinheiten hat den Vorteil, daß der Betrieb billiger ist; andererseits wird der Wert der Bahn für die Fahrgäste gemindert, wenn die Pausen zwischen den einzelnen Zugfahrten und die Wartezeiten zu lang werden.

Um diesen teilweise sich widersprechenden Ansprüchen gerecht zu werden, muß meist eine Zwischenlösung gefunden werden, derart, daß sowohl die Zugfolge als auch die Zugstärke innerhalb eines Tages je nach dem Verkehrsbedürfnis verändert wird. Da aber die Zugzusammensetzung in der Regel nur auf den Betriebsbahnhöfen verändert werden kann, so kann man die Zugbildung nicht immer rechtzeitig dem veränderten Verkehrsbedürfnis anpassen und Leerfahrten sind nicht ganz zu vermeiden.

Auf die Bildung des Fahrplanes hat ferner auch die Geschwindigkeit der Züge Einfluß. Das Maß für die Geschwindigkeit ist der in der Zeiteinheit zurückgelegte Weg. In der Regel wird die Geschwindigkeit in Kilometern in der Stunde angegeben. Sie ist während der Fahrt zwischen 2 Haltestellen nicht konstant, sondern ändert sich je nach den Streckenverhältnissen. Man unterscheidet daher verschiedene Geschwindigkeiten:

a) die höchste Fahrgeschwindigkeit;
b) die mittlere Fahrgeschwindigkeit;
c) die mittlere Reisegeschwindigkeit;
d) die Grundgeschwindigkeit.

Die höchste Fahrgeschwindigkeit ist diejenige höchste Geschwindigkeit, die durch die Konstruktion des Fahrzeuges bedingt ist oder die durch die Aufsichtsbehörde für die betreffende Bahnstrecke zugelassen ist.

Unter mittlerer Fahrgeschwindigkeit ist die Geschwindigkeit verstanden, die sich aus der Gesamtlänge mehrerer aufeinander folgenden und ohne Zwischenaufenthalt durchfahrenen Streckenabschnitte und der hierzu erforderlichen Gesamtfahrzeit errechnet.

Da aber nicht nur die Streckenverhältnisse, sondern auch die Aufenthalte unterwegs die Geschwindigkeit der Fortbewegung stark beeinträchtigen, hat man den Begriff der „mittleren Reisegeschwindigkeit" eingeführt und versteht darunter die Geschwindigkeit, die sich aus der gesamten Streckenlänge und der für diese benötigten Fahrzeit einschließlich der Aufenthaltszeiten ergibt.

In Dampffahrplänen findet man vielfach den Begriff „Grundgeschwindigkeit". Man gelangt hierzu durch folgende Überlegung. Es werden alle die Fahrzeit verlängernden Einflüsse, wie z. B. Anfahren, Bremsen, Steigungen, Krümmungen, besondere Fahrthindernisse wie langsam zu befahrende Brücken, Zwischenbahnhöfe usw. nicht durch Zuschläge zur Fahrzeit, sondern durch bestimmte erfahrungsmäßige Zuschläge zur Streckenlänge berücksichtigt. Es wird die sogenannte „virtuelle Streckenlänge" gebildet. Man nimmt nun an, daß diese „virtuelle" Strecke mit einer gleichförmigen Geschwindigkeit, der „Grundgeschwindigkeit" durchfahren wird, um daraus die „kürzeste Fahrzeit" zu ermitteln. Die Grundgeschwindigkeit ist demnach nichts anderes, als die für den Betrieb zugelassene Höchstgeschwindigkeit auf gerader ebener Bahn und zugleich die mittlere Fahrgeschwindigkeit für die virtuelle Streckenlänge.

Bei elektrischem Betrieb kann man von der Festsetzung einer Grundgeschwindigkeit absehen, da die erwähnten verzögernden Einflüsse nicht durch mehr oder weniger willkürliche Zuschläge, sondern durch die Aufstellung besonderer Fahrschaulinien genau berücksichtigt werden.

Bei dem großen Einfluß, den die Aufenthalte unterwegs auf die Gesamtfahrzeit haben, empfiehlt es sich, die Zahl der Aufenthalte nach Möglichkeit einzuschränken, und die Aufenthaltszeiten aufs knappste zu bemessen, und ferner durch die Wahl einer hohen Anfahrbeschleunigung und Bremsverzögerung den durch Abbremsen und Wiederanfahren entstehenden Zeitverlust auf das geringste Maß herabzudrücken.

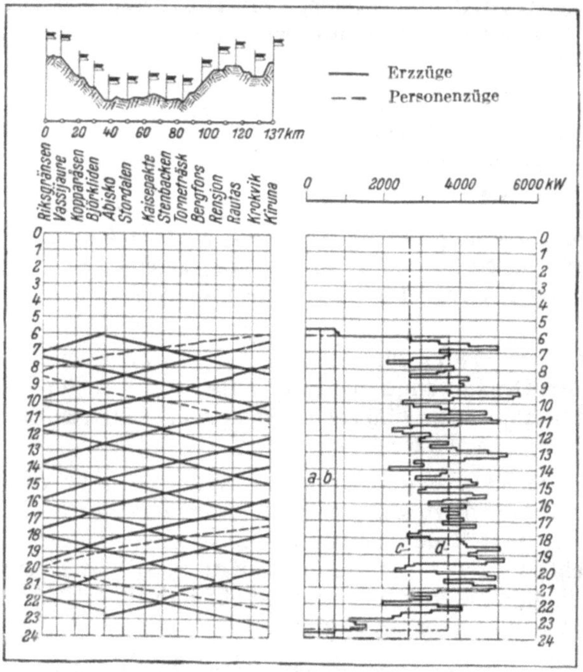

Bild 4. Graphischer Fahrplan der Riksgränsbahn (Schweden)
a = für Beleuchtung der Bahnhöfe etwa 390 kW,
b = für Rangieren = 320 kW,
c = Mittel auf 24 Stunden bezogen = 2700 kW,
d = Mittel während der Betriebszeit = 3700 kW.

Für den praktischen Gebrauch empfiehlt es sich, für die Fahrpläne die bildliche Darstellung zu wählen, derart, daß die Streckenlänge in km mit eingezeichneten Haltestellen (meist auch mit einer vereinfachten Darstellung der Steigungen und Krümmungen) als Abscisse, die Zeiten als Ordinaten eingetragen werden (Bild 4). Die einzelnen Züge stellen sich je nach ihrer Fahrgeschwindigkeit durch eine mehr oder weniger geneigte und gebrochene Linie dar. Diese bildliche Darstellung des Fahrplanes ist der tabellarischen vorzuziehen, da sie eine bessere Übersicht gestattet. Auch die Berechnung der Leitungsanlage und die Ermittlung der Kraftwerksleistungen wird dadurch erleichtert.

Auf **Straßenbahnen** verkehrt entweder ein Motorwagen allein, oder es werden zu Zeiten starken Andranges 1, auch 2 Anhängewagen angehängt. Größere Zugeinheiten sind meist durch behördliche Bestimmungen ausgeschlossen. Als Wagengröße ist für Mittel- und Kleinstädte ein Wagen von 18 Sitzplätzen und 14—18 Stehplätzen gebräuchlich. In Großstädten finden sich größere Wagentypen mit 24 bis 30 Sitzplätzen und etwa 20 Stehplätzen. Die Zugfolge ist verschieden. 5-, 7½- und 15-Minutenverkehr ist üblich. Durch Linienverkettung kann streckenweise eine dichtere Zugfolge erzielt werden. Bei eingleisigem Betrieb wird die Zugfolge durch die Lage der Zugkreuzungsstellen beeinflußt. Die Lage dieser Ausweichen kann rechnerisch ermittelt werden (Bild 5 a) auf Grund der Überlegung, daß auf einen in der Richtung von A. nach B. fahrenden Zug (1) ein zweiter Zug in der gleichen Fahrtrichtung (3) erst folgen darf, wenn der entsprechende Gegenzug (2) in A. eingetroffen ist. Das Verkehrsintervall darf daher nicht kleiner sein als die Gesamtfahrzeit auf der Zwischenstrecke für eine volle Hin- und Rückfahrt. Beträgt z. B. die einfache Fahrzeit für die Strecke von A. nach B. t Minuten, so ist die Zugfolgezeit $T \geqq 2\ t$.

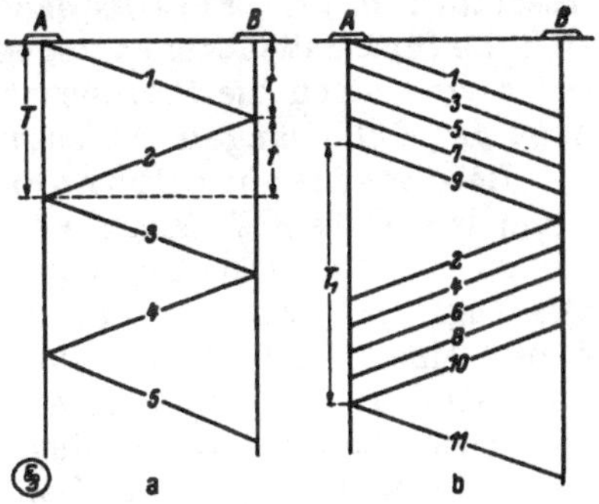

Bild 5 a u. b
Zugfolge bei eingleisigem Betrieb.

Um bei besonderen Veranlassungen, z. B. starkem Ausflugsverkehr, vorübergehend eine dichtere Zugfolge zu erzielen, kann man eine Anzahl Züge hintereinander in derselben Richtung abfertigen, muß aber dann nach einer gewissen Zeit eine Pause eintreten lassen, um den Gegenzügen Gelegenheit zur Rückfahrt zu geben (Bild 5 b).

Bei der Auswahl der Ausweichstellen muß darauf geachtet werden, daß sie nicht an solchen Stellen vorgesehen werden, die aus örtlichen Gründen dafür ungeeignet sind, z. B. in engen Straßen, auf starkem Gefälle oder in scharfen Krümmungen und dergleichen.

Die Lage der Haltestellen ist bei Straßenbahnen an solchen Punkten der Linie zu wählen, wo ein größerer Zugang von Fahrgästen zu erwarten ist, in den Städten also an öffentlichen Plätzen, Gebäuden, Geschäftshäusern und Fabriken, ferner an Straßenkreuzungen. Die Haltestellenentfernung beträgt in Großstädten etwa 350 m, in Mittel- und Kleinstädten 250 bis 300 m. Die Dauer des Aufenthaltes an den Haltestellen beträgt im allgemeinen 7—15 Sekunden; auf eingleisiger Strecke sind für die Kreuzung in den Ausweichen bei ungestörtem Fahrplan etwa 20—30 Sekunden zu rechnen.

Für Überlandbahnen gilt im allgemeinen das gleiche wie für Straßenbahnen. Wegen des weitmaschigen Fahrplans sind größere Züge und größere Wageneinheiten üblich, d. h. Züge aus 1 Motorwagen und 1 bis 3 Anhängewagen bei einem Fassungsraum von 36—45 Plätzen je Wagen. Der Abstand der Haltestellen beträgt je nach den vorliegenden Verhältnissen etwa 1 km, unter Umständen aber noch wesentlich mehr. Für Überlandbahnen mit reinem Personenverkehr sind die für Straßenbahnen angegebenen Aufenthaltszeiten ausreichend; befördern jedoch die Personenzüge auch Güter, so werden durch Übergabe der Güter längere Aufenthaltszeiten an den Haltestellen bedingt.

Bei Stadtschnellbahnen muß man wegen des meist vorliegenden großen Verkehrsumfanges sowohl bezüglich der Zugstärke als auch bezüglich der Zugfolge bis an die Grenze des Möglichen gehen. Die Zugfolge wird bestimmt durch die Zeit, die ein Zug zum Durchfahren eines Bahnhofs braucht, d. h. von dem Augenblick an, wo die Zugspitze um die Länge eines vollen Bremsweges vor dem Einfahrtsignal sich befindet bis zu dem, wo das Zugende durch das Ausfahrtsignal gedeckt wird. Diese Zeit setzt sich zusammen aus:

Bremszeit,
Aufenthaltszeit,
Anfahrzeit,
Signalstellzeit.

Die Bremszeit ist von der Wahl der Bremsverzögerung und von der Höhe der Fahrgeschwindigkeit abhängig, aus der der Zug abgebremst werden muß. Meist geht man über eine Bremsverzögerung von 0,8 m/s² nicht hinaus, um unangenehme Stöße und Zerrungen im Zuge zu vermeiden und um auch bei allen Witterungsverhältnissen den Zug mit Sicherheit an der vorgeschriebenen Stelle zum Stillstand zu bringen.

Die Anfahrzeit hängt von der Wahl der Anfahrbeschleunigung ab. Es ist bereits ausgeführt worden, daß in dieser Hinsicht der elektrische Betrieb ganz besonders vorteilhaft ist, da durch die große Zahl der angetriebenen Achsen und die hohe Überlastungsfähigkeit der Motoren ein sehr rasches Anfahren ermöglicht wird. Die Höhe der Anfahrbeschleunigung ist nur durch wirtschaftliche Erwägungen und durch die Rücksicht auf das Wohlbefinden der Fahrgäste begrenzt, da Anfahrbeschleunigungen über 0,5 m/s² unangenehm empfunden werden und auch auf Anlage- und Betriebskosten ungünstig einwirken.

Die Signalstellzeit kann durch ein selbständiges Block- und Signalsystem, wie es auf der Berliner Hoch- und Untergrundbahn, der Berliner Stadt- und Ringbahn, in New York, London und in anderen Großstädten eingeführt ist, auf ein äußerst geringes Maß beschränkt werden.

Hierzu kommt noch die eigentliche Aufenthaltszeit auf dem Bahnhof. Diese hängt von der Zuglänge, der Übersichtlichkeit des Bahnhofes sowie davon ab, ob ein starker Wechsel von Fahrgästen stattfindet oder nicht. Daneben spielt die zweckmäßige Bauart der Wagen, insbesondere die Zahl und die Anordnung der Wagentüren eine wichtige Rolle. Unterstützt wird die Schnelligkeit der Zugabfertigung durch die Gewandtheit der Bahnbeamten und durch die Gewöhnung des reisenden Publikums. In Anbetracht dieser vielen verschiedenen Einflüsse ist es erklärlich, daß die Aufenthaltszeit auf den Bahnhöfen innerhalb recht weiter Grenzen schwankt. Die übliche Annahme einer Haltezeit von 20—30 Sekunden mag als Durchschnittswert gelten, wird aber häufig überschritten. In New York betragen nach zahlreichen Beobachtungen während der sogenannten „rush hours" die Aufenthalte auf verkehrsreichen Haltestellen nicht unter 50, oft auch 60 und 70 Sekunden, und zwar obwohl zur glatten Abwicklung des Verkehrs Zugbegleitungs- und Bahnsteigpersonal reichlich vorhanden ist und obwohl die Fahrgäste an Eile gewöhnt sind.

Um die dichteste Zugfolgezeit zu ermitteln, muß der in bezug auf die Verkehrsverhältnisse ungünstigste Bahnhof ausgesucht werden, der dann für die Zugfolge auf der ganzen Strecke maßgebend ist. Besonders ungünstig sind in dieser Hinsicht Kopfbahnhöfe, weil bei diesen auch ein Wechsel der Fahrtrichtung stattfindet. Kopfbahnhöfe sind daher bei Neuanlagen zu vermeiden. Die Erfahrung hat gelehrt, daß auf Stadtschnellbahnen im Höchstfall etwa 40 Züge stündlich in einer Richtung abgefertigt werden können, d. h. die dichteste Zugfolge ist etwa 1½ Minute. Die häufig aufgestellte Behauptung, daß Zugfolgezeiten von 1 bis 1¼ Minuten erreichbar seien, beruht auf theoretischen Berechnungen, hat aber in der Praxis eine Bestätigung bisher nicht gefunden. Welchen Einfluß die einzelnen Faktoren auf die Zugfolgezeit haben, soll an folgendem Zahlenbeispiel erläutert werden.

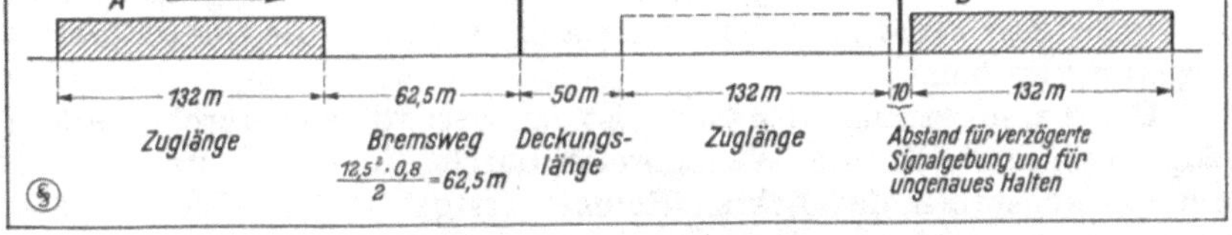

Bild 6. Ermittlung der Zugfolge.

Maßgebend für die Ermittlung der Zugfolge ist die Zeit, die der Zug braucht, um von der in der Skizze (Bild 6) mit „A." bezeichneten Stelle nach „B." zu gelangen. Die Zuglänge sei 132 m, die Geschwindigkeit beim Einsetzen der Bremsung 12,5 m/s, die Bremsverzögerung 0,8 m/s² und die Anfahrbeschleunigung 0,5 m/s².

Die Zeit für die Fahrt von „A." nach „B." setzt sich dann wie folgt zusammen:

Einfahrzeit $\frac{132 + 50}{12,5}$ . . . . = 14,5 s.

Bremszeit $\frac{12,5}{0,8}$ . . . . = 16 „

Aufenthalt . . . . = 25 „

Räumungszeit $\sqrt{\frac{(132 + 10) \cdot 2}{0,5}}$ . . . . . = 24 „

Beobachtungs- und Signalstellzeit . . . . . = 4 „

Zuschlag für ungenaue Folge der Vorgänge = 5 „

88,5 s.

Die größte Zahl von Zügen in einer Stunde beträgt also

$$\frac{3600}{88,5} = \underline{40 \text{ Züge}}$$

Man ersieht aus den obigen Zahlenwerten, daß, abgesehen von der Aufenthaltszeit, die, wie erwähnt, durch andere nicht beliebig beeinflußbare Faktoren bestimmt ist, die Räumungszeit für die Zugfolge ausschlaggebend ist und diese ist wieder von der Zuglänge und der gewählten Anfahrbeschleunigung abhängig.

Die Zugfolge wird durch die Fahrgeschwindigkeit auf der freien Strecke nicht beeinflußt, und es ist daher zwecklos, bei Stadtschnellbahnen durch Erhöhung der Fahrgeschwindigkeit auf der freien Strecke den Zeitverlust in den Bahnhöfen ausgleichen und die Zugfolge dadurch verbessern zu wollen.

Der Haltestellenabstand auf Stadtschnellbahnen ist in der Regel etwa 800 m. Hierbei lassen sich noch Höchstgeschwindigkeiten von 50 km/h anwenden. Bei größerer Haltestellenentfernung kann auch die Höchstgeschwindigkeit höher gewählt und damit die Gesamtfahrzeit abgekürzt werden.

Der Fassungsraum der Züge ist im wesentlichen durch die Zuglänge bestimmt, da die Wagenbreite durch die Spurweite und das Umgrenzungsprofil des lichten Raumes festgelegt ist. Die Zuglänge ist wiederum durch die Abmessungen der Bahnsteige gegeben und steht dadurch in inniger Wechselbeziehung zu der Zugfolge, wie oben gezeigt ist. Es hat daher keinen Zweck, die Zuglänge über ein bestimmtes Maß hinaus zu steigern, weil mit zunehmender Zuglänge auch die für die Zugfolge maßgebende Bahnhofslänge vergrößert wird. Ferner wird durch die erschwerte Zugabfertigung der Stationsaufenthalt verlängert. Da die Leistungsfähigkeit der Bahn sich aus der Zahl der stündlich zu befördernden Züge und aus ihrem Fassungsvermögen ergibt, so ist der Fall denkbar, daß mit der Vergrößerung der Züge die Leistungsfähigkeit der Bahn nicht zu- sondern sogar abnimmt, da nicht mehr die gleiche Zahl von Zügen wie vorher über die Strecke gebracht werden kann. Bei welcher Gruppierung die Bahn das Maximum ihrer Leistungsfähigkeit erreicht, muß von Fall zu Fall durch Vergleichsrechnung gefunden werden.

Die Wagen der bestehenden Stadtschnellbahnen weisen mannigfaltige Größenverhältnisse und Grundrißformen auf. Allen ist aber gemeinsam, daß sie zur Bewältigung des Massenandranges sehr viel Stehplätze enthalten, und daß sie behufs schneller Leerung und Füllung mit möglichst vielen breiten Türen versehen sind. Der Fassungsraum der Wagen ist meist so bemessen, daß auf 1 m^2 Bodenfläche 3,5 bis 5 Personen, in Steh- und Sitzplätzen zusammen, entfallen.

Bei Fernbahnen ist die Aufstellung eines geeigneten Fahrplans ganz besonders schwierig, da die verschiedensten Zuggattungen dieselben Gleise benutzen müssen. Neben Schnellzügen, Eilzügen, beschleunigten und Orts-Personenzügen verkehren noch gemischte Züge und Güterzüge, letztere wieder nach ihrer Bedeutung in Fern-, Durchgangs- und Orts-Güterzüge unterschieden. Die Geschwindigkeiten dieser Züge und die Zahl der Aufenthalte unterwegs weichen erheblich voneinander ab. Es sind daher Überholungen der langsamer fahrenden Züge durch die schnelleren, bei eingleisigem Betrieb außerdem noch die Zugkreuzungen zu berücksichtigen. Hinzu kommt, daß die Lage einiger Züge im Fahrplan durch Anschlüsse an Züge angrenzender Strecken festgelegt ist. Im Gegensatz zu den Straßenbahnen und Stadtschnellbahnen, die nur von Zügen gleicher Geschwindigkeit befahren werden, ist auf Fernbahnen ein sogenannter „starrer Fahrplan", d. h. ein Fahrplan, in dem die Züge in gleichmäßigen kurzen Intervallen verkehren, nicht möglich. Der Fahrplan einer Fernbahn zeigt ein durchaus unregelmäßiges Bild.

Beim Übergang vom Dampfbetrieb zur elektrischen Zugförderung empfiehlt es sich nicht, den bisherigen Dampffahrplan unverändert zu übernehmen, da dieser vielfach nach ganz anderen Gesichtspunkten aufgestellt ist. Wenn auch die Lage der Züge, namentlich der durchgehenden, im wesentlichen nicht geändert werden kann, so lassen sich bei elektrischem Betrieb gewisse Verbesserungen erzielen, die beim Dampfbetrieb nicht möglich sind.

Für den Fahrplan sind ganz besonders störend die Orts-Personen- und -Güterzüge, da sie wegen ihrer geringen Fahrgeschwindigkeit und wegen des häufigen Aufenthaltes die Strecke übermäßig lange in Anspruch nehmen. Man wird sich die Frage vorlegen müssen, ob es in allen Fällen nötig sein wird, die aus dem Dampfbetrieb übernommenen schweren Züge auf jeder Haltestelle anhalten zu lassen, um einen meist nur geringen Verkehr zu befriedigen. Der leichte elektrische Triebwagenzug wird in den meisten Fällen einen ausreichenden Ersatz bieten. Solche Triebwagen sind schon jetzt mit Erfolg auf Nebenstrecken vielfach in Betrieb; sie können aber auch auf Hauptbahnen mit der Geschwindigkeit der Schnellzüge verkehren, wie z. B. der langjährige Betrieb der Bahn Rotterdam—Haag—Scheveningen beweist. Diese Züge werden nicht mehr wie die Personenzüge bei Dampfbetrieb mit unveränderter Zusammensetzung über die ganze Strecke laufen, sondern sie werden als „Pendelzüge“ über Teilstrecken verkehren, was dem Verkehrsbedürfnis meistens vollständig entspricht, da diese Ortspersonenzüge für den durchgehenden Verkehr doch nicht in Betracht kommen. Die Pendelzüge bieten die Möglichkeit, das Zuggewicht dem wechselnden Verkehrsbedürfnis anzupassen; es braucht nicht unwirtschaftliches Zuggewicht mitgeschleppt zu werden.

Es steht nichts im Wege, auch die Ortsgüterzüge in der gleichen Weise wie die Ortspersonenzüge zu behandeln, nur mit dem Unterschied, daß an Stelle des Triebwagens in der Regel eine leichte Lokomotive Verwendung finden wird.

Aber auch für den Fahrplan der durchgehenden Züge wird sich durch die Einführung der elektrischen Zugförderung manche Verbesserung erreichen lassen. Man wird von der Möglichkeit, die Lokomotivleistung zu steigern, weitestgehend Gebrauch machen und diese zu einer Erhöhung der Geschwindigkeit ausnutzen. Hiervon werden vor allem die Güterzüge Nutzen ziehen, um so mehr, als die neuerdings mehr und mehr eingeführte durchgehende Druckluftbremse auch den Güterzügen die volle Ausnutzung der erhöhten Fahrgeschwindigkeit ermöglicht.

Durch diese Maßnahmen besteht die Möglichkeit, die mittleren Geschwindigkeiten der verschiedenen Zuggattungen bis zu einem gewissen Grade einander anzugleichen und die Strecke zu entlasten. Manche Überholung kann entbehrt und damit die Ursache mancher Fahrplanstörung und Zugverspätung beseitigt werden. Bei der Aufstellung eines elektrischen Fahrplanes wird man auch danach streben müssen, daß die Schwankungen im Zugverkehr in den einzelnen Tagesstunden möglichst klein ausfallen. Man wird in die Lücken des Fahrplans nach Möglichkeit neue Pendelzüge einlegen oder andere Züge, die nicht an bestimmte Tageszeiten gebunden sind, insbesondere Güterzüge, in die schwächer belasteten Tagesstunden verlegen. Auf diese Weise kann vielfach ein sehr wünschenswerter Ausgleich in den Belastungschwankungen des Kraftwerks und der Unterwerke erzielt werden, der in einer Verminderung der Stromerzeugungskosten zum Ausdruck kommt.

E. Wahl der Stromart.

Für den elektrischen Bahnbetrieb kommen nach dem heutigen Stand der Technik folgende Stromarten in Frage:

Gleichstrom,
Drehstrom,
Einphasenwechselstrom.

Während für Straßen- und Überlandbahnen der Gleichstrom bei weitem überwiegt, hat im Vollbahnwesen keine der genannten Stromarten eine unbedingte Vorherrschaft erlangen können.

Jede der genannten Stromarten hat ihre Vorzüge und Eigentümlichkeiten und jede hat sich bei richtiger Anwendung bewährt. Es bedarf in jedem Einzelfalle besonderer Erwägungen, welche Stromart gerade für die vorliegenden Betriebsverhältnisse den Vorzug verdient.

Der Gleichstrom wurde am frühesten angewendet, wenn auch zunächst nur für die noch ziemlich einfachen Verhältnisse des Straßenbahnbetriebes. Der Gleichstrommotor, der in der Regel als Hauptstrommotor gebaut wird, hat Eigenschaften, die ihn besonders für den Bahnbetrieb geeignet erscheinen lassen. Seine Charakteristik (Bild 7) ist dadurch gekennzeichnet, daß er bei niedriger Umlaufzahl ein hohes Drehmoment entwickelt, das mit der Steigerung der Geschwindigkeit sich von selbst vermindert. Der Hauptstrommotor hat daher im Augenblick des Anfahrens ein sehr bedeutendes Anzugsdrehmoment, das sein normales Dauerdrehmoment um ein vielfaches übersteigt und ein rasches Anfahren des Fahrzeuges ermöglicht. Mit zunehmender Geschwindigkeit fällt das Drehmoment dann von selbst auf den durch die äußeren Bahnwiderstände gegebenen Wert. Auch dem wechselnden Streckenprofil paßt sich der Hauptstrommotor gut an, da die Umlaufzahl auf starken Steigungen entsprechend dem höheren Drehmoment von selbst sich ermäßigt. Infolge dieser Anpassungsfähigkeit entwickelt der Motor, abgesehen von den nur kurzzeitig auftretenden Anfahrstößen, praktisch eine nahezu gleichbleibende Leistung während der ganzen Fahrt. Das sind aber gerade die Eigenschaften, die von einem guten Bahnmotor verlangt werden müssen. Es ist nicht nötig

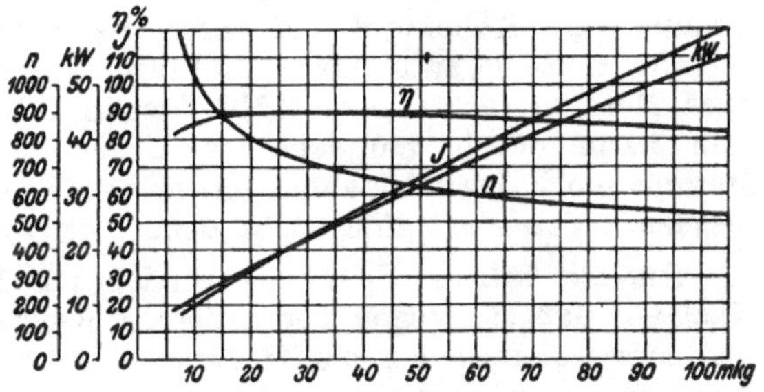

Bild 7. Kennlinien eines Gleichstrommotors.

und nicht einmal erwünscht, daß der Motor auch auf starken Steigungen gleich schnell wie in der Ebene läuft; vielmehr würde die damit stark anwachsende Stromaufnahme für das Kraftwerk und die Leitungsanlage höchst unbequem werden und unverhältnismäßig große Anlagen erfordern.

Zu diesen Vorteilen des Hauptstrommotors kommt noch seine große Unempfindlichkeit gegen Spannungschwankungen, da ein Spannungsabfall wohl eine Verminderung der Umlaufzahl bzw. der Fahrgeschwindigkeit, nicht aber eine Schwächung des Drehmoments zur Folge hat.

Weniger günstig ist beim Gleichstrommotor die Regulierung. Die Regelung der Umlaufzahl geschieht beim Hauptstrommotor durch Veränderung der Klemmenspannung. Sind 2 Motoren oder ein Vielfaches vorhanden, so kann man durch Reihen- oder Parallelschaltung 2 Hauptgeschwindigkeitstufen und durch Feldschwächung allenfalls noch 2 weitere Stufen schaffen. Für die notwendigen Zwischenstufen sind Vorschaltwiderstände nötig, die bei häufigem Anfahren nicht unerhebliche Energieverluste verursachen. Letztere können durch die Geschicklichkeit des Fahrpersonals und zweckentsprechende Unterweisung zwar gemildert, aber nicht ganz beseitigt werden.

Ferner ist die Gleichstrombetriebspannung begrenzt und dieser Nachteil ist immer fühlbarer geworden, je mehr man dazu überging, auch für Fernbahnen den elektrischen Betrieb einzuführen. Die im Straßenbahnbetrieb übliche Spannung von 500 bis 750 V gestattete nur Entfernungen von wenigen Kilometern zu beherrschen und ist daher für Fernbahnen nicht geeignet. Der Erhöhung der Betriebspannung stehen aber gewichtige Bedenken im Wege. Bei Gleichstrommotoren ist die Höhe der Klemmenspannung durch die Konstruktion des Kollektors und durch die Höhe der Lamellenspannung beeinflußt. Es ist zwar durch die Einführung der Wendepole gelungen, auch Motoren für 1000 bis 1500 V noch betriebsicher zu bauen, und man kann durch gruppenweise Hintereinanderschaltung mehrerer Motoren noch Betriebspannungen in der Fahrleitung von 3000 V anwenden. Vereinzelt sind sogar 4000 V in Anwendung.

Die mit höherer Spannung betriebenen Motoren haben aber den Nachteil, daß sie wegen der größeren Isolationsräume viel sperriger und schwerer ausfallen als Niederspannungsmotoren von der gleichen Leistung. Aus demselben Grunde sind auch die Hochspannungsschaltapparate sperriger und schwerer. Dies ist für Lokomotiven von geringerer, für Motorwagen aber von erheblicher Bedeutung, da der zulässige Achsdruck leicht überschritten wird und für die Unterbringung der Schaltapparate, die nicht mehr unter dem Wagenfußboden

Platz finden, wertvoller Raum im Wagenkasten in Anspruch genommen werden muß. Man findet daher auf Gleichstrombahnen mit 3000 V und darüber fast nur noch Lokomotivbetrieb, keinen Motorwagenbetrieb. Dies ist in betrieblicher Hinsicht vielfach sehr nachteilig; denn man begibt sich damit der Möglichkeit, im Bedarfsfall kleine leichte Triebwagenzüge für Personen- oder leichten Güterverkehr in den Fahrplan einzuschieben.

Für die Energieübertragung vom Kraftwerk bis zu den Fahrzeugen auf der Strecke reicht indessen auch die höchste bisher erprobte Gleichstromspannung nicht mehr aus und man ist daher genötigt, für die eigentliche Fernübertragung hochgespannten Drehstrom zu verwenden und diesen in passend gelegenen Umformerwerken an der Bahnstrecke zunächst auf niedere Spannung herabzutransformieren und dann mittels rotierender Umformer oder Gleichrichter in Gleichstrom umzuwandeln. Das ist der schwerwiegendste Nachteil bei der Verwendung von Gleichstrom: Man kommt ohne Energieumformung nicht aus. Hierdurch werden nicht nur die Anlage- und Betriebskosten erhöht, sondern es wird auch der Wirkungsgrad der ganzen Anlage verschlechtert.

Die Erkenntnis, daß für einen schweren Vollbahnbetrieb auf große Entfernungen nur ein Stromsystem geeignet ist, das die Verwendung möglichst hoher Betriebspannungen ermöglicht, hat schon frühzeitig dazu geführt, dem Wechselstrom die Aufmerksamkeit zuzuwenden. Zunächst war es der Drehstrom, der in dieser Beziehung am meisten Erfolg versprach. Die ersten Versuche in dieser Richtung sind bereits im Jahre 1892 von der Firma Siemens & Halske unternommen worden, die dann schließlich zu den bekannten Schnellbahn-Versuchen auf der Strecke Marienfelde—Zossen führten. Im Jahre 1906 wurde die erste Vollbahn in Italien mit Drehstrom ausgeführt.

Der Vorzug des Drehstroms und des Wechselstroms liegt in der Möglichkeit, in ruhenden Transformatoren ohne nennenswerte Energieverluste die Betriebspannung beliebig herauf- oder herabzusetzen. Hiermit ist es möglich, für die Fernübertragung hohe, für die Motoren ermäßigte Spannungen zu verwenden. Die Umwandlung der Spannung geschieht dabei entweder in ortsfesten Transformatorstationen, die längs der Bahnstrecke verteilt sind, oder auf der Lokomotive selbst oder auf beiderlei Weise.

Hiermit ist die Schwierigkeit der Energieübertragung vom Kraftwerk zu den Fahrzeugen der Lösung näher gebracht.

Weniger günstig war das Verhalten der Drehstrommotoren, die meist als Induktionsmotoren gebaut sind und als solche die Eigenschaft haben, bei allen Belastungen mit nahezu gleichbleibender

Umlaufzahlen zu laufen (Bild 8). Auch auf ziemlich bedeutenden Steigungen geht die Geschwindigkeit nur um wenige Prozente herab. Die Drehstrommotoren nehmen daher auf Steigungen erheblich mehr Strom auf, als Motoren mit Reihenschlußcharakter. Die Folge davon sind große Belastungstöße im Kraftwerk.

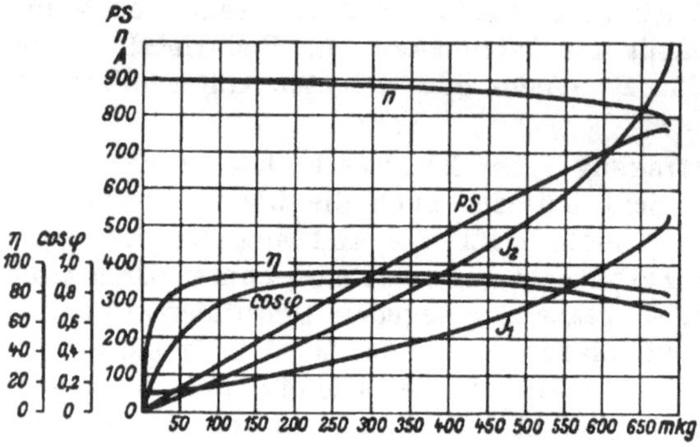

Bild 8. Kennlinien eines Drehstrommotors.

Auch die Geschwindigkeitsregelung hat für Drehstrommotoren bisher noch keine befriedigende Lösung gefunden. Sie kann entweder durch Vorschaltwiderstände, also unter Energieverlust, oder durch ziemlich verwickelte Schaltvorgänge, wie Polumschaltung oder Kaskadenschaltung geschehen. Die Betriebsicherheit der ersteren läßt zu wünschen übrig, da die Umschaltung auf der Hochspannungseite durchgeführt werden muß, und die Kaskadenschaltung hat andererseits den Nachteil, daß die Motoren dabei recht schlecht ausgenutzt werden. Die Gesamtleistung zweier in Kaskade geschalteter Motoren kommt nur etwa der Leistung des Hauptmotors für sich gleich. Der Kaskadenmotor wird nur für das Anfahren und bei der halben Geschwindigkeit benutzt, bei voller Geschwindigkeit läuft er leer mit. Die Höchstleistung der Valtellinabahn-Lokomotiven, die einen Hauptmotor von 1500 PS und einen Kaskadenmotor von 1200 PS besitzen, ist also durch die Leistung des Hauptmotors mit 1500 PS bestimmt, nicht durch die Summe der Leistungen beider Motoren. Man hat in der Eigenschaft der Drehstrommotoren, stets mit nahezu gleichbleibender Geschwindigkeit zu laufen, einen besonderen Vorzug dieses Systems erblicken wollen, da ja damit Zugverspätungen unmöglich würden. Dies ist aber ein Trugschluß, da Zugverspätungen erfahrungsgemäß weniger auf der freien Strecke, als während des Aufenthalts auf den Bahnhöfen entstehen, und es fehlt in einem solchen Fall jede Möglichkeit, den Zeitverlust durch beschleunigte Fahrt wieder einzuholen.

Ein weiterer schwerwiegender Nachteil des Drehstrommotors ist seine große Empfindlichkeit gegen Spannungschwankungen. Bei Induktionsmotoren ist das Drehmoment unmittelbar proportional dem Quadrat der Spannung, so daß auch schon bei einem geringen Spannungsabfall das Drehmoment erheblich abfällt. Hat man beispielsweise 20 % Spannungsabfall in der Fahrleitung, so sinkt das Drehmoment auf den $(0{,}80)^2$-fachen, d. h. den 0,64fachen Wert des nominellen herunter. Bei 30 % Spannungsabfall, wie er bei Gleichstrom- und Wechselstrom-Bahnen noch durchaus als zulässig gilt, würden Drehstrommotoren nur noch kaum die Hälfte des nominellen Drehmomentes entwickeln. Bei Drehstrombahnen muß man daher die Grenze des zulässigen Spannungsabfalles erheblich enger ziehen, weil sonst die Gefahr besteht, daß die Züge auf der Strecke liegen bleiben. In Anbetracht der großen Spannungschwankungen, wie sie im Bahnbetrieb nun einmal unvermeidlich sind, ist es daher unerläßlich, durch dichte Häufung der Streckentransformatoren und durch reichliche Bemessung der Fahrleitungsquerschnitte dafür zu sorgen, daß der Spannungsabfall die obere Grenze von etwa 10 bis 15 % keinesfalls übersteigt. Welchen ungünstigen Einfluß diese Beschränkung auf die Anlagekosten hat, braucht nicht weiter erläutert zu werden.

Im Vollbahnbetrieb wird sich häufig die Notwendigkeit herausstellen, mehr als ein Triebfahrzeug in einem Zuge zu verwenden, und es ist dann sehr wichtig, daß alle Motoren gut übereinstimmend zusammenarbeiten, damit jeder den ihm zukommenden Teil der Gesamtlast übernimmt. Motoren mit Hauptstrom-Charakter für Gleich- und Einphasenstrom erfüllen diese Bedingung ohne weiteres; es ist nicht einmal nötig, daß sie von der gleichen Bauart und Größe sind, wenn sie nur ähnlich verlaufende Kennlinien haben und auf annähernd gleiche Geschwindigkeit einstellbar sind. Bei asynchronen Drehstrommotoren ist das Zusammenarbeiten erheblich schwieriger. Schon geringe Unterschiede in den Durchmessern der Triebräder, wie sie durch ungleiche Abnutzung der Radreifen sich ergeben, und die hierdurch bedingten Abweichungen in der Drehzahl der Motoren bewirken, daß die Stromaufnahme der einzelnen Motoren eines Zuges sehr verschieden ausfällt, so daß einzelne überlastet, andere unterbelastet sind. Diese Unterschiede lassen sich zwar durch entsprechende Einstellung der Läuferwiderstände der betreffenden Motoren wieder ausgleichen, jedoch bedingt dies eine nicht unerhebliche Aufmerksamkeit und Geschicklichkeit des Fahrpersonals. Diese Erschwerungen bringen es mit sich, daß man es auf Drehstrombahnen vermeidet, mehr als ein Triebfahrzeug in einem Zuge zu verwenden. Für den Betrieb liegt darin eine große Erschwerung.

Diesen Nachteilen der Drehstrommotoren stehen ihr im Verhältnis zu ihrer Leistung sehr geringes Gewicht und der Fortfall des Kommutators als Vorzüge gegenüber. Letzterer Umstand macht die Drehstromlokomotive zu einer sehr betriebsicheren und zuverlässigen Maschine und gestattet auch, die Motoren mit höherer Betriebspannung zu betreiben, als es bei Kommutatormotoren der Fall ist. Bei den Schnellbahnversuchen auf der Strecke Marienfelde—Zossen wurde von der Firma Siemens & Halske auch eine Lokomotive vorgeführt, bei der die Motoren erstmalig direkt mit 10 000 V betrieben wurden. Für die Drehstrombahnen in Oberitalien wird eine Spannung von 3000 V ohne Herabtransformierung für die Lokomotivmotoren verwendet.

Wohl der wesentlichste Nachteil der Drehstrombahnen liegt in der doppelpoligen Oberleitung, die für jedes Gleis 2 voneinander getrennte und gegen die volle Betriebspannung isolierte Fahrleitungen erfordert. Infolge des größeren Kupferaufwandes, der schwierigen Isolation und der stärkeren Tragvorrichtungen erhöhen sich die Anlagekosten der Fahrleitung beträchtlich, besonders bei Anwendung der Vielfachaufhängung, die bei hoher Fahrgeschwindigkeit zur sicheren Stromabnahme unerläßlich ist. Außerdem wachsen die Kosten für Unterhaltung und Erneuerung, da 2 Fahrdrähte gleichzeitig abgenutzt werden und die Zahl der Isolatoren größer ist. Zudem wird die Betriebsicherheit und Übersichtlichkeit der Anlage vermindert. Diese Nachteile treten am schärfsten auf den Bahnhöfen mit schwierigen Gleisanlagen hervor, da die Ausbildung der Luftweichen mit ihren gegeneinander zu isolierenden Fahrdrähten zu sehr verwickelten Konstruktionen führt. Abgesehen von den hohen Anlagekosten geben diese Luftweichen leicht zu Betriebstörungen Anlaß. Die doppelpolige Oberleitung ist auch dadurch nachteilig, daß infolge der Schwierigkeit, die beiden Phasen der Oberleitung gegeneinander zu isolieren, die Höhe der Fahrdrahtspannung ziemlich eng begrenzt ist. Die seitherigen Drehstromausführungen gehen über 3000 V nicht hinaus. Hierdurch ist der Drehstrom dem Einphasenstrom, der Fahrdrahtspannungen bis zu 20 000 V zuläßt, erheblich unterlegen.

Der Einphasen-Wechselstrom ist die jüngste unter den bekannten Stromarten; sie ist herausgebildet worden, weil weder der Gleichstrom noch der Drehstrom restlos befriedigten, und in der Tat vereinigt der Einphasenstrom die wesentlichsten Vorzüge beider Systeme, ohne deren Nachteile zu übernehmen. Mit dem Drehstrom hat er die Möglichkeit der Verwendung höherer Spannungen und die leichte Veränderung der Spannung durch ruhende Transformatoren gemeinsam; dagegen vermeidet er in glücklichster Weise den Hauptnachteil des Drehstroms, die doppelpolige Fahrleitung. Die Grenze der zulässigen Fahrdrahtspannung liegt bei Einphasenstrom erheblich höher als bei Drehstrom. Dies und die große Unempfindlichkeit gegen Spannungschwankungen bringen es mit sich, daß man in jedem Fall bei Einphasenstrom bedeutend weniger Unterstationen an der Strecke braucht. In manchen Fällen, wo bei Drehstrom 2 oder 3 Unterwerke erforderlich sind, wird man bei Einphasenstrom ohne solche auskommen.

Die Verminderung der Zahl der Unterwerke ist aber gerade für Vollbahnbetrieb sehr erstrebenswert. Der Verkehr auf Vollbahnen ist im Gegensatz zum Straßenbahnverkehr durch eine verhältnismäßig geringe Anzahl von Zügen von beträchtlichem Gewicht gekennzeichnet. Die Bemessung der Größe der Unterwerke kann deshalb nicht auf Grund der mittleren Streckenbelegung erfolgen; es ist vielmehr die Höchstleistung maßgebend, die gewöhnlich auftritt, wenn 2 oder mehr Züge in dem Speisebezirk des betreffenden Unterwerkes gleichzeitig anfahren. Die Folge davon ist, daß jedes der vielen Unterwerke beim Drehstrom fast dieselbe installierte Leistung erhalten muß, wie eines der wenigen Unterwerke beim Einphasenstrom. Es werden sich also bei Drehstrom die Anlagekosten für die Unterwerke erheblich höher stellen, ebenso auch die Kosten für Unterhaltung, Bedienung und Erneuerung. Ferner ergeben sich größere Verluste in den schlecht ausgenutzten Transformatoren, insbesondere nehmen die Leerlaufverluste zu.

Das gleiche gilt auch gegenüber dem Gleichstrom, bei dem ebenfalls wegen der niedrigen Betriebspannung erheblich mehr Unterwerke als beim Einphasenstrom nötig werden, die außerdem noch teurer werden, weil außer den ruhenden Transformatoren noch rotierende Umformer oder Gleichrichter gebraucht werden, während bei Einphasenstrom nur Transformatoren nötig sind.

Mit dem Gleichstrom hat der Einphasenstrom wiederum die Vorzüge gemeinsam, die in der Verwendung von Reihenschlußmotoren liegen. Ein Wechselstrombahnmotor unterscheidet sich fast gar nicht von einem Gleichstrommotor. Seine Charakteristik (Bild 9), seine große Überlastungsfähigkeit, seine Unempfindlichkeit gegen Spannungschwankungen ist die gleiche wie beim Gleichstrommotor. Dagegen ist seine Regulierfähigkeit günstiger, weil die Veränderung der dem Motor aufgedrückten Spannung in beliebigen Stufen durch Anzapfung des Lokomotivtransformators verlustlos und einfach zu bewirken ist.

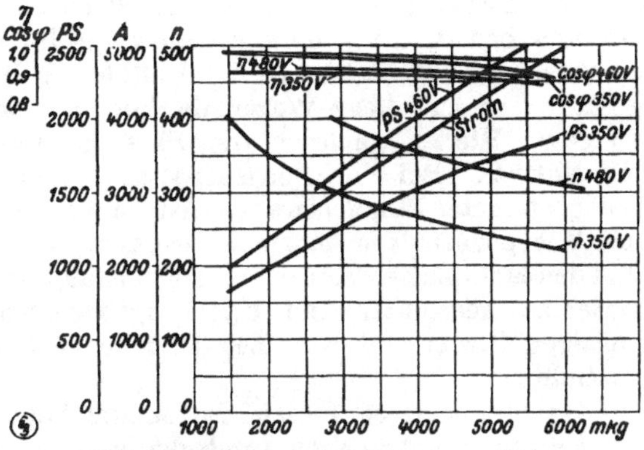

Bild 9. Kennlinien eines Einphasenmotors.

Der Wirkungsgrad des Einphasenmotors steht dem des Drehstrom- oder Gleichstrommotors nur wenig nach. Aber selbst dieser geringe Unterschied wird zum großen Teil wieder ausgeglichen, weil eben die Regelung der Einphasen-Motoren soviel günstiger ist. Berücksichtigt man noch den ebenfalls sehr viel günstigeren Wirkungsgrad der Fahrleitung und der Unterwerke, so ist es erklärlich, daß der Gesamtwirkungsgrad für eine elektrische Vollbahnanlage bei Einphasenstrom meist erheblich besser ist als bei irgendeiner anderen Stromart.

Die Unterhaltungskosten der Wechselstromfahrzeuge sind nicht höher als bei Gleichstrom oder Drehstrom. Für die Einphasenausrüstung ist es ein besonderer Vorzug, daß alle wesentlichen Teile der Ausrüstung nur niedrige Spannung erhalten. Der einzige unter Hochspannung stehende Teil ist der Transformator und dieser läßt sich so betriebsicher ausbilden, daß Schäden an ihm zu den Seltenheiten gehören.

Vergleicht man die Gewichte von größeren Gleichstrom-, Drehstrom- und Einphasenstromfahrzeugen einer gegebenen Leistung, so zeigt sich, daß bei den neusten Ausführungen das Einphasenfahrzeug am günstigsten abschneidet, obgleich die Einphasenausrüstung einen Leistungstransformator von erheblichem Gewicht benötigt. Das Vorhandensein dieses Transformators gestattet es, eine einfache verlustlose Spannungsregelung anzuwenden und die ganze motorische Ausrüstung einschließlich der Schaltapparate grundsätzlich nur mit niedriger Spannung zu betreiben.

Die Erkenntnis, daß die eine Stromart mehr Vorteile für die Motoren bringt, die andere wieder mehr für die Stromverteilung, hat an verschiedenen Stellen zu der Einführung kombinierter Systeme geführt, um auf diese Weise die Vorteile zweier Stromarten zu vereinigen. Hierzu gehören die Phasenspaltung und die Umformerlokomotiven. Bei der Phasenspaltung wird für die Stromzuführung hochgespannter Einphasenwechselstrom verwendet, während die Motoren mit Mehrphasenstrom betrieben werden. Zwischen dem Einphasennetz und den Mehrphasenmotoren ist eine umlaufende asynchrone Induktionsmaschine geschaltet, die den Einphasenstrom in zwei oder mehrphasigen Strom auflöst. Die Periodenzahl des Stromes bleibt unverändert.

Nachteilig ist bei diesem System das hohe Gewicht der Lokomotivausrüstung, hauptsächlich durch den mitgeführten schweren Umformer, die großen Leerlaufverluste des Umformers und der ungünstige Leistungsfaktor. Zur Verbesserung des letzteren schlägt Kando die Verwendung eines synchronen Umformers vor. Die Phasenspaltung ist bisher über Versuchsausführungen nicht hinausgekommen.

Auch die Umformung in Gleichstrom mit Hilfe eines auf der Lokomotive mitgeführten Umformers ist vorgeschlagen worden, ohne größere Verbreitung gefunden zu haben.

Die Möglichkeit einer Nutzbremsung oder Stromrückgewinnung in Gefällstrecken ist nicht nur bei Gleichstrom und Drehstrom gegeben, sondern auch bei Einphasenstrom, wie durch die kürzlich elektrisierte norwegische Ofotenbahn erwiesen ist. Die Stromrückgewinnung bzw. die Nutzbremsung ist indessen nur für lange ununterbrochene gleichmäßige Gefälle am Platz; auch muß der Fahrplan so gestaltet sein, daß die von dem talwärts fahrenden Zug erzeugte Energie von einem in der Bergfahrt begriffenen Zug aufgenommen werden kann. Ist dies nicht der Fall, so muß die gewonnene Energie in Widerständen vernichtet werden und es kann dann nicht mehr von einer Stromrückgewinnung, sondern nur von einer Nutzbremsung gesprochen werden. Letztere bietet, wenn auch eine Stromersparnis nicht mehr in Frage kommt, immer noch den Vorteil, daß der Verbrauch an Bremsklötzen vermindert und die Radreifen geschont werden, allerdings auf Kosten der Motoren, die um so stärker beansprucht werden, da sie auch bei der Talfahrt unter Strom laufen. Ob eine Stromrückgewinnung oder Nutzbremsung angezeigt ist oder nicht, ist lediglich eine wirtschaftliche Frage und hat keinen Einfluß auf die Wahl der Stromart.

Bei der Wahl der Stromart spielt die Beeinflussung von Schwachstromleitungen durch den Bahnstrom eine gewisse Rolle. Diese Einwirkung ist beim Gleichstrom am geringsten; da aber die Schwachstromstörungen auch bei Verwendung von Wechselstrom auf ein erträgliches Maß zurückgeführt werden können, ist ein unbedingtes Übergewicht in dieser Beziehung dem Gleichstrom nicht zuzuerkennen, um so mehr als bei Gleichstrom wiederum die Gefahr einer elektrolytischen Zerstörung von Rohrleitungen durch Streuströme vorliegt, die bei Wechselstrom nicht vorhanden ist.

Wenn es bei der Wahl der Stromart für eine Vollbahn lediglich auf die eigentliche Bahnausrüstung, d. h. auf Unterwerke, Fahrleitung und Fahrzeuge ankäme, so würde der Einphasenstrom in der Mehrzahl der Fälle wohl den Vorzug erhalten, da er sich den Betriebsbedingungen eines schweren Vollbahnbetriebes relativ am vollkommensten anpaßt. Indessen darf auch die Frage der Stromerzeugung nicht unberücksichtigt bleiben.

Die genannten Vorzüge des Einphasenstroms gelten zum großen Teil nur für niedere Periodenzahlen, d. h. etwa 13 bis 16⅔, allenfalls 25 in der Sekunde, weil die niedrige Frequenz für funkenfreien Lauf der Motoren günstig ist.

Nun sind aber die niedrigen Frequenzen ungewöhnlich und für andere Zwecke in der Regel nicht brauchbar. Es ist daher nicht ganz einfach, die Anforderungen des Bahnbetriebes mit den Bedürfnissen der übrigen Elektrizitätsverbraucher in Einklang zu bringen, sofern beide aus demselben Kraftwerk mit Strom versorgt werden sollen. Hierin liegt zweifellos ein gewisser Nachteil des Einphasenstromes, der übrigens auch den Drehstrom trifft, da auch hier die Periodenzahl von 15—16⅔ die für den Bahnbetrieb übliche ist. Indessen darf dieser Nachteil auch nicht überschätzt werden. In der Regel ist der Energiebedarf eines Vollbahnbetriebes so erheblich, daß sich die Errichtung eines eigenen Bahnkraftwerkes lohnen wird, oder wenn dies nicht der Fall ist, daß zum mindesten die Aufstellung besonderer Bahnmaschinen in einem bestehenden und für andere Zwecke bestimmten Kraftwerk sich als vorteilhaft erweisen wird. Wenn auch die Einheitlichkeit in der Anlage des Kraftwerkes durch die eigenen Bahngeneratoren gestört wird, so ist damit noch keineswegs gesagt, daß die Wirtschaftlichkeit der Stromerzeugung dadurch wesentlich beeinträchtigt wird.

Allerdings bedingt die getrennte Stromerzeugung, daß auch ein besonderes Speiseleitungsnetz für die Bahn erforderlich wird. Auch hierin wird man einen unbedingten Nachteil nicht erblicken müssen. Der Anschluß einer Bahnanlage an ein bestehendes Kraftnetz wird sich vielfach schon deswegen nicht empfehlen, damit nicht durch die im Bahnbetrieb unvermeidlichen Spannungschwankungen und schweren Kurzschlüsse auch die übrigen Strombezieher in Mitleidenschaft gezogen werden. Für eine Vollbahn mit schwerem Verkehr wird wegen ihres sehr großen Stromkonsums, der den der übrigen Strombezieher meist erheblich übersteigt, die eigene Stromerzeugung meist vorzuziehen sein. Die Wahl der Stromart wird daher lediglich unter dem Gesichtspunkt erfolgen, welche für den Bahnbetrieb als solchen die geeignetste ist. Es wird daher meist der Einphasenstrom gewählt werden, da dieser den Anforderungen des Vollbahnbetriebes verhältnismäßig am besten sich anpaßt.

Anders liegen die Verhältnisse für Bahnen, für die wegen ihres geringen Strombedarfs die eigene Stromerzeugung unwirtschaftlich sein würde, oder die aus anderen Gründen auf den Strombezug aus einem bestehenden Drehstromnetz angewiesen sind. Da der Drehstrom unmittelbar nicht verwendbar ist, so läßt sich eine Umformung nicht umgehen, und in diesem Fall ist die Umformung in Gleichstrom die vorteilhaftere Lösung, besonders bei Verwendung der immer mehr in Aufnahme kommenden Quecksilberdampfgleichrichter. Die Umformung von Drehstrom in Einphasenstrom ist wegen der hohen Anlagekosten und des schlechten Wirkungsgrades der allein verwendbaren Motorgeneratoren unvorteilhaft und wird daher selten in Betracht kommen. In einigen Fällen dürften auch die erwähnten Phasenspalter-Lokomotiven mit Vorteil verwendet werden, da diese auch mit der allgemein üblichen Frequenz (50—60 in der Sekunde) betrieben werden können.

Da die Betriebsverhältnisse in den einzelnen Ländern und bei den verschiedenen Bahngesellschaften nicht einheitlich sind, so ist es erklärlich, daß die Entscheidungen über die Wahl der Stromart durchaus verschieden ausgefallen sind.

Von den in Zahlentafel I aufgeführten Fernbahnen werden betrieben mit:

Einphasenstrom	rd.	6800	km Streckenlänge	= 49 %
Gleichstrom	„	5500	„ „	= 40 %
Drehstrom	„	1500	„ „	= 11 %
	rd.	13 800	km Streckenlänge	= 100 %

Es ist kein Zufall, daß die Länder mit Staatsbahnbetrieben sich fast ausnahmslos für das Einphasensystem entschieden haben, weil der große Energiebedarf der ausgedehnten Bahnnetze die eigene Stromerzeugung als vorteilhaft erscheinen läßt, während für Privatbahnen der Anschluß an bestehende Kraftnetze und demzufolge die Wahl des Drehstrom-Gleichstromsystems vielfach das Gegebene ist.

Den Einphasenstrom haben für ihre Fernbahnlinien eingeführt die Deutsche Reichsbahn, die österreichischen und schweizerischen Bundesbahnen, die schwedische und norwegische Staatsbahn. Andere Länder, mit vorwiegend Privatbahnbetrieb, wie Frankreich, England, die Niederlande usw. bevorzugen den Gleichstrom mit 1500 V Betriebspannung.

Der Drehstrom ist in größerem Maßstab nur von der italienischen Staatsbahn auf den norditalienischen Strecken eingeführt und hat sich dort gut bewährt. Eine grundsätzliche Entscheidung zugunsten dieser Stromart ist indessen damit nicht getroffen, da für die weiteren Elektrifizierungen in Italien auch andere Stromarten zugelassen sind.

In Amerika herrscht gleichfalls keine Einheitlichkeit in dieser Frage. Es finden sich Einphasen-Wechselstrom und Gleichstrom nebeneinander. Daß beide Stromarten auch den schwersten Anforderungen genügen können, zeigt das Beispiel der Chicago—Milwaukee—St. Paul-Bahn (Gleichstrom 3000 V) und das der Virginian-Bahn (Wechselstrom 11 000, später 22 000 V).

Nach den bisherigen Erfahrungen läßt sich das Anwendungsgebiet der verschiedenen Stromarten wie folgt abgrenzen:

Für alle Bahnen, die ausschließlich dem Personenverkehr dienen und für die der Triebwagen vorherrscht, also insbesondere für Straßenbahnen, Überlandbahnen sowie Stadtschnell- und Vorortbahnen wird fast ausnahmslos Gleichstrom in Frage kommen. Ausschlaggebend ist hier, daß die Beschaffungskosten der meist in großer Zahl benötigten Fahrzeuge bei Gleichstrom am niedrigsten ausfallen.

Die wenigen Überland- und Vorortbahnen, die mit Einphasenstrom betrieben werden, stammen alle noch aus einer Zeit, in der höhere Spannungen für Gleichstrom noch nicht entwickelt waren und der Einphasenstrom zur Überwindung größerer Entfernungen allein geeignet erschien. Heutigentags würde man diese Bahnen wahrscheinlich nur noch für Gleichstrom bauen. Bei den Gleichstrombahnen ergeben sich Unterschiede durch die Höhe der Fahrdıahtspannung. Für Straßenbahnen herrscht Gleichstrom von 550 V vor. Überlandbahnen werden in der Regel mit etwas höherer Spannung betrieben. Sofern sie die Gleise vorhandener Straßenbahnen mitbenutzen, finden sich nicht selten zwei Betriebspannungen nebeneinander, derart, daß die Bahn innerhalb der Städte mit der dort üblichen niedrigen Spannung, auf freier Strecke mit höherer Spannung betrieben wird. Für Stadtschnell- und Vorortbahnen hat sich die Spannung von 750 bis 800 V als Regel eingeführt, jedoch kommen auch höhere Spannungen vor. Auch bei der Berliner Stadtbahn ist Gleichstrom von 800 V gewählt worden.

Die obere Grenze der Betriebspannung ist für die genannten Bahnen wohl allgemein 1500 V. Sie ist bedingt durch den Betrieb mit Motorwagen.

Für Fernbahnen wird die Entscheidung in der Systemfrage vor allem beeinflußt durch die Art der Stromversorgung und kann sowohl zugunsten des Einphasen- als des Gleichstroms ausfallen. Beide haben sich für schwersten Bahnbetrieb bewährt. Gleichstrom kommt allerdings nur mit einer höheren Spannung, also etwa 3000 V, in Betracht und ist dann an Lokomotivbetrieb gebunden.

Der Drehstrom wird für Bergbahnen mit Lokomotivbetrieb mit Vorteil verwendet werden können; eine größere Verbreitung des Drehstromes ist indessen nach den bisherigen Erfahrungen nicht wahrscheinlich.

F. Berechnung von elektrischen Bahnanlagen.

1. Erforderliche Unterlagen.

Das Streckenprofil (Steigungs- und Krümmungsverhältnisse der Fahrstrecke).

Die Haltestellenentfernung.

Der Fahrplan, aus dem die Reisegeschwindigkeit, die Anzahl und Dauer der Aufenthalte zu ersehen sind.

Die (in der Regel behördlich festgesetzten) Höchstgeschwindigkeiten.
Die Zuggewichte einschließlich Besetzung.
Die etwa zu leistende elektrische Bremsarbeit (Kurzschlußbremsung oder Rückgewinnung der Energie).

2. Übliche Zugwiderstandsformeln.

Ein auf Schienen bewegliches Fahrzeug hat den Reibungswiderstand zwischen Rad und Schienen, zwischen Achse und Lager, in der Federung und im Getriebe und außerdem den Steigungs-, Krümmungs- und Luftwiderstand zu überwinden.

a) Straßenbahnen.

Für die im Straßenbahnbetrieb üblichen Reisegeschwindigkeiten kann der Bewegungswiderstand auf horizontaler Strecke ohne großen Fehler als konstant angenommen werden, zumal bei kurzen Haltestellenentfernungen die zur Beschleunigung erforderliche Energie eine überwiegende Rolle spielt. Der Bewegungswiderstand auf horizontaler Strecke beträgt für

Rillenschienen w = 10 bis 12 kg/t
Vignolschienen w = 6 „ 8 kg/t.

Der Krümmungswiderstand k für die üblichen Radstände kann folgender Tafel entnommen werden:

	Krümmungshalbmesser R		
	15—20 m kg/t	30—50 m kg/t	50—200 m kg/t
Spurweite 1435 mm . .	30	15	10.3
„ 1000 mm . .	20	10	$\frac{400}{R-10}$

b) Vollbahnen.

Nach Frank (Zeitschr. d. V. D. J. 1907 S. 96) ist der Bewegungswiderstand (w)

$$(1)\quad w = Q\left[2{,}5 \pm s + k + 0{,}0142\left(\frac{V}{10}\right)^2\right] + 0{,}54\,[1{,}1\,F + nf]\left(\frac{V}{10}\right)^2 \text{kg/t.}$$

Hierbei bedeutet:

Q das gesamte Zuggewicht einschl. Lokomotive in t,
s Steigung (+) bzw. Gefälle (—) in m für 1 km,
k den Krümmungswiderstand in kg/t,

F die Stirnfläche der Lokomotive (in der Regel 1,1 F = 12 m^2),
n die Anzahl der Anhängewagen,
f die Windangriffsfläche eines Anhängewagens,
0,56 m^2 für Personen- und Schnellzüge,
0,83 m^2 für Güterzüge (Mittelwert für beladene und unbeladene Züge).
V die Geschwindigkeit in km/h,
Für Tunnelstrecken ist der Faktor 0,54 im zweiten Gliede der Gleichung zu verdoppeln.

Nach Roeckl beträgt der Krümmungswiderstand für Bahnen mit Normalspur bei Krümmungshalbmessern R $\geqq$ 300 m:

$$(2)\ k = \frac{650}{R - 55} \text{ in kg/t.}$$

Für kleinere Krümmungsradien (insbesondere für Nebenbahnen) ist:

$$(3)\ k = \frac{500}{R - 30} \text{ in kg/t}$$

(s. Versuche auf der Mittenwaldbahn EKB 1919 Nr. 11).

Für Meterspurbahnen ist:

$$(4)\ k = \frac{400}{R - 20} \text{ in kg/t.}$$

Für kleinere Spurweiten ist:

$$(5)\ k = \frac{350}{R - 10} \text{ in kg/t.}$$

Häufig wird für den Krümmungswiderstand auch folgende Formel angegeben:

$$(6)\ k = \left(\frac{d}{R}\right) 180\text{—}1000 \left(\frac{d}{R}\right) \text{ in kg/t,}$$

d = Radstand in m (bei Normalspur etwa 2,5 bis 2,75 m).

Die von Ph. Pforr angegebene Formel für den Bewegungswiderstand (s. Berechnung von Zugbewegungen, Oldenbourg, München, Berlin) hat einen ähnlichen Aufbau, wie die Frankschen Formeln. Für horizontale Strecken ist

$$(7)\ w = 2{,}5\ Q + (0{,}00015\ Q + 0{,}00813\ n + 0{,}0065\ F)\ V^2 \text{ in kg/t.}$$

Hierbei bezeichnet:

Q das gesamte Zuggewicht (einschließlich Lokomotive) in t,
F die Stirnfläche der Lokomotive bzw. des vordersten Wagens in m^2,
n die Anzahl der Fahrzeuge im Zuge außer dem vordersten,
V die Geschwindigkeit in km/h.

Für Tunnelstrecken sind die beiden letzten Glieder des Klammerausdruckes zu verdoppeln.

Diese Formel gibt etwas höhere Werte als die Franksche Formel, da besonders die seitliche Windangriffsfläche mit einem höheren Werte in die Gleichung eingeführt ist.

Die Deutsche Reichseisenbahn gibt folgende vereinfachte Formeln für den Bewegungswiderstand auf horizontaler Strecke an:

$$(8)\quad w = 2{,}5 + \frac{1}{a} \cdot \left(\frac{V}{10}\right)^2 \text{ kg/t für Windstille,}$$

$$(9)\quad w = 2{,}5 + \frac{1}{a}\left(\frac{V + 25}{10}\right)^2 \text{ kg/t für starken Seitenwind,}$$

a = 40 für D- und Schnellzüge (Drehgestellwagen),
a = 30 für Personenzüge (zwei- und dreiachsige Wagen),
a = 25 für beladene Güterzüge,
a = 10 für Leergüterzüge.

Die Formeln (8 und 9) gelten für die Zuggewichte ausschließlich Lokomotiven. Für letztere gibt die Reichseisenbahn folgende Werte an:

km/h	kg/t Lokomotivgewicht: Lokomotiven mit Parallelkurbelantrieb	kg/t Lokomotivgewicht: Lokomotiven mit Zahnradantrieb bei sauber geschnittenen Zahnrädern	Bemerkungen
0	3.2	3.8	Bei starkem Seitenwind, schräg von vorn, erhöht sich der Widerstand der ganzen Lokomotive um 2.4 (V + 10) kg V in km/h
10	3.4	4.55	
20	3.65	5.45	
30	4.1	6.55	
40	4.7	7.8	
50	5.4	9.3	
60	6.4	11.0	
65	—	12.0	
70	7.55	—	
80	8.85	—	
90	10.3	—	
100	11.9	—	
110	13.7	—	

Nach den Vorschriften der Reichseisenbahn müssen bei Angeboten die Berechnungen für halb abgenutzte Radreifen, also für um etwa 50 mm verringerte Normaldurchmesser der Triebräder ausgeführt werden.

3. Beschleunigungskraft.

Bezeichnet p die Anfahrbeschleunigung in ms^{-2}, α einen Faktor, der die Schwungmassen der umlaufenden Teile berücksichtigt, so ist für eine Tonne Zuggewicht eine Beschleunigungskraft Pa erforderlich, die nach Gl 10 berechnet werden kann.

$$(10)\quad Pa = \frac{1000\, p\, \alpha}{9{,}81} \text{ in kg/t.}$$

Hierin ist:

$$(11)\quad \alpha = 1 + \frac{1}{mr^2}\,(J + J_m\, u^2),$$

$m = \dfrac{1000 \cdot Q}{9{,}81}$ die Masse des Zuges,

r = Halbmesser der Triebräder in m

u das Übersetzungsverhältnis (Verhältnis der Zähnezahl des großen Rades zu derjenigen des kleinen Rades),

J das Trägheitsmoment des großen Zahnrades,

J_m das Trägheitsmoment des Motors und des kleinen Zahnrades,

α schwankt bei Straßenbahnen zwischen 1,05 und 1,08.

Die Reichseisenbahn gibt folgende Werte für α an:

für Lokomotiven mit Parallelkurbelgetriebe α = 1,25,
für Lokomotiven mit Zahnradantrieb . . . α = 1,4 bis 1,6,
für Anhängewagen . . . . α = 1,05.

Der Faktor α ist z. B. für einen Zug von 500 t Anhängelast, der durch eine Lokomotive mit Zahnradantrieb von 120 t Gewicht angetrieben wird:

$$\alpha = \frac{1{,}5 \cdot 120 + 1{,}05 \cdot 500}{120 + 500} = 1{,}14$$

4. Verluste im Triebwerk der Lokomotive bzw. des Motorwagens.

Für Straßenbahnen rechnet man für einfache Räderübersetzung mit großer Sicherheit 4 bis 5 % Verlust im Getriebe. Nach Angaben der Reichseisenbahn sind folgende Werte bei Angeboten der Rechnung zugrunde zu legen:

Für sämtliche Blindwellen und Vorgelegewellen zusammen 1 %
„ ungekuppelte Triebachsen . . . . 1 %
„ jede weitere Kuppelachse . . . . 0,5 %
„ sämtliche Tatzenlager . . . . 0,5 %
„ die einfache Zahnradübersetzung . . . . 2,5 %

Beispiele:

a) Lokomotive $C_0 + C_0$ mit 6 ungekuppelten Triebachsen
ungekuppelte Triebachse . . . . 1 %
Tatzenlager . . . . 0,5 %
Einfache Zahnradübersetzung . . . . 2,5 %
zusammen 4,0 %

b) Lokomotive C + C, bestehend aus 2 Lokomotivhälften, jede mit 1 Doppelmotor mit Zahnradübersetzung, Blindwelle, 1 Triebachse und 2 Kuppelachsen.

Blindwelle	1 %
Triebachse	1 %
2 Kuppelachsen 2 × 0,5 = ...	1 %
Zahnradübersetzung	2,5 %
zusammen	5,5 %

Die elektrischen Verluste in den Motoren betragen je nach Größe der Motoren etwa 11 bis 15 %, wobei die kleineren Werte für die großen Motoren gelten.

5. Berechnung der Motorleistung.

a) Straßenbahnen.

Für die Berechnung der Motorleistung N gilt allgemein die Formel

$$(12)\quad N = \frac{Q\left(w + k \pm s + \frac{1000}{9{,}81}\,\alpha \cdot p\right) \cdot V}{75 \cdot 3{,}6 \cdot \eta} \text{ in PS.}$$

Hierin ist:

Q = Gesamtgewicht des Zuges in t

w, k und s = Bewegungs- bzw. Krümmungs- bzw. Steigungswiderstand in kg/t (aus den Tafeln S. 47 zu entnehmen oder nach Formel 1—9 zu berechnen)

p = Anfahrbeschleunigung in ms^{-2}

V = Fahrgeschwindigkeit in km/h

η = Wirkungsgrad des Getriebes.

Um zunächst die Größenordnung der Motoren eines Fahrzeuges zu schätzen, kann man sich folgender empirischer Formel bedienen:

$$(12a)\quad N_d = C \cdot Q \cdot w \cdot V_R \text{ in PS.}$$

Darin bedeutet:

N_d = Dauerleistung sämtlicher Motoren eines Fahrzeuges in PS

Q = Gesamtgewicht des Zuges in t

w = der Bewegungswiderstand auf ebener Strecke in kg/t

V_R = die verlangte Reisegeschwindigkeit in km/h (siehe folgende Tafel der üblichen Reisegeschwindigkeiten)

C = eine von der Reisegeschwindigkeit und den Steigungs- und Krümmungsverhältnissen abhängige Konstante, etwa 0,0115 bis 0,0133 für Straßenbahnen und 0,0075 bis 0,0115 für Überlandbahnen.

Übliche Reise- und Höchstgeschwindigkeiten.

Art der Bahnen	Reise-geschwindigkeit in km/h	Höchst-geschwindigkeit in km/h
Straßenbahnen im Stadtinnern . . .	10—15	20—30
Straßenbahnen auf Außenstrecken bzw. auf eigenem Bahnkörper	15—20	30—40
Überlandbahnen auf eigenem Bahnkörper	20—35	40—60

Die übliche Bewertung der Motoren erfolgt jedoch nach der Stundenleistung, d. i. derjenigen Leistung, die der Motor an seine Welle eine Stunde lang abgeben kann, ohne die zulässige Temperaturzunahme zu überschreiten. Die Dauerleistung der Motoren mit Eigenlüftung, die jetzt auch in Straßenbahnbetrieben bevorzugt werden, beträgt etwa das 0,65- bis 0,75fache der Stundenleistung, während für gekapselte Motoren nur die Hälfte dieser Werte zu rechnen ist. Letztere werden jedoch in der Regel nach der Stromaufnahme bei zwei Drittel der Normalspannung bewertet, weil beim Anfahren infolge der Vorschaltung von Widerständen und zeitweiligen Reihenschaltung der Motoren diese nicht dauernd die volle Spannung erhalten, die Eisenverluste sind daher geringer, als wenn sie mit voller Spannung betrieben werden. Bei gelüfteten Motoren überwiegen die Kupferverluste erheblich die Eisenverluste, weil die Induktionen in ihnen nicht wesentlich gesteigert werden können und die aktiven Eisengewichte erheblich kleiner sind als bei gekapselten Motoren gleicher Dauerleistung.

Es ist ferner zu berücksichtigen, daß die Stundenleistung eines gelüfteten Motors nur 7 bis 10 % höher liegt als die eines gekapselten Motors mit gleichen Ankerabmessungen. Da nun das Anfahrmoment in der Regel nicht viel über dem doppelten Stundendrehmoment liegen darf, so wird in vielen Fällen der Motor schon durch das Anfahrmoment bestimmt sein. Der gelüftete Motor ist dann oft in seiner Dauerleistung nicht ausgenutzt. Infolge seiner geringen Erwärmung wird jedoch die Isolation der Wicklung weniger beansprucht, die Lebensdauer des Motors also erhöht.

Da ferner die Zeitkonstante (S. 64) des gelüfteten Motors etwa $^1/_4$ bis $^1/_5$ derjenigen des gekapselten Motors ist, so dürfen die Aufenthaltszeiten bei dem ersteren nur zum 4. bis 5. Teil in die Erwärmungsrechnung eingesetzt werden, während sie beim gekapselten Motor unverkürzt zu rechnen sind.

Aus demselben Grunde ist der gekapselte Motor gegen zeitweilige Überlastungen unempfindlicher als der ventilierte Motor.

Nach Ermittlung der ungefähren Leistung der Motoren ist nunmehr, entsprechend der Netzspannung, eine bestimmte Motortype zu wählen.

Bei Straßenbahnen ist die zweimotorige Ausrüstung vorherrschend, bei schweren Vorortbetrieben mit erheblichen Steigungen ist man oft genötigt, eine viermotorige Ausrüstung zu wählen. Die zweimotorige Ausrüstung hat gegenüber derjenigen mit nur einem Motor, die in vielen Fällen ebenfalls ausreichen würde, den Vorteil, daß die Schienenreibung besser ausgenutzt werden kann, daß ferner beim Anfahren durch die Reihen- und Parallelschaltung der Motoren Energieersparnisse erzielt werden und daß bei Beschädigung eines Motors das Fahrzeug mit eigener Kraft in den Betriebsbahnhof gebracht werden kann.

Der gewählte Motor muß nun an Hand von Fahrschaulinien genauer nachgeprüft werden.

Bei Bahnen mit stark wechselndem Höhenprofil wird man die Fahrschaulinien für die ganze Strecke oder doch für den schwierigsten Teil der Strecke entwerfen müssen. Für Straßenbahnen genügt es oft, eine Fahrschaulinie für die mittlere Haltestellenentfernung zu bestimmen.

Der Gang der Rechnung soll an einem Beispiel gezeigt werden, wofür folgende Zahlenwerte zugrunde gelegt werden:

Gesamtzuggewicht $Q = 28$ t
Haltestellenentfernung $= 415$ m
Reisegeschwindigkeit $V_R = 17{,}6$ km/h (bei 15 s Aufenthalt auf jeder Haltestelle)
Höchste Fahrgeschwindigkeit $V_{max} = 30$ km/h
Anfahrbeschleunigung $p_a = 0{,}55$ ms^{-2}
Bremsverzögerung $p_b = 0{,}65$ „
Mittlerer Zugwiderstand $w = 10$ kg/t
Mittlere Streckenspannung $E = 525$ V.

Es ergibt sich:

$$N_d = 0{,}012 \cdot 28 \cdot 10 \cdot 17{,}6 = 60 \text{ PS} \quad \text{(Formel 12a).}$$

Für eine zweimotorige Ausrüstung ist demnach die Stundenleistung, wenn man die Dauerleistung gleich der 0,69fachen Stundenleistung annimmt:

$$\frac{60}{2 \cdot 0{,}69} \cdot 0{,}736 = 32 \text{ kW.}$$

Es wird der Motor D 492a gewählt, dessen Schaulinien in Bild 10 dargestellt sind.

Da die Zugwiderstandsformel die Begriffe Zugkraft und Fahrgeschwindigkeit enthält, die Motorschaulinien dagegen Drehmoment und minutliche Umdrehungszahl, ist es zunächst nötig, die Beziehung zwischen Drehmoment und Zugkraft und zwischen Umlaufzahl und Fahrgeschwindigkeit zu ermitteln.

Es bezeichnen:

Z = die Zugkraft am Radumfang des Triebwagens in kg
V = Fahrgeschwindigkeit in km/h
z = Anzahl der Motoren im Zuge (hier z = 2)
M = Drehmoment eines Motors in mkg
J = Stromstärke eines Motors in A
n = minutliche Umlaufzahl des Motors
u = das Übersetzungsverhältnis der Zahnräder
bei Straßenbahnen u = 4,5 : 1 bis 6 : 1
Überlandbahnen u = 3,0 : 1 bis 4,5 : 1
hier gewählt u = 5,92 : 1
D = Triebraddurchmesser in m
bei Straßenbahnen D = 0,65 bis 0,85 m
Überlandbahnen D = 0,8 bis 1,0 m
hier gewählt D = 0,65 m
η = Wirkungsgrad des Zahnradgetriebes [mit Berücksichtigung der Lagerreibung] (etwa 0,95).

$$(13)\quad Z = \frac{\eta \cdot u \cdot z}{\frac{D}{2}} = \frac{4 \,.\, 0{,}95 \,.\, 5{,}92}{0{,}65} \,.\, M = 34{,}6\ M.$$

$$(14)\quad V = \frac{3.6\ \pi\ D}{60\ u} \,.\, n = \frac{3{,}6\ \pi\ .\ 0{,}65}{60\ .\ 5{,}92} \,.\, n = 0{,}0207\ n.$$

Da die Schaulinien für 550 V aufgestellt sind, die mittlere Streckenspannung jedoch nur 525 V beträgt, ist der für V errechnete Wert noch im Verhältnis 525 zu 550 zu reduzieren.

$$(14a)\quad V = 0{,}0207 \,.\, \frac{525}{550} \,.\, n = 0{,}0197\ n.$$

Die Fahrt eines Zuges zwischen 2 Haltestellen umfaßt folgende Abschnitte:

a) Anfahren mit allmählich ausgeschalteten Widerständen,
b) Volle Fahrt (ohne Widerstände) bis zur Erreichung der Höchstgeschwindigkeit,
c) Auslaufen,
d) Bremsen.

a) Für die Anfahrperiode kann die Beschleunigung p_a mit genügender Genauigkeit als konstant angenommen werden, obwohl in Wirklichkeit die Stromstärke, das Drehmoment und die Beschleunigung, entsprechend dem stufenweisen Abschalten der Widerstände, im Zickzack verlaufen. Die Abstufung der Schaltstufen hat so zu geschehen, daß die Drehmomentschwankungen nicht höher als etwa 15 bis 20% sind.

Bei konstanter Beschleunigung stellt sich der erste Teil der Geschwindigkeitslinie (Bild 11) bis zu derjenigen Stufe, bei der der letzte Widerstand abgeschaltet ist (also bis etwa V = 17,0 km/h), als eine gegen die Abszissenachse geneigte gerade Linie dar.

Die erforderliche Zugkraft ist gleich der Summe aus dem Zugwiderstand und der Beschleunigungskraft (s. Formel 10).

Hieraus ergibt sich:

$$(15)\quad p_a = \frac{Z - Q \cdot w}{\frac{1000\ ''}{9{,}81}\, Q} \text{ in m s}^{-2}$$

Bei einer konstanten Beschleunigung vom Stillstand bis zur Geschwindigkeit V ergibt sich der Anfahrweg l in m und die Anfahrzeit t in Sekunden aus den Gleichungen:

$$(16)\quad l = \frac{V^2}{2 \cdot 3{,}6^2\, p_a} = 0{,}0385 \cdot \frac{V^2}{p_a}$$

$$(17)\quad t = \frac{V}{3{,}6\, p_a} = 0{,}278 \cdot \frac{V}{p_a}$$

Für einen willkürlich aus der Anfahrperiode herausgegriffenen Zeitabschnitt mit der Anfangsgeschwindigkeit V_1 und der Endgeschwindigkeit V_2 gehen die Gleichungen 16 und 17 über in

$$(16a)\quad l = 0{,}0385 \cdot \frac{V_2^2 - V_1^2}{p_a}$$

$$(17a)\quad t = 0{,}278 \cdot \frac{V_2 - V_1}{p_a}$$

Unter Einsetzung der Zahlenwerte ergibt sich:

$$(15)\quad Z = \frac{1000 \cdot 1{,}08}{9{,}81} \cdot 28 \cdot 0{,}55 + 28 \cdot 10 = 1980 \text{ kg}$$

entsprechend $M = \frac{1980}{34{,}6} = 57{,}5$ mkg (Formel 13)

Diesem Drehmoment entspricht nach der Motorschaulinie (Bild 10) eine minutliche Umdrehungszahl von 680 bei voll erregtem Feld und 870 bei 50 % Feldschwächung. Für 65 % Feldschwächung kann man den Wert durch Interpolation finden. Am Schluß der Anfahrperiode hat der Zug (nach Formel 14 a) eine Geschwindigkeit von V = 0,0197 . 870 = 17 km/h erlangt.

Der bis dahin zurückgelegte Weg ergibt sich nach Formel 16 zu

$$l = 0{,}0385 \cdot \frac{17^2}{0{,}55} = 20{,}2 \text{ m},$$

und die dazu erforderliche Zeit nach Formel 17

$$t = 0{,}278 \cdot \frac{17}{0{,}55} = 8{,}57 \text{ s}.$$

In der gleichen Weise können auch für Zwischenstadien die entsprechenden Werte gefunden werden. Die Geschwindigkeit mit in Reihe geschalteten Motoren kann zu etwa 0,43 derjenigen bei Parallelschaltung angenommen werden.

b) Volle Fahrt. Nachdem der letzte Widerstand abgeschaltet ist, nimmt das Drehmoment und damit auch die Beschleunigung schnell ab, so daß die Geschwindigkeitslinie sich immer mehr gegen die Abszissenachse neigt.

Man ermittelt die erreichbare Beschleunigung, indem man für einen gewissen nicht zu großen Geschwindigkeitsbereich (innerhalb dessen die Beschleunigung noch praktisch als konstant angesehen werden kann), das mittlere Drehmoment aus der Motorschaulinie entnimmt und nach Formel 13 die verfügbare Zugkraft, sowie nach Formel 15 die Beschleunigung berechnet. Fahrzeit und Weg ergeben sich aus Formel 16a und 17a. Es schwanken beispielsweise für den Geschwindigkeitsbereich V = 17 bis 20 km/h die Umlaufzahlen des Motors zwischen 870 und 1030 i. d. Minute (bei 50 % Feldschwächung). Das Dreh-

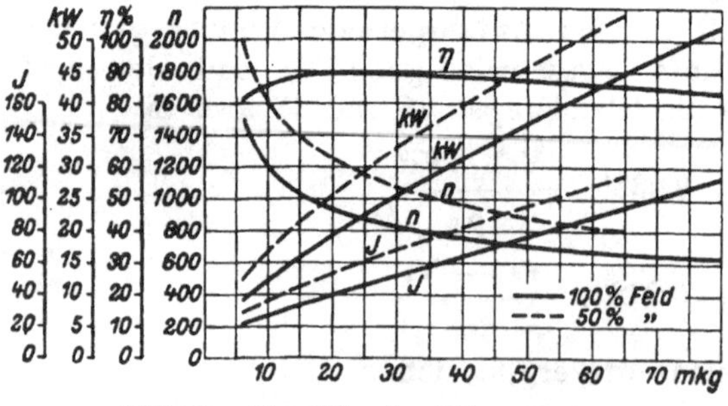

Bild 10. Kennlinien des Motors D 492a.

moment ist während dieser Periode im Mittel M = 45,5 mkg und die mittlere Zugkraft 45,5 . 34,6 = 1574 kg, woraus sich nach Formel 15 die Beschleunigung zu

$$p_a = \frac{1574 - 280}{\frac{1000 \cdot 1{,}08}{9{,}81} \cdot 28} = \frac{1574 - 280}{3080} = 0{,}42 \text{ ms}^{-2}$$

ergibt.

Der zurückgelegte Weg ergibt sich aus Formel 16a zu

$$l = 0{,}0385 \cdot \frac{20^2 - 17^2}{0{,}42} = 10{,}2 \text{ m},$$

die Fahrzeit nach Formel 17a

$$t = 0{,}278 \cdot \frac{20 - 17}{0{,}42} = 2{,}0 \text{ s}.$$

c) Auslaufperiode. Ist die zulässige Höchstgeschwindigkeit erreicht, so schaltet man den Strom aus und läßt den Zug auslaufen, bis seine Geschwindigkeit auf ungefähr den 0,5 bis 0,6 fachen Betrag der Höchstgeschwindigkeit gesunken ist. Die lebendige Kraft des Zuges wird durch die äußeren Bahn- und inneren Reibungswiderstände allmählich aufgezehrt. Es gilt die Gleichung:

$$Q\,w\,l = \frac{1000\,\alpha}{9{,}81} \cdot Q \cdot \frac{V_1^2 - V_2^2}{2 \cdot 3{,}6^2}$$

worin l = den Auslaufweg in m

V_1 und V_2 = die Anfangs- und Endgeschwindigkeit in km/h bezeichnet.

α siehe Formel 11.

Da die zusätzliche Energie der umlaufenden Massen durch die Verluste im Getriebe und in den Lagern aufgezehrt wird, kann man unter Berücksichtigung dieser Verluste den Faktor $\frac{1000 \cdot \alpha}{9{,}81}$ = rd. 100 setzen, so daß

$$(18) \quad l = \frac{50}{3{,}6^2\,w}\,(V_1^2 - V_2^2)$$

$$\text{Die Auslaufzeit ist } t = \frac{l}{\frac{V_1 + V_2}{2 \cdot 3{,}6}} = 7{,}2 \cdot \frac{l}{V_1 + V_3}$$

Wenn man z. B. von einer Anfangsgeschwindigkeit $V_1 = 30$ km/h auf die Endgeschwindigkeit $V_2 = 20.4$ km/h auslaufen läßt, so ergibt sich

$$\text{der Auslaufweg } l = \frac{50}{3{,}6^2 \cdot 10} (30^2 - 20{,}4^2) = 184 \text{ m}$$

$$\text{die Auslaufzeit } t = 7{,}2 \cdot \frac{184}{30 + 20{,}4} = 26{,}4 \text{ s.}$$

d) **Bremsperiode.** Die Bremsverzögerung kann wieder praktisch als konstant angesehen werden. Man wählt sie in der Regel zwischen 0,5 und 0,75 ms^{-2}.

Bremsweg und Bremszeit ergeben sich, analog dem Anfahrweg und der Anfahrzeit, nach Formel 16 und 17, wobei an Stelle der Anfahrbeschleunigung p_a jetzt Bremsverzögerung p_b einzusetzen ist.

Um mit $p_b = 0{,}66$ ms^{-2} den Zug aus $V = 20{,}4$ km/h bis auf 0 abzubremsen, ist ein Bremsweg $l = 0{,}0385 \cdot \frac{20{,}4^2}{0{,}66} = 24{,}0$ m und eine Bremszeit $t = 0{,}278 \cdot \frac{20{,}4}{0{,}66} = 8{,}6$ s erforderlich.

Die berechneten Werte sind in Zahlentafel III und in der Fahrschaulinie (Bild 11) zusammengestellt. Die Zahlentafel enthält auch noch die Stromstärke je Motor, die für das jeweilige Drehmoment aus der Motorschaulinie zu entnehmen ist, ferner die Werte $\Sigma J^2 t$ und $\Sigma J t$, die für die Berechnung des Erwärmungsstromes und des Wattstundenverbrauches benötigt werden.

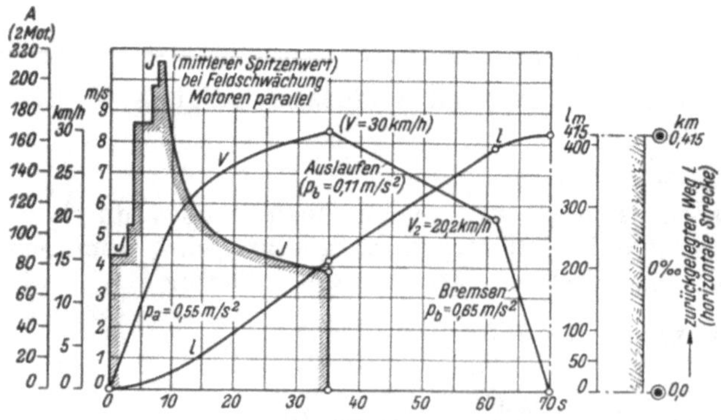

Bild 11. Konstruktion einer Fahrschaulinie.

Zahlentafel III.

Schaltung	Fahrgeschwindigkeit km/h	Umlaufzahl des Motors n	Zugkraft Z in kg	Drehmoment M in mkg	Beschleunigung ps m s-²	Fahrzeit t in s	Weg l in m	Stromstärke je Motor in A	J²t·10⁴	Jt	Arbeit $\frac{525 \cdot \Sigma Jt}{3600}$ in Wattstd.
a) Anfahren											
Motoren in Reihe											
voll erregtes Feld mit Widerständen	0 bis 5.7	0 bis 290	1980	57.5	0.55	2.86		86	2.12	244	35.6
50 % Feldschwächung	5.7 „ 7.3	290 „ 380	„	„	„	0.81		106	0.91	86	12.6
Motoren parallel											
voll erregtes Feld mit Widerständen	7.3 „ 13.4	380 „ 680	„	„	„	3.08	20.2	86	2.27	530	77.4
65 % Feldschwächung	13.4 „ 15	680 „ 760	„	„	„	0.81		98	0.78	159	23.1
50 % Feldschwächung	15 „ 17	760 „ 860	„	„	„	1.01		106	1.13	214	31.2
						8.57					
b) Volle Fahrt											
50 % Feldschwächung	17 „ 20	860 „ 1030	1574	45.5	0.42	2.00	10.2	90	1.62	360	52.5
50 % Feldschwächung	20 „ 25	1030 „ 1270	917	26.5	0.21	6.63	41.4	62	2.56	820	120.0
50 % Feldschwächung	25 „ 30	1270 „ 1520	533	15.4	0.08	17.80	136.0	45	3.60	1602	233.0
c) Auslaufen	30 „ 20.4	—	—	—	—	26.40	184.0	0	0	0	0
d) Bremsen	20.4 „ 0	—	—	—	—	8.60	24.0	0	0	0	0
						70.00	415.8		14.99	4015	585.4

Die Reisegeschwindigkeit beträgt bei 15 s Aufenthalt

$$V_R = \frac{415{,}8 \,.\, 3{,}6}{70 + 15} = 17{,}6 \text{ km/h}$$

Der Erwärmungstrom für die Motoren beträgt

$$J = \sqrt{\frac{14{,}99 \,.\, 10^4}{70 + \frac{15}{5}}} = 45{,}5 \text{ A}$$

Der zulässige Dauerstrom ist 47 A; die gewählte Motortype ist also ausreichend.

Wenn für den Motorwagen (Gewicht 16 t) Kurzschlußbremsung von 20,4 km/h bis auf 0 km/h bei 0,66 ms^{-2} Bremsverzögerung verlangt wird, so ist am Radumfang eine wirksame Bremskraft

$$P = (66-10) \cdot 16 = 900 \text{ kg}$$

erforderlich. (Der Anhängewagen wird in der Regel nicht durch Kurzschlußbremsung, sondern durch Solenoid- oder Schienenbremsung abgebremst.)

Rechnet man den mittleren Wirkungsgrad der Motoren zu 88 % und den Wirkungsgrad der Zahnräder zu 0,95, so ist

$$M = \frac{900 \cdot 0,95 \cdot 0,88}{2 \cdot 5,92} \cdot \frac{0,65}{2} = 20,5 \text{ mkg.}$$

Diesem Drehmoment entspricht lt. Motorschaulinie eine Bremsstromstärke J = 40 A bei voll erregtem Feld. Die Dauer der Bremsung beträgt 8,6 s. Für diesen Fall ist die Erwärmungstromstärke

$$J = \sqrt{\frac{14,99 \cdot 104 + 40^2 \cdot 8,6}{70 + \frac{15}{5}}} = 47,5 \text{ A.}$$

Die gewählte Motortype würde also auch die Kurzschlußbremsung allenfalls noch zulassen.

Die für Zugförderung aufgewendete Arbeit ($E \Sigma J t$) beträgt laut Zahlentafel III 585,4 Wattstunden, gemessen am Stromabnehmer, wenn für E die mittlere Streckenspannung (E = 525 V) eingesetzt wird, bzw. gemessen am Speisepunkt, wenn für E die volle Betriebspannung eingesetzt wird.

Rechnet man hierzu noch 7,5 % Zuschlag für Nebenverbrauch und unsachgemäßes Fahren, so erhält man rd. 630 Wattstunden im ganzen, oder

$$\frac{630}{28 \cdot 0,4158} = 54 \text{ Wattstunden je tkm.}$$

Die aufgewendete Energie von 585,4 Wattstunden verteilt sich wie folgt:

1. Fortbewegungsarbeit für den Zug

$$\frac{Q \cdot w \cdot 1 \cdot 9{,}81}{3600} = \frac{28 \cdot 10 \cdot 415{,}8 \cdot 9{,}81}{3600} = 317 \text{ Wattstunden} = 54{,}3\ \%.$$

2. Anfahrverluste in den Widerständen. Widerstände sind eingeschaltet bei der Serien- bzw. Parallelschaltung der Motoren während t_1 bzw. t_2 Sekunden. Da aber die Widerstände allmählich ausgeschaltet werden, darf nur etwa die Hälfte dieser Zeiten als Einschaltezeit für die Widerstände gerechnet werden. Ist E die Betriebspannung, J die Stromstärke, so ist die in den Widerständen vernichtete Arbeit $E\,J \cdot \frac{t_1 + t_2}{2}$ oder mit den Zahlenwerten aus Zahlentafel III auf S. 59

$$525 \cdot 86 \cdot \frac{2{,}86 + 3{,}08}{2 \cdot 3600} = 37{,}5 \text{ Wattstunden} = 6{,}4\ \%.$$

3. Bremsverluste. Die durch Bremsen vernichtete lebendige Kraft ist

$$\eta \cdot \frac{1000 \cdot \alpha}{9{,}81} \cdot \frac{Q \cdot V^2}{2 \cdot 3{,}6^2} \cdot \frac{9{,}81}{3600}$$

in Wattstunden oder mit den entsprechenden Zahlenwerten

$$0{,}95 \cdot \frac{1000 \cdot 1{,}08}{9{,}81} \cdot \frac{28 \cdot 20{,}4^2}{2 \cdot 3{,}6^2} \cdot \frac{9{,}81}{3600} = 127 \text{ Wattstunden} = 22\ \%.$$

4. Verluste im Zahnradgetriebe = 5 % der Gesamtenergie angenommen 29,4 Wattstunden = 5 %.

5. Motorenverluste

$$585{,}4 - 317 - 37{,}5 - 127 - 29{,}4 = 74{,}5 \text{ Wattstunden} = 12{,}3\ \%$$

$$585{,}4 \text{ Wattstunden} = 100\ \%.$$

Häufig ist zu untersuchen, ob der Zug noch auf der größten vorkommenden Steigung anfahren kann. Man wird in diesem Fall mit einer sehr geringen Anfahrbeschleunigung, etwa 0,1 ms—2 sich begnügen können. Natürlich darf hierbei das höchstzulässige Drehmoment der Motoren, das man etwa gleich dem 1,7- bis 2,2fachen Stundendrehmoment rechnen kann, nicht überschritten werden.

Es ist ferner darauf zu achten, daß beim Anfahren kein Schleudern der Räder eintritt.

Ist Q_1 das Gewicht des Triebwagens in kg, so beträgt die maximale Zugkraft am Radumfang bei trockenen Schienen etwa $\frac{Q_1}{5}$ bis $\frac{Q_1}{6}$.

Bei nassen Schienen und Laubfall geht sie etwa auf die Hälfte herunter. Durch Sandstreuen kann man selbst bei nassen Schienen eine Zugkraft von

$\frac{Q_1}{4}$ bis $\frac{Q_1}{5}$ erhalten. Voraussetzung hierbei ist, daß alle Achsen des Motorwagens angetrieben sind. Bei Drehgestellen mit nur einem Motor ist das halbe Wagengewicht zu rechnen. Aus diesem Grunde wendet man bei derartigen Wagen Maximum Traction Trucks an, bei denen das Reibungsgewicht = ⅔ des Wagengewichtes gesetzt werden kann.

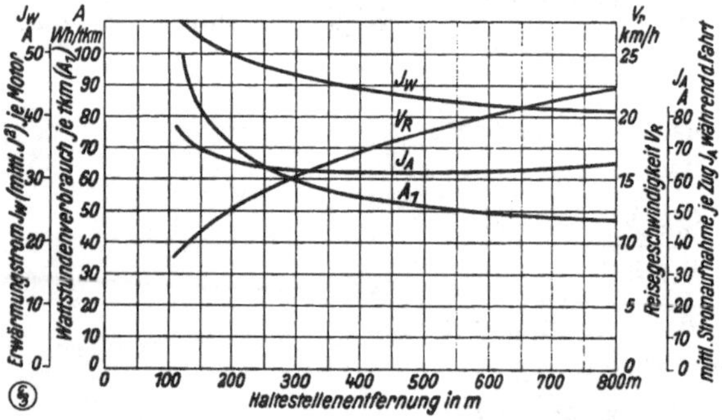

Bild 12. Abhängigkeit des Energieverbrauches, der mittleren Stromaufnahme, der Erwärmung und der Reisegeschwindigkeit von der Haltestellenentfernung.

Wie aus der Aufstellung S. 61 hervorgeht, verzehren die Anfahr- und Bremsverluste einen großen Teil der Arbeit. Größere Haltestellenentfernungen setzen demnach den Wattstundenverbrauch je tkm und auch den Erwärmungstrom J_W bei gleichzeitiger Erhöhung der Reisegeschwindigkeit herab (Bild 12). Einfluß auf den Stromverbrauch, die Anfahrverluste, die Erwärmung und die Reisegeschwindigkeit haben ferner die Anfahrbeschleunigung und die Zahnradübersetzung, wie aus den Bildern 13 und 14 zu entnehmen ist. Sämtliche Angaben gelten für eine Teilstrecke von 415 m Länge.

b) Berechnung der Motorleistung für Vollbahnen.

In gleicher Weise werden auch Hoch- und Untergrundbahnen, Nebenbahnen und überhaupt Bahnen auf eigenem Bahnkörper behandelt.

Für die Bestimmung des Strom- und Energieverbrauches kann man in ähnlicher Weise vorgehen, wie für Straßenbahnen angegeben wurde. Der Bewegungswiderstand darf jedoch nicht als konstante Größe in die Rechnung eingeführt werden, sondern muß für die einzelnen Geschwindigkeiten besonders berechnet werden.

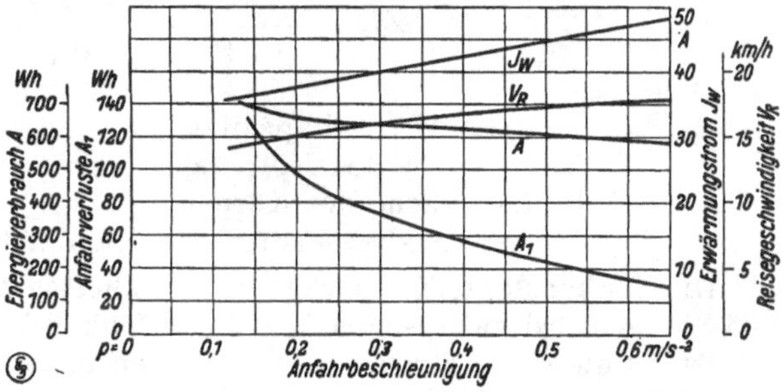

Bild 13. Abhängigkeit des Energieverbrauches, der Reisegeschwindigkeit und der Erwärmung von der Anfahrbeschleunigung.

Statt des vorher angegebenen kombinierten rechnerischen und zeichnerischen Verfahrens kann man auch ein rein graphisches Verfahren anwenden. (Z. f. El. Bahnen 1904, Heft 21, Kadrnozka, Wien, Graphische Darstellungen der Bewegungsgrößen elektrisch betriebener Fahrzeuge. Pforr, Berechnung der Zugbewegung, München-Berlin 1919, Verlag von R. Oldenbourg).

Für überschlägliche Berechnung eignet sich ferner das von Heinze angegebene rechnerische Verfahren. (EKB 1909, Heft 22, S. 421.)

Für Strecken mit wechselnden Steigungen und Gefällen großer Länge wird häufig eine besondere Erwärmungsrechnung notwendig. Wie Oelschläger gezeigt hat (ETZ 1900) steigt die Temperatur des Motors mit der Zeit nach einer logarithmischen Kurve und

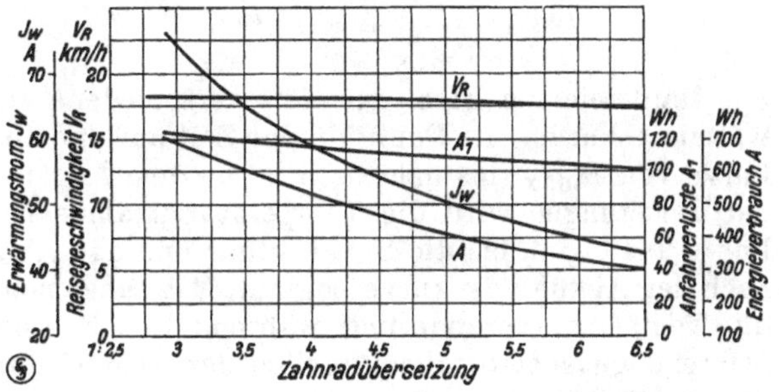

Bild 14. Abhängigkeit des Energieverbrauches, der Anfahrverluste, der Erwärmung und der Reisegeschwindigkeit von der Zahnradübersetzung.

nähert sich einem bestimmten Endwert. Bei dieser höchsten Übertemperatur T_{max} gibt der Motor in der Zeiteinheit ebensoviel Wärme ab, wie er durch Strombelastung aufnimmt. Es ist Gleichgewicht vorhanden. Oelschläger hat den Begriff der Zeitkonstante Z_0 eingeführt; sie ist die Zeit, die benötigt wird, um einen Körper auf die Höchsttemperatur T_{max} zu bringen, wenn ihm ständig die gleichbleibende Wärmemenge W_0 zugeführt wird, ohne daß eine Wärmeableitung stattfindet. Es ist:

$$Z_0 = \frac{c\,G}{\mu\,.\,F} = \frac{c\,G\,T_{max}}{W_0} \qquad (20)$$

Hierin ist:

c die spez. Wärmekapazität,
G das Gewicht des Körpers,
F die Kühlfläche des Körpers,
μ die Wärmeabgabeziffer der Kühlfläche.

Die Zeitkonstante Z_0 beträgt bei ventilierten Motoren etwa 1,0 bis 1,25 Stunden, bei gekapselten Motoren 4,5 bis 5,5 Stunden.

Ist J_d diejenige Stromstärke, bei deren dauernder Einwirkung der Motor die höchstzulässige Übertemperatur T_{max} erreicht, so sei T die Übertemperatur, die er bei einer anderen Stromstärke J erhält. Es ist dann das Verhältnis der durch Strombelastung bedingten Temperaturänderung zu T_{max}.

$$\frac{T}{T_{max}} = \frac{J^2}{J_d^{\,2}}\left(1 - e^{-\frac{t}{Z_0}}\right) \qquad (21)$$

worin t die Zeit in Stunden bedeutet, während deren J wirkt.

Für die Temperaturänderung infolge Wärmeabgabe durch die Kühlfläche des Motors während der Zeit t gilt

$$\frac{T}{T_{max}} = e^{-\frac{t}{Z_0}}. \qquad (22)$$

Man zeichnet sich nun für verschiedene Belastungen die Erwärmungskurven als Funktion der Zeit auf und ebenso die Abkühlungskurve von T_{max} bis nahezu 0. Von dem Augenblick des Einschaltens der Belastungen wird die Temperaturzunahme nach der Erwärmungskurve ansteigen, bis die Stromzufuhr und das Abfallen der Temperatur nach der Abkühlungskurve beginnt. Mit zunehmender Temperatur wird die Temperaturveränderung während der Belastung immer geringer, während gleichzeitig das Abfallen der Temperatur während der Pause immer stärker wird.

Für die Aufenthalte ist die größere Zeitkonstante in die Rechnung einzuführen.

Erste Anwendung des Bügelstromabnehmers (1890) auf der Lichterfelder Bahn, der ersten elektrischen Straßenbahn der Welt (Betriebseröffnung 1881)

Auf diese Weise kann für die ganze Strecke die Temperaturkurve aufgezeichnet werden.

Der Motor ist so auszuwählen, daß die zulässige Höchsttemperatur an keiner Stelle überschritten wird. Für überschlägliche Berechnungen kann man sich der in folgendem Beispiel angegebenen angenäherten Berechnungsweise bedienen:

Z_0 = 1 Stunde,
J_d = 1550 A,
T_{max} = 70° C Übertemperatur,
T_a = 48° C Übertemperatur bei Beginn der Einwirkung von J = 1100 A.
Belastungszeit t = 0,8 Stunden.

Die Übertemperatur des Motors nach 0,8 Stunden ist dann:

$$48 \cdot e^{-\frac{0,8}{1}} + 70 \cdot \frac{1100^2}{1550^2} \left(1 - e^{-\frac{0,8}{1}}\right) = 22 + 20 = 42^\circ \text{ C}.$$

Bei Wechselstrommotoren erfolgt die Regulierung meist durch Anlegen verschiedener Spannungen an den Motor. Anfahrwiderstände werden in der Regel nicht verwendet, infolgedessen entstehen durch diese auch keine Energieverluste. Da jedoch die Fahrzeuge einen Transformator mit verschiedenen Anzapfungen benötigen, so wird ein Teil dieses Gewinnes wieder durch die Verluste im Transformator aufgewogen, die aber geringer sind als die Verluste in den Widerständen.

6. Berechnung der Kraft- bzw. Unterwerke

a) für Straßenbahnen.

Da der Kraftverbrauch für Fahrzeuge im Straßenbahnverkehr nicht genau festgestellt werden kann (Abbremsen, Beschleunigen und außergewöhnliche Haltepunkte), so begnügt man sich in der Regel mit überschläglichen Berechnungen für die größte Verkehrsdichte und berücksichtigt die Spitzenwerte durch Zuschläge, die erfahrungsgemäß durch die gleichzeitig in Fahrt befindlichen Züge bestimmt sind. Für die üblichen Reisegeschwindigkeiten kann man für horizontale Strecken 50 bis 55 Wattstunden je tkm rechnen, einschließlich der Leitungsverluste.

Sind Steigungen vorhanden, so ist die Hubarbeit hinzuzurechnen. Der Steigungszuschlag für 1 tkm beträgt

$$A_s = \frac{s \cdot 1 \cdot Q \cdot 1000}{\eta \cdot Q \cdot 1} \cdot \frac{9,81}{3600} = \frac{9810 \cdot s}{3600 \cdot \eta}$$

Hierbei bezeichnet:

l = die Länge der Strecke in km,
s = das Steigungsverhältnis in ‰,
Q = das Zuggewicht in t,
η = den Wirkungsgrad der Motoren und der Fahrleitung (= etwa 0,7).

Für 10 ‰ erhält man also den Zuschlag:

$$A_s = \frac{9810 \cdot 10}{0{,}7 \cdot 3600} = 39 \text{ Wattstunden/tkm,}$$

so daß im Mittel mit 89 bis 94 Wattstunden/tkm zu rechnen ist. Auf diese Weise werden die Werte für die einzelnen Streckenabschnitte gewonnen und summiert.

Der Zuschlag für den Verschiebedienst beträgt 2—3 % der Jahresleistung des Kraftwerks. Schneefälle erhöhen durch Vereisen der Spurrillen den durchschnittlichen Energieverbrauch bis zu 20 %.

Zur ungefähren Bestimmung der Belastungspitzen kann man sich folgender Tafel bedienen:

Anzahl der Züge auf der Strecke	Verhältnis der Spitzenbelastung zur mittl. Belastung	Bemerkungen
1	3,5	Bei besonders ungünstigen Verhältnissen muß man die Spitzenwerte an Hand der Fahrdiagramme und des Fahrplanes ermitteln.
2	3	
4	2,7	
6	2,5	
8	2,3	
10	2,2	
12	2,05	
16	1,85	
20	1,7	
25	1,5	
40	1,25	

b) für Vollbahnen.

Da bei Vollbahnen ein Unterwerk in der Regel nur eine verhältnismäßig beschränkte Zahl von Zügen speist und die einzelnen Züge einen sehr erheblichen, dabei aber stark schwankenden Energieverbrauch haben, so ist es ratsam, ein genaueres Belastungsschaubild aufzustellen. Als Grundlage hierfür dienen:

1. die Fahrschaulinien der einzelnen Züge (Bild 11),
2. der bildliche Fahrplan mit der Streckenlänge als Abszisse und der Zeit als Ordinate (Bild 4).

Man entnimmt für einen bestimmten Zeitpunkt aus dem Fahrplan die Anzahl der in Bewegung befindlichen Züge und deren Stand auf der Strecke. Mit Hilfe der Fahrschaulinien addiert man den Energieverbrauch für die einzelnen Züge mit einem entsprechenden Zuschlag für Leitungsverluste (s. Leitungsberechnung), wiederholt dieses Verfahren für verschiedene Zeitpunkte und trägt die so gewonnenen Werte als Funktion der Zeit auf. Bei einem regelmäßigen Fahrplan (z. B. 5- oder 10-Minutenverkehr) genügt es, die Untersuchung für diesen Zeitabschnitt durchzuführen. Bei unregelmäßigem Verkehr legt man die Zeit des stärksten Verkehrs der Rechnung zugrunde.

Die Belastungsverhältnisse eines Kraftwerkes ergeben sich aus der zeitlichen Summation der Belastungen aller an das Kraftwerk angeschlossenen Unterwerke unter Berücksichtigung der Energieverluste in den Unterwerken und in den Zuleitungen.

7. Berechnung der Leitungsanlage in elektrischer Beziehung.

a) für Gleichstrombahnen.

Es gibt 2 verschiedene Anordnungen der Stromzuführung.

1. Die Fahrdrahtleitung wird auf der ganzen Länge des Gleises ununterbrochen fortgeführt. Erforderlichenfalls werden der Fahrleitung eine oder mehrere Hilfsleitungen parallel geschaltet, die in Abständen von 200 bis 500 m mit ihr leitend verbunden sind. Diese Anordnung hat den Nachteil, daß bei einer auftretenden Störung auch der hinter der Störungstelle gelegene Streckenteil in Mitleidenschaft gezogen und stromlos wird. Sie ist daher nur für kleine und einfache Anlagen anwendbar.

2. Das Fahrleitungsnetz wird in mehrere, voneinander getrennte Bezirke zerlegt, von denen jeder durch ein oder mehrere Speiseleitungen mit dem speisenden Werke verbunden ist. Durch diese Anordnung wird die Betriebsicherheit wesentlich erhöht. Durch Fernschalter können die einzelnen Streckenabschnitte miteinander verbunden werden, wodurch eine gleichmäßigere Verteilung der Belastung auf die Unterwerke erzielt und die Leitungsverluste vermindert werden.

Die Schienen werden nicht in Bezirke eingeteilt. Sie erhalten jedoch oft zur Verringerung des Spannungsabfalles isolierte Rückleitungen, die zum speisenden Werke zurückgeführt werden.

Fahrleitung. Es wird in der Regel hartgezogenes Kupfer verwendet, das nach den Vorschriften des VDE für 1 km Länge und 1 mm² Querschnitt bei 20 ° C keinen höheren Widerstand haben darf als

17,84 Ohm. Dieser Widerstand wächst um 0,068 Ohm für 1 ° C Temperaturzunahme.

Der Widerstand R eines Leitungsdrahtes berechnet sich nach der Formel

$$(23) \qquad R = \frac{1000\ l}{\lambda \cdot q} \text{ (in Ohm).}$$

Es bedeutet:

l = Länge in km,
q = Querschnitt des Leiters in mm²,
λ = Leitfähigkeit des Materials (= 57 für Kupfer).

Dritte Schiene. Die dritte Schiene muß aus möglichst gut leitendem Eisen bestehen. Man kann im Mittel mit einer Leitfähigkeit von 7,5 rechnen.

Das mittlere spezifische Gewicht beträgt etwa 7,75, so daß der Querschnitt q einer Schiene, deren Gewicht für 1 m Länge G kg ist, sich errechnet zu:

$$(24) \qquad q = \frac{1000\ G}{7{,}75} \text{ mm}^2.$$

Der Widerstand für 1 km Länge beträgt dann:

$$(25) \qquad R = \frac{1000}{7{,}5\ q} \text{ Ohm.}$$

An den Schienenstößen werden die Schienenfüße häufig nach dem Thermitverfahren miteinander verschweißt, um einen möglichst geringen Übergangswiderstand zu erhalten. Letzterer ist für eine Schweißstelle etwa gleich 0,000035 Ohm. Um den Längenänderungen der Schienen Rechnung zu tragen, muß etwa alle 100 m ein beweglicher Stoß angeordnet werden, dessen Widerstand infolge starker Schienenverbindungen aus Kupfer etwa 0,0001 Ohm beträgt.

Fahrschienen (Gleis). Als Rückleitung der Fahrströme dienen in der Regel die Schienen, die in ihren Stoßstellen mit gutleitenden Schienenverbindungen versehen sein müssen.

Den Schienenquerschnitt findet man nach Formel 24 in mm². Für Stahlschienen kann man die Leitfähigkeit 5,2 annehmen, so daß der Schienenwiderstand für 1 km Einfachgleis (ununterbrochene Schienen, ohne Schienenverbindungen) nach folgender Formel zu bestimmen ist:

$$(26) \qquad R_S = \frac{1000}{2 \times q \times 5{,}2} \text{ Ohm/km.}$$

Um eine größere Sicherheit in der Rechnung zu erhalten, vernachlässigt man am besten die Leitfähigkeit der Schienenlaschen an den Verbindungstellen und berücksichtigt lediglich die kupfernen Schienenverbindungen, wie aus folgendem Beispiel zu ersehen ist:

Länge einer Schiene 12 m, also $\frac{1000}{12} = 84$ Schienenstöße für 1 km.

Schienengewicht 35 kg/m, also $q = \frac{1000 \times 35}{7{,}75} = 4500\ \text{mm}^2$. Länge einer Schienenverbindung (aus Kupfer) $l = 0{,}25$ m. Durch die Schienenverbindung ausgeschaltetes Schienenstück 0,24 m. Es seien Schienenverbindungen von 50 mm² Querschnitt gewählt worden.

(26 a) Widerstand des Schieneneisens

$$R_S = \frac{1000-84 \cdot 0{,}24}{2 \cdot 4500 \cdot 5{,}2} = 0{,}021\ \text{Ohm/km}$$

(26 b) Widerstand der Schienenverbindungen

$$R_V = \frac{84 \cdot 0{,}25}{2 \cdot 50 \cdot 57} = 0{,}0037\ \text{Ohm/km}$$

$$\overline{0{,}0247\ \text{Ohm/km}}$$

Nach den Vorschriften der Erdstromkommission vom Jahre 1910 darf der Widerstand mit Berücksichtigung der Schienenverbindungen den Wert, der aus der Formel (26) gefunden wird, um 20 % übersteigen,

$$R_{s\max} = \frac{1{,}2 \cdot 1000}{2 \cdot 4500 \cdot 5{,}2} = 0{,}0256\ \text{Ohm/km}.$$

In vielen Fällen ist der Widerstand der Schienenverbindungen erheblich höher, besonders wenn sie nicht unter den Schienen angebracht werden können. Bei Bahnen, die nicht unter die Vorschriften der Erdstromkommission fallen (Bahnen, die auf eigenem Bahnkörper verlegt sind und Schienenstränge, die in jedem Punkt mindestens 200 m vom nächsten Punkte des Rohrnetzes entfernt sind) wird man mit höheren Werten zu rechnen haben und bestimmt den Widerstand für 1 km Gleis nach der empirischen Formel

$$(27)\quad R_S = \frac{0{,}9 \text{ bis } 1{,}1}{\text{Gewicht in kg pro laufende m Schiene}}\ \text{Ohm/km}.$$

Bei mittlerem fahrplanmäßigen Betrieb einer Anlage darf in einem Netz innerhalb des städtischen Weichbildes und innerhalb eines anschließenden Gürtels von 2 km Breite der Spannungsabfall zwischen 2 beliebigen Schienenpunkten 2,5 V nicht übersteigen. Jenseits dieses

Gürtels und bei Verbindungstrecken zwischen Ortschaften darf der Spannungsabfall nicht mehr als 1 V für 1 km betragen. Die Stromstärke des Gleises darf also nicht mehr als $\frac{1}{R_s}$ A betragen, wenn R_s den Widerstand des Gleises bezeichnet. Bei gleichmäßiger Belastung der Strecke und gleichbleibendem Widerstand der Strecke ergibt sich für eine Streckenlänge von 1 km der in den Schienen zulässige Spannungsabfall zu $\frac{1}{2}$ V.

Zulässiger Spannungsabfall. Im allgemeinen geht man bei Straßenbahnen mit dem maximalen Spannungsabfall nicht über 20 bis 25 % hinaus. Bei Bahnen auf eigenem Bahnkörper läßt man 30 bis 35 % höchsten Spannungsabfall zu.

Zusatzmaschinen. Wenn die Speisung längerer Außenstrecken durch besondere Unterwerke wirtschaftlich nicht gerechtfertigt ist, so kann man die Außenstrecken durch besondere im Kraftwerk aufgestellte Hauptstrom-Zusatzmaschinen speisen. Die Fahrleitung der Außenstrecke wird vom übrigen Netz getrennt. In die zugehörige Speiseleitung wird die Zusatzmaschine eingeschaltet, die so bemessen ist, daß sie bei der betriebsmäßig zu erwartenden höchsten Stromstärke den in der Speiseleitung auftretenden Spannungsabfall ausgleicht. Diese Zusatzmaschinen werden am besten mit Nebenschlußmotoren angetrieben, damit ihre Umlaufzahl bei verschiedenen Belastungen konstant bleibt.

Beispiel für die überschlägliche Berechnung einer Fahrleitungsanlage für 1500 V mittlerer Fahrdrahtspannung. Die Strecke ist zweigleisig mit einem Schienengewicht von 32 kg für 1 m Länge. Die Speisung erfolgt von 2 Unterwerken, deren höchste Spannung 1650 V beträgt. Die Schienen der beiden Gleise sind parallel geschaltet, die Fahrdrähte, aus Gründen der Betriebsicherheit, für jedes Gleis getrennt. Im normalen Zustande sind die Fahrdrähte zwischen den beiden Unterstationen nicht getrennt, so daß jedes auf dieser

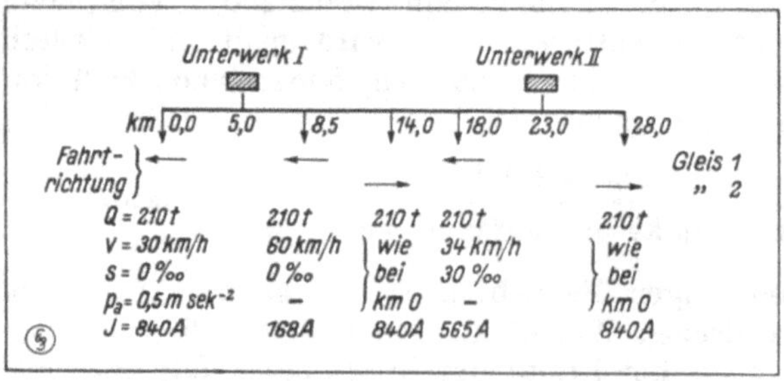

Bild 15. Schaubild der Streckenbelastung.

Strecke befindliche Fahrzeug den Strom von 2 Unterwerken erhält. Aus den Fahrplänen entnimmt man für den maximalen Spannungsabfall in der Leitung das Belastungsbild 15: Jedes Gleis hat 2 Fahrdrähte von je 65 mm² Querschnitt und ein Tragseil von 70 mm² Querschnitt aus Kupfer. Rechnet man für die Fahrdrähte mit 10 % Abnutzung, so erhält man als Kupferquerschnitt $2 \cdot 65 \cdot 0{,}9 + 70 = 187$ mm².

Der Widerstand der Fahrleitung R_F ist also nach Formel (23):

$$R_F = \frac{1000}{57 \times 187} = 0{,}094 \text{ Ohm/km für jedes Gleis.}$$

Der Widerstand der Schienen beträgt für beide Gleise zusammen nach Formel (27):

$$R_s = \frac{1}{2} \cdot \frac{1{,}1}{32} = 0{,}0172 \text{ Ohm/km.}$$

Es sind nun die in der Fahrleitung auftretenden Ströme zu bestimmen. Rechnet man mit einem mittleren Wirkungsgrad der Triebfahrzeuge von 82 % (einschl. der Verluste in den Zahnrädern) und macht für die umlaufenden Massen einen Zuschlag von 8 % zum Gewicht, so erhält man für 210 t Zuggewicht, 6 kg/t mittl. Bewegungswiderstand und für eine Anfahrbeschleunigung $p = 0{,}5$ ms^{-2} und 1500 V mittlerer und 1650 V höchster Betriebspannung:

a) $Q = 210$ t; $s = 0$ ‰; $p = 0{,}5$ ms^{-2}; $V = 30$ km/h

$$N = \frac{210\left(6 + 1{,}08 \frac{1000}{9{,}81} \cdot 0{,}5\right) \cdot 30}{75 \cdot 3{,}6 \cdot 0{,}82} \cdot 0{,}736 = 1250 \text{ kW (Formel 12)}$$

$$\text{Stromstärke } J = \frac{1250 \cdot 1000}{1500} = 450 \text{ A}$$

b) $Q = 210$ t; $s = 0$ ‰; $V = 60$ km/h

$$N = \frac{210 \cdot 6 \cdot 60}{75 \cdot 3{,}6 \cdot 0{,}82} \cdot 0{,}736 = 252 \text{ kW}$$

$$J = 168 \text{ A}$$

c) $Q = 210$ t; $s = 30$ ‰; $V = 34$ km/h

$$N = \frac{210\,(6 + 30) \cdot 34}{75 \cdot 3{,}6 \cdot 0{,}82} \cdot 0{,}736 = 850 \text{ kW}$$

$$J = 565 \text{ A}$$

Der maximale Spannungsabfall in den beiden je 5 km langen freitragenden Strecken ist:

$$\Delta_{max} = 840 \,.\, 5\,(0{,}094 + 0{,}0172) = 475\,\text{V oder}\ \frac{475\,.\,100}{1650} = 28{,}8\,\%$$

Es ist nun der Spannungsabfall auf der zwischen beiden Unterwerken liegenden Strecke zu bestimmen.

Für die Schienen erhält man nach Bild 16

$$J_{II} = \frac{168\,.\,3{,}5 + 840\,.\,9 + 565\,.\,13}{18} = 860\ \text{A}$$

$$J_{I} = 168 + 840 + 565 - 860 = 713\ \text{A}$$

Der maximale Spannungsabfall in den Schienen liegt bei km 9 und ist:

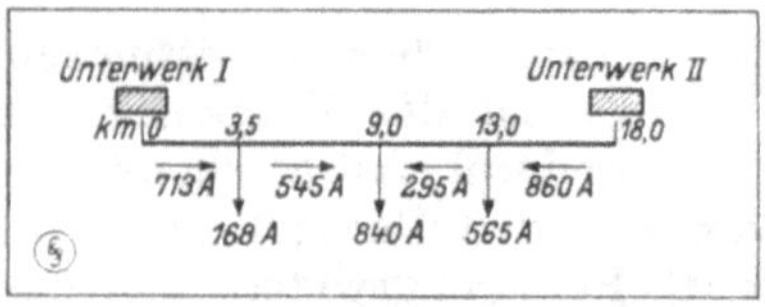

Bild 16. Strombelastung der Fahrschienen.

$$\Delta_{max} = (713\,.\,3{,}5 + 545\,.\,5{,}5)\ 0{,}0172 = 95\ \text{V} = \text{ca. } 5{,}75\,\%.$$

Bei km 3 ist der Spannungsabfall 2,51 %, bei km 13 etwa 4,5 %.

Es ist nunmehr der Spannungsabfall in den Fahrdrähten der beiden Gleise zu bestimmen.

Gleis 1 (Bild 17).

$$J_{II} = \frac{168 \times 3{,}5 + 565 \times 13}{18} = 440\ \text{A}$$

$$J_{I} = 168 + 565 - 440 = 293\ \text{A}$$

$$\Delta_{max} = 440\,.\,5\,.\,0{,}094 = 206\ \text{V} = \text{ca. } 12{,}5\,\%.$$

Für dieses Gleis ist der höchste Spannungsabfall in der Fahrleitung und in den Schienen:

$$\Delta_{max} = 12{,}5 + 4{,}5\,\% = 17\,\%\ \text{(bei km 13)}.$$

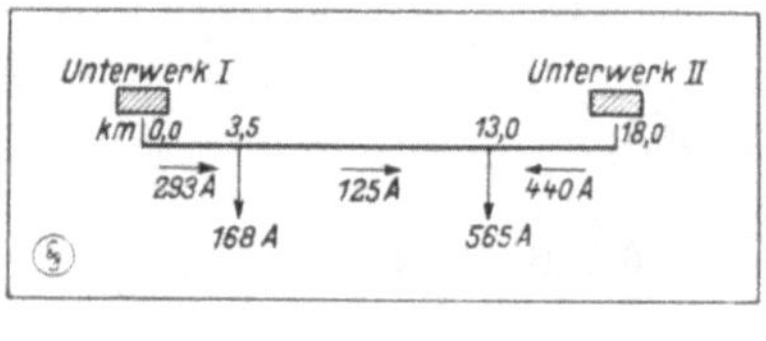

Bild 17. Strombelastung des Fahrdrahtes, Gleis 1.

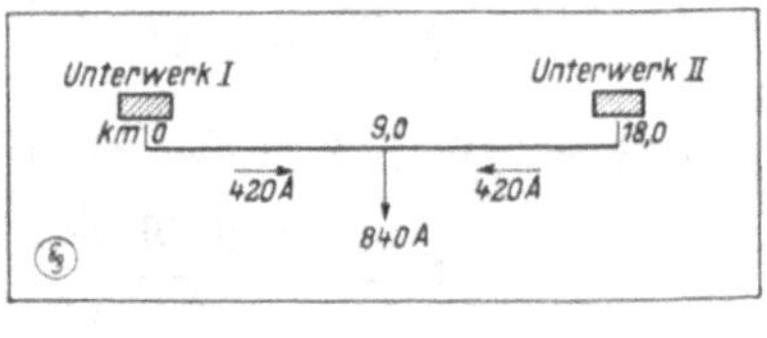

Bild 18. Strombelastung des Fahrdrahtes. Gleis 2.

Gleis 2 (Bild 18).

Da der Strom in der Mitte der Strecke entnommen wird, so liefert jedes Unterwerk die Hälfte des Stroms, also 420 A. Für den Fahrdraht erhält man

$$\Delta_{max} = 420 \;.\; 9 \;.\; 0{,}094 = 365\,V = \text{ca. } 22{,}4\,\%.$$

Der gesamte maximale Spannungsabfall in der Fahrleitung und in den Schienen ist demnach

$$\Delta_{max} = 22{,}4 + 5{,}75 = 28.15\,\% \text{ (bei km 9).}$$

b) für Wechselstrombahnen.

Bei Wechselstrombahnen tritt zu dem Ohmschen Widerstand Ro noch der induktive Widerstand R_ω hinzu. Beide setzen sich vektoriell, d. h. unter Berücksichtigung der Phasenverschiebung zu dem scheinbaren Widerstand R zusammen, der sich nach Formel 28 berechnet.

$$(28) \quad R = R_0 \cos\varphi + R_\omega \sin\varphi$$

worin φ den Winkel der Phasenverschiebung bedeutet.

Der Ohmsche Widerstand des Fahrdrahtes ist bei Wechselstrom ebenso groß wie bei Gleichstrom (Formel 23). Dagegen haben die eisernen Schienen für Wechselstrom einen größeren Widerstand als für Gleichstrom. Der Ohmsche Widerstand der Fahrschienen berechnet sich nach der Formel

$$(29) \quad R = c\,R_s + R_v$$

worin R_s den Gleichstromwiderstand des Schieneneisens,
R_v „ „ der Schienenverbindungen
und c eine Konstante bedeutet, die von der Frequenz abhängig und aus folgender Zusammenstellung zu entnehmen ist:

Frequenz	= 15	c = 2,6
„	= 16,7	„ = 2,75
„	= 25	„ = 3,7
„	= 50	„ = 5,5

Zur Ermittlung des induktiven Spannungsabfalles dient folgende Überlegung:

Die Umgebung eines stromdurchflossenen sehr langen elektrischen Leiters stellt ein magnetisches Feld dar, dessen Kraftlinien konzentrische Kreise um den Leiter bilden und dessen Stärke proportional der Stromstärke und umgekehrt proportional dem Abstand vom Leiter ist. Bezeichnet r den Radius des Leiters, x den Abstand vom

Leitermittelpunkt, l die Länge des Leiters, so ist das Feld vom Abstand D bis zur Leiteroberfläche in absol. Maßeinheiten:

$$\Phi = \frac{4 \pi J l}{2 \pi} \int^{D} \frac{dx}{x} = 2 J l \operatorname{lognat} \frac{D}{r}$$

Nimmt man an, daß im Innern des Leiters die Feldstärke von der Oberfläche, also $\Phi_o = 2 \frac{Jl}{r}$ bis zum Mittelpunkte stetig abnimmt, so würde sich der Wert $\Phi_i = 2 \frac{Jlr}{2r} = Jl$ ergeben. Wäre die ganze Stromschicht lediglich an der Oberfläche des Leiters konzentriert, so wäre $\Phi_i = 0$. Wir rechnen mit einem Mittelwert

$$(30) \qquad \Phi_i = 0{,}5 \; Jl$$

und für Eisenleiter

$$(30\,a) \qquad \Phi_i = 0{,}5 \; \mu \; J \; l,$$

wenn μ die Permeabilität des Eisens bedeutet.

μ kann für Schienen folgender Tafel entnommen werden:

Frequenz	μ
15	20—28
16,7	19—26
25	16—20
50	10—14

An 2 Beispielen soll gezeigt werden, wie die Reaktanzen für Fahrleitungen zu bestimmen sind.

A. Fahrdraht ohne Verstärkungsleitung (Bild 19).

q = Querschnitt des Fahrdrahtes in mm²
r = äquivalenter Radius des Fahrdrahtes in cm

$$r = 0{,}1 \sqrt{\frac{q}{\pi}}$$

r_1 = äquivalenter Radius einer Schiene in cm
D = Entfernung vom Fahrdraht bis zu den Schienen in cm
S = Spurweite in cm

Der Strom im Fahrdraht betrage J Ampere, derjenige in jeder der beiden Schienen $\alpha \cdot \frac{J}{2}$ Ampere, wobei $\alpha = 0{,}6$ bis $0{,}9$ den Stromentweichungskoeffizienten bezeichnet, der von der Beschaffenheit des Erdbodens und dem Aufbau des Gleises abhängig ist. Bei Vorausberechnungen empfiehlt es sich der Sicherheit wegen die Stromentweichung zu vernachlässigen und demnach $\alpha = 1$ zu setzen.
Für den Fahrdraht ist das Feld für 1 km Länge:

$$\Phi_F = J\left[0{,}5 + 2 \text{ lognat } \frac{D}{r}\right] \cdot 10^{-4}$$

für die Schienen:

$$\Phi_S = J\left[0{,}25\,\mu\,\alpha + \alpha \text{ lognat } \frac{D}{r_1} + \alpha \text{ lognat } \frac{D}{S}\right] 10^{-4}$$

Für $\alpha = 1$ ist das Gesamtfeld:

$$\Phi = J\left[0{,}5 + 0{,}25\,\mu + \text{lognat } \frac{D^4}{r^2 r_1 S}\right] 10^{-4}$$

Für die Frequenz ν Perioden in der Sekunde ist der induktive Spannungsabfall

(31) $$\Delta = 2\,\pi\,\nu\,J\,10^{-4}\left[0{,}5 + 0{,}25\,\mu + \text{lognat } \frac{D^4}{r^2 \cdot r_1 \cdot S}\right] \text{ in Volt/km}$$

und der induktive Widerstand

(32) $$R\omega = 2\,\pi\,\nu \cdot 10^{-4}\left[0{,}5 + 0{,}25\,\mu + \text{lognat } \frac{D^4}{r^2 \cdot r_1\, S}\right] \text{in Ohm/km}$$

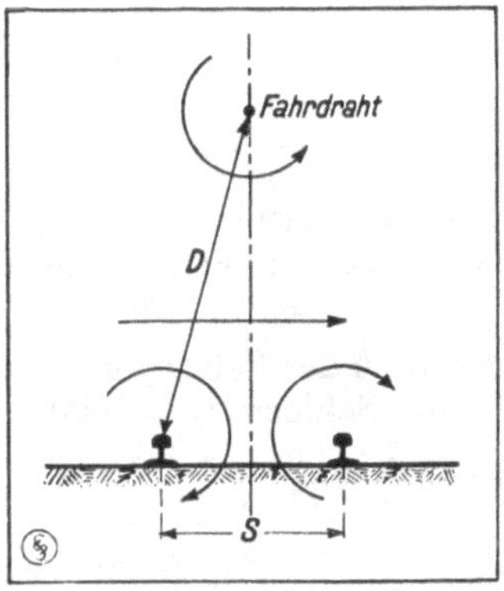

Bild 19. Magnetisches Feld in einer durch Fahrdraht und Fahrschienen gebildeten Schleife.

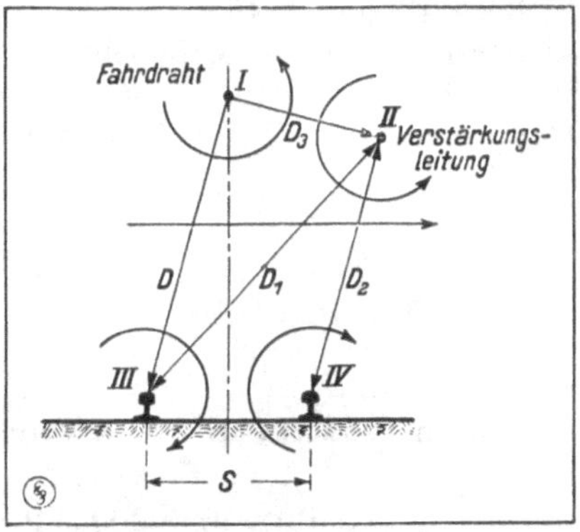

Bild 20. Magnetische Felder in einer durch Fahrdraht, Verstärkungsleitung und Fahrschienen gebildeten Schleife.

B. Fahrdraht mit Verstärkungsleitung.

Zum Fahrdraht sei eine Verstärkungsleitung von gleichem Querschnitt parallel geschaltet, so daß letztere ungefähr den gleichen Strom, wie der Fahrdraht führt. Eine genaue Stromverteilung wird am besten durch Interpolationsrechnung festgestellt, da eine direkte Lösung zu verwickelte und schwer zu lösende Gleichungen ergibt (Bild 20).

Für die Schleife I, II — III, IV folgt:

$$\Phi_I = \frac{J}{2}\left[0{,}5 + 2 \text{ lognat } \frac{D}{r}\right] 10^{-4} \text{ für 1 km}$$

$$\Phi_{II} = \frac{J}{2}\left[2 \text{ lognat } \frac{D_1}{D_3} + 2 \text{ lognat } \frac{D_2}{D_3}\right] 10^{-4} \text{ für 1 km}$$

$$\Phi_s = \frac{J}{2}\left[0{,}5\,\mu + 2 \text{ lognat } \frac{D^2}{r_1 \,.\, S}\right] . 10^{-4} \text{ für 1 km}$$

und für das Gesamtfeld:

$$\Phi = \frac{J}{2}\left[0{,}5\,(1 + \mu) + \text{lognat } \frac{D^3 \,.\, D_1 \,.\, D_2}{D_3^2 \, r \,.\, r_1 \,.\, S}\right] . 10^{-4} \text{ für 1 km}$$

Der induktive Widerstand ist:

(33) $$R\omega = 2\,\pi\,\nu\, 10^{-4}\left[0{,}25\,(1 + \mu) + \tfrac{1}{2} \text{ lognat } \frac{D^3 \,.\, D_1 \,.\, D_2}{D_3^2\, r \,.\, r_1 \,.\, S}\right] \text{ in Ohm/km}$$

Beispiel für die Berechnung des Spannungsabfalles.

Spannung im Unterwerk 16 500 V
Mittlere Frequenz 16,7
Mittlerer cos φ = 0,85; sin φ = 0,53
Fahrdraht-Querschnitt = 80 mm² einschl. 10 % Abnutzung
Fahrdraht äquivalenter Radius r = 0,5 cm

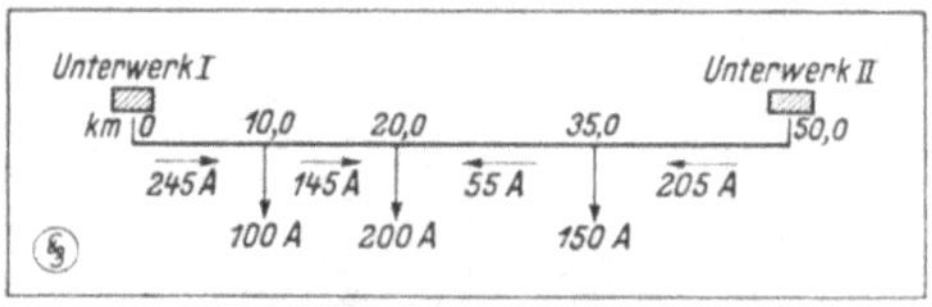

Bild 21. Schaubild der Streckenbelastung.

Schienen-Gewicht 35 kg/m
Schienen äquivalenter Radius r_1 = 3,8 cm
Abstand des Fahrdrahtes von der Schiene D = 600 cm
Spurweite S = 143,5 cm

$$J_{II} = \frac{100 \,.\, 10 + 200 \,.\, 20 + 150 \,.\, 35}{50} = 205 \text{ A}$$

$$J_I = 100 + 200 + 150 - 205 = 245 \text{ A}$$

Gleichstromwiderstand der Schienen (nach 26 a) = 0,021 Ohm/km
Gleichstromwiderstand der Schienenverbinder (nach 26 b)
= 0,0037 Ohm/km
Wechselstromwiderstand der Schienen und Schienenverbinder (nach 29)

$$R_0 = 2{,}75 \cdot 0{,}021 + 0{,}0037 = 0{,}061 \text{ Ohm/km}$$

Widerstand des Fahrdrahtes (nach 23) $R_0 = \frac{1000}{57 \cdot 80} = 0{,}218$ Ohm/km

Demnach beträgt der gesamte Ohmsche Widerstand der Strecke

$$R_0 = 0{,}061 + 0{,}218 = 0{,}279 \text{ Ohm/km}$$

Der induktive Widerstand berechnet sich nach Formel (32)

$$R\omega = 2\,\pi \cdot 16{,}7 \cdot 10^{-4} \left[0{,}5 + 0{,}25 \cdot 26 + \text{lognat} \frac{600^4}{0{,}5^2 \cdot 3{,}8 \cdot 143{,}5}\right]$$
$$= 0{,}305 \text{ Ohm/km}$$

Der scheinbare Widerstand ist nach Formel (28)

$$R = 0{,}279 \cdot 0{,}85 + 0{,}305 \cdot 0{,}53 = 0{,}399 \text{ Ohm/km}$$

$$\triangle_{max} = 245 \cdot 10 \cdot 0{,}399 + 145 \cdot 10 \cdot 0{,}399 = 1545 \text{ V}$$

$$\text{oder } \frac{1545 \cdot 100}{16\,500} = 9{,}4\,\%$$

Wird die Fahrleitung in der Mitte zwischen 2 Unterwerken getrennt, so erhöht sich der Spannungsabfall wie folgt:

$$\triangle_{max} = 300 \cdot 10 \cdot 0{,}399 + 200 \cdot 10 \cdot 0{,}399 = 1995 \text{ V}$$

$$\text{oder } \frac{1995 \cdot 100}{16\,500} = 12\,\%$$

Der maximale Spannungsabfall soll im allgemeinen 25 % nicht übersteigen, und zwar auf der Fahrstrecke etwa 15 % und 10 % in den Hochspannungsfernleitungen und in den Unterwerkstransformatoren.

V. Fahrzeuge

A. Fahrzeuge für Straßen- und Kleinbahnen.

1. Mechanischer Teil.

Größe der Wagen, Zusammensetzung. Die heute noch gebräuchlichste Bauform der Straßenbahnwagen ist die mit 2 Endplattformen, die für Stehplätze ausgenützt werden (Bild 22). Die Sitzplätze im Wageninnern können in verschiedener Weise angeordnet werden. Bei der jetzt allgemein üblichen Breite des Wagenkastens von 2,1 bis 2,3 m beanspruchen Quersitze an sich ungefähr die gleiche Wagenlänge wie Längssitze. Längs-

Bild 22. Normaler Straßenbahnwagen.

bänke ermöglichen einen leichteren und rascheren Fahrgastwechsel; Querbänke werden dagegen ihrer großen Annehmlichkeit wegen von den Fahrgästen vorgezogen. Es hat sich daher die jetzt vielfach angewendete gemischte Anordnung, bei der an den Eingängen Längssitze, in der Wagenmitte dagegen Quersitze vorgesehen sind, als eine zweckmäßige Lösung herausgestellt, die sowohl den Verkehrsbelangen als auch den Wünschen der Fahrgäste entgegenkommt. Die Quersitze werden in der Regel mit festen Rückenlehnen versehen; umklappbare Lehnen erfordern einen um etwa 5 % längeren Wagenkasten.

Um den Weg, den die Fahrgäste im Innern des Wagens zurücklegen müssen, zu verkürzen, hat man neuerdings in steigendem Maße Wagen mit Mitteleinstieg eingeführt. Zuweilen wird die Mittelplattform abgesenkt, um den Fahrgästen das Einsteigen zu erleichtern. (Niederflurwagen, Bild 23). Nicht selten werden bei Wagen größerer Länge Türen in der Mitte und an beiden Enden vorgesehen.

Die Zahl und Größe der Anhängewagen richtet sich in der Hauptsache nach dem Verkehrsbedürfnis. Gegen die Verwendung längerer Züge spricht der Umstand, daß die Abfertigung erschwert, der Aufenthalt an den Haltestellen verlängert und die Reisegeschwindigkeit dadurch vermindert wird. Auch wird in belebten Straßen der übrige Straßenverkehr behindert. Vielfach setzt auch das verfügbare Reibungsgewicht der Triebwagen dem zu befördernden Zuggewicht eine Grenze (vergl. Abschn. IV. F). Aus diesen Gründen erhalten Straßenbahnzüge selten mehr als 2 Anhängewagen, bei Vorortbahnen kann eine größere Anzahl von Anhängewagen wirtschaftlich gerechtfertigt sein.

Bild 23. Niederflurwagen.

Wenn bei Vorortbahnen das Reibungsgewicht des Triebwagens nicht mehr ausreicht, oder wenn es mit Rücksicht auf die verkehrsschwachen Stunden aus wirtschaftlichen Gründen untunlich erscheint, allzu große Triebwageneinheiten zu verwenden, so werden zwei oder mehr Triebwagen in einem Zuge verwendet, deren Motoren in Fernschaltung vom Führerstand des Kopfwagens aus gesteuert werden. Gewöhnlich werden die Beiwagen in der Mitte, die Triebwagen an den beiden Enden des Zuges angeordnet, oder die Beiwagen erhalten einen Führerstand, damit der Zug ohne Umsetzen an den Endhaltestellen die Rückfahrt antreten kann. Gerade wegen der hierdurch ermöglichten Zeitersparnis bürgern sich jetzt auch bei Straßenbahnen ohne Kehrschleifen an den Endpunkten Doppeltriebwagen ein (Zwillingswagen, Bild 24).

Unter- und Drehgestelle. Die notwendige Zahl der Achsen ist durch den Achsdruck festgelegt, der nach der in Europa herrschenden Auffassung bei Straßen- und Vorortbahnen 8 bis 9 t nicht überschreiten soll, damit der Oberbau geschont wird. Straßenbahnwagen, deren Gewicht bei voller Besetzung 16 bis 18 t kaum jemals übersteigt, werden daher in der Regel zweiachsig ausgeführt. Es kann auf ein besonderes Untergestell verzichtet werden, wenn die Gabelführung für die Achslager unmittelbar am Längsträger befestigt wird. Diese Ausführung wird wegen der erzielten Gewichtsverminderung vielfach angewendet.

Ein ruhiger, von Schlingerbewegungen freier Lauf wird erzielt, wenn die beiden Stützpunkte für den Wagenkasten weit auseinander gerückt sind. Innerhalb eines Fahrgestells mit 2 starren, gegeneinander nicht verstellbaren Achsen soll hingegen der Radstand klein gehalten werden, weil anderenfalls in Krümmungen die Räder einen

Bild 24. Zwillingswagen mit zwischengekuppeltem Anhänger.

zu großen Winkel gegen die Schiene einschließen, wodurch Schienen und Radreifen stark abgenutzt werden, lästige Geräusche entstehen und der Stromverbrauch zunimmt. Bei sehr großer Länge läßt sich also der Wagen nicht mehr zweiachsig ausführen, sondern es muß zu Drehgestellen gegriffen werden, wodurch die angegebenen Nachteile vermieden werden, aber das Gewicht und die Anschaffungskosten sich erhöhen.

Die pendelnde Peckham-Aufhängung (Bild 25) ermöglicht eine Verschiebung des Radsatzes in Richtung seiner Achse. Da bei dieser Verschiebung der Wagenkasten angehoben wird, kann das Wagengewicht zur Rückführung der Achse in die Mittellage ausgenutzt werden. Diese Anordnung hat den Vorteil, daß der Wagenkasten vor seitlichen Stößen, die von den Schienen auf die Radsätze übertragen werden, bewahrt bleibt.

Wenn die zweiachsige Bauart ihres geringeren Gewichtes und Preises wegen auch bei längeren Wagen beibehalten werden soll, so muß den beiden Radsätzen eine gewisse Kurvenbeweglichkeit verliehen werden. Es kann dann der Radstand zur Erzielung ruhigen

Bild 25. Peckham-Aufhängung.

Laufes vergrößert werden, ohne daß bei der Fahrt in den Krümmungen die Achsen sich zwängen.

Dies ist bei den einachsigen Drehgestellen möglich (Bild 26), durch die eine Einstellung der Achse in die Richtung des Krümmungshalbmessers angestrebt wird. Bei den meisten Ausführungen erfolgt die Einstellung zwangläufig durch seitliche Verschiebung oder Verkantung des Wagenkastens, die in den Krümmungen durch die Fliehkraft hervorgerufen wird. In dem Umstand, daß die Fliehkraft mit der Geschwindigkeit stark anwächst, ist die oft beobachtete Tatsache begründet, daß es für jede Krümmung eine bestimmte Geschwindigkeit gibt, bei der sich die einachsigen Drehgestelle am besten radial einstellen. Mit der Auslenkung dieser Drehgestelle wird durch Pendelstützen oder dergl. der Wagenkasten angehoben, damit wie bei der Peckham-Aufhängung nach durchfahrener Krümmung das Drehgestell in die Mittellage zurückgeführt wird.

In dieser Übersicht soll noch eine besondere Anordnung von Drehgestellen erwähnt werden. Wenn Zwillingswagen als festgefügte, im Betrieb nicht lösbare Einheit Verwendung finden, so können die beiden einander zugekehrten Wagenenden auf einem gemeinsamen Drehgestell gelagert werden (Jacobs-Drehgestell). Diese Wagenenden haben in Krümmun-

Bild 26. Einachsiges Drehgestell.

gen keinen Ausschlag und können daher durch einen Verbindungsgang (Faltenbalg) miteinander verbunden werden, so daß die Fahrgäste sich gleichmäßig auf beide Wagen verteilen können. In verkehrsschwachen Stunden wird auch nur ein einziger Schaffner für den Doppelwagen zur Abfertigung genügen. Jeder der beiden Wagen erhält an seinem freien Ende ein zweiachsiges, gegebenenfalls auch einachsiges, Drehgestell. Die Motoren werden gewöhnlich nur in die äußeren Drehgestelle eingebaut.

Wagenkasten. Bei hölzernen Wagenkästen wird der gewöhnlich aus Profileisen hergestellte Bodenrahmen so bemessen, daß er alle Kräfte aufnehmen kann, die durch Kasten- und Personengewicht, durch Zug- und Stoßvorrichtung, durch Anfahrbeschleunigung und Bremsverzögerung hervorgerufen werden. Trotzdem ist auch der Wagenkasten erheblichen Beanspruchungen ausgesetzt, und zwar durch sein eigenes Gewicht, durch das Gewicht des Daches und der auf diesem angebrachten Stromabnehmer, Widerstände und anderer elektrischer Teile, durch die beim Anfahren und Bremsen hervorgerufenen Massenkräfte und schließlich durch Fliehkraft und Verdrehung bei der Fahrt in Krümmungen. Das hölzerne Kastengerippe muß daher kräftig bemessen werden; sorgfältige Verzapfungen und feste Verbindungen mit dem Bodenrahmen müssen die nötige Steifigkeit verleihen. Verschiedentlich sind in den letzten Jahren auch Wagen mit Kastengerippe, Wänden und Dach aus Eisen hergestellt worden. Bei größeren Wagen hat sich bei der Verwendung von Eisen eine Gewichtsverminderung ergeben.

Das Wagendach wird gewöhnlich mit einem besonderen Lüftungsaufbau mit aufklappbaren Seitenfenstern versehen, der auf den Plattformen abgesetzt ist oder eines gefälligen, ruhigeren Gesamteindruckes wegen, mit allmählich sich verringernder Überhöhung bis ans Wagenende verläuft. Durch den Lüftungsaufbau wird aber die Festigkeit des durch das Gewicht der Stromabnehmer und der Dachwiderstände ziemlich stark beanspruchten Wagendaches beeinträchtigt. Man verwendet daher auch besonders bei eisernen Wagen das gewölbte Tonnendach, das bei leichterem Gewicht eine größere Festigkeit besitzt als die Ausführung mit Lüftungsaufbau. Durch besondere Lüfter auf dem Dach und durch einstellbare Lüftungsklappen an den Seitenwänden oberhalb der Wagenfenster kann auch beim Tonnendach eine ausreichende Lüftung erzielt werden.

Die Verbindung zwischen Wagenkasten und Drehgestell bzw. Untergestell erfolgt in den verschiedensten Ausführungen. Bei Straßenbahnwagen mit Drehgestellen wird diese mittels der sogenannten Kugelpfanne (oder Drehzapfen) hergestellt. Bei Wagen mit besonderem Untergestell dienen zur Verbindung Führungsbolzen und

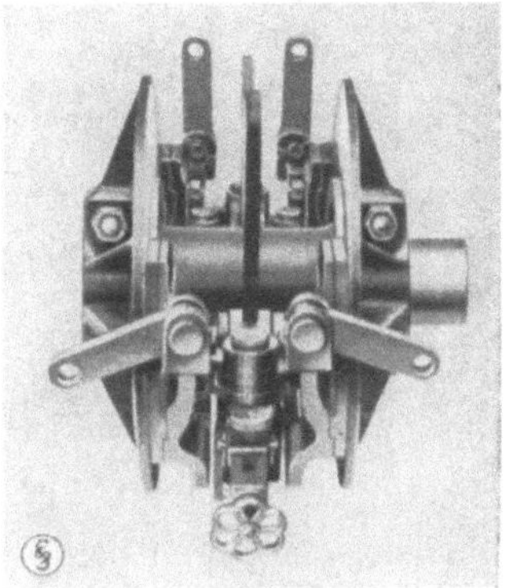

Bild 27. Kniehebelbremse für Triebwagen.

Anschläge. Bei Wagen ohne besonderes Untergestell ruht der Wagenkasten auf Tragfedern, die an diesem mit Federböcken befestigt sind; die Achslager sind durch Achsgabeln am Wagenkasten geführt.

Bremsen. Die gesetzliche Vorschrift fordert neben der Handbremse eine auf alle Wagen des Zuges wirkende, vom Führerstand aus bediente Bremse. Bei Straßenbahnwagen wird fast ausschließlich die elektrische Kurzschlußbremsung, gewöhnlich in Verbindung mit elektromagnetischen Zusatzbremsen für die Anhängewagen, angewendet. Da wo noch Luftbremse vorkommt, wird daneben meist Kurzschlußbremsung vorgesehen, die als zusätzliche Bremse oder als Ersatz im Falle einer Störung der Luftbremse benutzt wird.

Hand-, Luftdruck- und elektromagnetische Bremsen wirken durch Reibung der Bremsklötze auf dem Radreifen. Die Bremsklötze werden gewöhnlich aus Grauguß angefertigt. Durch die anliegenden Bremsklötze wird die Federung zwischen Achse und Untergestell oder falls ein solches fehlt, sogar zwischen Wagenkasten und Achse beeinträchtigt, wodurch sich die häufig beobachteten Erschütterungen beim Bremsen erklären. Ferner ist der an der Handkurbel, vom Solenoid-Kern oder vom Druckluftkolben zurückzulegende Leergang bis zum Anliegen der Klötze ziemlich groß; denn die am Untergestell oder am Wagenkasten aufgehängten Klötze müssen bei gelöster Bremse von den Radreifen genügend weit abstehen, damit sie nicht bei gelöster Bremse an den Rädern schleifen. Wegen der starken Abnutzung der Radreifen ist in den letzten Jahren die Klotzbremse vielfach durch andere Bremsmittel ersetzt worden.

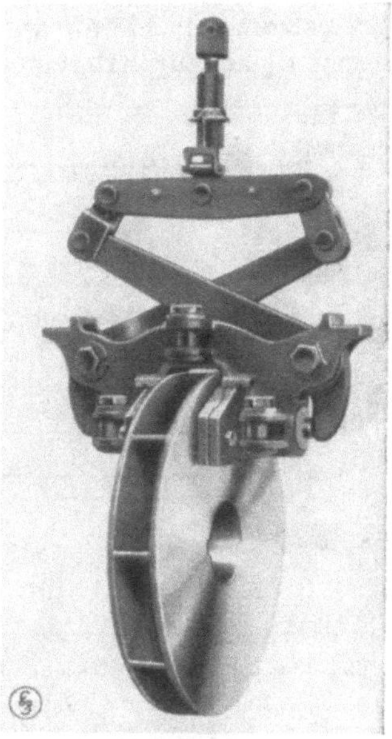

Bild 28. Zangenbremse für Anhängewagen.

Bei der Scheibenbremse werden Bremsbacken an eine oder zwei mit der Radachse umlaufende eiserne Scheiben angepreßt. Zur Erhöhung der Reibungs-

Bild 29. Bahnmotor mit Getriebebremse.

ziffer, also zur Verminderung der erforderlichen Bremskraft sind die Bremsbacken mit Kupfer-Asbest oder einem ähnlichen Stoffe belegt.

Bild 27 zeigt eine Scheibenbremse (Kniehebelbremse), die in axialer Richtung so gedrängt gebaut ist, daß sie, wenigstens bei Regelspur, neben dem Tatzenlagermotor noch eingebaut werden kann. Bei Meterspur können besonders ausgebildete Zangenbremsen eingebaut werden, deren Backen auf Scheiben aufgepreßt werden, die an den Außenseiten der beiden Räder angebracht sind. Bild 28 stellt eine Scheibenbremse (Zangenbremse) für Anhängewagen dar.

Die Getriebebremse greift nicht wie die bisher genannten Ausführungen an der langsam laufenden Radachse, sondern an der Motorwelle an. Der Motor erhält auf einem durch das Lagerschild auf der Stromwenderseite hindurchragenden Wellenstumpf eine Bremstrommel; hieran werden sichelförmige Bremsbacken angepreßt, deren Belag zur Erhöhung der Reibung gewöhnlich aus einer Kupfer-

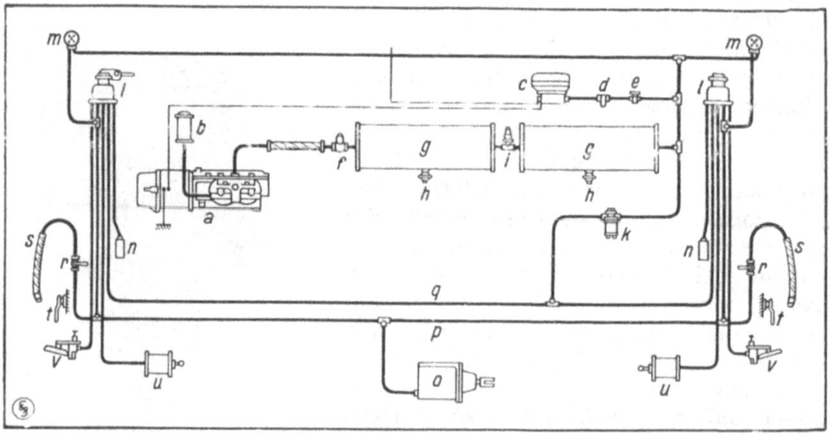

Bild 30. Unmittelbar wirkende Einkammerluftdruckbremse für Trieb- und Anhängewagen.

a = Luftpresser, b = Sauger, c = Druckregler, d = Luftfilter, e = Absperrhahn, f = Rückschlagventil, g = Luftbehälter, h = Ablaßhahn, i = Sicherheitsventil, k = Druckminderventil, l = Führerventil, m = Druckmesser, n = Schalldämpfer, o = Bremszylinder, p = Druckleitung, q = Bremsleitung, r = Kupplungshahn, s = Schlauchkupplung, t = Leerkupplung, u = Sandstreuzylinder, v = Läutewerk.

Asbest-Mischung besteht. Die Anordnung der Getriebebremse (Innenbackenbremse) für Tatzenlagermotoren ist aus Bild 29 ersichtlich. Getriebebremsen finden auch als Außenbackenbremsen Verwendung.

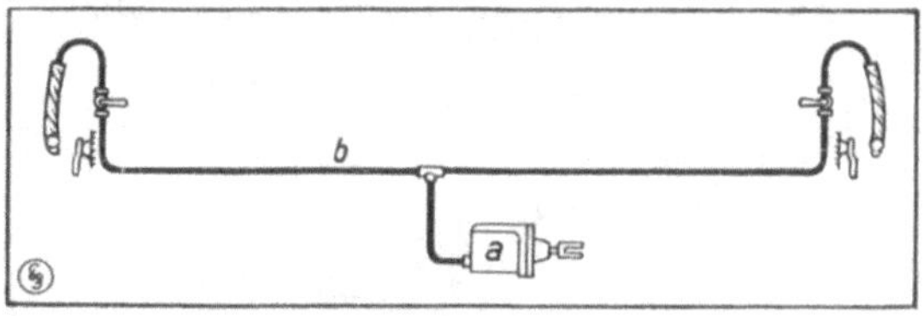

Bild 31. Ausrüstung eines Anhängewagens.
a = Bremszylinder, b = Bremsleitung mit Kupplungshähnen, Schlauchkupplungen und Leerkupplungen.

Wegen der zwischen Bremse und Laufradwelle eingeschalteten Übersetzung erfordert die Getriebebremse ein Bremsmoment, das bei Tatzenlagermotoren nur etwa $^1/_6$ bis $^1/_4$, bei Kardanmotoren mit höherer Gesamtübersetzung nur etwa $^1/_{10}$ bis $^1/_8$ des Bremsmomentes bei der Klotz- und Scheibenbremse beträgt. Zur Kraftübertragung genügt daher an Stelle eines schwereren Bremsgestänges eine einfache Drahtseilführung. Auch ist wegen des geringen Bremsmomentes bei gegebenem Kurbelweg der erforderliche Kurbeldruck erheblich kleiner als bei anderen Handbremsen.

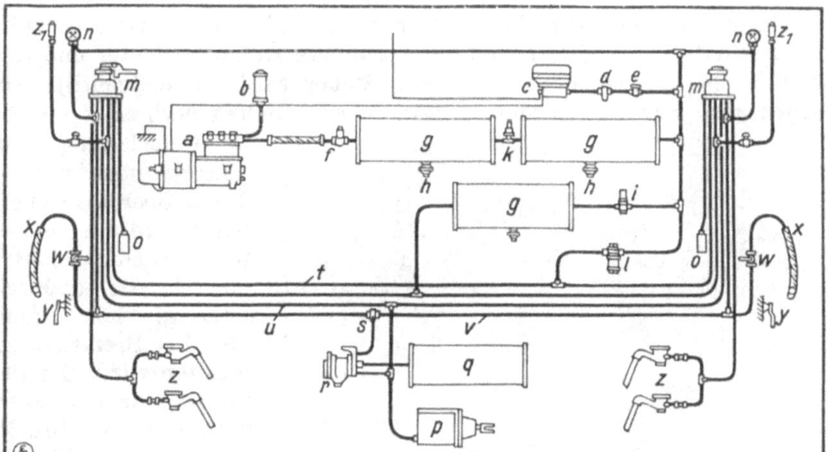

Bild 32. Selbsttätige Einkammerluftdruckbremse für Trieb- und Anhängewagen.

a = Motorluftpresser, b = Sauger, c = Druckregler, d = Luftfilter, e = Absperrhahn, f = Rückschlagventil, g = Hauptluftbehälter, h = Ablaßhahn, i = Überstromventil, k = Sicherheitsventil, l = Druckminderventil, m = Führerventil, n = Druckmesser, o = Schalldämpfer, p = Bremszylinder, q = Hilfsbehälter, r = Steuerventil, s = Staubfänger, t = Druckleitung, u = direkte Bremszylinderleitung, v = durchgehende Bremsleitung, w = Kupplungshahn, x = Schlauchkupplung, y = Leerkupplung, z = Sandstreugebläse, z_1 = Pfeife mit Anstellventil.

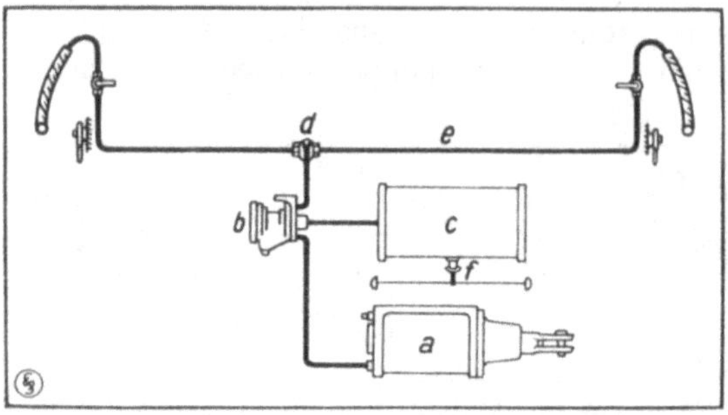

Bild 33. Ausrüstung eines Anhängewagens.
a = Bremszylinder, b = Steuerventil, c = Hilfsbehälter, d = Staubfänger, e = Bremsleitung mit Kupplungshähnen, Schlauchkupplungen und Leerkupplungen, f = Löseventil

Luftdruckbremsen sind nur noch bei wenigen Straßenbahnen in Betrieb. Bei Überlandbahnen und bei schweren Zügen wird meistens Luftdruckbremse angewendet.

Bei der unmittelbar wirkenden Einkammerbremse (Bild 30 und 31) wird die Druckluft durch das Führerbremsventil vom Hauptluftbehälter in die Bremsleitung und damit in die Bremszylinder gedrückt, durch deren Kolbenhub das Bremsgestänge bewegt wird. Diese Ausführung ist durch Einfachheit gekennzeichnet, jedoch ist selbsttätiges Bremsen bei Zugtrennung und Auslösung der Notbremse durch die Fahrgäste nicht möglich.

Kennzeichnend für die selbsttätige Einkammerluftdruckbremse (Bild 32 und 33) sind der besondere Hilfsluftbehälter und das in Bild 34 dargestellte sogenannte Steuerventil (Auslaßventil). Im Gegensatz zur unmittelbar wirkenden Einkammerbremse steht die Bremsleitung beim Fahren stets unter Druck. Über das Steuerventil wird die Luft in den Hilfsluftbehälter geleitet, der dadurch unter gleichem Druck wie die Bremsleitung gehalten wird. Bei Betätigung des Führerventiles und bei Druckverminderung in der Bremsleitung, die durch Zugtrennung oder durch Auslösen der Notbremse verursacht sein kann, steuert das Steuerventil um und verbindet den Hilfsluftbehälter mit dem Bremszylinder, wodurch eine Bremsung des Fahrzeuges bewirkt wird.

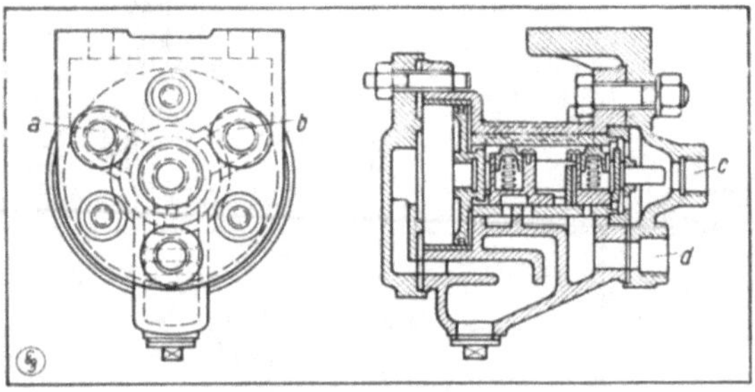

Bild 34. Steuerventil.
a = Leitung, b = Auspuff, c = Hilfsbehälter, d = Bremszylinder

Bei der Zweikammerbremse (Bild 35 und 36) steht die Bremsleitung und die mit ihr verbundene erste Kammer bei gelöster

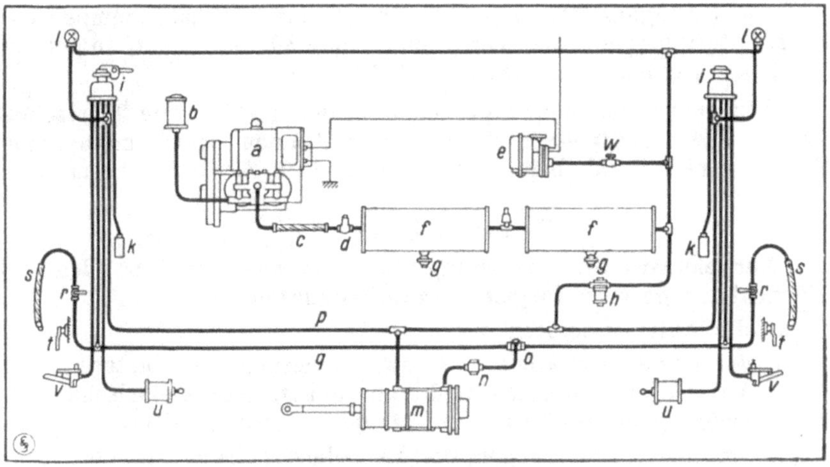

Bild 35. Zweikammerluftdruckbremse für Trieb- und Anhängewagen.

a = Motorluftpresser, b = Sauger, c = Druckschlauch, d = Rückschlagventil, e = Druckregler, f = Hauptluftbehälter, g = Ablaßhahn, h = Druckminderventil, i = Führerventil, k = Schalldämpfer, l = Druckmesser, m = Bremszylinder, n = Auslaßventil, o = Staubfänger, p = Druckleitung, q = Bremsleitung, r = Kupplungshahn, s = Schlauchkupplung, t = Leerkupplung, u = Sandstreuzylinder, v = Läutewerk, w = Absperrhahn.

Bremse dauernd unter Druck. Beim Bremsen wird die Luft aus der Kammer ausgelassen; die Hubarbeit wird durch die mit einem besonderen Hilfsluftbehälter in Verbindung stehende zweite Kammer geleistet. Die Bremse wirkt bei Zugtrennung selbsttätig und gestattet willkürliche Notbremsung von jedem Wagen aus. Der Luftverbrauch ist gegenüber der Einkammerbremse beträchtlich höher. Einen Mittelweg zwischen Einkammer- und Zweikammerbremse stellt die zuweilen angewandte Vereinigung der Einkammerbremse für die Triebwagen mit der Zweikammerbremse für Anhängewagen dar; diese Anordnung ermöglicht selbsttätige Bremsung der Anhängewagen bei Zugtrennung.

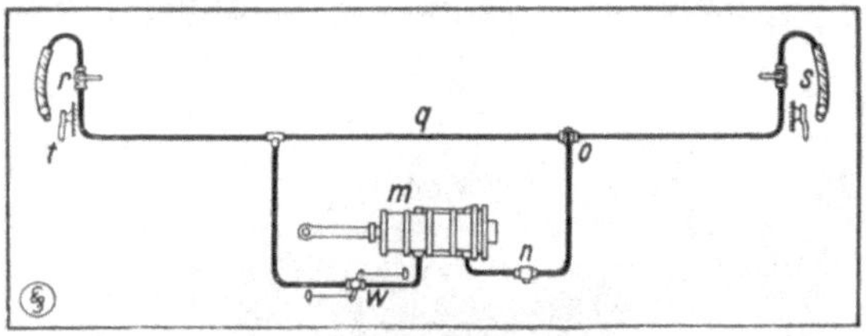

Bild 36. Ausrüstung eines Anhängewagens.

m = Bremszylinder, n = Auslaßventil, o = Staubfänger, q = Bremsleitung, r = Kupplungshahn, s = Schlauchkupplung, t = Leerkupplung.

Die Erzeugung der Druckluft erfolgt durch Achsluftpumpen oder durch Luftpumpen, die von einem besonderen Elektromotor angetrieben werden (vgl. Abschnitt V B).

Wirkungsweise und Eigenschaften der elektrischen Kurzschlußbremse und der mit ihr in Verbindung stehenden elektro-magnetischen Zusatzbremsen sind beim elektrischen Teil S. 101 ff. beschrieben.

2. Elektrischer Teil.

Zur elektrischen Ausrüstung der Triebwagen für Straßen- und Kleinbahnen gehören folgende Hauptbestandteile:

a) die Antriebsmotoren mit Getriebe,

b) die Schaltausrüstung, die zur Steuerung der Motoren beim Fahren und Bremsen und zum Schutz der elektrischen Einrichtung gegen Überspannung und Überstrom dient,

c) die Nebeneinrichtungen, die die Beleuchtung und gegebenenfalls die Heizung, die elektrische Ausrüstung für die Luftdruck- und die Schienenbremse und die elektrische Signalausrüstung umfassen.

Straßen- und Kleinbahnen werden fast ausschließlich mit Gleichstrom betrieben, der durch eine Fahrleitung zugeführt wird. Gleichstromfahrzeuge mit Sammlern und Wechselstromtriebwagen finden nur selten Verwendung. Diese Ausführungen sind in dem Abschnitt über Voll- und Grubenbahnen beschrieben.

Genormte Fahrdrahtspannungen sind 550, 750, 1100, 1500, 2200 und 3000 V. Die Höhe der Fahrdrahtspannung beeinflußt die Ausführung der elektrischen Einrichtung.

Die Antriebsmotoren mit Getriebe. Der zeitgemäße Bahnmotor (Bild 37) ist durch einteilige Ausführung des Gehäuses, durch Verwendung von Rollenlagern für die Ankerachse und durch Anwendung der Selbstlüftung gekennzeichnet. Der Motor mit einteiligem Gehäuse ist leichter als die früher übliche zweiteilige Ausführung, trotzdem aber mechanisch widerstandsfähiger. Das Ausschlagen der Stoß-

Bild 37. Selbstlüftender Gleichstrom-Bahnmotor.

Bild 38. Rollenlager.

flächen der Gehäusehälften fällt fort, die Kabelführung der Haupt- und Wendepole gestaltet sich einfacher. Schließlich ist auch die Gefahr beseitigt, daß Tatzenlageröl durch Trennfugen in das Motorinnere gelangt. Bei Motoren mit geteiltem Gehäuse läßt sich nur schwer auf die Dauer ein vollkommen fester Sitz der Ankerlager erzielen. Loser Sitz der Ankerlager bedingt übermäßige Abnutzung des Getriebes und der Lager selbst, verursacht Bürstenspringen und damit Lichtbogenbildung, die die Lebensdauer des Stromwenders und der Kohlen herabsetzt. Die Instandsetzungsarbeiten gestalten sich allerdings beim zweiteiligen Motor manchmal insofern einfacher, als beim Ankerausbau nicht der ganze Motor aus dem Untergestell entfernt werden braucht. Demgegenüber ist aber zu berücksichtigen, daß Motoren jetziger Bauart insbesondere durch die Verwendung der Ankerrollenlager an sich weniger häufig des Ausbaus bedürfen und daß die Arbeiten des Werkstattpersonals an einem ausgebauten Motor viel bequemer durchgeführt und überwacht werden können, als die Arbeiten unter dem Wagen.

Die Rollenlager (Bild 38) an Stelle der früher üblichen Gleitlager für die Ankerachse haben sich trotz ihres höheren Preises vor allem deshalb eingebürgert, weil sie recht geringer Wartung bedürfen. Die in das Rollenlager eingebrachte Fettfüllung reicht gewöhnlich für die Zeit zwischen zwei Hauptuntersuchungen des Wagens aus, die in der Regel alle Jahre stattfinden. Zugunsten der Rollenlager spricht auch der Umstand, daß selbst nach längerer Betriebszeit ein wesentliches Ankerspiel nicht zu gewärtigen ist. Alle Störungen und Unkosten, die aus dem Auflaufen der Anker sich ergeben, sind also vermieden. Durch die stets feste Lagerung des Ankers wird auch die Lebensdauer des Stromwenders und der Bürsten verlängert. Ebenso werden, soweit es sich um Tatzenlagermotoren handelt, die Zahnräder mehr geschont als bei Verwendung von Gleitlagern, da ihr Mittenabstand sich kaum ändern kann. Welche Lebensdauer dem Rollenlager im Mittel zugemessen werden kann, läßt sich zur Zeit noch nicht genau angeben, da dessen allgemeine Einführung zeitlich noch nicht weit genug zurückliegt.

Durch die Lüftung wird eine wirksamere Kühlung des Motors erzielt als durch die natürliche Wärmeausstrahlung des Gehäuses allein erreichbar wäre. Straßenbahnmotoren werden in der Regel mit Selbstlüftung ausgestattet, Motoren für Überlandbahnen werden bei höherer

Leistung mitunter mit Fremdlüftung betrieben. In der Stundenleistung ist der selbstlüftende Motor dem gekapselten gleicher mechanischer und elektrischer Abmessungen nur wenig überlegen. Dagegen bewirkt bei sonst gleicher Motorausführung die Anwendung der Selbstlüftung mehr als eine Verdoppelung der Dauerleistung gegenüber der gekapselten Bauart. Mit Rücksicht auf die Erwärmung des Motors ist durch die im Bahnbetriebe zugrunde liegenden Betriebsbedingungen, also durch Zuggewicht, Haltestellenentfernung, Fahrzeit, Haltepausen und Streckenverhältnisse, die erforderliche Dauerleistung festgelegt. Hieraus ergibt sich, daß bei gleichen Betriebsverhältnissen die Erwärmung des gelüfteten Motors geringer wird und daß er infolgedessen eine längere Lebensdauer hat und geringere Unterhaltungskosten erfordert als ein gekapselter Motor gleicher Stundenleistung.

Die Ausführung eines Bahnmotors ergibt sich aus der Schnittzeichnung (Bild 39). Das ungeteilte Stahlgußgehäuse hat achteckigen Querschnitt und wird durchweg mit 4 Haupt- und 4 Wendepolen ausgestattet.

Die Kerne der Hauptpole bestehen aus Blechpaketen, diejenigen der Wendepole aus vollem Eisen. Die Spulen werden durch die vorstehenden Polhörner und Bleche und Unterlegscheiben in ihrer Lage sicher festgehalten. Eine Gußmasse, die in die freien Räume der einzelnen Windungen unter Druck bei hoher Temperatur eingefüllt wird, gewährt Schutz vor Feuchtigkeit. Das Motorgehäuse hat die erforderlichen Öffnungen für Ein- und Austritt der Kühlluft. Stromwender (Kommutator) und Bürsten sind durch einen an der Oberseite des Gehäuses angebrachten, abnehmbaren und durch einen an der Unterseite vorgesehenen abschraubbaren Deckel leicht zugänglich. Das Gehäuse wird auf beiden Seiten durch Lagerschilder abgeschlossen, die die Ankerlager aufnehmen. Das Rollenlager erhält zylindrische, in einem Käfig gehaltene Rollen, die zwischen 2 Ringen laufen. Eines der beiden Lager ist in der Regel zur Aufnahme axialer Kräfte, die z. B. bei Tatzenlagermotoren mit Schraubenrädern auftreten, ausgebildet. Die Rollenlager haben ausschließlich Fettschmierung; Ölschmierung hat sich bisher nicht eingebürgert. Der Auswahl des geeigneten Fettes ist besondere Aufmerksamkeit zuzuwenden, da von seiner chemischen Zusammensetzung und Fließpunkttemperatur die Lebensdauer des Lagers in entscheidendem Maße abhängt. Die Rollenlager sind gegen Fettaustritt und gegen Eintritt von Staub und Zahnradöl durch Dichtungen und insbesondere durch Labyrinthe und Spritzringe sorgfältig geschützt.

Anker. Blechpaket und Druckplatte des Ankers (Bild 39 u. 40), von denen die eine den Stromwender trägt, sitzen unmittelbar auf der

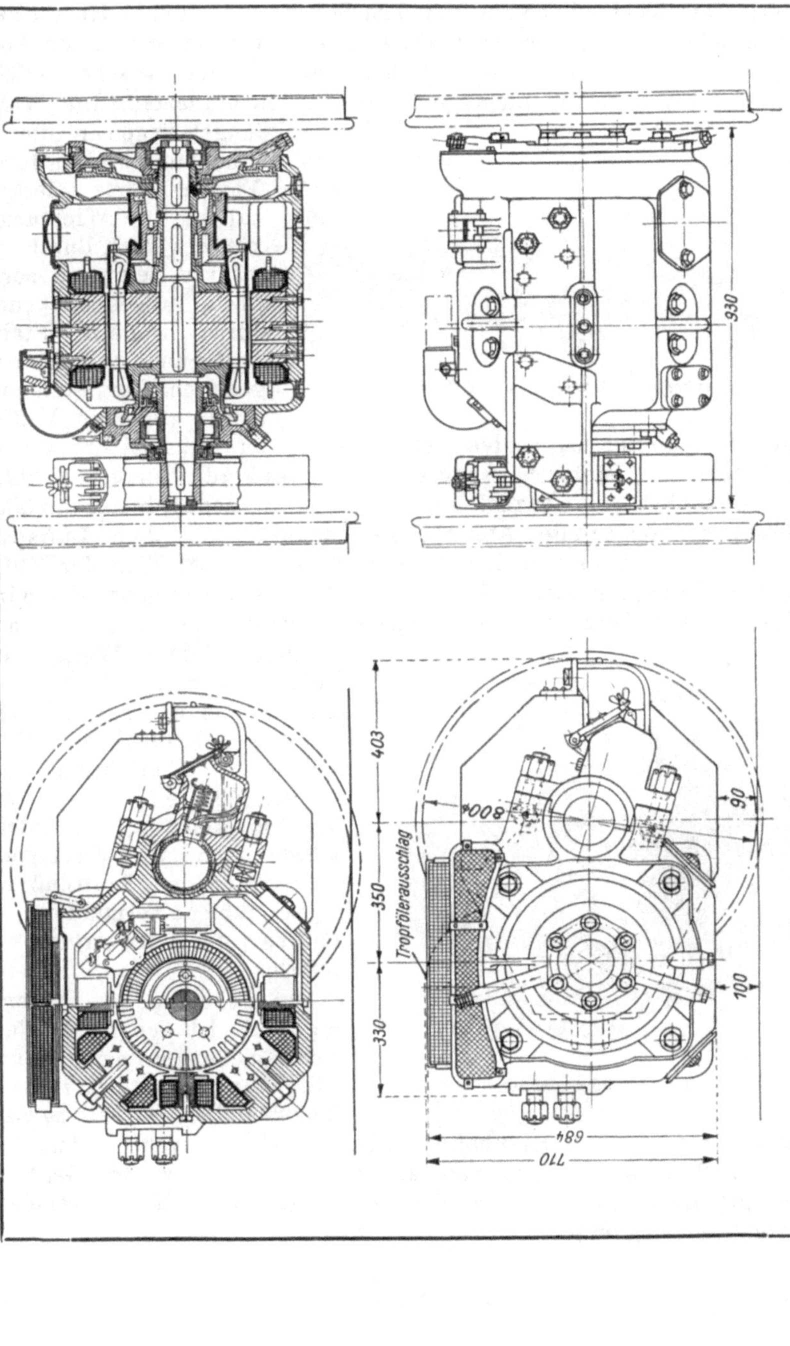

Bild 89. Selbstlüftender Gleichstrom-Bahnmotor mit Rollenlager.

Welle. Das Blechpaket kann mit dem Stromwender durch Hilfsbolzen verschraubt werden, so daß bei einer etwa notwendig werdenden Auswechselung der Welle die elektrischen Verbindungen zwischen Wicklung und Stromwender nicht gelöst zu werden brauchen. Die Wicklungen liegen in offenen Nuten und werden durch Verschlußkeile festgehalten. Die Wicklungsköpfe werden durch getränkte Leinwand sorgfältig abgedeckt und durch isolierte Stahldrahtbunde zusammengehalten. Zur Erzielung eines ruhigen Laufes sind in Ringnuten zu beiden Seiten des Ankers Ausgleichsgewichte angebracht. Bei Motoren genügend großen Ankerdurchmessers erhält das Blechpaket eine Anzahl auf einem Kreis angeordneter axialer Bohrungen, sogenannte Ankerkanäle, damit neben dem Luftspalt zwischen dem Anker und den Polen noch ein zweiter Weg der Kühlluft zur Verfügung steht. Bei Ankern kleineren Durchmessers wird auf die Anwendung der Ankerkanäle verzichtet, da diese nur mit geringer lichter Weite ausgeführt werden könnten, so daß sie bei der zur Zeit am meisten gebräuchlichen Entnahme der Kühlluft aus dem Freien sich mit Staub verstopfen könnten; außerdem würde sich der Eisenquerschnitt für den Kraftfluß im Anker fühlbar vermindern, so daß sich die Eisenverluste erhöhen.

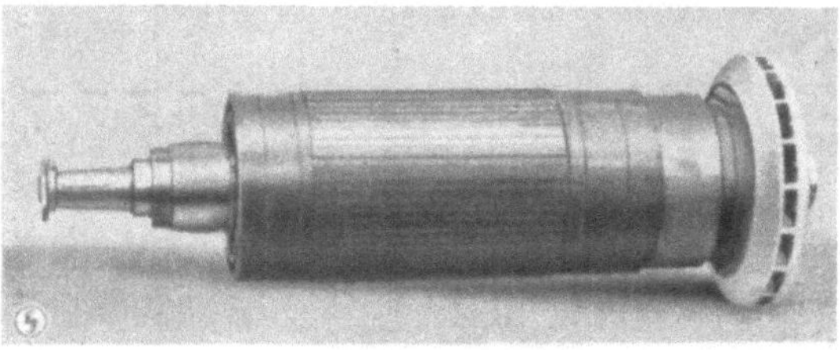

Bild 40. Anker mit Stromwender und Fliehkraftlüfter.

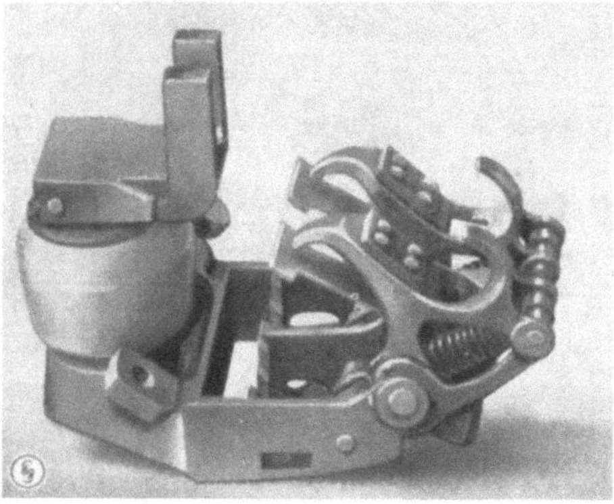

Bild 41. Bürstenhalter.

Der Stromwender (Kommutator) ist aus hartkupfernen Lamellen zusammengesetzt (Bild 40); die härteren Isolierlamellen sind von Zeit zu Zeit auszukratzen. Die Bürstenhalter (Bild 41) sind einzeln mittels besonderer Tragbolzen unverrückbar in genauer Lage im Gehäuse befestigt; die Kohlebürsten werden in den auf dem Bild ersichtlichen Bürstentaschen geführt.

Die Eigenlüftung wird durch einen auf der Ankerwelle neben dem Stromwender sitzenden Fliehkraftlüfter (Bild 40) besorgt, der in beiden Drehrichtungen die warme Luft an der Kommutatorseite hinausdrückt. Die Frischluft wird bisher fast ausnahmslos aus dem Freien entnommen. Der Motor erhält hierbei auf der Verunreinigungen verhältnismäßig am wenigsten ausgesetzten Oberseite haubenartige Öffnungen, die mit einem grobmaschigen Sieb ausgestattet sind, damit aufgewirbelte Fremdkörper nicht eindringen können. Um das Motorinnere vor von den Laufrädern abgeschleudertem Spritzwasser und vor Staub zu schützen, müssen bei dem gelüfteten Motor unbedingt Spritzkästen über den Rädern vorgesehen werden. Staubeintritt in den Motor bei Entnahme der Luft aus dem Freien ist aber trotz aller Vorsichtsmaßnahmen nicht vollständig zu vermeiden. Er ist unbedenklich, da der Staub zum größten Teil durch die Luftaustrittsöffnungen aus dem Motor wieder herausgeschleudert wird und sich nur an ungefährdeten Winkelräumen im Motorinnern festsetzen kann. Zur Verhinderung jeglicher Verstaubung des Motorinnern müßte die Frischluft aus dem Wageninnern oder vom Dache entnommen werden. Die letztere Anordnung erfordert, wenn man nicht eine zu starke Drosselung der angesaugten Luft und damit eine Verminderung der Motordauerleistung in Kauf nehmen will, große Kanalquerschnitte, die sich nur schwer in unauffälliger Weise in den Wagenwänden entlangführen lassen. Die Entnahme der Luft aus dem Wageninnern hat sich bisher nicht eingebürgert. Die Abluft des Motors wird durchweg durch Luftaustrittsöffnungen ins Freie abgeblasen. Die Möglichkeit, die Abluft zur Beheizung des Wageninnern zu verwenden, wird bei der Heizung S. 129 erörtert werden.

Durch geeignete Konstruktion und zweckmäßige Ausnutzung der Werkstoffe können Abmessungen und Gewicht des Motors gering gehalten werden. Ebenso erstrebt man, innerhalb der gegebenen Motorbaulänge die nutzbare Ankerlänge möglichst groß zu halten. Vor allem aber werden die Motoren neuerdings für verhältnismäßig hohe Drehzahlen bemessen, da bei gleicher Leistung das Ankervolumen und damit das Motorgewicht um so kleiner wird, je höher die Drehzahl gewählt wird. Die Grenze der zulässigen Drehzahl des Motors ist teils durch die noch anwendbare Übersetzung der Übertragungsmittel, teils durch mechanische Rücksichten bestimmt. Da der schnellaufende Motor mit geringer Bauhöhe ausgeführt werden kann, so eignet er sich zum Einbau in Radsätze mit kleinem Laufraddurchmesser. Berücksichtigt man, daß bei Tatzenlagermotoren die einfache Zahnradübersetzung bis zum Verhältnis von etwa 1 : 6 ausgeführt werden kann, so ergibt sich, daß bei dem bei Straßenbahnen jetzt häufig gebrauchten Laufraddurchmesser von

650 bis 720 mm Motoren mit einer Drehzahl von etwa 800 bis 900 Uml/min bei Stundenleistung verwendet werden können. Durch die Anwendung einer zweifachen Übersetzung bei Tatzenlagermotoren oder eines zweistufigen Stirn- und Kegelradgetriebes bei Kardanmotoren ist die Grenze des möglichen Zahnradübersetzungsverhältnisses noch weiter hinausgerückt, so daß auch Motoren mit noch höheren Drehzahlen eingebaut werden können. Zu berücksichtigen ist, daß die bei der Höchstgeschwindigkeit des Wagens sich einstellenden Drehzahlen etwa 60 bis 80 % über der Stundendrehzahl liegen.

Durch die Art der Übertragung der Motorleistung auf die Laufräder und durch die Anordnung und Aufhängung unterscheidet sich der Tatzenlagermotor vom Kardanmotor.

Bei den deutschen Straßenbahnen ist der Tatzenlagermotor überwiegend im Gebrauch. Er stützt sich einerseits durch die beiden Tatzenlager ungefedert auf die Achse, andererseits ist er mittels der Motoraufhängung unter Zwischenschaltung von Federn am Untergestell oder falls ein solches fehlt, am Wagenkasten selbst aufgehängt. Die Tatzenlager sind als Gleitlager mit Stahlgußschalen mit Weißmetalleinlage oder Bronzeschalen ausgebildet. In der Regel findet Kissenschmierung Verwendung, die sich bei der verhältnismäßig kleinen Laufraddrehzahl bewährt hat. Zur Vermeidung von Ölverlust und Verschmutzung ist der Lagerdichtung besondere Aufmerksamkeit zuzuwenden. Deshalb wird durchweg zwischen den beiden Tatzenlagern ein Schutzblech oder ein durchgehender Tatzenlagerdeckel angeordnet, wodurch die Laufachse völlig abgedeckt wird. Die beiden nach außen gekehrten Tatzenlagerbunde sind durch Dichtungen verkleidet, die am Zahnradschutzkasten bzw. an der stromwenderseitigen Laufradnabe oder Achsschelle befestigt sind. Rollenlager für die Tatzenlager haben sich nicht eingebürgert, da die Auswechslung bei Beschädigungen umständlich ist. Außerdem bedingt der Einbau von Rollenlagern die Aufgabe der bei Gleitlagern möglichen gedrängten Bauart des Motors, so daß der Mittenabstand der Zahnräder vergrößert werden müßte und sich das Gewicht der Zahnräder selbst, des Zahnradschutzkastens und des Motors erhöhen würde. Schließlich steht auch zu befürchten, daß durch die von den Erschütterungen des Laufrades herrührenden harten Schläge die Lebensdauer des Tatzenrollenlagers vermindert wird.

Die Aufhängung des Motors geschieht vorwiegend mittels eines Flacheisenträgers, der fest mit dem Gehäuse verbunden ist. Die durch das Fahren verursachten Stöße wirken sich am Motor, also insbesondere an den Tatzen- und Ankerlagern und an den Bürsten, verhältnismäßig am wenigsten aus, wenn die Stützpunkte der Aufhängung in einer zur Laufachse gleichlaufenden Geraden liegen, die möglichst weit von der

Laufachse entfernt ist. Die sog. „Schwerpunktaufhängung" hat sich als nachteilig erwiesen, da die beim Fahren auftretenden Stöße sich am stärksten im Eingriff der Zahnräder bemerkbar machen. Die Beanspruchung der Motortragfeder hängt vom Gewicht und Drehmoment des Motors und von der am Laufrad auftretenden Umfangskraft ab. Bei der Bestimmung der Abmessungen der Motortragfedern ist besonders darauf zu achten, daß die Federn bei einem Drehmoment, das der Fahrgeschwindigkeit im Beharrungszustande entspricht, noch genügend weich sind. Zu harte Federn übertragen die Stöße fast ungeschwächt auf den Motor, schädigen die Lager und veranlassen Bürstenspringen, unter Umständen sogar Überschläge. Wünschenswert ist es selbstverständlich, daß auch bei dem größten auftretenden Drehmoment die Feder noch nicht zur Auflage kommt. Für die Motortragfedern werden meistens Torsionsfedern verwendet. Der Windungsdurchmesser der Feder wird zweckmäßigerweise möglichst groß gewählt.

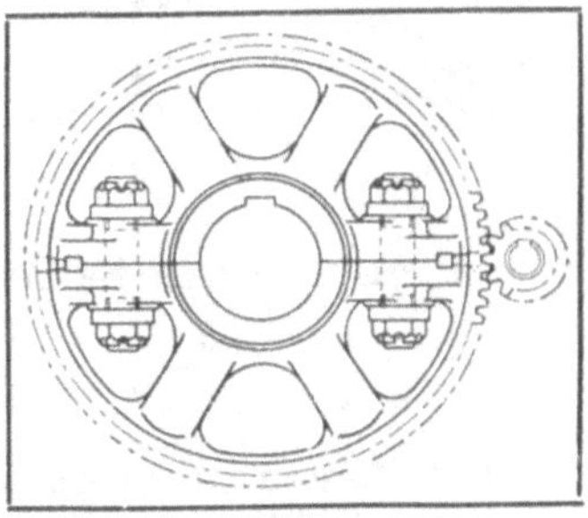

Bild 42. Zahnräder.

Für die Zahnräder (Bild 42) der Tatzenlagermotoren wird beim Ritzel ein geeigneter, geschmiedeter Sonderstahl und bei sehr hohen Beanspruchungen Chromnickelstahl verwendet. Das große Zahnrad wurde bis vor einiger Zeit meist aus Stahlguß gefertigt. Um lange Lebensdauer zu erzielen, werden Ritzel und großes Rad an der Oberfläche gehärtet. Die SSW sind nun in letzter Zeit dazu übergegangen, die großen Zahnräder aus einem allerdings viel teuereren, im Gesenk geschmiedeten Stahl als Hartflankenräder herzustellen. Hierdurch sind die Zahnräder größeren Beanspruchungen gewachsen und weisen eine längere Lebensdauer auf.

Beim Bahnmotor ist der Mittenabstand M gegeben. Zwischen M, dem Modul m, der Zahnteilung $t = m\pi$ und der Summe $z + Z$, der Zähnezahl von Ritzel (z) und großem Rad (Z) besteht die Beziehung:

$$\frac{M}{\frac{m}{2}} = z + Z$$

Da $z + Z$ naturgemäß eine ganze Zahl sein muß, ist die Auswahl des zulässigen Zahnradmoduls festgelegt. Für die Übersetzung $ü = \frac{z}{Z}$ gilt

$$z = \frac{z + Z}{\frac{1}{ü} + 1}$$

1 : ü ist also so zu wählen, daß z eine ganze Zahl wird. Beispiel: M = 264 mm; Zahnteilung t ungefähr 6,5 bis 7 π; also m = 6,5 bis 7. Übersetzung ungefähr 5,3 erwünscht; also

$$\frac{1}{ü} + 1 = 6{,}3.$$

$$z + Z = \frac{264}{3{,}3} = 80 \text{ für } m = 6{,}6$$

$$z + Z = \frac{264}{3{,}57} = 75 \text{ für } m = 7{,}04$$

$$z = \frac{z + Z}{\frac{1}{ü} + 1} = \frac{80}{6{,}3} = 12{,}7 \text{ für } m = 6{,}6$$

$$= \frac{75}{6{,}3} = 11{,}9 \text{ für } m = 7{,}04$$

Nächst ausführbares Zahnradpaar

$$z = 13 \quad Z = 67 \quad ü = 1:5{,}15 \quad \text{für } m = 6{,}6$$

$$z = 12 \quad Z = 63 \quad ü = 1:5{,}25 \quad \text{für } m = 7{,}04.$$

Die Zahnradschutzkästen (Bild 43) sind aus Stahlblech gefertigt, wobei jegliche Schweißnaht an den Kanten und somit jegliche Bruchgefahr vermieden ist. Auf der Oberseite des Schutzkastens ist über der Kammstelle der Räder der Tropföler aus Stahlguß oder Aluminium angebracht. Gewöhnlich wird Dauerölung mittels Wollfäden vorgesehen. Öler mit eingelegten Kugeln, die eine Ölung nur bei Erschütterungen, also während der Fahrt, zulassen, bedürfen sorgfältiger Überwachung durch die Werkstatt. Das in der unteren Hälfte des Schutzkastens mit Eisenstaub vermengte Öl ist in angemessenen Zeitabständen durch die Ablaßschrauben abzulassen, damit das große Zahnrad nicht eintaucht und den Ölschlamm wieder emporfördert.

Bild 43. Zahnradschutzkasten.

Der Nachteil des Tatzenlagermotors, daß sein Eigengewicht zum Teil ungefedert auf der Achse ruht und somit den Motor selbst und die Gleisanlage ungünstig beansprucht, hat dazu geführt, nach dem

Vorbild der Kraftwagen auch bei Straßenbahnwagen Kardanantrieb einzuführen. Dieser Gedanke ist zum ersten Male in Deutschland von Direktor Albrecht, Straßenbahn Dortmund, verwirklicht worden.

Kennzeichnend für die verschiedenen Arten der Kardanübertragung ist die Ausführung des Getriebes. Die ursprünglich von Albrecht entwickelte Anordnung sieht ein zweistufiges Getriebe vor, das aus einem Stirn- und einem Kegelradpaar besteht. Bild 44 stellt diese Anordnung schematisch dar. Die beiden Motoren a treiben mit ihrem gemeinsamen Ritzel ein großes Stirnrad g an. Vom Stirnrad laufen nach beiden Seiten Wellen aus, welche die Achsen über die Kegelradpaare b antreiben. Zwischen Stirn- und Kegelrädern ist eine Zwischenwelle mit zwei Kardangelenken (Kreuzgelenken) c eingebaut, die die freie Beweglichkeit der am gefederten Untergestell oder am gefederten Wagenkasten befestigten Motoren gegenüber den Laufrädern ermöglichen. Eine Längskupplung h gleicht die bei dem Spiel der Federn sich ergebenden Längenunterschiede in der Zwischenwelle aus. Das Kegelrad ist durch eine am Untergestell federnd gelagerte Drehmomentstütze gegen Verdrehung gesichert. Mit der rasch laufenden Welle ist eine Getriebebremse gekuppelt, die ebenso wie die Ankerbremse beim Tatzenlagermotor nur ein geringes Bremsmoment erfordert. Eine Besonderheit des Albrecht-Antriebes besteht in der Anwendung von Lenkachsen. In elektrischer Hinsicht ist bemerkenswert, daß das Motorgehäuse vom Untergestell, also von Erde isoliert aufgestellt ist, damit der Strom nicht von der gegen Erde spannungführenden Bürste zum Gehäuse überschlagen kann. Allerdings scheint dieser Schutz bei einem zeitgemäßen Bahnmotor entbehrlich zu sein. Die Anwendung des zweistufigen Zahnradgetriebes gestattet, eine höhere Gesamtübersetzung anzuwenden. Mithin kann der Motor mit einer besonders hohen Drehzahl, also mit geringem Gewicht, ausgeführt werden. Die SSW haben für die Krupp-Albrecht-Wagen ihren Motor Dy 341 a geliefert, der bei 550 V eine Stundenleistung von 36 kW bei 1300 Uml/min aufweist. Die Kühlluft für den Motor wird aus dem Freien entnommen. Beim Kardanantrieb wäre die Luftentnahme aus dem Wageninnern leichter möglich als beim Tatzenlagermotor, da das zur Ansaugung dienende Verbindungsstück bei Befestigung des Motors am Wagenkasten überhaupt keine, bei Be-

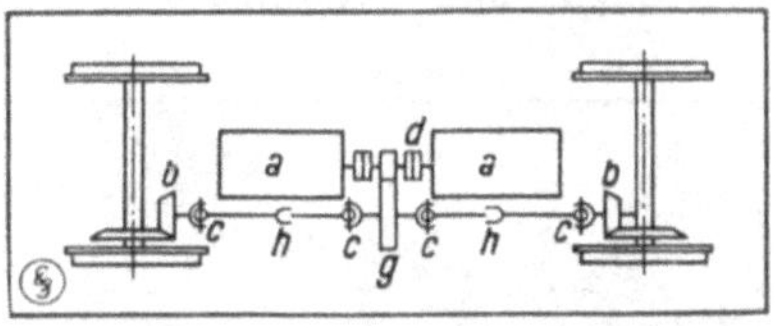

Bild 44. Schematische Darstellung eines zweistufigen Kardangetriebes (Albrecht).

a = Motor, b = Kegelradpaar, c = Kardangelenk, d = elastische Kupplung, g = Stirnradpaar, h = Längskupplung.

festigung am Untergestell eine geringere Längenänderung aufzunehmen hat als beim Tatzenlagermotor.

Die Forderung, das Getriebe möglichst einfach zu halten und die Zahl der der Wartung unterliegenden Teile zu vermindern, hat zur zweiten Art des Kardangetriebes mit einstufiger Übersetzung geführt. Bild 45 zeigt schematisch die Ausführung eines einstufigen Kardangetriebes mit Kegelradübertragung, Bild 46 die Anordnung mit Schneckenantrieb. Da bei den Anordnungen der Abbildungen 45 und 46 die Zwischenwelle bei mittlerer Durchfederung des Untergestells mit der Motor- und Getriebewelle sich in einer Geraden befindet, beschränken sich die Winkelauslenkungen nur auf das durch die Untergestellschwingungen bedingte geringe Maß. Es konnte daher auf das eine Kreuzgelenk verzichtet und eine gewöhnliche nachgiebige Kupplung gewählt werden. Das Kegelradgetriebe läßt z. B. bei einem Laufraddurchmesser von 720 mm eine Übersetzung bis etwa 1 : 5,5 zu, ohne daß sich ungünstiger Zahneingriff ergibt. Demnach kann ein Motor Verwendung finden, dessen Abmessungen und Gewicht denen eines schnellaufenden Tatzenlagermotors gleichkommen. Beim Schneckengetriebe kann die Übersetzung bis etwa 1 : 10 ausgeführt werden, so daß die beim Albrecht-Antrieb schon genannten leichteren Kardanmotoren mit etwa 1300 Umdr/min bei Stundenleistung in Betracht kommen. Die Schneckenwelle wird stets mehrgängig ausgeführt und darf natürlich keine Selbsthemmung haben.

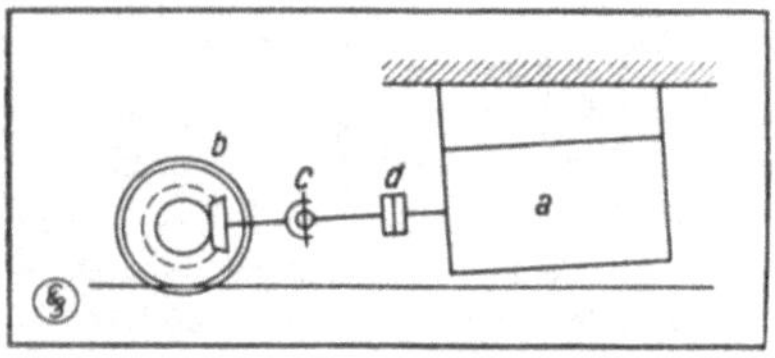

Bild 45. Schematische Darstellung eines einstufigen Kegelradgetriebes.
a = Motor, b = Kegelradpaar, c = Kardangelenk, d = elastische Kupplung.

Ein zweimotoriges Kardan-Fahrzeug ist in Bild 47 dargestellt.

Beim viermotorigen Kardan-Fahrzeug sind die beiden Motoren eines Drehgestells so angeordnet wie es in Bild 48 dargestellt ist. Der Radstand des Drehgestells soll durch den Einbau der Kardanmotoren keine wesentliche Vergrößerung erfahren. So wurde z. B. ein viermotoriger regelspuriger Kardanwagen mit Kegelradübersetzung und mit Motoren von je 52 kW Stundenleistung bei 750 V mit einem Drehgestell-Radstand von 2050 mm ausgeführt.

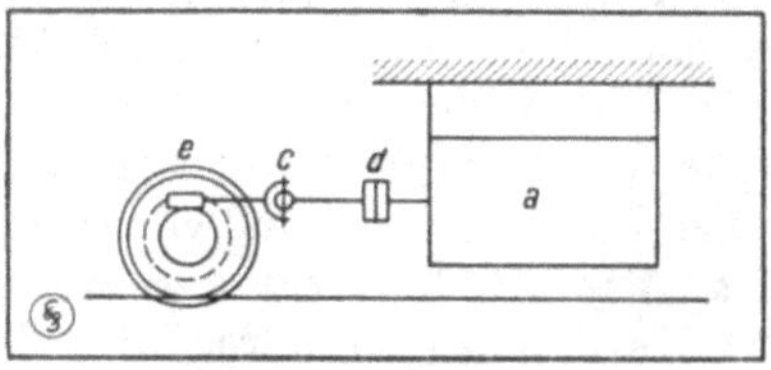

Bild 46. Schematische Darstellung eines Schneckenradgetriebes.
a = Motor, c = Kardangelenk, d = elastische Kupplung, e = Schneckenrad.

S t e u e r u n g. Bei Straßen- und Vorortbahnen werden fast aus-

Bild 47. Zweimotoriger Triebwagen mit Kardangetriebe.

schließlich Gleichstrom-Reihenschlußmotoren verwendet. Der Reihenschlußmotor muß bekanntlich unter Vorschaltung von Widerständen angelassen werden, damit der Strom wegen der erst mit wachsender Drehzahl sich ausbildenden Gegen-EMK begrenzt bleibt. Hierbei bedient man sich gewöhnlich der Reihen-Parallelschaltung. Die beiden Motoren werden zunächst unter allmählicher Ausschaltung der Vor-

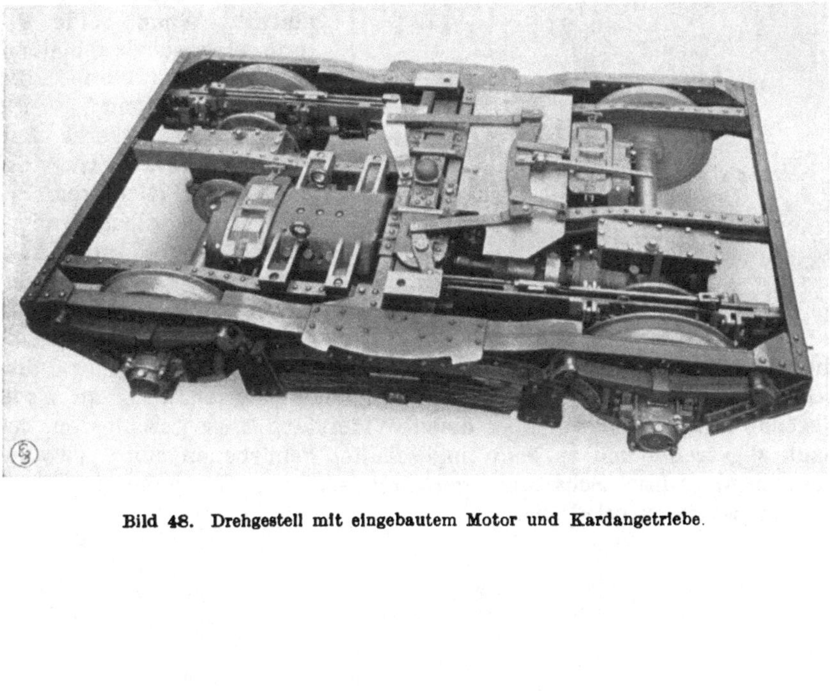

Bild 48. Drehgestell mit eingebautem Motor und Kardangetriebe.

schaltwiderstände hintereinander geschaltet, dann werden sie mit Hilfe einer Übergangstufe unter Vorschaltung der Widerstände parallel geschaltet und die Widerstände werden wiederum stufenweise ausgeschaltet (Bild 49). Die Reihen-Parallelschaltung gewährt den Vorteil, daß die Verluste in den Vorschaltwiderständen nur halb soviel wie bei dem Anlassen in alleiniger Parallelschaltung betragen. Es kann auch das Gewicht und der Raumbedarf der Widerstände verringert werden. Durch die Reihenschlußschaltung wird ferner eine zweite Dauerstufe mit ungefähr der halben Höchstgeschwindigkeit geschaffen.

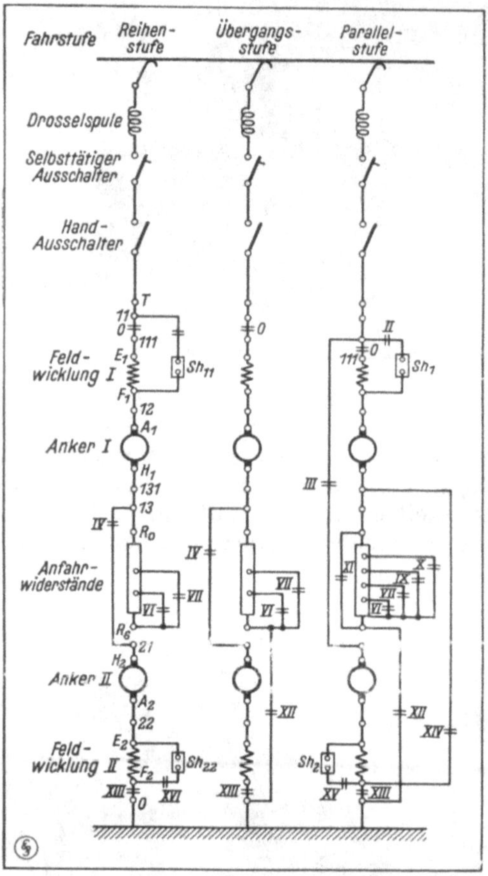

Bild 49. Vereinfachtes Schaltbild für Reihen-Parallelschaltung. (Bezeichnungen wie Bild 59).

Beim Übergang von der Reihen- zur Parallelschaltung bleiben entweder beide Motoren, zum mindesten aber ein Motor, dauernd unter Strom, so daß keine völlige Unterbrechung der Zugkraft beim Anfahren eintritt. Wenn beide Motoren eingeschaltet bleiben, spricht man von der „Brückenschaltung", die bei Motoren höherer Leistung am Platz ist. Bei Bahnen mit leichterem Betrieb und bei allen Straßenbahnen findet mit Rücksicht auf möglichst einfache Schaltung die zweite Art der Übergangschaltung, die sogenannte „Abrißschaltung" Verwendung. Nach einer den SSW geschützten Anordnung wird der in Reihenschaltung an Erde liegende Motor zunächst über einen Widerstand kurz geschlossen, sodann abgetrennt und zu dem eingeschaltet gebliebenen Motor parallel geschaltet. Diese Schaltung gestattet es, den Übergang in einer Zwischenstufe zu erledigen.

Weitere Geschwindigkeitsdauerstufen werden durch Anwendung der Feldschwächung erzielt. Die Feldschwächung ist bei Reihenschaltung von Vorteil, wenn die Parallelschaltung eine unzulässig hohe, die Reihenschaltung ohne Feldschwächung dagegen eine nicht ausreichende Fahrgeschwindigkeit ergeben würde. Die Feldschwächung ermöglicht eine Erhöhung der Fahrgeschwindigkeit auf Außenstrecken. In vielen Fällen läßt sich durch die Anwendung der Feldschwächung auch eine Verminderung der Verluste in den Widerständen beim Anfahren erzielen. Bei Bahnen mit besonders schwierigen Betriebsverhältnissen, also z. B. mit starken Steigungen, sollte die Feldschwächung unterbleiben, da bei starker Belastung der voll erregte Motor weniger empfindlich ist als wenn er mit Feldschwächung erregt wird. Die Feldschwächung kann durch Windungsabschaltung oder durch einen parallel zu den Feldwicklungen geschalteten Widerstand erreicht werden. Erstere erfordert je Magnetschenkel 2 voneinander getrennte Spulen, bedeutet also Verlust an Wickelraum und umständliche Kabelführungen im Motorinnern. Aus diesem Grund werden heute, besonders bei kleineren Motoren, fast nur Parallelwiderstände ausgeführt. Es empfiehlt sich, diesen Widerstand mit einer genügend großen Selbstinduktion zu versehen.

Andere Einrichtungen, bei denen die Veränderung der Klemmenspannung des Motors nicht durch Widerstände, sondern durch regelbare Umformermaschinen erfolgt, kommen für Straßenbahnfahrzeuge wegen ihres großen Gewichts und Raumbedarfs nicht in Betracht.

Kurzschlußbremsung. Bei der in den meisten Straßenbahnbetrieben verwendeten elektrischen Kurzschlußbremse werden die Triebmotoren als Stromerzeuger durch Widerstände belastet. Je geringer die Fahrgeschwindigkeit, desto kleiner muß auch der Ohmwert des Belastungswiderstandes werden, damit ein bestimmter Bremsstrom zustande kommt. Da dieser Ohmwert aber mit Hilfe des Fahrschalters stufenweise vermindert werden kann, so kann der Führer bei jeder Fahrgeschwindigkeit die gewünschte Bremswirkung erzielen.

Bei Kurzschlußbremsung werden die Stromerzeuger in der Regel parallel geschaltet. Die gewöhnliche Parallelschaltung wäre aber unzulässig, da jeweils derjenige Stromerzeuger, der die geringere Remanenzspannung besitzt, durch den anderen umgepolt wird. Die beiden Stromerzeuger sind dann in Reihe geschaltet und unmittelbar kurz geschlossen, so daß ein sehr heftiger Bremsstoß auftritt und eine stufenweise Bremsung nicht möglich ist.

Die Parallelschaltung mit Ausgleichleitung nach Bild 50 verhindert zwar die Umpolung, verursacht aber schon bei geringen Unterschieden in den Widerständen des Feldes oder des Ankers oder in der magnetischen Charakteristik der beiden Motoren eine sehr un-

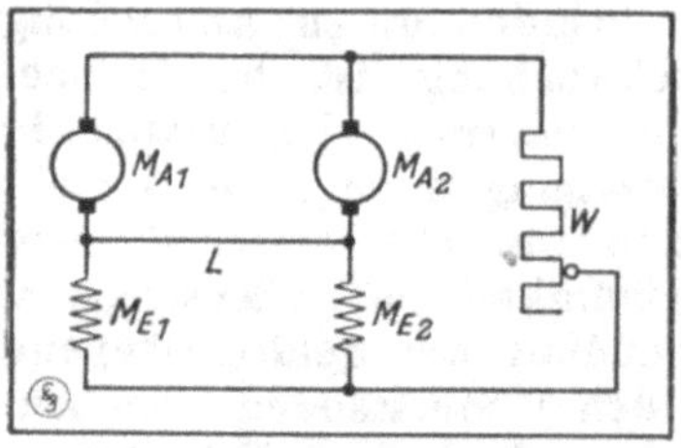

Bild 50. Schematische Darstellung der Bremsung mit Ausgleichsleitung bei zweimotorigen Fahrzeugen.
M_{A_1} bzw. M_{A_2} = Anker des Motors 1 bzw. 2
M_{E_1} bzw. M_{E_2} = Feld des Motors 1 bzw. 2
L = Ausgleichsleitung
W = Bremswiderstand.

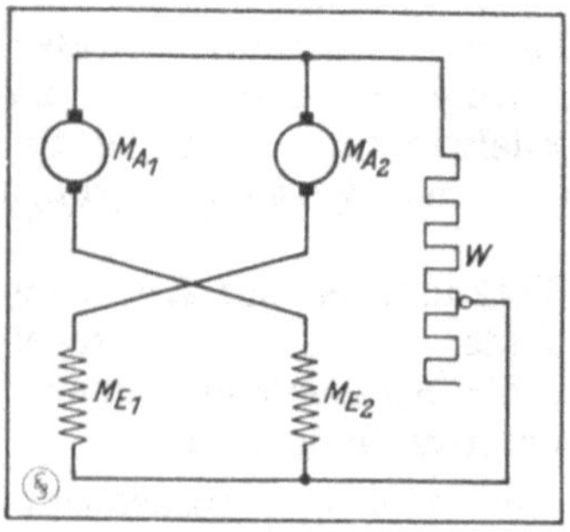

Bild 51. Schematische Darstellung der Bremsung mit „Kreuzschaltung" bei zweimotorigen Fahrzeugen. (Erläuterung siehe Bild 50.)

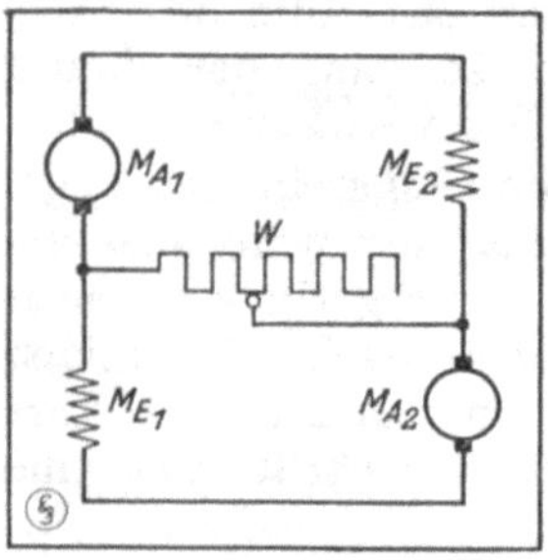

Bild 52. Schematische Darstellung der Bremsung mit „SSW-Kreuzschaltung" bei zweimotorigen Fahrzeugen. (Erläuterung siehe Bild 50.)

gleiche Lastverteilung. Der stärker belastete Motor kann sich in unzulässiger Weise erwärmen; auch ist die Wirkung der Bremsung beeinträchtigt.

Die Kreuzschaltung nach Bild 51 gewährleistet hingegen ungefähr gleichmäßige Lastverteilung auf beide Stromerzeuger, auch wenn diese — was nie völlig zu vermeiden ist — in ihren elektrischen Eigenschaften etwas voneinander abweichen. Ein Vorteil der Kreuzschaltung gegenüber der Ausgleichschaltung liegt auch darin, daß bei unbeabsichtigtem Abrollen eines Triebwagens im Gefälle eine Bremswirkung in beiden Fahrtrichtungen eintritt, wenn die Hauptkurbel auf einer Bremsstufe steht. Es ist hierbei gleichgültig, ob der Umschalthebel auf Vorwärts- oder Rückwärtsfahrt gestellt ist. Um die Gefahr des Abrollens eines auf einer Steigung stehenden Triebwagens infolge Lockerns der Handbremse zu vermindern, werden vielfach die Fahrschalter so eingerichtet, daß die Hauptkurbel auch auf der letzten Bremsstufe abnehmbar ist. Der Triebwagen kann dann wegen der beim Abrollen auftretenden kräftigen Kurzschlußbremswirkung nur eine geringe Geschwindigkeit annehmen. Die SSW wenden eine besondere Kreuzschaltung nach Bild 52 an, bei der die Motoren (natürlich auch beim Fahren) in der Reihenfolge Feld—Anker bzw. Anker—Feld geschaltet sind. Diese Schaltung bedeutet eine wesentliche Vereinfachung, da es nicht wie bei Bild 50 oder 51 erforderlich ist, die Felder oder die Anker bei Kurzschlußbremsung besonders umzuschalten, der richtige Anschluß von Anker und Feld durch die obige Anordnung sich vielmehr von selbst ergibt.

Der Zusammenschluß von Anker und Feld wird nur durch die Umschaltwalze, nicht durch die Hauptwalze, besorgt, so daß also weder bei Fahrt noch beim Bremsen eine Trennung der Verbindung vorgenommen wird.

Die Schaltung von 4 Motoren ist von der besprochenen 2-Motorenschaltung wenig verschieden. Gewöhnlich werden 2 Motoren zu einer Gruppe zusammengefaßt, so daß mit den beiden Gruppen die Reihen-, Übergangs- und Parallelschaltung in genau der gleichen Weise vorgenommen werden kann wie schon beschrieben. Die Motoren innerhalb der Gruppe können parallel oder, wie es bei höheren Spannungen die Regel ist, in Reihe geschaltet werden. Jeder Motor erhält in letzterem Falle nur die halbe Netzspannung. Die 4 - Motorenschaltung ermöglicht, wenn die Motoren für volle Netzspannung gebaut sind, die Anwendung der Reihen-, Reihenparallel- und Parallelschaltung, bei der zunächst alle 4 Motoren in Reihe, sodann je 2 in Reihe geschaltete Motoren einander parallel und schließlich alle 4 Motoren parallel geschaltet sind. Die Vorteile dieser Schaltung bestehen in einer allerdings geringfügigen Verringerung der Anfahrverluste und in der Gewinnung einer weiteren Dauerstufe. Die Schaltung ist aber etwas umständlicher und wird daher selten angewendet. Beim Bremsen werden die 4 Motoren gewöhnlich parallel geschaltet, wobei durch Kreuzschaltung, Ausgleichschaltung oder durch Verbindung beider Schaltungen eine Umpolung verhindert wird. Bild 53 zeigt eine den SSW geschützte, schaltungsmäßig besonders einfache Bremsanordnung.

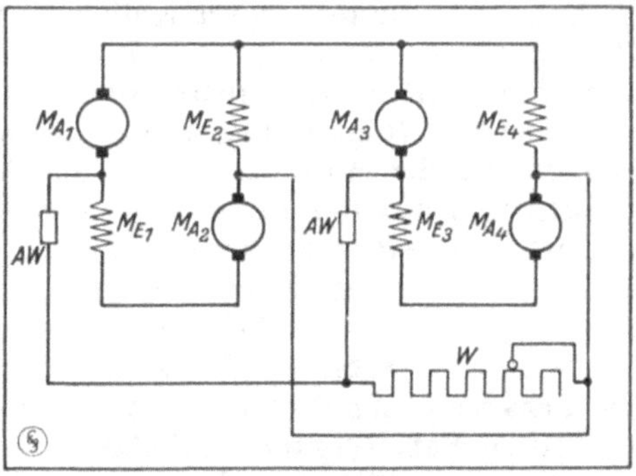

Bild 53. Schematische Darstellung der SSW-Schaltung bei viermotorigen Fahrzeugen.
M_{A1}—M_{A4} = Anker des Motors 1—4
M_{E1}—M_{E4} = Feld „ „ 1—4
AW = Ausgleichswiderstand
W = Bremswiderstand.

Für die Anhängewagen werden gewöhnlich elektrische Solenoidbremsen verwendet, die, wenn sie vom Bremsstrom der Motoren des Triebwagens durchflossen werden, den beweglich angeordneten Eisenkern einziehen. Diese Bewegung wird durch das Bremsgestänge auf die Bremsklötze oder Scheibenbremsen übertragen, wodurch der Anhängewagen gebremst wird. Bild 54 zeigt eine Solenoidbremse, die für Straßenbahn-Anhängewagen mit einem Gewicht von etwa 12—13 t bei voller Besetzung Verwendung findet. Die Bremse hat eine höchste Zugkraft von 850 kg und eine Hublänge von 150 mm. Der von dem Stromerzeuger gelieferte Bremsstrom verzweigt sich, wie aus Bild 55 und 56 zu ersehen ist, einerseits in den sogenannten Bremsschutzwiderstand im Triebwagen und andererseits in den Bremsstromkreis der Anhängewagen. Diese Schaltungsart wahrt den geschlossenen Stromkreis und damit die Bremsfähigkeit des Triebwagens, auch wenn in der Leitungskupplung zum Anhängewagen eine Unterbrechung eintreten sollte. Die Größe des Bremsschutzwiderstandes bestimmt den Bruchteil des durch die Anhängewagenbremsen fließenden Stromes. Statt der Solenoidbremse sind auch elektromagnetische Scheibenbremsen gebräuchlich. Für Bahnanlagen auf starkem Gefälle werden sowohl die Triebwagen als auch die Anhängewagen vorteilhaft mit Schienenbremsen (Bild 57) ausgerüstet. Sie werden zwischen den Rädern oberhalb der Schiene eingebaut und können vom Bremsstrom der Motoren und mittels einer zweiten Wicklung auch vom Frischstrom aus der Fahrleitung erregt werden. Im erregten Zustand pressen sie leicht auswechselbare Schuhe an die Schiene, wodurch eine starke Bremswirkung erzielt wird. Die Bremswirkung ist unabhängig von der Adhäsion der Wagenräder.

Bild 51. Solenoid-Bremse.

Man unterscheidet Fahrschalter- und Fernsteuerung, je nachdem die Schaltung unmittelbar durch einen Starkstromschalter, oder durch besondere Schaltorgane (Schütze), die von einem Steuerstromführerschalter aus betätigt werden, hergestellt wird. Ein Übergang zwischen den genannten beiden Anordnungen ist der Fahrschalter mit Entlastungschütz.

Die Fahrschalter erhalten gewöhnlich eine Haupt-, eine Umschalt- und eine Hilfswalze. Durch die Hauptwalze werden die einzelnen Widerstandstufen, ferner die Reihen-, Übergangs- und Parallelschaltung und die Feldschwächungsstufen hergestellt. Die Hauptwalze steuert die unterhalb der Umschaltwalze liegende Hilfswalze, die außer der Nullstellung in ihrer einfachsten Ausführung 2 Schaltstufen hat, von denen die eine auf allen Fahrstufen, die andere auf

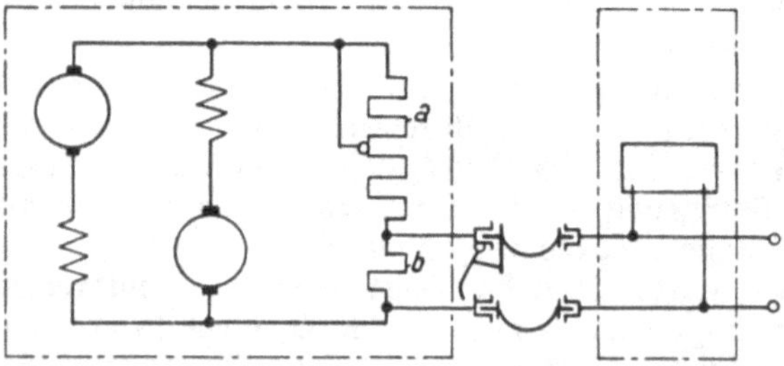

Bild 55. Bremsstromverlauf bei zweipoliger Bremskupplung für Trieb- und Anhängewagen.
a = abschaltbare Widerstände, b = Bremsschutzwiderstand.

allen Bremsstufen eingeschaltet ist. Die Hilfswalze stellt Verbindungen her, die für alle Stufen für Fahren und Bremsen gemeinsam sind, und dient dazu, die Hauptwalze von einigen Schaltaufgaben zu entlasten. Die Schaltungen an der Hilfswalze erfolgen im stromlosen Zustand, da die Hauptwalze den Fahr- oder Bremsstrom mit Nacheilung ein- und mit Voreilung ausschaltet. Die Umschaltwalze ändert die Verbindungen für Rückwärtsfahrt und für Fahrt mit Einzelmotor. Sie hat gewöhnlich folgende Stellungen:

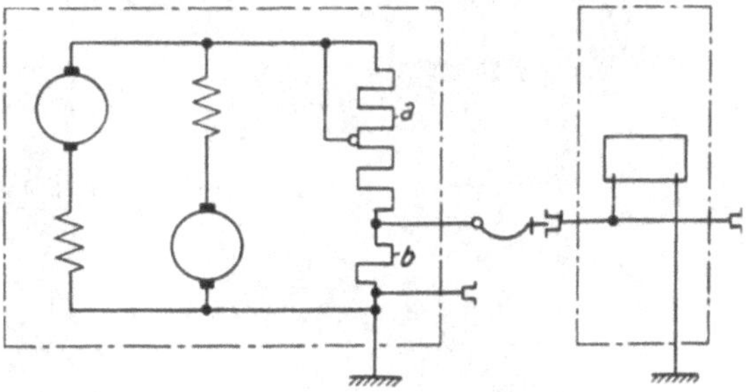

Bild 56. Bremsstromverlauf bei einpoliger Bremskupplung für Trieb- und Anhängewagen.

a = abschaltbare Widerstände, b = Bremsschutzwiderstand.

Vorwärts	mit	Motor	1 und 2
„	„	„	1
„	„	„	2
Rückwärts	„	„	1 und 2
„	„	„	1
„	„	„	2

Bei 4 Motoren ist sinngemäß an Stelle des Einzelmotors die Motorgruppe einzusetzen. Haupt- und Umschaltwalze sind in der üblichen Weise gegeneinander verriegelt, so daß die Hauptwalze nur gedreht werden kann, wenn die Umschaltwalze außerhalb der Nullstellung, die Umschaltwalze dagegen nur, wenn die Hauptwalze in der Nullstellung sich befindet. In den Stellungen der Umschaltwalze für Fahrt mit Einzelmotor können nur die Stufen für Reihenschaltung benutzt werden.

Je nach der Ausführung der Hauptwalze unterscheidet man

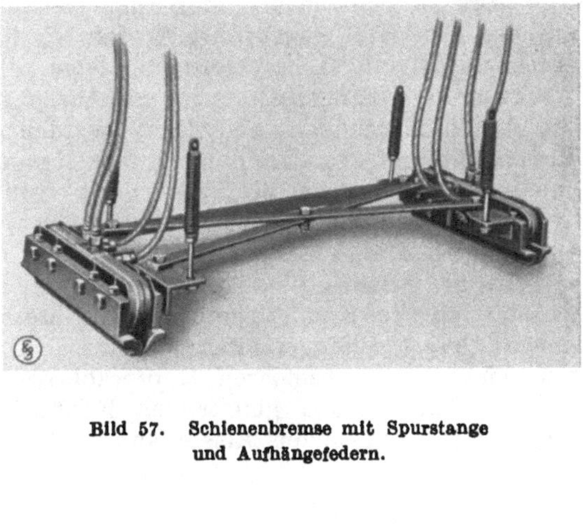

Bild 57. Schienenbremse mit Spurstange und Aufhängefedern.

geöffnet

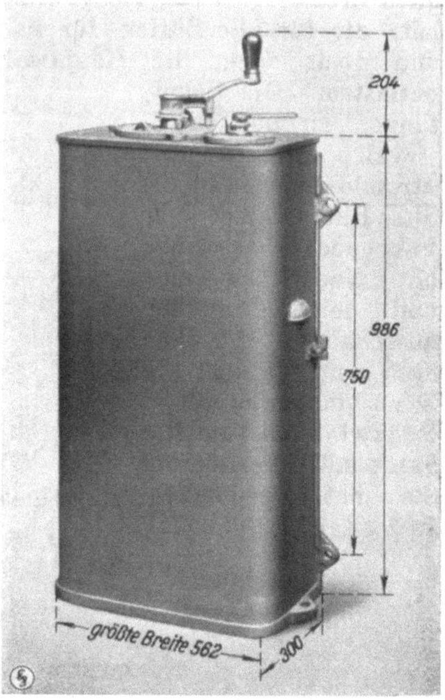

geschlossen

Bild 58. Schleifring-Fahrschalter OB.

Schleifring-Fahrschalter und Nocken-Fahrschalter. Bild 58 zeigt die Gesamtansicht des Schleifringfahrschalters für 2 Motoren. Die 3 Walzen sind in einem gußeisernen Gehäuse untergebracht. Bei frei auf der Plattform angeordnetem Fahrschalter wird das Gehäuse von einem innen mit Asbest ausgekleideten Blechmantel umgeben. Die Rückwand des Fahrschalters ist mit Aussparungen versehen, durch die die Anschlußleitungen eingeführt werden können. Diese Art der Kabelzuführung gestattet den Fahrschalter nach Lösung der Anschlußschrauben in bequemster Weise nach vorn herauszuziehen und umgekehrt ebenso rasch wieder einzubauen.

Bei der Hauptwalze sind gußeiserne Kontaktträger auf einer mit Bakelit umpreßten Stahlachse befestigt. Auf diesen Kontaktträgern befinden sich die Kontaktsegmente aus Messing. An den Stellen, an denen Unterbrechungsfunken auftreten, sind die Kontaktsegmente mit leicht auswechselbaren Kupferabbrennkontakten versehen. Die zu den Schleifringen gehörenden Kontaktfinger sind auf einer aus Isolierstoff bestehenden Leiste aufgereiht. Sie haben Federung mit begrenzter Eintauchtiefe und können mittels gesicherter Schrauben leicht nachgestellt werden. Die der Lichtbogenwirkung und der Abnutzung durch Reibung unterliegenden Kontaktstücke können wie üblich ausgewechselt werden. Längs der Hauptwalze ist die Blasspule des Funkenlöschers angebracht, durch deren Windungen — abgesehen von den Dauerstufen — der gesamte Motorstrom geleitet wird. Der Funkenlöscher erzeugt ein kräftiges Magnetfeld, das den Unterbrechungslichtbogen sofort nach Entstehung in die Länge zieht und abreißt. Die erzeugten Kraftlinien finden ihren Rückschluß einerseits als Streufeld durch die Luft, andererseits durch die eisernen Kontaktträger, die Achse der Hauptwalze und das Gehäuse. Der Funkenlöscher ist nach vorn herausklappbar, damit die Kontaktfinger besichtigt werden können. Bei Einbau des Fahrschalters im Geschränke ist auf freie Beweglichkeit des Funkenlöschers zu achten. Um ein Überschlagen der Unterbrechungsfunken von einem zum anderen Kontaktsegment oder Kontaktfinger zu verhüten, ist der Funkenlöscher mit Fächerplatten aus feuerfestem Stoff versehen, die zwischen den einzelnen Kontaktfingern angeordnet sind.

Hilfs- und Umschaltwalze werden gewöhnlich aus getrocknetem, getränktem Holz mit einer Stahlachse hergestellt, mitunter auch, wie bei der Hauptwalze, mit eisernen Kontaktträgern versehen.

Der beschriebene Schleifringfahrschalter eignet sich zur Schaltung von 2 Motoren bis zu einer Stundenleistung von je etwa 50 kW bei Fahrdrahtspannungen bis 750 V.

Für die Ausführung der Schleifringfahrschalter ist bemerkenswert, daß nach einer den SSW geschützten Anordnung auf allen Widerstandsstufen zweifacher Kontaktabriß vorhanden ist. Hierdurch wird die Lebensdauer der der Lichtbogeneinwirkung unterliegenden Teile und zugleich auch die Leistungsfähigkeit des Schalters erhöht. Für den Übergang von der ersten Fahrt- und der ersten Bremsstufe auf die Nullstellung und von der Reihen- zur Parallelschaltung ist vielfacher Kontaktabriß vorgesehen.

Schleifringfahrschalter größerer Ausführung, die zur Schaltung größerer Leistungen und insbesondere auch zur Steuerung von 4 Motoren geeignet sind, können in der Besprechung übergangen werden, da sie seit Einführung der Nockenfahrschalter auch in der Ausführung für 2 Motoren nur noch selten angewendet werden. Über die Steigerung der Leistungsfähigkeit des gewöhnlichen zweimotorigen Fahrschalters durch Anwendung von Entlastungsschützen wird an späterer Stelle berichtet werden (S. 112).

Der Schleifringfahrschalter muß in Abständen von einigen Tagen nachgesehen werden, damit etwa entstandene Schmorstellen beseitigt werden können. Wenn auch dieses Nachsehen sich häufig auf die

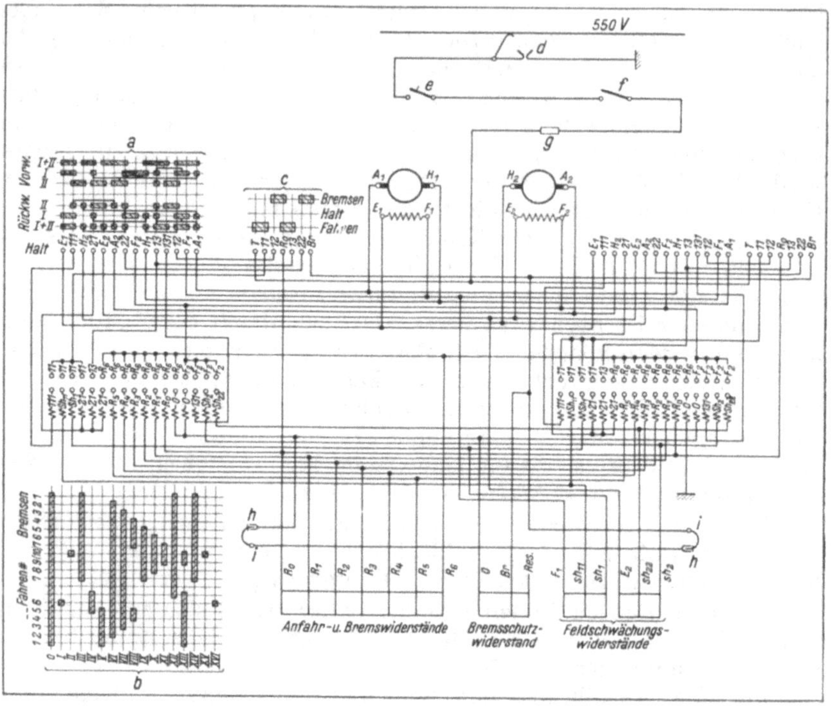

Bild 59. Schaltbild eines zweimotorigen Nockenschalters.
a = Umschaltwalze, b = Nockenwalze, c = Fahrbremswalze, d = Blitzableiter, e = selbsttätiger Ausschalter, f = Handausschalter, g = Hauptsicherung, h = Erdungskupplung, i = Kupplungsanschluß.

Feststellung beschränkt, daß alle Teile in Ordnung sind, so ging doch das Verlangen der Betriebe nach einem Fahrschalter, der nur in größeren Zeitabständen besichtigt werden muß. Diese Forderung insbesondere hat zur Ausbildung des Nockenfahrschalters geführt.

Beim Nockenfahrschalter sind alle stromunterbrechenden Kontaktstellen als Schütze ausgebildet, die vermittels auf der Hauptwalze angebrachter Eisensegmente, sogenannter Nocken, nach Maßgabe der Schaltung geschlossen und geöffnet werden. Der Nockenfahrschalter ist leistungsfähiger als der Schleifringfahrschalter, da der Schaltlichtbogen eine viel größere Länge annehmen darf als beim Schleifringkontakt, ohne daß Überschläge zu fremden spannungführenden oder geerdeten Teilen zu befürchten sind. Jedes Nockenschütz ist mit besonderer magnetischer Funkenlöschung ausgerüstet, deren mit dem Schaltstrom wachsendes Feld durch Wahl der Windungszahlen

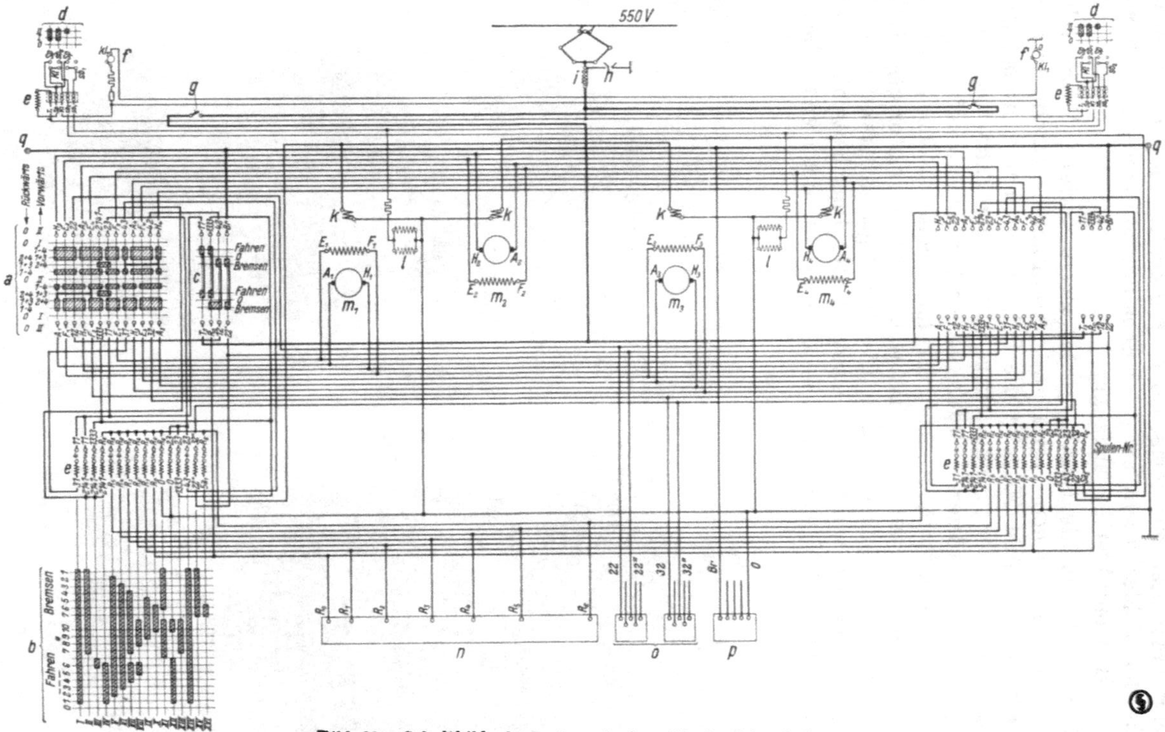

Bild 60. Schaltbild eines viermotorigen Nockenfahrschalters.

a = Umschaltwalze, b = Nockenwalze, c = Fahrbremswalze, d = Schienenbremsschalter, e = Blasspule, f = Alarmglocke, g = selbsttätiger Ausschalter, h = Biltzableiter, i = Drosselspule, k = elektrischer Sandstreuer, l = Frischstromschienenbremse, m_1—m_4 = Motoren, n = Anfahr- u. Bremswiderstände, o = Ausgleichwiderstände, p = Bremswiderstände, q = Bremskupplungsdose.

und der Polform in günstigster Weise ausgebildet werden kann. Beim Schleifringfahrschalter mit gemeinsamer Funkenlöschung hingegen ist die Größe des Feldes, nicht nur vom Schaltstrom, sondern auch von der Lage der Kontaktstelle abhängig.

Bild 59 erläutert die Schaltung des zweimotorigen Nockenfahrschalters, der die schon erwähnte vereinfachte Darstellung in Bild 49 entspricht. Bild 60 zeigt die Schaltung eines viermotorigen Nockenfahrschalters. Der grundsätzliche Aufbau der Fahr- und Bremsschaltung ist schon erörtert worden, es genügt daher, auf eine Besonderheit des viermotorigen Schalters hinzuweisen. Die Umschaltwalze und im übrigen auch die Hilfswalze des viermotorigen Fahrschalters muß mit Rücksicht auf die benötigte Kontaktfingerzahl zweireihig ausgeführt werden. Dabei ist die Umschaltwalze nach einem von den SSW entwickelten System in den vier Einzel-

Bild 61. Nockenfahrschalter für zweimotorige Ausrüstungen (geöffnet).

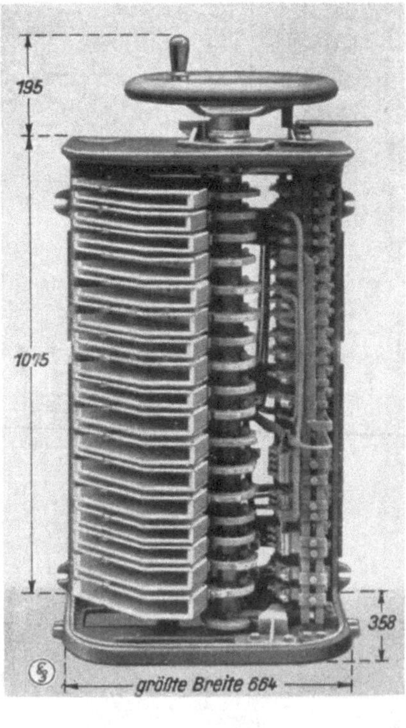

Bild 62. Nockenfahrschalter für viermotorige Ausrüstungen (geöffnet).

stellungen zweifach ausgenutzt, d. h. die zu den Stellungen Vorwärts 1 + 3 und Vorwärts 2 + 4 gehörenden Kontaktbeläge dienen zugleich in umgekehrter Zuordnung der beiden Fingerreihen für die Stellungen Rückwärts 2 + 4 und Rückwärts 1 + 3.

Bild 63. Haupt- und Hilfswalze eines zweimotorigen Nockenschalters.

Die Bilder 61—64 zeigen Ausführungen und wesentliche Einzelteile der zwei- und viermotorigen Nockenfahrschalter. Durch die auf der Hauptwalze angebrachten Nockenbeläge werden vermittels einer Rolle die Nockenschütze geöffnet, während das Schließen der Schütze durch Federkraft erfolgt. Hierdurch vermeidet man, daß ein Schütz einmal bei stärkerem Abbrand der Kontakte nicht mehr schließen könnte, wie es bei der umgekehrten Anordnung der Fall sein könnte, also bei Einschaltung durch Nocken und Ausschaltung durch Federkraft. Das Nockenschütz erhält am festen und beweglichen Kontakt Abbrennstücke, die durch besondere Formgebung und durch geeignete Verteilung der Bohrungen umkehrbar sind, so daß sie also an beiden Enden zur Schaltung herangezogen werden können und dadurch doppelte Lebensdauer haben. Als Vorteil der Anordnung darf vermerkt werden, daß die Befestigungschrauben der Kontaktstücke durch ihre Lage der Einwirkung des Lichtbogens entzogen sind und somit Schwierigkeiten in der Lösung dieser Schrauben durch Verschmoren sich nicht einstellen können. Die Kontaktstücke sind durch einen aus feuerfestem Stoff aufgebauten Kamin sorgfältig gegen andere spannungführende oder geerdete Teile abgedeckt. Das Blasfeld wird durch eine in der Mitte des Schützes eingesetzte zweilagige Spule erzeugt. Der

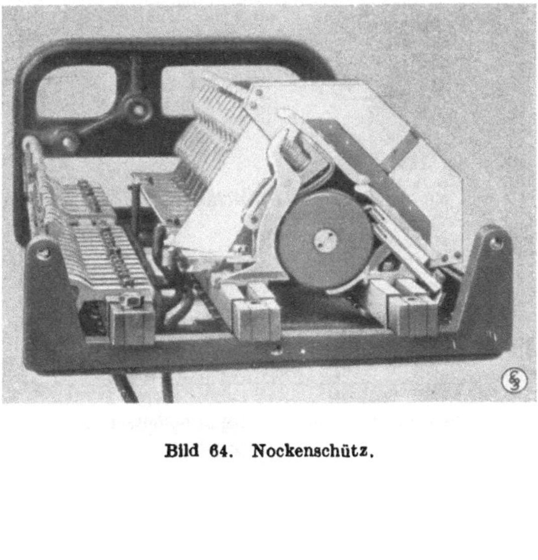

Bild 64. Nockenschütz.

eiserne Magnetkern und die außerhalb der Kaminwände liegenden Polbleche sind zur Vermeidung aller Überschläge gegen Erde und gegen Spannung isoliert.

Umschalt- und Hilfswalze sind beim Nockenfahrschalter in der gleichen Weise ausgeführt wie beim Schleifringfahrschalter.

Wenn auch der Fahrschalter mit Entlastungschütz seit Einführung der leistungsfähigen Nockenfahrschalter an Bedeutung verloren hat, so soll seine Wirkungsweise doch kurz erwähnt werden. Beim Ausschalten der in Fahrt oder Bremsung befindlichen Motoren treten bei der bisher beschriebenen Fahrschalterausführung an den Kontakten des Fahrschalters Öffnungsfunken auf. Die Abschaltleistung wird nun bei der Ausschaltung der laufenden Motoren vom Fahrschalter fortgenommen und auf ein Entlastungschütz übertragen. Die Fahrkurbel ist mit der Hauptwalze nicht mehr starr verbunden, sondern um etwa eine halbe Stufenteilung gegen diese beweglich. Wird die Kurbel zum Zwecke des Ausschaltens um eine halbe Teilung zurückgedreht, so wird vermittels eines sogenannten Voreilkontaktes die Öffnung der Schützkontakte veranlaßt und somit der gesamte Motorstrom unterbrochen. Wenn also die Kurbel sodann weiter zurückgedreht wird, so gelangt die nunmehr mitgenommene Hauptwalze in stromlosem Zustand, also ohne Schaltfeuer in die Nullstellung. Es ist ersichtlich, daß das Entlastungschütz in der Lage sein muß, den Motorstrom sehr rasch zu unterbrechen;

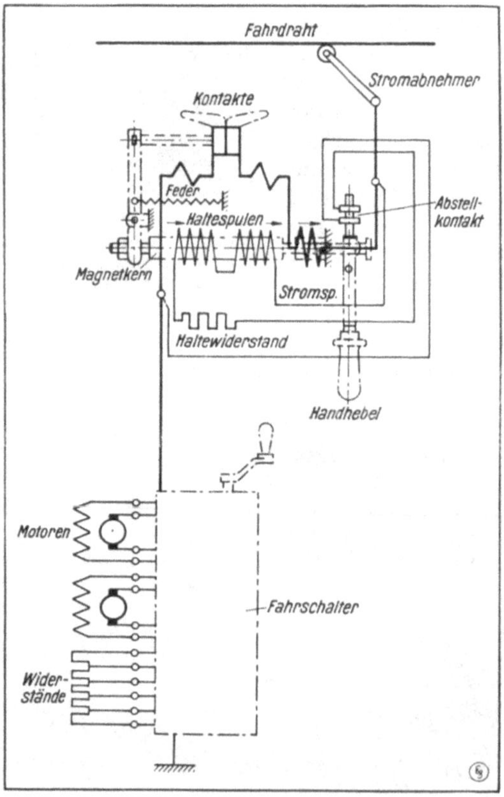

Bild 65. Schaltung des Schnellschalters als Entlastungschütz.

denn die Hauptwalze soll unter allen Umständen stromlos ausschalten, also auch dann, wenn der Führer nach Zurücklegung der halben Teilung nicht einen Augenblick verweilt, sondern die Kurbel in einem Zuge in die Nullstellung zurückdreht. Aus diesem Grunde empfiehlt es sich, an Stelle der etwas trägeren, elektromagnetisch einschaltenden und durch Federkraft ausschaltenden Schützen einen Schnellschalter zu verwenden, dessen Kontakte durch eine kräftige Spule auseinandergerissen werden. Dem Schaltbild 65 ist ein Schnellschalter zugrunde gelegt, dessen Kontakte durch Federkraft zusammengehalten, durch die Ausschaltspule auseinandergerissen und durch eine sogenannte Klebespule so lange in geöffnetem Zustand gehalten werden, bis der Fahrschalter in die Nullstellung zurückgekehrt ist. Die Wiedereinschaltung der ausgeschalteten Motoren kann daher immer erst erfolgen, wenn vorher die Nullstellung erreicht wurde. Der von der Hauptwalze noch zu unterbrechende schwache Erregerstrom der Klebespule kann natürlich ein merkliches Schaltfeuer nicht verursachen. Die Ausführung ist aus Bild 66 ersichtlich.

Bild 66. Schnellschalter.

Die 2. Hauptart der Steuerung, die Fernsteuerung (auch Vielfach- oder Zugsteuerung genannt) kommt bis jetzt für Straßenbahnen selten, für Vorortbahnen nur dann in Betracht, wenn mehrere Triebwagen im Zuge gesteuert werden müssen. Bei Vollbahnen wird die mittelbare Steuerung weiterhin auch dann angewendet, wenn zwar nur 1 Triebwagen oder 1 Lokomotive zu steuern ist, die Motorleistung aber zu groß oder die Fahrdrahtspannung zu hoch ist, um mit noch einigermaßen handlichen Fahrschaltern geschaltet werden zu können.

An Stelle der Vielfachsteuerung mit Fernschaltern kann auch die sogenannte Fahrschalter-Zugsteuerung treten, sofern die Gesamtleistung der Motoren die Verwendung handlicher Fahrschalter erlaubt. Aus schaltungstechnischen Gründen wird diese Art Steuerung gewöhnlich auf die Kupplung von 2 zwei-motorigen Triebwagen beschränkt bleiben. Die Zahl der benötigten Starkstromkupplungsleitungen soll natürlich nach Möglichkeit klein gehalten werden.

Man pflegt daher, um nicht Widerstandsleitungen durchkuppeln zu müssen, jeden Triebwagen mit einem vollständigen Widerstandsatz auszurüsten, der für die Steuerung der Motoren des ganzen Zuges bemessen ist. Auch wird man sich unter Umständen zur weiteren Ersparnis an Kupplungsleitungen damit begnügen, bei der nur über kurze Strecken gehenden Rückwärtsfahrt allein die Motoren des Führerwagens anzutreiben, während die Motoren des geführten Wagens leer mitlaufen, also nicht umgeschaltet zu werden brauchen. Unter diesen beiden Voraussetzungen genügen z. B. zur Zugsteuerung von 2 je zweimotorigen Triebwagen 5 Kupplungsleitungen.

Bild 67. Selbsttätiger Spannungsumschalter.

Bahnen mit doppelter Fahrdrahtspannung. Zahlreiche Überlandbahnen verkehren auf Stadtstrecken mit der üblichen Spannung von 550 bis 600 V und auf Außenstrecken, für welche die Fahrdrahtspannung aus wirtschaftlichen Gründen auf 1100 bis 1200 V festgesetzt werden muß. Wenn die Spannung auf der Außenstrecke doppelt so groß ist wie innerhalb der Stadt, so können auf den außenliegenden Strecken etwa die doppelten Geschwindigkeiten erreicht werden wie auf den Stadtstrecken. Die Motoren werden in diesem Fall für die höhere Streckenspannung gewickelt. Wenn die Forderung gestellt wird, daß die Wagen auf der Strecke mit der niederen Spannung die gleiche Geschwindigkeit wie auf der Strecke mit der doppelten Spannung erreichen sollen, so wird die Wicklung für die niedere Spannung bemessen, und es müssen Vorkehrungen getroffen werden, die bewirken, daß auf der Strecke mit der doppelten Spannung die Motoren nur in Reihenschaltung benutzt werden können. Dies wird dadurch erreicht, daß durch ein Schaltschütz in Verbindung mit einem Spannungschütz der Gesamtstrom des Fahrzeuges selbsttätig bei Übergang auf die höhere Spannung unterbrochen wird, solange nicht die Umschaltwalze von Hand in eine bestimmte, der höheren Spannung entsprechende, Stellung umgelegt ist. In dieser Stellung der Umschaltwalze wird aber die Parallelschaltung der Motoren durch mechanische Verriegelung der Hauptschaltwalze verhindert. Die Umschaltung der Motoren bei Übergang auf die Strecke mit der höheren Spannung oder umgekehrt kann unter Verwendung besonderer Apparate auch automatisch bewirkt werden.

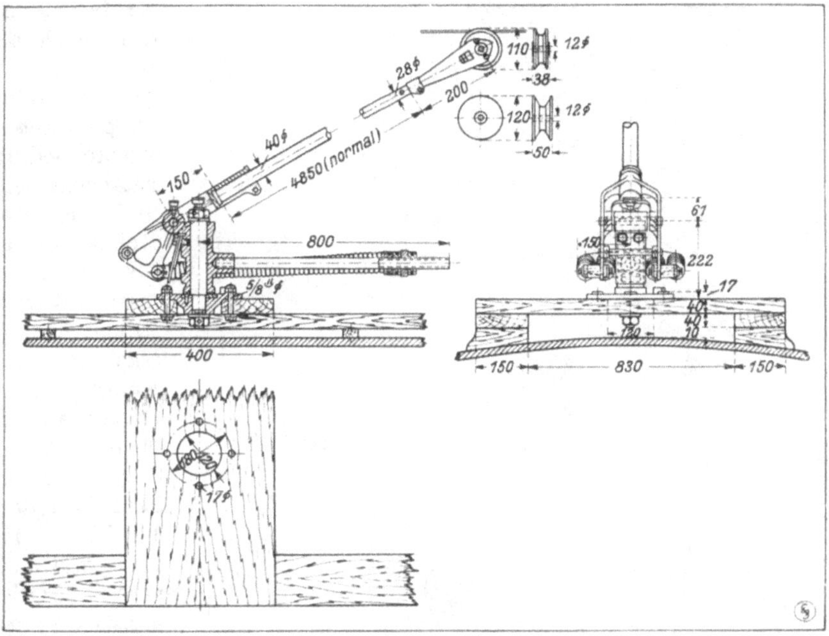

Bild 68. Rollenstromabnehmer.

Die Umschaltung der Nebenstromkreise (Heizung, Beleuchtung, Steuerstrom, Luftpumpenmotor) geschieht durch einen Spannungsumschalter (Bild 67), der je eine Stellung für Ober- und Unterspannung hat. Die Walze des Spannungsumschalters wird in die Stellung für Unterspannung durch Erregung einer Magnetspule umgelegt, wobei diese entweder auf der Unterspannungstrecke durch einen Druckknopf von Hand eingeschaltet wird oder bei vollkommen selbsttätigem Betrieb durch ein Spannungschütz, das auf den Unterschied in der Fahrdrahtspannung anspricht. Bei stromloser Spule fällt die Walze durch die Kraft einer Rückzugsfeder selbsttätig in die Stellung für Oberspannung wieder zurück.

Stromabnehmer: Bei Straßenbahnen finden Rollen-, Bügel- und neuerdings auch Scherenstromabnehmer Verwendung, bei Vorortbahnen, wenigstens in Deutschland, ausschließlich Scherenstromabnehmer. Bild 68 zeigt den Aufbau des Rollenstromabnehmers und die üblichen Abmessungen der aus Bronze gefertigten Kontaktrolle. Die im Rollenkorb gelagerte Rollenachse ist mit Schmierkanal und Schmiernuten ausgestattet. Das drehbare Untergestell ist in genügender Länge in einem senkrechten Zapfen gelagert, so daß die

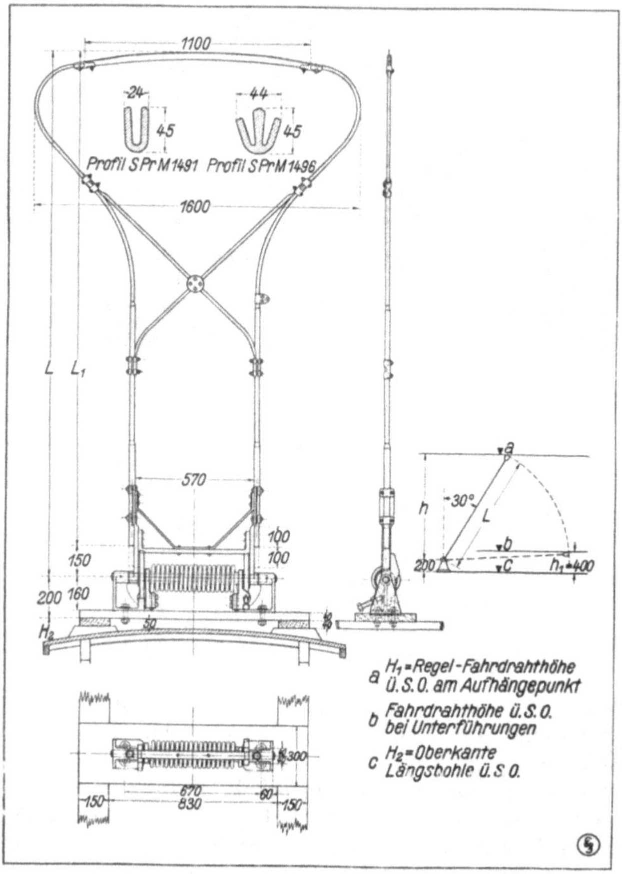

Bild 69. Umlegbarer Bügelstromabnehmer mit festem Aluminium-Schleifstück und festgelagerter Achse.

Zapfenreibung, die durch den seitlichen Angriff des Rollenanpressungsdruckes bedingt ist, gering bleibt und die Verstellbarkeit des Stromabnehmers in Kurven nicht beeinträchtigt. Die Anpressung der Rollen an den Fahrdraht wird durch einstellbare Zugfedern bewirkt, und zwar sind mehrere, nämlich 4 Stück vorgesehen, damit der Drahtdurchmesser der einzelnen Schraubenfedern sehr gering gehalten werden kann und somit die Federung weich wird. Die Zu- und Abnahme des Anpressungsdruckes (3—10 kg) bei wechselnder Fahrdrahtanlage hält sich daher in geringeren Grenzen als bei der Verwendung einer einzigen starken Feder. Unterstützt wird diese Ausgleichswirkung durch Vergrößerung oder Verringerung des Hebelarmes für den Angriff der Rückzugfedern bei Abweichungen des Stromabnehmers aus der Mittellage.

Dem Rollenstromabnehmer wird — wenigstens bei deutschen Straßenbahnen — immer mehr der Bügelstromabnehmer vorgezogen, so daß viele Betriebe sogar die Kosten des Fahrleitungsumbaues nicht scheuen. Die Nachteile der Rolle, nämlich die auch bei sorgfältigster Stromabnehmer-Konstruktion und Fahrdrahtverlegung nie ganz zu beseitigende Entgleisungsgefahr, die Notwendigkeit einer umständlichen teueren Fahrleitungsanlage und nicht zuletzt auch die Rundfunkstörungen, überwiegen den Vorteil der Abnahmefähigkeit höherer Stromstärken, insbesondere, da die letztgenannte Eigenschaft bei den bei Straßenbahnen üblichen Motorleistungen häufig gar nicht zur Geltung kommt.

Die meist gebrauchte, einfachste Form des umlegbaren Bügelstromabnehmers mit festgelagerter Drehachse (Bild 69) hat sich in der s. Z. von Siemens & Halske entwickelten Ausführung fast unverändert bis heute erhalten. Das leierförmige Stahlrohrgestell wird durch eine einstellbare, jeweils an einem Ende festgehaltene Schraubenfeder von beiden Seiten aus nach der Mitte in die senkrechte Lage gedrückt. Der Anpressungsdruck des Bügels soll senkrecht zum Fahrdraht gemessen etwa 3—5 kg betragen. Der einfache Bügelstromabnehmer mit festgelagerter Drehachse kann überall Verwendung finden, wenn der Unterschied zwischen der höchsten und der niedrigsten Fahrdrahtlage, abgesehen von Unterführungen und deren Zufahrtstraßen, nicht mehr als etwa 250 mm beträgt. Wäre der Unterschied größer, so würde der Stromabnehmer in der tiefsten Fahrdrahtlage sich zu stark schräg stellen, so daß er bei Rückwärtsfahrt entweder sich überhaupt nicht umlegt oder aber den Fahrdraht zu stark anhebt. Es empfiehlt sich, an Stellen, an denen betriebsmäßig gewendet wird, den Fahrdraht 200 mm über Regelhöhe anzuordnen. Wenn der Unterschied in den Fahrdrahthöhen das erwähnte Maß überschreitet, so muß ein Bügelstromabnehmer gewählt werden, dessen Untergestell nicht mehr festgelagert, sondern auf einer Grundplatte drehbar angeordnet ist, so daß der Stromabnehmer an Wendestellen von Hand umgeschwenkt werden kann. Gewöhnlich hat der drehbare Bügelstromabnehmer eine selbsttätige Feststellvorrichtung, die zur Wirkung kommt, sobald der in die richtige Lage geschwenkte Stromabnehmer emporfedert. Bei annähernd wagerechter Lage des Stromabnehmers ist die Sperrung aufgehoben und der Stromabnehmer drehbar. Bei besonders niedrigen Unterführungen ist daher die selbsttätige Feststellvorrichtung nicht mehr anwendbar. Es ist vielmehr ein drehbarer Bügelstromabnehmer mit besonderer Feststellvorrichtung zu wählen, deren Klinke zwar bei richtiger Stromabnehmerstellung von selbst einspringt, aber durch eine besondere Leine von Hand ausgeschaltet werden muß. Bild 70 veranschaulicht den drehbaren Bügelstromabnehmer mit besonderer Feststellvorrichtung.

Die von den SSW für Straßen- und Kleinbahnen entwickelte Regelausführung des Scherenstromabnehmers zeigt Bild 71. Durch Verbindungstreben und Kuppelstangen sind die aus nahtlosen Stahlrohren aufgebauten Scheren zwangläufig miteinander verbunden.

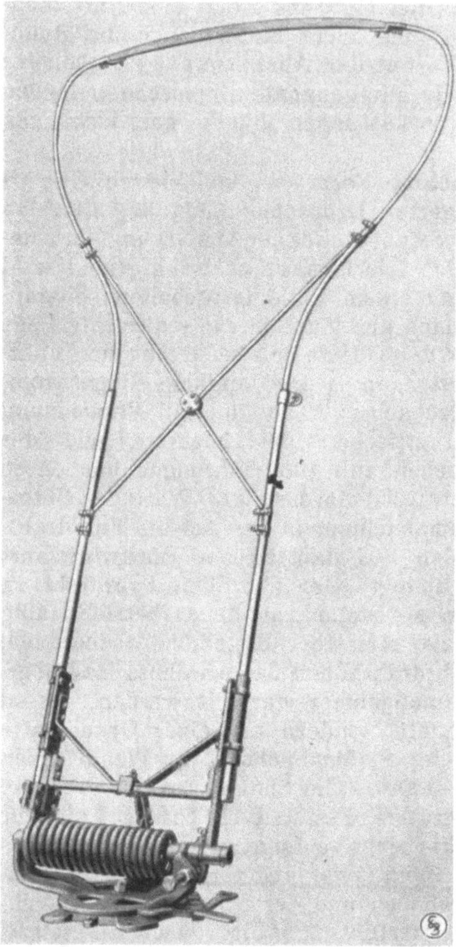

Bild 70. Drehbarer Bügelstromabnehmer mit festem Aluminium-Schleifstück und besonderer Feststellvorrichtung.

Die im Unterteil angebrachten Zugfedern greifen mit Ketten an Kurvenscheiben an, deren Form so gewählt ist, daß bei Vernachlässigung der in wechselnder Richtung wirksamen Gelenkreibung der Anpressungsdruck an den Fahrdraht unabhängig von dessen Höhe unverändert bleibt. Die bei Vollbahnen üblichen, mit Preßluft emporgetriebenen Stromabnehmer finden bei Kleinbahnen seltener Verwendung. Größere Unterschiede in der Fahrdrahtlage werden durch die Scheren ausgeglichen. Den raschen Schwankungen, die u. a. auch durch die Schwingungen des Wagens bedingt sind, folgt dank seiner viel geringeren Masse der auf der Schere aufgesetzte, kleine, umlegbare Bügel, der schräg am Fahrdraht anliegt und durch Federn in die senkrechte Mittellage gezogen wird. Bei Spannungen bis etwa 800 V genügt es, den Stromabnehmer auf Holzbohlen unmittelbar aufzusetzen; ist die Fahrdrahtspannung höher, so werden Isolatoren dazwischen geschaltet. Wenn mit Rücksicht auf die abzunehmenden Dauer- oder Spitzenstromstärken die Verwendung von zwei Stromabnehmern notwendig ist, so soll die abgehende Speiseleitung stets in der Mitte der Verbindungsleitung beider Stromabnehmer angeschlossen werden, damit ungefähr gleichmäßige Verteilung des abzunehmenden Stromes auf beide Stromabnehmer gewährleistet ist.

Bei der Auswahl des geeigneten Werkstoffes für Stromabnehmerbügel waren bis vor wenigen Jahren nur die Gesichtspunkte der

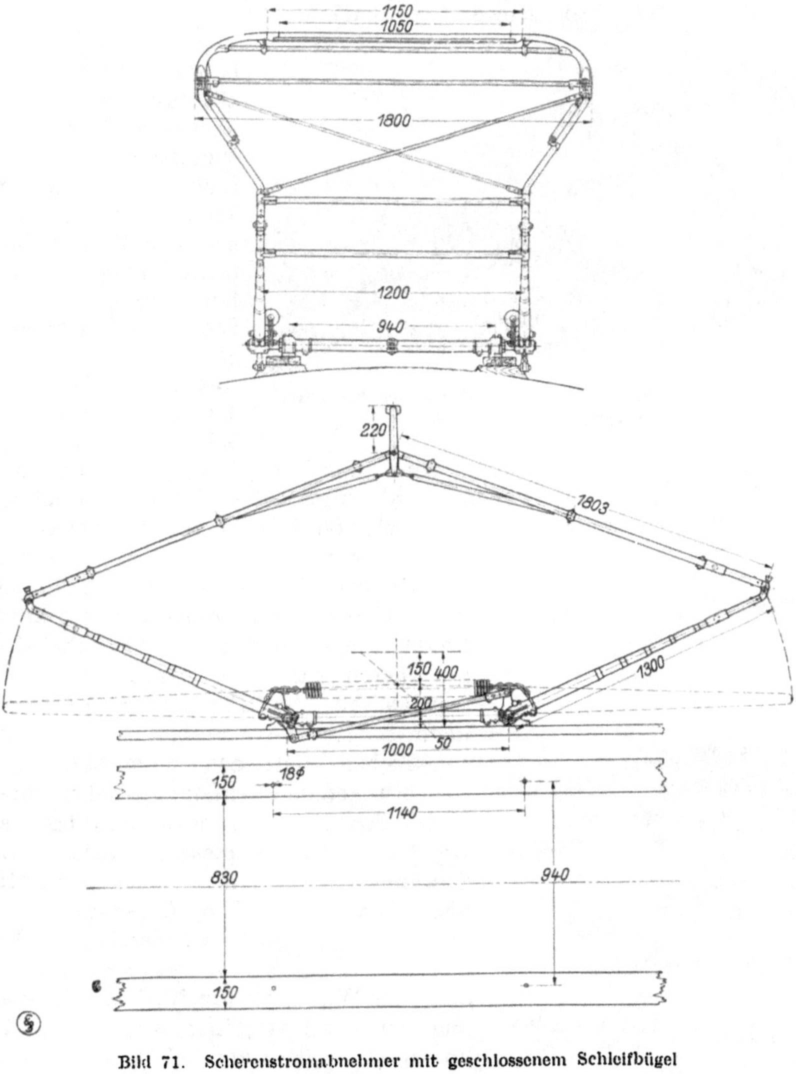

Bild 71. Scherenstromabnehmer mit geschlossenem Schleifbügel und drehbarem Schleifstück.

Leistungsfähigkeit in der Stromabnahme und der Schonung des Fahrdrahtes maßgebend. Mit Schmiernuten versehene Schleifstücke aus Aluminium oder bei schwerstem Betriebe aus Kupfer und kupferreichen Legierungen haben sich als geeignet erwiesen, ebenso das Kohleschleifstück. Seit Einführung des Rundfunkverkehrs sind die Triebwagen der Straßen- und Vorortbahnen recht häufig als empfangstörende kleine Sender in Erscheinung getreten. In der Regel treten die Störungen des Abends auf, wenn bei abgeschalteten Motoren den Wagen nur der geringe, zur Beleuchtung dienende Strom zugeführt wird. Die Versuche mit künstlicher Belastungserhöhung durch Widerstände haben ebenso wie der Einbau von Kondensatoren zu keinem oder nur zu einem mit unwirtschaftlichem Aufwande erkauften Erfolge geführt. Die Beseitigung der Störungen konnte daher nur durch Auswahl eines geeigneten Stromabnehmerbügels erzielt werden, der Abrißfunken am Fahrdraht nach Möglichkeit verhindert. Die bei zahlreichen Betrieben angestellten Beobachtungen und oszillographischen Untersuchungen haben ergeben, daß bei Verwendung des Kohleschleifstückes die Störungen vollkommen, zum mindesten aber bis auf ein im Empfänger nicht mehr empfindbares Maß verschwinden. Das Kohleschleifstück muß daher als der geeignetste Werkstoff für die Stromabnahme angesehen werden, insbesondere, da der Fahrdraht außerordentlich geschont wird und somit hohe Lebensdauer aufweist.

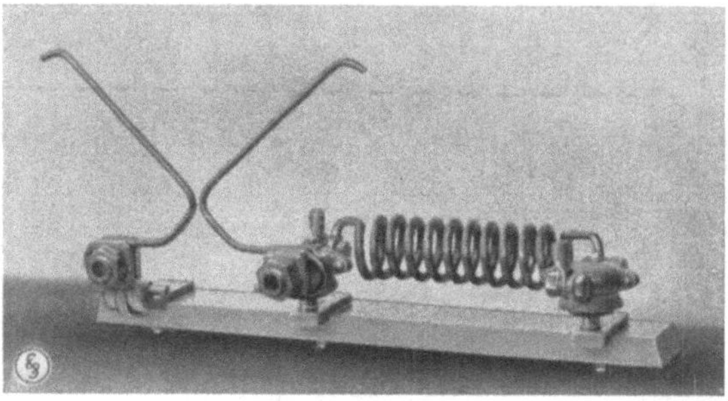

Bild 72. Hörnerableiter mit Drosselspule für Betriebsspannungen bis 800 Volt.

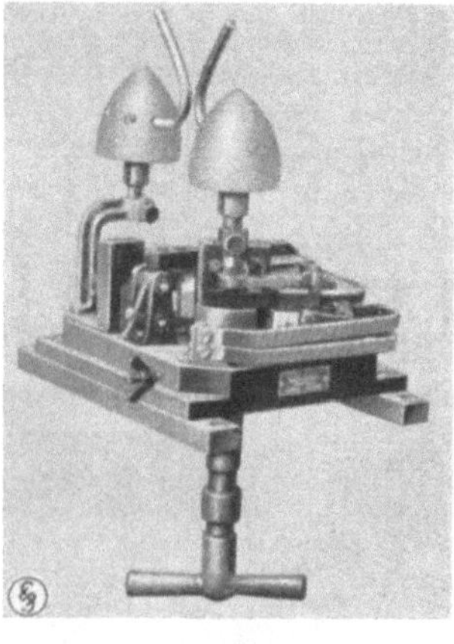

Bild 73. Selbsttätiger Ausschalter mit zusätzlicher Hörnerfunkenlöschung für Nennstromstärken bis 800 A.

Zur Erzeugung breiter Auflageflächen wird das Kohleschleifstück drehbar angeordnet und muß daher im Gegensatz zu der früher üblichen gebogenen Form gerade ausgeführt und oberhalb des Schwerpunktes gelagert werden. Bei Neueinführung des Kohleschleifstückes im Betriebe ist eine gewisse Verstaubung des Wagendaches und etwa vorhandener offener Anhängewagenplattformen nicht zu vermeiden. Sie rührt daher, daß der Fahrdraht durch die vorhergegangene Benutzung von Metallschleifstücken rauhe Oberfläche erhalten hat. Nach den in dem Betrieb gewonnenen Erfahrungen verschwindet die Verschmutzung durch Kohlenstaub jedoch fast völlig, sobald nach einiger Betriebszeit der Fahrdraht durch die Kohle glatt poliert worden ist. Leichte Einfettung des Schleifstückes ist empfehlenswert.

Bild 74. Selbsttätiger Ausschalter mit Kurbelgriff.

a – Beweglicher Polschuh, b – Fester Polschuh, c – Magnetanker, d Stellschraube, e – Stromspule, f = Blattspiralfeder, g Kontaktschraube, h – Sperrhaken, i = Klinke, k = Spiralfeder, l, m Anschlußösen.

Blitzableiter, Ausschalter und Sicherungen. Als Schutz gegen die vor allem durch Blitzschlag in der Fahrleitung entstehenden Überspannungen dient der Blitzableiter. Für Straßen- und Kleinbahnen mit Betriebspannungen bis zu 800 V wird eine Ausführung nach Bild 72 gewählt; Blitzableiter für höhere Spannungen erhalten besondere Isolierung. Die beiden in ihrem Abstand einstellbaren Kupferhörner sind an den Stromabnehmer bzw. an Erde angeschlossen. Zwischen Stromabnehmer und Verbrauchstromkreis ist eine Drosselspule aus Kupferdraht eingefügt (siehe Schaltbild Bild 60). Bei Überspannungen wird der Luftraum zwischen den Hörnern durchschlagen und somit die statische Ladung des Fahrdrahtes nach Erde abgeleitet. Der entstehende Lichtbogen, den sich nun auch der Betriebstrom als Weg zur Erde wählt, wird durch die elektrodynamische Wirkung der aus den Hörnern und dem Lichtbogen bestehenden Windung nach oben getrieben und schließlich auseinandergerissen, so daß der Blitzableiter ohne weiteres wieder gebrauchsfähig ist. Die Drosselspule bietet wegen der hohen Pulszahl der vom Blitzschlag herrührenden Entladung hohen

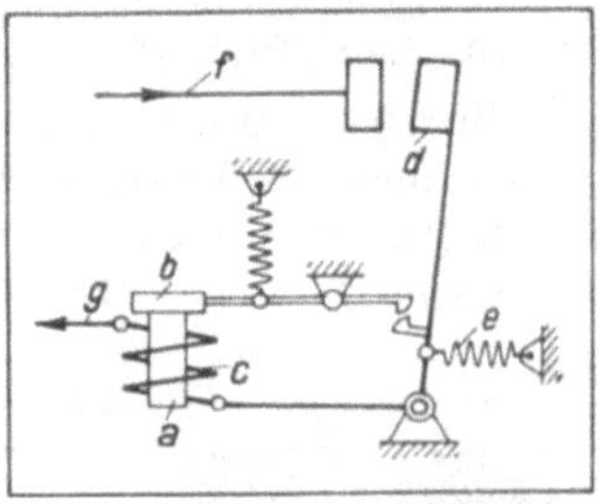

Bild 75. Schaltbild des selbsttätigen Ausschalters.

a = Elektromagnet, b = Magnetanker, c = Stromspule, d = Kontakt, e = Spiralfeder, f, g = Kabelanschlüsse.

Bild 76. Selbsttätiger Überstromausschalter mit zusätzlicher Hörnerfunkenlöschung für Nennstromstärken bis 500 A und isoliertem Untergestell.

induktiven Widerstand, so daß die Motoren und Fahrschalter vor Beschädigung geschützt werden.

Bild 78. Handausschalter mit magnetischer Funkenlöschung.

Als Schutz gegen Überstrom dienen für die Motoren bei Straßenbahnen fast ausschließlich selbsttätige Ausschalter, bei Vorortbahnen werden gelegentlich noch Schmelzsicherungen zugefügt. Für die Nebenstromkreise hingegen, also für Heizung, Beleuchtung, Pumpenmotor, Steuerstrom usw. werden Sicherungen verwendet.

Einen Selbstschalter mit zusätzlicher Hörnerfunkenlöschung für Nennstromstärken bis etwa 300 A und Spannungen bis etwa 650 V zeigt Bild 73. Der entsprechende Selbstschalter ohne zusätzliche Hörnerfunkenlöschung ist im Bild 74 veranschaulicht. Die Schaltung ist aus Bild 75 ersichtlich. Für höhere Nennstromstärken (bis 500 A) kommt der Selbstschalter mit zusätzlicher Hörnerfunkenlöschung nach Bild 76 in Betracht; seine Verwendung bei höheren Spannungen macht eine besondere Isolierung erforderlich (Bild 77).

Straßenbahnwagen haben gewöhnlich zwei über den Plattformen angeordnete Selbstschalter, die in Reihe geschaltet werden müssen, damit gemäß Vorschrift von jedem Schalter aus im Notfall der Stromkreis von Hand unterbrochen werden kann. Bei Überlastungen werden also einer der beiden oder beide Selbstschalter ausschalten. Es ist aber wünschenswert, daß nur der auf der vorderen Plattform befindliche, dem Führer zugängliche Selbstschalter ausschaltet. Dann muß durch die auf Null stehende Umschaltwalze des rückwärtigen Fahrschalters ein

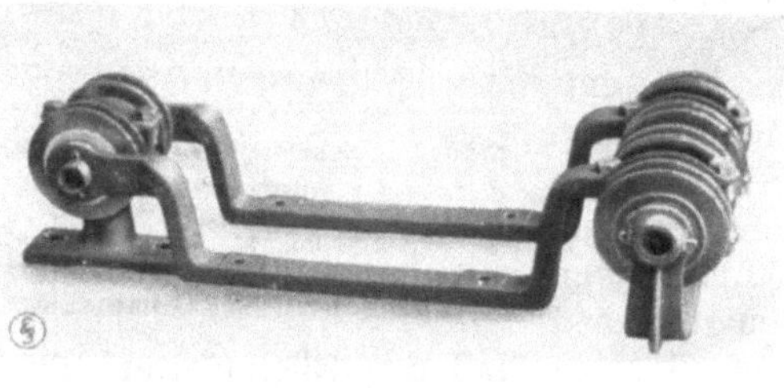

Bild 77. Isoliertes Untergestell bei Spannungen über 750 V.

kleiner Widerstand zur Auslösespule des rückwärtigen Selbstschalters parallel geschaltet werden, so daß dieser unempfindlicher wird. Es wird daher, abgesehen von heftigen Kurzschlüssen, immer der vordere Selbstschalter zuerst und der rückwärtige erst dann auslösen, wenn der vordere Selbstschalter nicht ansprechen sollte.

Bild 79. Handausschalter für Stromstärken bis 500 A.

An Stelle eines der beiden auf dem Wagendache aufgebauten selbsttätigen Ausschalter tritt zuweilen ein Handausschalter nach Bild 78 (für Nennstromstärken bis etwa 300 A und Spannungen bis etwa 650 V) und Bild 79 (für 500 A). Bei höheren Spannungen erhalten die Handausschalter den gleichen isolierenden Schutz wie die selbsttätigen Ausschalter.

Zur Betätigung der selbsttätigen Ausschalter und Handausschalter dienen Griffe, die in Grifführungen geführt werden. Ihre Anordnung ist aus Bild 80 ersichtlich.

Bild 81 zeigt in vereinfachter Form die Schaltung eines bedienungslosen Schnellschalters. In seiner Ausführung entspricht er im wesentlichen dem als Entlastungsschütz verwendeten Schnellschalter. Die Hauptkontakte bestehen je aus einem Kupfer- und einem Kupferkohleblock, an den sich das Funkenhorn anschließt. Beim Öffnen des Schalters folgt der „feste" Kontakt dem beweglichen durch die Wirkung einer Druckfeder auf etwa 3 mm, ehe die Kontakte sich trennen. Diese Anordnung verhindert unsicheres Ausschalten des Selbstschalters, wenn der Strom nicht rasch, sondern nur allmählich bis zum Auslösewert ansteigt. Die Kontakte befinden sich

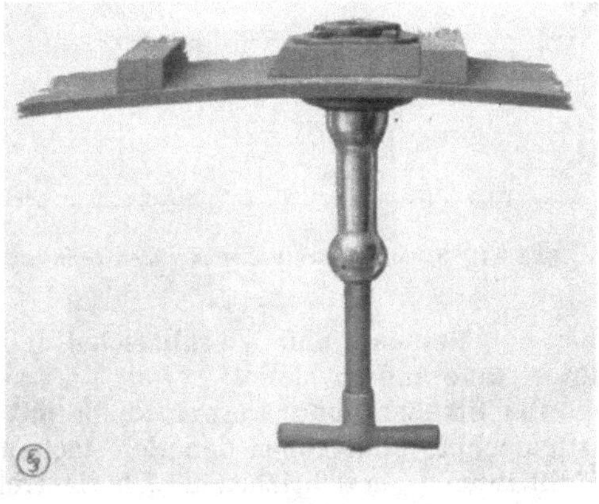

Bild 80. Griff und Grifführung für selbsttätige Ausschalter und Handausschalter.

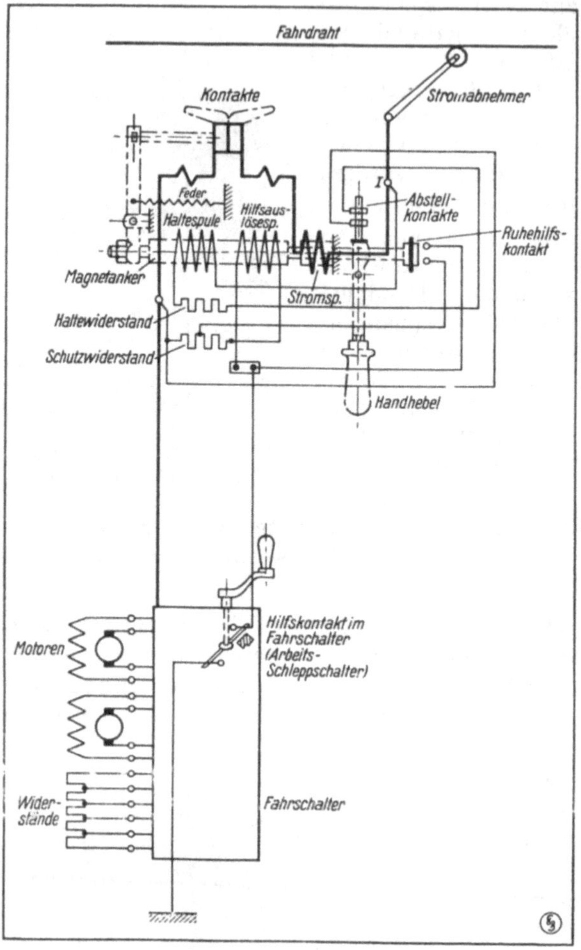

Bild 81. Schaltung des bedienungslosen Schnellschalters.

innerhalb eines kräftigen magnetischen Blasfeldes, das mittels des isolierten Eisenkerns und der Polplatten durch eine vom Hauptstrom durchflossene Spule erzeugt wird. Ein aus feuerfestem Werkstoff hergestellter Feuerschutzkasten verhindert Überschlag des Lichtbogens auf spannungführende oder geerdete Teile. Der Schnellschalter arbeitet außerordentlich rasch. Nach aufgenommenem Oszillogramm beträgt die Zeit vom Stromschluß bis zum Abriß des Lichtbogens bei fünffachem Überstrom nur 0,023 Sekunden. Der bedienungslose Schnellschalter kann ebenso wie der gewöhnliche Selbstschalter so eingerichtet werden, daß bei Reihen- und Parallelschaltung die Auslösestromstärke je Motor unverändert bleibt.

Bei Straßen- und Vorortbahnen mit Vielfachsteuerung oder Entlastungschütz sind neben den Selbstschaltern auch die im Abschnitt B „Vollbahnen“ beschriebenen Überlastrelais gebräuchlich, die den Überstrom nicht unmittelbar, sondern auf dem Umweg über die Steuerungseinrichtung abschalten.

Bild 82. Motorstromsicherung mit magnetischer Funkenlöschung.

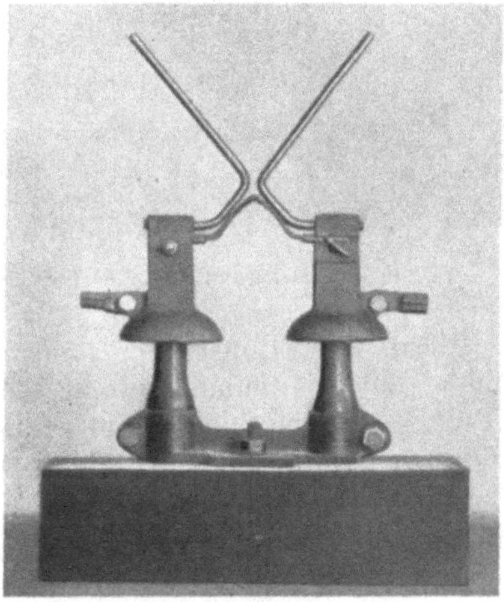

Bild 83. Freileitungsicherung mit Hörnerfunkenlöschung.

Die Sicherungen für den Motorstrom werden mit magnetischer oder mit Hörnerfunkenlöschung ausgeführt, damit der Lichtbogen, der beim Durchbrennen des Schmelzstreifens auftritt, rasch und sicher erlischt. Die Sicherung mit magnetischer Funkenlöschung dient gleichzeitig in geeigneter Ausführung als Handausschalter (Bild 82). Bild 83 zeigt eine auf dem Dach unterzubringende so-

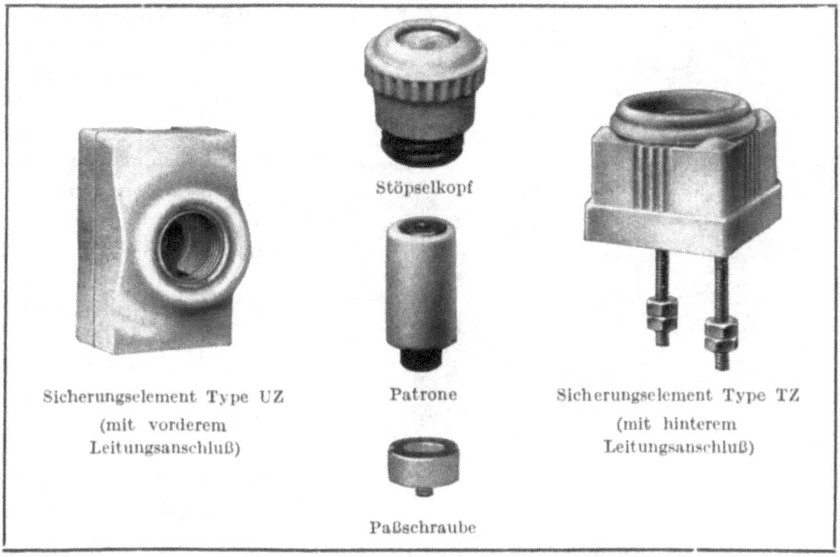

Bild 84. Diazed-Sicherungen für Spannungen bis 1200 V.

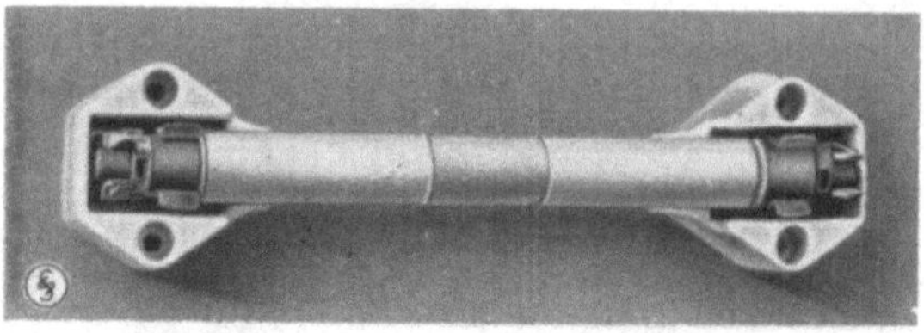

Bild 85. Sicherung für induktive Stromkreise.

genannte Freileitungssicherung, bei der der Schmelzstreifen unterhalb der Löschhörner entlanggeführt wird, so daß der Lichtbogen auf diese überspringt und dann auseinandergerissen wird.

Für induktionslose Stromkreise, wie Heizung und Beleuchtung, findet bei Spannungen bis 1200 V die bekannte Diazedsicherung nach Bild 84 Verwendung, für induktive Stromkreise, wie Luftpressermotor, Steuerstrom und dergl., eine Ausführung nach Bild 85.

Widerstände. Die Bemessung der Widerstände ist so vorzunehmen, daß die Temperatur des Widerstandswerkstoffes und damit die Abstrahlung auf benachbarte Teile, z. B. auf das Dach in erlaubten Grenzen bleibt. Maßgebend für die Bemessung ist die in den Widerständen in gegebener Zeit zu vernichtende elektrische Arbeit, die vor allem vom Zuggewicht, von den Streckenverhältnissen, der Häufigkeit des Anfahrens und Bremsens und der Anfahrbeschleunigung und Bremsverzögerung abhängt. Von Bedeutung ist auch die Frage, ob die Kurzschlußbremse durch eingebaute Schienenbremsen entlastet ist. Die Widerstände werden gewöhnlich in Form einzelner flacher Rahmen auf das Dach aufgesetzt (Bild 86). Für diese Anordnung spricht die

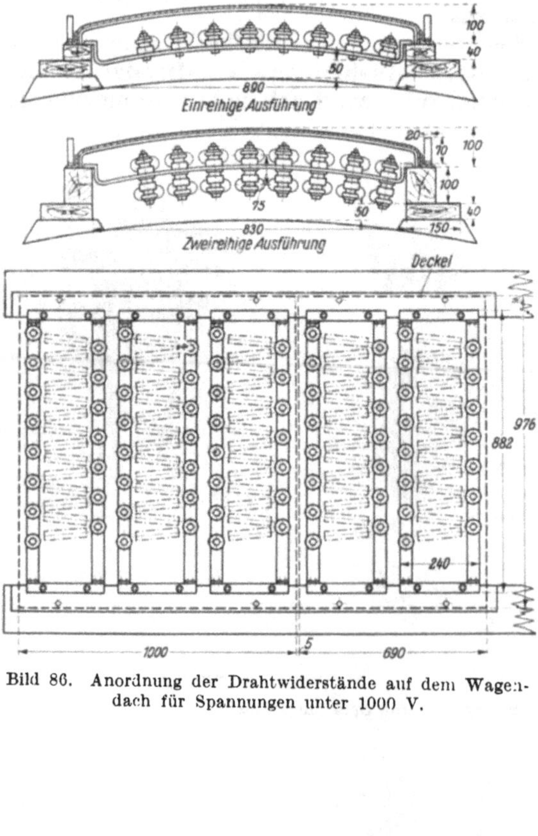

Bild 86. Anordnung der Drahtwiderstände auf dem Wagendach für Spannungen unter 1000 V.

wirksame Kühlung durch die während der Fahrt hindurchströmende staubfreie Luft, der Schutz vor Spritzwasser, Brems- und Straßenstaub und schließlich die leichte Zugänglichkeit, da nach Abheben der Deckel sich die ganze Schaltung bequem übersehen läßt. Bei der dargestellten einreihigen Ausführung erhält jeder Rahmen 14 Spiralen, die in reichlichem Abstand voneinander geführt und von Isolatoren getragen werden, so daß sie auch bei stärkster Erhitzung ihre Lage nicht verändern und sich nicht gegenseitig berühren können. Jede Spirale kann für sich auswechselbar ausgeführt werden. An jedem Isolator kann ein Zuführungskabel angeklemmt werden, wodurch etwa wünschenswerte Schaltungsänderungen bequem vorgenommen werden können.

Wenn — bei schwerem Betrieb — die notwendige Zahl der Widerstände mit Rücksicht auf die Abmessungen des Daches die Ver-

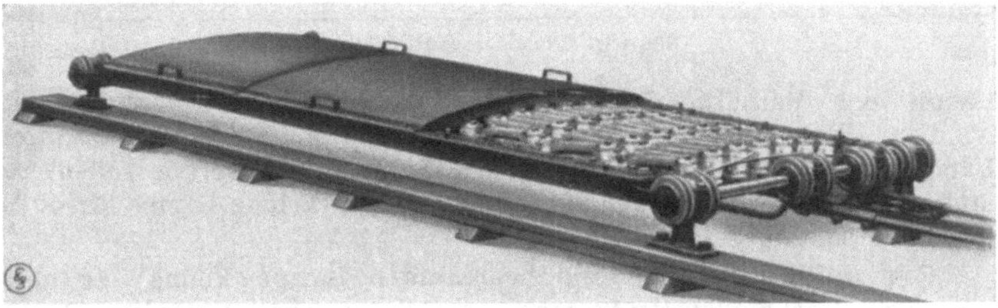

Bild 87. Anordnung der Dachwiderstände auf dem Wagendach für Spannungen über 1000 Volt.

wendung einreihiger Rahmen nicht mehr zuläßt, so werden zweireihige Rahmen gewählt, die auf der Unterseite nochmals je 14 Spiralen enthalten. Die an den Tragbohlen anzuschraubenden Blechabdeckungen werden für je zwei oder drei Rahmen ausgeführt. Sie schützen den Widerstand vor Regen und mechanischen Beschädigungen. Bei Spannungen von 1000 V an werden die Widerstände nicht unmittelbar auf Holz, sondern auf besondere Isolatoren gesetzt (Bild 87).

Als Werkstoff für die Widerstände wird gewöhnlich Nickelin gewählt. Legierungen aus Stahl mit Chrom und Nickel haben einen etwa doppelt so hohen spezifischen Widerstand wie die Nickelinwiderstände. Bei Verwendung dieser Legierungen genügt eine kleinere Anzahl Widerstandspiralen, wenn man die sich hierbei ergebenden höheren Temperaturen der Widerstandsdrähte in Kauf nehmen will. Über die zur Nutzheizung dienenden sogenannten Winterwiderstände vergl. Abschnitt „Heizung".

Beleuchtung. Die Glühlampen werden gewöhnlich in Reihenschaltung unmittelbar vom Fahrleitungstrom gespeist, bei höheren

Spannungen mittels eines Umformers oder eines Sammlers. In der Reihenschaltung brauchen nicht unbedingt lauter gleichwertige Lampen verwendet zu werden; wenn etwa lichtstarke Scheinwerfer mit schwächeren Innenlampen hintereinandergeschaltet werden sollen, so muß nur wegen des zwangsläufig gleichbleibenden Stromes für jede

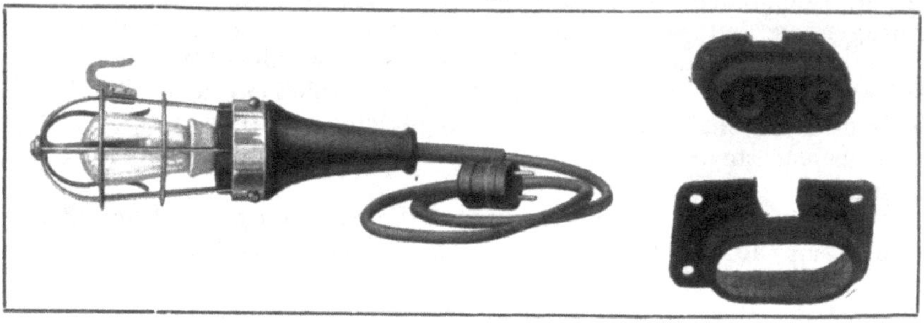

Bild 88. Prüflampe und Prüfdose.

Lampe das Verhältnis von Leistung zu Spannung gleich gewählt werden. Wenn also z. B. zwei Lampen für je 100 Watt mit drei Lampen für je 25 Watt in Reihe an 550 V gelegt werden sollen, so muß die stärkere Lampe für 200 V und die schwächere Lampe für 50 V bemessen sein.

Zur Auffindung einer durchgebrannten Lampe können zu den einzelnen Brennstellen Prüfkontakte parallel geschaltet werden. Durch

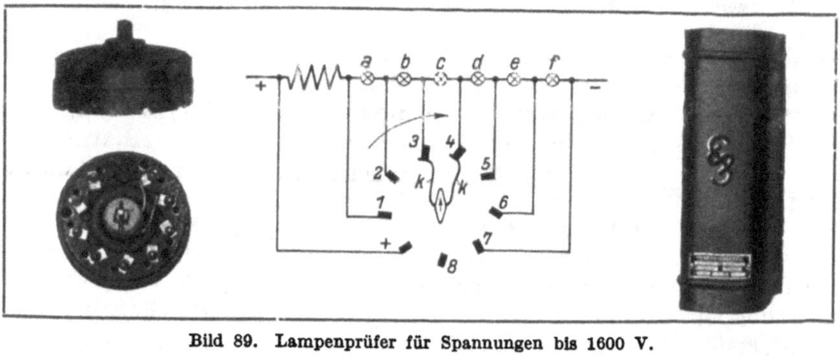

Bild 89. Lampenprüfer für Spannungen bis 1600 V.

Prüflampen (Bild 88) oder durch einen für gewöhnlich einen Ersatzwiderstand kurzschließenden Prüfstöpsel wird die fehlerhafte Lampe ermittelt und überbrückt. Statt dessen kann die Ermittlung von einer Stelle aus durch einen Schalter, den sogenannten Lampenprüfer, erfolgen, dessen Ausführung und Schaltung in Bild 89 dargestellt ist.

Erste elektrische Grubenbahn, Zauckerode 1882

Für die Beleuchtungskörper werden seit einigen Jahren einfache Formen bevorzugt. Von den zahllosen Ausführungen sei in Bild 90 nur eine Deckenlampe aus blankem oder verchromtem Messing wiedergegeben. Streckenscheinwerfer erhalten zur Erzeugung eines gesammelten Lichtbündels einen versilberten Parabolspiegel aus Metall, dessen Belag zweckmäßig durch Glas geschützt wird

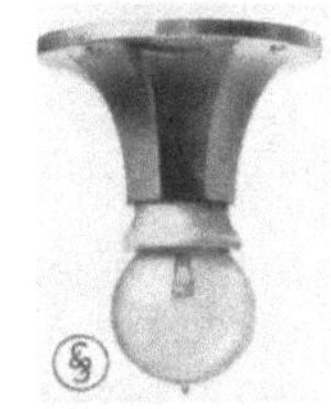

Bild 90. Deckenlampe aus Messing.

In Bahnbetrieben erweist sich die Osram-Centra-Lampe wegen der erhöhten Stoßfestigkeit der Glühfäden als geeignet. Immerhin wird durch die auftretenden Erschütterungen die Lebensdauer der Glühlampe wesentlich herabgesetzt, wenn diese mit ihrer Fassung starr am Wagenkörper befestigt ist. Um diesem Übelstand zu begegnen, haben die SSW die Fassung nach Bild 91 geschaffen, die vermöge der zwischen Fassung und Unterboden eingeschalteten Federung die in beliebiger Richtung auftretenden Stöße und Schwingungen abdämpft, also von der Glühlampe fernhält. Neben einer durch Versuche erwiesenen beträchtlichen Erhöhung der Lebensdauer verhindert die federnde Fassung auch eine Lockerung der Glühlampen im Gewinde, die sich sonst bei der gewöhnlichen Anordnung als Folge der Erschütterungen recht häufig einstellt. Bei den berührungsschutzsicheren Fassungen (Bild 92) sind Sockel und Außenmantel nicht aus Metall, sondern aus Isolierstoff hergestellt. Bild 93 und 94 zeigen Lichtaus- oder Umschalter für Spannungen bis 550 und für Spannungen bis 1200 V.

Bild 91. Federnde Glühlampenfassung mit Einzelteilen.

Heizung. Bei der Nutzheizung, die naturgemäß nur bei Triebwagen anwendbar ist, werden die beim Anfahren und Bremsen in den Vorschaltwiderständen in Wärme umgesetzten Verluste zur Heizung des Wageninnern ausgenutzt. Hierbei werden sogenannte „Winterwiderstände" verwendet, die mit den außerhalb des Wagens, also etwa auf dem Dach befindlichen „Sommerwiderständen" umgeschaltet werden können. Gewöhnlich werden von den Widerstandstufen nicht alle, sondern nur einige umgeschaltet, und zwar diejenigen, die während der Anfahrt und des Bremsens verhältnismäßig am längsten eingeschaltet und für die Wärmeentwicklung am wirksamsten sind. Die Umschaltung kann auch absatzweise in zwei Stufen vorgenommen werden, damit die Beheizung der wechselnden Außentemperatur angepaßt werden kann und die starken Schwankungen in der Wärmeanfuhr ausgeglichen werden, die insbesondere bei Straßenbahnen durch die starken Unterschiede im Gesamtzuggewicht bedingt sind.

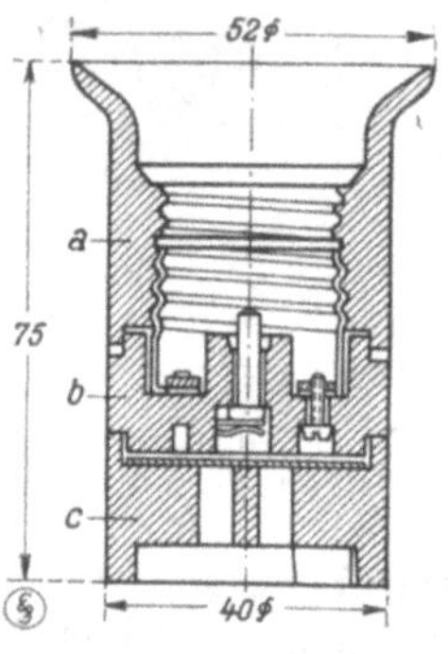

Bild 92. Berührungschutzfassung.
a = Schutzring, b = Fassungsboden, c = Sockelkörper.

Für die Winterwiderstände sind Eisengitterwiderstände (Bild 95) vorzuziehen, da sie wegen ihres größeren Wärmespeicherungsvermögens bei der stoßweisen Energieanfuhr viel besser gleichmäßige Temperatur im Wagen sichern als Drahtwiderstände. Die Gitterwiderstände bestehen aus verzinntem Sondergußeisen von hohem spezifischen Widerstand und hoher Elastizität. Sie sind unter Zwischenschaltung von Eisen- und Mikanitscheiben auf Bolzen isoliert aufgereiht und werden mittels Federn und Endplatten dauernd fest zusammengehalten. Eine Umkleidung aus durchlochtem Eisenblech ermöglicht Luftdurchzug und gewährt Berührungschutz.

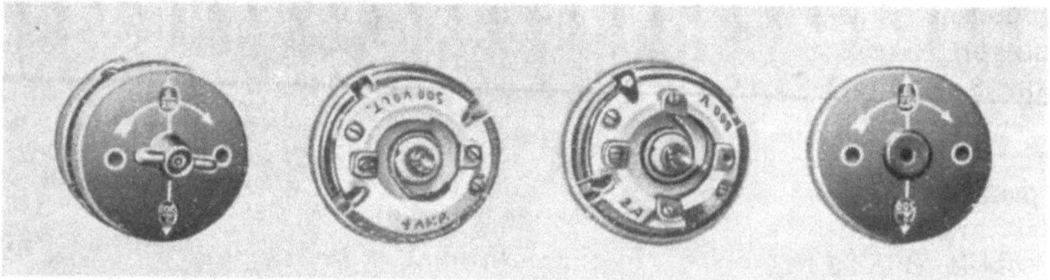

Bild 93. Aus- und Umschalter für Spannungen bis 550 V für Beleuchtung und Heizung.

Für die Frischstromheizung, die bei Anhängewagen ausschließlich, bei Triebwagen an Stelle oder gegebenenfalls neben der Nutzheizung in Betracht kommt, verwenden die SSW Heizkörper nach Bild 96. Die aus Chromnickel bestehenden Heizdrähte sind auf einem

Mikanitstab aufgewickelt und nochmals mit einer Mikanitschicht umgeben. Der Heizdraht ist also ganz in Mikanit eingebettet. Ein so gebildetes Heizelement ist in einer Scheide aus Metall fest ge-

Bild 94. Aus- und Umschalter für Spannungen bis 1200 V für Beleuchtung und Heizung.

lagert. Auf dem Mantel des Heizkörpers sind Rippen aufgezogen, um die Wärmeabgabe zu erleichtern. Die Heizkörper werden für Leistungen von 500 bis 750 Watt und Einzelspannungen von 120 bis

Bild 95. Eisengitterwiderstände für Nutzheizung.

750 V ausgeführt und können in Reihenschaltung an Spannungen bis etwa 800 V gelegt werden. Erfahrungsgemäß genügt für die in Deutschland vorliegenden klimatischen Verhältnisse eine Heiz-

leistung von insgesamt 2000 bis 3000 Watt für einen Straßenbahnwagen mit etwa 22 bis 24 Sitzplätzen. Der gleichmäßigen Wärmeverteilung wegen wird diese Leistung auf etwa 4 bis 6 Heizkörper verteilt. Die Heizkörper werden, um eine Regelung zu ermöglichen, in mehreren Stromkreisen angeordnet.

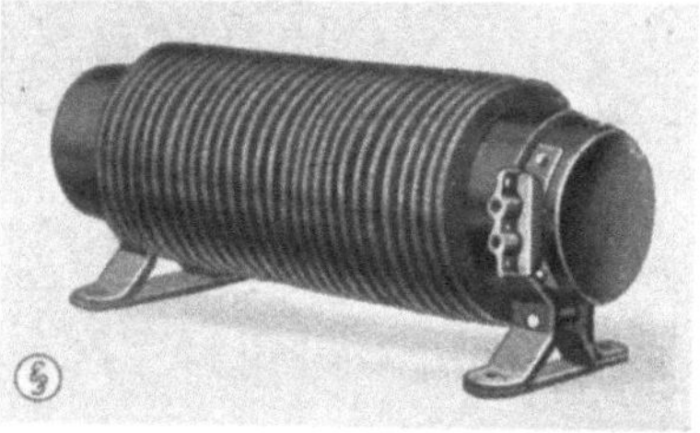

Bild 96. Rippenheizkörper für Frischstromheizung.

Elektrische Ausrüstung für die Luftdruckbremse. Bild 97 zeigt einen Luftpresser mittlerer Größe mit einer minutlichen Förderleistung von 400 l angesaugter Luft gegen 8 at Überdruck. Der im Gehäuse untergebrachte Reihenschlußmotor treibt über ein Zahnradgetriebe die aus zwei Zylindern bestehende einstufig und einseitig wirkende Kolbenpumpe an. Die freien Enden der Zylinder sind an ihrem Umfang mit Kühlrippen ausgestattet. Den Abschluß der Zylinder bildet ein abschraubbares Ventilgehäuse, das der hohen Luftgeschwindigkeit wegen für jeden Zylinder zwei Saug- und zwei Druckventile enthält, die die Luft von einem gemeinsamen Saugkasten entnehmen bzw. zu einem gemeinsamen Druckraum führen. Zur Auswechslung der Ventilringe ist nur die Lösung je einer Verschlußschraube nötig. Das gesamte Triebwerk, sowie der Stromwender mit den Bürsten können durch Abnahme von Deckeln zur Besichtigung freigelegt werden.

Bild 97. Motorluftpresser.

Der Pumpenmotor wird durch einen selbsttätigen Pumpenschalter (Bild 98) eingeschaltet, sobald der Druck im Hauptluftbehälter auf einen bestimmten einstellbaren Betrag gesunken ist, und wieder ausgeschaltet, wenn der Druck um ein gegebenes Maß, etwa 1½—2 at gestiegen ist. Bei Spannungen bis 1100 V steuert der Schalter unmittelbar den Stromkreis des Pumpenmotors, bei höheren Spannungen unter Zwischenschaltung eines Schützes. Im Pumpenstromkreis werden gewöhnlich noch zwei Handschalter (Bild 99) in Reihe mit dem Pumpenschalter eingeschaltet, damit der Stromkreis durch den Führer auch willkürlich unterbrochen werden kann.

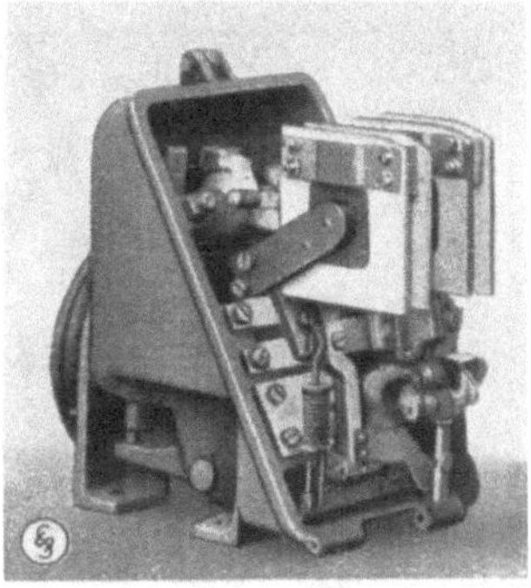

Bild 98. Selbsttätiger Pumpenschalter.

Kupplungen. Zu den Nebeneinrichtungen der elektrischen Ausrüstung zählen noch die elektrischen Kupplungen zwischen Trieb- und Anhängewagen. In den letzten Jahren hat sich mit gutem Erfolge die in Bild 100 dargestellte einpolige Bremskupplung eingebürgert, da sie geringes Gewicht hat und keine Teile enthält, die stärkerer Abnutzung unterliegen. Bei Zugtrennung löst sich die Kupplung ohne Beschädigung selbsttätig. Ein Vorzug dieser als Mittelkupplung ausgeführten Kupplung besteht darin, daß ein besonderes Kupplungskabel nicht mitgeführt zu werden braucht, die beiden Kabelhälften vielmehr fest an der Wagenstirnwand angebracht sind. Wie durch die Blinddose, in die die nicht benutzte Kupplung eingesteckt wird, besondere Schaltungen erzielt werden können, wurde schon in Bild 56 gezeigt. Die einzelnen Teile der Kupplung können ohne besondere Isolierung blank ausgeführt werden, da ihre Spannung gegen Erde nur gering ist.

Bild 98 stellt eine zweipolige Bremskupplung mit abnehmbarem Bremskabel dar. Die im Innern der Kupplungsdose angeordnete Kontaktvorrichtung schließt den Bremsschutzwiderstand kurz, wenn der Triebwagen allein fährt (siehe Schaltung nach Bild 56).

Eine für Licht- und Heizstrom der Anhängewagen gebräuchliche einpolige Kupplung ist in Bild 102 veranschaulicht.

Bild 99. Pumpenhandschalter.

Die Verbindungsleitungen und ihre Verlegung. Wenn beim Fahren oder Bremsen die Spannung zwischen zwei Leitern und Erde 750 V nicht übersteigt, so kommt die Gummiaderleitung NGA in Betracht, bei höheren Spannungen die Sonderausführung NSGA. Der feuerverzinkte Kupferleiter ist bei NGA einfach, bei NSGA mehrfach mit Gummi isoliert, mit gummiertem Band umwickelt und mit

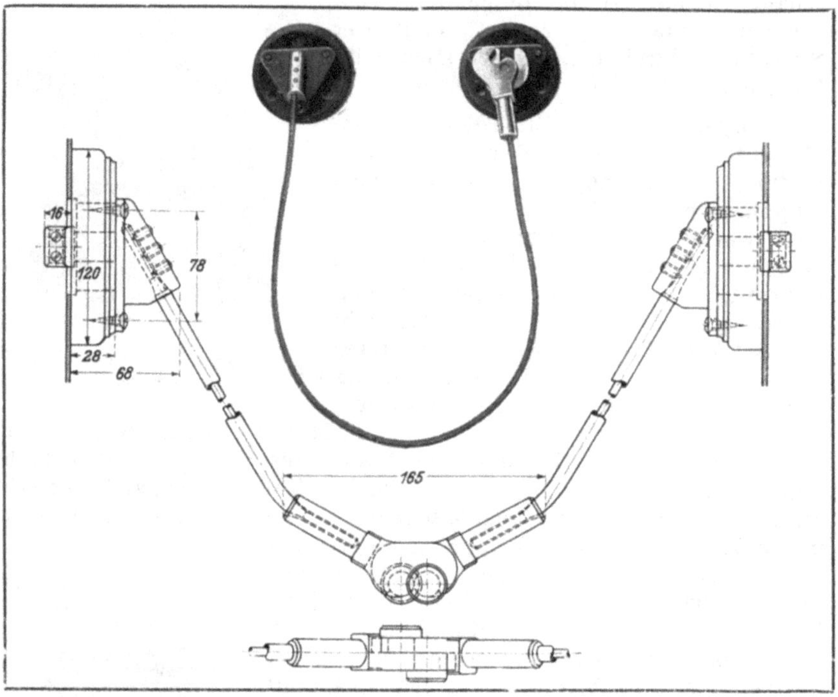

Bild 100. Einpolige Bremskupplung.

einer schwarzen, getränkten Baumwollbeflechtung versehen. Bei Querschnitten von etwa 6 oder 10 mm² an werden mehrdrähtige Leiter verwendet.

Die Zusammenfassung der Kabel zu umklöppelten Würsten und die Verlegung in Rohren wird nicht mehr angewendet, da die Ermittlung und Auswechslung beschädigter Leitungen zu umständlich und zeitraubend ist. Die Leitungen werden vielmehr nebeneinander, wenn nötig in zwei oder mehr Lagen, in Kanälen angeordnet. Bild 103 zeigt einen an der Längswand im Wageninnern geführten Kabelkanal. Die hölzernen Befestigungschellen sollen genau nach dem Durchmesser der Leitungen abgestuft sein, damit diese unverrückbar festgehalten sind und nicht gegeneinander arbeiten können. Der Kanal kann, wie rechts im Bilde gezeigt, durch Messingblech abgedeckt werden oder auch, wie links ersichtlich, durch Holz. Die von jedem Fahrschalter zum Motor führenden Leitungen werden zur Vermeidung von Anschlußstellen innerhalb des Kanals erst an dem unter dem Wagenfußboden angebrachten Klemmbrett paarweise zusammengefaßt. Wenn die Sitzplatzeinteilung es erlaubt, kann das Motorklemmbrett übrigens auch im Wageninnern untergebracht werden, so daß die durch den Fußboden geleiteten Motoranschlußkabel bequem gelöst werden können.

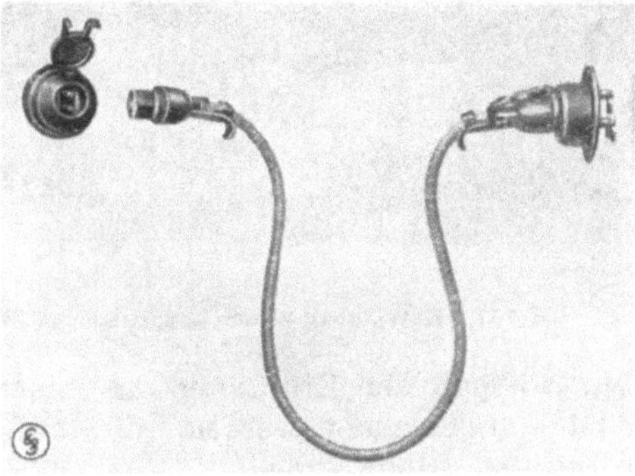

Bild 101. Zweipolige Bremskupplung.

Die unter der Plattform an einen Fahrschalter heranzuführenden Leitungen werden an einer Holztafel hochgeführt und durch Schellen in richtiger Anschlußlage unverrückbar festgehalten. Von den Verbindungsleitungen zwischen den Fahrschaltern zweigen die nach dem Dach zu den Selbstschaltern und Widerständen führenden Leitungen ab, die in den Ecksäulen des Wagens verlegt werden.

Der Abdichtung der Kanäle gegen eindringendes Wasser ist besondere Sorgfalt zuzuwenden. Deshalb sollen die unter dem Wagen laufenden Kanäle stets auf der Oberseite durch starkes, auf beiden Seiten nach unten umgebogenes Eisenblech verkleidet werden, damit nicht von oben Feuchtigkeit eindringen kann.

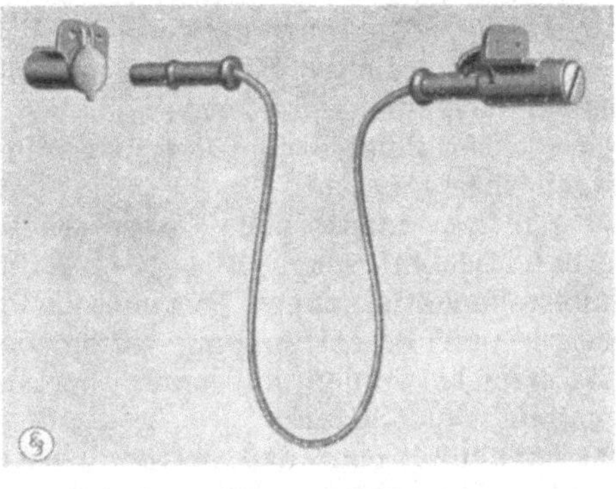

Bild 102. Einpolige Kupplung für Licht- und Heizstrom für Spannungen bis 600 V.

Der Erd-Leiter (vergleiche Schaltbild, Bilder 59 und 60), der den zur Schiene abfließenden Strom führt, wird gewöhnlich am Längsträger des Untergestelles oder, falls ein solches fehlt, am Wagen-

Bild 103. Kabelkanal an der Längswand im Wageninnern.

längsträger angeklemmt. Wenn jeglicher Stromdurchgang — auch beim Wagenrollenlager oder bei dem Wälzlager von Kardangetrieben — mit unbedingter Sicherheit vermieden werden soll, so muß der Erd-Leiter an einer isoliert befestigten Kontaktbürste angeklemmt werden, die auf einem auf der Laufradachse befestigten Ringe schleift.

B. Fahrzeuge für Vollbahnen.

1. Mechanischer Teil.

Arten der Triebfahrzeuge.

Man unterscheidet Triebwagen, das sind mit motorischem Antrieb versehene Personenwagen, und Lokomotiven, das sind Fahrzeuge, die lediglich der Aufnahme der Triebausrüstung dienen und im Ausnahmefall einen Gepäckraum aufweisen. Die sogenannten Triebgestelle, die von untergeordneter Bedeutung sind, enthalten die elektrische Ausrüstung wie die Lokomotiven, haben aber keine Führerstände und keine Stromabnehmer. Diese sind in dem angrenzenden Personenwagen untergebracht.

Für den Stadt- und Vorortverkehr ist der Triebwagen das gegebene Triebfahrzeug (Bild 104—113). In der Regel sind hier die Haltestellenentfernungen kurz, das bedingt hohe Anfahrbeschleunigung. Bei geringer Beschleunigung würde die volle Geschwindigkeit erst so spät erreicht werden, daß unter Umständen unmittelbar nach dem Abschalten des Stromes die gesamte Bewegungsenergie abgebremst werden müßte, ohne daß sie für den Auslauf nutzbar gemacht werden könnte. Dies würde einen Verlust an Wattstunden bedeuten, der Betrieb wäre unwirtschaftlich. Hohe Anfahrbeschleunigung erfordert aber, der Adhäsion wegen, eine größere Zahl von Triebachsen, die sich in Triebwagen besser anordnen läßt als in Lokomotiven.

Auch das tote Gewicht ist bei Triebwagen gering. Da die Motoren im Zuge verteilt sind, so ist bei Schadhaftwerden eines Triebwagens

Bild 104. Triebwagen der Hoch- und Untergrundbahn Berlin für Gleichstrom 750 V.

in der Regel genügend Reserve an Triebkraft im Zuge vorhanden, um eine Betriebstörung zu verhüten. Der Stadt- und Vorortbetrieb verlangt eine schnelle Anpassung an den wechselnden Verkehr zu den verschiedenen Tageszeiten. Aus Triebwagen zusammengesetzte Züge können ohne zeitraubende Verschiebebewegungen leicht unterteilt werden.

Bei Triebwagenverkehr muß der gesamte Anhängewagenpark mit Steuerleitungen für die Vielfachsteuerung ausgestattet werden, es können also nur bestimmte, vorbereitete Wagen verwendet werden.

Bild 105. Vierwagenzug der Nordsüdbahn Berlin für Gleichstrom 750 V.

Bild 106. Triebwagen der Berliner Stadt- und Ringbahn für Gleichstrom 750 V.

Bild 107. Triebwagen der Stadt- und Vorortbahn Blankenese—Hamburg—Ohlsdorf für Einphasenstrom 6300 V, 25 Hz.

Bild 108. Vierwagenzug der Rheinuferbahn Köln—Bonn. Gleichstrom 1000 V.

Auch in räumlicher Hinsicht ist man bei Triebwagen beschränkt, da der größte Teil der elektrischen Ausrüstung unter dem Wagenfußboden Platz finden muß, die hier weniger zugänglich ist, als wenn sie hochgelagert ist.

Für Personen- und Güterzugbetrieb, in dem durchlaufende Wagen zu befördern sind, kommen Lokomotiven in Frage.

Wahl der Lokomotiv-Bauart. Anordnung der Achsen.

Nach der deutschen Eisenbahnbau- und Betriebsordnung darf der Achsdruck stillstehender Fahrzeuge 16 t nicht überschreiten. Man läßt indessen neuerdings für Strecken mit verstärktem Ober- und Unterbau 20 t Achsdruck zu. Für Trieb- und Kuppelachsen wird man diese Drücke in der Regel voll ausnutzen. Ist die größte Zugkraft gegeben, so ist damit die Zahl der Triebachsen bestimmt. Der nach Abzug des Reibungsgewichtes übrigbleibende Teil des Dienstgewichtes wird auf Laufachsen verteilt.

Man bezeichnet ein Triebfahrzeug nach der Aufeinanderfolge der Lauf- und Triebachsen, indem man die Zahl der Laufachsen durch arabische Zahlen, die Anzahl der Triebachsen durch große lateinische Buchstaben, die je nach der Stellung im Alphabet die Zahl der mit-

Bild 109. Triebwagen der Bahn Reval—Nömme (Estland) für Gleichstrom 1200 V.

Bild 110. Triebwagen der Niederländischen Staatsbahn für Gleichstrom 1500 V.

Bild 111. Triebwagen der Lötschbergbahn für Einphasenstrom 15000 V, 15 Hz.

Bild 112. Schnelltriebwagenzug der Strecke Halle—Leipzig (Deutsche Reichsbahn) für Einphasenstrom 15000 V, $16\,^2/_3$ Hz.

Bild 113. Triebwagen der Schlesischen Gebirgsbahnen (Deutsche Reichsbahn) für Einphasenstrom 15000 V, $16\,^2/_3$ Hz.

einander gekuppelten Triebachsen angeben, kennzeichnet. Bei Triebfahrzeugen, die aus mehreren kurzgekuppelten Teilen bestehen, werden die Teile für sich, wie vorstehend, bezeichnet und durch ein + Zeichen verbunden. Hat das Fahrzeug einen gemeinsamen Kasten, aber mehrere Drehgestelle, so unterbleibt das + Zeichen oder es wird über die Bezeichnung ein durchgehender Strich gesetzt, z. B. eine Lokomotive 2 — B — 1 hat 2 Laufachsen, dann folgen 2 gekuppelte Triebachsen und dann wieder eine Laufachse. Eine Lokomotive 1—C+C—1 besteht aus 2 kurzgekuppelten Teilen. Jeder Teil hat 1 Lauf- und 3 Triebachsen. Sie sind so gekuppelt, daß sich die Laufachsen außen an den Enden befinden. Eine Lokomotive B — B oder B + B hat einen gemeinsamen Kasten und 2 Drehgestelle mit je 2 gekuppelten Triebachsen.

Eine nicht gekuppelte Triebachse wird also durch den Buchstaben „A“ gekennzeichnet und ein Fahrzeug mit 3 einzeln angetriebenen Achsen mit „AAA“. Neuerdings gebraucht man bei der Deutschen Reichsbahn für Fahrzeuge mit Einzelachsantrieb die gleiche Bezeichnung wie bei Fahrzeugen mit gekuppelten Achsen mit dem Unterschied, daß man hinter den lateinischen Buchstaben ein „0“ setzt, also statt AAA + AAA: $C_0 + C_0$ oder statt 1 AAAA 1: 1 D_0 1.

Die Anordnung der Achsen einer Lokomotive muß so getroffen werden, daß der Lokomotivrahmen in der Geraden genügend geführt ist und daß die Lokomotive in Krümmungen ausreichend beweglich ist. Ferner muß Raum für die Triebwerks- und Bremsteile vorhanden sein.

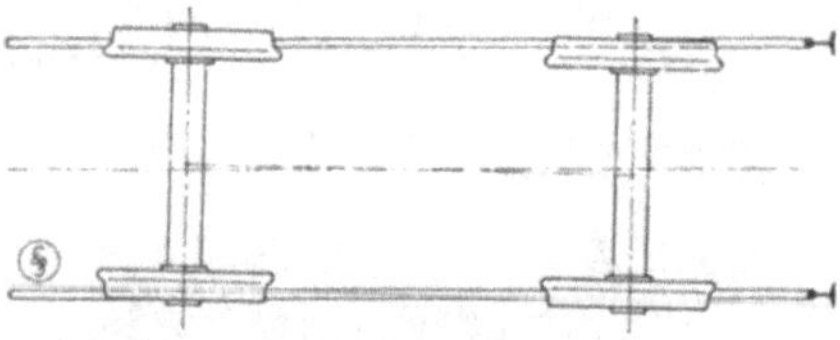

Bild 114. Führung eines Fahrzeuges im geraden Gleis.

Unter Führung im geraden Gleis versteht man die Begrenzung der Stellungen der Fahrzeuglängsachse (Bild 114). Die Spurkränze der Radbandagen sind so angeordnet, daß sie zwischen den Schienen einen Spielraum zulassen, der wenigstens 10 mm, höchstens 25 mm beträgt. Dieser Spielraum gestattet eine Verdrehung der Fahrzeugachse gegenüber der Gleisachse. Der Lokomotivrahmen wird also durch die Spurkränze der Räder geführt. Hierbei unterscheidet man eine Führung durch Achsen, die im Rahmen fest oder um eine senkrechte Achse lenkbar gelagert sind oder aber bei Anwendung von Drehgestellen durch deren Drehzapfen. Die geführte Länge ist also die Entfernung zwischen der ersten und letzten fest oder lenkbar im Rahmen gelagerten Achse bzw. zwischen den

Drehgestellzapfen. Frei beweglich gelagerte Achsen, die eine Seitenverschiebung zulassen, führen nicht.

Das Fahrzeug läuft in der Geraden um so ruhiger, je größer die geführte Länge ist, je mehr sich die geführte Länge dem Gesamtachsstand nähert.

Das Befahren einer Krümmung geschieht am zwanglosesten. wenn folgende beiden Bedingungen erfüllt sind:

1. Jede Achse muß radial stehen.

2. Jedes Rad soll auf verschiedenen Laufkreisen derart rollen, daß die augenblicklichen Laufkreishalbmesser sich wie die Halbmesser ihrer Schienenstränge verhalten. Nur dann findet ein reines Rollen statt. Ein Gleiten der Räder würde den Krümmungswiderstand erhöhen.

Man sucht der Erfüllung dieser theoretischen Bedingungen möglichst nahe zu kommen und die Kurvenbeweglichkeit zu erzielen, indem man folgende Mittel anwendet:

Die parallel verschiebbare Achse (als Laufachse wie als Kuppelachse) oder die zwangsläufig mit einer anderen Achse verschiebbare Achse (Kraus-Helmholtz-Drehgestell) oder die um den geometrischen Mittelpunkt verdrehbare Lenkachse oder die um einen außerhalb ihres geometrischen Mittelpunkts gelegenen Punkt verdrehbare Achse, und zwar entweder mit konstruktiv ausgebildetem Drehpunkt (einachsiges Bisselgestell) oder ohne Ausbildung des Drehpunktes (Adamachse) oder endlich das zwei- oder mehrachsige Drehgestell.

Ein „Klemmen" des Fahrzeuges in Krümmungen wird auch durch Schwächerdrehen der Spurkränze einer Achse vermieden. Unter Umständen entfällt der Spurkranz bei Mittelachsen vollständig.

Anordnung der Motoren.

Wenn die Zahl der Triebachsen und die Zugkraft gegeben sind, so hat man sich zu entscheiden, wie man die erforderliche Gesamtmotorleistung verteilt. Es sind zwei Wege möglich:

1. Jede Triebachse wird von einem Motor einzeln angetrieben.

2. Die Triebachsen werden gekuppelt, die Motoren übertragen die Kraft an die Gesamtheit der Triebachsen.

Jede Anordnung hat ihre Vor- und Nachteile. Im Falle 1. kann man eine Aufhängung des Motors wählen, wie sie bei den Straßenbahnen üblich ist: zwei Punkte mittels Tatzenlager auf der Achse gelagert, der dritte Punkt federnd am Untergestellrahmen aufgehängt. Kraftübertragung mittels einfacher Zahnradübersetzung.

Die Anordnung ist einfach, der mechanische Teil wird leicht und ist billig herzustellen. Die Auswechselung des Motors geschieht zweckmäßig zusammen mit der Achse auf einer Achssenke, oder wenn Drehgestelle verwendet werden, durch Auswechselung des ganzen Drehgestells. Der Kurbelantrieb ist vermieden und damit die von ihm herrührenden Störungsursachen. Die Verwendung mehrerer kleiner Motoren hat den Vorteil größerer Reserve bei Versagen eines Motors.

Nachteilig ist die tiefe Lagerung des Motors, weil die Zugänglichkeit und Möglichkeit der Beobachtung im Betriebe zu wünschen übrig läßt. Man ist ferner in den Abmessungen des Motors stark beschränkt, in der Breite dadurch, daß der Motor einschließlich Zahnradantrieb zwischen den Triebrädern Platz finden muß und in der Höhe dadurch, daß der tiefste Punkt des Motors bei neuen Radbandagen wenigstens 150 mm über Schienenoberkante liegen muß.

Da der zugelassene Mindestabstand der Fahrzeugteile ein für den Entwurf der Triebfahrzeuge wichtiges Maß ist, sei hier die Vorschrift der Eisenbahn-Bau- und Betriebsordnung vom 17. Juli 1928 § 28 wiedergegeben:

„Unter die bei Lokomotiven und Triebwagen 100 mm über Schienenoberkante liegenden Grenzlinien dürfen bis 70 mm über Schienenoberkante reichen:

a) bei allen Fahrzeugen die Kupplungen und Sicherheitsketten,

b) bei Lokomotiven und Triebwagen außerdem die dem Federspiel nicht folgenden beweglichen Teile.

Dieser Abstand muß auch bei tiefstem Pufferstand des Fahrzeugs vorhanden sein.

Die durch die Radreifen gedeckten Teile, wie Bahnräumer, Bremsklötze, Sandstreuer, müssen bei tiefstem Pufferstande des Fahrzeugs noch 50 mm von Schienenoberkante abstehen."

Da ein Teil des Motorgewichts mittels der Tatzenlager unabgefedert auf der Achse ruht, so sind die vom Gleis herrührenden Stöße stärker, als wenn der Motor vollkommen gefedert aufgehängt wird. Infolge der durch das Angreifen der Zugkraft am Zughaken bedingten Entlastung einzelner Achsen oder bei ungleichmäßiger Reibung kann es vorkommen, daß eine Achse zum Schleudern kommt. Sind die Motoren hintereinandergeschaltet, so nimmt der schleudernde Motor den überwiegenden Teil der Spannung auf und verhindert dadurch noch die gleiche Lastverteilung.

Im Falle 2. ist man hinsichtlich der Zahl der Motoren unabhängig. Die Motoren können fest im gefederten Rahmen gelagert werden, so daß das ganze Motorgewicht gegen die Achsen abgefedert ist. Da die Kraftübertragung nicht unmittelbar auf die Achse erfolgt, sondern über Zwischenglieder, z. B. Blindwelle, so ist man auch in der Höhenlage der Motoren nicht beschränkt. Sie können sogar so hoch angeordnet werden, daß eine Lagerung über dem Rahmen möglich ist, so daß man auch in der Breite größeren Spielraum hat. Bei schmalspurigen Triebfahrzeugen größerer Leistung ist diese Bauart von besonderem Vorteil.

Infolge der hohen Lage der Motoren ist die Wartung erleichtert. Ein Schleudern tritt nicht so leicht ein, weil die Triebachsen gekuppelt sind.

Nachteilig wirken die durch den Kurbelantrieb bedingten Ungleichmäßigkeiten in der Kraftübertragung. Die Herstellung des mechanischen Teils erfordert genaue Arbeit und Einrichtungen, die den Preis ungünstig beeinflussen.

Anordnung der Getriebe.

Je nachdem der Motor nach Art der Straßenbahnaufhängung teilweise auf der Achse oder fest im Untergestell gelagert und gegen die Achse abgefedert ist, sind die Getriebe grundsätzlich verschieden. Im ersteren Falle besteht das Getriebe aus einer einfachen Zahnradübersetzung, die das Drehmoment des Motors unmittelbar auf die Achse überträgt, im zweiten Falle müssen Zwischenglieder zu Hilfe genommen werden.

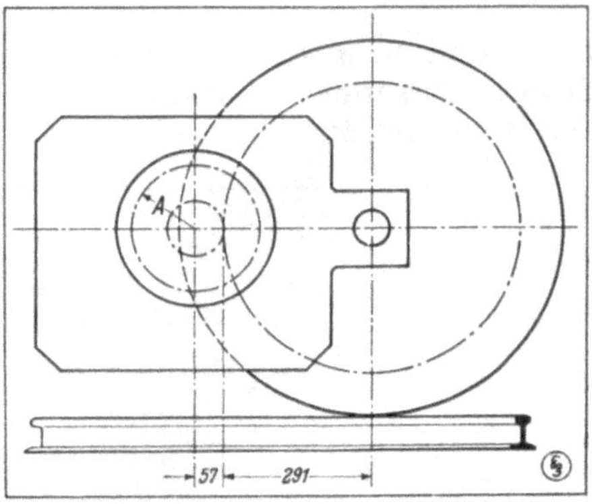

Bild 115. Achsbeanspruchung
A = Trägheitsradius des Ankers 121 mm.

Durch die Lagerung des Motors auf der Achse mittels Tatzenlager und die unmittelbare starre Zahnradübertragung wird die Achse stark beansprucht und man muß, namentlich bei größeren Leistungen, sich darüber klar sein, wie sie beansprucht wird.

Es wirken folgende Kräfte:

1. Die ruhende Belastung der Achse durch das Fahrzeuggewicht,

2. das auf der Achse ruhende Motorgewicht,

3. senkrechte Stoßwirkungen, durch Überfahren der Schienenstöße und Unebenheiten im Gleis bedingt,

4. seitliche Stoßwirkungen. Die durch unruhigen Lauf im Gleis bedingten Seitenstöße, außerdem die Beanspruchung infolge der in Krümmungen auftretenden Zentrifugalkraft,

5. Beanspruchung durch Verdrehung. Ist z. B. (Bild 115) das größte Drehmoment des Motors 110 mkg, der Halbmesser des kleinen

Zahnrades 57 mm, der des großen Zahnrades 291 mm, so ist die Umfangskraft am Teilkreis $\frac{110}{0{,}057} = 1930$ kg. Das Torsionsmoment demnach = 1930 . 29,1 = 56 100 kgcm,

6. durch Stöße hervorgerufene Schwingungen des Motorankers. Wird die Achse bei Überfahren eines Stoßes emporgedrückt, so geschieht dies zwangläufig infolge der Achsgabelführungen in senkrechter Richtung. Hierbei muß die Achse den Motoranker durch Vermittlung der starren Zahnradübertragung um einen bestimmten Winkel drehen. Dieser Drehung setzt der Anker einen Widerstand entgegen, der sich als Zahndruck äußert. Ist das Gewicht des Ankers z. B. 270 kg, der Trägheitsradius des Ankers A = 0,121 m (Bild 115) und der Halbmesser des kleinen Zahnrades wieder 0,057 m, so ist der zusätzliche Zahndruck $270 \cdot \left(\frac{0{,}121}{0{,}057}\right)^2 = 1220$ kg. Dieser Druck kann nur bis zu einer Höhe auftreten, die der Reibung zwischen Rad und Schiene entspricht. Darüber hinaus wird bei der Aufwärtsbewegung des Radsatzes ein Gleiten der Räder auf der Schiene stattfinden. Der

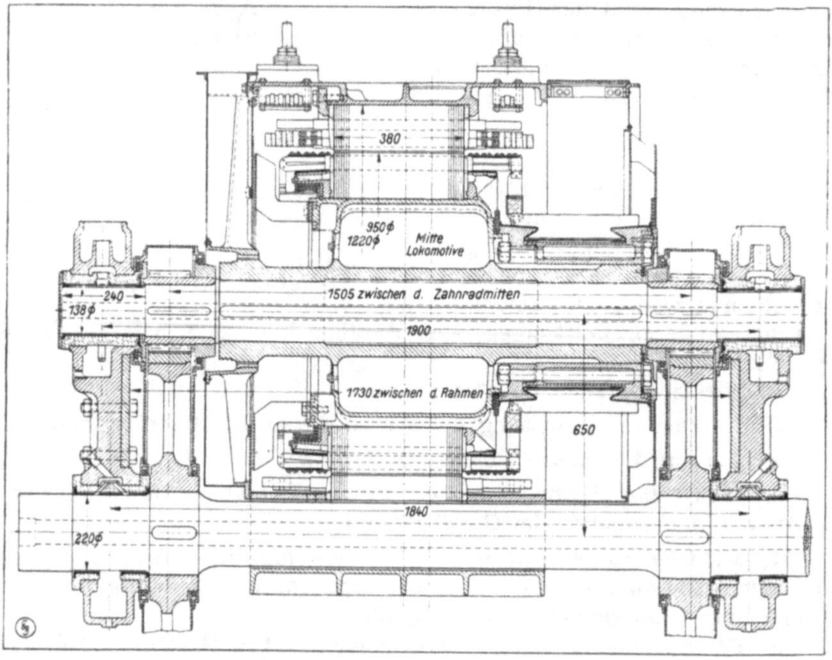

Bild 116. Lokomotivmotor mit zweiseitigem Zahnradantrieb.

Anker wird nicht mehr gedreht, sondern es wird der Radsatz um den Berührungspunkt der Teilkreise der Zahnräder als augenblicklich festen Drehpunkt schwingen.

Der hier behandelte zusätzliche Druck darf bei der Berechnung der Achse jedenfalls nicht vernachlässigt werden.

Um die durch die Starrheit der Übertragung bedingte ungünstige Beanspruchung zu mildern, können die Zahnräder federnd angeordnet werden, derart, daß der Zahnkranz gegen die Zahnradnabe verschiebbar ausgebildet ist und in seiner Lage durch Federn gehalten wird.

Bei größeren Motoren wird zur Erzielung einer günstigeren Beanspruchung der Wellen- und Triebwerksteile zweiseitige Zahnradübertragung angewandt (Bild 116).

Bild 117. Schrägverzahnung der Zahnräder bei zweiseitigem Antrieb.

Es besteht dann die Schwierigkeit, die Zahnräder auf die Wellen so aufzubringen, daß beide Zahnräderpaare an der Kraftübertragung gleichmäßig teilnehmen. Man hilft sich dadurch, daß man die großen oder kleinen Zahnräder federnd anordnet, oder aber man wendet Schrägverzahnung an (Bild 117). Hierbei sind die Zähne so ausgebildet, daß die Zahnneigungen der beiden Antriebseiten einander zugewandt sind. Der Anker erhält etwas Beweglichkeit in Richtung seiner Achse und kann sich in der Längsrichtung so einstellen, daß beide Antriebseiten gleich belastet sind.

Bei sorgfältiger Werkstattarbeit sind diese Hilfsmittel nicht notwendig und man kann der Einfachheit halber normale Stirnräderverzahnung mit festen Rädern wählen, sofern die Federung nicht aus anderen oben behandelten Gründen angewandt werden muß.

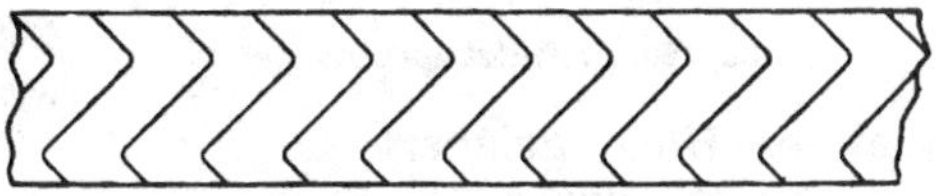

Bild 118. Citroenverzahnung.

Um möglichst kräftige Zähne zu erhalten, hat man ihnen eine sinusähnliche Form, wie in Bild 118, gegeben (Citroenräder). Diese Räder haben sich jedoch nicht besonders bewährt.

Das große Zahnrad von Motoren mit Tatzenlageraufhängung ist in der Regel auf der Triebachse unmittelbar neben der Triebradnabe angeordnet. Die Achse wird an der Stelle, wo Zahnrad und Triebradnabe aneinanderstoßen, besonders ungünstig beansprucht, und es sind gerade an dieser Stelle öfters Achsbrüche eingetreten. Eine haltbarere Ausführung erreicht man, wenn die Triebradnabe nach innen verlängert wird, derart, daß sie die Achse in einer ausreichenden Wandstärke zylindrisch umschließt (Bild 119). Auf diese Verlängerung wird das Zahnrad aufgepreßt. Die Achse ist dadurch wesentlich entlastet.

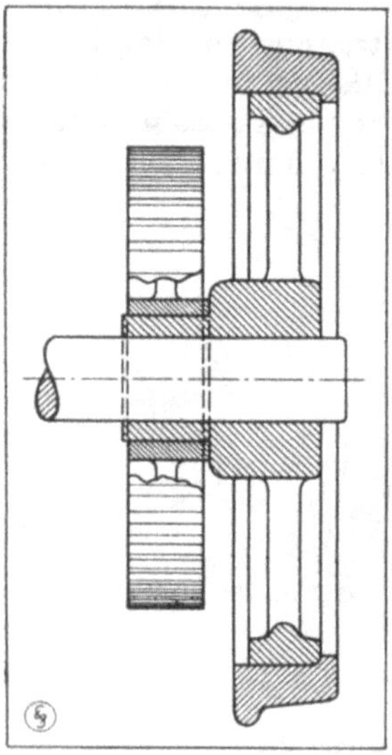

Bild 119. Zahnradsitz.

Die Größe der Zahnradübersetzung ist einmal dadurch begrenzt, daß das auf der Motorwelle sitzende Ritzel nicht eine zu kleine Zähnezahl erhalten darf. Bei größeren Motoren wird etwa 17 die untere Grenze sein. Der Durchmesser und damit die Zähnezahl des großen Zahnrades richtet sich nach dem Triebraddurchmesser und nach dem geringsten noch zulässigen Abstand des Zahnradschutzkastens von Schienenoberkante. Man ist also bei gegebenem Motor hinsichtlich der größten Übersetzung und damit der größten Zugkraft beschränkt. Es wäre zwar eine größere Übersetzung möglich, wenn man den Triebraddurchmesser vergrößert. Da aber im gleichen Verhältnis die Zugkraft sinkt, so wird dadurch der Gewinn an Zugkraft wieder aufgehoben.

Wird der Motor nicht auf der Achse, sondern ganz im Untergestell gelagert, so muß das Getriebe so angeordnet sein, daß es durch das Federspiel zwischen Untergestell und Triebachse praktisch nicht beeinflußt wird. Antriebe mit Blindwelle oder Kulisse erfüllen diese Bedingungen.

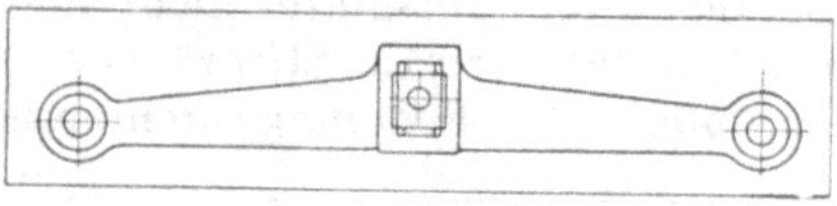

Bild 120. Schlitzkuppelstange

Der Motor arbeitet mittels Zahnradübersetzung auf die Blindwelle, die im Untergestell in gleicher Höhe gelagert ist wie die Triebachsmitten. Sie überträgt die Kraft durch Kurbeln und Kuppelstangen auf die Triebräder. Die Kuppelstangen sind so lang wie möglich zu wählen, damit sie durch das Spiel der Triebachsen keine Zerrungen erleiden. Gestattet die räumliche Anordnung nicht, die Kuppelstangen genügend lang zu machen, so verbindet man die der Blindwelle benachbarten beiden Triebachsen durch eine durchgehende Kuppelstange, die mit einer Kulisse für die Blindwelle versehen ist (Schlitzkuppelstange). (Bild 120 u. 121.)

Ein weitverbreiteter Einzelachsantrieb mit im Rahmen gelagertem Motor ist der Antrieb der Westinghouse Comp. Die Triebachse wird von einer Hohlwelle umgeben, die im Motorgehäuse gelagert ist und das große Zahnrad trägt. Die Triebachse hat in der Hohlwelle ge-

Bild 121. Drehgestell der Lokomotive St. Pölten-Mariazell (Antrieb mit Schlitzkuppelstangen).

nügend Raum, so daß die Bewegung zwischen Rahmen und Triebachse nicht behindert wird. An der Hohlwelle befinden sich Arme, die das eine Widerlager von Wickelfedern tragen. Das andere Ende der Federn ist an den Speichen des Triebrades gelagert. An einem Triebrad sind 6 solcher Wickelfedern angeordnet (Bild 122). Bei dieser Antriebsart werden Doppelmotoren verwendet.

Die bisher beschriebenen Getriebe ohne Kulisse haben die Eigenschaft, daß man in der Wahl des Zahnradübersetzungsverhältnisses beschränkt ist. Die Blindwelle kann man nur sehr wenig über Triebradmitte anordnen, da sonst Störungen im Getriebe eintreten. Die Schlitzkuppelstange gestattet ein Höherlegen der Blindwelle. Sind 2 Motoren vorhanden, so bietet das sogenannte Kandodreieck (Bild 123, die Möglichkeit einer größeren Freiheit in den Übertragungsverhältnissen: Die von 2 Motoren mittels Zahnräder angetriebenen und in

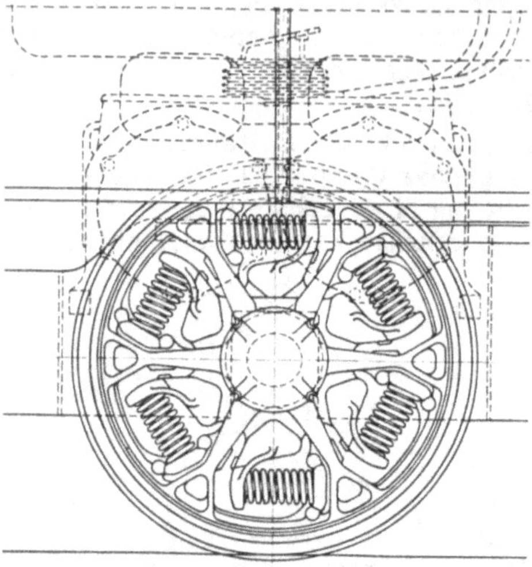

Bild 122. Einzelachsantrieb Bauart Westinghouse.

gleicher Höhe gelagerten Vorgelegewellen sind mit Kurbeln versehen, die durch einen festen dreieckförmig ausgebildeten Rahmen gekuppelt sind. Jeder Punkt des Rahmens hat infolge dieser zwangläufigen Kupplung der beiden Motoren eine kreisförmige Bewegung. Die Punkte, die in gleicher Höhe wie die Triebradmitten liegen, sind daher, wie bei der Blindwelle, als Angriffspunkte für die wagerechten Kuppelstangen geeignet. Der Kurbelzapfen der zwischen den Motoren befindlichen Triebachse ist mittels Stein in einer Kulisse geführt. Dieser Antrieb hat ebenso wie die Schlitzkuppelstange den Nachteil des verhältnismäßig großen Verschleißes in der Kulisse.

Eine andere Ausführung, die eine vollständige Abfederung und eine Höherlagerung des Motors gestattet, ist der Buchliantrieb (Bild 124), ein Einzelachsantrieb. Der Motor ist im Rahmen gelagert; die Ankerachse greift über das Triebrad hinweg und treibt mittels Zahnradübertragung die Treibachse an. Das große Zahnrad sitzt außen vor dem Triebrad fliegend auf einem Zapfen, der von einem das Rad umgreifenden Rahmen getragen wird. Am Triebrad sind 2 Zapfen befestigt, die durch die Zahnradwand durchragen. An ihnen greifen Kuppelstangen an, die mit Gabeln an im Zahnradkörper gelagerten Hebeln befestigt sind. Die beiden Hebel tragen an den Enden ineinandergreifende Zahnradsegmente. Die Zapfen und die an die Gabeln anschließenden Hebelenden sind kuglig ausgebildet. Der Antrieb gestattet, das große Zahnrad etwas über Triebradmitte anzuordnen. Andererseits lassen sich bei

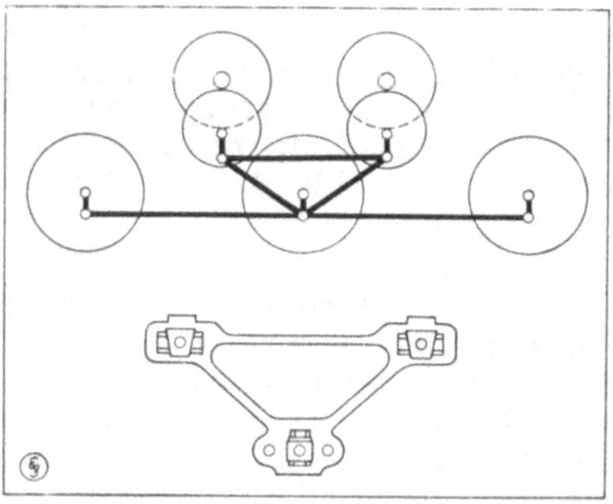

Bild 123. Kandorahmen.

diesem Antrieb nur verhältnismäßig kleine Übersetzungen erreichen.

Eine besondere Ausführung des Einzelachsantriebes haben die Österreichischen Siemens - Schuckertwerke bei 20 Schnellzuglokomotiven für die Arlbergstrecke angewandt. Die Motorachse ist hier senkrecht angeordnet. Die Übertragung erfolgt über Kegelräder auf eine Hohlwelle und von hier mittels einer das freie Achsspiel zulassenden Kupplung auf die Triebachse (Bild 125).

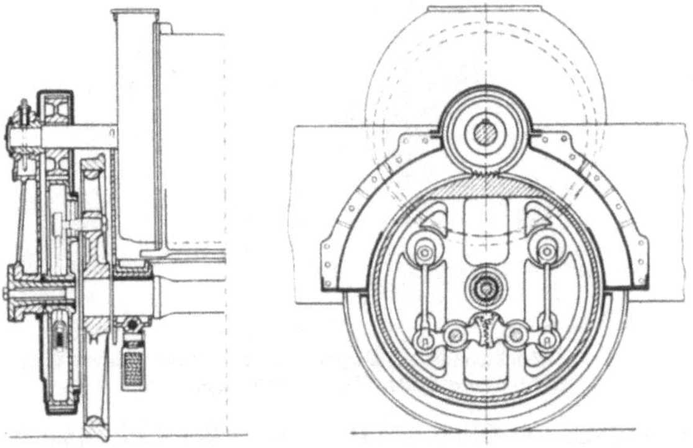

Bild 124. Einzelachsantrieb, Bauart Buchli.

Ordnet man die Motoren so hoch an, daß sie ganz oder zum Teil über dem Rahmen liegen, so kann man beliebige Übersetzungen anwenden. Man muß dann die Zahnräder auf eine hochgelagerte Vorgelegewelle arbeiten lassen, die mittels Triebstangen eine in Höhe der Triebachsmitten liegende Blindwelle antreibt (Bild 126). Diese Anordnung hat den Vorteil, daß man kürzere Achsstände und damit eine geringere Lokomotivlänge erhält als bei tief gelagerten Motoren. Man verwendet auch Doppelmotoren, deren Ritzel auf ein gemeinsames auf der Vorgelegewelle sitzendes Zahnrad arbeiten.

Bei der Übersetzung 1 : 1 entfallen die Zahnräder und die Vorgelegewellen. Man erhält eine Bauart mit Blindwelle und Parallelkurbelgetriebe, die sich vorzugsweise für Schnellzuglokomotiven eignet (Bild 127).

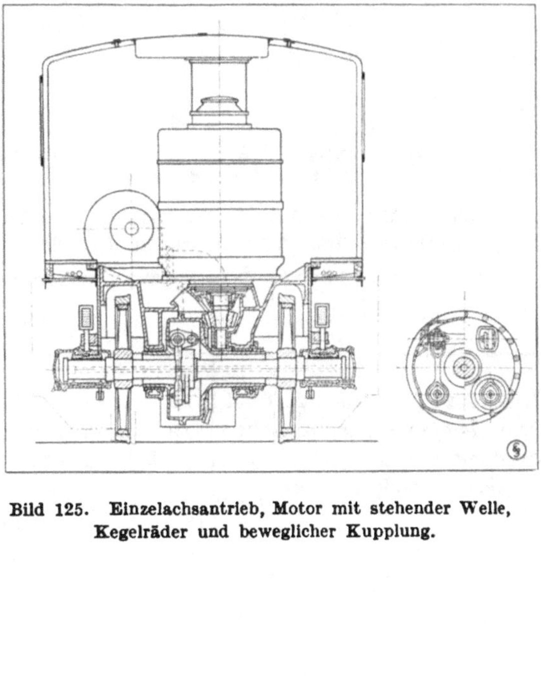

Bild 125. Einzelachsantrieb, Motor mit stehender Welle, Kegelräder und beweglicher Kupplung.

Es sind hier nur einige Getriebeformen

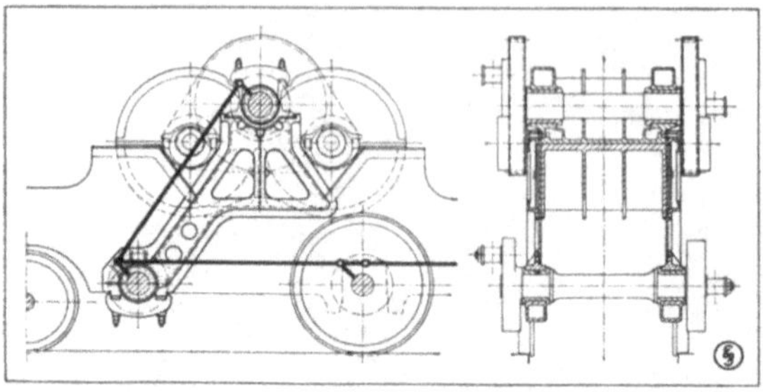

Bild 126. Hochgelagerter Doppelmotor, Zahnradblindwelle, Kurbelblindwelle, Parallelkurbelgetriebe.

angegeben worden; es bestehen noch viele andere Ausführungsmöglichkeiten, die, weil von geringerer Bedeutung, hier nicht behandelt werden sollen.

Das Kurbelgetriebe, gleichgültig ob mit Triebstangen und Blindwelle oder Kuppelrahmen, verlangt eine sehr genaue Ausführung aller Längen und Winkel, damit ein Umlauf mit gleichmäßiger Winkelgeschwindigkeit erzielt wird.

Für ein einwandfreies Arbeiten des Kurbelgetriebes ist selbstverständliche Voraussetzung, daß die Kurbeln so fest auf den Wellen sitzen, daß die stärksten, zum Teil stoßweise auftretenden Beanspruchungen mit Sicherheit aufgenommen werden können. Die Kurbeln werden auf die Wellen aufgepreßt. Für die Berechnung des Aufpreßdruckes wird von den Lieferwerken angegeben, daß der Reibungskoeffizient unter der Voraussetzung, daß der Achsstummel und die Bohrung geschliffen sind, $^1/_{16}$ bis $^1/_{20}$ beträgt. Der Aufpreßdruck wird in Abhängigkeit von den Abmessungen der Achse vorgeschrieben, z. B.

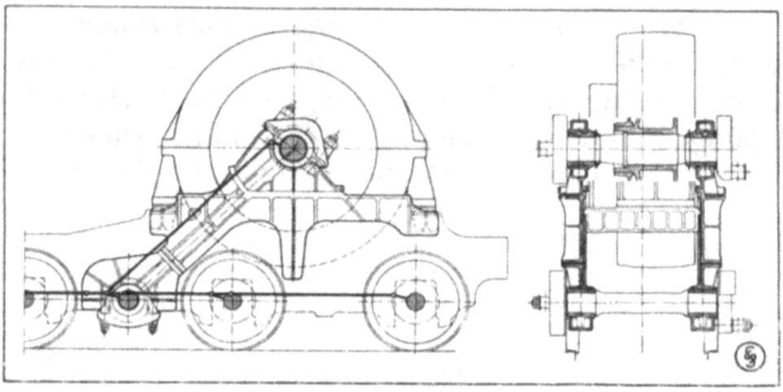

Bild 127. Hochliegender Kurbelmotor. Kurbelblindwelle, Parallelkurbelgetriebe.

Deutschland	Schweiz	Schweden
Mindestaufpreßdruck 50 t bei 13,5, 14,5 und 15,5 cm Achsdurchmesser, also 3,2 bis 3,7 t/cm Achsdurchmesser	50 bis 70 t bei 15 cm Achsdurchmesser, also 3,3 bis 4,67 t/cm	5 bis 6 t/cm

Man vermeidet es, wenn möglich, die Kurbeln und Kurbelzapfen aus einem Stück herzustellen, da diese leichter brechen als Kurbeln mit eingepreßten Zapfen, die jedoch einen größeren Raum beanspruchen. Letztere Ausführung ist daher bei kleinen Triebraddurchmessern nicht immer durchführbar.

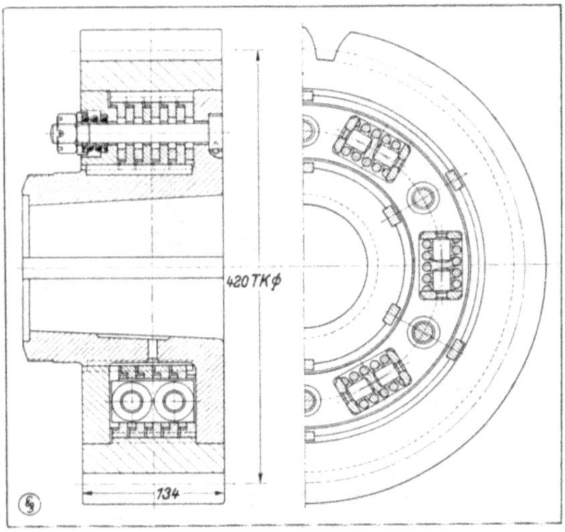

Bild 128. Federndes Ritzel für Lokomotivmotor.

Ist die Voraussetzung genauer Ausführung nicht erfüllt, so entstehen durch die ungleichförmige Bewegung Beschleunigungs- und Verzögerungskräfte, die als Stöße sich bemerkbar machen, weil die Trägheit der bewegten Anker- und sonstigen Massen ihnen entgegengerichtet ist. Sie können außerdem Resonanzerscheinungen auslösen, die bedenkliche Beanspruchungen zur Folge haben. Es werden deshalb Vorkehrungen getroffen, die die Wirkungen der diesen Getrieben eigentümlichen Störungen in unschädlichen Grenzen halten. Man wendet zu diesem Zweck federnde Zwischenglieder mit reichlicher Eigenreibung und also starker Dämpfung an. Die Federungen werden zweckmäßig nahe der Ankermasse angeordnet, indem man entweder den Läuferkörper selbst gegen die Läufernabe federnd ausbildet oder die Federung in die kleinen oder großen Zahnräder legt (Bild 128 u. 129).

Bild 129. Federndes Ritzel für Lokomotivmotor, zerlegt.

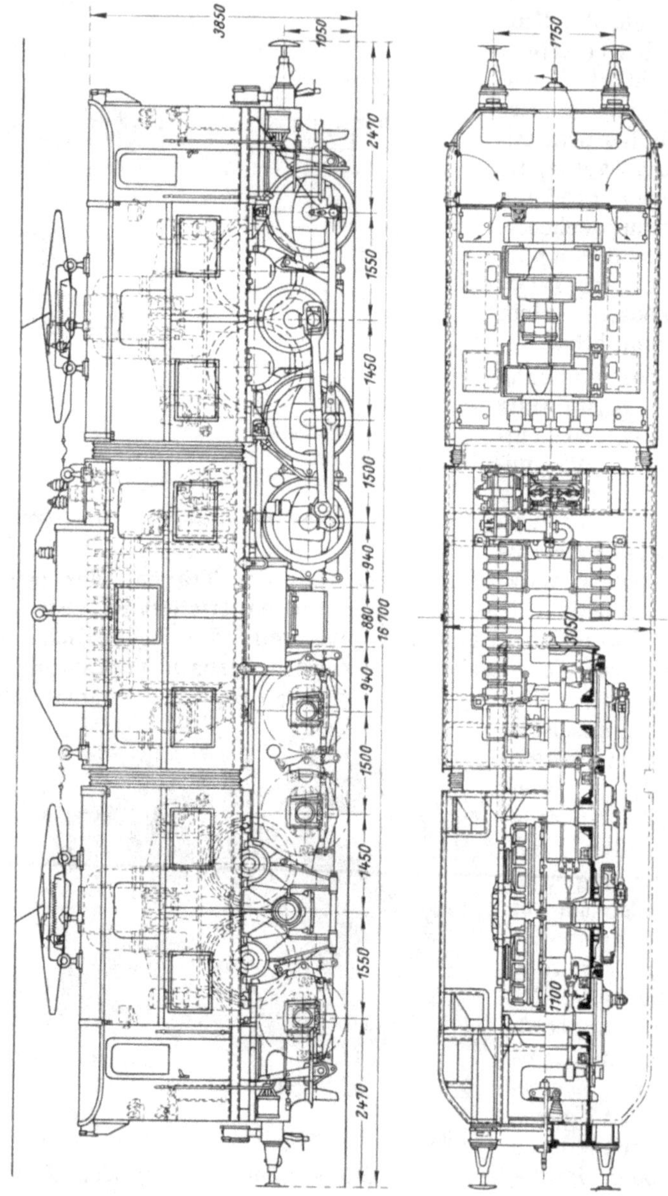

Bild 130. C+C Güterzuglokomotive der Deutschen Reichsbahn.

Bild 131. C+C Güterzuglokomotive der Deutschen Reichsbahn.

Bild 132. Lokomotive mit Außenrahmen für Einzelachsantrieb, Bauart C_0+C_0.

Anordnung des Untergestells und des Kastens.

Die einfachste Form des Triebfahrzeuges ist diejenige mit einem einteiligen Kasten, der mit dem Untergestell fest verbunden ist. Im Untergestellrahmen sind sämtliche Lauf- und Triebachsen gelagert. Die Kurvenläufigkeit wird notfalls dadurch erreicht, daß man beispielsweise seitlich verschiebbare Achsen anordnet (Seite 143). Bei größeren Baulängen, wie sie namentlich bei tiefgelagerten Motoren vorkommen, findet entweder eine völlige Unterteilung des Fahrzeuges in zwei oder mehrere Teile statt, oder es werden Drehgestelle angeordnet, in denen die Motoren untergebracht sind. Um zu vermeiden, daß die Zugkraft durch den Kasten übertragen werden muß, werden zweckmäßig die Zug- und Stoßvorrichtungen an den Drehgestellen angebracht und diese selbst miteinander kurz gekuppelt (Bild 130 u. 134). Der eine der beiden Drehzapfen muß dann in der Längsrichtung nachgiebig ausgeführt sein.

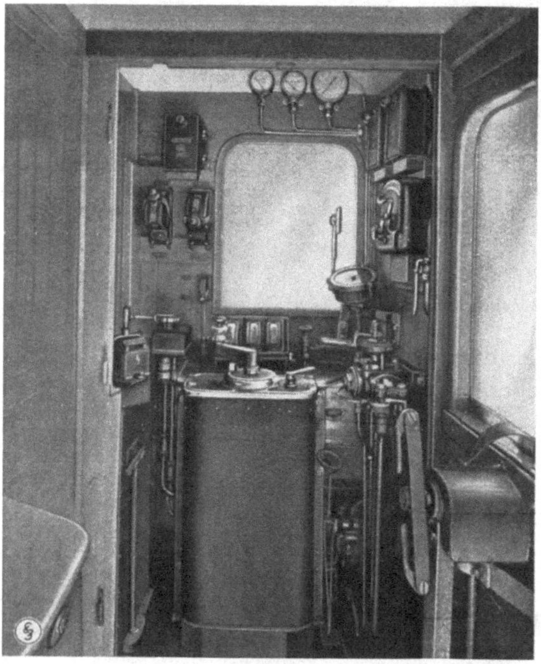

Bild 133. Führerstand eines Triebwagens mit abschließbarem Apparateraum.

Der Rahmen des Fahrzeugs muß so ausgebildet werden, daß die Längswände eine genügende Querversteifung haben und daß zwischen den Ausschnitten im Rahmen, die durch die Blindwellen-, Achs- und gegebenenfalls auch Motorlager bedingt sind, ein ausreichender Querschnitt vorhanden ist. Zur Verstärkung des Rahmens zwischen Motor- und Blindwellenlagern wird häufig ein Stahlgußstück vorgesehen. Bei tiefliegenden Motoren müssen die Aussparungen in den Längs-

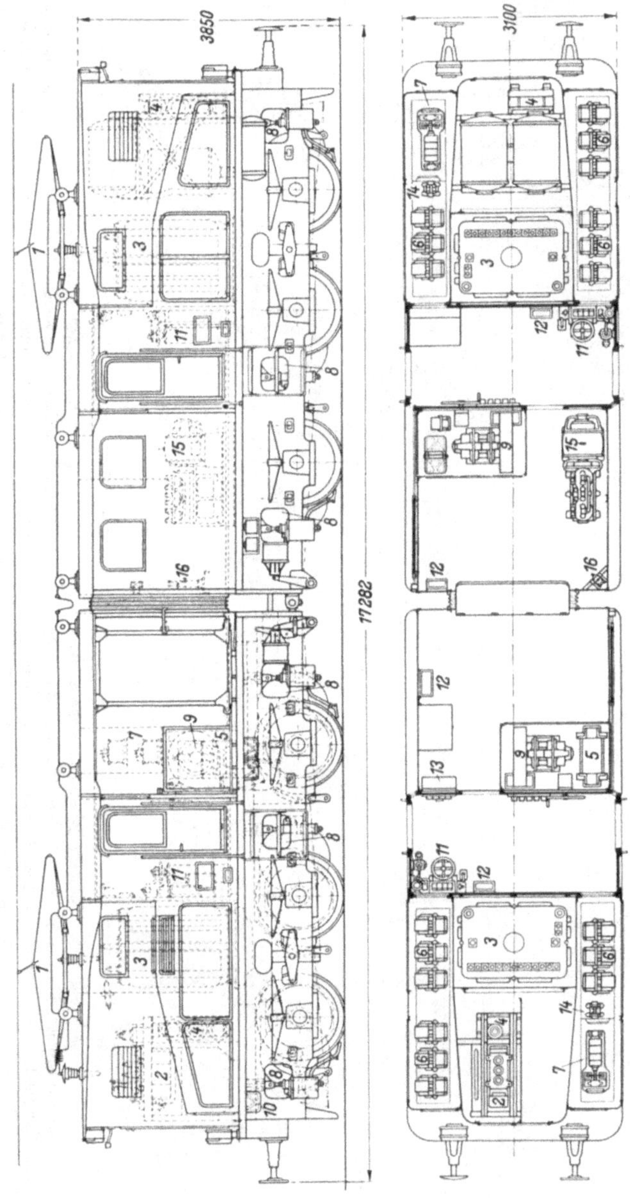

Bild 134. $C_0 + C_n$ Güterzuglokomotive. Anordnung der elektrischen Ausrüstung.

1 = Stromabnehmer, 2 = Ölschalter, 3 = Transformator, 4 = Drosselspule, 5 = Spannungsteiler, 6 = Hüpfer, 7 = Fahrtwender, 8 = Motor, 9 = Motorventilator, 10 = Nebenschlußwiderstand, 11 = Fahrschalter, 12 = Heizapparat, 13 = Schalttafel, 14 = Meßtransformator, 15 = Luftpresser, 16 = Handluftpumpe.

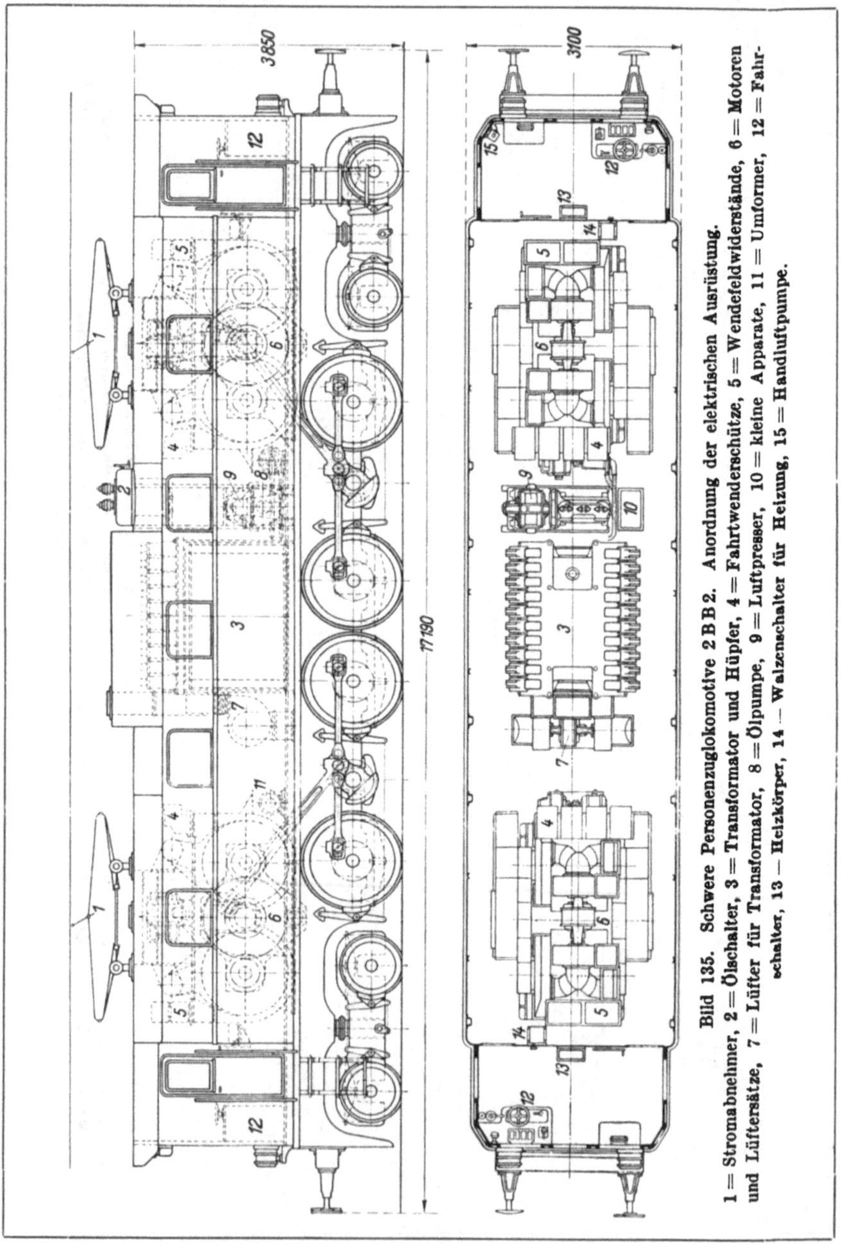

Bild 135. Schwere Personenzuglokomotive 2 B B 2. Anordnung der elektrischen Ausrüstung.

1 = Stromabnehmer, 2 = Ölschalter, 3 = Transformator und Hüpfer, 4 = Fahrtwenderschütze, 5 = Wendefeldwiderstände, 6 = Motoren und Lüftersätze, 7 = Lüfter für Transformator, 8 = Ölpumpe, 9 = Luftpresser, 10 = kleine Apparate, 11 = Umformer, 12 = Fahrschalter, 13 — Heizkörper, 14 — Walzenschalter für Heizung, 15 = Handluftpumpe.

Bild 136. Schwere Personenzuglokomotive 2 B B 2 der Deutschen Reichsbahn.

wänden sorgfältig so ausgebildet werden, daß die Motoren zugänglich sind.

Man wird den Rahmen wenn möglich als Innenrahmen ausbilden, weil sich die Querversteifungen besser ausbilden lassen und das Gewicht geringer ist. Der Außenrahmen ist nicht immer zu umgehen, so bei Fahrzeugen mit Einzelantrieb (Motoren mit Tatzenlagern), für die der Raum zwischen den Triebrädern ausschließlich für die Unterbringung des Motors beansprucht wird (Bild 132).

Die Form des Kastens wird durch die Art, Größe und Bauart des Triebfahrzeugs beeinflußt. Bei Triebwagen wird der verfügbare Innenraum durch die Personen- und Gepäckabteile fast völlig in Anspruch genommen. Lediglich der Führerstand ist im Wagen untergebracht in möglichst gedrängter Form (Bild 133). Man opfert in den Abteilen an der Stirnwand des Wagens ein oder zwei Sitzplätze und ordnet in einem durch eine Tür verschließbaren Verschlage oder auch in einem tornisterartigen Vorbau die Führerstandseinrichtung an. Wird der Triebwagen nicht als führender Triebwagen benutzt, so wird der Führerstand abgeschlossen und das übrige Abteil steht dem Publikum zur Verfügung. Die übrige elektrische Ausrüstung wird auf dem Dach und unter dem Wagen untergebracht. Bei Lokomotiven wird der Führerstand an der Stirnwand oder auch zurückliegend angeordnet. Im letzteren Falle müssen die vor dem Führerstand liegenden Vorbauten so schmal ausgeführt werden, daß der Führer seitlich das nötige

Bild 137. 1 C C 1 Lokomotive der schwedischen Riksgränsbahn.

Bild 138. Doppellokomotive 1 C C 1 der norwegischen Ofotbahn.

Bild 139. B+B+B Güterzuglokomotive der Deutschen Reichsbahn.

Bild 140. Triebgestell einer B+B+B Güterzuglokomotive mit elektrischer Ausrüstung.

Gesichtsfeld hat (Bild 132). Diese Bauart wird von den Lokomotivführern häufig der ersteren vorgezogen, in der Erwägung, daß sie bei Unfällen durch die vor ihnen liegenden Massen etwas geschützt sind.

Bei Einphasen-Wechselstromlokomotiven ist für die Ausbildung des Kastens die Unterbringung des Transformators bestimmend (Bild 130, 134 u. 135). Zur Erzielung eines guten Gewichtsausgleichs wird man ihn möglichst in die Mitte stellen, ihm benachbart oder auf dem Transformatordeckel die Stufenschalter. Im Kasten findet, abgesehen von den Motoren, auch der größte Teil der übrigen elektrischen Ausrüstung Platz. Bei sehr langen Lokomotiven wird eine Unterteilung des Kastens nötig. Man kann dann beispielsweise das ganze Fahrzeug in zwei kurzgekuppelte Fahrzeuge unterteilen, die durch Faltenbalge miteinander verbunden werden können (Bild 134, 137 u. 138). Bei der B + B + B Güterzuglokomotive der Deutschen Reichsbahn ist die Lokomotive in 3 kurzgekuppelte Teile aufgelöst (Bild 139), Bild 140 zeigt einen solchen Teil mit elektrischer Ausrüstung.

Bremsen.

Für eine Vollbahn ist eines der wichtigsten Erfordernisse eine zuverlässig wirkende Bremse (Kunze, Glasers Annalen Bd. 82 H. 9 u. 10). Die Anwendung von Druckluft für Bremszwecke reicht bis in die 60er Jahre des vorigen Jahrhunderts zurück. In Amerika wurde von der Mehrzahl der Eisenbahngesellschaften die Einkammer-Luftdruckbremse (Westinghouse) eingeführt, die auch in Europa Eingang fand. Die deutschen Staatsbahnen benutzten die Zweikammer-Luftdruckbremse (Carpenter), andere Länder, z. B. Österreich, die Luftsaugebremse (Hardy). Die Anwendung der durchgehenden Bremse war zunächst auf Personen- und Schnellzüge beschränkt. In Amerika bestimmte das Gesetz von 1893, daß bis 1900 alle Lokomotiven und Wagen mit durchgehender Bremse auszurüsten seien, und die deutschen Staatsbahnen entschieden sich erst nach dem Kriege zur allgemeinen Einführung einer durchgehenden Bremse, der Kunze-Knorr-Verbundbremse, die auf dem System der Einkammer- und Zweikammerbremse aufgebaut ist.

Die Schaltbilder dieser drei Luftdruckbremsarten sind auf Bild 141 dargestellt. Die Einkammerbremse hat den Nachteil, daß die Bremskraft zwar nach Bedürfnis gesteigert, nicht aber in gleicher Weise

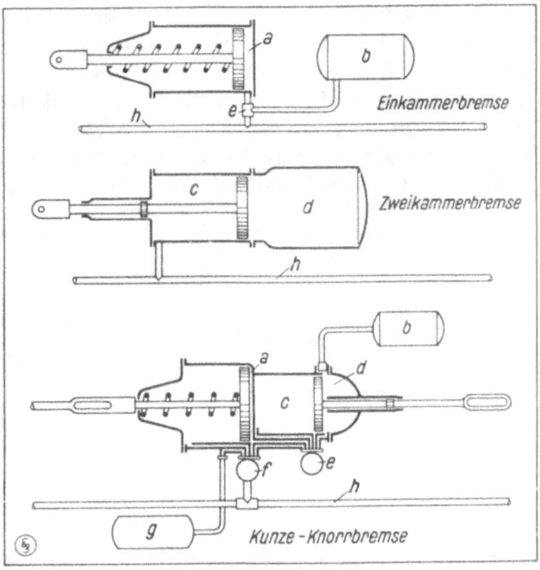

Bild 141. Schaltbilder der Druckluftarten.
a = Arbeitskammer der Einkammerbremse, b = Hilfsluftbehälter c = Vorderkammer der Zweikammerbremse, d = Arbeitskammer der Zweikammerbremse, e = Steuerventil, f = Beschleunigungsventil (Schnellbremsventil), g = Steuerluftbehälter, h = Hauptluftleitung.

verringert werden kann. Die Bremskraft kann nur immer völlig aufgehoben werden. Bei langen Zügen (Güterzügen) auf größeren Gefällen müssen die Bremsungen häufig wiederholt werden. Die Folge ist ein größerer Verbrauch an Druckluft, die durch die enge Füllnute im Steuerventil e nicht schnell genug ersetzt werden kann. Der Druck im Hilfsluftbehälter b nimmt daher bei häufigen Bremsungen ab. Es kann eine Erschöpfung der Bremskraft eintreten. Es ist auch nicht möglich, lange, schwere Güterzüge ohne erhebliche Zerrungen und Stöße zu bremsen, weil die Bremskraft nicht bei allen Wagen im Zuge gleichzeitig einsetzt, sondern am Zuganfang früher als am Ende. Die Folge ist, daß die letzten Wagen mit großer Gewalt auf die vorderen auflaufen. Die ungarischen Staatsbahnen halfen sich dadurch, daß sie eine zweite durchgehende Luftleitung anwandten.

Die Zweikammerbremse von Carpenter ließ eine Steigerung und Abschwächung der Bremskraft zwar beliebig zu, sie wirkte aber zu langsam und hatte einen größeren Luftverbrauch als die Westinghouse-Bremse.

Das führte bei den deutschen Staatsbahnen schließlich zur Wahl der Verbundbremse. Die Kunze-Knorr-Verbundbremse ist im wesentlichen eine Einkammerbremse in Verbindung mit einem Zweikammerbremszylinder, der als Hilfsluftbehälter und Steuerorgan dient; sie ist beliebig abstufbar und unerschöpfbar.

Die Wirkungsweise der Kunze-Knorr-Personenzugbremse nach der neuesten Bauart ist im folgenden wiedergegeben (Wiedemann, Glasers Annalen Bd. 96 H. 10). In dem Bild 142 ist die Bremse in gelöster

Stellung wiedergegeben. Der Einkammer- und Zweikammerbremszylinder sind zu einem Gußstück vereinigt. Der größere Bremszylinder ist der Einkammerzylinder. Er enthält die Arbeitskammer a. Der kleinere, der Zweikammerzylinder enthält die Vorderkammer c und die Arbeitskammer d, deren Inhalt durch den Hilfsluftbehälter b ergänzt wird. Der Kolben des Einkammerzylinders drückt auf den Ausgleichhebel 1. Die Kolbenstange des Zweikammerzylinders endet in einer Schleife. Sobald sie sich an den Bolzen des Ausgleichshebels 2 anlegt, wirkt der Zweikammerbremskolben auf das Bremsgestänge ziehend. Das Steuerventil e und das Schnellbremsventil f vermitteln das Bremsen und Lösen. In der Lösestellung ist der a-Raum mit der freien Luft verbunden. Der Einkammerkolben wird durch Federkraft in die rechte Endlage gedrückt. Der Raum c ist mit der Hauptleitung verbunden und steht daher unter dem Betriebsdruck von 5 at. Auch der d-Raum wird bei gelöster Bremse mit Druckluft von 5 at. gefüllt, da er in dieser Stellung mit c über die Bohrung x in der Zylinderwand verbunden ist.

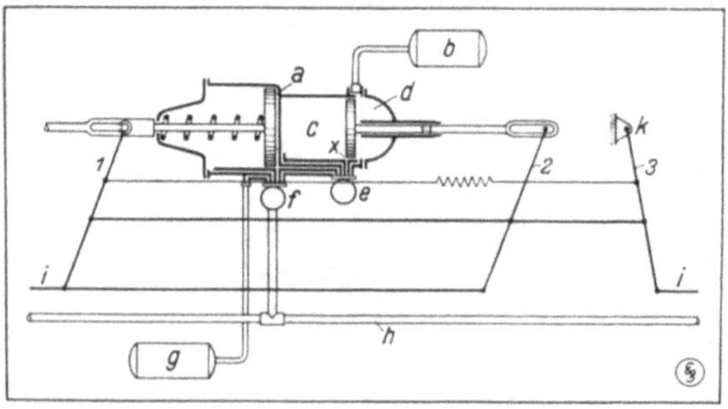

Bild 142. Anordnung der Kunze-Knorr-Personenzugbremse (Lösestellung).

a — h s. Bild 141, i = Bremsgestänge, k = Festpunkt.

Bei einer Betriebsbremsung wird in der Hauptleitung h eine geringe Druckverminderung herbeigeführt. Der Kolben des Steuerventils, auf dessen einer Seite der Leitungsdruck, auf dessen anderer Seite der Druck der Kammer d steht, wird in die Bremsstellung bewegt. Es tritt dann Druckluft aus dem c-Raum des Zweikammerzylinders in den a-Raum des Einkammerzylinders, der Einkammerkolben geht in die Bremsstellung nach links (Bild 143). Durch Abströmen der Luft aus dem c-Raum verringert sich der Druck in diesem. Der d-Raum erlangt Überdruck und der Zweikammerkolben springt an. d- und c-Raum erfüllen also beim Bremsen die Aufgabe des Hilfsluftbehälters der Einkammerbremse. Je mehr Luft aus der Hauptleitung durch das Führerventil herausgelassen wird, desto mehr Luft tritt aus dem Raum c nach a über und die Bremswirkung wird verstärkt. In c sinkt der Druck dabei weiter, der Zweikammerkolben rückt nach links weiter vor. Der d-Raum wird dadurch vergrößert.

Die Luft in d und b dehnt sich aus. Wird der Luftaustritt aus dem Führerventil unterbrochen (stufenweises Bremsen), so dauert der Luftübertritt von c nach a und die Druckabnahme in d so lange an, bis der Druck in d kleiner geworden ist als in der Hauptleitung. In diesem Augenblick unterbricht das Steuerventil den Luftübertritt von c nach a. Die Bremskolben nehmen die in Bild 143 dargestellte Stellung ein. Bei einer weiteren Bremsstufe wird der Druck in a erhöht. Der a-Kolben kann sich aber nicht weiter nach links bewegen, da er fest am Bremsgestänge anliegt. Der d-Kolben rückt hingegen um ein weiteres Stück nach links.

Die Bremswirkung kann also stufenweise erfolgen.

Nach einer Schnellbremsung ist die Lage der Kolben ungefähr die gleiche. Durch Vermittlung des Beschleunigungsventils f wird Leitungsluft in den a-Raum eingelassen. Der Ausgleichsdruck zwischen c und a ist dadurch etwas höher. Der Zweikammerkolben erzeugt im allgemeinen keine Bremskraft, sondern dient nur als Steuerorgan. Er gestattet neben dem stufenweisen Bremsen auch das stufenweise Lösen durch Anordnung eines auf der Zweikammerkolbenstange angebrachten kleinen Gegenkolbens.

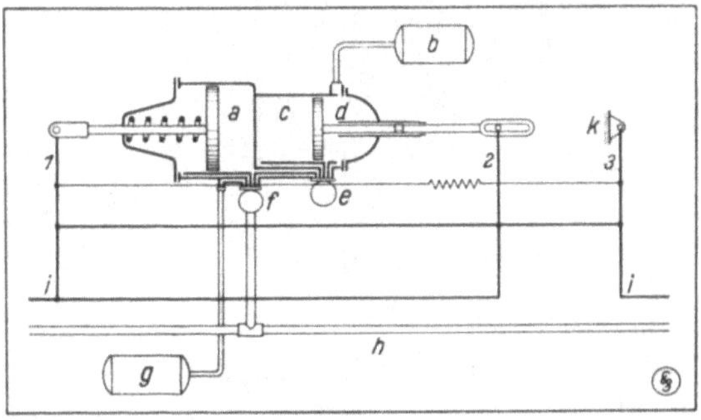

Bild 143. Anordnung der Kunze-Knorr-Personenzugbremse (Stellung nach einer Bremsstufe). Zeichenerklärung s. Bild 141 u. 142.

Soll die Bremse gelöst werden, so wird der Leitungsdruck über den d-Druck erhöht, der Steuerventilkolben wird in die Lösestellung getrieben. Dadurch wird der Raum c mit der Leitung und a mit der freien Luft verbunden. Der Zweikammerkolben rückt nach rechts und erhöht den Druck in d. Der d-Druck ist hierbei infolge der Wirkung des Gegenkolbens immer etwas größer als der c-Druck. Wird keine Luft weiter der Leitung zugeführt, so geht zunächst das Lösen noch weiter, dadurch daß sich die Drücke in der Leitung und im c-Raum auszugleichen suchen. Schließlich wird aber der d-Druck etwas größer als der Leitungsdruck. Der Druckunterschied genügt, um den Steuerventilkolben nach der Bremsstellung zu zu bewegen. Der Lösevorgang wird dadurch unterbrochen.

Der Zweikammerzylinder dient noch folgender Aufgabe: Wird bei schnell wiederholtem Bremsen und Lösen der Ausgleichdruck zwischen c und a und damit die Bremswirkung vermindert, so bewegt sich der Zweikammerkolben soweit nach links, daß seine Schleife an dem Bolzen des Ausgleichshebels zum Anliegen kommt. Der Zweikammerkolben übt dann ebenfalls eine Bremskraft aus und ergänzt den Einkammerkolben. Die Bremse ist daher nie ganz erschöpfbar.

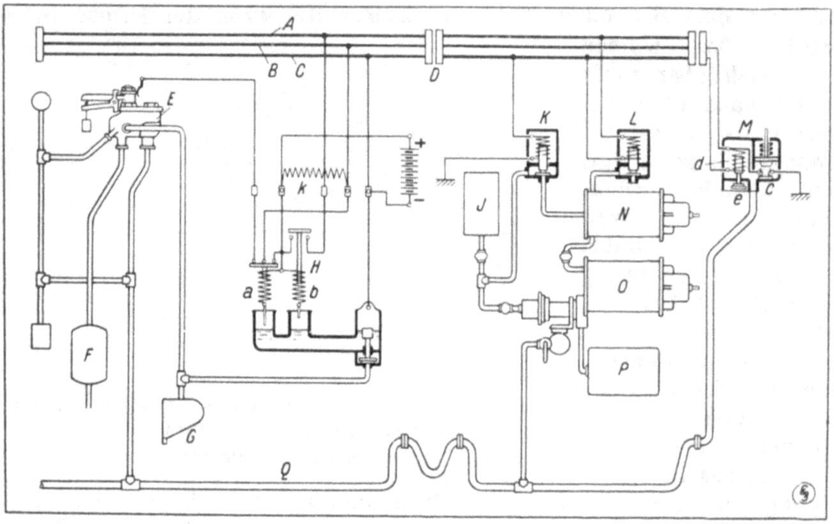

Bild 144. Schaltbild der Siemensbremse.

A = Löseleitung, B = Kontrolleitung, C = Bremsstromleitung, D = Kupplung, E = Führerbremsventil, F = Hauptluftbehälter, G = Sandstreuer, H = Bremsdruckregler, J = Zusatzluftbehälter, K = Bremsventil, L = Löseventil, M = Schlußventil, N = Zusatzbremszylinder, O = Hauptbremszylinder, P = Hilfsluftbehälter, Q = Hauptluftleitung.

Ein Bremssystem, das hohen Anforderungen in denkbar weitgehendem Maße gerecht wird, ist die sogenannte Siemensbremse. Dieses System gestattet die die Bremsung eines Zuges regelnden Ventile gleichzeitig elektrisch zu betätigen und die Bremsverzögerung während der Dauer einer Bremsung, unabhängig von der Größe des mit abnehmender Fahrgeschwindigkeit zunehmenden Reibungskoeffizienten zwischen Rad und Bremsklotz, gleich hoch zu halten.

Die Bremsanordnung ist in Bild 144 dargestellt unter der Voraussetzung, daß zur pneumatischen Steuerung die bekannten Apparate von Westinghouse verwendet werden. Es lassen sich jedoch auch die Apparate der anderen Bremssysteme verwenden.

Bild 144 zeigt die Stellung der Apparate während der freien Fahrt. Soll eine Betriebsbremsung vorgenommen werden, so bringt der Führer den Bremshebel in die Abschlußstellung und legt darauf durch Anheben des mit dem Bremshebel verbundenen Schalthebels die Bremsstromleitung an Erde. Der Strom der Akkumulatorenbatterie findet dann folgenden Weg: Pluspol der Batterie, Schalter a des Bremsdruckreglers, Führerbremsschalter, Erde, Bremsventile, Bremsstromleitung, Minuspol der Batterie.

Die Bremsventile werden geöffnet und lassen Druckluft aus der Hauptluftleitung und den Zusatzluftbehältern in die Zusatzbremszylinder überströmen. Gleichzeitig werden die Funktionsventile durch die Druckminderung in der Hauptleitung umgesteuert und die Hauptbremszylinder aus den Hilfsluftbehältern gespeist. Je nach der Dauer des Stromschlusses werden die Bremszylinder mehr oder weniger stark aufgefüllt und durch wiederholten Stromschluß kann die Bremskraft stufenweise gesteigert werden.

Die Bremsverzögerung wird durch einen auf der Lokomotive befindlichen Bremsdruckregler überwacht. Als steuerndes Mittel wird eine Quecksilbermasse benutzt, die in einem in der Längsrichtung der Lokomotive liegenden wagerechten Rohre steht, das in Steigrohre ausmündet. Wird die Bremskraft soweit erhöht, daß die Verzögerung den Wert erreicht, auf den der Bremsdruckregler eingestellt ist, so wird durch das in den vorderen Steigrohren ansteigende Quecksilber zuerst ein Strom eingeschaltet, der den Elektromagneten des Schalters a erregt. Letzterer wird geöffnet und unterbricht den Bremsstrom, so daß ein weiteres Auffüllen der Bremszylinder nicht mehr möglich ist, selbst wenn der Führerbremsschalter geschlossen bleibt und der Bremsdruck noch nicht seinen Höchstwert erreicht hat. Nachdem der Schalter a geöffnet ist, findet die Speisung der Wicklung d des Schlußventils über den Widerstand k statt, der so groß bemessen ist, daß der ihn durchfließende Strom wohl imstande ist, den Auslaß e der Hauptluftleitung geschlossen zu halten, nicht aber genügt, die Bremsventile geöffnet zu halten.

Nimmt die Verzögerung des fahrenden Zuges mit der abnehmenden Fahrgeschwindigkeit infolge des größer werdenden Reibungskoeffizienten zwischen Rad und Bremsklotz weiter zu, so schaltet das in den vorderen Steigrohren des Bremsdruckreglers ansteigende Quecksilber einen Strom ein, der den Elektromagneten des Schalters b erregt. Letzterer wird geschlossen, es fließt ein Strom vom Pluspol der Batterie durch Schalter b und die Löseleitung zu den Löseventilen und durch die Bremsstromleitung zurück zum Minuspol der Batterie. Die Löseventile werden geöffnet und lassen Druckluft aus den Zusatzbremszylindern ins Freie entweichen, die Verzögerung des Zuges nimmt sofort ab und das in den vorderen Steigrohren sinkende Quecksilber unterbricht den die Elektromagnete des Schalters b erregenden Strom. Der Schalter b wird durch Federkraft geöffnet und unterbricht den Lösestrom, worauf die Löseventile sich schließen und die weitere Entlüftung der Zusatzbremszylinder hindern.

Nimmt die Verzögerung wieder zu, so wiederholt sich das Spiel, bis alle Druckluft aus den Zusatzbremszylindern entwichen ist.

Der Hauptbremszylinder kann nur auf die bisherige Weise durch Auffüllen der Hauptluftleitung und durch die hiermit verbundene Umsteuerung der Funktionsventile entlüftet werden. Sinkt der Druck in der Hauptluftleitung unter ein bestimmtes Maß, so wird der elektrische Schalter c im Schlußventil geschlossen. Die Bremsventile werden geöffnet und die Bremszylinder geladen.

Die Preußische Eisenbahnverwaltung hat mehrere Dampfzüge mit dieser Bremse ausgestattet und Versuche angestellt, die ausgezeichnete Ergebnisse hatten.

2. Elektrischer Teil.

a) Wechselstrom-Ausrüstung.

Stromverlauf.

Bild 145 zeigt in einfachster Form den Stromverlauf in einer Wechselstromausrüstung. Dem Fahrdraht wird der hochgespannte Strom von 15 000—16 000 V und 16⅔ Perioden durch 2 Scherenstromabnehmer entnommen und über eine Drosselspule, die den Zweck hat, statische Entladungen abzuhalten, ferner über einen Hauptölschalter zur Hochspannungswicklung des Transformators geleitet und über den Rahmen, die Räder und die Schienen an Erde abgeführt. Da der Hochspannungskreis möglichst einfach gehalten werden soll, vermeidet man es, weitere Apparate einzufügen.

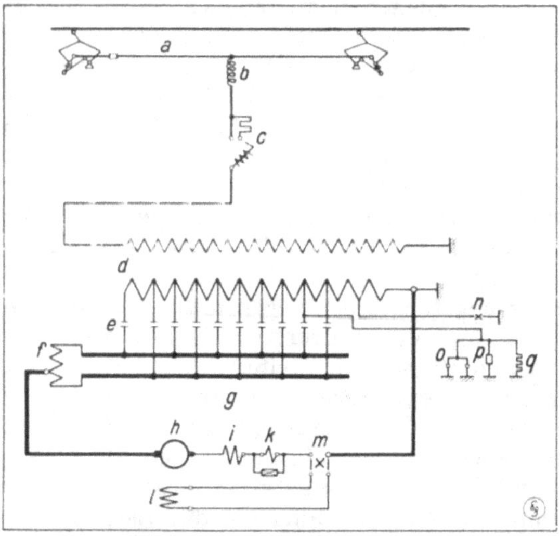

Bild 145. Stromverlauf (Wechselstrom).
a = Stromabnehmer, b = Hochspannungsdrosselspule, c = Hochspannungsölschalter, d = Transformator, e = Steuerschalter, f = Schaltdrosselspule, g = Hauptmotor, h = Läufer, i = Kompensationswicklung, k = Wendepolwicklung, l = Erregerwicklung, m = Fahrtwender, n = Beleuchtung, o = Hilfsmotoren, p = Steuerung, q = Heizung.

Der Niederspannungskreis beginnt mit der Niederspannungswicklung des Haupttransformators, die eine Reihe von Anzapfungen erhält, denen verschiedene Spannungen entnommen werden können. Die Geschwindigkeit des Fahrzeugs wird meistens in der Weise geregelt, daß die Motoren an die einzelnen Spannungen, von der niedrigsten anfangend und stufenweise fortschreitend, gelegt werden. Die Betätigung der Zwischenapparate, die diese Regelung besorgen, — die Steuerung des Fahrzeugs — muß so beschaffen sein, daß bei dem Fortschalten keine Leistungsunterbrechung eintritt.

Die Hauptmotoren sind fast ausschließlich Reihenschlußmotoren. Der Strom durchfließt die Ankerwicklung, die drei Ständerwicklungen, nämlich die Erregerwicklung, die Kompensationswicklung, die dem Ausgleich der Ankerrückwirkung dient, und die Wendepolwicklung zur Aufhebung der in den kurzgeschlossenen Ankerleitern auftretenden Transformatorspannungen und gelangt dann durch die Schienen zur Erde.

Die Niederspannungswicklung des Transformators speist ferner die Hilfskreise: Steuerstrom, Hilfsmotoren, Heizung, Beleuchtung.

Motoren.

Die tiefgelagerten Motoren werden als geschlossene Motoren gebaut, meistens mit Lagerschilden, die die Läuferlager tragen (Bild 146). Der Ständerring ist einteilig ausgebildet. Große hochgelagerte Motoren mit Stangenantrieb werden offen ausgeführt (Bild 147). Der Läufer ruht auf Lagerböcken, die mit dem Rahmen verbunden sind. Der Ständer lagert auf Querträgern des Rahmens derart, daß eine geringe Verstellbarkeit zur gleichmäßigen Einstellung des Luftspalts zwischen Ständer und Läufer möglich ist.

Der Motor kann auch so gebaut werden, daß das Ständergehäuse den lichten Raum zwischen den Längswänden des Rahmens genau ausfüllt und mit ihnen fest verbunden wird. Diese Ausführung hat den Vorteil, daß das Ständergehäuse den Rahmen versteift (Bild 148).

Die Motoren erhalten entweder Eigenlüftung oder, namentlich bei größeren Leistungen, Fremdlüftung. Liegen die Motoren unter

Bild 146. Einphasenmotor WBM 430 für 168 kW Stundenleistung.

Bild 147. Hochgelagerter Motor für Stangenantrieb (Riksgränsbahn)

Bild 148. Einphasen-Doppelmotor, 720 kW Dauerleistung. Das Motorgehäuse dient zur Rahmenversteifung.

dem Fußboden des Kastens, so muß Vorsorge getroffen werden, daß die Kühlluft nicht durch Schmutz, Schnee oder Bremsstaub verunreinigt werden kann. Es werden z. B. an den Eintrittsöffnungen Luftfilter angebracht, die aber nicht immer zuverlässig arbeiten. Sicherer ist es, die Luft dem Kasten zu entnehmen. Es werden zu diesem Zweck die Lufteintrittsöffnungen des Motors mit dem Kastenboden durch Faltenbalge verbunden (Bild 149 zeigt eine Faltenbalgverbindung). Sind die hochliegenden Stangenmotoren offener Bauart zu lüften, so müssen im Kasten Wände eingebaut werden, die den beabsichtigten Luftweg gewährleisten.

Die Lüftung mehrerer Motoren durch einen Lüfter derart, daß jeder Motor mit Sicherheit die gleiche Menge Luft erhält, bietet Schwierigkeiten. Es muß z. B. ein größerer luftdichter Raum geschaffen werden, der durch die Luftpumpe unter Druck gehalten wird, und dem die Motoren ihre Kühlluft entnehmen. Häufiger wird für jeden Motor ein Lüfter vorgesehen, von denen auch je zwei oder mehrere durch einen Hilfsmotor angetrieben werden können (Bild 150).

Der Luftweg im Motor ist in der Regel folgender:

Die Luft tritt auf der dem Kollektor entgegengesetzten

Bild 149. Eingebauter Tatzenlager-Motor mit Lüfteraggregat für Triebwagen (Schlesien).

Seite in den Motor, strömt teils am Rücken des Ständereisens vorbei, teils durch das Innere des Ankereisens und gelangt über den Kollektor hinweg mit dem von den Bürsten entwickelten Kohlenstaub auf kürzestem Wege zu der Austrittsöffnung aus dem Gehäuse und wird von hier durch Kanäle ins Freie geführt. Zur Vergrößerung der Abkühlungsfläche werden im Läufer- und Ständereisen in axialer Richtung verlaufende Luftkanäle angeordnet. Der Lüfter wird entweder so angeordnet, daß er sich im Luftwege vor dem Motor befindet, also die Luft einpreßt, oder hinter dem Motor und die Luft absaugt. Beide Ausführungen sind üblich. Bei Sauglüftung ist besonders darauf zu achten, daß nicht aus den Läuferlagern Öl in das Motoreninnere gelangt.

Bild 150. Doppelmotor mit Lüftern und gemeinsamem Antriebsmotor.

Die Leistung des Motors wird im wesentlichen durch die zugelassene Temperatur bestimmt. Bei Überschreitung einer bestimmten Höchsttemperatur besteht die Gefahr einer Beschädigung des Isoliermaterials. Die zulässige Erwärmung wird im allgemeinen nach den vom Verband Deutscher Elektrotechniker herausgegebenen Regeln für die Bewertung und Prüfung von elektrischen Bahnmotoren (REB. 1925) bestimmt. Die Deutsche Reichsbahn zieht die Erwärmungsgrenzen noch etwas enger, wie aus der folgenden Gegenüberstellung hervorgeht.

Vergleich der bei der Prüfung im Prüffeld zulässigen Erwärmungen nach den Vorschriften des V. D. E. und der Reichsbahn.

Maschinenteile	V. D. E.		Reichsbahn	
	nach Thermometer °C	aus Widerstandszunahme °C	nach Thermometer °C	aus Widerstandszunahme °C
Ankerwicklung (Glimmer bzw. Asbestpräparate) .	90	100	80	80
Ständerwicklung (Baumwollisolation getränkt)	70	80	60	60
Kollektor	80	—	75	—

Das Schaubild der Leistung einer elektrischen Lokomotive wird durch das Verhalten des Fahrmotors bestimmt. Im Vollbahnbetriebe ist es meistens erwünscht, daß sich die Leistung der elektrischen Lokomotive der der Dampflokomotive, die auf den Anschlußstrecken verkehrt, anpaßt. Die Dauerleistung der Dampflokomotive ist im wesentlichen durch die Kesselleistung begrenzt und in einem großen Teil des Geschwindigkeitsbereichs nahezu konstant. Eine Überlastung ist nur in geringem Maße möglich. Die elektrische Lokomotive hat dagegen bis zu verhältnismäßig hohen Geschwindigkeiten eine konstante Dauerzugkraft, die nur durch Schwierigkeiten in der Stromwendung unter den Bürsten des Motors bei hohen Umdrehungszahlen begrenzt wird. Eine zeitweise erhebliche Überlastung der Motoren ist ohne weiteres zulässig. Gegenüber der zum Vergleich gestellten gleichwertigen Dampflokomotive wird die elektrische Lokomotive daher im unteren Geschwindigkeitsbereich unter Ausnutzung der Überlastbarkeit der Motoren eine kleinere

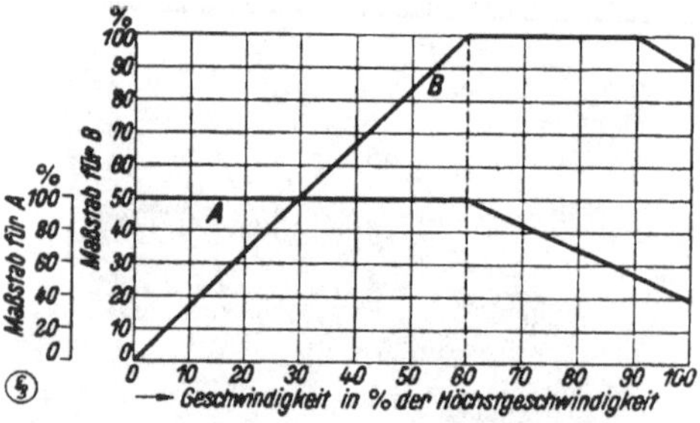

Bild 151. Leistungschaubild einer elektrischen Lokomotive.
A = Dauerzugkraft in % der höchsten Dauerzugkraft,
B = Dauerleistung in % der höchsten Dauerleistung.

Dauerzugkraft haben, bei den mittleren und höheren Geschwindigkeiten dagegen eine größere.

Die Deutsche Reichsbahn schreibt für Lieferungen elektrischer Lokomotiven ein Leistungschaubild (Bild 151) (Dauerleistung über Geschwindigkeit) vor, das folgenden Bedingungen entspricht: Von der Geschwindigkeit 0 bis 60 % der Höchstgeschwindigkeit soll die Dauerleistung der Motoren gradlinig ansteigen. Bis zu etwa 90 % der Höchstgeschwindigkeit bleibt dann die Dauerleistung konstant und fällt dann bis zu 100 % der Höchstgeschwindigkeit bei konstanter Spannung am Transformator nach der Reihenschlußcharakteristik ab. Die Anfahrleistung, die während 5 Minuten ausgeübt werden kann, muß bei Geschwindigkeiten von 0 bis 25 % der Höchstgeschwindigkeit 80 % größer als die Dauerleistung bei gleicher Geschwindigkeit sein.

Transformator.

Sowohl die Kerntype als auch die Manteltype ist gebräuchlich, s. Band 1, S. 127. Um beim Auftreten von Überspannungen Durchschlägen vorzubeugen, werden die Eingangspulen der Hochspannungswicklung besonders stark isoliert. In der Regel wird der Transformator mit Ölkühlung gebaut, seltener mit Luftkühlung.

Die Kühlung der Öltransformatoren erfolgt auf verschiedene Weise, z. B. wird das Öl aus dem Transformatorkessel mittels einer kleinen Pumpe durch Kühlschlangen gepreßt, die außen um den Kasten

Bild 152. Lokomotiv-Öl-Transformator mit Ölumlaufkühlung.

Bild 153. Lokomotiv-Öl-Transformator. Eisenkern mit Wicklung.

Bild 154. Motor mit Ölpumpe (Vorderseite).

Bild 155. Motor mit Ölpumpe (Rückseite).

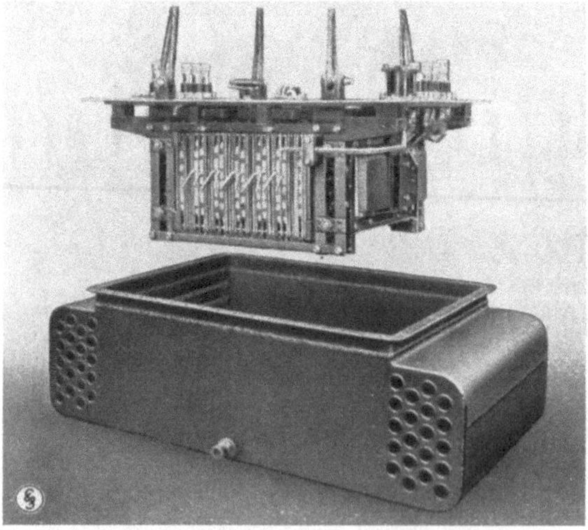

Bild 156. Triebwagen, Öltransformator für natürliche Kühlung.

der Lokomotive herumgeführt und so dem Luftzug ausgesetzt sind, oder es werden die Kühlschlangen im Innern des Fahrzeugs angeordnet und durch einen Ventilator angeblasen. Einfacher und trotzdem recht wirksam ist folgende Anordnung. In die Wände des Transformatorkessels sind Kühlrohre eingeschweißt, die oben und unten in den Ölraum münden (Bild 152). Eine Ölpumpe sorgt für Zirkulation des Öls im Kessel und in den Kühlrohren (Bild 154 u. 155).

Ist stärkere Kühlung nötig, so wird der Transformator in einen Schacht gestellt, durch den mittels eines Lüfters die Luft gesaugt oder gepreßt wird. In Triebwagen wird der Transformator meistens am Rahmen zwischen den Drehgestellen aufgehängt (Bild 156), für die Kühlung genügt hier der natürliche Luftzug.

Bei einem Kurzschluß in den Wicklungen besteht die Möglichkeit, daß durch Ölvergasung ein starker Innendruck im Kessel entsteht. Der Kessel wird dementsprechend bemessen. Zur Entlastung ist außerdem in dem Deckel eine Sicherheitsöffnung angebracht, die z. B. durch ein dünnes, bei Auftreten des Innendrucks nachgebendes Blech geschlossen ist.

Der Deckel trägt die mit Porzellan-Isolierkörpern versehenen Anschlußklemmen. Für die Niederspannungswicklung sind außer Porzellan auch Isolierkörper aus Bakelit in Gebrauch.

Steuerung.

Bei der stufenweisen Regelung des Anfahrvorgangs wird der Motor nach und nach an verschiedene Spannungen gelegt. Wird die Anfahrzugkraft voll ausgenutzt, so erreicht bei Schaltung einer neuen Stufe die Zugkraft ihren Höchstwert, der durch den Motor bestimmt ist. Mit der Zunahme der Geschwindigkeit sinkt die Zugkraft bis die nächste Schaltung erfolgt und die Zugkraft wieder auf den Höchstwert steigt und so fort (Bild 157). Demnach schwankt die Zugkraft während der Anfahrt zwischen zwei Grenzen, deren Unterschied von der Zahl der Schaltstufen abhängt. Für die Beschleunigung des Fahrzeugs ist nur das Mittel aus den beiden Grenzwerten maßgebend. Je größer also die Zahl der Stufen ist, desto mehr nähert sich dieses Mittel dem oberen Grenzwert der Anfahrzugkraft und die Beschleunigung wird dementsprechend größer.

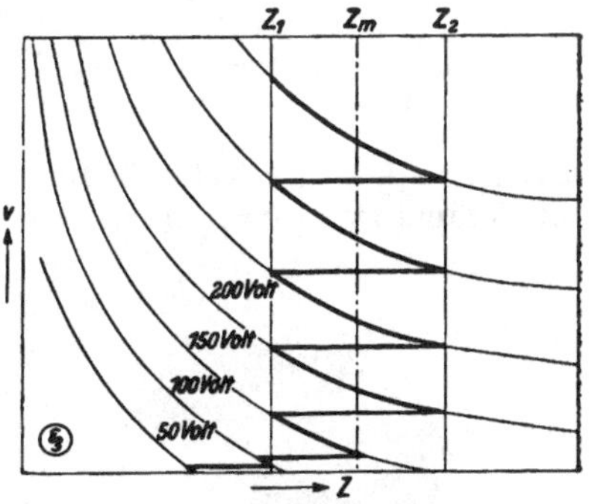

Bild 157. Anfahrzugkraft.
Z = Zugkraft, v = Geschwindigkeit,
Z_m = mittlere Anfahrzugkraft.

Die große Stufenzahl hat außerdem den Vorteil des sanften Anfahrens, das besonders im Verschiebedienst gewünscht wird. Auch zur Schonung des Triebwerks müssen die Zugkraftsprünge klein gehalten werden.

Aus diesen Überlegungen heraus wurden bei Einführung des elektrischen Vollbahnbetriebes Steuerungen entwickelt, die ein völlig stufenloses Regeln gestatten.

Es sind dies die Steuerung mit Verschiebung der Bürsten des Hauptmotors und die Potentialregler- oder Drehtransformatorsteuerung. Bei der ersteren erhält der Motor, der ein Repulsionsmotor ist, stets gleichbleibende Spannung (Bild 158). Die Bürsten sind jeweilig zu Paaren angeordnet. Die eine Bürste steht fest, die andere kann auf dem Umfang des Kollektors verschoben werden. Je eine Bürste ist mit der nächsten des benachbarten Paares verbunden. Die Verstellung

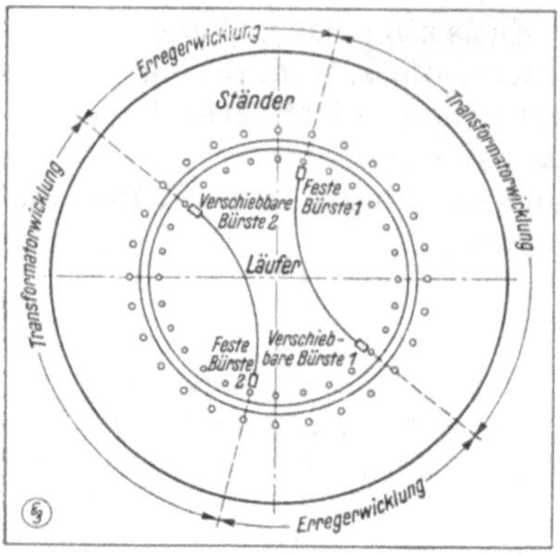

Bild 158. Repulsionsmotor mit Bürstenverschiebung.

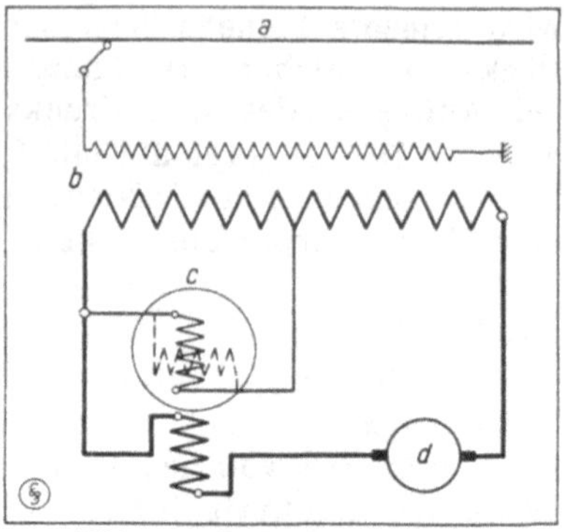

Bild 159. Drehtransformator (grundsätzliches Schaltbild). a = Fahrleitung, b = Transformator, c = Drehtransformator, d = Motor.

der beweglichen Bürsten bedingt eine Veränderung in der Verteilung des als Transformatorwicklung wirkenden Teils der Ständerwicklung, entsprechend dem Winkel zwischen den kurzgeschlossenen Bürsten, dem übrigen Ständerteil (der Erregerwicklung) und den wirksamen Ankerstäben, die zwischen den festen und den dazugehörigen beweglichen Bürsten eingeschlossen sind, und damit auch eine Veränderung des nutzbaren Drehmoments zwischen dem Ankerstrom und dem Erregerfeld.

Bild 160. Drehtransformator, Ansicht. a = Transformator, b = Hauptanschluß, c = Handkurbel zum Antrieb des Drehtransformators, d = Ventilator, e = Bremse, f = Schalter zur Reglung des Transformator-Antriebs.

Bei der Drehtransformatorsteuerung (Bild 159 u. 160) wird dem als Hauptstrommotor ausgebildeten Motor eine veränderliche Spannung zugeführt. Die Spannungsänderung bewirkt der Drehtransformator, der einen dem Induktionsmotor ähnlichen Aufbau hat. Die Ständer- und Läuferwicklung bilden zusammen einen Wechselstromtransformator. Fallen die Windungsachsen der beiden Wicklungen zusammen, so wird in der Sekundärspule die höchste Spannung induziert. Wird die Sekundärspule langsam gedreht, so nimmt die Zahl der Kraftlinien, die die Sekundärspule von der Primärspule aufnimmt, und damit auch die induzierte Spannung ab, bis sie 0 wird, wenn die beiden Wicklungsachsen aufeinander senkrecht stehen. Auf die Einzelheiten dieser beiden Steuerungsarten soll hier nicht eingegangen werden, weil sie im größeren Umfange nicht eingeführt sind. Der Motor mit Bürstenverschiebung hat den Nachteil, daß die Unterdrückung des Bürstenfeuers nur in der Nähe der synchronen Umdrehungszahl möglich ist, und die Drehtransformatorsteuerung bedingt andererseits schwere und teuere Einrichtungen.

Von den Steuerungen mit stufenweiser Schaltung sollen nachstehend drei in größerem Maße angewandte Arten erwähnt werden.

1. die Schützensteuerung,
2. die Windungschaltersteuerung,
3. die Steuerung mit Nockenwelle.

1. Schütze sind hauptstromführende Fernschalter, die mechanisch oder durch Steuerströme geschaltet werden. Die Steuerströme wirken entweder in der Weise, daß sie Elektromagnete erregen und durch die magnetische Kraft unmittelbar den Schaltvorgang herbeiführen, oder sie steuern elektromagnetische Druckluftventile. Die Druckluft bewirkt dann die Schaltung der Schütze selbst.

Die Steuerströme werden durch den Führerschalter gesteuert.

Da eine Leistungsunterbrechung beim Schalten von Stufe zu Stufe vermieden werden muß, so sind, wenn nicht geschaltet wird, wenigstens 2 Schütze gleichzeitig stromführend. Um aber einen Kurzschluß der zwischen den beiden Schützen liegenden Transformatorwicklung zu verhüten, wird eine Drosselspule vorgesehen, an die die Schütze nacheinander angeschlossen werden. Je nachdem zwei oder drei Schütze gleichzeitig eingelegt werden, erhält man eine zweifache oder dreifache Drosselspule. Der Motor erhält dann eine dem arithmetischen Mittel der angeschlossenen Transformatorspannungen entsprechende Spannung. Beim Weiterschalten muß von den beispielsweise zwei Schützen stets das erste ausgeschaltet sein, ehe das neu hinzukommende eingeschaltet wird, sonst würde ein Teil des Transformators kurzgeschlossen (Bild 161). Ebenso muß Vorsorge getroffen sein, daß

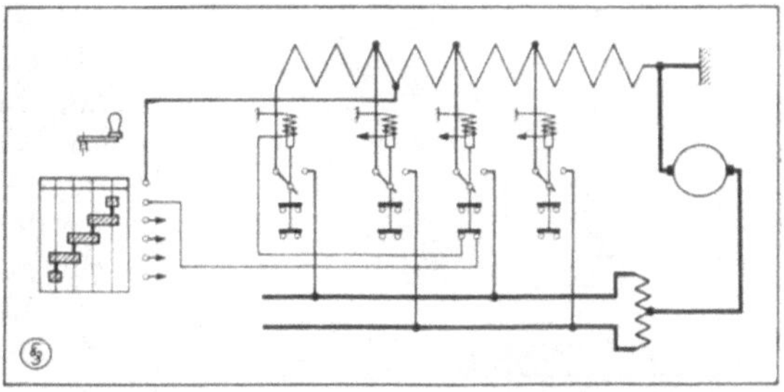

Bild 161. Schützensteuerung mit Verriegelung.

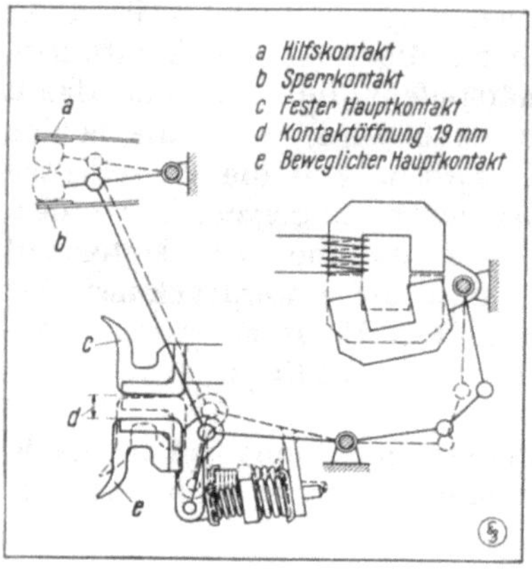

Bild 162. Magnetelektrisches Schütz.

niemals zwei Schütze gerader Nummer oder zwei ungerader Nummer, die sämtlich je an einer zur Drosselspule führenden Leitung liegen gleichzeitig eingelegt sind. Das unerwünschte Schalten „feindlicher Schütze“ wird durch Verriegelungskontakte verhindert, die zusammen mit den Hauptkontakten geschaltet werden.

In Bild 162 u. 163 sind zwei Bauarten von Schützen dargestellt: In dem ersten Falle erfolgt der Antrieb durch den Anker der Magneten unter Benutzung der Kniehebelwirkung. Die zweite Ausführung zeigt den Druckluftantrieb (Bild 163).

2. Die Windungschaltersteuerung verwendet im wesentlichen den bekannten Zellenschalter für Akkumulatorenbetrieb (Bild 164). Die Abzweigungen des Transformators sind an Hauptkontakte angeschlossen, die in einer Reihe liegen und von einem Bürstenpaar, der Haupt- und Nebenbürste, bestrichen werden. Die anderen Enden der Bürsten schleifen je auf einer Schiene. Der Abstand zwischen zwei Hauptkontakten ist größer als die Bürstenbreite. Die Bürsten werden durch eine Spindel angetrieben, auf der am Ende zwei um 180° gegeneinander versetzte Kurbeln sitzen. Die Kurbeln schalten abwechselnd zwei Funkenzieher ein und aus, derart, daß die Funkenzieher stets eher öffnen bzw. später schließen als die entsprechenden Hauptkontakte, die auf diese Weise gegen Verschmoren geschützt werden. Zwischen den von der Haupt- und Nebenbürste bestrichenen Schienen ist ein Widerstand angeordnet, der nötig ist, um beim Schalten einen Kurzschluß in einem Teil der Transformatorwicklung zu vermeiden.

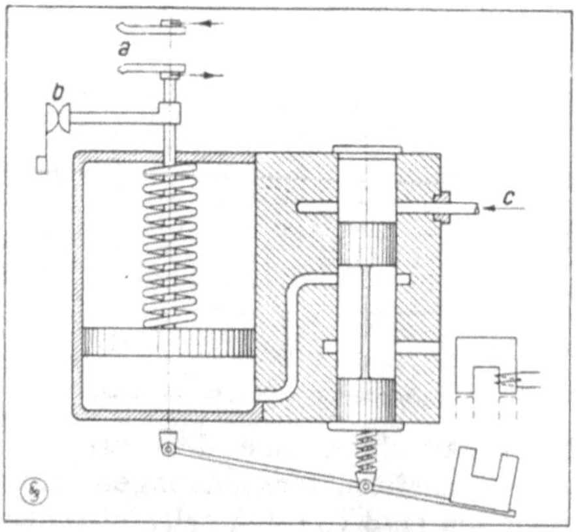

Bild 163. Druckluftschütz.
a = Hauptkontakt, b = Verriegelungskontakt, c = vom Luftbehälter.

Die die Bürsten bewegende Spindel wird von Hand betätigt. Im Führerstand befindet sich eine Kurbel, durch die über Wellen mit Kardangelenken und Kettenübertragung der Windungsschalter angetrieben wird. Jeder Kurbelumdrehung entspricht eine Vor- bzw. Rückwärtsbewegung des Bürstenpaares um eine Kontaktleitung. Es ist auch motorischer Antrieb ausgeführt. Die Schaltgeschwindigkeit darf nicht viel über eine Sekunde je Kurbelumdrehung gesteigert werden, da sonst die Gefahr besteht, daß der Lichtbogen am Funkenzieher noch nicht erloschen ist, bevor die Hauptbürste abgleitet oder gar den nächsten Hauptkontakt bereits berührt.

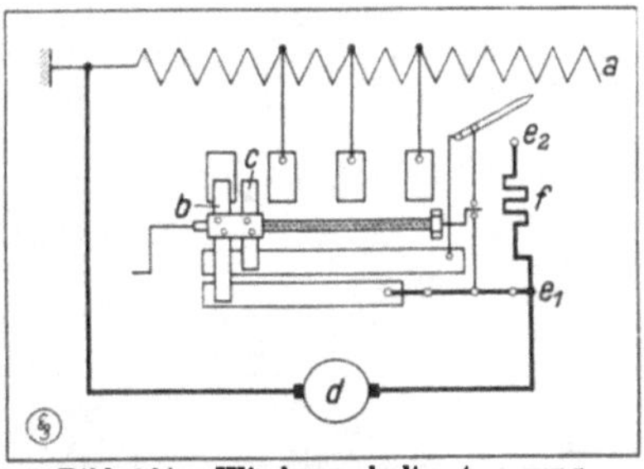

Bild 164. Windungschaltersteuerung.
a = Transformator-Niederspannungswicklung, b = Hauptbürste, c = Nebenbürste, d = Motor, e_1, e_2 = Funkenzieher 1 bzw. 2, f = Stufenwiderstand.

3. Die Steuerung mit Nockenwelle (Bild 165) benutzt einen Zusatztransformator, dessen Spannung den vom Haupttransformator abgezapften Grundspannungen unter Verwendung eines Feinreglers jeweilig gegen- oder zugeschaltet wird, derart, daß sich eine vom niedrigsten Wert an in kleinen Stufen steigende Spannung ergibt. Der Feinregler wird durch einen Autotransformator gebildet, dessen Wicklungsteile mit einer Art Kollektor verbunden sind, auf dem sich ein Bürstensatz bewegt. An die Bürsten ist die Primärwicklung des Zusatztransformators angeschlossen. Durch Drehen des Bürstensatzes wird in dieser Wicklung die zugeführte Spannung geändert bzw. die Stromrichtung gewechselt. Die Schalter werden durch Nockenscheiben mit zwei Rollen, eine für das Einschalten, die andere für das Ausschalten, mechanisch betätigt. Die Nockenscheiben sitzen sämtlich auf einer gemeinsamen Walze, die wieder von Hand angetrieben wird.

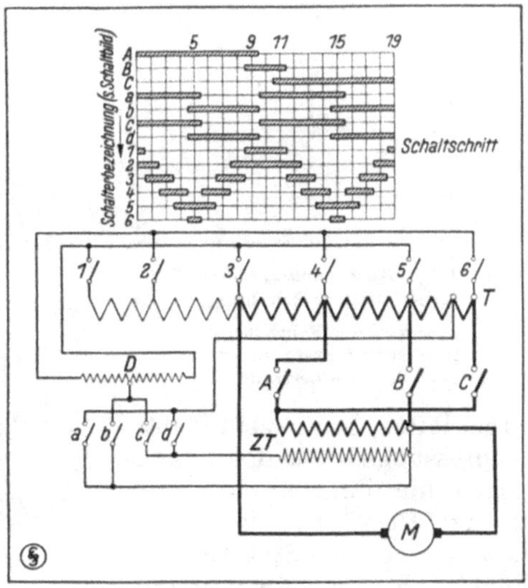

Bild 165. Nockensteuerung mit Zusatztransformator,
D = Drosselspule. M = Motor, T = Transformator, ZT = Zusatztransformator.

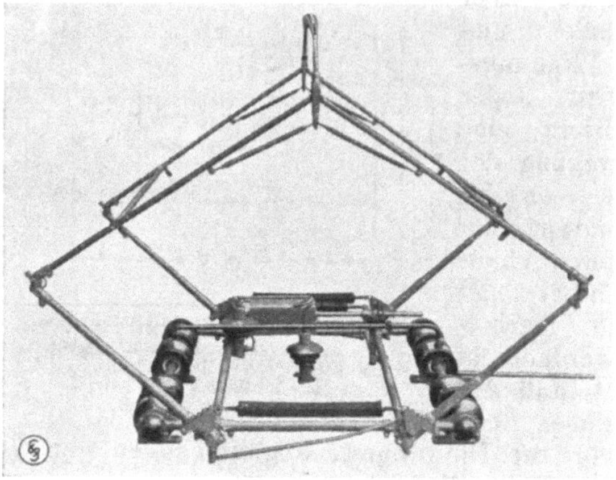

Bild 166. Einheitstromabnehmer der Deutschen Reichsbahn.

Nebenteile.

Der Entnahme des Stroms vom Fahrdraht dienen Scherenstromabnehmer Bild 166). Um zu vermeiden, daß beim Abklappen des Bügels von der Leitung eine Leitungsunterbrechung eintritt, werden für jedes Triebfahrzeug wenigstens zwei Schleifstücke bzw. zwei Stromabnehmer angeordnet. Das Aufrichten und Niederlegen geschieht durch

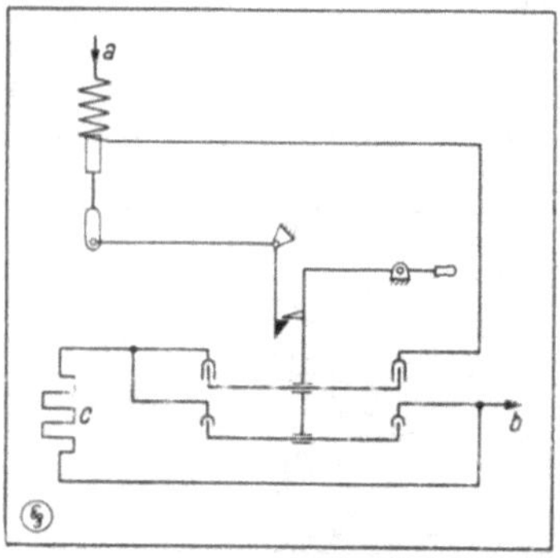

Bild 167. Hochspannungsölschalter (grundsätzliche Schaltung)

a = von der Fahrleitung
b = zum Transformator
c = Schutzwiderstand.

Bild 168. Hochspannungsölschalter. Ansicht.

Druckluft. Der senkrechte Anpressungsdruck des Bügels gegen die Fahrleitung wird in der Regel so eingestellt, daß er beim Steigen des Bügels 3 kg nicht unterschreitet und beim Senken 6 kg nicht überschreitet. Falls bei Beginn des Betriebes nicht genügend Druckluft vorhanden ist, bedient man sich einer Handluftpumpe zum Anlegen der Bügel. Der Stromabnehmer ist mit einem Trennschalter versehen, der beim Herablassen des Bügels selbsttätig die Hochspannungsleitung abschaltet.

Bild 169. Fahrtrichtungschalter.

Der Hochspannungschalter ist als Ölschalter ausgebildet (Bild 167 u. 168). Er hat neben den Hauptkontakten meistens Vorkontakte und einen zwischen Vor- und Hauptkontakten liegenden Schutzwiderstand zur Verringerung des Stromstoßes beim Einschalten der Hochspannungswicklung des Transformators und zur Verhütung von Überspannungen. Die Ausschaltung erfolgt selbsttätig durch mittelbare oder unmittelbare Einwirkung des Hochspannungsstroms bei Kurzschluß und starker Überlastung der Ausrüstung oder durch Druckknopf vom Führerstand aus. Das Einschalten geschieht von Hand oder durch Druckluft, aber derart, daß der Schalter vom Führer nicht festgehalten werden kann, wenn die selbsttätige Ausschaltvorrichtung anspricht (Freiauslösung).

Bild 170. Führerschalter mit Totmannskurbel.

Der Fahrtrichtungswechsel wird durch einen für Fernsteuerung eingerichteten Fahrtrichtungschalter (Bild 169) oder durch Fahrtrichtungschütze bewerkstelligt.

Bild 171. Luftpumpe.

Der Führerschalter (Bild 170) hat eine oder mehrere Umschaltwalzen für die Steuerung des Fahrtrichtungschalters und eine Hauptwalze für die Stufensteuerung. Beide Walzen sind mechanisch derart verriegelt, daß die Umschaltwalze nur in der Nullage der Fahrkurbel geschaltet werden kann und daß die Fahrkurbel nicht gedreht werden kann, wenn die Umschaltwalze auf Nullstellung steht. Die Fahrkurbel ist manchmal mit Notschalter ausgestattet, der selbsttätig den Steuerstrom unterbricht, wenn der Führer die Hand von der Kurbel nimmt (Totmannskurbel).

Bild 172. Selbsttätiger Pumpenschalter.

Es ist Vorsorge getroffen, daß bei Fortbleiben der Spannung im Netz der Strom abgeschaltet wird und bei Wiederauftreten der Spannung nur von Stellung Null aus wieder eingeschaltet werden kann.

Die Druckluft wird durch eine motorisch angetriebene Luftpumpe erzeugt (Bild 171). Überschreitet der Luftdruck nach oben oder unten die einstellbaren Grenzen, so wird der Pumpenmotor durch einen selbsttätigen Pumpenschalter (Bild 172) aus- bzw. eingeschaltet.

Beleuchtung und Heizung.

Der Strom für die Zugbeleuchtung wird häufig dem Haupttransformator entnommen. Bei 16⅔ Wechseln in der Sekunde würde die Helligkeit normaler Glühlampen von 110 bzw. 220 V stark schwanken. Man wählt deshalb eine niedrige Lampenspannung von beispielsweise 18 V. Die Lampen erhalten dann stärkere Glühfäden, die gegen die kurzen Schwankungen verhältnismäßig unempfindlich sind. Werden höhere Ansprüche an die Gleichmäßigkeit des Lichts gestellt, so verwendet man besondere Beleuchtungsdynamos, die von der Laufachse angetrieben werden, in Verbindung mit Batterien.

Werden je drei Lampen in einem Beleuchtungskörper untergebracht, so läßt sich gleichmäßiges Licht dadurch erreichen, daß die drei Lampen von den drei Phasen eines Drehstrommotors gespeist werden, der mittels Hilfsphase an das Einphasennetz angeschlossen ist. Die Lampen erhalten nacheinander ihr Helligkeitsmaximum, derart, daß die Gesamtwirkung der drei Lampen gleichmäßig ist.

Gegenüber der Beleuchtung des ganzen Zuges von nur einer Energiequelle aus hat die Einzelwagenbeleuchtung große Vorteile, vor allem den der Freizügigkeit. Am besten bewährt hat sich hierfür die Verwendung eines Stromerzeugers in Form einer von einer Wagenachse angetriebenen Dynamo in Verbindung mit einer Batterie. Die Dynamo hat die Aufgabe, innerhalb der normalen Geschwindigkeitsgrenzen und unabhängig von der Fahrtrichtung den Lichtstrom zu liefern und die Batterie aufzuladen, die während der Haltezeiten die Beleuchtung speist.

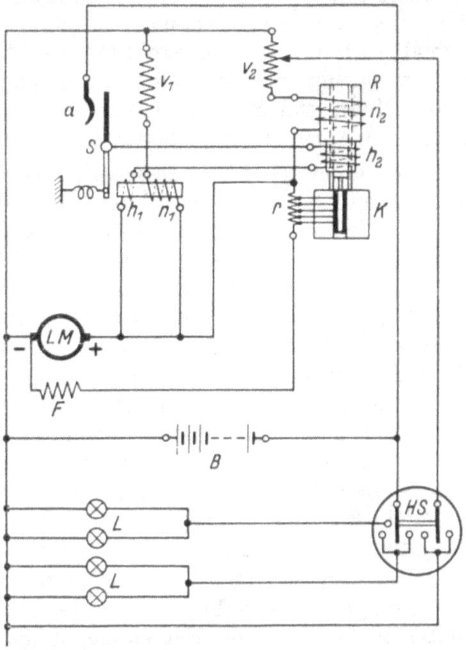

Bild 173. Elektrische Zugbeleuchtung, Bauart Dick. LM = Lichtmaschine, L = Lampengruppen. B = Batterie, F = Feld, R = Regler, HS = Hauptschalter, S = Selbstschalter, h_1, h_2 = Stromwicklung, n_1, n_2 = Spannungswicklung, V_1, V_2 = Vorschaltwiderstand.

Ein viel angewandtes System der Einzelwagenbeleuchtung ist das der Gesellschaft für elektrische Zugbeleuchtung, Bauart Dick (Bild 173). Die Lichtmaschine wird auch hier von einer Wagenachse mittels Riemen angetrieben. Sie liefert durch Bürstenumstellung bei jeder Fahrtrichtung Strom von gleicher Richtung. Die Maschine ist am Wagenkasten oder Drehgestell pendelartig aufgehängt und hält durch ihr Gewicht den Riemen gespannt.

Die Batterie besteht aus 12 Zellen mit positiven Großoberflächenplatten und negativen Gitterplatten. Sie ist gewöhnlich so bemessen, daß die Wagenbeleuchtung durch die Batterie allein 6 Stunden aufrechterhalten werden kann.

Bei stillstehendem Zug speist die Batterie die Lampen. Fährt der Zug an, so erregt sich die Lichtmaschine und erreicht mit zunehmender Geschwindigkeit die Spannung der Batterie. In diesem Augenblick schließt der Selbstschalter den Kontakt zwischen a und s, die Stromlieferung der Achsdynamo an das Netz beginnt. Steigt die Geschwindigkeit an, so übernimmt die Maschine allmählich die Lampenbelastung, um endlich auch einen Ladestrom in die Batterie zu schicken. Das Öffnen und Schließen des Selbstschalters erfolgt bei Spannungsgleichheit, also in stromlosem Zustand.

Bei einer gewissen Geschwindigkeit beginnt der Spannungsregler zu wirken. Er wird aus einem Solenoid mit den Wicklungen h_2 und n_2 und dem darunter befindlichen Kontaktgefäß K gebildet, das aus Kontaktblechen besteht, die voneinander isoliert sind. Die Ableitungszungen der Kontaktbleche werden durch die Stufen des Feldregelwiderstandes r verbunden. Der im Solenoid bewegliche Eisenkern trägt am unteren Ende einen Kolben aus Isoliermaterial. Ist die Bohrung des Kontaktgefäßes mit einer entsprechenden Menge Quecksilber gefüllt und nimmt der Eisenkern bei stromlosem Solenoid die tiefste Lage ein, so schließt das durch den Taucher verdrängte Quecksilber alle Widerstandstufen kurz. Wird bei steigender Spannung der Kern durch die Anziehungskraft des Solenoids gehoben, so fällt der Quecksilberspiegel. Es wird Widerstand vor die Feldwicklung der Maschine geschaltet und die Klemmenspannung sinkt.

Der Regler hält unter gemeinsamem Einfluß der Strom- und Spannungswicklung h_2 und n_2 die Leistungsabgabe der Maschine dem Betriebszustande des Netzes angepaßt. Die Nebenschlußwicklung n_2 wirkt im Sinne einer Spannungs-, die Stromwicklung h_2 im Sinne einer Strombegrenzung der Maschine.

Bei eingeschalteten Lampen wird die Maschine auf etwa 2,4 V je Zelle Grenzspannung geregelt.

In Anbetracht der langen Stehzeiten und der damit verbundenen Gefahr des Sulfatierens der Batterie hat sich eine zeitweilige Aufladung der Batterie mit einer erhöhten Grenzspannung von 2,5 V je Zelle als vorteilhaft erwiesen. Die Einstellung des Reglers auf diese erhöhte Spannung erfolgt durch Vergrößerung des Regelvorschaltwiderstandes V_2 bei geöffnetem Hauptschalter, also bei ausgeschalteten Lampen.

Bei der Zugheizung ist zu unterscheiden, ob die Zusammensetzung des Zuges wechselt (durchlaufende Wagen) oder stets dieselbe bleibt (Vorortbetrieb). Im ersteren Falle muß die vorhandene Einrichtung der Wagen für Dampfheizung benutzt werden. Der Dampf wird in Heizkesseln erzeugt, die mit Kohle, Öl oder elektrisch geheizt werden. Es empfiehlt sich nicht, den Heizkessel auf der elektrischen Lokomotive aufzustellen, um dort nicht kostbaren Raum und Gewicht in Anspruch zu nehmen. Bei Kohlenfeuerung leidet außerdem die Ausrüstung durch Verschmutzung. Die Unterbringung des Kessels im Packwagen oder in einem besonderen Heizwagen ist vorzuziehen. Elektrisch geheizte Kessel enthalten im Wasserraum in der Regel Eisenwiderstände, die mit Strom niedriger Spannung vom Haupttransformator gespeist werden. Zur Erzeugung von 1 kg Dampf in der Stunde von 5 at. Druck sind etwa 0,8 kWh erforderlich. Ein Nachteil der elektrischen Heizkessel sind die hohen Unterhaltungskosten.

Bild 174. Elektrischer Heizkörper.

Bei gleichbleibender Zugzusammensetzung werden die einzelnen Wagen durch elektrische Heizkörper geheizt, die unter den Sitzbänken angebracht sind (Bild 174). Der Strom wird dem Haupttransformator entnommen. Niedrige Spannung (etwa 300 V) erfordert starke Leitungen, die durch den ganzen Zug geführt werden müssen. Auch werden unter Umständen die Stromstärken für eine Heizkupplung zu groß und es müssen deren zwei parallel geschaltet werden. Höhere Spannungen bedingen im Haupttransformator eine besondere Heizwicklung, wenn die für die Antriebsmotoren benötigte Spannung kleiner als die Heizspannung ist. Die Deutsche Reichsbahn wendet als Heizspannung 1000 V an mit Abstufung auf 800 und 600 V.

Für Personenabteile mit Polstersitzen rechnet man 250 Watt Heizleistung je m³, für Abteile mit Holzbänken 180 Watt je m³.

Von der Deutschen Reichsbahn wird neuerdings für Wagen, deren Freizügigkeit erhalten bleiben muß, eine „Verbundheizung" für wahlweise Dampf- und elektrischen Betrieb ausgeführt (Naderer, Der elektr. Zugbetrieb der Deutschen Reichsbahn, VI. Abschn., 4. Teil). Die vorhandenen Dampfheizkörper bzw. Heizrohre werden durch isolierte Aufhängung so eingerichtet, daß sie elektrischen Strom führen können. Der Wechselstromwiderstand der Heizrohre bestimmt die aufzudrückende Spannung, die 10 V nicht übersteigt. Zur Erzeugung dieser Spannung erhält jeder Wagen einen Transformator, der die zugeführte Regelspannung von 1000, 800 und 600 V auf 10, 8 und 6 V herabgesetzt.

b) Gleichstrom-Ausrüstung.

Diese soll nur soweit behandelt werden, als wesentliche Unterschiede von der Wechselstromausrüstung bestehen und auch nur für höhere Spannungen als 1200 V. Über Ausführungen mit niedrigeren Spannungen siehe Abschnitt VA „Fahrzeuge für Straßenbahnen".

Bild 175. Gleichstrommotor mit Wendepolen (Nordsüdbahn Berlin)

Die Geschwindigkeitsregelung wird dadurch erzielt, daß den Motoren Anfahrwiderstände vorgeschaltet sind, die bei der Anfahrt stufenweise kurzgeschlossen werden. Auf Dauerfahrstufen müssen alle Widerstände kurzgeschlossen sein. Um mehrere Dauerstufen zu erhalten, ordnet man wenigstens 2 Motoren an, die hintereinander und parallel geschaltet werden und sieht außerdem Stufen mit Feldschwächung vor. Bei höheren Spannungen wählt man 4 Motoren, von denen je zwei stets hintereinander geschaltet bleiben.

Die Motoren sind Hauptstrommotoren und werden mit Wendepolen ausgerüstet (Bild 175), bei Anwendung von Stromrückgewinnung auch mit Kompensationswicklung, um bei der Rückgewinnung Feldverzerrung zu vermeiden.

Bild 176. Motorgenerator für Hilfstrom.

Bild 177. Elektromagnetisches Schütz.

Die Anfahrwiderstände werden aus gußeisernen Widerstandsgittern mit hohem spezifischem Widerstand und kleinem Temperaturkoeffizienten hergestellt.

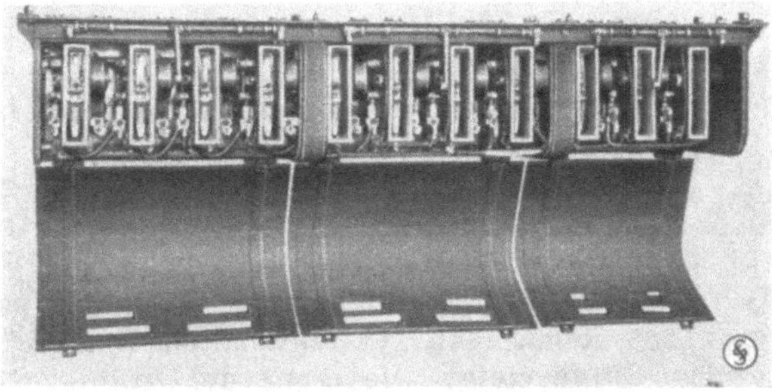

Bild 178. Hüpferkasten mit elektrischen Schützen.

Der Strom für die Betätigung der Steuerapparate, der Hilfsmotoren und der Beleuchtung wird einem Motorgenerator (Bild 176) entnommen, der die Umformung von Fahrdrahtspannung auf eine geeignete niedrigere Spannung besorgt.

Bild 179. Elektropneumatisches Schütz.

Als Steuerungen sind Schützensteuerungen mit elektromagnetischer (Bild 177 u. 178) oder Druckluftbetätigung (Bild 179) in Gebrauch oder auch Walzenschalter, die durch Druckluftkolben und Zahnstange oder durch ein Klinkwerk oder durch einen kleinen Motor bewegt werden.

Eine besondere Gruppe bilden die selbsttätigen Steuerungen (Bild 180—182), die die Geschwindigkeit des Schaltens dem Einfluß des Führers entziehen. Der Führer schaltet beispielsweise die Führerkurbel gleich

Bild 180. Motorschaltwerk für selbsttätige Steuerung. Ansicht des Antriebes.

Bild 181. Motorschaltwerk für selbsttätige Steuerung. Gesamtansicht.

Bild 182. Druckluftschaltwerk für selbsttätige Steuerung.

auf eine Dauerstellung. Der Walzenschalter kann indessen noch nicht folgen, weil er durch ein Strombegrenzerrelais gesperrt ist, das vom Motorstrom durchflossen wird. Sinkt dieser auf ein bestimmtes Maß, so gibt das Relais den Walzenschalter frei. Beim Schalten auf die nächste Stufe steigt wiederum der Motorstrom an und das Relais sperrt wieder die Walze und so fort, bis die Walze auf Dauerstellung angelangt ist. Bei anderen Ausführungen sperrt das Strombegrenzerrelais die Führerkurbel, und der Führer kann erst bei Aufhören der Sicherung weiterschalten.

Die Apparate, die den Starkstrom zu unterbrechen haben, sind mit magnetischer Funkenlöschung versehen, die Starkstromsicherungen außerdem mit Hörnerfunkenlöschung.

Bild 183 zeigt eine Schmalspurlokomotive für 1500 V Gleichstrom.

Bild 183. Schmalspurlokomotive für 1500 V Gleichstrom, 4 Tatzenlagermotoren, je 250 kW-Stundenleistung.

c) Stromrückgewinnung.

Die beschleunigende Kraft eines Zuges, der bei abgeschalteten Motoren ein Gefälle von s ‰ hinabfährt, ist $K = Q\ (s - r - w)$, worin Q = Gewicht des Zuges in t, r = Krümmungswiderstand in kg je t Zuggewicht, w = Fahrwiderstand in kg je t Zuggewicht. Soll die Geschwindigkeit gleichbleiben, so wird die Kraft K durch Bremsen des Zuges aufgehoben, oder aber sie wird zur Erzeugung elektrischer Arbeit benutzt, die an den Fahrdraht zurückgegeben wird.

Ist η der Wirkungsgrad zwischen der Schwerkraftarbeit des Zuges und der zurückgewonnenen elektrischen Arbeit, so ist die auf der Strecke von l Metern gewinnbare elektrische Arbeit in Kilowattstunden:

$$A = \frac{9{,}81 \,.\, Q \,.\, (s - r - w) \,.\, \eta \,.\, l}{1000 \,.\, 3600}$$

Der Vorteil der Stromrückgewinnung kommt nur dann voll zur Geltung, wenn die Energie eines talfahrenden Zuges sogleich von einem bergauffahrenden Zuge wieder aufgenommen werden kann (z. B. bei Bergbahnen). Kann der Fahrplan nicht zwangsweise dementsprechend eingerichtet werden, so sind im Kraftwerk zusätzliche Einrichtungen nötig, die die plötzlich auftretenden Entlastungen der Generatoren unschädlich machen. Die Stromrückgewinnung bedingt auch zusätzliche Einrichtungen auf den Triebfahrzeugen und die Inanspruchnahme der Motoren ist größer, da diese auch bei Talfahrt belastet sind. Es werden nur selten die Strecken- und Fahrplanverhältnisse so günstig liegen, daß sich die Einrichtung für Rückgewinnung lediglich der Stromersparnis halber lohnt.

Viel wichtiger ist der Umstand, daß ein Triebfahrzeug dadurch, daß es Strom an das Netz zurückgibt, elektrisch gebremst wird (Nutzbremsung). Die Vorteile der Ersparnis an Bremsklötzen und Radreifen und die Vermeidung von Bremsstaub sind ausschlaggebend.

Leider kann die Nutzbremsung die mechanische Bremsung nicht ersetzen, da es aus betriebstechnischen Gründen bei längeren Zügen nicht zulässig ist, daß bei Talfahrt der ganze Zug sich auf das voranfahrende Triebfahrzeug abstützt. Bei Krümmungen würde die Gefahr bestehen, daß die Wagen seitlich aus dem Gleis gedrückt werden.

Man wird deshalb zu überlegen haben, ob die Vorteile der nur in beschränktem Maße anwendbaren Nutzbremsung nicht durch die Nachteile der höheren Anlagekosten, schwierigen Bedienung und stärkeren Beanspruchung der elektrischen Ausrüstung aufgehoben werden.

Stromrückgewinnung läßt sich bei Gleichstrom-, Einphasenwechselstrom- und Drehstromanlagen ausführen. Es sei nachstehend als Beispiel eine Ausführungsform für Wechselstrom und Gleichstrom kurz beschrieben:

Wechselstromrückgewinnung.

Bild 184 stellt das Schaltbild einer Wechselstromlokomotive mit Einrichtung für Stromrückgewinnung dar. Auf der rechten Hälfte ist die Fahrschaltung, auf der linken die Bremsschaltung gezeigt. Damit

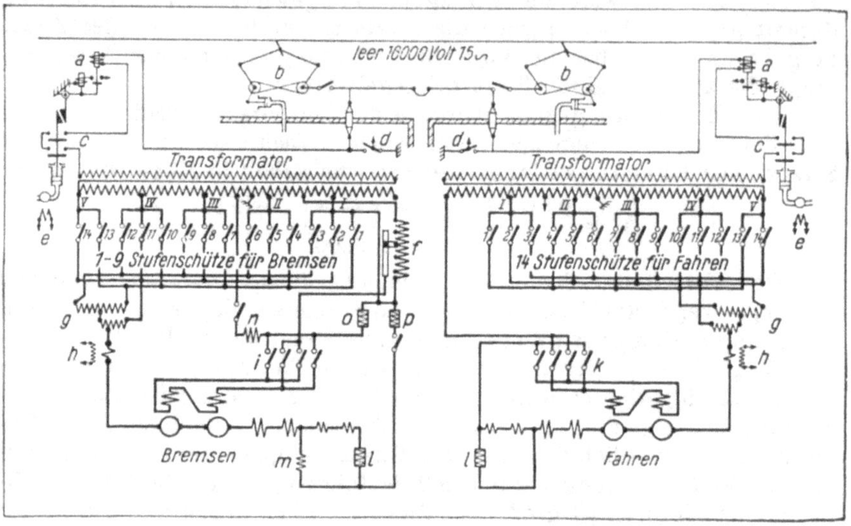

Bild 184. Schaltbild einer Wechselstromlokomotive für Nutzbremsung.
a = Hochspannungs-Höchststromauslöser und Auslösespule des Ölschalters, b = Scherenstromabnehmer, c = Ölschalter, d = Erdungschalter, mit Hochspannungskammertür blockiert, e = Einschaltspule für Ölschalter (elektropneumatisch), f = Erregertransformator (Spannungsteiler), g = Schaltdrosselspulen, h = Meßwandler, i = Fahrtwendeschütze für Bremsen, k = Fahrtwendeschütze für Fahren, l = Kommutierungswiderstand, m = Kommutierungsdrosselspule, n = Drosselspule im Erregerkreis, o = Widerstand im Erregerkreis, p = Begrenzungswiderstand.

die Fahrmotoren als bremsende Generatoren Strom ins Netz zurückgeben, werden sie vom Netz (Transformator) aus erregt. Um während der Bremsperiode einen hohen Leistungsfaktor zu erzielen, muß der Erregerstrom ungefähr in Phase mit der Netzspannung liegen. Es ist dies durch Anordnung einer Drosselspule und eines Widerstandes erreicht.

Bei Übergang von Fahr- auf Bremsschaltung wird der Reihenschlußmotor in einen Nebenschlußgenerator umgewandelt, der sich bei wechselnder Bremskraft (auf verschiedenem Gefälle) nur wenig an Geschwindigkeit ändert. Die Geschwindigkeit hängt von der Ankerspannung ab, die in üblicher Weise mittels Schütze geregelt werden kann. Der Regelvorgang beim Bremsen ist also ähnlich dem beim Fahren. Zur Erzielung des funkenfreien Laufs in der Bremsschaltung ist eine kleine zusätzliche Drosselspule vorhanden.

Gleichstromrückgewinnung.

Jeder Motor (Bild 185) oder, wenn zwei Motoren stets hintereinander geschaltet sind, jede Motorgruppe erhält eine Erregermaschine, die von einer Triebachse angetrieben wird. Der Anker der Erregermaschine ist mit der Schenkelwicklung der Fahrmotoren in Reihe geschaltet. Die Feldwicklung der Erregermaschine hat eine Nebenschlußwicklung, die von einer besonderen Stromquelle gespeist wird, und eine Hauptstromwicklung, die vom Ankerstrom derFahrmotoren durchflossen wird.

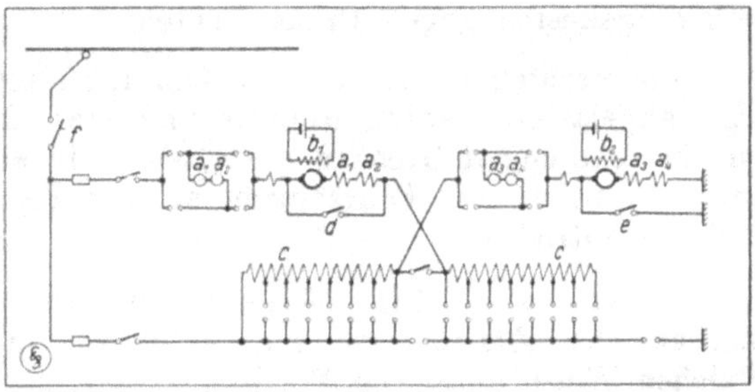

Bild 185. Stromrückgewinnung (Gleichstrom). Bei Motorfahrt sind die beiden Schalter d und e geöffnet, bei Nutzbremsung werden sie selbsttätig ohne Zutun des Führers geschlossen. a_1, a_2, a_3, a_4 = Motor 1—4, b_1, b_2 = Erregermaschine 1 bzw. 2, c = Widerstände, d, e = Schalter, f = selbsttätiger Ausschalter.

Vor Erreichung der normalen Fahrgeschwindigkeit wird durch Vermittlung eines Relais der Ankerstromkreis der Erregermaschine über die Schenkel der Fahrmotoren geschlossen, die auf diese Weise fremd erregt werden. Bei Fahrt auf Gefälle arbeiten sie als fremderregte Generatoren. Die Geschwindigkeit wird durch Schalten von Widerständen im Nebenschlußstromkreis der Erregermaschinen geregelt. Die Hauptstromwicklung der Schenkel der Erregermaschine bezweckt ein einwandfreies Zusammenarbeiten der Motorgruppen.

C. Fahrzeuge mit eigener Kraftquelle.

1. Triebwagen (Schienenfahrzeuge).

Triebwagen mit eigener Kraftquelle können sowohl auf Klein- und Nebenbahnen, die nicht für elektrischen Oberleitungsbetrieb eingerichtet sind, als auch für kürzere Strecken auf Vollbahnen mit Vorteil verwendet werden. Sie sind vorzugsweise für Strecken mit normalen Steigungsverhältnissen, also für Flachland und hügeliges Gelände geeignet und lassen sich in folgende drei Gruppen einteilen:

a) Benzol- oder dieselmechanische Triebwagen,
b) Benzol- oder dieselelektrische Triebwagen,
c) Elektro-Speicherwagen.

Für die ersten beiden Gruppen finden als Triebmaschine normale Benzin-, Benzol- oder Schwerölmotoren Verwendung, die sich u. a. für Lastautomobile bewährt haben. Hinsichtlich der Kosten für Brennstoff ist der Dieselmotor als Rohölmotor am vorteilhaftesten, während Benzin- oder Benzolmotoren nur mit dem teuren Leichtöl betrieben werden können. Hinzu kommt, daß bei Verwendung von Benzin oder Benzol Einrichtungen für feuersichere Lagerung mit entsprechendem Kostenaufwand zu treffen sind. Außerdem entstehen erhöhte Versicherungskosten gegen Brandschaden.

Alle Verbrennungsmotoren haben den Nachteil, daß sie nicht unter Last angelassen werden können und eine Geschwindigkeitsregelung nur in sehr engen Grenzen gestatten. Sie sind daher zum unmittelbaren Antrieb von Fahrzeugen nicht geeignet und bedürfen eines Zwischenantriebes.

a) Benzol- oder dieselmechanische Triebwagen. Die mechanische Kraftübertragung geschieht in der bei Automobilen üblichen Weise durch ein Wechselgetriebe zur Veränderung der Fahrgeschwindigkeit und durch ein Wendegetriebe zum Wechsel der Fahrtrichtung. Diese Getriebe werden vom Führerstand aus entweder von Hand oder auf pneumatischem oder elektropneumatischem Wege gesteuert. In den beiden letzteren Fällen sind zur Erzeugung der erforderlichen Druckluft und elektrischen Energie besondere Hilfsmaschinen erforderlich, deren Kraftaufwand für die Fahrleistung verloren geht. Die mechanischen Getriebe sind bei Eisenbahnfahrzeugen während der Fahrt starken Stoßbeanspruchungen ausgesetzt, die einerseits beim Geschwindigkeitswechsel durch unvorsichtiges Weiterschalten entstehen können, andererseits durch die Fahrbahn verursacht werden. Eine gute Abfederung der Maschinenanlage mit Getriebe, wie sie beim Automobil durch Luftreifen in nahezu vollkommener Weise erreicht werden kann, ist bei einem Schienenfahrzeug in dem gleichen Maße nicht möglich. Die Lebensdauer des Getriebes und des Antriebsmotors, die Häufigkeit der Reparaturen und die Zahl der Wagenkilometer, die solche Wagen im Jahr zu leisten vermögen, hängen sehr wesentlich davon ab, bis zu welchem Grade die Abfederung der Maschinenanlage gelingt. Die hierfür gewählten Anordnungen sind je nach Bauart des Wagens verschieden. Den Vorzug verdienen Aufhängungen, die eine gute Abfederung des Maschinensatzes sowohl gegen die Radachsen, als auch gegen den Wagenrahmen erzielen; letzteres um die aus dem Motorlauf kommenden Erschütterungen den Fahrgästen möglichst fernzuhalten.

Die meist angewendete freie Anordnung der Motoren unter dem Wagenkasten macht bei niedriger Außentemperatur eine längere Anlaufzeit notwendig und läßt ein Abstellen des Motors bei Eigenlauf des Wagens oder während der Aufenthalte nicht zu. Das bedeutet einen entsprechend erhöhten Brennstoffverbrauch.

Erste elektrische Untergrundbahn Budapest 1896

Nach der Eisenbahntechnischen Ausstellung in Seddin im Jahre 1924 hatten die benzol- oder dieselmechanischen Triebwagen, die dort in verschiedenen Bauarten gezeigt worden waren, zunächst eine gesteigerte Beachtung gefunden. Die späteren Erfahrungen haben dann aber wieder zu einer vorsichtigen Zurückhaltung geführt. Die obere Grenze für die Leistung des einzelnen Motors dürfte zur Zeit bei 150 bis 200 PS (Benzol- oder Dieselmotor) liegen.

b) Benzol- oder dieselelektrische Triebwagen. Da die mechanische Übertragung, besonders bei größeren Motorleistungen, eine völlig befriedigende Lösung bisher nicht gefunden hat, ging das Bestreben dahin, eine andere Art der Kraftübertragung zwischen Motor und Triebachse zu verwenden, die für die im Bahnbetrieb unvermeidlichen Stoßbeanspruchungen besser geeignet ist. In technisch nahezu vollkommener Weise ist dies durch die elektrische Kraftübertragung erreicht. Allerdings bedingt diese eine wesentlich umfangreichere Maschinenanlage, erhöhtes Gewicht und höhere Beschaffungskosten. Aber die Vorteile einer guten Abfederung und völlig stoßfreien Anfahrens, die sich in einer größeren Schonung der Maschinenanlage und in einer Senkung der Unterhaltungskosten auswirkt, sind doch so erheblich, daß die elektrische Kraftübertragung neuerdings in steigendem Maße nicht nur für Schienenfahrzeuge, sondern sogar auch für große Automobile Verwendung findet.

Ölmotor und Generator werden zweckmäßig in einem Maschinensatz organisch zusammengefaßt und als Ganzes den besonderen Erfordernissen entsprechend durchgebildet. Normale Maschinen, wie z. B. Generatoren, in ein Triebfahrzeug einzubauen, kann als eine einwandfreie Lösung nicht anerkannt werden. Die Notwendigkeit, das Gewicht des Fahrzeuges so gering wie möglich zu halten, führt zwangläufig zur Verwendung schnellaufender Diesel-Maschinen und Generatoren. Dieselmotor und Generator laufen mit nahezu konstanter Drehzahl.

Die Geschwindigkeitsregelung für das Fahrzeug erfolgt zwar in vereinzelten Fällen durch Änderung der Drehzahl des Dieselmotors, in der Regel aber durch Änderung der Generatorerregung (Leonard-Steuerung). Die so erzielten Generator-Spannungen werden unmittelbar an die Fahrmotoren gegeben, Anfahrwiderstände sind also nicht vorhanden. Die Fahrmotoren haben die für Straßenbahnen übliche Art der Aufhängung (Tatzenlagermotoren). Sie können, wie bei rein elektrischen Fahrzeugen, für die Anfahrt in Reihe und parallel geschaltet werden.

Das Anlassen des Benzol- oder des Dieselmotors kann mit Hilfe einer Vorstufe am Fahrschalter durch einen Stromspeicher bewirkt werden. Der Generator läuft dann als Motor. Das Abstellen des

Bild 186. Dieselelektrischer Triebwagen.

Ölmotors bei jedem Leerlauf oder bei Stillstand der Fahrmotoren ist möglich. (Man beachte hierzu aber das unter Heizung auf Seite 202 Gesagte.) Der Brennstoffverbrauch vermindert sich zwar entsprechend, es ist aber besonders bei kühler Witterung vorzuziehen, auf die Ersparnis an Brennstoff zu verzichten und den Dieselmotor in gleichmäßigem Lauf zu lassen. Der Stromspeicher müßte dann auch stets gut aufgefüllt sein, um das Wiederanspringen des Ölmotors zu sichern. Der Stromspeicher kann während der Fahrt durch eine normale Zugbeleuchtungsmaschine aufgeladen werden. Vielfachsteuerung (Zugsteuerung) ist ausführbar.

Im Drehgestell selbst lassen sich nur Maschinensätze bescheidener Leistung (bis 75 PS) unterbringen. Sie sind dort den hämmernden Einwirkungen der Schienenstöße und den aus der Gleislage herrührenden, mehr oder minder heftigen Schüttelbewegungen nur wenig gedämpft ausgesetzt. Hierunter müssen Lebensdauer und Betriebsicherheit leiden. Deshalb sollte der Maschinensatz nur im Wagen selbst untergebracht werden. Dies bedingt allerdings eine entsprechende Beschränkung des für die Unterbringung der Reisenden und des Gepäcks verfügbaren Raumes (Nutzraum), falls nicht, wenigstens bei kleineren Leistungen, ein Vorbau zur Aufnahme des Maschinensatzes angeordnet werden kann.

Andere, vorwiegend ausländische Ausführungen von Triebwagen (Schweiz, Skandinavien, Ungarn, England, Vereinigte Staaten, Kanada usw.) benutzen ausschließlich Dieselmotoren als Primärmaschine und zeigen Anordnung des Maschinensatzes auf dem Wagenrahmen. Trotz dämpfender Unterlagen ist hierbei Belästigung der Fahrgäste durch Schwingungen der Dieselmaschine und durch Geruch von Ölgasen nicht zu vermeiden. Es wird deshalb entweder anschließend an den Maschinenraum ein reichlicher Gepäckraum vorgesehen, oder aber der Triebwagen enthält überhaupt keinen Raum für Reisende, sondern nur den Maschinenraum, die beiden Führerstände, ein Gepäck- und ein Postabteil. Der Wagen ist also mehr als Kleinlokomotive zu betrachten. Besonders geeignet sind derartige Wagen auch für Stückgutbeförderung im Zwischenverkehr und für die Beförderung landwirtschaftlicher Erzeugnisse (Milch). Bild 186 zeigt einen solchen Wagen aus einer Reihe von 18 Wagen, welche die SSW für einige ausländische Bahnen mit elektrischer Ausrüstung versehen haben. Bild 187 zeigt den Bedienungstand des Wagens.

Bild 187. Führerstand des dieselelektrischen Triebwagens.

Die Leistungsgrenze für den einzelnen Ölmotor kann bei Lagerung im Wagenrahmen wegen der guten Abfederung höher angesetzt werden, als bei den dieselmechanischen Triebwagen, und zwar bis etwa 300 PS, entsprechend etwa 225 PS für die Fahrmotoren. Doch zeigen Erfahrungen mit dieselelektrischen Wagen, daß Bescheidung ratsam ist und Einzelleistungen des Ölmotors bis etwa 175 PS hinsichtlich der Betriebsicherheit am meisten befriedigen. Werden höhere Leistungen verlangt, so können zwei Maschinensätze quer zur Wagenlängsachse oder parallel mit ihr im gleichen Maschinenraum angeordnet werden.

Die Werkstatteinrichtungen (Maschinen und Werkzeuge) und die Ersatzteile müssen sowohl für Instandhaltung des Ölmotors als auch der elektrischen Ausrüstung vorgesehen sein. Das Personal für die Instandhaltung muß beide Teile der Ausrüstung zu behandeln

Bild 188. Sechsachsiger Triebwagen der Deutschen Reichsbahn.

wissen. Die zur Verwendung kommenden Öle erübrigen außergewöhnliche Maßnahmen gegen Brandgefahr.

Der raschlaufende Dieselmotor (1000—1300 Uml/min) muß notwendigerweise eine geringere Lebensdauer aufweisen als der langsamlaufende. Der schnellaufende Maschinensatz (Dieselmotor mit direkt gekuppelter Dynamo), den Erfordernissen des Fahrbetriebes besonders angepaßt, bietet aber zweifellos die meisten Aussichten, wirtschaftliche Triebfahrzeuge auch größerer Leistung und für Geschwindigkeiten über 50 km/h zu schaffen.

Die Ansprüche an die Fähigkeiten des Personals sollten hier ebenso wie bei den Wagen der ersten Gruppe keinesfalls geringer sein, als sie im Automobilbetrieb gestellt zu werden pflegen.

c) Elektrospeicherwagen. Die Wagen mit Verbrennungsmotoren als Kraftquelle befinden sich noch in der Entwicklung, die Versuche sind noch keineswegs abgeschlossen. Für die dieselelektrischen Triebwagen kann man wohl annehmen, daß sie einer erfolgversprechenden Entwicklung entgegengehen, dagegen liegen für den Elektrospeicherwagen umfassende Erfahrungen über eine große Reihe von Jahren vor. Aber auch bei diesen Wagen haben die letzten Jahre Verbesserungen sowohl bezüglich der Elektrospeicher als auch bezüglich der Vereinfachung der elektrischen Fahrausrüstung und des wagentechnischen Teiles gebracht. Der bis zum Kriege erzielte größte Fahrbereich betrug für die bekannten Doppelwagen der vordem Preußischen Staatsbahnen 180 km mit einer Ladung.

Ein solcher Wagen, versehen mit einer neuzeitlichen Batterie, vermag ohne Änderungen anderer Art jetzt 300 km mit einer Ladung zurückzulegen. Trotz der vergrößerten Leistung einer solchen Batterie ist ihr Gewicht geringer geworden. Da auch im Wagenbau bemerkenswerte Fortschritte hinsichtlich der Gewichtsverminderung gemacht

Bild 189. Doppeltriebwagen mit seitlichen Batteriekästen. Achsanordnung 2 A+A2.

worden sind (eiserne bzw. stählerne Bauart) so vermag ein neuzeitlicher Elektrospeicherwagen bei vermindertem Wagengewicht und vermehrtem Sitzplatzangebot praktisch allen Anforderungen bezüglich der Tagesleistung zu entsprechen, die im Rahmen der den Triebwagen mit eigener Kraftquelle zufallenden Aufgaben gefordert werden können.

Für den Fahrbereich bis zu 300 km ist wegen des Raumbedarfes des Speichers die bisherige Bauart der Speichertriebwagen, wie sie die Deutsche Reichsbahn in großer Anzahl (rd. 200) in Benutzung hat, am vorteilhaftesten (Bild 188). Die Wagen haben zur Aufnahme des Speichers geräumige Vorbauten, die genügend hoch gehalten werden können, um auch Batterien größter Leistungsfähigkeit unterzubringen. Einige Doppelwagen, die mit Rücksicht auf das Befahren anhaltend starker Steigungen bis 20 ‰ mit Nebenschlußmotoren für die Stromrückgewinnung ausgerüstet waren, sind unter Verwendung von Elektrospeichern für 300 km Fahrbereich in Wagen mit Hauptstrommotoren umgebaut worden. Die verwickelten Einrichtungen für die Schaltung bei Nebenschlußmotoren konnten durch die einfachen und betriebssicheren für Hauptstrommotoren ersetzt und dabei konnte die Wirtschaftlichkeit solcher Speicherwagen so gesteigert werden, daß sie auch auf den genannten starken Steigungen dank den besonders leistungsfähigen Speichern mit Erfolg Verwendung finden.

In den meisten Fällen ist eine Tagesleistung von 200—220 km ausreichend. Der Speicher kann dann in den Nachtstunden aufgeladen werden. Für Nachtstrom haben die Elektrizitätswerke heute allgemein stark ermäßigte Tarife (50 %). Der rasch fortschreitende Ausbau der Wasserkräfte und die Verwendung geringwertiger Kohle in Großkraftwerken führt ebenfalls zu vermehrter Gelegenheit billigen

Bild 190. Führerstand eines Speichertriebwagens.

Strombezuges. Die an sich hohe Wirtschaftlichkeit des Elektrospeicherwagens erfährt hierdurch eine weitere bemerkenswerte Verbesserung, die im Verein mit Verbesserung des Speichertriebwagens an sich diesem wieder vermehrte Bedeutung zuweist.

Im Gegensatz zu den sehr zahlreichen Ausführungen für Wagen mit Verbrennungsmotoren kann man beim Elektrospeicherwagen für Anforderungen jeder Art mit nur 2 bis 3 Wagenarten auskommen. Als gemeinsam passende Einheitsleistung des Fahrmotors können 100 PS gelten. Die Deutsche Reichsbahn hat Anfang 1926 zunächst zwei Doppeltriebwagen mit Schützsteuerung in Betrieb genommen (Bild 189), bei denen erstmalig die Wagenform mit Vorbau verlassen wurde.*) Die Speicher sind hier taschenartig seitlich unter dem Wagenrahmen aufgehängt und leicht zugänglich. Der Fahrbereich ist 220 km. Die elektrischen Ausrüstungen für diese und anschließend noch für zwölf Doppelwagen mit Fahrschaltersteuerung wurden durch die SSW geliefert (Bild 190). Jeder Halbwagen hat einen selbstlüftenden Motor von 100 PS Stundenleistung. Der Wagen bietet etwa

Bild 191. Innenansicht eines Speichertriebwagens.

*) Siehe „Elektrische Bahnen", 2. Jahrgang, Heft 9 vom 15. 9. 1926.

Bild 192. Achtachsiger Triebwagen der Deutschen Reichsbahn.

160 Personen bequem Platz. Es werden hierbei 110—115 Sitzplätze geboten (Bild 191). Ein solcher Doppelwagen hat etwa das Fassungsvermögen eines Nebenbahnzuges und wird nur bei besonderem Verkehrsandrang einen Beiwagen mitnehmen müssen. Er vermag also etwa die gleiche Verkehrsleistung aufzubringen, wie die bei der Deutschen Reichsbahn in Betrieb befindlichen dreiteiligen Speicherwagen (Bild 192), deren Fahrbereich aber für die letzten Vorkriegsausführungen nur 180 km beträgt. Diese Fahrbereiche verstehen sich für einen mittleren Stationsabstand von 5 km und eine Höchstgeschwindigkeit von 60 km/h. Für den Fahrbereich von 200—220 km haben die SSW auch einen leichten Speichertriebwagen mit einmotoriger Ausrüstung entwickelt, der als alleinfahrende Hälfte des vorbeschriebenen Doppelwagens zu betrachten ist (Bild 193). Der einmotorige Antrieb ermöglicht eine sehr einfache Fahrausrüstung und geringes Gewicht des Wagens. Die Anfahrzugkraft ist vollkommen ausreichend, da stets für die eine angetriebene Achse das erforderliche Reibungsgewicht erreicht wird. In dem Umstand, daß nur ein Motor vorhanden ist, wird ein Nachteil nicht erblickt werden können, da auch die Benzol- und Dieselwagen stets nur mit einem Motor ausgerüstet sind. In bezug auf Betriebsicherheit und Zuverlässigkeit ist aber der Elektromotor dem empfindlicheren Ölmotor weit überlegen. Natürlich können an Stelle des einen Motors auch zwei zu je 50 PS Verwendung finden. Die elektrische Ausrüstung wird dann teurer und auch schwerer.

Der leichte Speicherwagen der SSW wird je nach den zulässigen Achsdrücken zwei- oder dreiachsig ausgeführt. Er wiegt bei zwei Achsen betriebsfertig etwa 24 t und dreiachsig 32—33 t für Normal-

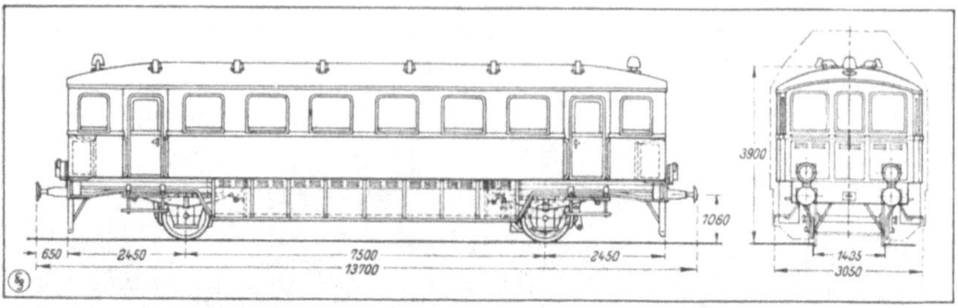

Bild 193. Zweiachsiger Speichertriebwagen.

spur. Die entsprechenden Gewichte für Wagen von 1000 mm Spurweite sind 22,5 und 26,5 t.*) Es haben jeweils 80 Reisende bequem Platz.

Werden noch geringere Achsdrücke gefordert, so empfiehlt sich die Verwendung von Drehgestellwagen. Auch für solche haben die SSW eine bewährte Ausführung geliefert. Der Wagen nach Bild 194 für die Privatbahn Peine—Ilsede bietet etwa 75—80 Reisenden Platz. Im Gegensatz zu den vorbeschriebenen Elektrospeicherwagen ist bei dem Drehgestellwagen der Elektrospeicher unter den Sitzbänken angeordnet. Diese Anordnung hat bei Fahrzeugen nicht befriedigt, bei denen Speicherfahrt mit Fahrt von Oberleitung abwechselte und bei denen während letzterer der Speicher nachgeladen wurde. In diesem Falle haben sich Belästigungen der Reisenden aus den Gasen der Elektrospeicher während der Ladezeit ergeben. Bei reiner Speicherfahrt ist dies nicht der Fall, wie bei genannter Bahn in rund zwanzigjährigem Betrieb nachgewiesen werden konnte. Der beschränkte Raum für die Speicherelemente ist naturgemäß nicht ohne Einfluß auf den Fahrbereich. Bei 45 km/h Geschwindigkeit beträgt dieser immerhin 120 km ohne Zwischenladung, was für kleinere Anschlußstrecken meist ausreichen wird. Bei solchen Drehgestellwagen mit kleinen Achsdrücken wird die Motorleistung zur besseren Ausnutzung des Reibungsgewichts auf zwei Motoren, also wieder wie beim Wagen nach Bild 193 auf das halbe Wagengewicht verteilt.

Der Notwendigkeit, für Elektrospeicherwagen besondere Ladevorrichtungen vorzusehen, kann neuerdings ebenfalls unter erleichterten Bedingungen entsprochen werden. Man wählt hierfür Quecksilberdampfgleichrichter mit Glasgefäß (Bild 195), die bei geringstem Raumbedarf keinerlei besondere Wartung benötigen und selbsttätig arbeiten. Vielfach wird aber auch Gleichstrom geeigneter

*) Vergl. die ausführliche Druckschrift der SSW über „Neue Speichertriebwagen".

Bild 194. Speichertriebwagen mit 2 Anhängewagen der Peine—Ilseder Privatbahn.

Spannung zum Laden des Speichers vorhanden sein, so daß dann besondere Einrichtungen für Umformung nicht erforderlich werden.

Elektrische Ausrüstung. Für den Antrieb finden die üblichen Tatzenlagermotoren Verwendung. Sie zeichnen sich aus durch unerreichte Betriebsicherheit, geringe Unterhaltung und sehr hohe Lebensdauer, die bei einer Jahresleistung von 50 000 km zu 25 Jahren und mehr angenommen werden kann. Neuerdings wird entsprechend dem Vorgange bei Straßen- und Überlandbahnen der selbstlüftende Motor bevorzugt, dessen Dauerleistung etwa 70 % der Stundenleistung beträgt. Beim ganz geschlossenen Motor werden entsprechend nur 40 bis 45 % Dauerleistung erreicht.

Bild 195. Ladestation mit Quecksilberdampf-Glasgleichrichter, links offen, rechts geschlossen.

Für die Regelung der Fahrgeschwindigkeit kann nach Belieben Vielfachsteuerung oder Fahrschaltersteuerung, wie bei Straßenbahnen, gewählt werden. Für die 200 PS-Wagen, die allgemein als Doppelwagen gebaut werden, kommt neben der Fahrschaltersteuerung auch die Vielfachsteuerung (Schützsteuerung) zur Anwendung. Sie erfordert zwar ein etwas höheres Gewicht und höheren Preis, hat aber gegenüber der Fahrschaltersteuerung den Vorteil geringen Raumbedarfs im Führerstand und ermöglicht Zugsteuerung, also gemeinsame Steuerung mehrerer Triebwagen.

Strom für Nebenzwecke (Licht, Luftpresser, Sirene usw.) wird der Fahrbatterie entnommen. Dagegen kann die Beheizung des Wagens von dieser nicht gedeckt werden, weil dann die Batterie so vergrößert werden müßte, daß ihre Unterbringung nicht mehr möglich wird. Im Durchschnitt rechnet man für Heizung 125—150 Watt/m^3, für das Anheizen entsprechend mehr.

Für die Wagenheizung wählt man bei Elektrospeicherwagen am besten Heißluftelemente, die aus einem kleinen Heißluftkessel gespeist werden. Dieser kann im Abteil des Zugbegleiters aufgestellt und von diesem bedient werden. Auch Heizung durch Glühkörper (Briketts) hat sich seit Jahren gut bewährt. Sie wurde bisher bei den Elektrospeicherwagen der Deutschen Reichsbahn benutzt. Die zuletzt von den SSW ausgerüsteten 12 Wagen haben Warmluftheizung. Bei Wagen mit Verbrennungsmotoren kann eine mäßige Wagenheizung aus der Wärme des Motorkühlwassers bestritten werden. Das setzt aber voraus, daß der Treibmotor während der Heizperiode genügend Anlaufzeit für das Anwärmen des Kühlwassers bekommt und daß er während der Aufenthalte, in Gefällen und an den Wendepunkten nicht stillgesetzt wird.

Die Wagen können mit einer Sicherheitsvorrichtung versehen werden, die bei Erkrankung oder Versagen des Führers nicht nur den Fahrstrom selbsttätig abschaltet, sondern auch den Wagen zum Stillstand bringt.

Während die Unterhaltungsarbeiten an der Fahrausrüstung und dem Wagen selbst am besten durch eigenes Personal vorgenommen werden, kann es vorteilhaft sein, die vollständige Unterhaltung des Elektrospeichers einschließlich Plattenerneuerung dem Hersteller gegen eine Pauschalgebühr für den gefahrenen Wagenkm zu überlassen. So verfährt z. B. die Deutsche Reichsbahn. Sie vergütete vor dem Weltkrieg dem Lieferer 8,5 Pfg. je Wagenkm, erzielte selbst aber bei den Ausbesserungswerken, die besonders lange Erfahrungen in der Behandlung aller Teile der Elektrospeicherwagen besaßen, nicht unerheblich geringere Beträge. Der vorgenannte Vorkriegs-Pauschbetrag von 8,5 Pfg./km läßt erkennen, daß der Anteil der Kosten für die Unterhaltung des Elektrospeichers an den Gesamtbetriebskosten bemerkenswert ist. Es ist aber mit dieser Regelung der Bahnverwaltung die größte Gewähr für stets einwandfreien Zustand des Elektrospeichers gegeben.

Der Elektrospeicherwagen wird vor den anderen Triebfahrzeugen mit eigener Kraftquelle überall dort den Vorzug verdienen, wo die Frage der Lademöglichkeit und des Strombezuges eine einfache und billige Lösung findet. Dies wird vorwiegend der Fall sein bei Wasserkraftwerken und größeren Dampfkraftzentralen. Billiger Nachtstrom wird in immer größerem Umfange auch von mittleren und kleineren Dampfkraftzentralen abgegeben. Mit der Verwendung von Elektrospeicherwagen wird also, da ihr Fahrbereich meist so gestaltet werden kann, daß ausschließlich Aufladung mit Nachtstrom erfolgt, eine gute Ausgleichsbelastung für die Kraftwerke geboten. Dieser Vorzug ist von hoher volkswirtschaftlicher Bedeutung und sollte unbedingt Anlaß zu weitgehender Einführung von Elektrospeicherwagen geben.

Der Triebwagen mit Verbrennungsmotoren wird dort am Platz sein, wo elektrische Energie nicht, oder nicht zu günstigen Bedingungen erhältlich ist. In bezug auf Betriebsicherheit, Lebensdauer und Reparaturbedürftigkeit ist er dem Elektro-Speicherwagen unterlegen.

d) Konstruktionsgewicht im Verhältnis zur nutzbaren Bodenfläche. Bei einem Vergleich der Konstruktionsgewichte für die Wagen der drei Gruppen muß jeweils die nutzbare Bodenfläche des Triebwagens in Betracht gezogen werden. Der Vergleich bezieht

Wagenart	Antriebsleistung PS	Höchstgeschw. km/h	G = Betriebsgew. t	F = nutzbare Bodenfläche m²	G/F t/m²
Benzolmechanischer Wagen	180	70	39	48.5	0,805
Elektrospeicher-Doppelwagen	200	60	67,5	68	0,993
Eva-Maybach-Wagen (Dieselmechanisch) . . .	150	60	38	35,5*)	1,070
Dieselelektrischer Wagen, Bauart S. B. B.	190	60	57	32	1,81

*) Die über einem Drehgestell angeordnete Maschinenanlage ragt in den Passagierraum hinein und beansprucht dort nutzbare Bodenfläche.

sich auf einen benzolmechanischen Wagen der Deutschen Reichsbahn, einen dieselmechanischen Wagen (Eva-Maybach), den näher beschriebenen Elektrospeicherwagen und einen dieselelektrischen Wagen der Schweizerischen Bundesbahn (S. B. B.). Hier ist ein Dieselmotor normaler Drehzahl verwendet. Triebwagen mit schnellaufenden Dieselmotoren deutscher Ausführung können z. Zt. noch nicht in Vergleich gestellt werden.

Der Vergleich zeigt, daß der Speichertriebwagen rund 1000 kg/m² Bodenfläche und der benzolmechanische entsprechend etwa 800 kg/m² wiegt.

Beim dieselelektrischen Wagen ist das Gewicht je m² nutzbare Bodenfläche hoch, weil 25—35 % der gesamten Bodenfläche von dem Maschinensatz mit Zubehör in Anspruch genommen werden. Nicht selten wird deshalb bei alleinfahrenden dieselelektrischen Wagen das Platzangebot unzureichend und dann die ständige Mitnahme eines Beiwagens notwendig sein, oder es wird, wenn das lästige Umsetzen an den Wendestellen vermieden werden soll, wie bei amerikanischen Ausführungen, ein Beiwagen mit dem Triebwagen ständig kurz gekuppelt (Doppelwagen). Werden höhere Leistungen (250 PS und mehr) von solchen Wagen verlangt, so nähern sie sich stark dem Wesen einer Lokomotive und ihre eigentliche Aufgabe, ein Personenwagen mit eigener Kraftquelle zu sein, wird entsprechend eingeschränkt.

e) Wirtschaftlichkeit. Um einen Vergleich hinsichtlich der Wirtschaftlichkeit der drei genannten Gruppen von Triebwagen unter sich und mit Dampfzügen etwa gleicher Leistungsfähigkeit zu ermöglichen, seien nachstehend die bestimmenden Betriebskosten in Mark je 100 Zugkm gegenübergestellt. Es muß aber bemerkt werden, daß vollkommen zuverlässige Grundlagen für die Betriebskosten nur für den Dampfzug und den Elektrospeicherwagen zur Verfügung stehen. Um den Vergleich einheitlich zu gestalten, ist die nutzbare Bodenfläche des Elektrospeicherwagens als Einheit angenommen worden, so daß den übrigen Wagen eine entsprechende Anhängelast zugerechnet ist.

Der Vergleich erstreckt sich auf einen Dampfzug, bestehend aus einer Tenderlokomotive T_9 der Reichsbahn, der 9 Achsen angehängt sind im Gesamtgewicht unbesetzt von 116,25 t und den in der Tafel S. 203 genannten Triebfahrzeugen mit den erforderlichen Anhängelasten.

Die Jahresleistung wird einheitlich mit 50 000 km für jeden Zug angenommen. Die Platzzahl beträgt einheitlich rd. 160 Sitz- und Stehplätze.

Die im August 1928 geltenden Betriebstoffpreise waren die folgenden:

Lokomotivsteinkohle frei Tender		25,— M/t
Benzol mit Benzin gemischt frei Verwendungsstelle		43,— M/100 kg
Treiböl		16,— M/100 kg
Elektrischer Strom	a)	0,10 M/kWh
	b)	0,07 „
	c)	0,035 „
Schmieröl		30,— M/100 kg
Spezialmotorenöl		60,— M/100 kg
Preßkohlen		1,50 M/100 kg.

	Dampf	Akku-Wagen	Benzol.-mech.	Diesel-mech.	Diesel-elektr.
Personenzahl	160 = 12 t für alle Zugsätze				
Zuggewicht einschl. Besetzung und Anteil für Anhänger t	128	80	63	66,5	85,5
Nutzbare Bodenfläche (s. Aufstellung auf S. 203) m²		68	48,5	35,5	32,0
Strom- bzw. Brennstoffbedarf im Jahresmittel je Zugkm		1,66 kWh	800 gr	600 gr	900 gr
Betriebstoffkosten M/100 Zugkm . . .	38,5	a) 16,6 b) 11,6 c) 5,8	32,5	9,6	14,4
Schmierung, Heizung, Beleuchtung	0,6	1,7	3,2	3,6	4,0
Reinigung, Unterhaltung, Reparaturen	14,7	20,7	14,7	17,7	17,7
Abschreibung	2,2	4,0	10,9	13,4	12,4
Verzinsung (5 %) . . .	5.2	12,5	8,0	9,0	12,2
Führer	12,51	9,54	11,0	11,0	11,0
Heizer	9,54	—	—	—	—
Gesamtkosten M je 100 Zugkm	83,25	a) 65,05 b) 60,04 c) 54,24	80,3	64,1	71,7

Für die Abschreibung müssen nach den gemachten Erfahrungen folgende Annahmen gemacht werden:

Lebensdauer des Wagens ohne Fahrausrüstung	25 Jahre
Lebensdauer der Dampflokomotive	25 Jahre
Lebensdauer der elektrischen Ausrüstung	20 Jahre
Lebensdauer des Benzol- oder Dieselmotors nebst Getriebe	6 Jahre.

Für die elektrische Fahrausrüstung wäre nach reichlichen Erfahrungen die Annahme einer Lebensdauer von 25 Jahren gerechtfertigt. Hinsichtlich des Elektrospeichers ist zu beachten, daß dessen laufende betriebsfähige Erhaltung einschließlich Plattenerneuerung durch den Lieferer nach Pauschbetrag je Wagenkm angenommen ist, also Abschreibungen auf den Elektrospeicher nicht zu machen sind, dafür aber der Posten Unterhaltung entsprechend belastet ist.

Der Vergleich zeigt, daß der Elektrospeicherwagen bereits bei einem Strompreis von 0,10 M/kWh dem dieselmechanischen Triebwagen trotz dessen geringerer Leistung von nur 150 PS wirtschaftlich gleichwertig ist. Bei geringerem Strompreis steht der Elektrospeicherwagen ohne Zweifel mit mehr oder minder großem Vorsprung an erster Stelle. Bemerkenswert ist, daß der Benzoltriebwagen gegenüber dem leichten Dampfzug wirtschaftlich nur sehr bescheidene Gewinne ermöglicht, was sich im praktischen Vergleichsbetrieb als zutreffend erwiesen hat.

Da die Bedienung eines Elektrospeicherwagens keine anderen Fähigkeiten beim Führer bedingt, als für die Führung von Straßen- oder Überlandbahnwagen erforderlich ist, so kann mit den Bezügen eines jungen Heizers gerechnet werden. Für die Bezüge eines Führers beim Diesel- oder Benzoltriebwagen ist mit dem Mittelwert aus dem Gehalt des Dampflokomotivführers und des Heizers gerechnet worden, weil bei solchen Wagen die Kenntnisse und Fähigkeiten eines Kraftwagenführers für möglichst glatte Abwicklung des Verkehrs vorausgesetzt werden müssen.

2. Lokomotiven für den Güter- und Verschiebedienst.

Der Triebwagen mit eigener Kraftquelle dient vorzugsweise dem reinen Personenverkehr und ist für die Mitnahme oder das Schleppen von Gütern nur in sehr beschränktem Umfange geeignet. Für den Güterverkehr und den damit eng zusammenhängenden Verschiebedienst sind Lokomotiven erforderlich.

Je nach der Antriebsart lassen sich für solche Lokomotiven ebenfalls 3 Gruppen bilden:

Diesel-hydraulische Lokomotiven,
Diesel-elektrische Lokomotiven und
Elektro-Speicherlokomotiven.

a) Dieselhydraulische Lokomotiven. Bei der ersten Gruppe findet im Gegensatz zum Triebwagen der schnellaufende Benzolmotor keine Anwendung, weil die günstigen räumlichen Verhältnisse es gestatten, den sehr wirtschaftlichen Rohölmotor (Dieselmotor) mit normalen Abmessungen und Drehzahlen (500—700) einzubauen.

Für die Zugkraft und Geschwindigkeitsregelung wird meist an Stelle des Wechsel- und Wendegetriebes des Triebwagens ein sogenanntes Flüssigkeitsgetriebe, wofür verschiedene Bauarten verfügbar sind, benutzt. Dieses Getriebe ist mit dem Motor oben im Lokomotivrahmen angeordnet, von wo das Motordrehmoment ähnlich der bei elektrischen Lokomotiven vielfach üblichen Weise mit Hilfe einer Blindwelle und Kuppelgestänge auf die Treibräder übertragen wird.

Das in Deutschland bisher meist benutzte Flüssigkeitsgetriebe nach Lentz*) hat, wie auch andere Ausführungen, eine begrenzte Leistungsfähigkeit, und zwar bis etwa 500 PS. Da Diesellokomotiven dieser Leistung in der Hauptsache für den Verschiebedienst oder die Beförderung leichter, langsam fahrender Güterzüge benutzt werden, oder kurze Anschlußstrecken bedienen, so kann ihre Geschwindigkeit gering gehalten werden, während andererseits die Anfahrzugkräfte verhältnismäßig hoch liegen. Die motorische Leistung kann sich demnach in bescheidenen Grenzen bewegen. Der Wirkungsgrad von Flüssigkeitsgetrieben beträgt, einwandfreien Zustand vorausgesetzt, 0,80 bis 0,82, so daß bei $\eta = 0{,}34$ bis 0,35 für den Dieselmotor und $\eta = 0{,}95$ für das Kuppelgestänge ein Gesamtwirkungsgrad von 0,26 bis 0,27 erzielt wird.

Das Flüssigkeitsgetriebe ist umsteuerbar. Es hat ähnlich wie ein mechanisches Wechselgetriebe je nach der Motorleistung mehrere Geschwindigkeitstufen, die durch Kombination einer entsprechenden Zahl vom Pumpenkammern erzielt werden.

b) Dieselelektrische Lokomotiven. Gegenüber der hydraulischen bietet die elektrische Übertragung der Leistung des Dieselmotors auf die Fahrzeugachsen namentlich bei mittleren und höheren Leistungen beachtenswerte Vorteile, die vor allem in der Betriebssicherheit der elektrischen Übertragung und ihrer Anpassungsfähigkeit liegen. Der Dieselmotor läuft hier ebenso wie bei der dieselhydraulischen Übertragung mit nahezu konstanter Drehzahl. Das Anlassen der Dieselmotoren geschieht allgemein mit Druckluft, die vom Bremskompressor erzeugt wird oder in Stahlflaschen mitzuführen ist, bei manchen Ausführungen auch durch einen Elektrospeicher über die auf Motorbetrieb umgeschaltete Dynamomaschine. Die Geschwindig-

*) „Wechmann, der elektrische Zugbetrieb der Deutschen Reichsbahn" Seite 123.

keitsregelung erfolgt wie bei den Triebwagen durch Änderung der Erregung des Generators. Vereinzelt wird auch Drehzahlregelung des Dieselmotors benutzt. Anfahrwiderstände sind in keinem dieser Fälle erforderlich, und die Anfahrt geschieht ohne zusätzliche Verluste. Dieser Umstand ist besonders wichtig für Verschiebedienst. Um die bei Leistungen am Dieselmotor von 300—500 PS erzielbaren Zugkräfte ausnutzen und außerdem weite Geschwindigkeitsgrenzen erzielen zu können, sind zweckmäßig 4 Achsen anzuordnen, die sämtlich mit Fahrmotoren ausgerüstet werden. Die Schaltung dieser Motoren kann dann nach Bedarf in den Gruppen erfolgen: 4 Motoren in Reihe, je 2 Motoren in Reihe und beide Gruppen parallel oder 4 Motoren parallel. Natürlich läßt sich auch noch Feldschwächung bei den Fahrmotoren anwenden und damit Erhöhung der Fahrgeschwindigkeit erzielen. Der Gesamtwirkungsgrad einer dieselelektrischen Lokomotive ergibt sich zu 0,26 bis 0,27.

Dieselelektrische Lokomotiven mittlerer Leistung, also für leichte Güterzüge und für Verschiebedienst, konnten bis heute in Europa nicht in Aufnahme kommen, weil sie zu schwer und infolge ihres hohen Anschaffungspreises im Vergleich zum Dampflokomotivbetrieb in der Regel auch nicht wirtschaftlich sind. Die Ersparnisse an Betriebstoff reichen nicht aus, um den höheren Kapitalsdienst zu decken.

c) Elektro-Speicherlokomotiven. Im Gegensatz zu den Lokomotiven der ersten und zweiten Gruppe ist die Elektro-Speicherlokomotive sowohl für kleinere als auch für mittlere Leistungen und im Verschiebedienst gleich gut geeignet und erprobt.*) Die bei den Elektrospeichern für Triebwagen neuerdings erzielten höheren Leistungen kommen natürlich auch den Lokomotiven zugute, so daß sie nach Fahrbereich und Leistung allen Ansprüchen im Verschiebedienst und im Güterzugdienst auf kürzeren Strecken zu genügen vermögen. Insbesondere können die Fahrbereiche im allgemeinen so gestaltet werden, daß auch hier täglich eine Ladung mit billigem Nachtstrom genügt. Zwischenladungen in Dienstpausen sind natürlich vorteilhaft hinsichtlich Leistung und Abmessung des Elektrospeichers.

Das über Unterhaltung, Bedienung, Lebensdauer, Betriebsicherheit usw. bei Triebwagen Gesagte gilt sinngemäß auch für Lokomotiven mit Elektrospeichern.

d) Wirtschaftlichkeit. Nachfolgende Aufstellung gibt zunächst einen Vergleich zwischen Dampflokomotive und dieselelektrischer Lokomotive hinsichtlich Brennstoff- und Schmierstoffverbrauch im Verschiebedienst. Die Vergleichswerte wurden auf einem nordameri-

*) Vergl. E.T. Z. 1923 und „Elektrische Bahnen" vom Mai 1926.

kanischen Verschiebebahnhof im Dauerbetrieb festgestellt und geben aus 24 Betriebstagen den Durchschnittswert für einen Tag:

	Dieselelektr.	Dampf-
	Lokomotive	
Lokomotivdienst in Stunden	14,5	12,4
Brennstoff-Verbrauchstunden	13.3	12,4
Brennstoff-Verbrauch (Öl bzw. Kohle)	163.0 l	1,7 t
Schmieröl für Dieselmotor	3,8 „	—
Erzeugte kWh	275,0	—
Bewegte Zuglast, gesamt	2 565 t	2 104 t
Gesamtkosten für Brennstoffe, Schmieröl usw. . .	12,50 M.	61,10 M.
Kosten im Durchschnitt je Stunde	0,96 „	4,95 „
„ „ „ je t bewegter Zug . . .	0,00462 „	0.0324 „
Kosten je kWh	0,0424 „	

Dieser Vergleich sei mit nachstehender Aufstellung ähnlich wie für die Triebwagen auf Elektro-Speicherlokomotiven ausgedehnt. Zugrunde gelegt ist eine vierachsige Speicher-Lokomotive von 52 t Dienstgewicht. Die Batterie ist für einmalige Ladung je Tagesarbeit bemessen. Die beiden Fahrmotoren haben je 73 kW Leistung. Die beiden Achsen jedes Drehgestells sind unter sich gekuppelt. Dampflokomotive und dieselelektrische Lokomotive haben je 60 t Dienstgewicht.

Den Zahlen liegen folgende Preise zugrunde:

1 kWh	0,10 M. (0,05 M.)
Schweröl	0,07 M/kg
Schmieröl für Dieselmotor	0,615 M/kg
Lokomotivkohle	35,— M/t

Für die Abschreibung wurde angenommen bei 5 % Zinsfuß:

10 Jahre Lebensdauer für den Dieselmotor (Langsamläufer),
20 „ „ für die elektrischen Ausrüstungen,
25 „ „ für das Fahrzeug.

Für den Elektrospeicher ist laufende Erneuerung wie bei Triebwagen angenommen.

14

Der Vergleich ist bezogen auf 1 Stunde Verschiebedienst, da dieser ein bevorzugtes Verwendungsgebiet der genannten Lokomotivarten ist.

	Dampflok. M.	Diesel-elektr. Lok. M.	Elektro-speicher-Lok. M.
Betriebstoffe einschl. Schmierung	4,95 (4,25*)	0,96 (1,35**)	2,89 (1,45***)
Reinigung und Unterhaltung . .	1,74	1,64	1,91
Abschreibung	—	0,92	0,35
Verzinsung 5 %	—	1,47	1,08
Personal	1,60	1,60	0,90
Gesamtkosten je Stunde Verschiebedienst	8,29 (7,59*)	6,59 (6,98**)	7,13 (5,69***)

Sowohl für die Dampflokomotive als auch für die dieselelektrische Lokomotive ist zweimännige Besatzung angenommen, weil bei beiden der Ausblick etwa in gleichem Umfange behindert ist. Bei der Elektro-Speicherlokomotive dagegen bietet der Mittelstand vollkommen freien Ausblick, so daß verbunden mit der Einfachheit der Bedienung Einmannbesetzung üblich ist. Für die Dampflokomotive ist Abschreibung und Verzinsung nicht berücksichtigt.

Der Vergleich zeigt, daß schon bei einem Strompreis von M. 0,10/kWh und M. 0,10/kg Schweröl Speicherlokomotive und dieselelektrische Lokomotive wirtschaftlich nahezu gleichwertig sind. Ist noch billigerer Strom (Nachtstrom) erhältlich, so ist die Speicherlokomotive wirtschaftlich am günstigten von allen Antriebsarten.

Die Elektro-Speicherlokomotive wird besonders vorteilhaft sein für den Bahnhofsdienst auf elektrisch betriebenen Bahnen (Fahrleitung). Hier werden vielfach von Nebenlinien her Dampflokomotivzüge einlaufen, deren Lokomotiven dann den Verschiebedienst zu besorgen haben. Die Folge ist Verschmutzung des Fahrdrahtes und der Isolatoren, vermehrte Unterhaltungskosten für Eisenkonstruktionen, stärkerer Verschleiß der Stromabnehmerbügel, Rauchbelästigung u. a.

Nicht selten erweist sich bei solchen Bahnen namentlich für größere Bahnhöfe die Ausrüstung aller Gleise mit Oberleitung als zu kostspielig, weshalb nur die Hauptgleise elektrisch ausgebaut werden,

*) Bei 30,— M je t Steinkohle.
**) „ 0,10 M je kg Schweröl.
***) „ 0,05 M je kWh.

Bild 196. Vierachsige Speicherlokomotive von 52 t Dienstgewicht (Staatsbahn Java).

im übrigen aber der Dampfbetrieb beibehalten wird. Auch hier ist die Elektrospeicherlokomotive das bestgeeignete Triebfahrzeug für den Verschiebedienst. (Bild 196). Sie fügt sich im Gegensatz zu der dem elektrischen Betrieb wesensfremden Dampflokomotive und der dieselhydraulischen Lokomotive diesem gut ein. Auch für Hafenbahnen, wo

Bild 197. Dreiachsige Speicherlokomotive für die Eisenbahn-Hauptwerkstatt Tempelhof.

Bild 198. Verschiebelokomotive mit Gleichrichter und Akkumulatorenbatterie.

Oberleitung mit Rücksicht auf die Krananlagen nicht angeordnet werden kann, oder für Werkstättenbahnhöfe, verdient die Elektro-Speicherlokomotive (Bild 197) den Vorzug.

Sind die an die Speicherfahrzeuge zu stellenden Ansprüche hinsichtlich Leistung zu weitgehend, so daß Abmessungen und Gewichte des Speichers zu groß werden, so ist für Wechselstrombahnen mit dem auf dem Fahrzeug befindlichen Gleichrichter ein bewährtes Mittel zur

Bild 199. Turmwagen mit Gleichrichter und Akkumulatoren-Batterie.

Einschränkung der Speicherleistung gegeben. Es kann dann auf allen mit Oberleitung ausgerüsteten Gleisen aus dem Gleichrichter gefahren und gleichzeitig der Stromspeicher aufgeladen werden. Auf den übrigen Gleisen ist dieser die alleinige Kraftquelle. Die SSW haben bisher zwölf solche Triebfahrzeuge geliefert, bzw. in Lieferung, davon 5 Verschiebelokomotiven (Bild 198) und 3 große Turmwagen*) (Bild 199).

3. Lokomotiven für Fernstrecken.

Entsprechend den größeren Anforderungen, die für die Beförderung von Schnell-, Personen- und Güterzügen auf Hauptstrecken zu stellen sind, ist man bestrebt, den Dieselmotor auch für Leistungen von etwa 1000 PS und mehr als Kraftquelle in Lokomotiven heranzuziehen. Die Entwicklung solcher Diesel-Großlokomotiven befindet sich aber noch in den Anfängen.

Die Versuche erstrecken sich vorwiegend auf die drei Übertragungsarten: Diesel-elektrisch, Diesel-hydraulisch und Diesel-mechanisch. Von diesen drei Arten ist bisher lediglich die elektrische Kraftübertragung auf Grund ihrer früher erwähnten günstigen Eigenschaften mit Erfolg verwirklicht worden und hat erwähnenswerte Fahrleistungen aufzuweisen. Sie wurden erzielt mit der bekannten dieselelektrischen Lokomotive nach Prof. Lomonosoff.**)

Es soll hier kurz auf das Wesen der Anfahrverhältnisse bei dieselelektrischen Lokomotiven im Vergleich mit denjenigen einer elektrischen Lokomotive, die ihren Strom einer besonderen Fahrleitung entnimmt, eingegangen werden. Die Kraftquelle der dieselelektrischen Lokomotive, d. h. also der Dieselmotor, arbeitet mit gleichbleibender Leistung, die nur in engen Grenzen und für kurze Zeit gesteigert werden darf. Die Fahrmotoren arbeiten daher nach einer gleichseitigen Hyperbel, die sich aus der Abhängigkeit von Geschwindigkeit und Zugkraft ergibt (Bild 200 Linie I). Bei der Oberleitungslokomotive dagegen nimmt für gleichbleibende Spannung (Fahrdrahtspannung) am Fahrmotor die Geschwindigkeit einen Verlauf nach Linie II in Bild 200. Der Schnittpunkt beider Linien liegt in A. Hier allein arbeiten also die Fahrmotoren bei der entsprechenden Zugkraft mit voller Spannung. Rechts vom Schnittpunkt A, z. B. bei B, würden die Fahrmotoren bei Stromentnahme aus der Oberleitung dem Fahrzeug eine diesem Punkt entsprechende Geschwindigkeit erteilen können. Nach der Leistungschaulinie des Dieselmotors kann bei gleichbleibender Zugkraft aber nur etwa die halbe Geschwindigkeit

---

*) Zentralblatt für den elektrischen Zugbetrieb". 1928, Heft 3.

**) „Eisenbahnwesen", Sonderausgabe der Zeitschrift des Vereins Deutscher Ingenieure, 1925. S. 56 ff.

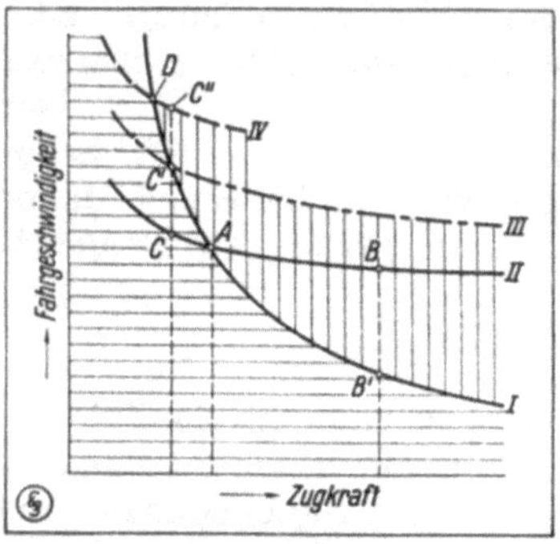

Bild 200. Geschwindigkeit und Zugkraft der Diesellokomotive.

I = Fahrgeschwindigkeit bei konstanter Leistung, II = Fahrgeschwindigkeit bei konstanter Spannung, III = Fahrgeschwindigkeit bei konstanter Spannung und 30% Feldschwächung, IV = Fahrgeschwindigkeit bei konstanter Spannung und 50% Feldschwächung, ☰ = ausgenutzter Leistungsbereich des Fahrmotors. ||||| = nicht ausgenutzter Leistungsbereich des Fahrmotors.

entwickelt werden entsprechend der Lage des Punktes B', während in dem Gebiet der kleineren Zugkräfte (links von Punkt A) die Leistung des Dieselmotors über derjenigen des oder der Fahrmotoren für deren Nennspannung liegen kann, z. B. bei C', wobei jedoch vorausgesetzt ist, daß die Generatorspannung über die dem Punkt A entsprechende hinaus gesteigert werden kann. Würde man dieser Spannung die Nennspannung des Motors anpassen, so würde sich eine der Linie II gleichlaufende Linie III für die entsprechende Nennspannung des Fahrmotors ergeben. die aber bei unverändertem Generator eine noch schlechtere Ausnutzung der Motoren zur Folge hätte. Um dies zu vermeiden, greift man zu dem Hilfsmittel der Feldschwächung bei den letzteren. Man erzielt hierdurch ein Verschieben der Geschwindigkeitslinie im Sinne erhöhter Geschwindigkeiten (Linie IV).

Die dieselelektrische Lokomotive, und zwar sowohl für mittlere als auch für Zugleistungen, wie sie bei Fernbahnen verlangt werden, kennzeichnet sich hiernach durch große Zugkraft bei bescheidenen Geschwindigkeiten. Sie ist also vorzugsweise für den Güterzugdienst geeignet. Die schnell abfallende Zugkraft läßt die Schaulinie (Bild 201) erkennen. Sie gilt für eine amerikanische dieselelektrische Verschiebelokomotive von 300 PS Leistung bei 60 t Lokomotivgewicht. Der Bruchpunkt bei etwa 3000 kg Zugkraft in der Schaulinie deckt sich mit der Begrenzung in der Erregung des Generators. Gegenüber der rein elektrischen Lokomotive mit gleichbleibender Leistung über ein weites Geschwindigkeitsgebiet ist also die dieselelektrische Lokomotive im Nachteil. Sie kann zwar unter sonst gleichen Voraussetzungen die gleiche Zuglast befördern, aber mit geringerer Geschwindigkeit als die elek-

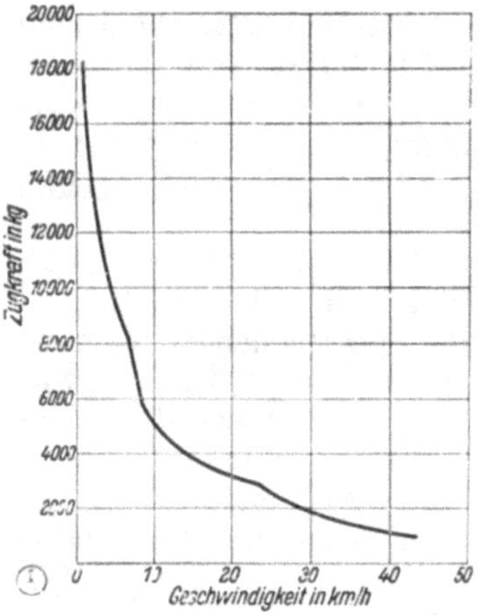

Bild 201. Zugkraftschaulinie für 60 t dieselelektrische Verschiebelokomotive.

trische Lokomotive. Das bedeutet geringere Ausnutzung gegebener Bahnstrecken, die aber in Kauf genommen werden kann, wenn es sich um mäßige Verkehrsdichte und um das Passieren wasserarmer Gegenden handelt (russische Steppe). Es bedeutet aber auch, daß die Fahrmotoren wegen der geringen Überlastungsfähigkeit des Dieselmotors schleichend anfahren, also lange große Stromstärken aufnehmen müssen. Die Überlastbarkeit des Elektromotors kann also einerseits nicht ausgenutzt werden, und er muß andererseits zwecks Einhaltung der Erwärmungsgrenzen bei der notgedrungen ausgedehnten Anfahrperiode größer und schwerer ausfallen, als es bei Oberleitungsbetrieb erforderlich wäre. Den gleichen Einfluß hat natürlich das Befahren längerer Steigungen, wobei die Fahrgeschwindigkeit ebenfalls stark abfällt, die Fahrmotoren also länger mit hohem Strom laufen und entsprechend bemessen sein müssen.

In Gegenden, die hohe Tagestemperaturen aufweisen, ist die Frage der Ausbildung des Kühlers von besonderer Bedeutung. Die Schwierigkeit liegt in der Notwendigkeit großer Abmessungen des Kühlers und geringster Verdampfungsverluste. Ohne einen vollkommen zuverlässigen und allen Witterungsverhältnissen genügenden Kühler ist ein ordnungsmäßiger Lokomotivdienst nicht erzielbar.

VI. Stromerzeugung

A. Kraftwerke.

Die für die Anlage eines Bahnkraftwerkes maßgebenden Gesichtspunkte sind im wesentlichen die gleichen wie die für andere Großkraftwerke. Größtmögliche Betriebsicherheit und Wirtschaftlichkeit stehen auch hier an erster Stelle. Da die Großkraftwerke in anderen Bänden dieser Handbücher ausführlich behandelt werden, wird es genügen, an dieser Stelle die den Bahnbetrieb kennzeichnenden Unterschiede zu erörtern, im übrigen aber bezüglich der konstruktiven Einzelheiten auf jene Bände zu verweisen.

Abgesehen von der abweichenden Stromart, Spannung und Periodenzahl, auf die bereits im Abschnitt IV E dieses Bandes näher eingegangen ist, unterscheiden sich Bahnkraftwerke von anderen Stromerzeugungsanlagen

1. durch die abweichende Form der Belastungskurve,
2. durch den sehr viel rauheren Betrieb.

1. Belastungschaubilder.

Ein gleichzeitig für Licht- und Kraftstromerzeugung bestimmtes Kraftwerk weist in der Regel die in Bild 202 dargestellte typische Form der Belastung auf: eine mit Beginn der gewerblichen Arbeitszeit einsetzende, ziemlich gleichmäßig über den ganzen Tag sich erstreckende Belastung, die nur während der Mittagspause eine gewisse Einsenkung erfährt, in den Abendstunden eine Belastungspitze durch den Lichtbedarf. Das Schaubild des Winterbetriebes unterscheidet sich von dem des Sommerbetriebes durch die zeitliche Verschiebung und die erhöhten Ansprüche des Lichtbedarfes, der sowohl in den Morgen- als auch in den Nachmittagstunden sich zeitlich mit dem Kraftbedarf der Fabriken und Werkstätten deckt und diesen überlagert. Dadurch wird das Belastungsmaximum erheblich erhöht. In den Nachtstunden ist die Belastung gering, und infolgedessen auch die mittlere Tagesbelastung verhältnismäßig niedrig. Die Belastung des Werkes schwankt also während des Tages nicht unerheblich, aber die Veränderungen der Energieentnahme vollziehen sich allmählich und erstrecken sich über längere Zeiträume; ferner wiederholen sie sich mit großer Regelmäßigkeit an den einzelnen Tagen des Jahres, so daß die Betriebsleitung des Kraftwerks sich auf die Belastungsänderungen im voraus einrichten und durch rechtzeitige Inbetriebnahme weiterer Maschinen und Kessel der Mehrbeanspruchung folgen kann.

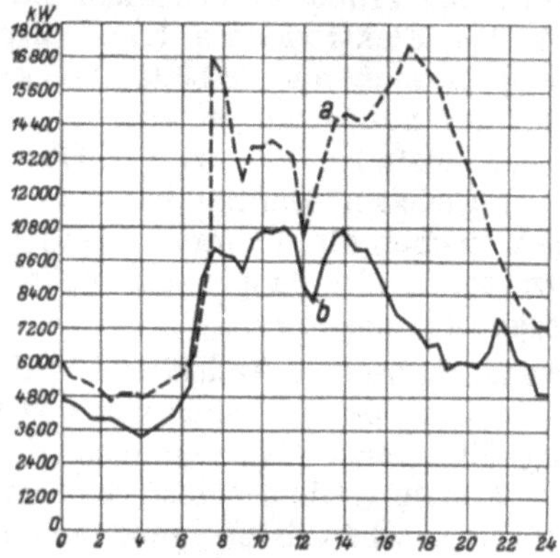

Bild 202. Tagesbelastungskurve eines städt. Elektrizitätswerkes.
a = Belastung im Winter,
b = Belastung im Sommer.

Wesentlich anders verläuft die Belastung eines Bahnkraftwerks. Es gibt kaum einen Betrieb, dessen Kraftverbrauch innerhalb so weiter Grenzen und so plötzlich schwankt, wie der Betrieb einer Vollbahn. Das wechselnde Streckenprofil, die durch die Streckenverhältnisse bedingte Änderung in der Fahrgeschwindigkeit und vor allem der erhebliche Mehrbedarf beim Anfahren bewirken, daß die Stromentnahme jedes einzelnen Zuges andauernd starken Schwankungen unterworfen ist. Verhältnismäßig am günstigsten verhalten sich die Güterzüge, die wegen ihrer geringen Fahrgeschwindigkeit überhaupt keine sehr großen Leistungen beanspruchen und wegen ihrer geringen Anfahrbeschleunigung auch nur kleine Belastungsstöße verursachen. Dagegen stellt ein Schnellzug sehr starke Ansprüche an das Kraftwerk.

Mit der Vergrößerung des Bahnnetzes und mit der Zunahme der gleichzeitig in Fahrt befindlichen Züge wird der Einfluß, den der einzelne Zug auf die Gesamtbelastung des Kraftwerkes ausübt, zwar ge-

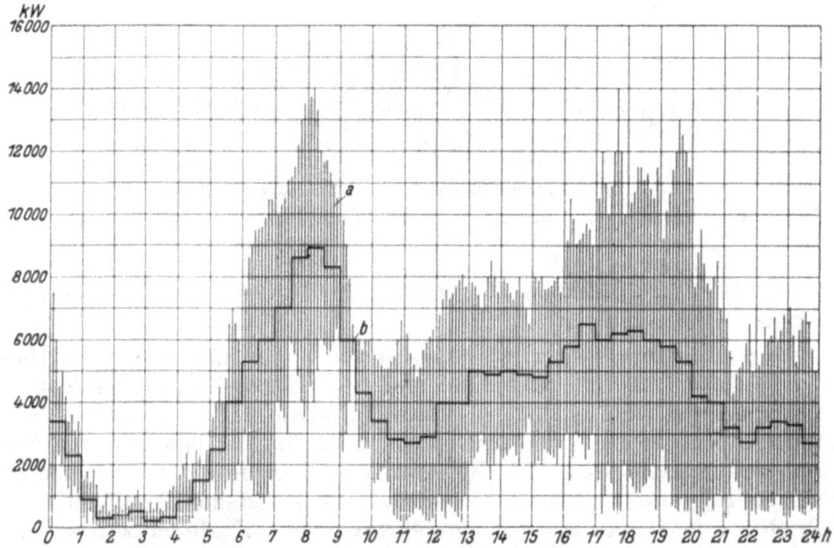

Bild 203. Belastungsschaubild des Bahnkraftwerkes Altona.
a = Belastungsstöße, b = mittlere Belastung (1/3 stündig).

ringer, aber selbst in großen Bahnbetrieben zeigt das Belastungschaubild des Kraftwerks noch ein fortwährendes Auf- und Abfluten der Belastung.

Es ist ferner zu berücksichtigen, daß bei Bahnkraftwerken auch nicht immer mit einer periodischen Wiederkehr bestimmter Belastungsfälle gerechnet werden kann; am ehesten trifft dies noch für Kraftwerke zu, die städtische Straßenbahnen oder Schnellbahnen zu versorgen haben. Hier bringen es die Gepflogenheiten des Wirtschaftslebens mit sich, daß bestimmte Belastungszustände sich tagtäglich zu den gleichen Tageszeiten wiederholen (Bild 203). Aber auch bei diesen Bahnen kann durch starken Ausflugsverkehr oder bei der Massenbeförderung anläßlich sportlicher oder ähnlicher Veranstaltungen die Regelmäßigkeit im Verlaufe der Belastungskurve empfindlich gestört werden. Bei Vollbahnen ist auf eine Periodizität in der Belastung überhaupt nicht zu rechnen; nicht einmal an den einzelnen Tagen der Woche wiederholt sich das Spiel in der gleichen Weise, da der Fahrplan vielfach neben den regelmäßig verkehrenden Zügen noch Züge vorsieht, die nur an bestimmten Tagen oder solche, die nach Bedarf gefahren werden. Auch die Zuggewichte erfahren häufig, namentlich im Güterverkehr, Änderungen, die auf die Kraftwerksbelastung einwirken. Ferner kann durch Zugverspätungen oder sonstige Fahrplan-

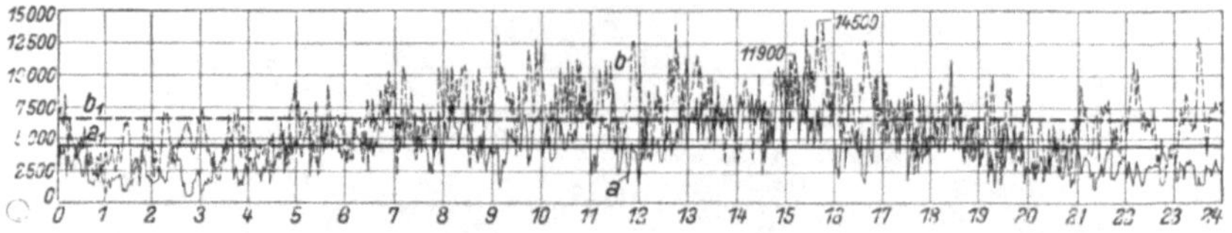

Bild 204. Tagesbelastungskurven für ein Bahnkraftwerk (Mittelsteine)
a = Belastung am 24. 12. 1924, a_1 = Mittlere Belastung am 24. 12. 1924, 4500 kW,
b = Belastung am 24. 12. 1925, b_1 = Mittlere Belastung am 24. 12. 1925, 6620 kW.

störungen eine vollständige Verlagerung der Verkehrs- und Belastungsmaxima herbeigeführt werden.

In günstigem Sinne wirkt dagegen bei Vollbahnbetrieben der Umstand ein, daß die Belastung während der Nachtstunden der Tagesbelastung nicht allzusehr nachsteht, da auf allen stark befahrenen Vollbahnstrecken der Güterverkehr vorzugsweise nachts bewältigt werden muß, wodurch ein Ausgleich für den fehlenden oder abgeschwächten Personenzugverkehr geschaffen wird. Es ist daher bei Vollbahnbetrieben mit einem praktisch ununterbrochenen Kraftwerksdienst mit verhältnismäßig hoher Durchschnittsbelastung zu rechnen.

Bild 204 stellt die Belastung des Bahnkraftwerks Mittelsteine (Bild 205) an zwei willkürlich gewählten Tagen (24. 12. 24 und

Bild 205. Kraftwerk Mittelsteine (Fliegeraufnahme).

24. 12. 25) dar. Es zeigt deutlich das fortwährende Auf- und Abfluten der Belastungslinie und läßt auch erkennen, daß mit dem zunehmenden Zugverkehr das Verhältnis der äußersten Belastungspitze zur Durchschnittsbelastung günstiger wird. Während dieses Verhältnis am 24. 12. 24 noch 2,65 : 1 (11 500 zu 4500 kW) war, verbesserte es sich am 24. 12. 25 auf 2,2 : 1 (14 500 zu 6520 kW).

2. Energiespeicherung.

Den plötzlichen Belastungsänderungen, wie sie der Bahnbetrieb mit sich bringt, kann nur durch reichliche Bemessung der Maschinen und Kessel Rechnung getragen werden, wenn es nicht möglich ist, die Belastungschwankungen durch Energiespeicherung auszugleichen. Die einfachste Art des Belastungsausgleichs auf mechanischem Wege unter Verwendung schwerer Schwungräder ist schon für Straßenbahnbetriebe von geringem Nutzen, weil das Arbeitsvermögen eines Schwungrades auch nicht entfernt ausreicht, um die meist beträchtlichen Belastungschwankungen einigermaßen auszugleichen. Schwungräder können daher nur zu einer gewissen Milderung der Belastungstöße beitragen.

Bei Gleichstromanlagen ist eine elektrische Energiespeicherung unter Verwendung von Akkumulatoren und Zusatzmaschinen (Pirani- oder Lancashire-Maschinen) technisch sehr gut möglich und wirtschaftlich dann gerechtfertigt, wenn die Ausgaben für die Batterie nebst Zubehör (Verzinsung, Tilgung und Stromverluste) durch geringeren Wärme- bzw. Brennstoffverbrauch der Kraftmaschinen ausgeglichen werden. Der Wirkungsgrad dieser elektrischen Pufferung ist gering, da betriebsmäßig in der Batterie und der Zusatzmaschine etwa 30—35 % der in die Batterie hineingeschickten Energie verloren gehen, während erfahrungsgemäß etwa 15—25 % der gesamten im Netz verbrauchten elektrischen Arbeit durch die Batterie fließen.

Die unmittelbare Erzeugung von Gleichstrom für Bahnzwecke tritt mehr und mehr zurück, da es mit der zunehmenden Ausdehnung der Bahnnetze nicht mehr möglich ist, die Speisung von einer Stelle aus durchzuführen. Infolgedessen findet man Pufferbatterien nur noch sehr selten in Bahnkraftwerken, etwas häufiger dagegen in Bahnumformerwerken, namentlich solchen, die den Strom für Stadtschnellbahnen zu liefern haben. Neben dem erwünschten Ausgleich der Belastungschwankungen bietet das Vorhandensein eines jederzeit betriebsbereiten Energiespeichers im Falle von Störungen in den Hochspannungszuleitungen und in den Maschinen gewisse nicht zu unterschätzende Vorteile.

In Wechselstrombahnbetrieben ist die Verwendung einer Pufferbatterie nur nach einer vorherigen Umformung in Gleichstrom möglich. Dies bedingt aber hohe Anlage- und Betriebskosten, so daß die Wechsel-

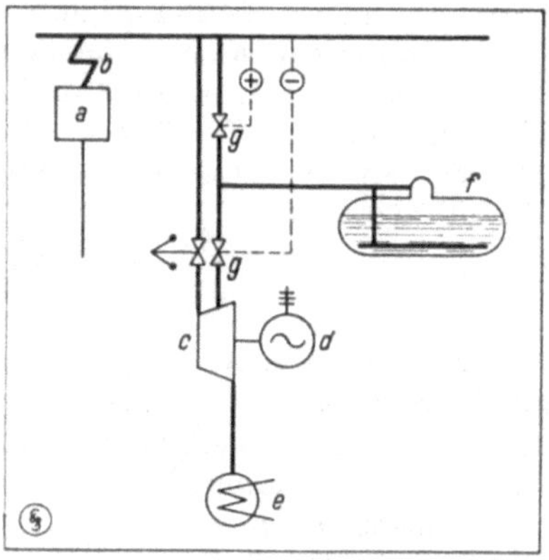

Bild 206. Schaltungsschema einer Ruths-Dampfspeicheranlage.

a = Dampfkessel, b = Überhitzer, c = Dampfturbine, d = Generator, e = Kondensator, f = Ruths-Speicher, g = vom Dampfdruck gesteuerte Ventile.

strompufferung nur in Ausnahmefällen (z. B. Wiesental-Bahn) gerechtfertigt ist.

Die unvermeidlichen Belastungsschwankungen müssen daher in der Regel von den Kraftmaschinen selbst aufgenommen werden. Bei Dampfkraftwerken ist die Verwendung von Dampfturbinen, die innerhalb weiter Grenzen regulierfähig sind, in Verbindung mit stark steigerungsfähigen Kesseln üblich. Der Wasserinhalt der Kessel bildet einen Wärmespeicher, aus dem kurzzeitige Überbelastungen ohne weiteres gedeckt werden können und der bei Unterbelastung wieder aufgeladen wird. Da die Nachverdampfung aus dem Kesselwasser erst eintritt, wenn der Dampfdruck entsprechend gesunken ist, so ist es üblich, den Kesseldruck um einige Atmosphären höher zu wählen als den Eintrittsdruck an der Dampfturbine.

Bild 207. Ruths-Dampfspeicheranlage für das Bahnkraftwerk Mittelsteine.

Zur Aufnahme der starken Belastungschwankungen eines Bahnbetriebes hat sich auch die Verwendung von künstlichem Zug mit selbsttätig wirkenden Zugreglern, wodurch die unter den Rost geblasene Luftmenge je nach Belastungszustand des Kraftwerkes verändert werden kann, als zweckmäßig erwiesen. Der künstliche Zug eignet sich allerdings weniger für leichte Brennstoffe, weil durch die starke Anfachung des Feuers leicht Staubkohle und Flugasche mitgerissen wird, was zu Brennstoffverlusten und zu einer Belästigung der Nachbarschaft führen kann.

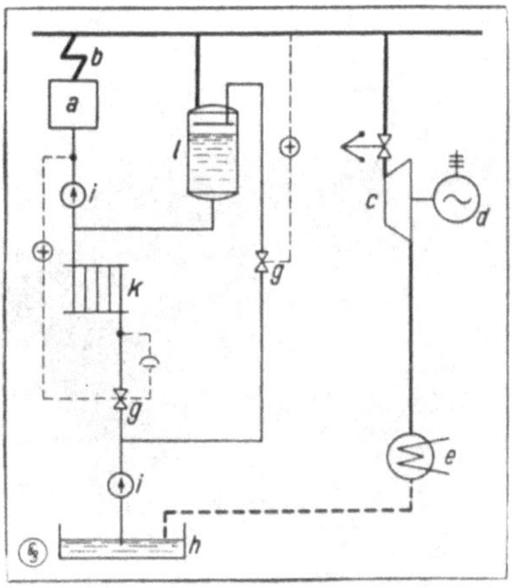

Bild 208. Schaltungsschema einer Speisewasserspeicheranlage nach Ruths - Siemens. Zeichenerklärung für a—g siehe Bild 206, h = Speisewasserbehälter, i = Speisewasserpumpe, k = Rauchgasvorwärmer, l = Warmwasserspeicher.

Noch vorteilhafter in bezug auf die Speicherwirkung ist die Verwendung eines Dampfspeichers, System Ruths (Bild 206). Die Kesselanlage erzeugt gleichmäßig die der mittleren Maschinenleistung entsprechende Dampfmenge. Ist die Belastung geringer, so wird die überschüssige Dampfmenge dazu benutzt, den Wasserinhalt des Speichers zu erhitzen. Steigt die Belastung über den mittleren Wert, so wird der erforderliche Mehrbedarf an Dampf aus dem Dampfspeicher entnommen, der seine Wärme in Form von Dampf unter allmählich abfallendem Druck wieder abgibt. Da der Speicherdampf eine niedrigere Spannung hat als der Kesseldampf, müssen die Turbinen außer dem Einlaßventil für Frischdampf noch eine Dampfzuführung für Spei-

Bild 209. Kraftwerk Wienerbrück der Einphasen-Wechselstrombahn St. Pölten—Mariazell. Kraftwerksgebäude und Druckrohrleitung.

Bild 210. Kraftwerk Wienerbrück
der Einphasen-Wechselstrombahn St. Pölten—Mariazell, Stauweiher.

cherdampf erhalten. Der Dampfzufluß vom Kessel nach dem Speicher bzw. vom Speicher zur Turbine wird durch Ventile geregelt, die vom Dampfdruck in der Weise gesteuert werden, daß bei steigendem Kesseldruck der überschüssige Dampf dem Speicher zugeführt wird, bei fallendem Kesseldruck der fehlende Dampf aus dem Speicher zur Turbine strömt. Die Kesselfeuerungen werden nach dem Speichermanometer bedient. Bild 207 zeigt eine Ruths-Dampfspeicheranlage für das Bahnkraftwerk Mittelsteine.

Die Dampfspeicherung nach dem System Ruths ist dadurch mit gewissen Verlusten verknüpft, daß hochwertiger überhitzter Kesseldampf in den Speicher hineingeschickt, aber nur Sattdampf daraus entnommen wird. Diesen nicht allzu bedeutenden wirtschaftlichen Nachteilen steht aber der Vorzug gegenüber, daß trotz schwankender Dampfentnahme eine gleichbleibende Feuerung ermöglicht und der Wirkungsgrad der Kesselanlage verbessert wird und diese im Mittel höher belastet werden kann.

Ein anderes Mittel der Energiespeicherung ist die Speisewasserspeicherung. Der bei Unterbelastung überschüssige Kesseldampf wird zur Vorwärmung des Speisewassers auf Siedetemperatur gebracht. Der höhere Wärmewert des Kesselspeisewassers gestattet es, daß der Kessel bei gleichbleibender Feuerung Spitzenleistungen von begrenzter Höhe abzugeben vermag. Bild 208 zeigt die Schaltung eines Speisewasserspeichers nach Ruths-Siemens.

Bild 211. Spullersee-Kraftwerk bei Danöfen (Arlbergbahn). Druckrohrleitung und Kraftwerksgebäude.

Schwieriger als bei Dampfkraftwerken gestaltet sich die Frage der Energiespeicherung bei Wasserkraftanlagen. Bei Nieder- oder Mitteldruckanlagen, z. B. bei Ausnutzung von Flußgefällen, fehlt meist die Möglichkeit, das Betriebswasser in einem Sammelbecken aufzustauen. Man hat in solchen Fällen zu einer hydraulischen Speicherung gegriffen in der Weise, daß bei geringer Belastung Wasser in einen Hochbehälter gepumpt wird, das zu Zeiten stärkerer Belastung in Hochdruckturbinen wieder ausgenutzt wird. Obwohl der Gesamtwirkungsgrad einer solchen Speicheranlage nur gering ist (etwa 50 %) und gewisse örtliche Bedingungen erfüllt sein müssen, findet die hydraulische Speicherung in steigendem Maße Anwendung; gestattet sie doch in manchen Fällen billigen Nachtstrom in wertvollen Spitzenstrom umzuwandeln, ohne daß die Aufwendungen für Kapitaldienst und Unterhaltung der Anlagen untragbar werden.

Der günstigste Fall der hydraulischen Speicherung ist naturgemäß bei Hochdruckwasserkraftanlagen gegeben, die aus Stauseen gespeist werden (Bild 209 u. 210). Der Wasserinhalt des Staubeckens ermöglicht nicht nur einen Ausgleich der in den verschiedenen Jahreszeiten wechselnden Zu- und Abflüsse des Wassers (Jahresausgleich), sondern er deckt auch die im Verlauf eines Tages auftretenden Belastungschwankungen (Tagesausgleich). Es ist nur nötig, durch ausreichende Bemessung des Wasserschlosses und der Rohrleitungsquerschnitte dafür zu sorgen, daß die zu den Turbinen fließende Wassermenge den plötzlich auftretenden Belastungsänderungen folgen kann.

Hochdruckwasserkräfte sind für Bahnzwecke die geeignetsten. Vielfach wird auch eine Vereinigung eines nicht speicherfähigen

Bild 212. Spullersee-Kraftwerk (Arlbergbahn) Maschinenhalle mit Turbinen und Generatoren.

Bild 213. Kraftwerk Walchensee.

Niederdruckwasserkraftwerkes mit einem Speicherwerk angewendet, derart, daß das erstere die Grundbelastung, letzteres die Spitzenbelastung übernimmt. In dieser Weise wird z. B. die Arlbergbahn gespeist. Das nicht speicherfähige Ruetzwerk liefert die Grundbelastung, während das aus dem großen Staubecken des Spuller Sees gespeiste Werk bei Danöfen (Bild 211 u. 212) die Spitzendeckung besorgt. In ähnlicher Weise ist die Stromversorgung der Gotthard-Bahn durchgeführt. Im Sommer hat das Werk Amsteg den größeren Teil der Belastung zu decken und das Ritomwerk nur den Rest zu übernehmen, während im Winter, wo Amsteg nur über wenig Wasser verfügt, der Anteil der Belastungen für diese Werke sich umkehrt.

In Bayern liefern die Werke an der mittleren Isar, die nicht speicherfähig sind, die Grundbelastung, während das Walchenseekraftwerk (Bild 213) den Spitzenbedarf deckt.

Der Parallelbetrieb zweier, weit voneinander entfernten Werke vollzieht sich in den allermeisten Fällen ohne besondere Einrichtungen anstandslos. Die Belastungsteilung wird selbsttätig durch eine entsprechende Einstellung der Turbinenregler bewirkt.

3. Kurzschlüsse.

Ein weiteres Merkmal, das die Bahnkraftwerke von anderen Elektrizitätswerken unterscheidet, ist der sehr viel rauhere Betrieb, vor allem das häufige Auftreten heftiger Kurzschlüsse, die im Bahnbetrieb unvermeidlich sind.

Um die Wirkung von Kurzschlüssen örtlich einzugrenzen, ist es notwendig, jede aus dem Kraftwerk austretende Leitung durch selbsttätig wirkende Höchststromausschalter, die bei Kurzschlüssen und bei Überbelastung die betreffende Leitung stromlos machen, zu sichern. Bei mehreren hintereinander geschalteten Höchststromausschaltern muß der der Leitung zunächstliegende zuerst ansprechen. Es ist ferner durch Verwendung besonders hochwertiger Isolationstoffe und durch sorgfältige Bauart und Festlegung der Wicklungen dafür zu sorgen, daß die Maschinen und Apparate nicht durch Kurzschlüsse gefährdet werden. Auf Einfachheit und Übersichtlichkeit der ganzen Anlage ist besonderer Wert zu legen, damit die Bedienungsmannschaft beim Eintreten einer Störung sofort die zweckentsprechenden Handgriffe und Schaltungen ausführen kann.

B. Unterwerke.

Es wird in den seltensten Fällen die Möglichkeit bestehen, den im Kraftwerk erzeugten Strom unmittelbar für den Betrieb der Bahn zu verwenden. Selbst bei Einphasen- oder Drehstrombahnen wird zum mindesten eine Änderung der Spannung, nicht selten auch eine Veränderung der Frequenz, bei Gleichstrombahnen außerdem noch eine Veränderung der Stromart nötig werden.

Die Veränderung der Spannung bei Wechselstrombahnen geschieht in längs der Strecke passend verteilten Umspannwerken mit ruhenden Umspannern (Transformatoren), während in allen anderen Fällen Umformerwerke mit umlaufenden Maschinen oder Gleichrichtern erforderlich sind.

1. Umspannwerke.

Die örtliche Lage der Umspannwerke ergibt sich in der Hauptsache aus den Anforderungen des Bahnbetriebes. Man wird sie vorzugsweise in die Brennpunkte des Verkehrs, z. B. an Eisenbahnknotenpunkte verlegen, damit von einem Werk möglichst mehrere Strecken gespeist werden können. Im übrigen ergibt sich die Zahl und der gegenseitige Abstand der Unterwerke aus der Forderung, daß der Spannungsabfall in den Fahrleitungen ein bestimmtes Maß nicht überschreiten soll, wie schon im Abschnitt IV F dieses Bandes ausgeführt worden ist.

Wichtig ist das Vorhandensein eines Gleisanschlusses, um die schweren Transformatoren bequem zu- oder abfahren zu können. Sind die Transformatoren so groß, daß eine natürliche Luftkühlung nicht mehr ausreicht, so muß man zu einer künstlichen (Ventilator-) Luftkühlung oder zur Wasserkühlung greifen. Der Bedarf an Kühlwasser für die Kühlung der Transformatoren-Ölfüllung ist nicht unerheblich; es benötigt z. B. das Unterwerk Murnau der Deutschen Reichsbahn bei einer Belastung von 5000 kVA stündlich etwa 7,7 m^3 Kühlwasser. Um die Kosten der Kühlwasserbeschaffung zu ermäßigen, kann daher unter Umständen die Anlage einer Rückkühlanlage vorteilhaft sein.

Die Anlage eines Umspannwerkes gliedert sich naturgemäß in einen Ober- und einen Unterspannungsteil, die so weit als möglich auch in der Raumanordnung voneinander getrennt werden. Allerdings sind die jeweiligen örtlichen Verhältnisse (Grundstücksgestaltung, Gleisanschluß, Höhe der Oberspannung, Zahl der Transformatoren und der Leitungs-Ein- und -Ausführungen, Verbindung mit anderen Betriebsräumen) von weitgehendem Einfluß auf die Raumgestaltung. Gewisse typische Anordnungen haben sich aber doch im Laufe der Zeit herausgebildet.

In erster Linie kann man zwischen geschlossenen und Freiluft-Umspannwerken unterscheiden, als dritte Type ist eine gemischte Anordnung (Oberspannung-Freiluftanlage, Unterspannung — geschlossene Anlage) zu erwähnen.

Die Schaltanlage eines Bahn-Umspannwerkes in geschlossener Bauweise (Bild 214) ist in der Regel nach dem Zellensystem gebaut, d. h. die Apparate sind einzeln in gemauerten Zellen untergebracht, so daß es möglich ist, ohne Gefährdung in einer solchen Umschaltungen oder

Ausbesserungen auszuführen, während die benachbarten unter Spannung stehen. Im Erdgeschoß befinden sich die Transformatoren und Ölschalter sowie der Überspannungsschutz, im Obergeschoß die Sammelschienen und Trennschalter (Bild 215). Mehr als 2 Stockwerke verwendet man ungern, weil die Bedienung der Anlage sonst durch lange und zeitraubende Wege erschwert wird. Besondere Aufmerksamkeit ist der Unterbringung aller ölisolierten Apparate, also der Ölschalter und der Transformatoren, zuzuwenden, deren brennbarer Inhalt unter Umständen zu Feuererscheinungen und Qualmentwicklung Veranlassung geben kann. Um diesen Gefahren vorzubeugen, stellt man die Ölschalter und Transformatoren meist in besonderen Zellen auf, die gegen das übrige Schalthaus feuer- und qualmsicher abgeschlossen sind und einen guten Abzug der Öldämpfe ins Freie gestatten (Bild 216).

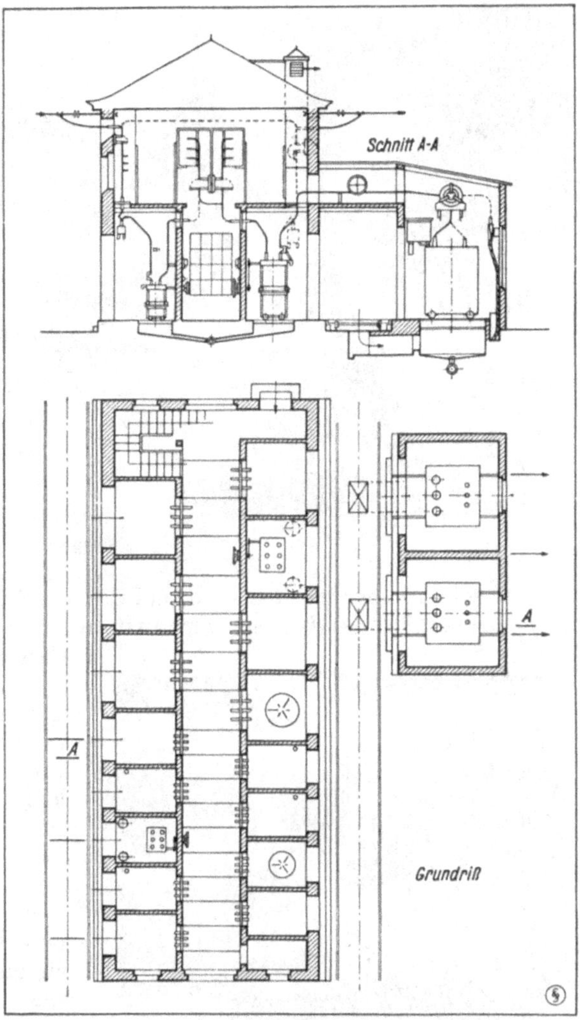

Bild 214. Zweigeschossiges Umspannwerk in Zellenbauweise.

An Stelle des „Zellensystems" findet neuerdings auch die „Hallenbauweise" für Schaltanlagen Anwendung (Bild 217). Die Einkapselung der Apparate in abgeschlossene Zellen hat den Nachteil, daß die ganze

Bild 215. Schaltzellen.

Anlage sehr unübersichtlich wird und daß im Falle einer Störung deren Ursache verhältnismäßig schwer ausfindig zu machen ist. Bei der Hallenbauweise werden die Apparate frei in einer geräumigen Halle untergebracht, wobei Sammelschienen und Trennschalter von einem leichten, durchsichtigen Traggerüst getragen werden. An Stelle der massiven Zellenabschlußwände werden solche aus Drahtgeflecht oder Streckmetall verwendet; vielfach kann man sich auch mit Schutzgeländern begnügen. Die Transformatoren sind wieder in einem besonderen feuersicheren Raum untergebracht, die Ölschalter hängen im Fußboden der Halle. Im Falle eines Ölbrandes kann der Qualm durch das Unter-

Bild 216. Transformatorzelle.

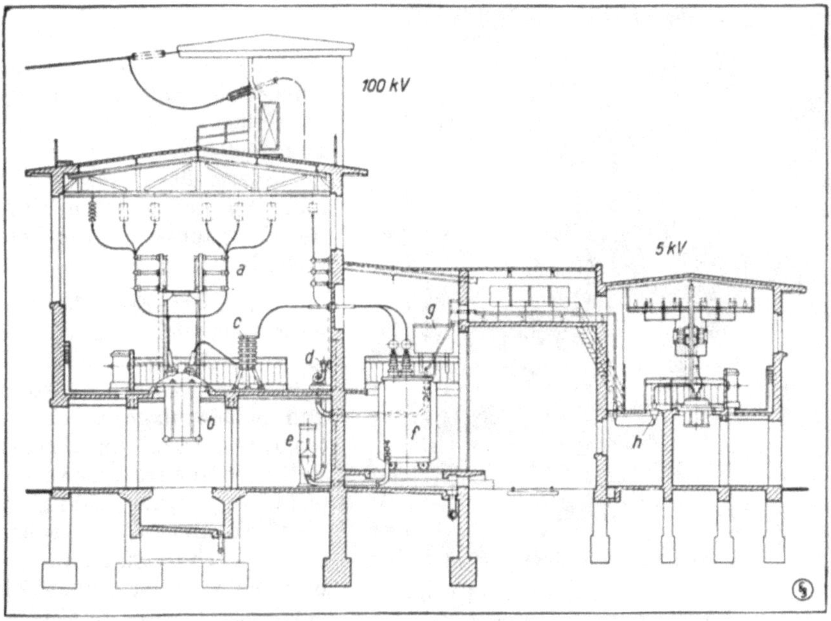

Bild 217. Eingeschossiges Umspannwerk in Hallenbauweise.
a = Trennschalter, b = Ölschutzschalter, d = Pumpe, e = Röhrenkühler, f = Transformator, g = Ölkonservator, h = Stromwandler.

Bild 218. Unterwerk Hall i. Tirol (Ö. B. B.) Gesamtansicht der 55 kV-Freiluftanlage.

Bild 219. Unterwerk Hall i. Tirol (Ö. B. B.) Ölschalter und Schaltgerüst.

geschoß ungehindert ins Freie abziehen. Die Übersichtlichkeit einer solchen Anlage in Hallenbauart ist zweifellos weit besser als beim Zellensystem; sie bildet gewissermaßen den Übergang zu der zweiten Type der Umspannwerke, der Freiluftanlage.

Die reine Freiluftanlage ist gekennzeichnet durch das fast vollständige Fehlen von Gebäuden; Transformatoren und Schaltanlage nebst Antrieben stehen im Freien, natürlich in durchaus wetterfester Ausführung (Bild 218). Sammelschienen, Trennschalter, Verbindungsleitungen und Meßwandler finden die notwendigen Stützpunkte an leichten Eisenkonstruktionen bzw. an Seilabspannungen (Bild 219). Transformatoren und Ölschalter stehen, durch sehr reichliche Zwischenräume getrennt, auf niedrigen Fundamentsockeln, von denen sie leicht auf Transportwagen herübergezogen und über entsprechende Gleisverbindungen in eine Ausbesserungswerkstatt zur Nachprüfung und Unterhaltung gebracht werden können (Bild 220). Dem Werkstattgebäude sind meist die sogenannten Steuerwarte, der Batterieraum und sonstige Nebenräume angegliedert; in diesen Räumen hält sich die Bedienungsmannschaft auf. Von der Warte (Bild 221) aus kann sie das gesamte Unterwerksgelände

Bild 220. Unterwerk Feldkirch in Vorarlberg (Ö.B.B.) 55 kV-Ölschalter und Haupttransformatoren.

Bild 221. Steuerwarte im Unterwerk Feldkirch in Vorarlberg.

übersehen. An Tafeln oder Pulten werden die erforderlichen Steuerschalter, die Meßinstrumente und die Signallampen untergebracht, so daß die Bedienung unabhängig sowohl von Witterungseinflüssen wie von Licht und Dunkelheit erfolgen kann.

Naturgemäß werden Transformatoren und Apparate durch die wetterfeste Ausführung nicht unerheblich verteuert; Eisenkonstruktionen, Fundamente, Gleise, Rohr- und Kabelleitungen verursachen große Kosten. Trotzdem stellen sich Freiluftanlagen in ihren Gesamtkosten meist um etwa 5—20 % billiger als geschlossene Umspannwerke, billigen Grunderwerb und günstigen Baugrund vorausgesetzt.

Neuerdings findet eine dritte Type von Umspannwerken häufiger Anwendung, bei der die Oberspannungseite als Freiluft-, die Unterspannungseite als geschlossene Anlage ausgebildet ist, eine Kombination, die technisch und wirtschaftlich mancherlei Vorzüge zu besitzen scheint.

Bei allen Umspannwerken in Freiluftausführung erfolgt die Betätigung der Ölschalter durch Fernsteuerung, bei manchen werden auch die Trennschalter motorisch angetrieben; bei Umspannwerken der geschlossenen Bauart, insbesondere solchen kleineren Umfangs, verwendet man Handantrieb. Zur Betätigung der Fernsteuerung, ferner der Signal- und Gefahrmeldeanlagen bedient man sich des Gleichstroms, der auch zur Beleuchtung herangezogen wird. Eine Speicherbatterie für 110 oder 220 V ist stets vorhanden; sie wird mit Hilfe kleiner Motorgeneratoren oder Glasgleichrichter aufgeladen.

Mit den Umspannwerken ist in der Regel eine kleine Werkstatt verbunden, in der die an der Schaltanlage erforderlichen kleinen Unterhaltungsarbeiten ausgeführt werden, während etwaige Ausbesserungen an den Transformatoren am besten in einer für mehrere Umspannwerke gemeinschaftlichen und gut eingerichteten Werkstatt erfolgen.

Zuweilen ist auch eine Fahrleitungsmeisterei mit Fahrleitungswerkstatt dem Unterwerk angegliedert, was besondere Vorteile bietet, weil auf diese Weise im Bedarfsfall zur Ausführung etwa erforderlicher Schaltungen stets fachkundiges Personal zur Verfügung steht, während im normalen Betriebe eine ständige Überwachung des Umspannwerkes häufig entbehrt werden kann.

2. Umformerwerke.

Zur Umformung von Drehstrom in Gleichstrom stehen folgende Hilfsmittel zur Verfügung:

Motorgeneratoren,
Kaskadenumformer,
Einankerumformer,
Quecksilberdampfgleichrichter.

Die Schaltung und Bauart dieser Umformergattungen ist bereits im Band 1 der Siemens-Handbücher erörtert worden. Es soll daher an dieser Stelle nur das Anwendungsgebiet jeder einzelnen Umformergattung im Bahnbetrieb behandelt werden.

Motorgeneratoren sind überall dort am Platz, wo mit stärkeren und unregelmäßigen Spannungschwankungen auf der Drehstromseite gerechnet werden muß, wobei allerdings zu beachten ist, daß das Drehmoment von asynchronen Drehstrommotoren im quadratischen Verhältnis mit der Spannung sinkt.

Synchronmotorgeneratoren (Bild 222) empfehlen sich besonders dort, wo ein Arbeiten in umgekehrter Richtung, d. h. ein Umformen von Gleichstrom in Drehstrom z. B. in Anlagen mit Stromrückgewinnung betriebsmäßig in Frage kommt.

Da bei Motorgeneratoren die Gleichstromspannung unabhängig ist von der Spannung des zugeführten Drehstroms, kann man Motorgeneratoren dort mit Vorteil verwenden, wo eine Spannungsregelung auf der Gleichstromseite innerhalb weiter Grenzen nötig ist, z. B. beim Aufladen der Batterien von Speichertriebwagen.

Motorgeneratoren sind ferner angezeigt, wenn es sich um die Erzeugung sehr hoher Gleichstromspannungen handelt (über 1500 V), weil man hier in der Wahl der jeweils günstigsten elektrischen Verhältnisse weniger beschränkt ist, als bei Kaskaden- und Einankerumformern. Motorengeneratoren bedürfen nur bei hoher Drehstromspannung eines vorgeschalteten Transformators; sofern die Drehstromspannung über 11 000 V nicht hinausgeht, können die Motorengeneratoren unmittelbar an das Drehstromnetz angeschlossen werden.

Nachteilig ist der höhere Preis, der größere Raumbedarf und der ungünstigere Wirkungsgrad der Motorengeneratoren.

In Bild 223 sind die Wirkungsgradschaulinien eines Motorgenerators, eines Kaskaden- und eines Einankerumformers vergleichsweise gegenübergestellt. Es zeigt sich, daß der Motorgenerator bezüglich des Wirkungsgrades den beiden anderen Maschinengattungen recht wesentlich nachsteht, dies gilt besonders für Teilbelastungen.

Die zulässigen Spannungsgrenzen der Kaskadenumformer auf der Drehstrom-Hochspannung-

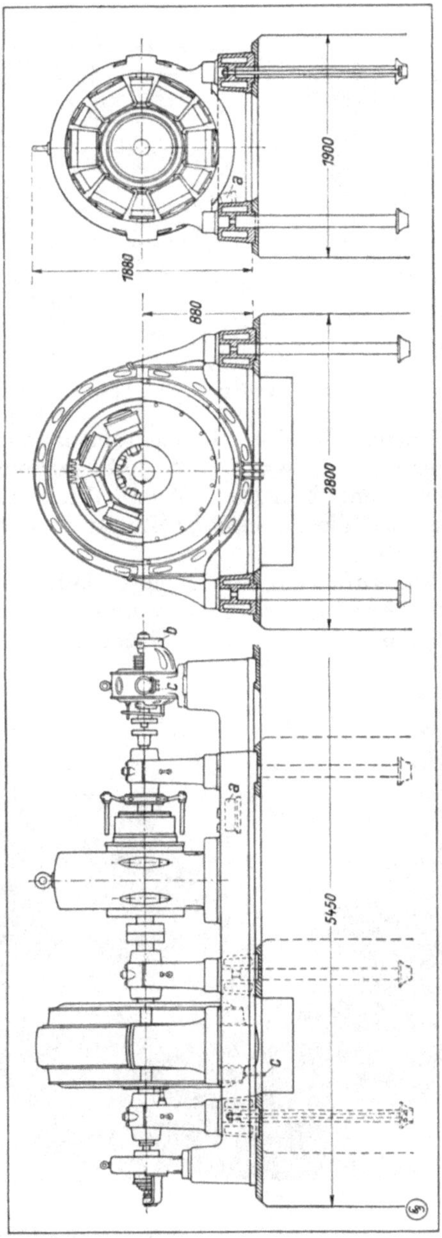

Bild 222. Synchronmotorgenerator mit Erregermaschine und Anwurfmotor.
a = Gleichstrom-Kabelanschluß, b = Läuferanschluß, c = Ständeranschlüsse.

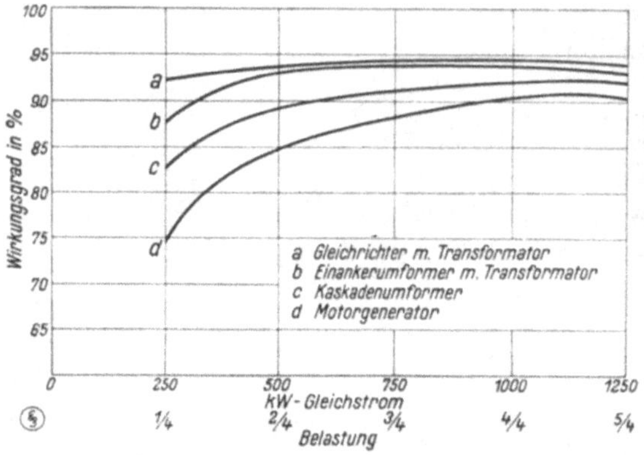

Bild 223. Umformer-Wirkungsgrade.

seite sind dieselben wie bei den Motorgeneratoren. Die im Wesen des Kaskadenumformers begründete unmittelbare elektrische Verbindung zwischen dem Drehstrom- und dem Gleichstromteil bedingt ein festes Verhältnis zwischen Drehstrom- und Gleichstromspannung. Innerhalb gewisser kleiner Grenzen kann indessen durch Änderung der Erregung die Gleichstromspannung verändert werden, ohne weiteres um etwa ± 5 %, mit geringen Mehrkosten für die Umformer um ± 10 %. Beim Rückwärtsarbeiten von der Gleichstrom- auf die Drehstromseite ist in der Regel ein Drehtransformator erforderlich.

Die Erfahrung hat gelehrt, daß bei Kaskadenumformern eine gewisse Leistungsgrenze nach unten, die meist bei etwa 600—800 kW liegt, aus wirtschaftlichen Gründen nicht unterschritten werden sollte.

Bild 224. Einanker-Umformer.

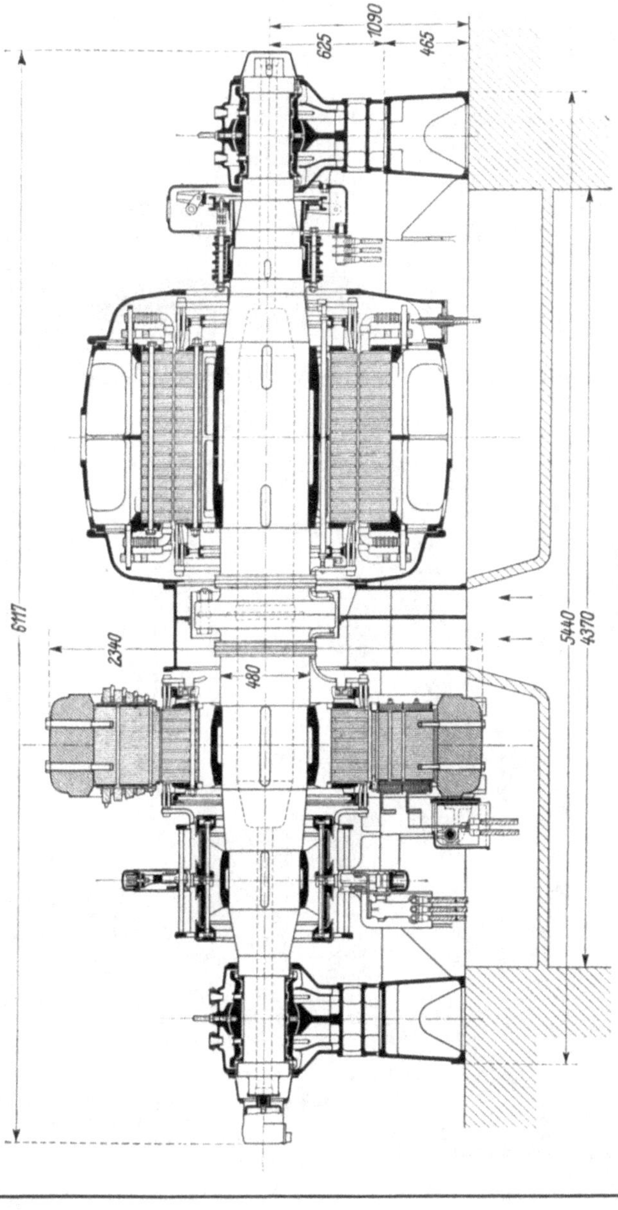

Bild 225. Kaskadenumformer, Schnittzeichnung.

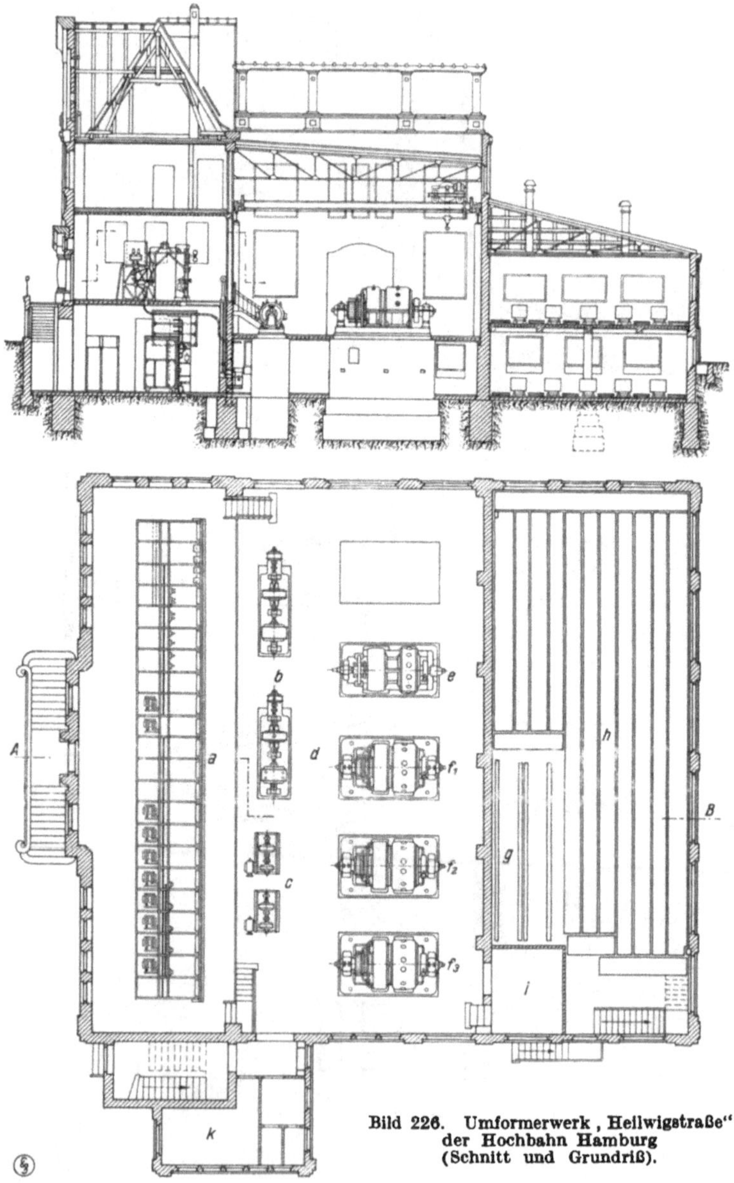

Bild 226. Umformerwerk „Heilwigstraße“ der Hochbahn Hamburg (Schnitt und Grundriß).

a = Schaltbühne, b = Lichtumformer, c = Pirani-Gruppe, d = Maschinenraum, e = Kaskaden-Umformer, 1200 kW, f_1—$_3$ = Kaskaden-Umformer je 1000 kW, 800 V, g = Lichtbatterie, h = Pufferbatterie, i = Meister, k = Lager.

Bild 227. Umformerwerk „Heilwigstraße" der Hochbahn Hamburg. Ansicht des Maschinenraumes.

Bild 228. Umformerwerk „Heilwigstraße" der Hochbahn Hamburg. Hochspannungsraum mit Schaltwagen.

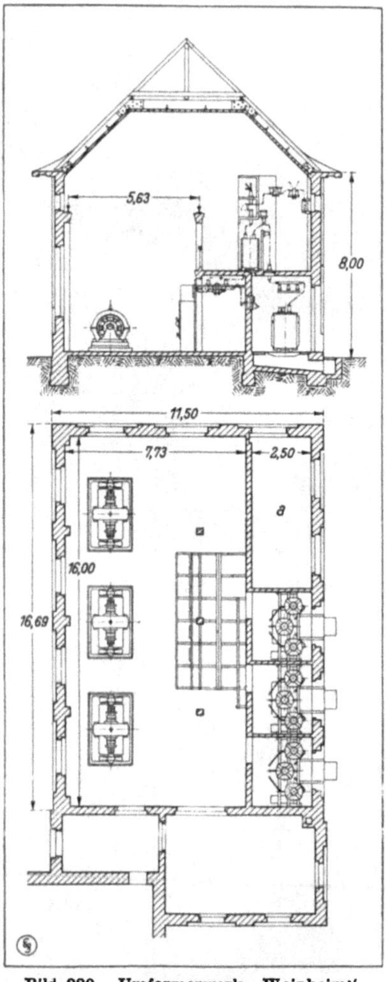

Bild 229. Umformerwerk „Weinheim“, Grundriß und Schnitt
a = Raum für Drehtransformator.

Die Grenze der Gleichstromspannung liegt bei Kaskadenumformern nicht wesentlich tiefer als bei Motorgeneratoren. Bei nicht zu kleinen Maschineneinheiten ist es ohne weiteres möglich, Spannungen von 1500 V in einer Maschine zu erzeugen.

Gegen Kurzschlüsse ist der Kaskadenumformer ziemlich unempfindlich, ein Vorzug, der ihn besonders für schwere Bahnbetriebe geeignet erscheinen läßt.

Weitere Vorteile gegenüber den Motorgeneratoren sind der geringere Raumbedarf und der günstigere Wirkungsgrad (Bild 223). Die Bilder 226—228 zeigen die Pläne und Ansichten der Inneneinrichtung eines Umformerwerkes mit Kaskadenumformern.

Wie aus Bild 223 ersichtlich, hat der Einankerumformer von den im Vergleich gezogenen Maschinen den besten Wirkungsgrad; es ist daher erklärlich, daß er auch in Bahnbetrieben immer mehr in Aufnahme kommt (Bild 224). Zu dem Erfolge dieser Maschinen hat wesentlich die Verwendung von Wendepolen beigetragen, wodurch die Funkengrenze heraufgesetzt wird und damit auch die stoßweise Überlastbarkeit gesteigert werden kann, die gerade für Bahn-Umformeranlagen, insbesondere solche ohne Batterie, von großem Wert ist.

Eine Regelung der Gleichstromspannung ist beim Einankerumformer nicht ohne weiteres möglich, da Drehstrom- und Gleichstromspannung in einem bestimmten Verhältnis stehen. Eine Änderung der Gleichstromspannung ist daher im allgemeinen nur möglich durch eine Änderung der zugeführten Drehstromspannung. Es ist daher für ein bestimmtes Übersetzungsverhältnis dem Einankerumformer stets ein

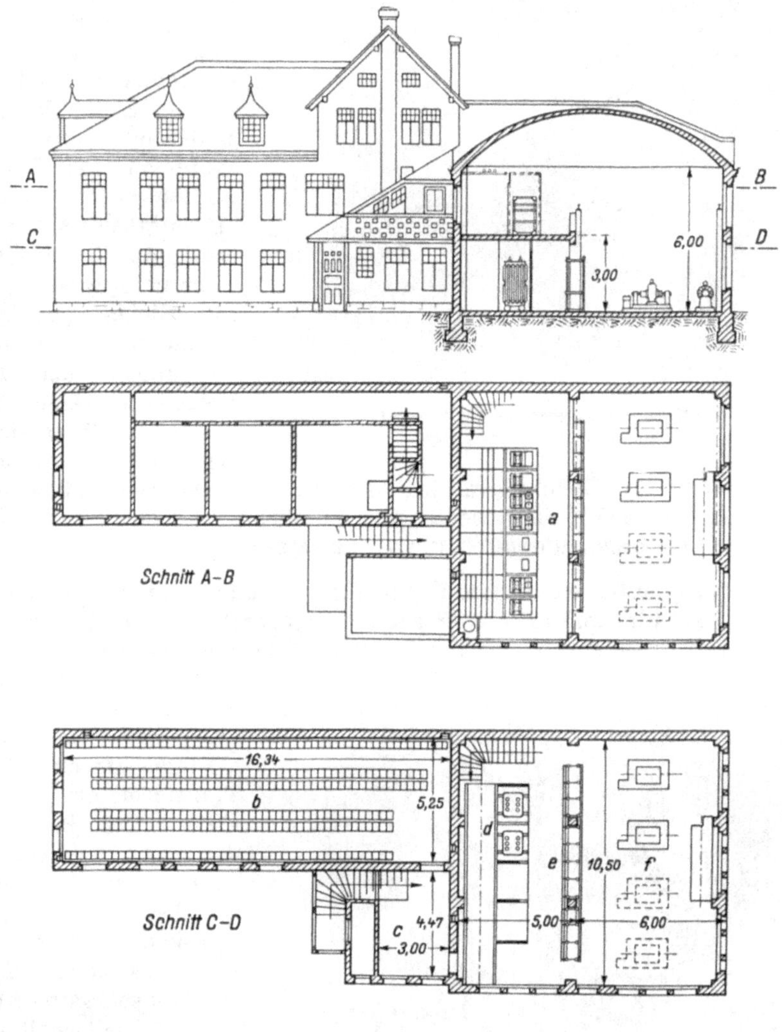

Bild 230. Umformerwerk „Landkreis Recklinghausen", Grundrisse und Schnitte.
a = Hochspannungsraum, b = Akkumulatorenraum, c = Maschinenwärter,
d = Transformatoren, e = Schaltanlage, f = Umformerraum.

Bild 231. Glasgleichrichteranlage mit 3 Gefäßen von je 200 A 460 V. Vorderseite.

Transformator vorzuschalten. Die Regulierung der Spannung kann durch Einschalten induktiver Widerstände, z. B. Drosselspulen oder durch Anzapfungen am Transformator oder durch Drehtransformatoren erfolgen. Für den bei Bahnumformern erforderlichen geringen Regelbereich genügt im allgemeinen das Vorschalten eines induktiven Widerstandes. Die obere Spannungsgrenze für Gleichstrom liegt für Einankerumformer etwa bei 1200 V. Bei 1500 V Betriebspannung empfiehlt es sich schon, zwei Umformer hintereinandergeschaltet zu betreiben.

In bezug auf Kurzschlüsse ist ein Einankerumformer empfindlicher als ein Kaskadenumformer oder ein Motorgenerator, er neigt mehr zu Rundfeuer, da er eine wesentlich „härtere" Maschine ist als der letztgenannte. Begründet ist dies vor allem in der verhältnismäßig geringen Streuung des Transformators, verglichen z. B. mit der eines Asynchronmotors, wie er dem Gleichstromteil des Kaskadenumformers vorgeschaltet ist. Die neuerdings entwickelten „Schnellschalter", deren Abschaltzeiten sich in der Größenordnung von etwa $\frac{1}{100}$ Sekunde bewegen,

Bild 232. Glasgleichrichteranlage mit 3 Gefäßen je 200 A bei 460 V. Rückseite.

haben aber praktisch die Rundfeuergefahr bei Einankerumformern beseitigt. Die Bilder 229 u. 230 zeigen an zwei Beispielen die bauliche Anordnung eines Einanker-Umformerwerks mit und ohne Batterie.

Bild 233. Großgleichrichter für 2000 A.

Die neueste Umformerart ist der Quecksilberdampf - Gleichrichter. Seine Vorzüge gegenüber den umlaufenden Umformern sind folgende:

a) Der Wirkungsgrad eines Gleichrichtersatzes (Gefäß und Transformator) bleibt über einen großen Teil des Leistungsbereiches (von etwa $^1/_3$ bis etwa $^5/_4$ Last) praktisch gleich und ist bei Gleichstromspannungen von 600—800 V ab nicht unbeträchtlich höher als der von Einankerumformern.

Die Leerlaufverluste sind gering und sein Betriebswirkungs-

Bild 234. Glasgleichrichterunterwerk.

Bild 235. Großgleichrichterunterwerk.

Bild 236. Großgleichrichteranlage für insgesamt 3000 A bei 550 V.

grad bei schwankender und Unterbelastung daher verhältnismäßig hoch.

b) Große stoßweise Überlastungsfähigkeit, Unempfindlichkeit gegen Kurzschlüsse.

c) Leichte Inbetriebsetzung, da keine Synchronisierung und Polarisierung erforderlich.

d) Wartung und Unterhaltung sind sehr einfach und billig.

e) Das geringe Gewicht und das Fehlen umlaufender Massen ermöglichen die Aufstellung des Gleichrichters auf normalen Decken und in Räumen mit beschränkter Höhe, da ein Laufkran zur Aufstellung nicht erforderlich ist. Auch der Grundflächenbedarf geht über den des Einanker-Umformers kaum hinaus.

f) Der Gleichrichter selbst arbeitet vollkommen geräuschlos.

g) Der Gleichrichter ist unabhängig von der Wechselzahl des zugeführten Drehstroms.

Diese Vorzüge des Gleichrichters haben zu einer ständig wachsenden Verwendung im Bahnbetriebe geführt. Nur bei Bahnen, bei denen eine Energierückgewinnung stattfinden soll, ist die Verwendung eines Gleichrichters nicht möglich, da die einseitige Durchflußrichtung von den Anoden zur Kathode eine Energierückgabe in das Drehstromnetz nicht zuläßt. Da aber die Stromrückgewinnung bei Bahnanlagen zu den Ausnahmen gehört, wird man in dieser Beschränkung einen wesentlichen Nachteil der Gleichrichter nicht erblicken können.

Die Gleichrichter werden in 2 verschiedenen Bauformen als Glasgleichrichter und als Großgleichrichter mit Metallgehäuse hergestellt.

Die Glasgleichrichter werden in Größen bis zu 350 A je Kolben und für Spannungen bis etwa 825 V geliefert (Bild 231 u. 232). Sie eignen sich besonders für Straßenbahnbetriebe, namentlich zur Speisung von Außenstrecken, die nur zeitweilig einen stärkeren Verkehr aufweisen. Auch in Ladestationen für Akkumulatoren-Triebwagen finden sie vielfach Verwendung.

Die Großgleichrichter werden neuerdings für sehr hohe Stromstärken hergestellt. Gefäße für 2000—2500 A sind schon in großer Zahl geliefert, solche für 4000 und 6400 A befinden sich in Ausführung. Die Typenreihe geht bereits bis 16 000 A.

Mit der Spannung ist man auf 1650 V gegangen.

Sie finden für Straßenbahnen, für stark belastete Stadtschnellbahnen und für Fernbahnen Verwendung (Bild 233). Den sehr geringen Raumbedarf der Gleichrichteranlagen zeigen die Bilder 234—236.

C. Selbsttätige und ferngesteuerte Umformerwerke.

Die Bedienung eines Umformerwerkes ist verhältnismäßig einfach. Bei Beginn des Betriebes sind die Umformersätze einzuschalten, zu

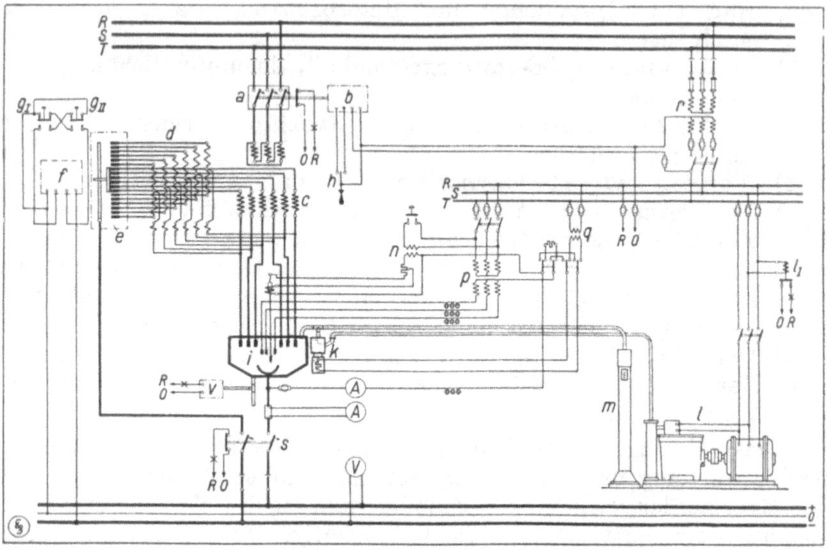

Bild 237. Allgemeines Schaltbild einer Großgleichrichtereinheit.
a = Ölschalter, b = motorischer Antrieb zum Ölschalter, c = Haupttransformator, d = Stufentransformator, e = Stufenschalter, f = motorischer Antrieb zum Stufenschalter, g I = Spannung „höher“, g II = Spannung „tiefer“, h = Steuerschalter, i = Gleichrichter, k = Quecksilberdampfpumpe, l = Vorpumpe, m = Luftdruckmeßgerät, n = Zündtransformator, p = Erregertransformator, q = Heiztransformator, r = Hilfstransformator, s = Überstromschalter mit Hilfskontakt, v = Kühlwasseralarmvorrichtung mit Hilfskontakt.

Zeiten stärkerer Beanspruchung auch die in Bereitschaft stehenden Umformer heranzuziehen und nach Schluß des Betriebes wieder abzustellen. Während der täglichen Betriebszeit beschränkt sich die Bedienung auf das Wiedereinlegen von Höchststromausschaltern, die infolge Überlastung oder Kurzschlüssen ausgelöst haben, und auf die allgemeine Überwachung der Anlage. Da hierbei das Unterwerkspersonal in der Regel nicht voll ausgenutzt ist, war der Gedanke naheliegend, entweder die verhältnismäßig einfachen Schaltvorgänge vollkommen selbsttätig erfolgen zu lassen oder eine Fernsteuerung einzurichten mit deren Hilfe mehrere unbediente Stationen von einem mit Bedienungspersonal versehenen Hauptwerk aus geschaltet werden können.

Für solchen bedienungslosen oder ferngesteuerten Betrieb eignen sich vorzugsweise die Gleichrichteranlagen wegen ihrer einfachen Bedienung.

Bei b e d i e n u n g s l o s e n Stationen werden sämtliche während des Betriebes vorkommenden Schaltbewegungen selbsttätig ausgeführt. Es kommen hierfür in Frage:

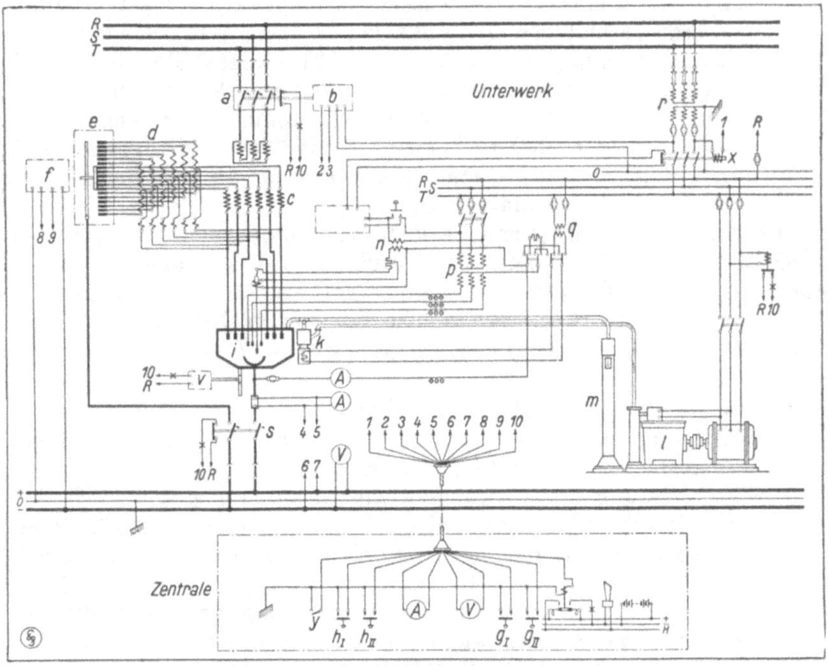

Bild 238. Schaltbild einer ferngesteuerten Groß-Gleichrichteranlage. Legende siehe Bild 237. Außerdem:
h_I = Ölschalter „Ein", h_{II} = Ölschalter „Aus", x = Schütz für Hilfstromkreise, y = Betätigungsschalter für das Schütz.

a) Ein- und Ausschaltung der ganzen Anlage oder einzelner Gleichrichter in Abhängigkeit von der Zeit (mit Zeitschaltuhr) oder in Abhängigkeit von Strom und Spannung.

b) Selbsttätiges Zu- und Abschalten von Gleichrichtereinheiten, je nach der Belastung des Netzes.

c) Selbsttätige Wiedereinschaltung von Ölschaltern.

d) Selbsttätiges Zünden der Gleichrichter bei Wiederkehr ausgebliebener Drehstromspannung.

e) Selbststeuernde Streckenschalter, die sich nach Auslösen infolge Überlastung oder Kurzschluß selbsttätig wieder einlegen, sobald der Kurzschluß oder die Überlastung behoben ist.

f) Selbsttätige Regelung der Gleichstromspannung.

g) Eine Alarmvorrichtung, die in Tätigkeit tritt, sobald irgendein Schalter gefallen ist, jedoch außer Tätigkeit tritt, wenn der Schalter sich selbsttätig wieder eingeschaltet hat und die ferner anspricht, wenn das Kühlwasser ausbleibt oder die Öltemperatur der Transformatoren einen unzulässig hohen Wert erreicht. Diese Alarmvorrichtung (optisches und akustisches Signal) wird in einer Überwachungstation, die ständig mit Personal besetzt ist, untergebracht. Die Alarmvorrichtung kann in der Weise durchgebildet werden, daß in der entfernten Überwachungstelle nicht nur die Störung als solche, sondern auch die Art der Störung erkannt werden kann.

Die Fernsteuerung und Fernüberwachung ermöglicht es, Schaltbewegungen und Messungen, die normalerweise bei dem Unterwerk selbst vorgenommen werden, von einer entfernt liegenden Steuerstelle (Warte) aus zu bewirken. Als solche kommen in Frage:

a) Ein- und Ausschalten der Ölschalter und somit der ganzen Anlage.

b) Überwachung von Strom und Spannung.

c) Betätigung einer etwaigen Spannungsregelvorrichtung (Drehtransformator oder Stufenschalter).

d) Signalisierung von Störungen, wie bereits angegeben.

In den Bildern 237 u. 238 sind die Schaltungen einer gewöhnlichen bedienten und einer ferngesteuerten großen Gleichrichteranlage gegenübergestellt.

In vielen Fällen greift man zu einer Vereinigung beider Systeme, indem man gewisse Schaltbewegungen durch Fernsteuerung einleitet, wie z. B. das Einlegen eines Schalters für die Hilfstromkreise eines Großgleichrichters, während dann andere Schaltvorgänge, beispielsweise Zündung und Erregung, Kühlwasserlauf und dergl. sich selbsttätig in der richtigen Reihenfolge vollziehen.

In ähnlicher Weise wie Gleichrichterstationen können auch umlaufende Umformer für bedienungslosen oder ferngesteuerten Betrieb eingerichtet werden; jedoch ist die Anlage hierbei wesentlich verwickelter, da beim Einschalten auch ein Sychronisieren und Polarisieren der Maschinen in Betracht kommt.

Für die Fernsteuerung sind entweder vieladrige Steuerkabel erforderlich, deren Aderzahl sich nach den Anforderungen richtet, die an den Umfang der Fernsteuerung und Überwachung gestellt werden, oder man greift bei größeren Entfernungen (über einige Kilometer hinaus) zu einer Anordnung von synchron laufenden Gebern und Empfängern, je einen für jedes Unterwerk, die bis zu etwa 40 Kommandos nebst zugehörigen Rückmeldungen nur 2 Adern, bei 80 Kommandos und Rückmeldungen 3 Adern usw. benötigen. Mit diesem System können alle praktisch in Frage kommenden Entfernungen überwunden werden; dabei ist die Gesamtanordnung außerordentlich durchsichtig. Für jeden Befehl und dessen Rückmeldung sind nur wenige kräftige

Bild 239. Kraftwerk Muldenstein.

Kontakte hintereinander geschaltet. Der Synchronlauf wird selbsttätig in kurzen Zwischenräumen nachgeprüft und kleine Abweichungen werden richtig gestellt. Für den Betrieb benötigt man sowohl vom Geber- wie vom Empfängerorte je eine Batterie der üblichen Spannungen, wie sie schon für die Betätigung der Schalterantriebe selbst notwendig ist.

VII. Streckenausrüstung

A. Gleisanlagen.

Die Gleisanlage kann im Rahmen dieses Buches nicht in allen Einzelheiten erschöpfend dargestellt werden, weil die Ausführungsformen außerordentlich mannigfacher Art sind. Es sollen daher nur die gebräuchlichen Arten gezeigt werden, und es muß zum genauen Studium auf die Sonderliteratur verwiesen werden.

Es sind zu unterscheiden: Gleisanlagen aus Vignolschienen für Bahnen auf eigenem Bahnkörper und Gleisanlagen aus Rillenschienen, für Bahnen in befestigten Straßen.

Gleisanlagen bestehen aus dem Unterbau und dem Oberbau. Zum Unterbau gehören alle baulichen Anlageteile zum Tragen des Oberbaues wie die Bettung der Gleise, der Bahnkörper, Brücken, Viadukte. Der Oberbau umfaßt die Schienen, Schwellen, Weichen und Kreuzungen.

1. Gleisanlagen mit Vignolschienen.

Vignolschienen nach Bild 240 bestehen aus dem Kopf, dem Fuß und dem Steg.

Die Wahl des Querschnitts der Schienen und damit auch des Gewichtes ist abhängig von dem Raddruck der Fahrzeuge und der Geschwindigkeit, mit der die Gleise befahren werden. Die schwerste Schienenform bei der Reichsbahn, Profil S 45 und S 49, kommt für die Gleise der Hauptbahnen in Frage, die von schweren Güterzügen und Schnellzügen mit schwersten Lokomotiven befahren werden. In Nebengleisen, Abstellbahnhöfen, Güterbahnhöfen und auf Nebenstrecken, die mit geringen Geschwindigkeiten befahren werden, wählt man leichtere Schienenformen.

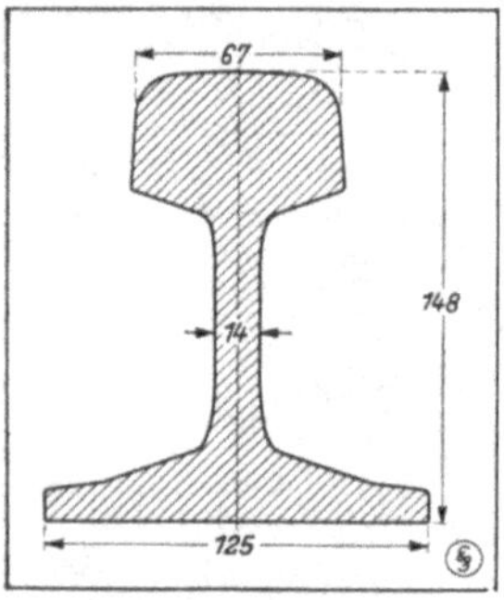

Bild 240. Schienenform Reichsbahn S 49.

Das Material der Schienen ist Flußstahl mit einer Zugfestigkeit von mindestens 60 kg/mm².

Aus Bild 241 sind die hauptsächlichsten Abmessungen, die Gewichte der Schienen und der zulässige Raddruck bei bestimmten Schwellenabständen ersichtlich. In einzelnen Ländern, wie namentlich England, wird auch die sogenannte Stuhlschiene gebraucht, eine Schienenform mit 2 Köpfen und dazwischen liegenden Steg (Bild 242). Sie wird durch Hartholzkeile an besonders geformten Schienenstühlen befestigt, die auf die Schwellen aufgeschraubt sind. Die Walzung ist hier wegen der annähernd symmetrischen Form einfacher als die der Breitfußschiene, und das Kleineisenzeug kommt größtenteils in Fortfall. Die Deutsche Reichsbahn verwendet neuerdings diesen Oberbau in Tunnelstrecken, weil dort das Kleineisenzeug einer sehr schnellen Zerstörung durch Rost unterworfen ist.

Form		Raddruck Tonnen	Abmessungen			Gewicht f. l. m i. kg	Schwellenzahl bei Schienenlängen von Br = Breitschwelle		
			Höhe	Kopfbr.	Fußbr.		12 m	15 m	18 m
Reichsf. S 49		12.5	148	67	125	48.89	Br+17	Br+22	Br+27
Reichsf. S 45		10	142	67	125	45.25	Br+14	Br+18	Br+22
Preußen 15 c		10	144	72	110	45.05	Br+19	Br+24	Br+29
Preußen 8 d		10	138	72	110	41.0	Br+19	Br+24	Br+29

Bild 241. Vignolschienen.

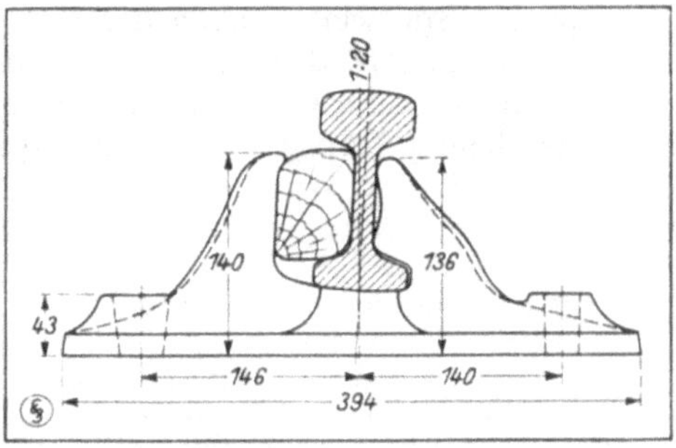

Bild 242. Stuhlschiene.

Zur Verbindung der Schienen, die in Längen von 12, 15 oder 18 m hergestellt werden, dienen fast ausnahmslos die Laschen. Die Lasche ist ein Formeisen, das sich genau der Schienenform zwischen Kopf und Fuß anpaßt. Das Material der Lasche ist Flußstahl von 50—60 kg/mm² Festigkeit oder Flußeisen von 38—50 kg/mm² Festigkeit. Die Länge der Laschen, die sich nach der Art des Schienenstoßes richtet und die Anzahl der erforderlichen Laschenschrauben ist aus Bild 243 ersichtlich. Der schwebende Stoß (Bild 244), der zwischen 2 Schwellen liegt, wird immer weniger angewendet, und man neigt allgemein dazu, den ruhenden Stoß (Bild 245) einzubauen, der über einer Schwelle liegt. Heute nimmt man hierzu Schwellen von der doppelten normalen Breite (Breitschwelle), so daß der Stoß fast in der ganzen Länge der Laschen unterstützt ist.

Form		Gewichte in kg			Länge	Anzahl der Schrauben	Stoßart
		innen	außen	paar			
Reichsform S 49		9.06	9.06	18.12	580	4	ruhend
Reichsform S 45		9.06	9.06	18.12	580	4	ruhend
Preußen 15 c		9.43	9.43	18.86	600	4	ruhend
Preußen 8 d		9.43	9.43	18.86	600	4	ruhend

Bild 243. Laschen.

Die Hauptbahnen der meisten europäischen Staaten (Deutschland, England, Österreich, Schweiz, Schweden, Norwegen, Dänemark und Balkan) haben als Spurweite, d. i. das lichte Maß zwischen den Innenflächen der Köpfe, die Regelspur von 1435 mm eingeführt. Frankreich und Italien haben eine Spurweite von 1440—1450 mm. Dieser geringe Unterschied gegenüber der Regelspur ist für den gegenseitigen Übergang der Fahrzeuge ohne Belang.

Größere Spurweite haben die Hauptbahnen in Spanien (1676 mm) und in Rußland (1524 mm). Als Schmalspur wird für Hauptbahnen vorwiegend die Spurweite 1067 mm angewendet, so im Kapland (daher die Bezeichnung Kapspur) und in Japan.

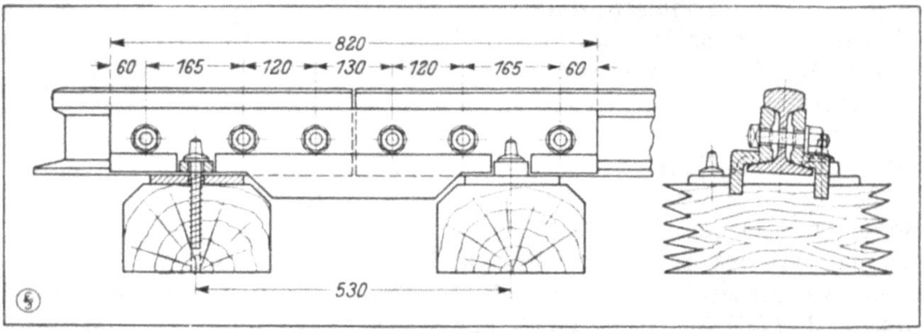

Bild 244. Schwebender Stoß.

Nach den Bau- und Betriebsvorschriften für Straßenbahnen und nebenbahnähnliche Kleinbahnen in Preußen sollen bei Neubauten außer der Regelspur und Meterspur für Kleinbahnen nur 750 und 600 mm gewählt werden.

Bei älteren Bahnen findet man noch Spurweiten von 914, 900 und 785 mm.

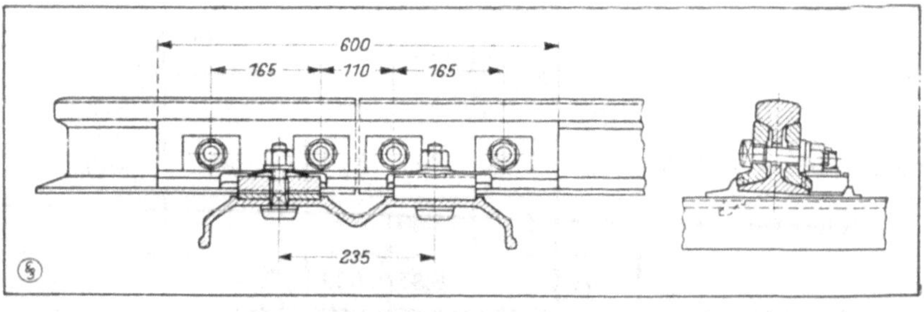

Bild 245. Ruhender Stoß.

Die Schwellen dienen zur Unterstützung der Schienen und zur Festlegung und Sicherung der Spurweite. Der früher verwendete Vignoloberbau mit Langschwellen, d. s. solche Schwellen, die den Fuß der Schienen der Länge nach unterstützen, ist verlassen und wird nur noch vereinzelt auf Brücken benutzt. Bei dieser Anordnung sind zur Sicherung der Spurweite Spurstangen erforderlich.

Querschwellen bestehen entweder aus Holz (Kiefer, Buche und Eiche) oder Eisen.

Zur Erhaltung des Holzes wird die fertige Schwelle einem Konservierungsverfahren unterworfen. Als bestes Verfahren, das auch bei der Deutschen Reichsbahn eingeführt ist, muß das Tränken mit Teeröl im Vakuumkessel (Rüpingsverfahren, siehe Druckschrift der Rütgerswerke A.-G. über die Konservierung hölzerner Eisenbahnschwellen) bezeichnet werden.

Ein anderes Verfahren ist das Tränken mit Chlorzinklösung oder mit Steinkohlenteer im Druckkessel.

Eisenschwellen bestehen aus U-förmig gewalzten Profilformen in verschiedensten Abmessungen. Die Länge der Schwellen beträgt bei Hauptbahnen 2600 mm, bei Nebenbahnen 2400 mm, bei Kleinbahnen ist sie etwa gleich der Spurweite plus 700—800 mm.

Die Abmessungen der Schwellen für Haupt- und Nebenbahnen sind in Bild 246 angegeben.

Die Art der Befestigung der Schienen auf den Schwellen ist für die Lebensdauer der Gleisanlage von großer Bedeutung.

Material	Klasse		Länge	Breite	Höhe	Auflage
Holz	1		2600	250/270	165/155	160
Holz	2		2500	230/250	150/130	160
Holz	3		2500	200/220	130/120	140
Holz	Breitschwelle		2600	520	160	420

Material	Profil		Breite oben	Breite unten	Höhe	Gewicht in kg
Eisen	51		120	232	75	58.3
Eisen	71		124	232	75	62.34
Eisen	66		124	482	75	128.02

Bild 246. Schwellen.

Auf Holzschwellen werden die Schienen mit Schienennägeln (bei Baugleisen und Abstellgleisen) oder Schwellenschrauben (Bild 247 und 248) meist unter Zwischenlage einer Unterlagsplatte zwischen Schienenfuß und Schwelle befestigt.

Die **Unterlagsplatte** dient zur Übertragung des Schienendruckes auf die Schwelle, zum Schrägstellen der Schiene und als Bindeglied für die Befestigung zwischen Schiene und Schwelle. Sie wird sowohl bei Holz- wie bei Eisenschwellen angewendet.

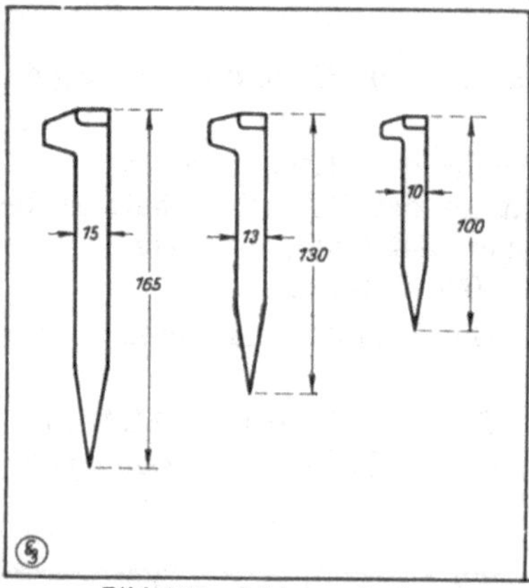

Bild 247. Schienennägel.

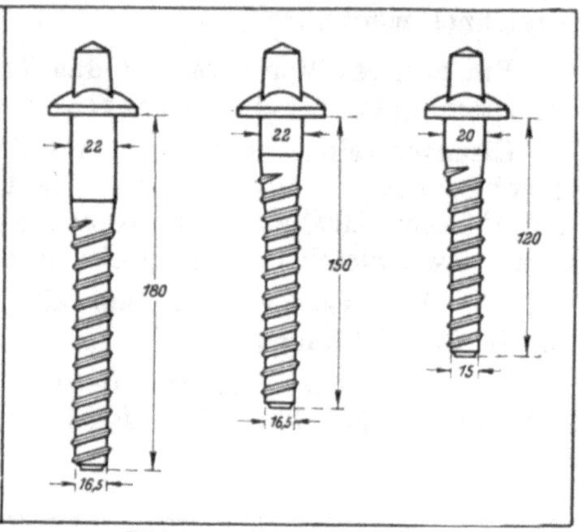

Bild 248. Schwellenschrauben.

Den Schienen wird eine Neigung von 1 : 20 zur Senkrechten gegeben, und zwar beiden Schienen nach innen, um die Achse der Schienen senkrecht zu den konisch gedrehten Laufflächen der Räder zu stellen.

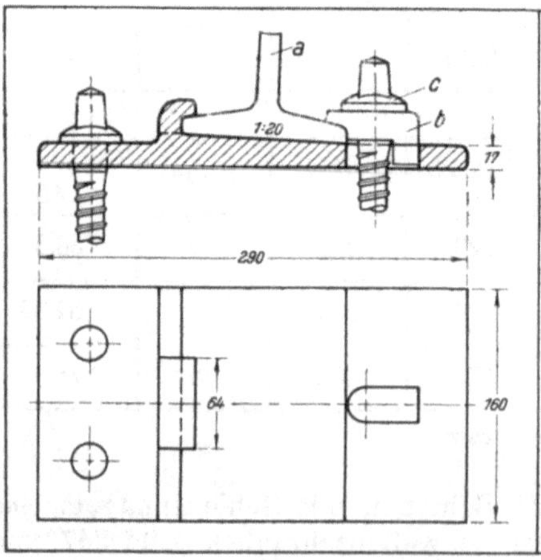

Bild 249. Hakenplatte für Holzschwellen.

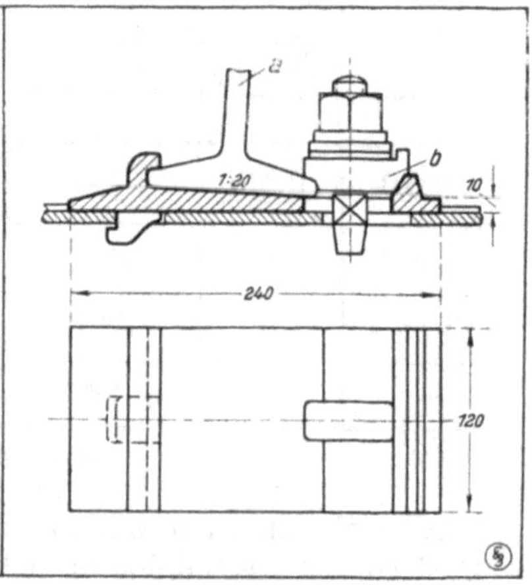

Bild 250. Hakenplatte für Eisenschwellen.

a = Schienenform 8 bzw. 15, b = Klemmplatte, c = Schwellenschraube.

Die konische Form der Räder ist gewählt, damit besonders an Weichen und Herzstücken ein sanfteres Auffahren erreicht wird, und damit die Laufraddurchmesser beim inneren und äußeren Rad im richtigen Verhältnis zu dem Längenunterschied der inneren und äußeren Bogenschiene stehen.

Im Oberbau der Hauptbahnen wird ausschließlich die Hakenplatte (Bild 249 und 250) verwendet. Der Haken umfaßt den Fuß der Schiene an der Außenseite des Gleises, an der Innenseite wird der Schienenfuß durch Klemmplatten und Schwellenschrauben festgeklemmt. Bei dem neuen Reichsbahnoberbau ist die Befestigung der Unterlagsplatte auf den Schwellen von der Befestigung der Schienen auf den Unterlagsplatten getrennt (Bild 251). Zur Spurregulierung dienen sog. Spurregler, die zwischen Schienenfuß und Rippe eingelegt werden.

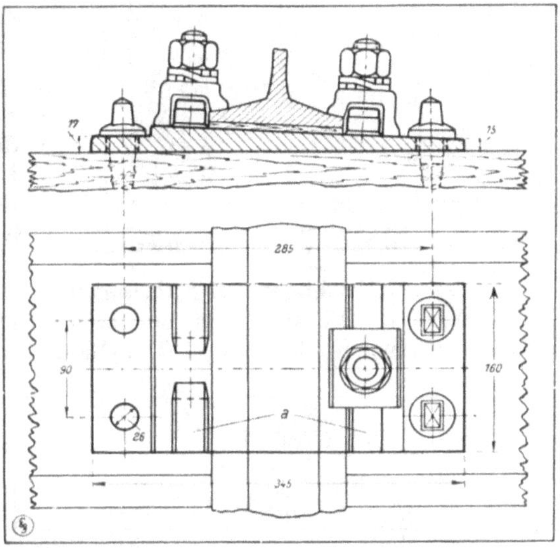

Bild 251. Rippenplatte für S 49.
a = Rippen.

Die Klemmenplatten werden zur Erzielung der Spurregulierung in 4 verschiedenen Formen hergestellt, die eine Schienenverschiebung von 0, 3, 9 und 12 mm ermöglichen. Bild 252 zeigt einige Ausfüh-

Form der Schiene	Schwelle		Länge	Gewicht in kg	Löcher
8	Holz		160	6.63	3
8	Eisen		120	1.94—1.98	1
15	Holz		160	7.364	3
15	Eisen		120	3.163—3.185	1
S 49	Holz		160	9.54	4

Bild 252. Unterlagsplatten.

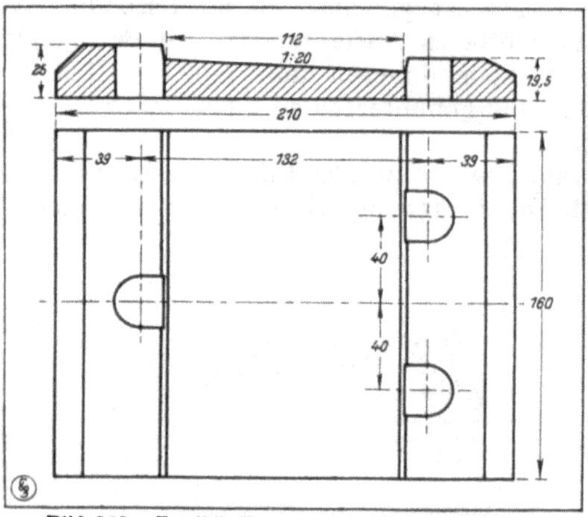

Bild 253. Zweiköpfige geneigte Unterlagsplatten.

rungsformen von Unterlagsplatten. Bei Kleinbahnen verwendet man vielfach die einfachere Form der Unterlagsplatte (Bild 253), die ohne Haken und ohne Rippe gewalzt wird, und auf der die Schienenfüße mittels einfacher Klemmplatten befestigt werden.

Der Oberbau wird in Krümmungen zur Vermeidung der Entgleisungsgefahr mit Leitschienen versehen, bei der Reichsbahn in allen Gleisbögen von 350 m Halbmesser abwärts (Bild 254). Sie werden in Gleisbögen zur Führung des Rades an den Innenschienen so angebracht, daß sie einen bestimmten Zwischenraum von 57 bis 66 mm zwischen Schienenkopf (Spurkante) und Leitschienenkopf freilassen. Die Enden der Leitschienen werden des besseren Einlaufs wegen seitwärts abgebogen.

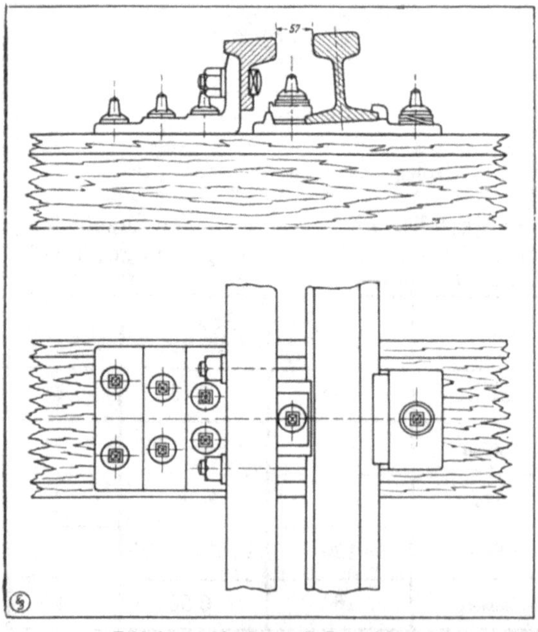

Bild 254. Oberbau mit Leitschienen.

Eine einfache Form der Leitschiene, die auf untergeordneten Bahnen Anwendung findet, ist ein ungleichschenkliges Winkeleisen von etwas geringerer Höhe als die Schiene (Bild 255).

Statt des Winkeleisens nimmt man auch eine Schiene gleicher Form wie die Fahrschiene, wenn die Fußbreite dieses mit Rücksicht auf die Weite der Spurrinne zuläßt. Gleiche und ähnliche Anordnungen trifft man auch bei gepflasterten Weg-

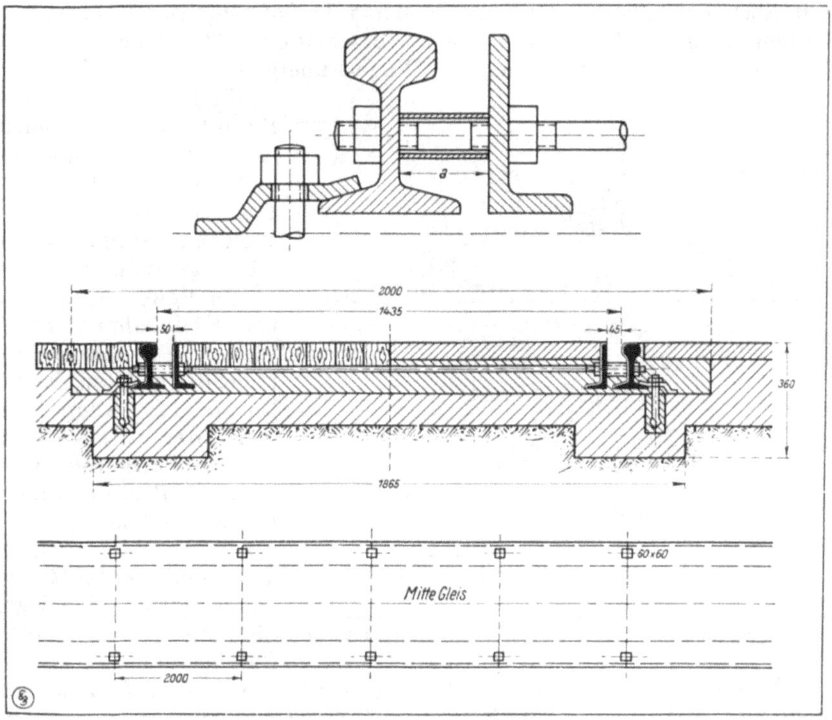

Bild 255. Anordnung der Gleisanlage in Holzpflaster und Asphalt.
a = 1 Gasrohr, bei Pflaster und Asphalt 75 mm und bei Holzpflaster 80 mm lang.

übergängen, auf Brücken und Viadukten, dann aber an beiden Schienen (Bild 256).

Klemmen zur Verhütung des Wanderns der Schienen. Man versteht unter Wandern die allmähliche Verschiebung der Schienen in der Längsrichtung infolge der Längenänderung durch Temperaturschwankungen und infolge des Horizontalschubs der Räder besonders beim Bremsen. Die Klemmen übertragen den Schub auf die Schwellen, deren feste Lage im Schotterbett dem Schub Widerstand leistet. Einige Ausführungsarten sind im Bild 257 dargestellt.

Doppelgleise. Bei Haupt- und Nebenbahnen muß der Abstand zweier Gleise voneinander auf freier Strecke von Mitte zu Mitte Gleis mindestens 3500 mm, zwischen 2 Gleispaaren oder einem Gleispaar und einem dritten Gleis mindestens 4000 mm und in Bahnhöfen 4500 mm betragen. Von festen Gegenständen, die mehr als 1000 mm über SO hinausragen, soll der Abstand der Gleismitte auf der freien Strecke mit Ausnahme der Kunstbauten 2500 mm, in Bahnhöfen und bei Kunstbauten 2200 mm betragen. Diese Vorschriften gelten auch für alle Bahnen, auf die reichsbahneigene Wagen übergehen.

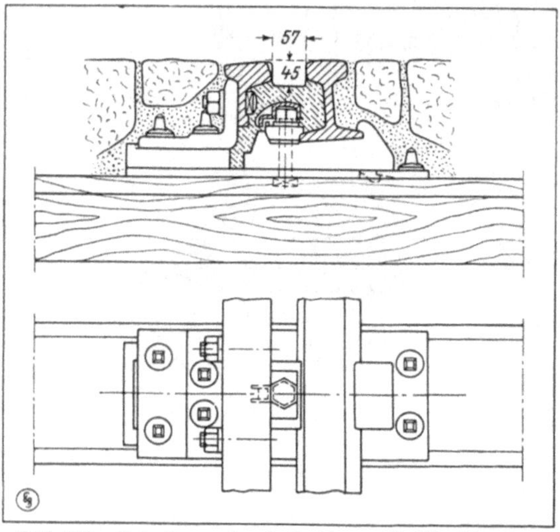

Bild 256. Befestigung der Leitschienen für Wegübergänge.

Bogengleis. Bei Hauptbahnen sollen Krümmungshalbmesser nicht unter 300 m hergestellt werden (bei Weichen geringer, wenn mit geringerer Geschwindigkeit befahren), bei Kleinbahnen nicht kleiner als das Sechsfache des größten, festen Radstandes (wenn Wagen der Reichsbahn auf den Gleisen verkehren sollen, nicht kleiner als 140 m).

Beim Bogenanfang und Ende werden Übergangsbögen eingelegt, die die Form einer Parabel haben.

In Gleisbögen muß die Außenschiene zur besseren Aufnahme der Zentrifugalkraft beim Durchfahren der Krümmung höher gelegt werden als die innere. Die „Überhöhung" ist abhängig von dem Bogenhalbmesser und der Geschwindigkeit und wird meist nach der Formel $h = \frac{8\,V^2}{r}$ berechnet, worin

V die Geschwindigkeit in km/h,
r der Krümmungshalbmesser in m,
h die Überhöhung in mm bedeutet.

Bei Bogen von weniger als 300 m Halbmesser muß eine Spurerweiterung in den Gleisbögen vorgenommen werden, um das Klemmen der Spurkränze zu vermindern. Das Maß der Erweiterung richtet sich nach der Größe des Bogenhalbmessers. In Preußen sind bei Haupt- und Nebenbahnen folgende Maße vorgeschrieben:

Halbm.:	unter 300—250	unter 250—160	unter 160 m
Spurerw.:	5	10	15 mm

Bei Kleinbahnen kann man mit der Spurerweiterung nur soweit gehen, wie es die Laufflächenbreiten der Räder zulassen. Man kann etwa folgende Formeln zugrunde legen:

Erste elektrische Schnellbahn Marienfelde-Zossen 1901 – 1903

Spurweite mm	Halbmesser m	Spurerweiterung mm
1000	80—250	$240 : \sqrt{R}$, jedoch nicht über 25
750	50—150	$140 : \sqrt{R}$, „ „ „ 20
600	30—100	$100 : \sqrt{R}$, „ „ „ 18

Die Spurerweiterung wird durch den Einbau der früher erwähnten, verschieden geformten Klemmplatten und Spurregler erreicht. Die Breite der Spurrinne, die durch die Leitschiene gebildet wird, ist von der Spurerweiterung abhängig. Sie beträgt je nach Kurvenradius und Spurerweiterung 57 bis 66 mm.

Weichen. Zur Spaltung eines Gleises in zwei Gleise dient die Weiche. Sie besteht aus zwei Zungenvorrichtungen, dem Herzstück, den Zwischenschienen und dem Stellbock mit Gestänge, Gegengewicht und Laterne. Gebräuchliche Werte für Halbmesser und Herzstücküberschneidung von Weichen sind:

	Weichenhalbmesser	Herzstückneigung
Hauptgleise . . .	245	1 : 10
	oder 190	1 : 9
	neuerd. meist 500	1 : 14
Nebengleise . . .	190	1 : 9
	140	1 : 7
Kleinbahnen . . .	verschieden	1 : 9 bis 1 : 4

Bei der Reichsbahn sind neue Weichenformen in Arbeit, aber noch nicht als Norm herausgegeben. Auch bei Kleinbahnen wird eine Vereinheitlichung angestrebt.

Die Weichenzunge, d. i. der bewegliche Teil der Weichen, wird aus einem besonderen Walzprofil hergestellt, die spitze Form wird durch Fräsen oder Hobeln erreicht, derart, daß die Zunge sich an die Fahrschiene, bei der Weiche Backenschiene genannt, gut anschmiegt, um

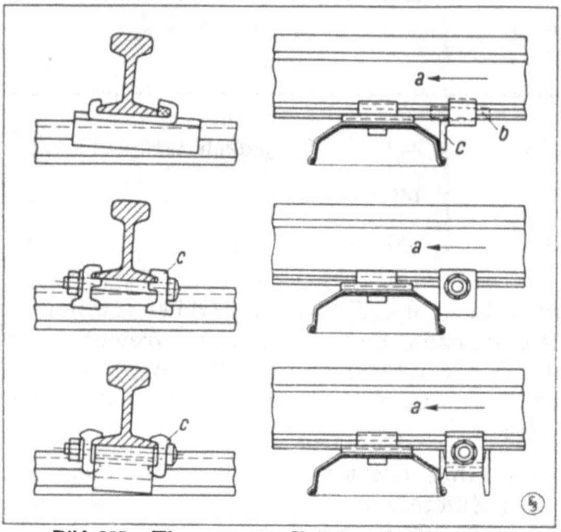

Bild 257. Klemmen zum Verhüten des Wanderns.
a = Fahrrichtung, b = Keil, c = Stemmstück.

eine möglichst stoßfreie Ablenkung des Rades zu erzielen (Bild 258).

Das Herzstück wird aus Schienen unter Zwischenlage von Futterstücken zusammengesetzt und das Ganze auf einer gemeinsamen Unterlagsplatte befestigt (Bild 259). Gegenüber dem Herzstück wird an beiden Außenschienen ein Radlenker in der Länge von 3,0—4,0 m angebracht, um dem Rade eine sichere Führung über die Lücke des Herzstückes zu geben. Die Weichenschwellen erhalten besondere Längen, so daß die ganze Weiche bis hinter dem Herzstück auf durchgehenden Schwellen ruht.

Kreuzungen zweier Gleise kommen in Hauptgleisen nicht vor; wenn sich Gleise überschneiden sollen, so werden sie in einfachen oder doppelten Kreuzungsweichen zusammen geführt, nur in Nebengleisen

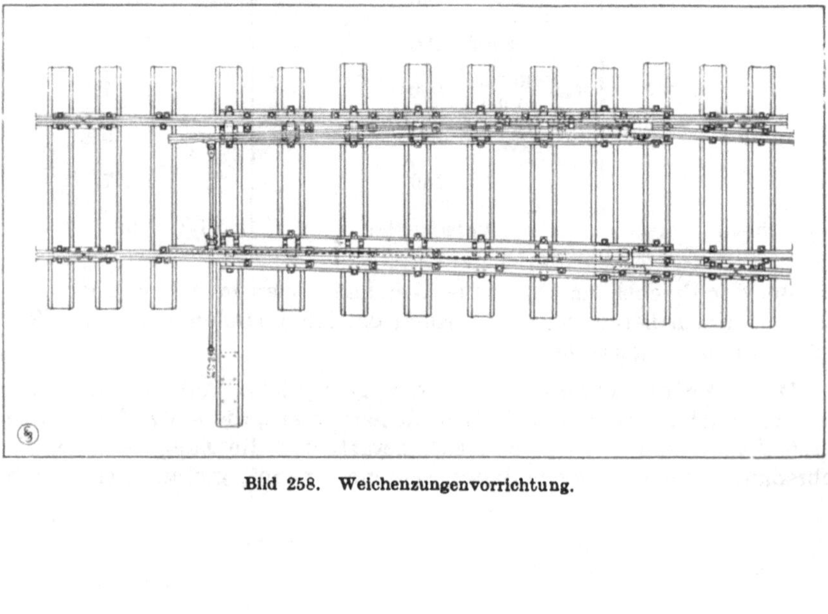

Bild 258. Weichenzungenvorrichtung.

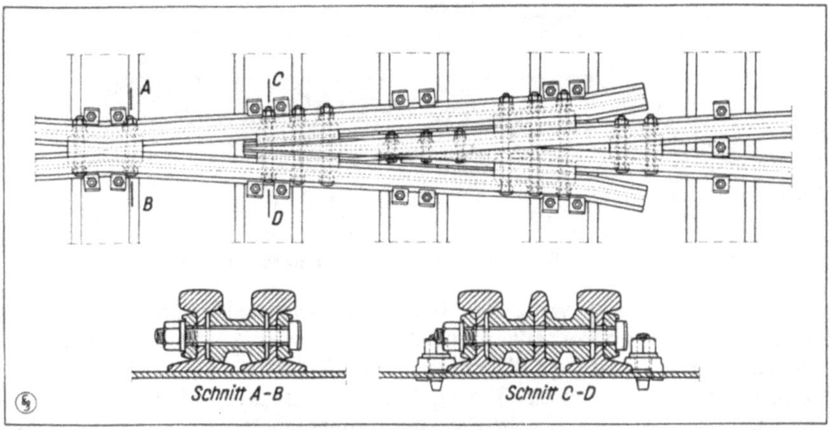

Bild 259. Weichenherzstück.

wird in einzelnen Fällen eine Überschneidung notwendig, meist wählt man aber auch hier die Kreuzungsweiche. Die Herstellung der Schienenkreuzungspunkte geschieht in ähnlicher Form wie bei den Herzstücken. Bild 260 zeigt das System einer Kreuzungsweiche. Schienengleiche Kreuzungen werden nur bei Privatanschlußgleisen oder bei Nebenbahnen von ganz untergeordneter Bedeutung genehmigt.

Für die Ausführungsform solcher Gleiskreuzungen sind vom Verband Deutscher Verkehrsverwaltungen in Gemeinschaft mit der Reichsbahn Normenblätter ausgearbeitet, die vom genannten Verband bezogen werden können. Zur näheren Unterrichtung über Weichen sei auf das Weichenbuch der Reichsbahn verwiesen.

Den Unterbau von Bahnen auf eigenem Bahnkörper bilden Dämme, Einschnitte, Viadukte oder die Sohle von Tunneln.

Die Neigung der Böschung von Dämmen und offenen Einschnitten und die Kronenbreite sind für Hauptbahnen und Nebenbahnen mit Regelspur nach Bild 261 auszuführen, die Böschungsneigung wird im Verhältnis 1 : 1,5 ausgeführt.

Für Viaduktbreiten ist die Umgrenzungslinie des freien Raumes maßgebend.

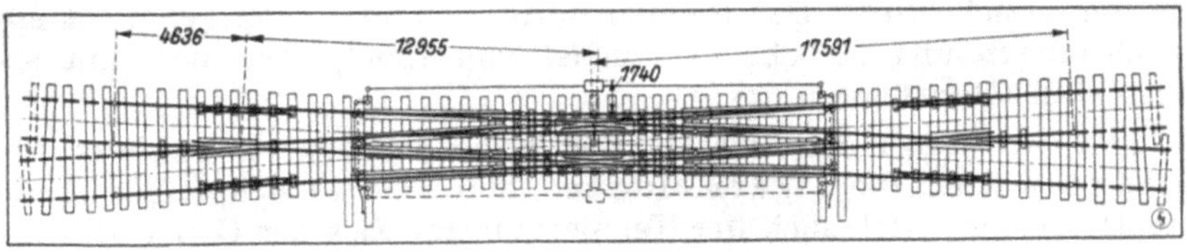

Bild 260. Doppelte Kreuzungsweiche.

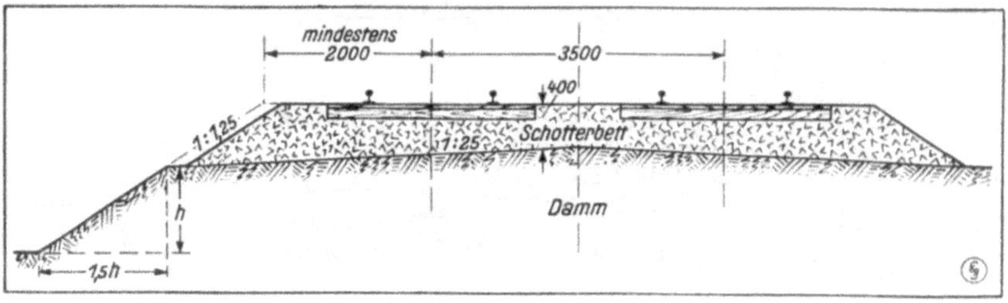

Bild 261. Bettungsquerschnitt für zweigleisige Bahnen.

Die Dammkrone wird des besseren Wasserablaufens wegen von der Mitte nach außen mit einer Neigung von 1 : 25 angelegt. Der eigentliche Unterbau besteht aus einer Aufschüttung von Schotter, d. i. Steinschlag von 3—5 cm Korngröße aus Basalt oder Granit. Bei Hauptbahnen beträgt die Stärke des Schotterbettes 400 mm bis Oberkante Schwelle, bei Kleinbahnen weniger. Der Raum zwischen den Schwellen bis zu deren Oberkante wird ebenfalls mit Schotter ausgefüllt, um eine festere Lagerung der Schwellen zu erzielen (Bild 261).

Die Verlegung der Gleise geschieht in der Weise, daß nach Fertigstellung des Dammes, des Einschnittes oder des Viaduktes, hierauf zunächst ein Schotterbett von der genannten Höhe aufgebracht wird, das man neuerdings durch Stampfen oder Walzen fest zusammendrückt. An den Schienenstößen ist man versuchsweise dazu übergegangen, in die Schotterbettung besondere, gitterförmige Roste aus Eisenbeton einzubauen, die mit einer Mischung aus Kleinschlag und Splitt ausgefüllt werden, um den Stoßschwellen eine besondere feste Unterlage zu geben.

Auf das fertige Schotterbett werden die für die Aufnahme der Schwellenschrauben bereits gebohrten Schwellen verteilt, die Unterlagsplatten zunächst mit einer Schraube befestigt, die Schienen dann genau auf Spurweite festgeschraubt. Das Ausrichten der Gleise in der Höhe geschieht durch Anheben des Gleises mit Hilfe von Gleiswinden und Unterstopfung der Schwellen mit Schotter mittels Stopfhacke. Bei größeren Bauten bedient man sich der Stopfmaschinen, durch die mit wenigen Arbeitskräften eine größere und vollkommenere Arbeitsleistung erzielt wird. Das Richten in der Seitenrichtung geschieht mit Brechstangen und Hebebäumen meist von Hand, aber auch mit sogenannten Gleisrückern.

An den Stößen ist zwischen den Schienenenden ein gewisser Abstand zu wählen, die „Wärmelücke“, deren Größe sich entsprechend nachstehender Tafel nach der Temperatur zur Zeit der Gleisverlegung richtet.

Stoßlücken

	Luftwärme in Grad Celsius				
	über +20°	+20° bis +5°	+5° bis −5°	−5° bis −20°	unter −20°
Schienenlänge m	Stoßlücke mm				
12, 15 und 18	0	3	5	7	10
30 und mehr	0	5	7	10	15

Nach dem fertigen Ausrichten der Gleise werden an den Schienen in der Mitte zwischen den Stößen die vorbeschriebenen Klemmen zum Verhindern des Wanderns (Bild 257) befestigt, und zwar an Schienen von 12 m Länge je 4 Stück, bei 15 m Länge 5 Stück und bei 18 m Länge 6 Stück, in Gefällstrecken und an Stellen, wo häufig gebremst wird, noch mehr.

2. Gleisanlagen mit Rillenschienen.

Bei den Rillenschienen ist die Leitschiene mit der übrigen Schiene aus einem Stück gewalzt. In den verbreiterten Schienenkopf ist also die Spurrinne für die Spurkränze der Räder eingewalzt (Bild 262). In Deutschland hat der Verband Deutscher Verkehrsverwaltungen Normen über Form und Gewicht der Schienen festgelegt (Bild 263). In den Gleisbögen, wo die Leitschienen einer Abnutzung unterliegen, werden Rillenschienen mit verstärkter Leitschiene gebraucht. Die Schienen werden in Längen von 12 oder 15 m geliefert. Das Material ist Flußstahl von 70—75 kg/mm² Festigkeit und einer Dehnung von 10 %. Besondere Sorgfalt muß auf die Stoßverbindung gelegt werden, weil es bei den eingebetteten Schienen nicht jederzeit möglich ist, wie bei den freiliegenden Vignolschienen. die Laschenschrauben nachzuziehen.

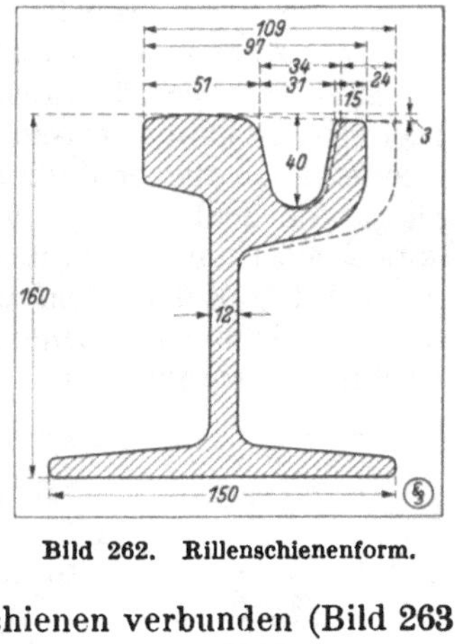

Bild 262. Rillenschienenform.

Die Schienenstoßverbindung. Die Laschen zur Verbindung der Schienen werden in Längen von 760 mm durch Walzen hergestellt und mit 6 Stück 23 mm starken Schraubenbolzen mit den Schienen verbunden (Bild 263 und 264).

Von den verschiedenen Arten von Laschen sei noch die in die Schiene elektrisch oder durch Autogenschweißung eingeschweißte

Normal-Profil	Gewicht für 1 m in kg	Abmessungen			Fuß-breite	Gew. f. 1 m Gleis in kg	
		Höhe	Kopf-breite	Fahr-kopf-breite		1,0 m Spur	1.435 m Spur
Rillenschienen für gerades Gleis							
1	42.8	150	92	47	140	92.626	93.445
2	49.2	160	97	51	150	105.841	106.661
3	56.0	160	103	56	180	119.238	120.058
4	57.8	180	103	56	180	124.232	125.325
Kurven-Rillenschienen							
1 a	45.7	150	102	47	140	98.426	99.243
2 a	52.4	160	109	51	150	112.241	113.061
3 a	59.8	160	116	56	180	126.833	127.658
4 a	61.0	180	116	56	180	130.632	131.725

Tafel IV. Rillenschienen, Kurvenrillenschienen.
Die Gleismetergewichte sind errechnet für eine Schienenlänge von 15.00 m und für einfache Laschenverbindung.

Lasche erwähnt. Hierbei wird eine Flachlasche an der Berührungsstelle am Kopf und am Fuß durch Nahtschweißung befestigt.

Eine sehr gebräuchliche und haltbare Stoßverbindung wird durch Thermitschweißung erreicht. Zwischen die senkrechten, genau bearbeiteten Endflächen wird ein schwaches Blech aus weichem Eisen gelegt, die Schienen durch Klammerspindeln gegeneinander gedrückt. Darauf wird um den Stoß eine Form aus Schamottesteinen gelegt, das ganze durch Holzkohlenfeuer vorgewärmt, oberhalb der Schienen ein mit Thermit, einer Mischung aus pulverisiertem Eisen und Aluminium, gefüllter ebenfalls mit Schamotte ausgekleideter trichterförmiger

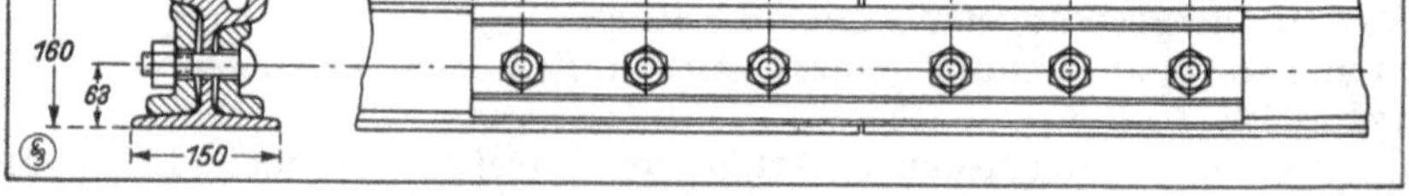

Bild 263. Schienenstoß mit einfacher Lasche.

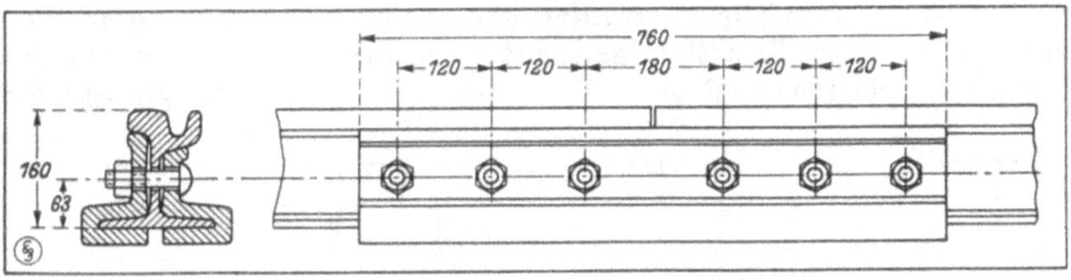

Bild 264. Schienenstoß mit Fußlasche.

Schmelztiegel aufgestellt, und die Masse durch ein besonderes Zündpulver zur Entzündung und zum Schmelzen gebracht. Das Schmelzgut, das eine sehr hohe Temperatur hat, fließt in die Form und erhitzt die Schienenköpfe zur Weißglut. Zugleich werden die Klammerspindeln nachgezogen und die schweißwarmen Schienen fest gegeneinander gepreßt, wobei ein leichtes Stauchen der Köpfe erfolgt. Die Klammern bleiben bis zum Erkalten stehen. Später wird nach Abschlagen der Form der Schienenkopf mittelst Schienenhobel geglättet. Es entsteht so ein ganz lückenloser Gleisstrang.

Eine Temperaturlücke ist bei Rillenschienengleis nicht notwendig, weil das in das Pflaster eingebettete Gleis den Temperaturschwankungen nur wenig unterworfen ist.

Die Schienenschweißung ist auch ein gutes Mittel, ausgefahrene Laschenstöße wieder fahrbar zu machen. Sind die Stöße zu stark ausgefahren, so schneidet man ein Stück von etwa je 500 mm von jedem Schienenende ab und schweißt mittels eines der beiden Verfahren ein Stück Schiene gleichen Profils und gleicher Abnutzung wieder in die Lücke ein.

Zur Wiederherstellung ausgefahrener Schienenstöße ist die „Hesse'sche Spannlasche“, eine starke Flachlasche, deren Anlageflächen am Kopf und Fuß nach der Mitte zu ansteigen, sehr brauchbar. Durch Anziehen der Laschenschrauben und Einpressen der Laschen in die Laschenkammern wird das Schienenende angehoben, so daß es wieder auf die Höhe der übrigen Schiene gebracht wird. Durch Schienenhobel wird die Lauffläche dann wieder eben gearbeitet.

Die Spurhaltung geschieht durch die Spurstangen. Sie bestehen aus Flacheisen von 60—80×10 mm, die Enden sind im Winkel umgebogen und gelocht, oder Winkeleisenstücke angenietet. Die Spurstangen werden in Abständen von 2400—2500 mm angebracht. Zur genauen Regulierung der Spur werden zwischen Spurstange und Schienenstrang gelochte Blechplättchen untergelegt, die in Abstufungen von Millimeter zu Millimeter geliefert werden. Die Stärke der Spurstangenschrauben beträgt 20 mm ⌀.

Für die Gleisbögen werden die Schienen schon auf dem Werk nach einem vom Besteller gelieferten Kurvenband auf besonderen Maschinen gebogen, weil bei Rillenschienenanlagen durch die Straßen-

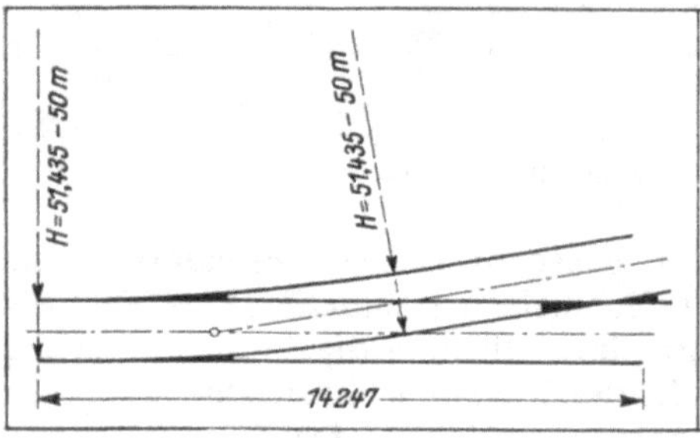

Bild 265. Weiche 1 : 6

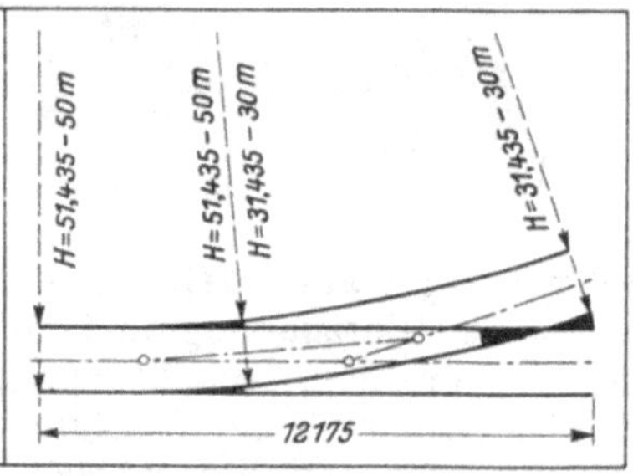

Bild 266. Bogenweiche

verhältnisse Halbmesser von 50 m und weniger nötig werden. Dieses Maß sollte, wie bereits früher erwähnt, mindestens gleich dem 6fachen des größten verwendeten Radstandes sein.

Beim Bogenanfang und Bogenende müssen Übergangsbögen eingelegt werden, die etwa den doppelten Halbmesser des Hauptbogens haben. Eine Spurerweiterung vorzunehmen ist wegen der begrenzten Rillenbreite nicht zweckmäßig, weil die Leitschiene dann zu schnell abgenutzt wird.

Eine Überhöhung der äußeren Schiene gegen die innere hat bei Straßenbahnen nicht die Bedeutung wie bei Fernbahnen, weil die Fahrgeschwindigkeit namentlich in den Krümmungen gering ist. Immerhin sollte aber vermieden werden, den äußeren Schienenstrang niedriger zu legen als den inneren, es muß also gegebenenfalls die Straßenneigung geändert werden.

Auch bei Rillenschienenweichen strebt man eine einheitliche Form besonders der Zungenvorrichtungen an, bei Herzstücken ist das schon schwieriger, weil die örtlichen Verhältnisse der städtischen Straßen eine große Mannigfaltigkeit dieser Abzweigungen bedingen. Der Halbmesser der Zungenstücke wird mit 50 m gewählt (Bild 265, 266). Die Herzstückneigung beträgt 1 : 6, in Weichenstraßen vor Wagenhallen auch 1 : 4, wenn der Platz beschränkt ist.

Die Bilder 267—270 zeigen einige Ausführungsformen, die sich durch die Art der Verriegelung der Weichenzungen unterscheiden. Eine Verriegelung ist nur notwendig bei eingleisigen Strecken.

Das Herzstück wird aus Schienen mit zwischengepaßten Formstücken hergestellt, die zur Verbindung notwendigen Laschen werden verschraubt oder verschweißt.

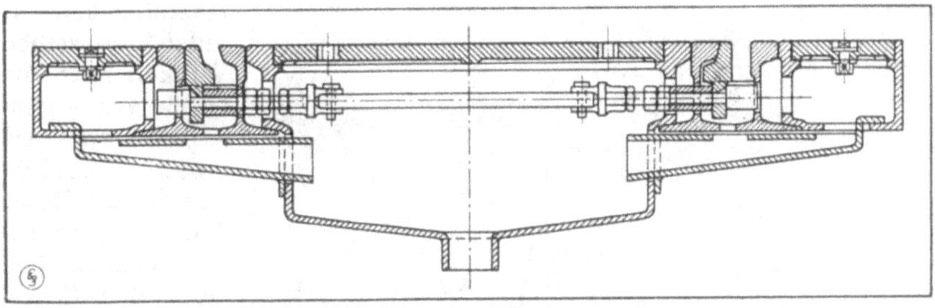

Bild 267. Einfache Umstellvorrichtung.

Die Gleiskreuzungen werden fast allgemein aus Schienen zusammengebaut, je nach dem Kreuzungswinkel werden die Schienen mittels Laschen oder Füllstücken verschraubt oder verschweißt. Seltener stellt man die Kreuzungsstücke aus einem besonderen Hartstahlguß her. Auf die Kreuzungen mit Bahnen mit Vignolschienen ist bereits im Abschnitt Vignolschienenoberbau hingewiesen.

Doppelgleise. Nach den preuß. Bau- und Betriebsvorschriften soll der Gleismittenabstand so groß sein, daß zwischen den äußeren Kanten zweier sich begegnenden Fahrzeuge noch ein Abstand von 400 mm frei bleibt. Bei einer Fahrzeugbreite von 2200 mm, d. i. das übliche Maß der Straßenbahnwagen, muß also der Gleismittenabstand mindestens 2600 mm betragen. In Gleisbögen dürfen zwei sich begegnende Fahrzeuge sich nicht berühren, man muß meist die Gleismitten schon in der Geraden vor dem Bogenanfang auseinander ziehen, oder die Bögen nicht konzentrisch anlegen.

Das Kurvenband. Dem die Schienen liefernden Werke ist rechtzeitig ein Kurvenband (Bogenband) einzusenden, nach dem die Schienen zugeschnitten und gebogen werden. Die Winkel an den Winkelpunkten müssen genau gemessen, die Entfernungen der Winkelpunkte von-

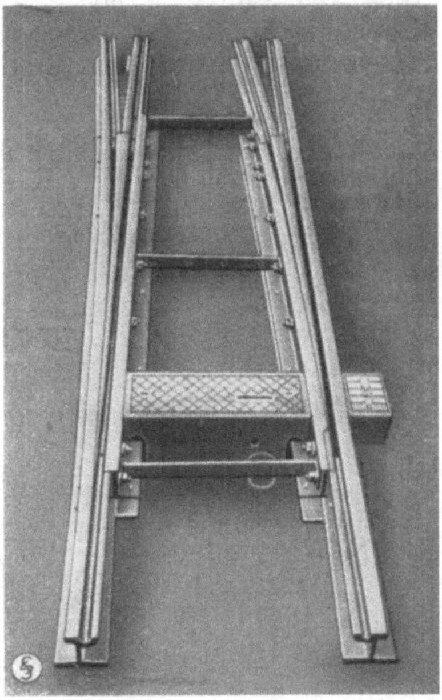

Bild 268. Rillenschienenweiche.

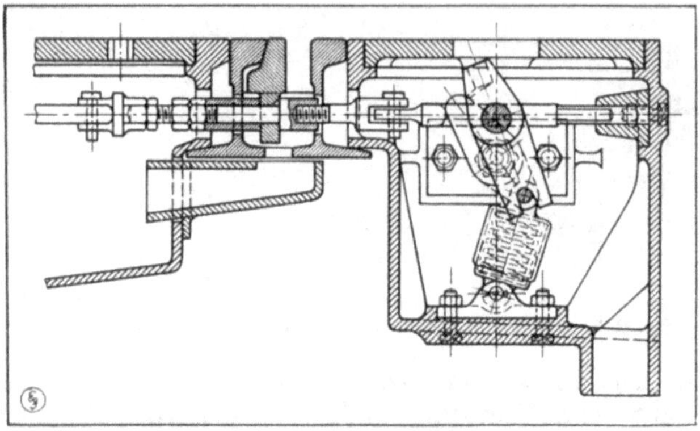

Bild 269. Feder-Umstellvorrichtung.

einander und für jeden einzelnen Winkelpunkt die Größe des Bogenhalbmessers ermittelt werden. Auf Grund dieser Aufzeichnung berechnet das Lieferwerk den Schienenteilungsplan, biegt und zeichnet die Schienen genau nach diesen Angaben.

Die Gleisverlegung. Den Gleisen ist in befestigten Straßen ein möglichst guter Unterbau zu geben, damit sie nach der Einpflasterung nicht mehr nachgeben, und damit die Schienenoberkante mit der Pflasteroberkante in gleicher Höhe bleibt. In gepflasterten Straßen besteht der Unterbau aus einer Steinpackung, die entweder in einer Breite von Spurweite plus etwa 600—800 mm oder bei geringeren Wagengewichten und schwachem Verkehr in Einzelkoffern unter jeder Schiene von etwa 450 mm Breite angelegt wird (Bild 271). Auf die

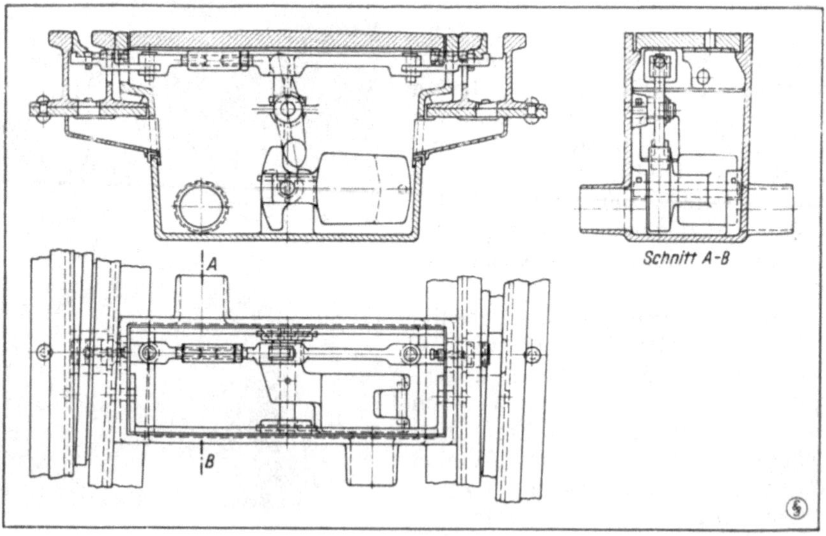

Bild 270. Gewicht-Umstellvorrichtung.

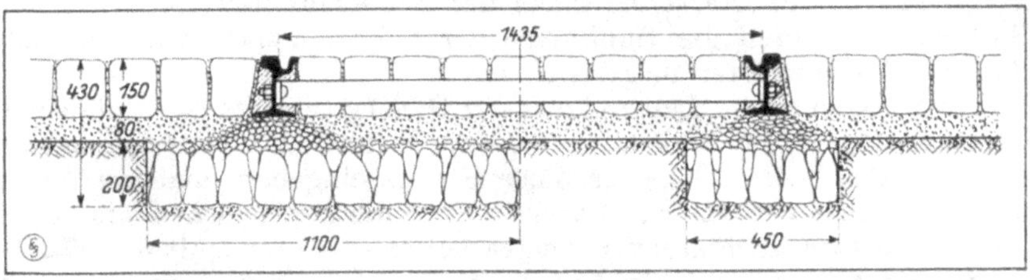

Bild 271. Rillenschienengleis auf durchgehender Packlage bzw. Einzelkoffern in Pflaster.

Packlage aus Hartsteinschlag, Grauwacke, Basalt oder Granit, die eine Höhe von etwa 150 mm hat, wird eine Schicht Schotter (Kleinschlag aus Basalt oder Granit von 3—5 cm Größe) gleichmäßig in einer Stärke von etwa 50—80 mm aufgebracht, unter Beifügung von scharfem Sand und Einschlemmen mit Wasser wird die ganze Bettung mit der Dampf- oder Pferdewalze abgewalzt oder durch Rammen mit der Viermännerramme zusammengedrückt. In Asphaltstraßen, die wohl meist mit Doppelgleis belegt sind, wird der Unterbau aus einer 200 mm starken Kiesbetonschicht hergestellt, die über die ganze Breite der Gleiszone reicht.

Nach Fertigstellung der Unterbettung werden die Schienen vorgestreckt, durch die Spurstangen auf richtige Spur gebracht, die Stöße verlascht bzw. geschweißt, das Gleis gerichtet und durch Unterstopfen der Schienenfüße mit einer Mischung aus Kleinschlag und Splitt auf die richtige Höhe gehoben. Kleinschlag und Splitt soll ebenfalls aus Hartstein bestehen.

Bei Betonunterbettung (Bild 272) wird der Schienenfuß in einer Höhe von etwa 40 mm in Abständen mit Holzklötzchen unterlegt, um die Schienen auf die richtige Höhe zu bringen, und der Zwischenraum zwischen Schienenfuß und Betonsohle wird mit Asphalt untergossen.

Der Unterguß mit Zementmörtel, den man früher angewandt hat, ist nicht zu empfehlen, weil er durch die Vibration der Schienen zermahlen wird, und die Schienen dann nicht mehr festliegen. Dem elastischen Asphaltunterguß schadet die Vibration nicht.

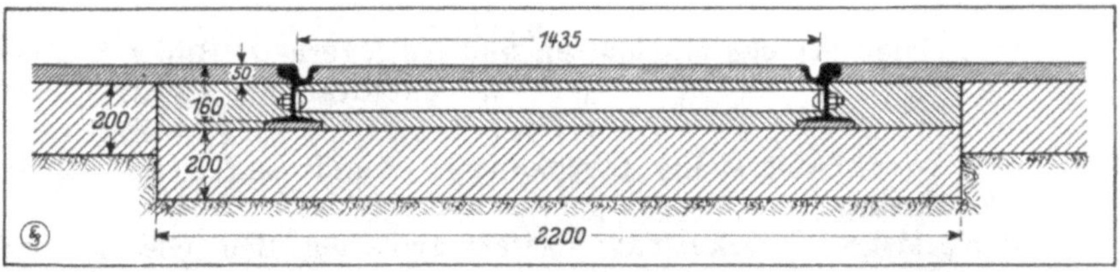

Bild 272. Rillenschienengleis auf durchgehender Betonunterlage in asphaltierter Straße.

Damit die Pflastersteine längs der Schienenseiten einen besseren Halt haben, werden die Hohlräume der Schienen zwischen Kopf und Fuß mit Zementmörtel ausgestrichen.

Zur Erhöhung der Lebensdauer der Gleisbettung ist eine gute Gleisentwässerung zu empfehlen. Gußeiserne Entwässerungskästen werden zwischen den beiden Schienen eines Gleises eingebaut und mit diesen möglichst dicht verbunden. Durch in die Rille der Schienen, am besten durch Autogenschneidbrenner, eingearbeitete Schlitze läuft das Wasser in die Kästen, die an die Kanalisation anzuschließen sind. Es ist zweckmäßig, auch die Weichenkästen nach der Kanalisation hin zu entwässern. Wo keine Kanalisation vorhanden ist, behilft man sich mit Sickergruben, die schichtweise mit Steinen und Kies filterartig ausgefüllt sind und das eindringende Wasser allmählich in den Untergrund versickern lassen. Werden die Rillenschienengleise in Grünstreifen in der Straßenmitte oder an den Straßenseiten verlegt, so gibt man ihnen ebenfalls einen Unterbau aus Packlage. Auf Querschwellen werden Rillenschienen fast nie verlegt, weil der Fuß der Rillenschiene so breit ist, daß seine Fläche zur Druckübertragung auf den Unterbau ohne Vermittlung von Schwellen ausreichend ist. Bezüglich der Unterbettung in asphaltierten Straßen werden zur Zeit umfangreiche Versuche angestellt, weil die verschiedenen, bisher üblichen Arten der gesteigerten Beanspruchung nicht standgehalten haben.

B. Fahrleitungen.

Die Stromzuführung von der Stromerzeugungstätte zu den Fahrzeugen auf der Strecke kann je nach den örtlichen Verhältnissen, den besonderen Verwendungszwecken und nach Schönheitsrücksichten in verschiedener Weise geschehen.

1. Für Bahnen auf öffentlichen Straßen.

a) Oberirdische Stromzuführung mit Einfachaufhängung des Fahrdrahtes.

Hierunter versteht man eine Anordnung, bei der der Fahrdraht an Querdrähten oder Auslegern aufgehängt ist. Man unterscheidet je nach der Art und Anordnung der Masten und Ausleger verschiedene Ausführungen:

eingleisige Strecke mit Masten und Auslegern (Bild 273)
„ „ „ „ „ „ Querdrähten („ 274)
zweigleisige „ „ „ „ „ „ („ 274)
ein- oder zweigleisige Strecke mit Wandrosetten und Querdrähten
zweigleisige Strecke mit Masten zwischen den Gleisen und beiderseitigen Auslegern.

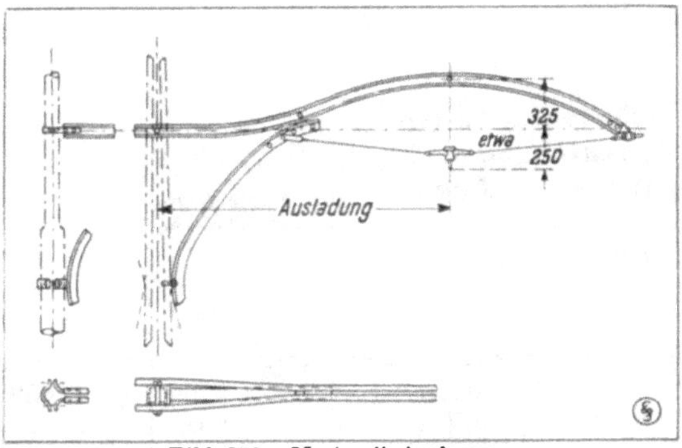

Bild 273. Mast mit Ausleger.

Man unterscheidet ferner Fahrleitungen für Bügelbetrieb und solche für Rollenbetrieb.

Bügelbetrieb erfordert weniger Abspannungen in den Gleisbögen und vermeidet das Entgleisen des Stromabnehmers, dem die Rolle häufig ausgesetzt ist.

Für die Zahl der Abspannungen in den Kurven ist beim Bügel die nutzbare Schleifstückbreite maßgebend, bei der Rolle soll der Winkel, den die Fahrdrähte an den Abspannungspunkten bilden, nicht mehr als 11 ° betragen.

Nachstehende Tafeln geben die Spannweiten und die Abweichungen von der Gleismitte in bezug auf den Krümmungshalbmesser (R), sowie die Kurvenzüge (Ps) an; es ist dabei berücksichtigt, daß wegen der Festigkeit der Fahrdrahtaufhängung und der üblichen Spanndrähte der Querzug für jede Aufhängung nicht mehr als 250 kg beträgt. (Tafeln V und VI.)

Der Mastabstand wird bei einfacher Fahrleitung in der geraden Strecke zu höchstens 35 m gewählt; er wird durch Querstraßen, Hauseinfahrten, geeignete Standorte für die Maste und etwa unter der Straßendecke liegende Hindernisse, wie Rohre, Kabel, Hydranten und dergl. beeinflußt.

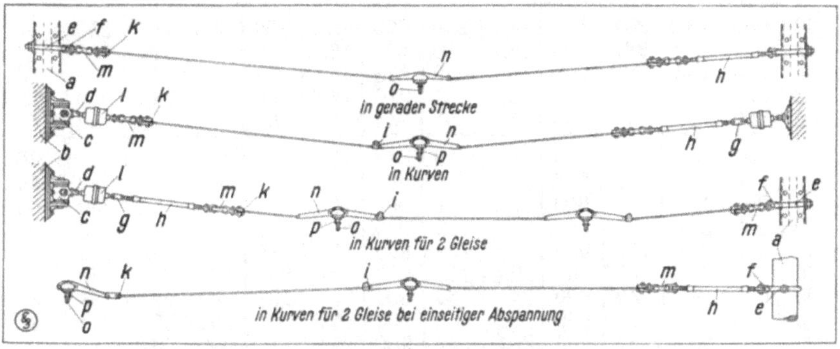

Bild 274. Aufhängung des Fahrdrahtes am Querdraht.

a = Gitter- oder Rohrmast, b = Mauerwerk, c = Wandrosette, d = Gabelschraube für Wandrosetten bzw. Gabelbolzen, e = Schelle, f = Befestigungsöse, g = Verbindungslasche, h = Spannschloß, i = Sicherungsklemme, k = Drahtklemme mit Hakenschraube, l = Schalldämpfer, m = Schnallenisolator, n = Fahrdrahtaufhängung, o = Fahrdrahtklemme, p = Beidrahtwinkel.

Tafel V

Sehnenlängen (s), **Verschiebungen** (b), **und Kurvenzüge** (Ps) **für Bügelbetrieb**

max. b = 900 mm
max. Ps. = 250 kg

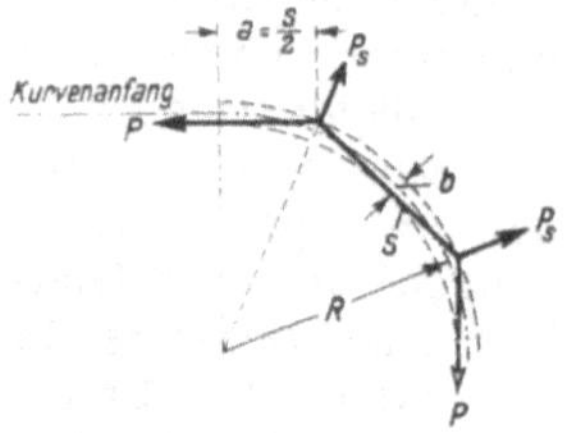

R	P = 500 kg			P = 550 kg			P = 650 kg			P = 800 kg			R
	b	s	Ps	b	s	Ps	b	s	Ps	b	s	Ps	
m	mm	m	kg	mm	m	kg	mm	m	kg	mm	m	kg	m
15	484	7,6	250	398	6,9	250	283	5,8	250	185	4,7	250	15
16	516	8,1	250	424	7,4	250	301	6,2	250	198	5	250	16
17	548	8,6	250	451	7,8	250	320	6,6	250	210	5,5	250	17
18	580	9,2	250	477	8.3	250	339	7	250	222	5,7	250	18
19	613	9,7	250	504	8,8	250	358	7,4	250	235	6	250	19
20	645	10,2	250	530	9,2	250	377	7,8	250	247	6,3	250	20
21	677	10,7	250	557	9,7	250	396	8,2	250	260	6,6	250	21
22	710	11,2	250	583	10,1	250	415	8,5	250	272	6,9	250	22
23	742	11,7	250	610	10,6	250	433	8,9	250	284	7,2	250	23
24	774	12,2	250	636	11,1	250	452	9,3	250	297	7,5	250	24
25	806	12,7	250	663	11,5	250	471	9,7	250	309	7,9	250	25
26	839	13,2	250	690	12	250	490	10,1	250	321	8,2	250	26
27	871	13,7	250	716	12,4	250	509	10,5	250	334	8,5	250	27
28	900	14,2	250	742	12,9	250	528	10,9	250	346	8,8	250	28
29	900	14,4	245	769	13,4	250	546	11,3	250	358	9,1	250	29
30	900	14,7	241	795	13,8	250	565	11,6	250	371	9,4	250	30
32	900	15,2	234	848	14,7	250	603	12,4	250	395	10,1	250	32
34	900	15,6	227	900	15,7	250	640	13,2	250	420	10,7	250	34
36	900	16,1	221	900	16,1	243	678	14	250	445	11,3	250	36
38	900	16,5	215	900	16,5	237	716	14,8	250	470	11,9	250	38
40	900	17	210	900	17	231	754	15,5	250	494	12,6	250	40
45	900	18	198	900	18	218	848	17,5	250	556	14,1	250	45
50	900	19	188	900	19	207	900	19	244	618	15,7	250	50
55	900	19,9	179	900	19,9	197	900	19,9	233	680	17,3	250	55
60	900	20,8	172	900	20,8	189	900	20,8	223	741	18,9	250	60
65	900	21,6	165	900	21,6	182	900	21,6	215	803	20,4	250	65
70	900	22,4	159	900	22,4	175	900	22,4	207	865	22	250	70
80	900	24	149	900	24	164	900	24	194	900	24	238	80
90	900	25,5	141	900	25,5	155	900	25,5	183	900	25,5	225	90
100	900	26,8	134	900	26,8	147	900	26,8	174	900	26,8	214	100
120	900	29,4	122	900	29,4	134	900	29,4	159	900	29,4	195	120
140	900	31,7	113	900	31,7	124	900	31,7	147	900	31,7	181	140
160	900	33,9	106	900	33,9	116	900	33,9	137	900	33,9	169	160
180	900	36	100	900	36	110	900	36	130	900	36	160	180

Tafel VI

Sehnenlängen (s), **Verschiebungen** (b) **und Kurvenzüge** (Ps) **für Rollenbetrieb**

max. b = 250 mm
max. Ps = 150 kg
max. s = 0,2 R
s bezogen auf Gleismitte

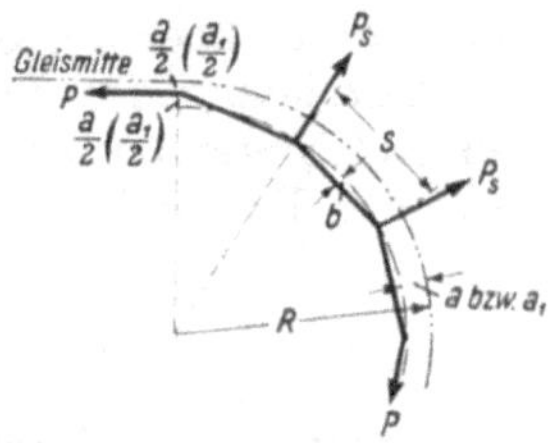

*a für 2,6 m Achsabstand und 4 m lange Kontaktstange
*a1 „ 4 m „ „ 4,5 m „ „ bei 5,5 m Oberleitungshöhe

R m	a* mm	*) a1 mm	P = b mm	 s m	500 Ps kg	550 Ps kg	650 Ps kg	P = 800 kg b mm	 s m	 Ps kg	R m
15	582	805	70	3	100	110	130	62	2,82	150	15
16	544	753	75	3,2	100	110	130	66	3	150	16
17	512	706	81	3,4	100	110	130	71	3,18	150	17
18	483	666	86	3,6	100	110	130	76	3,37	150	18
19	457	630	91	3,8	100	110	130	80	3,56	150	19
20	433	597	96	4	100	110	130	84	3,75	150	20
21	412	569	101	4,2	100	110	130	89	3,94	150	21
22	394	542	106	4,4	100	110	130	93	4,13	150	22
23	376	518	111	4,6	100	110	130	98	4,31	150	23
24	360	496	116	4,8	100	110	130	102	4,5	150	24
25	346	475	121	5	100	110	130	106	4,69	150	25
26	333	457	126	5,2	100	110	130	111	4,87	150	26
27	319	440	131	5,4	100	110	130	115	5,06	150	27
28	308	424	136	5,6	100	110	130	120	5,25	150	28
29	297	409	141	5,8	100	110	130	124	5,44	150	29
30	287	395	146	6	100	110	130	128	5,62	150	30
32	270	371	156	6,4	100	110	130	137	6	150	32
34	253	349	166	6,8	100	110	130	146	6,37	150	34
36	240	330	177	7,2	100	110	130	156	6,75	150	36
38	227	312	187	7,6	100	110	130	165	7,12	150	38
40	215	296	197	8	100	110	130	173	7,5	150	40
50	172	236	248	10	100	110	130	218	9,37	150	50
60	143	197	250	10,95	92	101	119	250	10,95	147	60
70	123	169	250	11,83	85	93	110	250	11,83	136	70
80	108	148	250	12,65	80	87	103	250	12,65	127	80
90	95	132	250	13,42	75	82	97	250	13,42	119	90
100	85	118	250	14,14	71	78	92	250	14,14	113	100
150	57	82	250	17,32	58	64	75	250	17,32	93	150
200	43	59	250	20	50	55	65	250	20	80	200
250	34	47	250	22,36	45	49	58	250	22,36	72	250
300	29	40	250	24,5	41	45	53	250	24,5	65	300
400	21	30	250	28,28	35	39	46	250	28,28	57	400
500	17	24	250	31,62	32	35	41	250	31,62	51	500
600	14	19	250	34,64	29	32	38	250	34,64	46	600

Durchhang des Fahrdrahtes. Da häufig die tiefste Lage des Fahrdrahtes über der Straße vorgeschrieben wird, so ist es notwendig, den Durchhang des Fahrdrahtes zu kennen, um die richtige Höhe an den Aufhängepunkten zu bestimmen. Der Durchhang berechnet sich nach der Formel:

$$f = \frac{a^2 \cdot g}{8\,P} \text{ in m}$$

wobei f = Durchhang in m
a = Spannweite in m
P = Zug im Fahrdraht in kg
g = Gewicht des Fahrdrahtes in kg/m bedeutet.

Der Zug im Fahrdraht ist so zu wählen, daß der Fahrdraht bei einer Temperatur von — 15 ° C noch eine dreifache Sicherheit gegen Zerreißen aufweist.

Die Abhängigkeit des Fahrdrahtzuges von der Temperatur und der Belastung durch Eigengewicht, Eislast oder Winddruck geht aus folgender „Zustandsgleichung" hervor:

$$\frac{a^2}{24}\left[\frac{g_1^2}{P_1^2} - \frac{g_2^2}{P_2^2}\right] = \frac{1}{E \cdot q} \cdot (P_1 - P_2) \pm \alpha \cdot (t_1 - t_2)$$

worin bedeutet:

a = Spannweite in m

g_1 und g_2 die jeweilige Belastung des Fahrdrahtes in kg/m bei den Temperaturen t_1 und t_2.
(Bei Winddruck ist als Belastung die Resultierende aus dem Eigengewicht des Fahrdrahtes und dem Winddruck auf den Fahrdraht in Rechnung zu setzen. Nach den „Vorschriften für elektrische Bahnen" des V. D. E. ist bei sinngemäßer Anwendung der „Vorschriften für Starkstrom-Freileitungen" der Winddruck auf den Fahrdraht mit 0,5 × 125 kg/m² der senkrechten vom Wind getroffenen Projektionsfläche in Rechnung zu setzen. Die in Richtung der Schwerkraft wirkende zusätzliche Belastung durch Eis ist mit 0,18 d in kg/m einzusetzen, wobei d den Durchmesser oder die Höhe des Fahrdrahtes in mm bedeutet.)

P_1 und P_2 = Fahrdrahtzüge in kg bei den Temperaturen t_1 und t_2.
E = Elastizitätsmodul in kg/cm².
q = Querschnitt des Drahtes in cm².
α = Wärmeausdehnungskoefficient für 1 ° C.

Beispiel: Der Fahrdraht hat einen Querschnitt von 80 mm², seine Spannweite ist 35 m. Die größte Beanspruchung soll bei — 15 ° C 10 kg/mm² betragen. Wie groß ist die Beanspruchung des Fahrdrahtes bei Temperaturen von — 20 ° bis + 40 ° C?

In die Zustandsgleichung ist zu setzen:

a = 35 m.
g_1 = g_2 = 0,712 kg/m (das Gewicht des Fahrdrahtes).
P_1 = 80 . 10 = 800 kg.
q = 0,8 cm².
E = 1,3 . 10^6.
α = 17 . 10^{-6}.
t_1 = — 15 ° C.
t_2 = Werte zwischen — 20 ° C und + 40 ° C.
P_2 = gesuchte Zugkraft bei der Temperatur t_2.

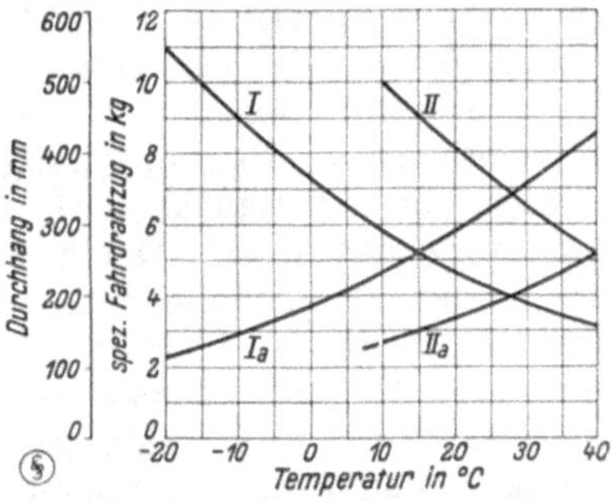

Bild 275. Kurven Durchhang und Drahtzug. I = Zug im Winter und Sommer ohne Nachspanner, Ia = Durchhang hierzu bei 35 m Spannweite, II = Zug im Sommer bei nachgespanntem Fahrdraht, IIa = Durchhang hierzu bei 35 m Spannweite.

Es ergeben sich dann die in Bild 275 durch die Kurve I dargestellten Werte. Hierbei ist zu beachten, daß als Ordinaten die spezifischen Fahrdrahtzüge, also $\frac{P_2}{q}$ eingetragen sind.

Häufig ist es notwendig, den Durchhang der Querdrähte zu berechnen, besonders bei sehr langen Querdrähten. Im allgemeinen genügt es, wenn man annimmt, daß der Querdraht eine Neigung von 1 : 10 bis 1 : 12 hat, und daß man hiernach die Befestigungspunkte der Querdrähte bestimmt. Bei längeren Drähten würde dies aber zu einem unbrauchbaren Ergebnis führen.

Beispiel für die Durchhangsberechnung.

Fahrdrahtquerschnitt	q = 80 mm²
Gewicht des Fahrdrahtes	g = 0,712 kg für 1 lfd. m
Spannweite	a = 35 m
Zug im Fahrdraht	= 10 kg/mm²
für 80 mm² also	P = 800 kg

$$\text{Durchhang } f = \frac{35^2 \,.\, 0{,}712}{8 \,.\, 800} = 0{,}136 \text{ m}$$

Dieser Durchhang würde sich ergeben für die höchstzulässige Zugbeanspruchung von 10 kg/mm² bei — 15 ° C.

Bei + 40 ° C würde dagegen ohne Berücksichtigung von Nachspannern der Zug im Fahrdraht nur 3,2 kg/mm² oder insgesamt 255 kg betragen und der Durchhang demgemäß $\frac{35^2 \,.\, 0{,}712}{8 \,.\, 255} = 0{,}43$ m werden.

b) Fahrleitung nach Dickinson.

Eine besondere Abart der Oberleitung ist die für die sogenannte Dickinson-Rolle. Bei dem Dickinson-Stromabnehmer ist die eigentliche Stromabnehmerrolle in einem Kopf gelagert, der sich um die Stromabnehmerstange drehen läßt. Die Nute der Rolle kann also mit der Stangenrichtung einen gewissen Winkel bilden, hierdurch ergibt sich die Möglichkeit, die Fahrleitung nicht über der Gleismitte verlegen zu müssen, sondern man kann sie in einem gewissen Abstand seitlich der Gleismitte aufhängen. Der hierdurch erzielte Vorteil liegt hauptsächlich in der Verwendung kürzerer Ausleger. Die seitliche Abweichung hat man in der geraden Strecke bis zu etwa 2,0 m gewählt, bei entsprechend langer Rollenstange; in den Gleisbögen muß der Abstand aber wegen der Entgleisungsgefahr der Rolle wesentlich eingeschränkt werden. Von dieser Anordnung hat man nur wenig Gebrauch gemacht, weil die Entgleisungsgefahr, die bei gewöhnlicher Rolle nur in den Bogen vorhanden war, hierbei auch auf die gerade Strecke übertragen wurde. Neuerdings findet die Dickinsonrolle bei den gleislosen Bahnen aber wieder erhöhte Bedeutung.

c) Teilleiter mit Kontaktknöpfen.

An Stellen, wo die Fahrleitung aus Schönheitsrücksichten nicht zugelassen wurde, hat man das Teilleiter-, auch Knopfkontaktsystem genannt, angewendet.

Diese Bauart besteht aus einem zwischen den Schienen verlegten Kabel, durch das über besondere Schaltvorrichtungen in bestimmten Abständen eingebaute Kontaktknöpfe Strom erhalten. Diese Schaltvorrichtungen legen den Kontaktknopf immer nur dann selbsttätig an Spannung, wenn der Stromabnehmer eines Wagens zwei Kontaktknöpfe gleichzeitig berührt. Der Stromabnehmer besteht aus einer unter dem Wagen in dessen Längsachse beweglich und isoliert aufgehängten Flacheisenschiene, der Länge dieser Schiene entsprechend ist der Abstand der Kontaktknöpfe zu wählen; die Fahrschienen bilden die Rückleitung. Die sehr sinnreichen, aber auch sehr empfindlichen Schaltapparate, die entweder einzeln in der Nähe des zugehörigen Kontaktknopfes oder in Gruppen in der Straße unterhalb des Pflasters eingebaut sind, erfordern sehr viel Überwachung und Unterhaltung, so daß es schwierig ist, sie dauernd in einem guten betriebsfähigen Zustande zu erhalten, wenn die Betriebskosten in möglichen Grenzen bleiben sollen. Auch die Gefahr für den übrigen Straßenverkehr verbietet eine weitere Verbreitung dieses Systems, weil die Kontaktknöpfe infolge Versagens der Schaltvorrichtung zuweilen unter Spannung bleiben.

d) Schlitzkanal.

Das Schlitzkanalsystem ist in früheren Jahren in mehreren größeren Städten zur Einführung gelangt, wo die Oberleitung aus Schönheits- oder anderen Rücksichten nicht zugelassen wurde. Unter einer Fahrschiene oder in der Mitte zwischen den Fahrschienen ist ein flacher Kanal eingebaut, der durch einen etwa 30 mm breiten Schlitz für den Stromabnehmer zugänglich ist. Das Gerippe dieses Kanals bilden gußeiserne Böcke, die oben die den Schlitz begrenzenden Schienen tragen; zwischen den Böcken wird der Kanal aus Stampfbeton hergestellt. In die Kanalwände sind in gewissen Abständen Aussparungen oder Erweiterungen zur Aufnahme der Isolatoren eingebaut, diese Aussparungen sind oben mit einem gußeisernen, mittels Deckel zu verschließenden Rahmen ausgerüstet, in dem die Isolatoren befestigt werden. Die aus Porzellan angefertigten Isolatoren tragen auf kleinen Auslegerarmen die eigentliche Stromschiene, die meist ein liegendes Doppel-T-Profil hat und aus weichem Eisen hergestellt ist. Da in den Kanälen wegen der geringeren Spannung gegen Erde die Leitung doppelpolig geführt wird, so befinden sich Stromschienen beiderseits im Kanal. Die Stromabnahme erfolgt durch den sogenannten Pflug, der am Wagen so befestigt ist, daß er in den Schlitz versenkt oder aus ihm herausgezogen werden kann. Er besteht aus mit Hartgummi umpreßtem Blech und trägt unten zwei voneinander isolierte, federnde Kontaktlappen, die sich gegen die Stromschienen legen und so die leitende Verbindung zum Wagen bilden.

Die Weichen und Stromabnehmer sind empfindliche und schwer zu unterhaltende Teile der Anlage, ebenso ist bei Frost und Schnee die Reinhaltung des Kanals sehr kostspielig; auch die Baukosten sind sehr hoch. Deshalb hat man fast überall von der Verwendung dieses Systems Abstand genommen, und die meisten derartigen Anlagen besonders dort, wo für dieses System klimatisch ungünstige Verhältnisse vorlagen, durch Oberleitungsanlagen ersetzt.

2. Für Bahnen auf eigenem Bahnkörper.

a) Vielfachaufhängung des Fahrdrahtes.

Für Straßenbahnen innerhalb der Städte, wo Fahrgeschwindigkeiten bis zu etwa 35 km/h in Frage kommen, genügt die vorbeschriebene, selbsttragende Einfachaufhängung des Fahrdrahtes. Für Überland- und Vollbahnen mit höheren Fahrgeschwindigkeiten wurde die sogenannte Vielfach- oder Kettenaufhängung entwickelt, die bei allen vorkommenden Fahrgeschwindigkeiten eine einwandfreie Stromabnahme ermöglicht. Große Fahrgeschwindigkeiten erfordern eine in annähernd gleicher Höhe verlaufende Lage des Fahrdrahtes, bei der

Bild 276. Vielfachaufhängung.

starke Knicke an den Aufhängepunkten, sowie größere Fahrdrahtdurchhänge zu vermeiden sind; denn in Bruchteilen von Sekunden können die Stromabnehmer infolge ihrer Massenträgheit den Änderungen in der Höhenlage des Fahrdrahtes nicht mehr folgen, wenn diese ein gewisses Maß überschreiten. Der Durchhang des Fahrdrahtes ist vom Quadrat des Abstandes der Aufhängepunkte und der ersten Potenz der Zugspannung abhängig (siehe die Formel auf Seite 272). Während mit einer Erhöhung der Zugspannung, die in der Festigkeit des Fahrdrahtes ihre Grenze findet, nur wenig erreicht wird, kann durch eine Verkürzung des Abstandes der Aufhängepunkte der Durchhang in zulässigen Grenzen gehalten werden. Um möglichst große Abstände der Stützpunkte zu erreichen, wird der Fahrdraht in kurzen Abständen mittels Hängedrähten an einem besonderen, über ihm verlaufenden Tragseil aufgehängt, das in größeren Abständen an den Stützpunkten isoliert befestigt wird (Bild 276 und 277). Zur Einhaltung einer bei allen Temperaturen annähernd gleichbleibenden Zugspannung (etwa 10 kg/mm² für Kupfer) werden die Fahrleitungen in Entfernungen von 1,2—1,6 km durch Gewichte mit Rollen (Übersetzung 1 : 2 und 1 : 4) oder Hebel selbsttätig nachgespannt (Bild 278). Dabei erhält meistens

Bild 277. Fahrleitung der Arlbergbahn (Ö. SSW).

nur der Fahrdraht selbsttätige Nachspannung. Dagegen verzichtet man im allgemeinen heute darauf, auch das Tragseil nachzuspannen, da die Betriebserfahrungen gezeigt haben, daß eine Nachspannung des Fahrdrahtes allein ausreicht, um eine gute Stromabnahme auch bei hohen Geschwindigkeiten sicherzustellen. Für Geschwindigkeiten bis zu etwa 50 km/h z. B. bei Klein- und Vorortbahnen erhält der Fahrdraht gewöhnlich die bei Straßenbahnoberleitung gebräuchlichen Nachspanner, die von Hand betätigt und im Frühjahr und Herbst nachgestellt werden.

Kommt die Abnahme hoher Stromstärken in Frage, was bei Gleichstrombahnen mit verhältnismäßig niedriger Spannung der Fall ist, so können auch 2 Fahrdrähte an einem Tragseil aufgehängt werden. Die Aufhängung geschieht dann an Querrohren oder Doppelklauen, in deren Mitte der Hängedraht befestigt ist, hierdurch wird ein gleichzeitiges Anliegen beider Fahrdrähte am Stromabnehmer gewährleistet. Durch Anwendung von Querrohren verschiedener Länge kann in der geraden Strecke gleichzeitig eine Zick-Zack-Verschiebung herbeigeführt werden.

Der Abstand der Fahrdrahtaufhängungen richtet sich nach der Fahrgeschwindigkeit. Bei Geschwindigkeiten bis zu etwa 50 km/h wird der Fahrdraht gewöhnlich in Abständen von 14—20 m am Tragseil aufgehängt, bei Vollbahnen beträgt dieser Abstand etwa 12,5 m (also etwas mehr als die doppelte Fahrdrahthöhe), damit bei Bruch des Fahrdrahtes das herunterhängende Ende mit Sicherheit den Erdboden bzw. die Schienen berührt und einen den Höchststromausschalter im Kraftwerk auslösenden Kurzschluß bewirkt.

Früher hat man bei großen Fahrgeschwindigkeiten den Abstand der Aufhängepunkte des Fahrdrahtes durch Zwischenschaltung eines sogenannten Hilfstragdrahtes bis auf etwa 6 m und darunter verringert (Bild 279). Dabei ist der Fahrdraht an einen Hilfstragdraht, der etwa 120 mm über dem Fahrdraht verläuft, so aufgehängt, daß eine leichte Längsverschiebung zwischen Fahrdraht und Hilfstragdraht möglich ist. Der Hilfstragdraht ist seinerseits wieder durch Hängedrähte in doppelt so großem Abstand als der Fahrdraht an dem mit großem Durchhang verlegten Tragseil aufgehängt. Tragseil und Hilfstragdraht sind fest verlegt, während der Fahrdraht nachgespannt wird.

Bild 278. Fahrdrahtnachspannung.

Die Hängeseile sollen bei mittlerer Temperatur senkrecht hängen. Bei Temperaturänderungen stellen sie sich schräg, jedoch soll der Sinus des Neigungswinkels eines Hängeseils den Wert 0,4 nicht übersteigen. Um dies zu erreichen, verkleinert man in der Nähe der Nachspannvorrichtungen, wo die Bewegung des Fahrdrahtes in der Längsrichtung am größten wird, die Spannweiten. Dadurch wird der Durchhang des Tragseils kleiner und die Hängedrähte entsprechend länger, so daß sich obige Forderung ohne weiteres erfüllen läßt. Der Fahrdraht wird an den Tragseilstützpunkten, oder auch an Zwischenpunkten seitlich isoliert festgelegt, in der Regel durch Stützstreben. Da diese den Fahrdraht belasten, werden sie gewöhnlich am Tragseil aufgehängt.

Um eine gleichmäßige Abnützung der Schleifstücke des Stromabnehmers zu erzielen, wird der Fahrdraht im Zick-Zack geführt. Die Brechpunkte des Zickzackes werden in der Geraden an allen seitlichen Festlegungen, abwechselnd nach der einen und der anderen Seite angeordnet, womit der Vorteil erreicht wird, daß der Fahrdraht in der Mitte zwischen 2 Aufhängungen, wo der Abtrieb, durch den Wind am größten ist, bei Windstille über Gleismitte liegt. Die Größe der Zick-Zack-Führung ist von der nutzbaren Schleifstückbreite und dem Windabtrieb abhängig. Das Tragseil dagegen verlegt man gewöhnlich über Gleismitte.

In der Mitte zwischen 2 Nachspannvorrichtungen wird der Fahrdraht in der Regel am Tragseil verankert, um ein Wandern des beweglichen Fahrdrahtes im Gefälle, oder ein Verschieben des Fahrdrahtes bei gleichbleibender Fahrtrichtung auf Doppelbahnen zu verhindern.

Bild 279. Vielfachaufhängung mit Hilfsdraht.

Schließlich hat man noch zu berücksichtigen, daß unter Spannung stehende Teile von geerdeten Teilen einen der Betriebspannung entsprechenden Abstand haben müssen, was für die Durchbildung der Aufhängeteile von maßgebender Bedeutung ist. Die Deutsche Reichsbahn verlangt z. B. für die Betriebspannung von 16 500 V einen Mindestabstand von 30 cm. Das vorgeschriebene Prinzip der Vielfachaufhängung hat im Laufe seiner Entwicklung verschiedene Durchbildungen erfahren, doch sind diese zugunsten der einfachsten Ausführungen wieder verlassen worden. So verwendete man z. B. (Berlin—Johannisthal—Spindlersfeld) zwei Tragseile, an denen der Fahrdraht aufgehängt war, so daß ein senkrechter Schnitt durch die Fahrleitung ein gleichschenkliges Dreieck bildete. Bei einer anderen Bauart (New Haven-Bahn) verwendete man ein geerdetes Tragseil und isolierte die Hängeseile, die einen Hilfstragdraht hielten, an dem der Fahrdraht aufgehängt war.

b) Dritte Schiene.

In Deutschland ist bei Schnellbahnen, die dem Verkehr in Großstädten dienen (Stadtbahn, Hoch- und Untergrundbahnen, Vorortbahnen — in Amerika auch bei Fernbahnen —) als Fahrleitung eine dritte

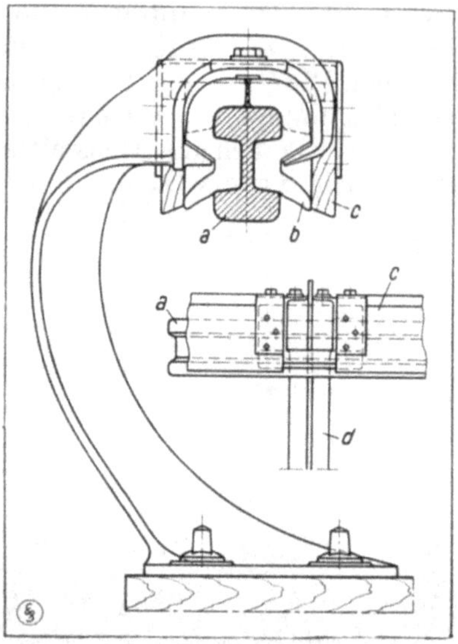

Bild 280. Aufhängung der Stromschiene. a = Stromschiene, b = Isolator, c = Schutz, d = Isolatorbock.

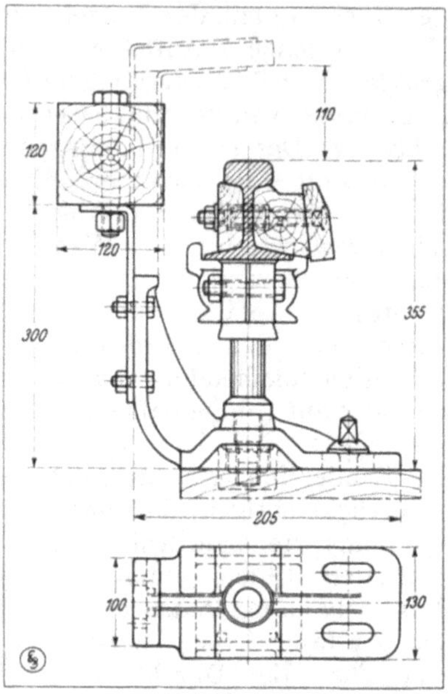

Bild 281. Aufhängung der Stromschiene.

Schiene angewendet worden. Diese Stromschiene wird in der Regel neben den Gleisen isoliert angeordnet, und zwar so, daß sie außerhalb des Bahnprofils liegt. Vereinzelt (in England) ist sie auch zwischen beiden Fahrschienen angeordnet.

Als Material für die Stromschiene wählt man weiches Eisen mit einem spezifischen elektrischen Widerstand von 0,125, entsprechend einer Leitfähigkeit von 8. Die Form des Querschnittes wird mit Rücksicht auf die Befestigung der Schiene am Isolator und mit Rücksicht auf die Abnutzung bestimmt. In den meisten Fällen hat man ein Profil, ähnlich dem der Fahrschiene gewählt, um vorhandene Walzenstraßen verwenden zu können. Bei größeren Anlagen spielen aber die Kosten neuer, für ein Sonderprofil erforderlicher Walzen keine Rolle, und man hat deshalb in neuerer Zeit abweichende Querschnitte angewendet, die sich den vorliegenden Verhältnissen besser anpassen.

Die Anordnung der Stromschiene ist verschieden ausgeführt. Am meisten findet jetzt eine Bauart Anwendung, bei der die Stromabnahme von unten (Bild 280) erfolgt. Auch Stromschienen-Anlagen, bei denen die Stromabnahme seitlich von der Schiene erfolgt, sind gebaut worden. Bei älteren Anlagen hat man vielfach von oben bestrichene Stromschienen verwendet (Bild 281).

Als Zuleitungen für die dritte Schiene werden in der Regel isolierte, bleiumpreßte und eisenbandarmierte Kabel verwendet, seltener blanke Kupfer- oder Aluminium-Schienen. Die isolierten Kabel werden neben den Gleisen in der Erde verlegt.

Die Kupfer- oder Aluminium-Schiene verlegt man entweder dicht neben der Stromschiene, außerhalb des Profils, oder aber auf der Schiene selbst, und zwar von dieser isoliert.

3. Bestandteile und besondere Ausführungen der Fahrleitungen.

a) Bestandteile der Fahrleitungen mit Einfachaufhängung des Fahrdrahtes.

Die Fahrleitung setzt sich zusammen aus dem Tragwerk und dem Fahrdraht nebst Zubehörteilen. Zum Tragwerk gehören die Maste und Wandrosetten, die Ausleger und Querdrähte nebst deren Zubehör. Zur eigentlichen Fahrleitung gehören der Fahrdraht und seine Aufhängeteile am Querdraht, die Ankerdrähte und die besonderen Fahrleitungsteile.

Für leichte Fahrleitungsanlagen mit geringen Leiterquerschnitten sind Holzmaste die billigste Ausführung; dagegen sind die Kosten ihrer Instandhaltung meist teurer als für Eisenmaste, da ihre Lebensdauer beschränkt ist. Im Durchschnitt kann man mit höchstens 8 bis 10 Jahren rechnen. Als Material für Holzmaste wählt man in Europa in der Hauptsache Nadelholzstämme, und zwar Kiefer, Rottanne Fichte, Weißtanne und Lärche, in anderen Ländern auch Zeder, Kastanie, Zypresse und Pinie. Die Stämme sollen schlank, rund und gerade gewachsen sein und keine Luftrisse, Ast- oder Spaltlöcher haben, insbesondere sollen sie nicht drehwüchsig sein. Die Stärke soll mindestens 200 mm am Zopfende betragen. Das für Maste zu verwendende Holz soll im Winter gefällt sein, weil es dann außer Saft ist und der Fäulnis besser Widerstand leistet. Um die Lebensdauer der Holzmaste zu erhöhen, werden sie in ihrer ganzen Länge mit Kupfervitriol, Zinkchlorid, Quecksilbersublimat (Kyanisierung) oder mittels Teeröl nach dem Rüppingverfahren imprägniert. Da die Holzmaste der Zerstörung hauptsächlich an der Austrittstelle aus dem Erdboden ausgesetzt sind, weil hier der Feuchtigkeitsgrad am meisten wechselt, werden sie an diesen Stellen mit einem besonderen Stockschutz, bestehend aus einer Umhüllung von aspaltierter Leinwand, oder mit starkem Teer- oder Asphaltanstrich versehen, die bis 50 cm unter und bis 20 cm über den Erdboden reichen; jedoch ist der Erfolg dieses Schutzes zweifelhaft, weil das Holz bei luftdichtem Abschluß erstickt. Neuerdings versieht man daher die Holzmaste mit besonderen Mastfüßen aus Eisen oder Eisenbeton, in welche die Maste derart eingeklemmt werden, daß sie den Boden nicht mehr berühren.

Die zulässige Belastung der einfachen Maste mit 200 mm Durchmesser am Zopfende beträgt bei einer Höhe des Angriffspunktes des Spitzenzuges von 6 m und vierfacher Sicherheit etwa 220 kg. Will man Maste höherer Festigkeit haben, so verbindet man 2 Maste in der ganzen Länge durch Schraubenbolzen, die in Abständen von 3 bis 3,5 m eingezogen werden; an ihrer Stelle können auch die sogenannten A-Maste verwendet werden. Sie bestehen aus 2 Masten, die unten und in der Mitte durch eine Spreize auseinandergehalten und durch eine durchgehende Schraube verbunden und am Zopf zusammengeschraubt werden. Für Winkelpunkte stellt man auch Maste aus 3 Stämmen zusammen.

Für Doppelmaste ist die zulässige Belastung etwas größer als die von 2 Einzelmasten. Besser ist es aber, daß man überall dort, wo stärkere Querzüge auftreten, eiserne Maste verwendet.

Gittermaste werden entweder aus U-Eisen oder aus Winkeleisen hergestellt. Nachstehende Tafeln geben die üblichen Abmessungen an. Es ist in den einzelnen Fällen zu untersuchen, ob die in den V. D. E.-Vorschriften festgelegten zulässigen Druck- und Zugbeanspruchungen unter der Einwirkung aller äußeren Kräfte an keiner Stelle überschritten werden. Hierbei ist zu beachten, daß der Winddruck in der ungünstigsten Richtung wirkend genommen wird, in der zusammen mit den übrigen äußeren Kräften die größten Beanspruchungen in den Bauteilen auftreten. U-Eisenmaste dürfen nur in der Richtung der beiden Stege, Winkeleisenmaste in den beiden Richtungen oder über Eck beansprucht werden. Die Resultierende mehrerer Züge, die nach dem Kräfteparallelogramm zu ermitteln ist, darf die zulässige Beanspruchung nicht überschreiten (Tafel VII). Für mäßige Kräfte und nicht zu lange Maste sind breitflanschige I-Walzeisen (Differdinger oder Grey-Träger) am billigsten; jedoch weisen diese Typen in der Flanschrichtung nur geringe Widerstandsmomente auf. Neuerdings werden auch sogenannte Streckmaste verwendet. Ihre Herstellung erfolgt durch Auseinanderziehen auf

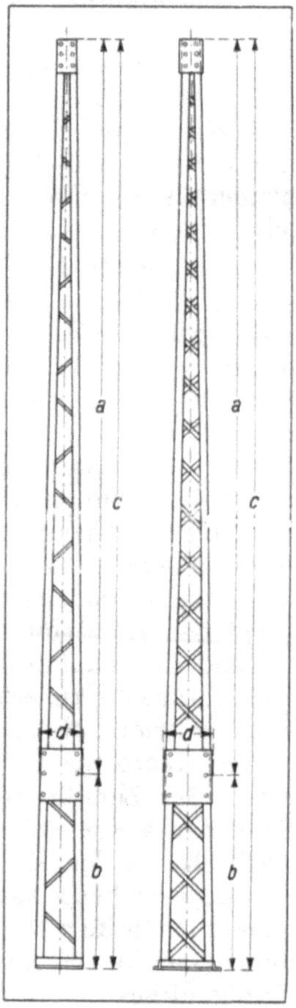

Zu Tafel VII.

Tafel VII.

Gittermaste

Horizontalzug kg	Profil	Längen- und Außenmaße*) a	b	c	d	am oberen Mastende	Nettogewicht etwa
		in m				in mm	kg
		aus U-Eisen					
250	N. P. 8	5,5	1,5	7,0	0,265	100×80	160
		6,0	1,5	7,5	0,280		171
		6,5	1,5	8,0	0,295		183
		7,0	1,6	8,6	0,310		196
		7,5	1,6	9,1	0,325		207
		8,0	1,6	9,6	0,340		218
400	N. P. 10	5,5	1,6	7,1	0,285	120×100	194
		6,0	1,6	7,6	0,300		208
		6,5	1,6	8,1	0,315		221
		7,0	1,7	8,7	0,330		237
		7,5	1,7	9,2	0,345		251
		8,0	1,7	9,7	0,360		264
600	N. P. 12	5,5	1,7	7,2	0,315	150×120	245
		6,0	1,7	7,7	0,330		262
		6,5	1,7	8,2	0,345		278
		7,0	1,8	8,8	0,360		298
		7,5	1,8	9,3	0,375		315
		8,0	1,8	9,8	0,390		331
		aus Winkeleisen					
600	60×60×8	5,5	1,7	7,2	0,348	150×150	323
		6,0	1,7	7,7	0,366		345
		6,5	1,7	8,2	0,384		367
		7,0	1,8	8,8	0,402		393
		7,5	1,8	9,3	0,420		415
		8,0	1,8	9,8	0,438		437
900	65×65×9	5,5	1,8	7,3	0,383	152×152	402
		6,0	1,8	7,8	0,404		429
		6,5	1,8	8,3	0,425		456
		7,0	1,9	8,9	0,446		488
		7,5	1,9	9,4	0,467		515
		8,0	1,9	9,9	0,488		541
1200	75×75×10	5,5	1,9	7,4	0,405	174×174	500
		6,0	1,9	7,9	0,426		534
		6,5	1,9	8,4	0,447		567
		7,0	2,0	9,0	0,468		607
		7,5	2,0	9,5	0,489		640
		8,0	2,0	10,0	0,510		674
1500	80×80×10	5,5	2,1	7,6	0,460	174×174	578
		6,0	2,1	8,1	0,486		616
		6,5	2,1	8,6	0,512		654
		7,0	2,2	9,2	0,538		700
		7,5	2,2	9,7	0,564		738
		8,0	2,2	10,2	0,590		776

*) Unter den Blechen gemessen.

maschinellem Wege an den beiden Außenkanten des Steges wechselartig geschlitzter Träger. Diese Maste haben den Vorteil des Fortfalls aller Nietstellen und lassen sich gut streichen. Nachteilig ist hier das verhältnismäßig geringe Widerstandsmoment in der Flanschrichtung.

Rohrmaste werden aus Schönheitsgründen hauptsächlich in städtischen Straßen aufgestellt. Ihre Berechnung geschieht nach den gleichen Grundsätzen, wie die der Gittermaste; sie werden entweder aus nahtlos gewalzten Rohren in einem Stück hergestellt, die einzelnen Schüsse werden durch Ziehen im Kaliber abgesetzt, oder sie werden aus mehreren Rohren zusammengesetzt, die in warmem Zustand aufeinandergeschrumpft werden. Der Unterschied im Durchmesser wird durch sogenannte Schrumpfringe ausgefüllt; man stellt auch Maste aus mit einer Längsnaht überlappt geschweißten oder auch spiralförmig geschweißten Rohren her, in letzterem Falle kann man sie auf ihre ganze Länge konisch machen.

Rohrmaste können mit gußeisernen Verzierungen versehen werden, bestehend aus Sockel, Bundring und Kopf, die je nach Wunsch in mehr oder weniger reicher Ausführung hergestellt werden (Tafel VIII). Alle Eisenmaste sind im Lieferwerk nach gründlicher Entrostung mit heißem, säurefreien Leinöl abzureiben und mit Bleimennige zu streichen. Derjenige Teil des Mastes, der in den Boden kommt, wird heiß asphaltiert; bei Betonfundamenten wird der Teil, der im Fundament liegt, mit Zementmilch gestrichen. Nach dem Aufstellen werden die Maste mit einem doppelten Rostschutzanstrich versehen, der von Zeit zu Zeit erneuert werden muß.

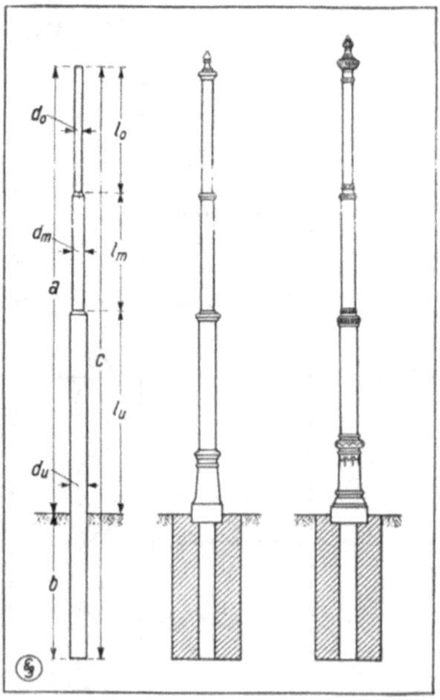

Zu Tafel VIII.

Eisenbetonmaste kommen wegen der geringen Unterhaltungskosten durch Wegfall des Anstrichs häufig zur Verwendung. Meistens werden Schleuderbetonmaste verwendet, da deren Herstellungsart eine einwandfreie Ausführung gewährleistet, während dies bei den am Verwendungsort durch Stampfen hergestellten Masten nicht immer der Fall ist. Die Eisenbetonmaste sind konisch und weisen ringförmigen Querschnitt auf. Als Einlage werden

Tafel VIII.

Rohrmaste

Horizontalzug	Theor. Durchbiegung	Längenmaße a	lu	lm	lo	b	c	Ø du dm do	Nettogewicht etwa
kg	mm	in m						in mm	kg
	110	6,0	2,6	1,7	1,7	1,5	7,5		148
	126	6,5	2,9	1,8	1,8	1,5	8,0	179	172
250	133	7,0	3,2	1,9	1,9	1,6	8,6	140	216
	146	7,5	3,4	2,05	2,05	1,6	9,1	110	260
	158	8,0	3,7	2,15	2,15	1,6	9,6		308
	98	6,0	2,6	1,7	1,7	1,6	7,6		204
	115	6.5	2,9	1,8	1.8	1,6	8,1	205	234
400	133	7.0	3.2	1,9	1,9	1,7	8,7	160	271
	146	7,5	3,4	2,05	2,05	1,7	9,2	125	322
	158	8.0	3,7	2,15	2,15	1,7	9,7		380
	89	6,0	2,6	1,7	1,7	1,7	7,7		270
	104	6,5	2,9	1,8	1.8	1,7	8.2	231	307
600	122	7.0	3,2	1.9	1,9	1,8	8.8	180	351
	136	7,5	3,4	2,05	2,05	1,8	9,3	140	410
	156	8,0	3.7	2,15	2,15	1,8	9,8		457
	79	6.0	2,6	1.7	1,7	1,8	7.8		314
	98	6.5	2.9	1.8	1.8	1,8	8,3	270	335
800	107	7.0	3.2	1.9	1,9	1,9	8,9	200	406
	125	7,5	3.4	2.05	2,05	1,9	9.4	150	453
	143	8,0	3,7	2,15	2.15	1,9	9,9		503
	87	6,0	2.6	1.7	1,7	1.9	7,9		361
	98	6,5	2.9	1,8	1,8	1,9	8,4	270	428
1000	110	7,0	3.2	1,9	1,9	2,0	9,0	200	509
	130	7.5	3,4	2,05	2,05	2,0	9,5	150	560
	145	8,0	3,7	2,15	2,15	2,0	10,0		641
	86	6,0	2,6	1,7	1,7	2,0	8,0		452
	99	6,5	2.9	1,8	1,8	2,0	8,5	270	523
1200	113	7.0	3,2	1,9	1,9	2.1	9,1	200	610
	131	7,5	3,4	2,05	2,05	2,1	9,6	150	690
	147	8,0	3.7	2.15	2,15	2,1	10,1		776

auf die ganze Mastlänge Stahlstäbe von 12 bis 20 mm Durchmesser verwendet. Die Maste sind schwerer als Eisenmaste für die gleiche Beanspruchung und erfordern besondere Sorgfalt bei der Beförderung und beim Aufstellen.

Die Querdrähte bestehen aus verzinktem Stahldraht von 65 bis 100 kg/mm² Festigkeit. Es genügt fast überall ein Draht von 6,5 mm Durchmesser, weil die Querzüge mit Rücksicht auf die Festigkeit der Fahrdrahtaufhängungen auch in den kleinsten Krümmungen nicht mehr als 250 kg für jede Aufhängung betragen sollen, der Gesamtzug bei Doppelgleis also nur 500 kg ausmachen kann. Nur bei mehr als 2 Gleisen können daher höhere Züge auftreten. Querdrähte sollen bei Eis- und Windbelastung mindestens eine dreifache Sicherheit gegen Bruch aufweisen.

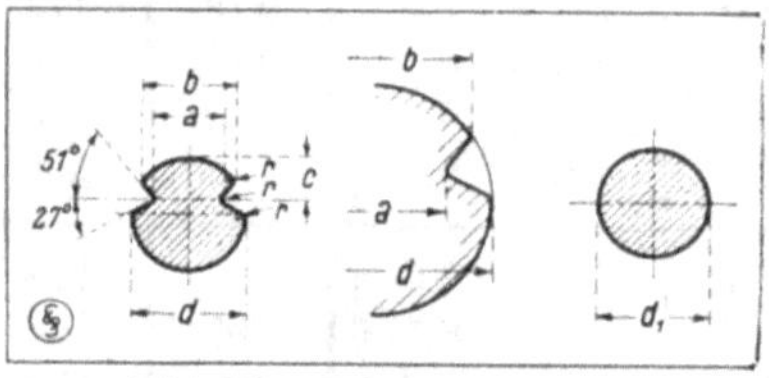

Bild 282. Fahrdraht-Normen.

An den Auslegern verwendet man vielfach an Stelle der Querdrähte Stahlseil von 20 mm² Querschnitt, bestehend aus 49 Drähten 120 kg/mm² Bruchfestigkeit, weil das Seil eine elastischere Aufhängung des Fahrdrahtes gewährleistet.

Als Baustoff für den Fahrdraht wird im allgemeinen hartgezogenes Elektrolytkupfer verwendet. Die Versuche, das Elektrolytkupfer durch andere Baustoffe, wie verzinktes Eisen, Aluminium, Magnalium usw. zu ersetzen, haben zu keinem befriedigenden Ergebnis geführt. Dagegen haben härtere Legierungen wie der Phonoelectric-Draht in Amerika und neuerdings der Kadmiumdraht in Europa sich teilweise mit Erfolg eingeführt.

Der Fahrdraht hatte ursprünglich kreisrunden Querschnitt und wurde in die Fahrdrahtklemmen eingelötet. Bei der dabei entstehenden Erwärmung verliert aber das Fahrdrahtkupfer seine Eigenschaft als Hartkupfer und seine Bruchfestigkeit kann bis auf zwei Drittel herabgehen. Man verwendet daher heute fast ausschließlich Befestigungen, bei denen der Fahrdraht geklemmt wird; dafür ist aber die Kreisform wenig geeignet. Es haben sich daher außer dem kreisförmigen Querschnitt auch Fahrdrahtformen mit 8-förmigem Querschnitt oder solche mit 2 seitlichen Rillen eingeführt. Als man den Einfluß des Winddruckes auf den Abtrieb des Fahrdrahtes eingehender studierte, zeigte sich die Rillenform hinsichtlich des Winddruckes um etwa 25 % günstiger als die anderen Profile, so daß heute fast allgemein Rillenfahrdraht verwendet wird.

In Bild 282 sind die gebräuchlichsten Formen der Rillen- und Runddrähte dargestellt, entsprechend den Normen, die der Verband

Deutscher Verkehrsverwaltungen in Gemeinschaft mit der Reichsbahn aufgestellt hat. (Lieferungsbedingungen DIN V. D. E. 3140—3142.)

Nachstehend seien die wichtigsten Punkte über die Werkstoffeigenschaften aufgeführt:

Als Werkstoff ist Elektrolytkupfer nach den Kupfernormen des V. D. E. zu verwenden.

Die Bruchdehnung δ_{10} muß bei den Querschnitten bis zu 65 mm² mindesten 2,5 %, bei größeren Querschnitten mindestens 3,5 % betragen.

Die Zugfestigkeit σ_B muß bei einer Zerreißgeschwindigkeit von höchstens 0,20 mm/s mindestens nachstehende Werte aufweisen:

Querschnitt mm²	Zugfestigkeit Rillendraht Ri und Runddraht Ru nach DIN V. D. E. 3141 kg/mm²
35	40
50	39
65	37
80	36
100	36
120	33
150	32

Der Querschnitt des Drahtes ist aus dem Gewicht eines Probestückes von etwa 1 m Länge bei einem spezifischen Gewicht des Elektrolytkupfers von 8,9 kg/dm³ zu errechnen, wobei die zulässigen Querschnittsabweichungen höchsten ± 4 % betragen dürfen.

Die Oberfläche des Drahtes darf keine Unebenheiten und Risse aufweisen. Der Draht darf keine Knicke haben und soll frei von Drall und Buckeln sein.

Auf einer Länge von 250 mm muß er sich in kaltem Zustande mindestens fünfmal um 360 ° verdrehen lassen, ohne zu brechen. Um einen runden Dorn vom Durchmesser des Drahtes soll der Draht ohne Bruch und Rißbildung schraubenförmig gewickelt werden können. Um den gleichen Dorn gebogen, dürfen bei Aufeinanderlegen der Drahtenden keine Risse an der Oberfläche auftreten. Bei Rillendraht hat die Biegung um die Lauffläche zu erfolgen.

Die Lötung einzelner zu einer Rollenlänge vereinigter Teillängen soll mit Silberlot sauber ausgeführt werden, bevor der Draht fertig gezogen ist. Die Lötstellen im fertigen Draht müssen mindestens 200 mm lang sein und müssen mindestens 96 % der Zugfestigkeit des Drahtes haben.

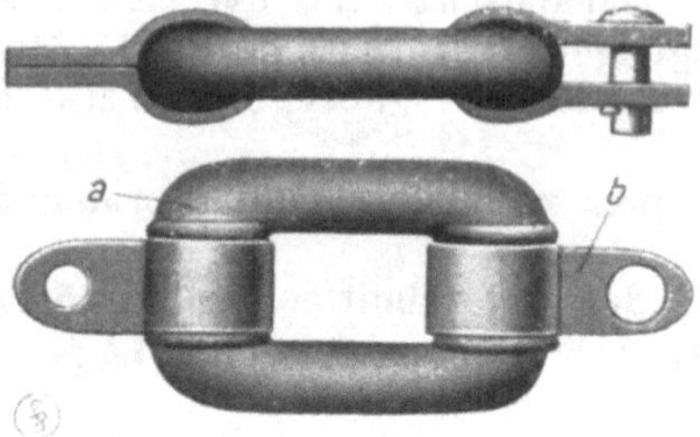

Bild 283. Schnallenisolator aus Rundeisen mit Hartgummi umpreßt für Züge bis 750 kg.
a = Rundeisen mit Hartgummi umpreßt.
b = Bandeisen verzinkt.

Bild 284. Porzellanisolator.

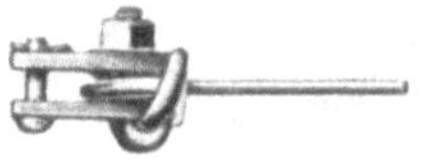

Bild 285. Drahtklemme.

Bild 286. Einstellbare Kurvenaufhängung für Rollen- und Bügelbetrieb mit verstellbarem Angriffspunkt des Querdrahtzuges.

Bild 287. Einarmige Kurvenaufhängung für Bügelbetrieb für 2 Fahrdrähte.

Bild 288. Fahrdrahtaufhängung mit eingeklemmtem Runddraht.
a = Gehäuse, b = mit Hartgummi umpreßter Bolzen, c = Gewinde zum Anschrauben der Fahrdrahtklemme.

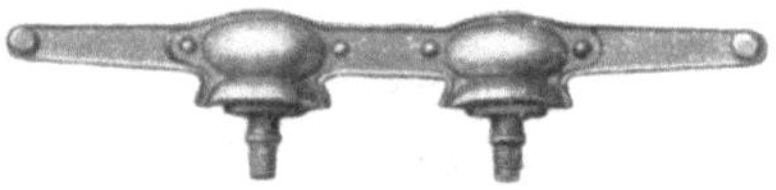

Bild 289. Fahrdrahtaufhängung mit eingebundenem Querdraht für 2 Fahrdrähte.

Bild 290. Kurvenaufhängung für Rollenbetrieb.

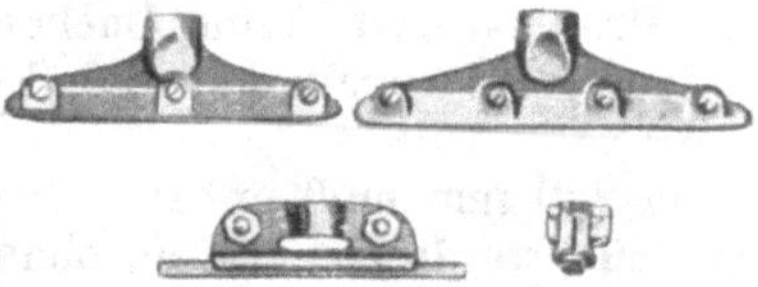

Bild 291. Fahrdrahtklemmen zur Befestigung des Fahrdrahtes an der Aufhängung.

Bild 292. Einstellbares Kreuzungstück.

Bild 293. Luftweiche für Rollenbetrieb aus Rotguß.

Bild 294. Einstellbares Kreuzungsstück.

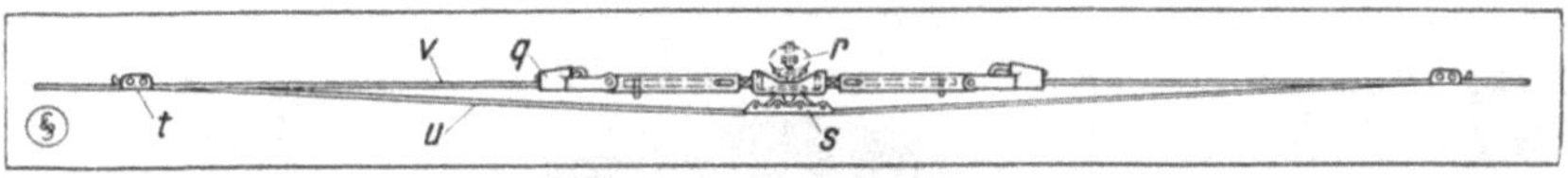

Bild 295. Fahrdrahtnachspanner mit Beidraht.
q = Drahtklemme mit Keil, r = Fahrdrahtaufhängung, s = Fahrdrahtklemme, t = Beidrahtklemme, u = Beidraht, v = Fahrdraht.

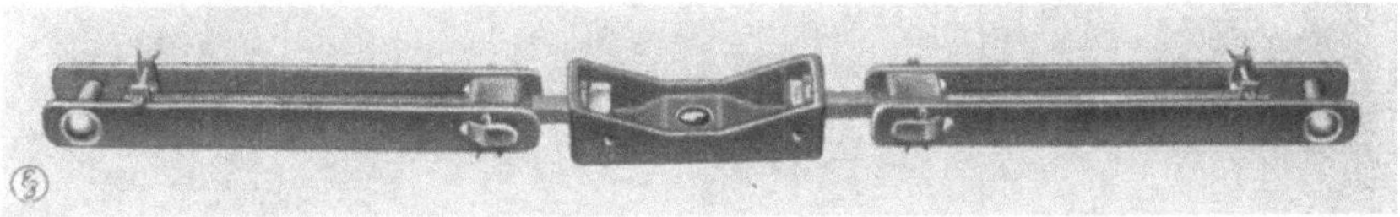

Bild 296. Fahrdrahtnachspanner.

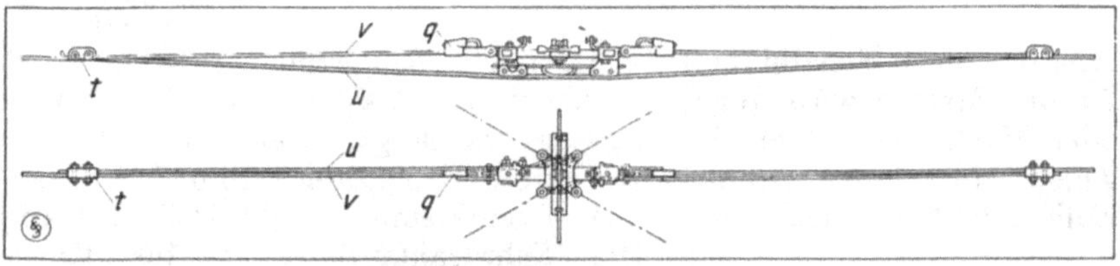

Bild 297. Streckenunterbrecher für Beidrahtüberbrückung ohne Ausschalter.
q = Drahtklemme mit Keil, t = Beidrahtklemme, u = Beidraht, v = Fahrdraht.

Bild 298. Streckenunterbrecher.

Bild 299. Streckenunterbrecher mit Schnallenisolatoren.

Bild 300. Streckenschalter mit Schaltmesser.

Außer den beschriebenen Hauptteilen sind folgende in Bildern dargestellten Einzelteile zur Aufhängung des Fahrdrahtes erforderlich.

Die Befestigung des Querdrahtes an Mauern oder Häusern geschieht mittelt Wandrosetten, und zwar bei Häusern unter Zwischen-

Bild 301 u. 302.
Streckenschalter am Mast.

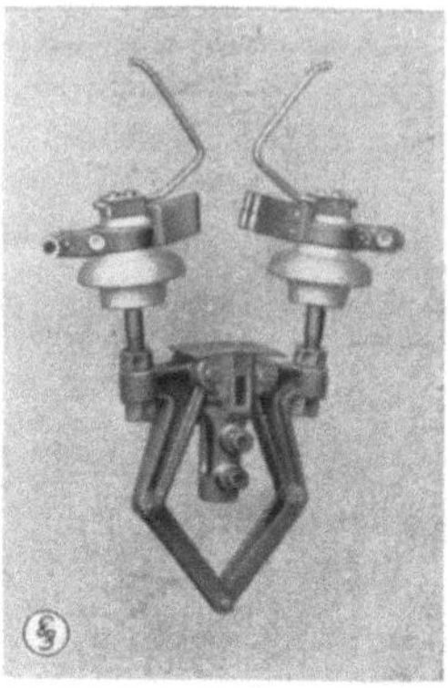

Bild 303. Hörnerschalter.
Neue Ausführung für große Energien.

schalten eines Schalldämpfers, der aus 2 Weichgummipuffern besteht. An den Masten wird der Querdraht mittels Mastring (bei Rohrmasten) oder Mastschelle (bei Gittermasten) befestigt. Der Querdraht wird gegen Mast oder Wandrosette durch Isolatoren (Bild 283 u. 284) isoliert und an diesen mit einer Drahtklemme (Bild 285) befestigt. Die Fahrdrahtaufhängung für Kurven (Bild 286, 287 u. 290) unterscheiden sich von denen für gerade Strecke (Bild 288 u. 289) durch die Formgebung, die ein Schiefstellen durch den Querzug des Fahrdrahtes verhindert. Der Fahrdraht wird an der Aufhängung durch Fahrdrahtklemmen (Bild 291) aufgehängt. An Weichen und Kreuzungen werden Luftweichen (Bild 293) und Kreuzungsstücke (Bild 292 u. 294) eingebaut. In Abständen von etwa 300 m werden Fahrdrahtnachspanner

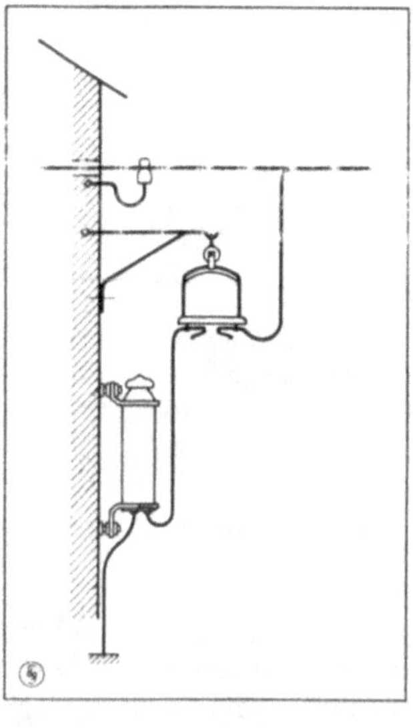

Bild 304. Spulenblitzableiter mit Dämpfungswiderstand.

Bild 305. Spulenableiter.

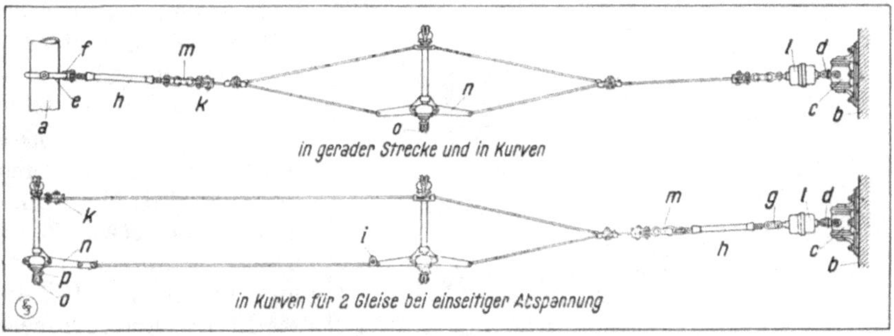

Bild 306. Fahrdraht mit geerdetem Schutzdraht.

a = Gitter- oder Rohrmast, b = Mauerwerk, c = Wandrosette, d = Gabelschraube für Wandrosetten bzw. Gabelbolzen, e = Schelle, f = Befestigungsöse, g = Verbindungslasche, h = Spannschloß, i = Sicherungsklemme, k = Drahtklemme mit Hakenschraube, l = Schalldämpfer, m = Schnallenisolator, n = Fahrdrahtaufhängung, o = Fahrdrahtklemme, p = Beidrahtwinkel.

(Bild 295 u. 296) eingebaut. Zur Lokalisierung von Störungen wird die Strecke durch Streckentrenner (Bild 297 bis 299) in Abschnitte unterteilt. Diese Streckentrenner werden durch Streckenschalter (Bild 300 bis 303 überbrückt. In jedem Abschnitt wird ein Blitzableiter eingebaut, am besten ein Spulenblitzableiter mit Dämpfungswiderstand (Bild 304 u. 305). Zum Schutz herabfallender Telephonleitungen dienen auf die Fahrdrähte geschobene Schutzleisten aus imprägniertem Holz oder Gummi oder besser ein über dem Fahrdraht angeordneter geerdeter Schutzdraht (Bild 306).

b) Besondere Fahrleitungsausführungen.

Bei Kreuzungen mit anderen Bahnen, die ebenfalls mit Fahrleitung versehen sind, müssen Kreuzungstücke in die Fahrdrähte eingebaut werden, die einen möglichst funkenlosen Durchgang des Stromabnehmers gewährleisten. Besondere Sorgfalt ist auf diese Stücke zu verwenden, wenn es sich um Kreuzung von Fahrleitungen für Bügelbetrieb mit Fahrleitung für Rollenbetrieb handelt (Bild 307). Bei Bahnen verschiedener Gesellschaften müssen die Fahrleitungen an den Kreuzungstellen voneinander isoliert werden, besonders, wenn die Fahrleitungen verschiedene Spannungen haben. Die Isolierung geschieht durch isolierte Kreuzungstücke, die aber meistens schwer und kompliziert sind; deshalb baut man besser vor und hinter der Kreuzung Streckentrenner ein, deren Abstand von der Kreuzung sich nach der Anzahl und dem Abstande der Stromabnehmer in einem Zuge richtet (Bild 308).

An Klapp- und Drehbrücken sind besondere Einrichtungen zu treffen, die es ermöglichen, die auf dem beweglichen Teil der

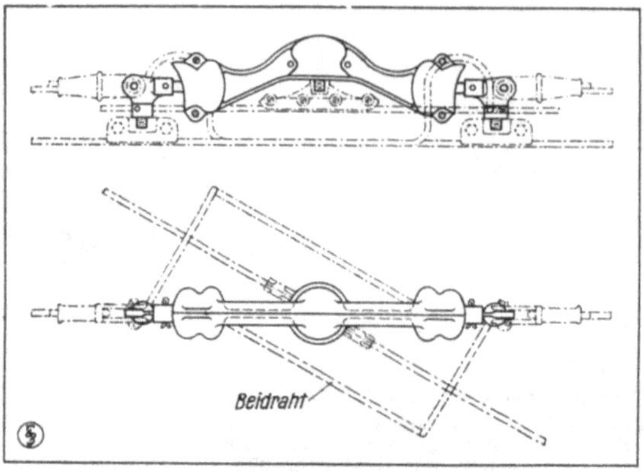

Bild 307. Kreuzung von Fahrleitungen für Bügel- und Rollenbetrieb.

Brücke eingebaute Fahrleitung mit der Brücke auszudrehen oder auszuklappen (Bild 309).

Auf festen Brücken wird die Fahrleitung durchgeführt. Bei Brükken unter etwa 70 m Länge stellt man vor und hinter der Brücke stärkere und höhere Maste auf, die es ermöglichen, durch Trapezaufhängung die Fahrleitung über der Brücke zu tragen. Ist die Brücke länger, so befestigt man Tragmaste durch Anklammerung an der Brückenkonstruktion oder versucht durch Einfügung von Tragpunkten in die Brückenkonstruktion Stützpunkte für die Fahrleitung zu gewinnen.

An Straßenunterführungen hängt man die Fahrleitung direkt an die Brückenkonstruktionen an, wobei ein Anbohren der Brücken-

Bild 308. Kreuzung einer Vollbahnlinie mit einer Straßenbahnlinie der Staatsbahn Java.

teile vermieden werden muß. Ein zwischen die Brückenteile und die Fahrdrahtaufhängung (Brückenaufhängung) eingebauter Holzklotz dient als zweite Isolation. Zum Schutz gegen das Berühren gebrochener oder entgleister Stromabnehmer werden an der Brücke Schutzbohlen oder ⊓ -förmige Schutzrinnen angebracht, die vor und hinter der Brücke in Auflaufstücken enden.

In Tunnelstrecken wird die Befestigung in ähnlicher Weise wie an Unterführungen vorgenommen; allgemein gültige Regeln hierfür zu geben, ist wegen der Mannigfaltigkeit der Tunnelformen nicht möglich.

In Wagenschuppen und deren Toren richtet sich die Anbringungsweise wesentlich nach der Bauart. Meistens wird man hier die Oberleitung niedriger legen müssen als auf der freien Strecke wegen der Ersparung an Baukosten für den Wagenschuppen. Man geht dann soweit herunter, daß die Oberleitung gefahrlos mit nach vorn gerichtetem Stromabnehmer befahren werden kann, ohne daß der Stromabnehmer sich staucht oder verfängt. Die Fahrleitung wird entweder wie bei Brücken an der Dachkonstruktion oder auch an Querdrähten aufgehängt. In den Toren wird, wenn Klapptore vorhanden sind, die Fahrleitung im Torbogen oder an den die Toröffnung abschließenden Trägern befestigt, und das Tor erhält einen Ausschnitt, der den Fahrdraht frei läßt. Bei einteiligen Schiebetoren muß die

Bild 309. Klappbrücke.

Fahrleitung unterbrochen werden, die Lücke wird zum Durchgang des Stromabnehmers mit kurzen, pendelnden Stücken, die der Stromabnehmer anhebt, überbrückt. Solche Stücke sind natürlich stromlos zu überfahren.

Vielfach wird eine besondere Einrichtung getroffen, um das Umlegen des Bügelstromabnehmers zu erleichtern. Diese besteht darin, daß innerhalb des Wagenschuppens gleich hinter den Toren die Fahrleitung hochgeführt und gleich wieder heruntergezogen wird, Der höchste Punkt muß so hoch liegen, daß der senkrecht stehende Bügel nicht mehr berührt wird; beim Durchfahren stellt sich der Bügel vermittels seiner Federn senkrecht und wird beim Weiterfahren von dem Fahrdraht niedergedrückt.

c) Bestandteile der Fahrleitung mit Vielfachaufhängung des Fahrdrahtes.

Als Maste werden wieder Holzmaste, eiserne Gittermaste, Rohrmaste oder Eisenbetonmaste verwendet. (Siehe S. 281.)

Es sind 2 Hauptgruppen von Tragwerken zu unterscheiden:

1. Ein- und zweiseitige Ausleger, die über ein, zwei oder selten drei Gleise reichen (Bild 310 u. 311).
2. Jochkonstruktionen, bei denen die Fahrleitung entweder von biegungsfesten Jochbalken oder von Querseilen getragen wird (Bild 312 u. 313).

Bild 310. Fahrleitung mit Vielfachaufhängung an Ausleger.

Bei eingleisigen Strecken bilden Auslegermaste die zweckmäßigste Tragwerksform, bei zweigleisigen Strecken ist der zweiseitige Auslegermast die wirtschaftlichste Anordnung, da sich die durch die senkrechten Kräfte hervorgerufenen Biegungsmomente ausgleichen. Ist der hierfür erforderliche Gleisabstand nicht vorhanden, so verwendet man einarmige Auslegermaste, die in 2 Reihen rechts und links vom Bahnkörper angeordnet werden. Vor Signalen vergrößert man den Abstand der

Bild 311. Fahrleitung mit Vielfachaufhängung an Ausleger.

Maste vom Gleis, um die Signale unbehindert erkennen zu lassen, oder man verwendet Maste mit zweigleisigen Auslegern, die auf derjenigen Seite des Bahnkörpers aufgestellt werden, wo keine Signale stehen. Allerdings verzichtet man in letzterem Falle auf den Vorteil der Unabhängigkeit beider Gleise voneinander.

Bei früher ausgeführten Anlagen erfolgte auf mehrgleisigen Strecken und Bahnhöfen die Aufhängung an Jochen mit Querbalken. Sie haben den Vorzug großer Standsicherheit und Seitensteifigkeit bei leichten Masten und schwachen Fundamenten, haben aber den Nachteil, daß sie die Übersicht über die Strecke und die Sicht der Signale verschlechtern und daß die Unabhängigkeit der einzelnen Fahrleitungen nicht mehr gewährleistet ist.

Man ist daher fast allgemein dazu übergegangen, durchsichtige, weitgespannte Querseilkonstruktionen auszuführen (Bild 313). Die Querseile werden geerdet und die Fahrleitung an ihnen isoliert aufgehängt. Die Maste können außerhalb der Gleisanlagen aufgestellt werden, wo sie der Gefahr, bei Entgleisungen beschädigt zu werden, entrückt sind und den Verkehr zwischen den Gleisen nicht hindern. Ferner erleichtert die Querseilanordnung etwaige Bahnhofsumbauten, weil Verschiebungen oder Neuverlegung von Gleisen nicht behindert werden.

Bild 312. Fahrleitung an Jochbalken.

Bild 313. Fahrleitung an Querseilen.

Für die bei Vielfachaufhängung üblichen hohen Spannungen (über 1000 V) wird jetzt nur Porzellan verwendet.

Bei der Formgebung der Isolatoren war man von Anfang an bestrebt, Ausführungen zu schaffen, bei denen das Porzellan nur auf Druck beansprucht wird. Diese Bedingung erfüllt die Porzellanglocke, nach Bild 314, die in älteren Anlagen allgemein verwendet wurde. Eine doppelte Isolation wurde erreicht, indem man 2 solcher Glocken durch einen U-förmigen Bügel verband, oder für niedrigere Spannungen eine Glocke auf eine hartgummiumpreßte Stütze aufsetzte. In neuerer Zeit kehrt man wieder zur Glocke zurück, die man für hohe Spannungen aus zwei zusammengehanften Scherben herstellt.

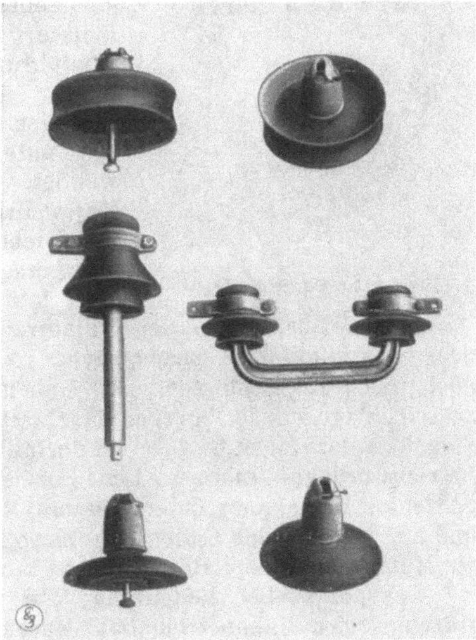

Bild 314. Porzellanglocken alter Ausführung.

Als man in Deutschland mit der Elektrifizierung der Vollbahnen begann, wurde für die Betriebspannung von 15 000 V eine neue Isolatorform entwickelt: die Doppelglocke (auch Kelchisolator genannt) mit wagerechter Achse (Bild 315). Ein aus einer Doppelglocke und 2 Einfachglocken gebildetes Aggregat wurde sowohl für die Isolierung des Tragseils als auch für seitliche Festlegung des Fahrdrahtes benutzt, 2 hintereinander geschaltete Doppelglocken dienten zur elektrischen Trennung der Fahrleitung.

Als Abspannaggregat werden 2 Doppelglocken mit Schellen verwendet, die kurzen Stahlrohrachsen werden durch Zugstangen verbunden. Überall ist zwischen Eisen und Porzellan Blei gelegt. Die Isolator-Anordnung hat sich gut bewährt (besonders bei Verwendung einscherbiger Isolatoren) und wurde von den SSW in verschiedenen Größen den vorkommenden Spannungen angepaßt.

Die guten Erfahrungen mit Hängeisolatoren bei Überlandleitungen legten auch deren Verwendung bei Fahrleitungen nahe. Die Erfahrungen mit Isolatoren der Bauart Hewlett waren nicht besonders gut. Dagegen haben sich die Kappenisolatoren bewährt. Auf Veranlassung der Reichsbahndirektion München haben die SSW die Strecke München—Herrsching mit einem Kappenisolator Type SKB 15 ausgerüstet, der sich sehr gut bewährt hat (Bild 316). Die Klöppelbestigung ist dabei nach dem V-Ringsystem ausgeführt; die Kappe ist nicht aufgekittet, sondern in zweiteiliger Ausführung durch Nieten und einen Ring um den eingezogenen Hals befestigt. Der ganze Isolator ist rostfrei. Er ist in gleicher Ausführung für Tragseil, seitliche Festlegung und Abspannung mit doppelter Isolation benutzt. Auch Kappenisolatoren mit aufgekitteten Kappen werden verwendet. Die guten Erfahrungen mit Kappenisolatoren, insbesondere deren hohe mechanische Festigkeit haben Veranlassung gegeben, auf die doppelte Isolation der Fahrleitung zu verzichten.

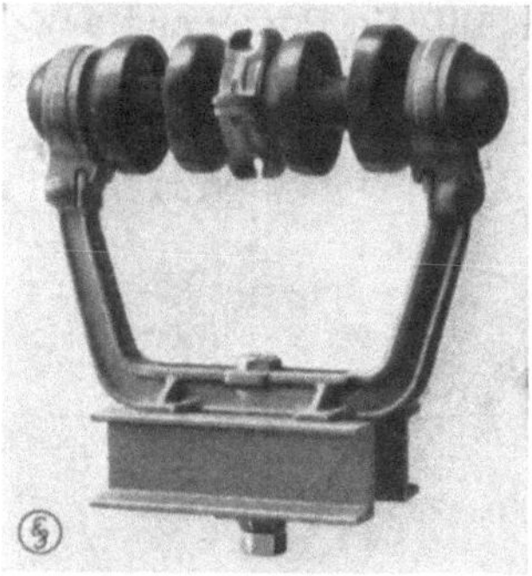

Bild 315. Doppelglocke.

In neuester Zeit werden Isolatoren verwendet, bei denen Porzellan oder Steatit auf Zug beansprucht ist. Doch ist deren Entwicklung noch nicht abgeschlossen. Sie haben den Vorteil, durchschlagsicher zu sein, dagegen den großen Nachteil, daß bei etwaigem Bruch des Strunkes der Isolator auseinanderfällt, was in der Regel zu großen Betriebstörungen führt. Allen Formen gemeinsam ist ein kräftiger, gedrehter Porzellanzylinder, der mit Rillen oder Schirmen versehen ist und auf dessen beide Enden Metallkappen aufgesetzt sind. Diese werden als Motor-, Knüppel-, Rillen- oder Stabisolatoren bezeichnet (Bild 317).

Bei der großen Bedeutung, die eine gute Isolierung für einen störungsfreien Bahnbetrieb hat, werden die Isolatoren in den Lieferwerken eingehend geprüft. Diese Prüfung erstreckt sich auf:

a) Durchschlagsfestigkeit mit einer Spannung 5 % unter der Überschlagspannung bei Regen unter 45°,
b) Sicherheit gegen Überschlag, Überschlagspannung = 3- bis 4fache Betriebspannung (nur bei Bahnisolatoren üblich),
c) mechanische Festigkeit durch Stichproben,
d) Verhalten bei Temperaturschwankungen durch abwechselndes Tauchen in warmes und kaltes Wasser,
e) Porosität.

Für die Reichsbahn gelten laut Verfügung der Hauptverwaltung vom 9. Februar 1926 die „Vorschriften über die Ausführung und die Festigkeitsberechnung der Fahrleitungen für Wechselstrom - Fernbahnen. (Siehe „Elektrische Bahnen“ Febr. 1926 S. 50.)

Für den Fahrdraht gilt hier dasselbe, wie für die Fahrdrähte mit Einfachaufhängung. (Siehe S. 286.)

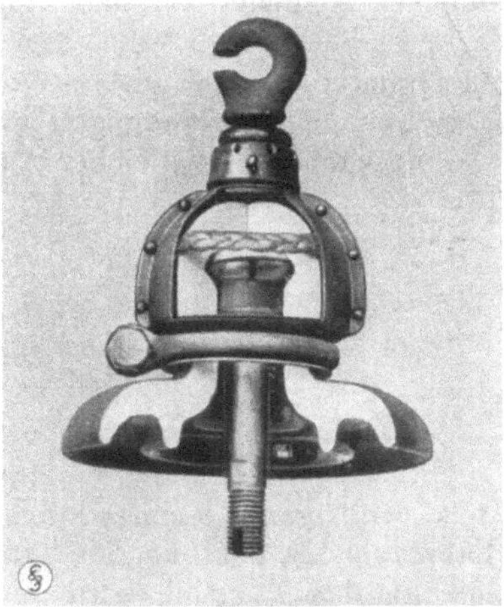

Bild 316. Kappenisolator SKB 15.

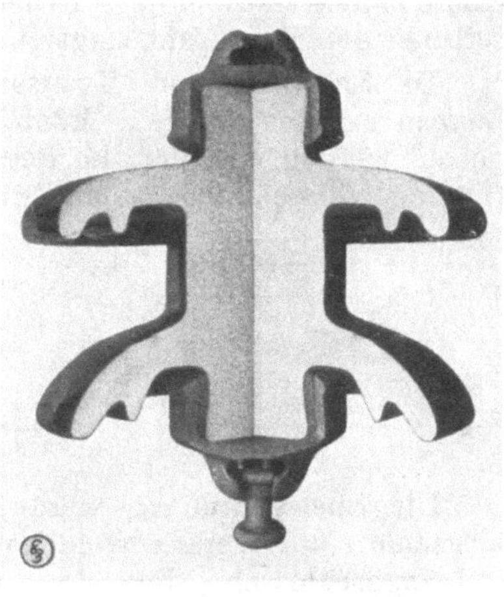

Bild 317. Motorisolator.

Für das Tragseil wird Bronze, Kupferpanzerstahl (Monnot) oder verzinkt verbleiter Stahl verwendet. Die Zerreißfestigkeit von Bronze und Kupferpanzerstahl beträgt dabei 60—64 kg/mm², die des Stahles etwa 70 kg/mm².

Die Aufhängungen des Fahrdrahtes am Tragseil müssen wegen des Anhebens des Fahrdrahtes durch die Stromabnehmer besonders nachgiebig sein. Man verwendet deshalb biegsame Bronzeseile aus 49 Drähten mit 10 mm² Gesamtquerschnitt und einer Zugfestigkeit von etwa 50 kg/mm². Drähte aus Bronze, Kupfer, Stahl oder Eisen müssen in der Mitte eingewürgte Gelenkösen erhalten, um seitlich ausknicken zu können und nicht abzubrechen. Hängedrähte werden nur noch selten ausgeführt.

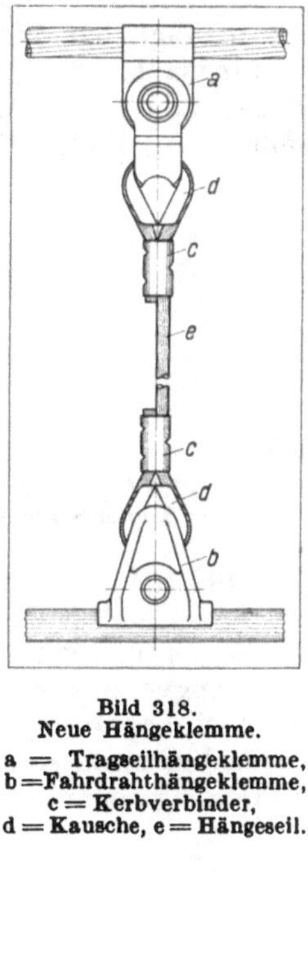

Bild 318.
Neue Hängeklemme.
a = Tragseilhängeklemme,
b = Fahrdrahthängeklemme,
c = Kerbverbinder,
d = Kausche, e = Hängeseil.

Die Befestigung des Hängeseils am Fahrdraht und Tragseil erfolgt mittels Hängeklemmen in verschiedenen Ausführungsarten.

Zur Befestigung der Hängeseile an den Klemmen dienen Schlaufen, die durch einen kleinen Kerbverbinder hergestellt werden und die mit einer Kupferkausche gegen Durchscheuern ausgefüttert sind. Bei Verwendung von Hängedrähten wird diese Verbindung durch Würgeösen erzielt, wie sie bei Straßenbahn-Oberleitungen gebräuchlich sind. Eine Ausführung üblicher Klemmen für das Tragseil und den Fahrdraht zeigt Bild 318.

Da Fahrdraht und Tragseil nicht immer in den gewünschten Längen geliefert werden können, so müssen Stoßverbindungen eingebaut werden, die auch im Betrieb bei Leitungsbruch in gleicher Ausführung Verwendung finden (Bild 319).

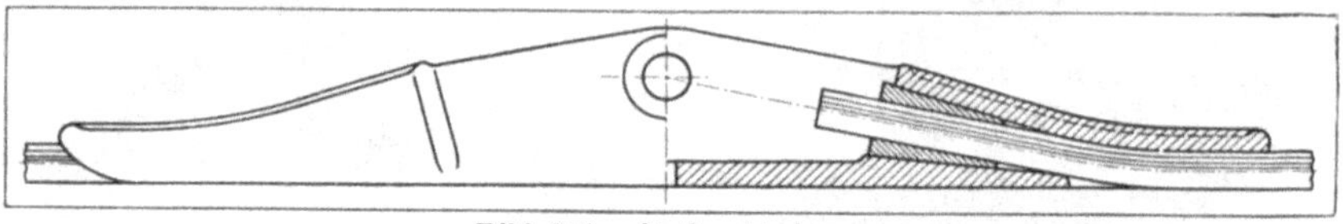

Bild 319. Stoßverbindung.

Die Speiseleitungen werden mittels kräftiger Klemmen durch biegsame Kupferseile sowohl an den Fahrdraht als auch an das Tragseil angeschlossen. Für den Anschluß an das Tragseil wird eine Kreuzklemme, für den Anschluß an den Fahrdraht eine T-förmige Anschlußklemme verwendet (Bild 320), bei der der Anschlußquerschnitt durch Zusatz von Beidrahtklemmen beliebig größer gemacht werden kann.

Zur festen Verbindung einzelner Fahrleitungsabschnitte benutzt man Stromverbinder, die in ähnlicher Weise wie die vorgenannten Leitungsanschlüsse unter Verwendung von Kreuz- und T-Klemmen und biegsamen Kupferseilen ausgebildet sind.

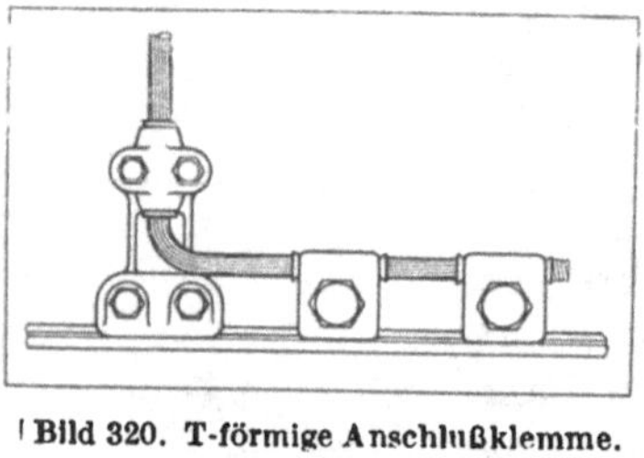

Bild 320. T-förmige Anschlußklemme.

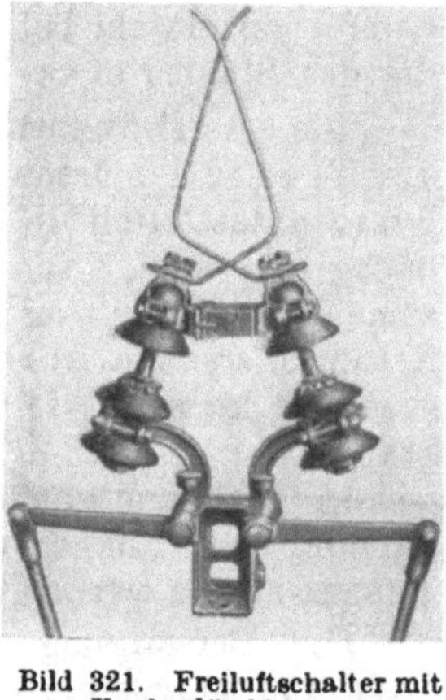

Bild 321. Freiluftschalter mit Funkenlöschhörnern.

Lösbare Verbindungen der einzelnen Abschnitte werden durch Freiluftschalter mit Funkenlöschhörnern nach Bild 321 hergestellt. Die Schalter werden auf den Masten, Auslegern oder Jochen so angebracht, daß der Ausschaltlichtbogen benachbarte Metallteile und Isolatoren nicht erreichen kann und daß nach Möglichkeit der Schaltzustand von den Fahrzeugen aus erkannt werden kann. Die Schalter werden mittels eines Rohrgestänges durch einen am unteren Mastende angebrachten verschließbaren Handhebel betätigt. Besonders wichtige Schalter, deren Bedienung bei außergewöhnlichen Betriebsvorkommnissen rasch erfolgen muß, werden vielfach durch Drahtzüge oder auf elektrischem Wege durch Motoren unmittelbar vom Stellwerk oder vom Fahrdienstraum aus bedient, wie dies für Weichen und Signale geschieht (Bild 322).

Diese Fernbetätigung der Schalter ist von den SSW in Verbindung mit dem Blockwerk von S & H durchgebildet worden, wobei nur das in den Stellwerkseinrichtungen übliche und jedem Eisenbahner geläufige Material verwendet wird. (Siehe Aufsatz Naderer in der Zeitschrift „Elektrische Bahnen" Nr. 1 von 1927.)

Bild 322. Fernsteuerung für Funkenlöschhörner.

Auf größeren Bahnhöfen muß die Fahrleitungsanlage in einzelne kleinere Abschnitte verlegt werden, damit die Unterhaltungsarbeiten erleichtert und Störungen auf einen kleineren Bezirk beschränkt werden können. Zu dieser Unterteilung der Fahrleitung verwendet man Streckentrenner (Bild 323). Die Streckentrenner haben mit der Entwicklung der Isolatoren im Laufe der Zeit verschiedene Änderungen erfahren.

Bild 323. Älterer Streckentrenner.

Die neueste Ausführung eines Streckentrenners der SSW mit V-Isolatoren ist in Bild 324 dargestellt.

Streckentrennungen, die betriebsmäßig mit den höchsten Fahrgeschwindigkeiten befahren werden müssen, wie dies vor und hinter den Bahnhöfen bereits der Fall ist, werden durch Überkreuzung der

Fahrleitungen in einer Spannweite hergestellt. Sie werden zweckmäßig mit den Nachspannvorrichtungen vereinigt.

Bei zweigleisigen Strecken mit Auslegern werden zur Herstellung der Streckentrennungen zwischen die beiden Abspannmaste zwei Trag-

Bild 324 Streckentrenner mit V-Isolator.

maste eingeschaltet. Die Streckentrennung erstreckt sich dabei über 3 Spannweiten. Der Übergang des Stromabnehmers von einem Fahrdraht auf den anderen findet in der Mitte der mittleren Spannweite statt. Es muß dabei der eine Fahrdraht zwischen Tragseil und Fahrdraht des anderen Abschnittes durchgeführt werden, weshalb es angebracht ist, die Systemhöhe im Nachspannfeld nicht zu klein zu wählen, um genügend große Isolationsabstände zwischen den einzelnen Drähten zu erhalten. Diese Anordnung wurde zuerst von den SSW auf der Strecke Landshut — Neufahrn ausgeführt.

Bild 325. Fahrleitung in Weiche.

Die Anordnung der Fahrleitung in einer Weiche gestaltet sich bei Bügelbetrieb sehr einfach, wenn an der Weiche ein Stützpunkt angeordnet werden kann, entsprechend Bild 325. Befindet sich aber die Weiche zwischen zwei Aufhängepunkten, so ist es in den meisten Fällen

Bild 326. Luftweiche isoliert und nicht isoliert.

möglich durch eine einfache Kreuzung der beiden Fahrleitungen ein einwandfreies Befahren der Weiche zu erzielen, nur muß durch Aufklemmen eines Führungsstückes auf den unteren Fahrdraht dafür gesorgt werden, daß die Fahrdrähte an der Kreuzungstelle durch den Bügel gleichmäßig angehoben werden und daß eine Längsverschiebung gegeneinander möglich ist. Um eine zu große Abnutzung des unteren Fahrdrahtes zu verhindern — dieser wird sowohl durch den Stromabnehmer, als auch durch den oberen Fahrdraht abgenutzt — versieht man seine obere Seite mit einer auswechselbaren Schutzleiste.

In größeren Bahnhöfen ist es oft erforderlich, die Fahrleitungen in den Weichen elektrisch voneinander zu trennen. Die hierfür erforderlichen Konstruktionen sind natürlich verwickelter. In Bild 326 ist eine solche dargestellt, wie sie auf dem Münchener Hauptbahnhof eingebaut ist.

d) Sonderausführungen der Fahrleitung.

Während es im allgemeinen möglich sein wird, unter leichteren Bauwerken wie Signalbrücken und Fußgängerstegen die Fahrleitung in Regelhöhe durchzuführen, da die Hebung solcher Objekte keine allzugroßen Kosten verursacht, muß man unter schweren Bauwerken und Tunnels mit der Fahrdrahthöhe erheblich herabgehen. Die bauliche

Durchführung der Fahrleitungsanlage erfordert bei solchen Bauten jeweils eine Anpassung an die gegebenen örtlichen Verhältnisse.

Für die Reichsbahn ist laut Erlaß des Reichsverkehrsministers vom 6. Februar 1926 das in Bild 327 dargestellte Lichtraumprofil für bestehende Bauten vorgeschrieben. (Siehe Zeitschrift „Elektrische Bahnen" Febr. 1926 S. 56.)

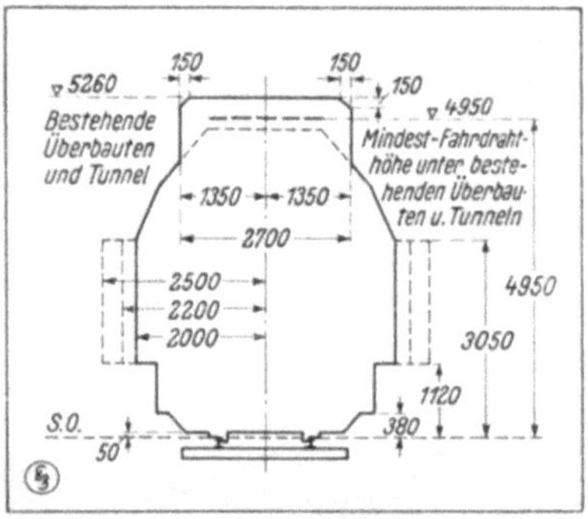

Bild 327. Lichtraum Umgrenzung für bestehende Bauwerke.

Die Aufhängungen unter Brücken dürfen die Bewegung des Fahrdrahtes bei Temperaturänderungen nicht verhindern. Meist wird es nicht möglich sein, das Tragseil unter der Brücke durchzuführen; es wird zu beiden Seiten des Bauwerkes isoliert abgefangen und der Fahrdraht allein weitergeführt. Vor und hinter dem Bauwerk ist je ein Stromverbinder zwischen Fahrdraht und Tragseil einzubauen. Nicht unter Spannung stehende Bauteile sind durch 2 Erdleitungen, die nach getrennten Gleisen führen, zu erden. Hält das Bauwerk den Abfangzug des Tragseils nicht aus, so wird das Tragseil an einem

Bild 328. Aufhängung unter Brücken.

Bild 329. Aufhängung unter Brücken.

unter der Brücke durchgehenden mit Klemmplatten an der Brückenkonstruktion befestigten Flach- oder Rundeisen beiderseits isoliert abgefangen. Ist der Abstand des Fahrdrahtes von den Brückenbauteilen an sich knapp, so müssen, damit dieser Abstand durch den Bügeldruck nicht noch verringert wird, starre, isolierte Hubbegrenzungen eingebaut werden. Der Übergang zwischen der Aufhängung der Fahrleitung zu beiden Seiten des Bauwerkes und der Lagerung unter dem Bauwerk soll bei höheren Geschwindigkeiten mit einer Steigung von weniger als 1 : 200 erfolgen, damit ein einwandfreies Befahren gesichert bleibt. Die Bilder 328 und 329 zeigen zwei Ausführungsformen.

Bei den Fahrleitungen in längeren Tunnels wird aus Gründen der Betriebsicherheit das Tragseil durchgeführt. Um die Systemhöhe möglichst gering zu halten, muß der Abstand der Aufhängepunkte verkürzt werden. So beträgt z. B. im Arlbergtunnel (Bild 330) der Abstand der in dem Tunnelscheitel eingebauten Fahrleitungstragwerke nur 18—28 m. Sämtliche Konstruktionsteile der Fahrleitung in den Tunnels müssen gegen Rostgefahr besonders geschützt werden. Bei den geringen im Inneren längerer Tunnels herrschenden Temperaturschwankungen lassen sich Nachspannvorrichtungen in der Fahrleitung entbehren. Es werden nur die Enden der Tunnelfahrleitungen an den

Portalen selbsttätig nachgespannt. Bei neuen Tunnels gilt für die Reichsbahn das Lichtraumprofil nach Bild 331.

Bild 330. Aufhängung im Arlbergtunnel.

Auf die Einführung der Fahrleitung in Fahrzeugschuppen verzichten manche Bahnverwaltungen, die Fahrzeuge müssen durch besondere Hilfsmittel wie Spills, Schleppzeuge, Stromabnehmerwagen eingeschleppt werden.

Bei den ersten Lokomotivschuppen, die für den elektrischen Betrieb eingerichtet wurden, hat man die Fahrleitung in die Schuppen eingeführt. Jedes Gleis hat dabei eine besondere Signalanlage, bestehend aus Läutewerk und Signallampen, so daß das Personal jederzeit ersehen kann, welches Gleis unter Spannung steht.

Bei Lokomotivschuppen mit Schiebebühne versieht man oft nur die Einfahrt- und Ausfahrtgleise mit Fahrleitung, die nur nach Bedarf unter Spannung gesetzt werden, normal aber geerdet sind. Zwischen der Schuppenleitung und der dauernd unter Spannung stehenden Fahrleitung wird ein spannungsloses Stück eingeschaltet, das eine etwas größere Länge hat, als der größte Bügelabstand auf einer Lokomotive. Hierdurch wird verhütet, daß eine Lokomotive mit den Stromabnehmern gleichzeitig die Fahrleitung und die geerdete Schuppenleitung berührt und einen Kurzschluß herbeiführt. Durch einen Hörnerschalter wird nach Bedarf das Schuppengleis und gleichzeitig das spannungslose Stück an Spannung gelegt.

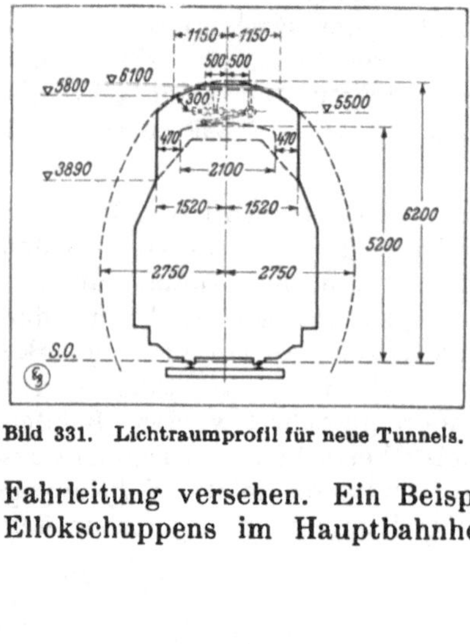

Bild 331. Lichtraumprofil für neue Tunnels.

Neuerdings werden in der Regel sämtliche Gleise, die von elektrischen Fahrzeugen benutzt werden, mit Fahrleitung versehen. Ein Beispiel hierfür bietet die Ausführung des Ellokschuppens im Hauptbahnhof München (Bild 332), in dem eine

Bild 332. Ellokschuppen München.

Fahrleitung ohne Tragseil zur Anwendung gekommen ist. Dabei werden die Fahrleitungen durch kleine Ausschnitte in den Schuppentoren stromlos durchgeführt und vor und hinter dem Tor wird je ein Streckentrenner eingebaut. Innerhalb der Halle können sämtliche Gleise einzeln bei Bedarf an eine Sammelschiene gelegt werden. Besondere Warnungseinrichtungen sind nicht vorhanden. Die Betätigung der Schalter ist einem verantwortlichen Bediensteten übertragen, der vor dem Einschalten die in der Nähe beschäftigten Leute zu warnen hat.

Dieser Ellokschuppen bietet auch ein Beispiel für die Ausrüstung einer Portal-Schiebebühne mit Fahrleitung. Die an der Schiebebühne fest angebrachte Fahrleitung kann durch Klappschalter mit den Fahrleitungen der einzelnen Gleise verbunden werden. Beim Fahren der Schiebebühne erdet der Schalter die Leitung der Schiebebühne und ist verriegelt. Da erfahrungsgemäß beim Ausprobieren der Fahrzeuge in den Schuppen die meisten Kurzschlüsse verursacht werden, ist es angebracht, die gesamte Anlage des Ellokschuppens einschließlich der Zufahrten durch einen Ölschalter von der übrigen Fahrleitungsanlage abzutrennen.

Die elektrische Ausrüstung von Drehscheiben bietet keine sonderlichen Schwierigkeiten. Bei einer geringen Anzahl Gleise wird man mit einfachen Kreuzungen der Fahrleitungen auskommen können.

Bild 333. Drehscheibe mit Fahrleitung.

Bei größerer Zahl empfiehlt sich die Anordnung eines Ringes über dem Mittelpunkt der Drehscheibe, an dem alle Fahrdrähte abgefangen werden (Bild 333).

e) Bestandteile der dritten Schiene.

Als Material für die Stromschienen-Isolierung ist Porzellan, Hartgummi, Stein (Basalt), Bakelit, Steingut und in neuerer Zeit auch Hartglas verwendet worden.

Die Stromschienen-Isolatoren sind in der Regel auf die Schwellen des Oberbaues aufgebaut, und zwar mittels einer Grundplatte, oder sie sind in eiserne Träger eingehängt, die auf die Schwellen der Fahrschiene aufgeschraubt werden und die Stromschiene in der vorgeschriebenen Lage halten (Bild 280, 281, 334).

Heute wird fast überall ein Schutz gegen zufällige Berührungen vorgesehen, und zwar bei der von oben bestrichenen Stromschiene ein ein-, zwei- oder dreisitziger Schutz (Bild 281); für von unten bestrichene Schienen findet eine dreiseitige trogähnliche Schutzverkleidung Anwendung (Bild 280).

Die aus imprägniertem Holz hergestellte Schutzverkleidung wird durch in Öl getränkte Hartholzklötze von der Stromschiene in einem gewissen Abstand gehalten.

Die Stromschienen müssen an den Weichen unterbrochen werden und hier sind Schienenauf- bzw. -abläufe, die den Stromabnehmer auf die Schiene, bzw. von ihr herunterführen, vorzusehen. Die Neigungen dieser Abläufe richten sich nach der Geschwindigkeit, mit der die Bahnanlage befahren wird. Eine Neigung von 1 : 10 genügt noch bei Geschwindigkeiten bis etwa 30 km/h. Bei höheren Geschwindigkeiten wählt man eine Neigung von 1 : 15 bis 20 und geht bis zu 1 : 30 bei Geschwindigkeiten von 90 bis 100 km/h.

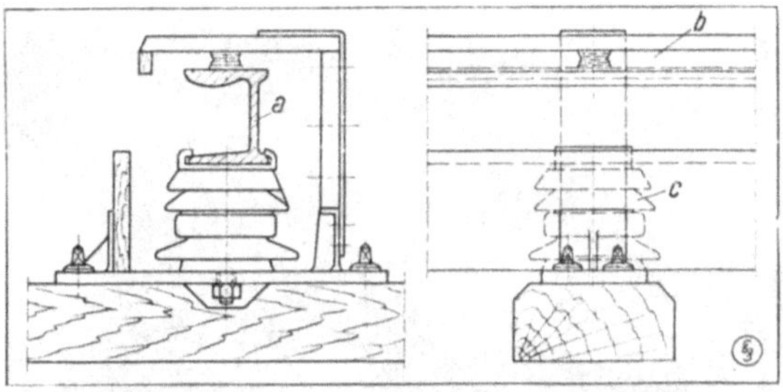

Bild 334. Isolator für Stromschiene, System Merz.
a = Stromschiene, b = Schutz, c = Isolator.

Beim Abgleiten des Stromabnehmers kann eine starke Funkenbildung auftreten, wodurch ein Kurzschluß zwischen Stromabnehmer und den Eisenteilen des Wagens eingeleitet werden kann. Bei den Abläufen erfolgt daher die Unterbrechung des Stromes an einer bestimmten, zur Ablenkung des Funkens besonders ausgebildeten Unterbrechungstelle. Diese Abläufe bleiben spannungslos. Bild 335 zeigt einen derartigen spannungslosen Ablauf.

Wenn der Kontaktschuh von der unter Spannung stehenden Stromschiene auf die spannungslose Schiene des Ablaufes gleitet, wird der Abrißfunken zwischen beiden Schienen infolge der hörnerartigen Form der Schienenenden zum Verlöschen gebracht. Der Unterbrechungsfunken an den Abläufen tritt besonders bei Zügen mit elektrischer Lokomotive auf, da der Abstand der Stromschiene bei den Weichen stets größer sein wird, als der Abstand der Stromabnehmer an den Lokomotiven. Günstiger liegen die Verhältnisse, wenn es sich um einen Zug mit mehreren Triebwagen handelt, bei dem die Stromabnehmer der einzelnen Triebwagen durch eine Leitung verbunden sind. Man kann eine Unterbrechung der Stromzuführung dadurch verhindern, daß man über den Weichenanlagen außerhalb des Profils

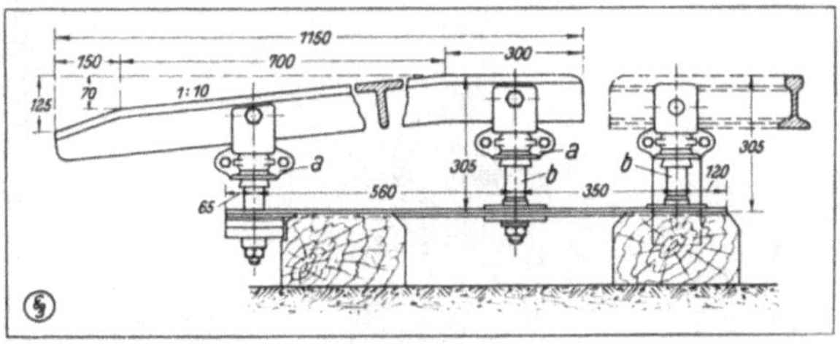

Bild 335. Spannungsloser Stromschienenauflauf.
a = Isolatorkappe, b = isolierter Stahlbolzen.

einen Stromzuführungsleiter verlegt, der allerdings die Verwendung besonderer Dachstromabnehmer bedingt.

In vielen Fällen läßt sich die Unterbrechung der Stromschiene an den Weichen vermeiden, wenn man einen Kletterschienenauflauf (Bild 336) anwenden kann. Hierbei werden die beiden Stromschienen an einer Weiche durch ein Schienenstück verbunden, bei dem der Kopf einer normalen Stromschiene teilweise entfernt und die Form des Fußes so abgeändert wird, daß der Stromabnehmerschuh eines die Weiche befahrenden Zuges von der Seite auf die Stromschiene heraufgleiten (klettern) kann (Bild 336).

Bild 336. Kletterschiene.

Da der Querschnitt der Stromschiene an dieser Übergangstelle geschwächt wird, muß gegebenenfalls eine kupferne Verstärkungschiene parallel geschaltet werden.

Die Verbindung einer unterbrochenen Stromschiene geschieht in der Regel durch Kabel, seltener durch besondere Freileitungen. Der Anschluß des Verbindungskabels an die Schiene bedingt die Verwendung besonderer hierfür gebauter Kabelverbindungen. Diese müssen allen Witterungseinflüssen gewachsen sein und eine elastische Verbindung mit der Schiene ermöglichen (Bild 337). Die oft angewendete Verbindung von Kupferseil und Eisenschiene durch einen Kupferstöpsel ist für den Anschluß von Hauptkabeln nicht zu empfehlen, und man wählt deshalb in neuerer Zeit besondere aus Messing oder Rotguß bestehende Kontaktteile, die mit großen verzinkten Flächen an die ebenfalls verzinnten oder verzinkten Schienen

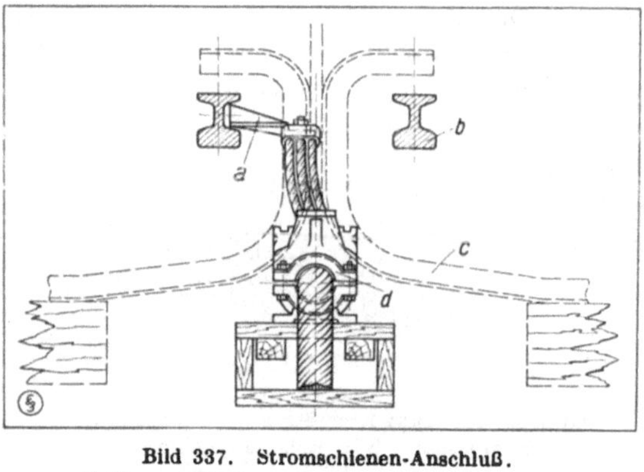

Bild 337. Stromschienen-Anschluß.
a = Schienenstuhl, b = Stromschiene, c = Aufbau der Stromschiene, d = Kabelendverschluß.

stege angeschraubt werden. An dieses Kontaktstück, Schienenstuhl genannt, wird dann ein mit dem beweglichen Kupferseil verlöteter Kabelschuh angeschraubt. In gleicher Weise werden auch die Hauptspeisekabel angeschlossen, meistens mit Einfügung von Schaltern in jedes Kabel, um dieses bei Betriebstörung oder bei Messungen abschalten zu können. Die Streckenschalter (Bild 338) werden auch in die Speiseleitungen von Nebengleisen und in bestimmten Abständen auch in die Stromschiene der Hauptgleise eingeschaltet, um Teile der

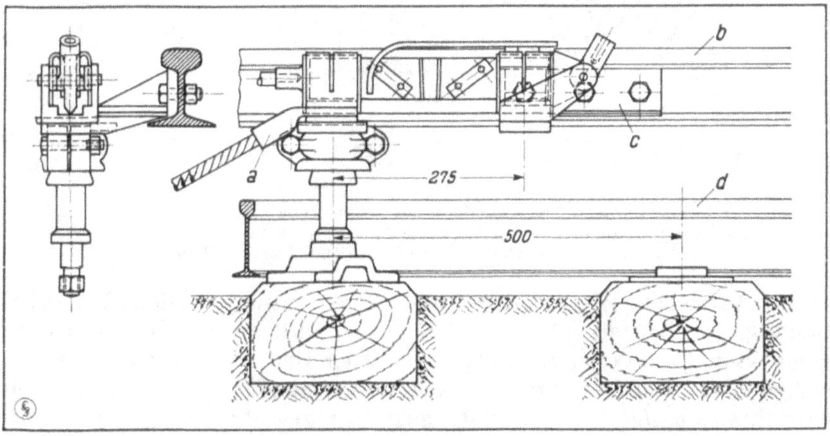

Bild 338. Streckenschalter.
a = Kabelschuh, b = Stromschiene, c = Schienenstuhl, d = Fahrschiene.

Stromschienenanlage bei Betriebstörungen spannungslos machen zu können.

Auch auf den Anschluß der Rückleitung muß große Sorgfalt verwendet werden. Man benutzt in neuerer Zeit besondere Kabelendverschlüsse und verbindet diese durch bewegliche Leitungen mit der Fahrschiene, ähnlich der vorbeschriebenen Ausführung für die Stromschiene (Bild 339).

Bei Anlagen mit dritter Schiene ist es nicht zulässig, die Stromschiene auch in die Wagenschuppen und Werkstätten hineinzuführen; sie würde hier die Reparatur- und Reinigungsarbeiten stören und auch eine Gefahr für das Bedienungspersonal sein. Man verwendet in Werkstätten und Wagenschuppen Oberleitungen aus Kupferdraht oder eisernen Winkelschienen. Diese unter Spannung stehenden Kupferleitungen bzw. Schienen werden vermittelst einer Kontaktstange mit dem Stromabnehmer eines Wagens verbunden.

In neuerer Zeit hat man auch Deckenstromschienen mit Kontaktwagen verwendet. Zur Verbindung zwischen dem Kontaktwagen und

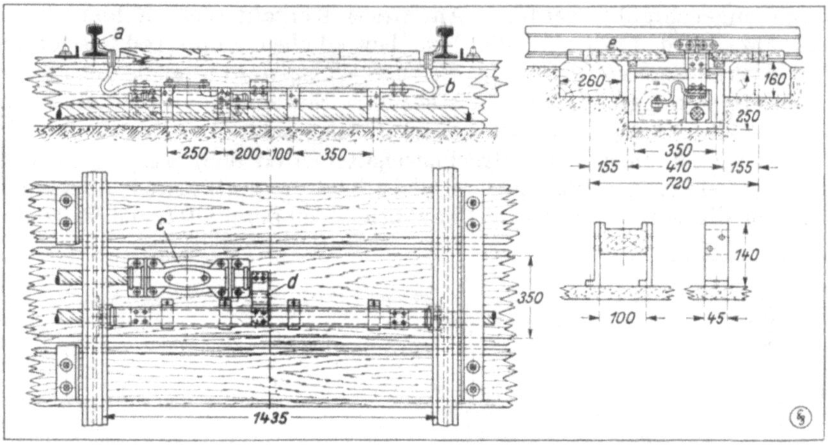

Bild 339. Anschluß des Rückleitungskabels.
a = Anschlußstück, b = Bandeisenverbinder, c = Schienen-Anschlußmuffe, d = 12 Kupferbänder, verzinkt, e = Bohlenabdeckung.

der elektrischen Wagenausrüstung dient entweder eine bewegliche Leitung mit Zugseil mit einer zum Anschluß an den Stromabnehmer geeigneten Kontaktvorrichtung, oder aber der Kontaktwagen wird so ausgebildet, daß er sich selbsttätig vermittelst Kontaktstange und Kontaktschuh mit der Hauptstromleitung des Wagenzuges beim Einfahren des Zuges kuppelt und beim Verlassen des Schuppens auch wieder selbsttätig abschaltet. Bei Anwendung eines Kontaktwagens mit Leitung muß beim Herausfahren der Kontaktwagen durch einen Bedienungsmann gezogen werden.

4. Speiseleitungen.

Es ist zu unterscheiden zwischen Leitungen, die Strom von gleicher Art und Spannung führen wie die Fahrleitung und solchen mit gleich- oder andersartigem Strom von wesentlich höherer Spannung.

Im ersten Falle handelt es sich um Zuleitungen zum Fahrdraht oder Verstärkungsleitungen. Da man mit dem Fahrdrahtquerschnitt nicht über ein bestimmtes Maß hinausgehen kann, andererseits das hochwertige Leitungsmaterial nicht der Abnutzung durch den Bügel unterwerfen will, verlegt man einen Teil des für die Stromführung notwendigen Querschnittes in Verstärkungsleitungen. Diese sind besonders bei Gleichstrom-Überlandbahnen wegen der hohen Stromstärken notwendig und erreichen hier oft erhebliche Querschnitte. Aber auch bei Wechselstrombahnen mit Betriebspannung bis zu 16 kV müssen derartige Verstärkungsleitungen verlegt werden, wenn der

Abstand der zu betreibenden Strecken vom Unterwerk groß ist. Die Zuleitungen werden vielfach als Kabel ausgeführt, die Verstärkungsleitungen meistens am Bahngestänge verlegt. Die ungefähr alle 1,5 km vorgesehenen Abspannmaste der Fahrleitung dienen gleichzeitig auch als Verankerungsmaste der Verstärkungsleitungen.

Speiseleitungen, die höher gespannte Ströme führen, dienen zur Verbindung der Kraftwerke mit den Unterwerken. Bei Spannungen bis zu 10 kV werden die Speiseleitungen häufig als Kabel unterirdisch verlegt. Bei höheren Spannungen werden sie für größere Entfernungen fast ausschließlich als Hochspannungs-Freileitungen gebaut. Bei der Deutschen Reichsbahn wurden solche für Spannungen von 60 bis 110 kV ausgeführt.

Die Speiseleitungen auf Bahnhöfen sollen von den Fahrleitungen tunlichst soweit entfernt sein, daß Arbeiten an den letzteren auch bei eingeschalteten Speiseleitungen ausgeführt werden können.

Bahnstromleitungen müssen durch das Personal der Fahrleitungsmeistereien ohne besondere Aufwendungen leicht überwacht und im Bedarfsfall schnell repariert werden können. Sie sollen deshalb möglichst in der Nähe der Bahnstrecken oder guter Straßen verlaufen, so daß sie leicht zu erreichen sind, und weil in Bahnnähe ein ausgedehntes Fernsprechnetz zur Verfügung steht.

Im übrigen gelten für die Trassierung der Bahnstromleitungen im allgemeinen die gleichen Gesichtspunkte wie für Überlandleitungen zur Licht- und Kraftversorgung. Es wird zweckmäßig eine möglichst gerade Linienführung gewählt unter tunlichster Vermeidung der Durchquerung von Forsten und Baugelände, Moorgelände und Gegenden, in denen erfahrungsgemäß starke Rauhreifbildungen auftreten, sowie Gelände, in dem Schwimmsand zu erwarten ist. Auch die Überquerung von Höhenrücken und von größeren Tälern ist nicht empfehlenswert, weil infolge der meist sich ergebenden großen Spannweiten Mastverlängerungen und Verstärkungen notwendig werden, und auch die Leiter infolge der starken Beanspruchung mitunter statt aus Kupfer in Bronze ausgeführt werden müssen. Außerdem sind die Leitungen auf Bergrücken und über Flußtälern besonders dem Winde und der Rauhreifbildung ausgesetzt und daher besonders stark beansprucht.

Im allgemeinen wird man mit 3 Hauptmasttypen auskommen:

1. Der Regel-Tragmast. Die Normalspannweiten schwanken je nach der Betriebspannung der Leitung etwa zwischen 150 und 250 m. Die Mastlänge über Erdboden ergibt sich aus dem Mindestabstand der Leiter vom Erdboden plus Durchhang des Seiles plus senkrechter Ab-

stand der Leiter voneinander. Die höchste Belastung der Seile tritt bei diesen Spannweiten in der Regel bei — 5 ° und Eislast auf. Die Beanspruchung je mm² soll in diesem Falle nicht überschreiten:

bei Kupferseil	. . . .	16 kg
„ Bronzeseil	. . . .	28 „
„ Stahlaluminium	. . . . . .	11 „
„ Aluminium	. . . .	9 „
„ Aldrey	. . . .	12—15 kg.

Für Bahn- und Postkreuzungen gelten die gleichen Vorschriften wie für Überlandleitungen.

Die Fundierung der Tragmaste erfolgt häufig mittels eines Rostes aus Beton-, Eisen- oder Holzschwellen, oft auch durch Einbetonieren der Mastfüße.

Bild 340. Verdrillungspunkt für Bahnspeiseleitung.

Verschiedentlich wurden für Speiseleitung auch Aufsetzmaste verwendet, die auf im Betonfundament eingesetzte Ankerteile aufgesetzt, oder auch um scharnierartige Gelenke aufgeklappt werden. Die Fundamente können dann unabhängig von der Mastanlieferung hergestellt werden und die Maste bei Beschädigung leicht ausgewechselt werden. Aufsetzmaste eignen sich daher besonders für Leitungen, die im Hochgebirge geführt werden müssen, oder durch sonst außergewöhnlich ungünstige Witterungsverhältnisse stark gefährdet sind.

2. Abspannmaste, die in der Tragmastreihe etwa alle 2—2,5 km zur Verwendung kommen und nach den Vorschriften des V. D. E. für zwei Drittel des einseitigen Leitungszuges berechnet werden müssen. Die Abspannmaste eignen sich auch als Winkelmaste bis zu einem Leitungswinkel von etwa 160—150 °.

3. Abspannmaste, die als Endmaste dienen und für den vollen einseitigen Leitungszug berechnet sind und gleichzeitig als Winkelmast bei stärkeren Leitungswinkeln als für die Type unter 2. zugelassen, Verwendung finden.

Die Abspann- und Winkelmaste erhalten durchweg Betonfundamente. Außer den 3 normalen Typen sind gewöhnlich noch

4. einige Sondermaste notwendig, wie verlängerte oder verkürzte Tragmaste, verlängerte Abspannmaste, Maste mit Pfahlgründungen im Moorgelände usw.

Der Querschnitt der Speiseleitungen beträgt zwischen 70 und 150 mm². Für wichtige Speiseleitungen werden in der Regel 2 Stromschleifen verlegt, die eine links und die andere rechts vom Mast, die normalerweise gleichzeitig speisen. Bei Störungen oder Revision kann jedoch eine Leitung außer Betrieb gesetzt werden. Um ungestört an einer Seite arbeiten zu können, wurden früher Trenngitter zwischen den beiden Seiten angebracht.

Die Leitungen werden meist in der bekannten Tannenbaumanordnung mit kurzen Auslegern oben und längeren unten verlegt. Durch Versetzen der früher senkrecht untereinander angeordneten Leitungen wird vermieden, daß bei ungleichmäßiger Belastung die obere Leitung in die untere hineinhängt und Kurzschlüsse hervorruft. Auch die umgekehrte Tannenbaumform findet vielfach Anwendung. Diese hat den Vorteil, daß bei der Montage jedes Leitungseil senkrecht hochgenommen werden kann, ohne daß die andere Leitung dabei hindert.

Bild 341. Schaltgerüst für Stationsleitungen.

Um bei Leitungsbrüchen durch die dann auftretenden Drehbeanspruchungen Mastbeschädigungen zu vermeiden, werden die Tragklemmen teilweise als Rutschklemmen ausgebildet, die das Leiterseil bei einer bestimmten einseitigen Überlastung durchrutschen lassen, oder es werden drehbare Ausleger verwendet, die bei Leitungsbruch umklappen, wodurch sich der Leitungszug verringert. Ausleger- und Mastbeschädigungen sind alsdann nicht zu erwarten. Die Verwendung von drehbaren Auslegern schließt die umgekehrte Tannenbaumanordnung der Leitungen aus, weil bei Bruch der oberen Leitung infolge der Drehung des Auslegers und der damit verbundenen Vergrößerung des Durchhanges in den benachbarten Feldern das obere Seil gegen das untere schlagen und damit auch dieses gefährden würde.

Neuerdings neigt man dazu, die Leiter einer Schleife nicht untereinander, sondern nebeneinander auf einer langen Traverse anzubringen

Bild 342. Schalterzuleitung mit Stabisolatoren.

und die Maste durch Verstärkung der Diagonalangriffe stabiler gegen Verdrehung zu machen. Die Maste werden dadurch zwar etwas kürzer, aber trotzdem nicht leichter.

Über den Stromleitern wird in der Regel ein Erdseil (meistens 50 mm^2 starkes, verzinkt verbleites Stahlseil) angeordnet zur Erdung der Maste und gleichzeitig als Schutz für die Leiterseile gegen Blitzschlag und Überspannungen. Etwa an jedem 10. Mast wird eine in das Grundwasser oder wenigstens in dauernd feuchten Boden versenkte Erdplatte aus in der Regel 1—1,5 m^2 großem, etwa 3 mm starkem, gut verzinktem Eisenblech verlegt und an den Mast angeschlossen. Maste an Bahn-, Post- oder Staatsstraßenkreuzungen werden alle mit Erdplatten versehen.

Nach einer Anregung von Professor Petersen werden in der Nähe der Kraft- und Unterwerke 2 oder 3 Erdseile nebeneinander verlegt. Bei der Führung der Speiseleitungen auf Bahnmasten kann auf das Erdseil verzichtet werden, da jeder Fahrleitungsmast mit der geerdeten Fahrschiene verbunden ist.

Um parallel mit den Speiseleitungen verlaufende Schwach- und Starkstromleitungen gegen induktive Beeinflussung zu schützen, werden die Bahnstromleitungen in geeigneten Abständen verdrillt (Bild 340). Die Anzahl der Verdrillungspunkte ist durch Rechnung zu bestimmen.

Als Isolatoren für Speiseleitungen werden Stützisolatoren, Weitschirmisolatoren mit und ohne Metallschirme, Hewlett- und Schäkelisolatoren, sowie die verschiedenen Hängeisolatoren verwendet. Für Leitungen, die nur Fahrdrahtspannung führen, werden der Einheitlichkeit und vereinfachten Lagerhaltung wegen in der Regel die Fahrleitungsisolatoren verwendet.

Von großer Wichtigkeit ist die Möglichkeit, eine Strecke von zwei verschiedenen Kraftwerken speisen zu können, so daß bei Störungen in einem Werk die Stromlieferung durch ein zweites erfolgen kann. Es ist daher angebracht, Ringleitungen zu schaffen und die Speiseleitungen zu einem Netz zu vermaschen.

Außer den vorgenannten Leitungen kommen bei der Bahnelektrifizierung noch verschiedene Leitungen vor, die jedoch nur Fahrdrahtspannung führen, z. B. die Leitungen zur Verbindung der einzelnen Schaltgruppen in den Bahnhöfen, die zu den Hörnerschaltern führen und nach den örtlichen Verhältnissen und nach dem montierten Fahrleitungsystem sehr mannigfaltig ausgebildet sind (Bild 341 u. 342).

5. Schienenrückleitung.

a) Schienenverbinder.

Zur Rückleitung des Stromes bis zu den Rückleitungsanschlußpunkten dienen im allgemeinen die Fahrschienen.

Die Schienenrückleitung erfordert an den verlaschten Schienenstößen eine besondere elektrische Verbindung, da die Verbindung durch Laschen mit Rücksicht auf deren Losewerden und Verrosten nicht als vollwertig angesehen werden kann. An geschweißten Schienenstößen sind besondere Verbindungen nicht erforderlich. Die elektrischen Verbindungen nennt man Schienenverbindungen.

An schlechten Schienenstößen, die dem Stromdurchgang hohen Widerstand entgegensetzen, verläßt der Strom den Schienenweg, sucht sich durch das feuchte Erdreich einen Weg zu besseren Leitern, das sind die Rohrleitungen, folgt diesen in der Richtung auf das Kraftwerk zu, verläßt die Rohrleitungen erst wieder, wenn der Widerstand, den Erdreich und Schiene bilden, geringer wird und wird, namentlich an den Rohrmuffen und an der Austrittstelle, das Material der Rohre allmählich zerstören. Die Zerstörung entsteht dadurch, daß an den Übergangstellen Wasser zersetzt wird, der Sauerstoff sich mit dem Eisen zu Eisenoxyd verbindet und so die Rohrwandungen allmählich zerfressen werden. Ebenso entstehen vagabundierende Ströme, wenn die Potentialdifferenz zweier Punkte des Schienennetzes, d. h. der Spannungsabfall in den Schienen zu groß wird. Die „Vorschriften zum Schutze der Gas- und Wasserrohre gegen schädliche Einwirkungen

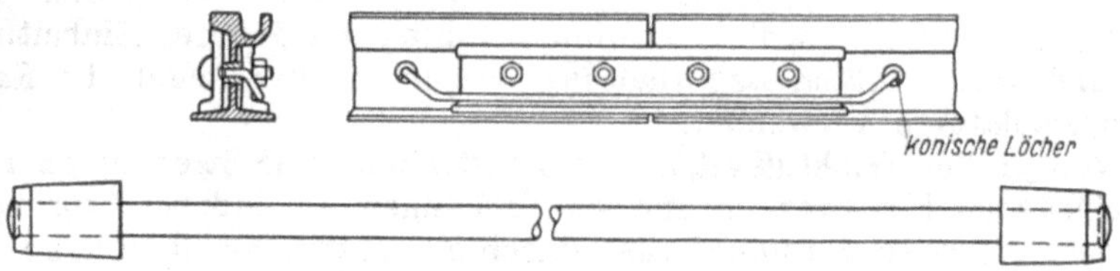

Bild 343. Schienenverbindung mit zwei aufgelöteten, verzinnten Eisenstöpseln (schwach konisch).

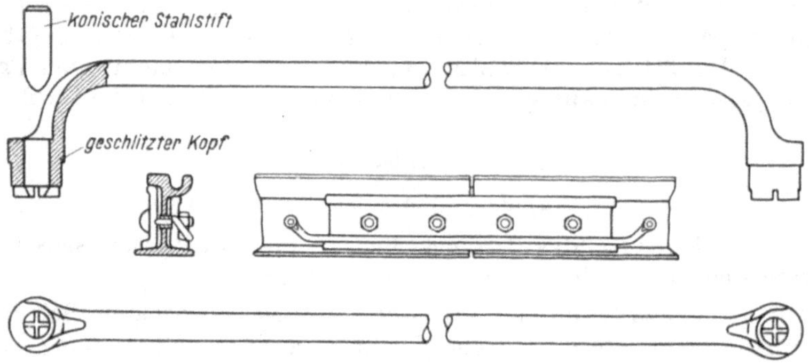

Bild 344. Schienenverbindung mit zwei angestauchten, hohlen Kupferstöpseln und zwei Stahlstiften.

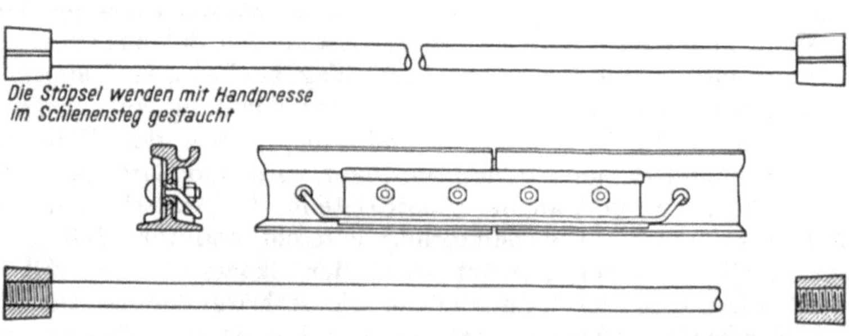

Bild 345. Schienenverbinder mit zwei geschlitzten Kupferstöpseln.

der Ströme elektrischer Gleichstrombahnen, die die Fahrschiene als Leiter benutzten, verlangen unter § 2 das Folgende:

„Der Widerstand einer Gleisstrecke darf durch Stoßverbindungen höchstens um den der Projektierung zugrunde gelegten Zuschlag, der jedoch nicht mehr als 20% betragen darf, größer sein, als der Widerstand eines ununterbrochenen Gleises von gleichem Querschnitt und gleicher spezifischer Leitfähigkeit.“

d. h. bei Gleisanlagen mit 15 m Schiene darf der Widerstand des Stoßes selbst nicht größer als der Widerstand einer 3 m langen stoßlosen Schiene sein. Bei Wahl großer Leitungsquerschnitte und sorgfältigster Montage der Kupferverbinder ist der Widerstand eines Meters Schiene mit Stoß etwa doppelt so groß, wie der Widerstand eines Meters stoßloser Schiene.

Die Ausführungsformen der Schienenverbindungen sind verschiedener Art. In der Grundform sind alle gleich. Beiderseits der Laschen sind in den Schienensteg Löcher gebohrt, in die Eisen- oder Kupferstöpsel eingetrieben oder eingepreßt werden, die Stöpsel sind durch Kupferdrähte oder Seile verbunden. In Bild 343 bis 345 sind die bei Rillenschienen am meisten angewendeten Ausführungen dargestellt.

Bei Vignolschienen, die frei ohne Pflaster verlegt werden, verwendet man auch wohl obige Verbindungen, zieht aber sogen. diebessichere Verbindungen vor. Diese werden unter der Lasche, zwischen Schienensteg und Lasche verlegt. Dabei ist es notwendig, daß zwischen Lasche und Steg genügend Raum ist. Die gebräuchlichste Ausführung zeigt Bild 346.

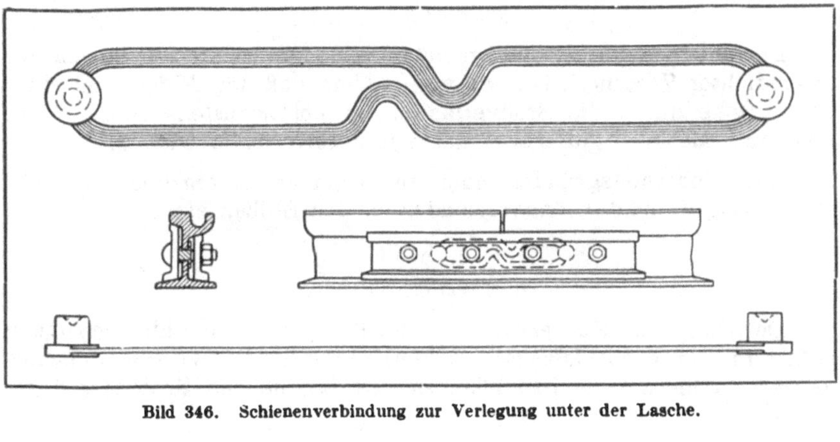

Bild 346. Schienenverbindung zur Verlegung unter der Lasche.

Bei Vignolgleisen schweißt bzw. lötet man auch mit Stichflamme kurze Kupferverbinder an dem Kopfe oder Fuß der Schiene an (Bild 347).

Es ist bei allen Schienenverbindern darauf zu achten, daß sie wegen der Bewegungen eines losen Schienenstoßes eine gewisse Nachgiebigkeit aufweisen, deshalb gibt man ihnen eine Schlangenform.

Außer an den Schienenstößen werden die einzelnen Schienen eines Gleises mindestens an jedem zehnten Stoß untereinander durch Querverbinder von 80 mm^2 verbunden; diese haben die gleiche Form wie die Längsverbinder.

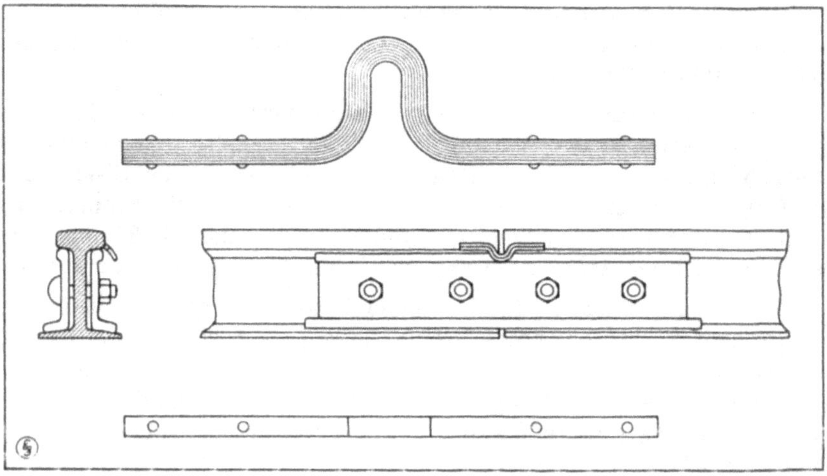

Bild 347. An den Schienenkopf angeschweißter Schienenverbinder.

Der Querschnitt der Schienenlängsverbinder richtet sich nach der Stromdichte; Vorschrift ist, wie vorerwähnt, daß der Widerstand einer Gleisstrecke durch die Stoßverbindungen um höchstens 20 % größer sein darf, als der Widerstand des ununterbrochenen Gleises.

Aus Sicherheitsgründen oder zur Querschnittvergrößerung zieht man häufig doppelte Längsverbinder an den Stößen ein.

b) Verzinkte Stöße.

Der Mangel an Kupfer während der Kriegsjahre und die Diebstahlsgefahr führten dazu, daß man mit verzinkten Stößen Versuche machte. Es werden hierbei die Druckflächen von Lasche und Schiene gut ge-

Erste elektrische Hochbahn in Deutschland, Berlin 1902

reinigt und stark verzinkt, und zwar vermittels des Metallspritzverfahrens. Die zehnjährigen Erfahrungen, die heute mit solchen verzinkten Stößen vorliegen, sind günstig und man verwendet diese verzinkten Stöße in neuerer Zeit in größerem Umfange.

Es wird hierdurch ein mittlerer Widerstand entsprechend dem einer Schiene von 1 bis 1,1 m Länge erreicht, d. h. der Widerstand des Stoßes selbst wird nahezu aufgehoben. Das Verzinken der Stöße erfolgt am besten schon vor dem Auslegen des Gleises auf einem Lagerplatz.

Bild 348. Verzinken der Stöße.

Handelt es sich um eine noch nicht im Betrieb befindliche Strecke, so lassen sich auch die für das Verzinken erforderlichen Hilfseinrichtungen (Kompressor, Sandstrahlgebläse, Metallisierungsanlage) fahrbar anordnen, so daß die Stöße an Ort und Stelle verzinkt werden können (Bild 348).

Handelt es sich um ein im Betrieb befindliches Gleis mit kurzen Betriebspausen, so läßt sich der verzinkte Stoß ebenfalls anwenden, und zwar vermittels der sogenannten Rollenverzinkung. Bei diesem Verfahren werden die Druckflächen der Schiene durch eine Rollenbürste gereinigt und durch eine rotierende Zinn-Zinklegierungscheibe verzinkt (Bild 349). Die Laschen müssen in diesem Falle ganz besonders stark verzinkt werden, was am besten mit Hilfe einer ortsfesten Anlage geschieht.

Bild 349. Rollenverzinkung.

c) Schienenstoßmessung.

Zur regelmäßigen Prüfung der Güte der Schienenverbinder während des Betriebes sind besondere Schienenstoßprüfapparate in Gebrauch. Die Meßweise besteht darin, daß man vergleichende Messungen des vollen Schienenquerschnittes und des am Stoß durch Schienenverbinder überbrückten ausführt.

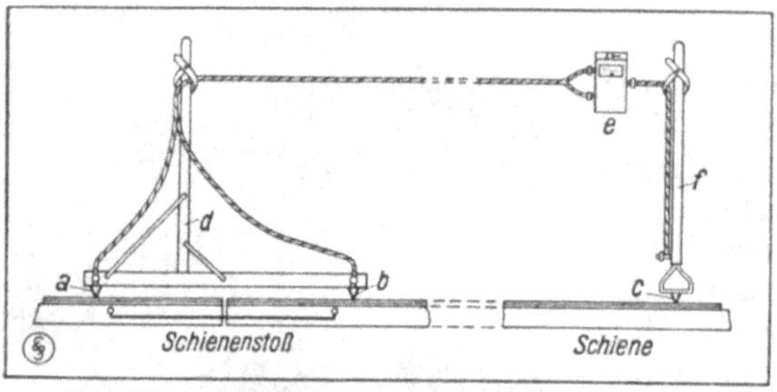

Bild 350. Schienenstoßmeßapparat für Betriebstrom. a, b, c = Schneide, d = Doppelschneidengestell, e = Meßeinrichtung, f = Kontaktstab.

Die Messung wird mit Betriebstrom vorgenommen, wenn die Bahn mit Gleichstrom betrieben wird. Sollen Schienenstoßprüfungen in der Betriebspause oder bei Wechselstrombahnen ausgeführt werden, so bedient man sich einer Akkumulatorenbatterie als Stromquelle.

Bild 350 zeigt einen Meßapparat für Messung mit Betriebstrom.

Die Messung geht in der Weise vor sich, daß das Doppelschneidengestell, dessen Schneiden 1 m Abstand voneinander haben, mitten über den Schienenstoß gesetzt und der Ausschlag des Galvanometers beobachtet wird. Dann setzt man den Kontaktstab f in etwa 10 m Entfernung von der Schneide b des Doppelgestelles auf die Schiene auf. Findet jetzt nach Betätigung der Schalter ein Ausschlag nach entgegengesetzter Richtung statt, so ist die Stoßverbindung gut, andernfalls schlecht. Will man eine genauere Messung vornehmen, so verschiebe man den Kontaktstab so lange auf der Schiene, bis das Galvanometer dauernd keinen Ausschlag gibt. Beträgt die Entfernung zwischen Schneide b und Schneide c L Meter, so hat der Stoß einen Widerstand, der einer Schienenlänge von L Metern entspricht.

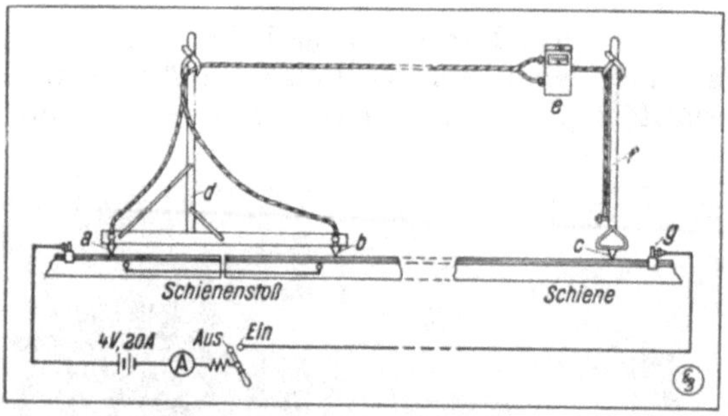

Bild 351. Schienenstrommeßapparat für Hilfstrom. a, b, c = Schneide, d = Doppelschneidengestell, e = Meßeinrichtung, f = Kontaktstab, g = Spannklemme.

Soll die Messung mit besonderem Hilfstrom (Bild 351) ausgeführt werden, so wird zu dem vorbeschriebenen Prüfapparat noch eine transportable Akkumulatorenbatterie von 4 V Spannung und 20 A maximalen Entladestrom sowie ein Amperemeter mit Ausschalter und Batterieschutzwiderstand erforderlich.

Näheres über die Meßverfahren und Einrichtungen siehe Siemens & Halske Druckschrift Nr. 45.

Die vorbeschriebenen Messungen mit Betriebs- oder Hilfstrom, Galvanometer und Schiene als Vergleichswiderstand sind deshalb etwas ungenau, weil die Güte der Kontakte die Messung sehr beeinflußt.

Bild 352. Handhabung des Schienenstoßmeßapparates.

Es ist in neuerer Zeit ein kombinierter Apparat herausgekommen, bei dem der Widerstand des Stoßes durch Strom- und Spannungsmessungen ausgeführt wird. Bild 352 zeigt den Zusammenbau und die Handhabung des Apparates. Die beiden Schneidenpaare haben einen Abstand von einem Meter. Eine Batterie liefert Gleichstrom, der durch den Teil der Schiene geschickt wird, über dem der Kontaktapparat aufgesetzt wird. Durch einen Widerstand läßt sich dieser Strom auf eine bestimmte Höhe einstellen. Bei dieser konstanten Stromstärke wird der Widerstand gemessen.

Da die Stromstärke stets konstant ist, kann das Voltmeter für einen bestimmten Schienenquerschnitt direkt auf Meter-Schienenwiderstand geeicht werden.

6. Leitungsbau.

a) Oberleitungen.

Im folgenden ist der Bau von Fahrleitungen mit Vielfachaufhängung eingehend beschrieben. Über den Bau von Fahrleitungen mit Einfachaufhängung sind zum Schluß einige Besonderheiten angeführt. Im wesentlichen besteht aber kein Unterschied bei den Arbeiten zur Herstellung beider Oberleitungsanlagen.

Die Voraussetzungen für eine wirtschaftliche und schnelle Bauweise ist die einwandfreie, umfassende Erledigung aller Vorarbeiten, zu denen neben der restlosen Klärung aller technischen Fragen auch die rechtzeitige Bestellung der Baustoffe gehört.

Nach Festlegung des Fahrdrahtquerschnittes und des entsprechenden Tragseiles kann der durch Windabtrieb, Leitungsgewichte, Zugspannung und Bügelbreite bedingte größtzulässige Mastabstand in der Geraden und in Kurven festgelegt werden. Am besten zeichnet man die zulässigen Mastabstände in Schaubildern auf.

Durch eine Streckenbegehung werden zunächst auf beiden Seiten eines jeden Bahnhofes innerhalb der Haupteinfahrtsignale die Standorte der Maste für die Streckentrennungen, die regelmäßig aus wirtschaftlichen Gründen mit einer Nachspannvorrichtung verbunden werden, an Ort und Stelle festgelegt. Das zwischen den Streckentrennungen liegende Stück freie Strecke ist dann aufzuteilen. Stellen, an denen die Aufstellung von Masten ganz unmöglich ist, wie schienengleiche Wegübergänge, Brücken, Straßenunterführungen, Signalstandorte, nahe Hochbauten, Straßenüberführungen, Stege, Signalbrücken usw. werden in einen Plan eingetragen. An Hand dessen ist nun die Masteinteilung ohne weiteres im Büro möglich.

Nachspannfelder sollen eine Länge von nicht mehr als 1,5 km haben. In diesem Falle muß der Fahrdraht an beiden Enden nachgespannt werden. Bei nur einseitiger Nachspannung darf die Länge des nachgespannten Fahrdrahtes höchstens 750 m betragen. Alle niedrigen Überbauten müssen möglichst in Mitte eines Nachspannfeldes liegen. Dabei ergibt sich meist von selbst, daß der größtzulässige Mastabstand nicht überall erreicht werden kann. Man ordnet dann die größten Mastabstände in der Mitte des Nachspannfeldes an, während man die restlichen kleineren Felder in der Nähe der Nachspannvorrichtungen unterbringt, damit die Hängedrähte an der Stelle der größten Fahrdrahtbewegung möglichst lang werden. Die Zickzack Führung ist bereits zu berücksichtigen und in die Pläne an jedem Stützpunkt einzutragen. Auf Kreuzungen fremder Leitungen braucht man im allgemeinen keine Rücksicht zu nehmen, diese sind notfalls zu verlegen.

Nach dem Lageplan werden die Maststandorte auf der Strecke an den Schienen markiert. An jedem Standort wird ein kleines Querprofil aufgenommen, um die Unterlagen für die Fundamentberechnungen zu erhalten. Ein Nachschnüren in den Kurven wird sich meist nicht ganz vermeiden lassen, da man keine Gewißheit hat, ob die planmäßigen Kurven auch wirklich ausgeführt sind, oder ob sie nicht im Laufe der Jahre Änderungen erfahren haben, ohne daß die Pläne entsprechend berichtigt worden sind.

Auf Bahnhöfen spielen bei der Festlegung der Maststandorte außer der zulässigen Feldlänge auch die Festlegungen der Weichen, die Abfangungen und Kreuzungen eine große Rolle.

Nach diesen Aufnahmen werden die Maste und Fundamente berechnet (Tafel IX), wobei eine weitgehende Typisierung und Normalisierung Platz greifen muß. Die gewählten Typen werden zweckmäßig in Tafeln eingetragen, getrennt für freie Strecke und Bahnhöfe. Für die Bahnhöfe werden Schaltpläne angefertigt, aus denen die Unterteilung der Bahnhöfe in einzelne Gruppen, die Lage der Streckentrenner und Hörnerschalter ersichtlich ist.

Ebenso werden für das gesamte Material der Leitungsanlage Listen aufgestellt, auf Grund deren bestellt wird.

Da es sich beim Bau von Vielfachaufhängungen meist um die Ausrüstung umfangreicher Streckenabschnitte handelt, empfiehlt es sich rechtzeitig möglichst im Schwerpunkt des Arbeitsgebietes — am besten auf einem Bahnhof — ein Baulager mit kleiner Werkstätte zu errichten. Sehr zweckmäßig ist bei größeren Bauten ein Gleisanschluß, auf dem die meist schweren und zahlreichen Kisten, Trommeln, Eisenkonstruktionen usw. dem Lager unmittelbar bzw. von dort aus den einzelnen Bauabschnitten zugeführt werden können.

Das Baulager ist auch der Parkplatz für die verschiedenen Arten von Fahrzeugen, die bei den Montagearbeiten benötigt werden, wie Bahnmeisterwagen, fahrbare Leitern, Turmwagen, Betonmischmaschinen und Beleuchtungsaggregate für Nachtarbeiten, sowie Motorpumpen, Elektrokarren, Traktoren usw. und gegebenenfalls Draisinen und Autos für Last- und Personentransport.

Die eigentliche Baubetätigung beginnt auf der freien Strecke mit den Arbeiten zur Fundierung und zum Stellen der Maste und auf Bahnhöfen mit der Herstellung der Gründungen für die Aufsatzmaste. Zweckmäßig ist es an der Zweiteilung: Materialtransport (Wasser, Kies, Zement, Schalholz, Einsetzmaste und Fundamentanker) und Fundierung festzuhalten, da für erstere Arbeit billigere, ungelernte Leute, für letztere aber besser bezahlte, bereits mehr eingearbeitete Handwerker in Frage kommen. Der Materialnachschub soll im Einklang stehen mit dem Fortschreiten der Fundierungsarbeiten, damit neben dem Gleis ausgehobene Mastlöcher nicht unnötig lange offenstehen. Zum Betonieren muß ein nicht moor- und säurehaltiges Wasser, sowie lehmfreier, mit kantigen Steinen von höchstens Kinderfaustgröße untermischter Kies verwendet werden. Da die Bauarbeiten ohne Störung des Bahnverkehrs durchgeführt werden müssen, falls nicht eine zeitlich begrenzte Gleissperre genehmigt wird, unterstehen sämtliche Arbeitskolonnen bezüglich Benutzung bzw. Freihaltung der Gleisanlage den sogenannten Vereidigten der Bahn. Die Schacht- und Betonierarbeiten auf der freien Strecke, wo es sich meist um kleinere Gründungen von etwa 2,5 m^3 handelt, werden zweckmäßig von Hand besorgt; es verlohnt sich in den meisten Fällen nicht, dort mit Betoniermaschinen zu arbeiten, da

Tafel IX

Berechnung der Fundamente für Gittermaste

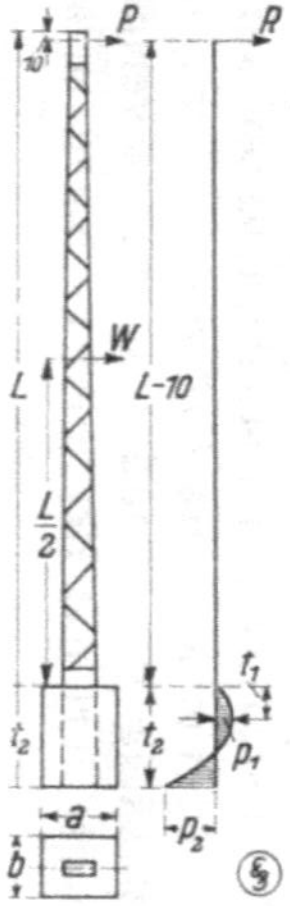

Gittermast		GU 250		GU 400		GU 600		GW 600		GW 900		GW 1200	
Freie Länge	L	650	800	650	800	650	800	650	800	650	800	650	800
Einsatztiefe	t_2	150	160	160	170	170	180	170	180	180	190	190	200
Horizontalzug	P	250	250	400	400	600	600	600	600	900	900	1200	1200
Winddruck	W	65	80	80	100	100	120	150	180	160	200	190	230
Resultierender Zug $= \infty P + \frac{W}{2} =$	R	282	290	440	450	650	660	675	690	980	1000	1295	1315
Abmessungen d. Fundamentes	a	65	65	70	70	80	80	80	85	90	95	100	105
	b	50	50	60	60	80	80	80	85	90	95	100	105
Inhalt des Fundamentes $= a \cdot b \cdot t_2 \cdot 10^{-6}$	in m³	0,49	0,52	0,67	0,72	1,09	1,15	1,09	1,30	1,46	1,72	1,90	2,20
$\frac{R}{b \cdot t_2} =$	p_0	0,0376	0,0362	0.0458	0,0441	0,0478	0,0458	0,0496	0,0451	0,0605	0,0554	0,0681	0,0626
Verhältnis $\frac{L - 10}{t_2} =$	n	4,27	4,93	4,00	4,65	3,76	4,39	3,76	4,39	3,56	4,16	3,37	3,95
Flächendruck auf Erdreich in Tiefe der Fundament-Sohle $p_0 \cdot [6 + 12n]$.	p_2	2,15	2,36	2,48	2,73	2,45	2,68	2,54	2,64	2,95	3,10	3,16	3,34
	$\frac{p_2}{t_2}$	0,0143	0,0148	0,0155	0,0161	0,0144	0,0149	0,0150	0,0147	0,0164	0,0163	0,0166	0,0167
$\frac{p_2}{t_2} \cdot \left[\frac{9 + 12n}{6 + 12n}\right] =$	$\frac{p_1}{t_1}$	0,0151	0,0155	0,0164	0,0169	0,0153	0,0157	0,0159	0,0155	0,0174	0,0172	0,0177	0,0176

deren profilfreie Aufstellung insbesondere an steilen Böschungen und der Transport von Mastloch zu Mastloch unwirtschaftlich ist. Der wirtschaftliche Vorteil der maschinell angetriebenen Betonmischer wächst jedoch schnell mit der Größe der Betongründungen und ist daher in Bahnhöfen unter allen Umständen gegeben. Dabei ist dort die Aufstellung kleinerer Mischmaschinen-Einheiten an den Fundamentgruben der zentralisierten Erzeugung einer einzigen großen Betonmischmaschine vorzuziehen, da das Verfahren der Mischung in größeren Bahnhöfen oft sehr zeitraubend ist und einen großen Apparat an Fahrzeugen und Leuten erfordert. Zudem kann es vorkommen, daß der Beton bei den langen Transportwegen, bereits verhärtet. Für Herstellung der Gründungen und Stellen der Einsetzmaste auf der freien Strecke werden etwa 12—15 Mann, für solche auf Bahnhöfen für Aufsetzmaste etwa 20—25 Mann angesetzt. Die Betonier- und Maststellkolonne für die freie Strecke wird zweckmäßig in drei Gruppen eingeteilt. Die erste Gruppe hebt die Mastgruben aus, die zweite Gruppe stellt die Maste, richtet sie ein und betoniert bis zur Standfestigkeit, die dritte Gruppe betoniert fertig, und sorgt für Verteilung bzw. Wegschaffung des Erdhubes. Das Stellen der Betonmaste macht eine Verstärkung der Kolonne wegen der größeren Mastgewichte und der notwendigen sorgsameren Behandlung erforderlich. Ein Baufortschritt von täglich 10—12 Einsetzmasten aus Eisen ist für die freie Strecke das Normale. Die Kolonne für die Herstellung der Fundamente der Aufsetzmaste in den Bahnhöfen wird in eine Aushubkolonne von etwa 6—9 Mann und eine Betonierkolonne von etwa 14—16 Mann eingeteilt. Ersterer obliegt auch die Verschalung der Baugruben, während letztere das Einsetzen der Verankerungsteile mittels Schablone und das Verschalen für das Betonfundament besorgt. Bei Mastgruben in moorigem Boden oder bei Grundwasser wird es sich vielfach wegen Lockerung des Baugeländes nicht vermeiden lassen, Schienenunterfangungen einzubauen. Diese bestehen aus 2 oder 4 längeren U-Eisen oder Schienenstücken, die zu beiden Seiten der Fahrschienen verlegt und mit allen Schwellen durch Bügel fest verbunden werden. Eine solche Schienenunterfangung wirkt wie ein kleiner Brückenträger, der seine Widerlager in den äußersten, noch gut festliegenden Schwellen findet. Auch in den Bahnhöfen, wo die Fundamente der Maste oft nahe an die Geleise heranrücken, sind solche Schienenunterfangungen notwendig. Eine Verschalung der Baugrube in schwierigem Gelände wird durch senkrecht eingetriebene Bohlen hergestellt, die gegeneinander durch runde oder kantige Hölzer verspreizt werden.

Die genügende Festigkeit des Betons wird erst nach etwa vier Wochen erreicht, wenn unbedingt erforderlich, können aber schon nach etwa 14 Tagen die Maste vorsichtig belastet werden. Die

Fundamentkappen sollen wenigstens bei Aufsetzmasten, um die Gefahr des Reißens zu verhüten, erst nach Fertigstellen der Fahrleitung hergestellt werden.

Während das Aufstellen der Einsetzmaste mittels Rutschbohle mit Böcken, Stellstangen oder Stellgabeln geschieht, besorgt das Aufstellen des Aufsetzmastes auf die Fundamente und das Einrichten eine Kolonne von 6—8 Mann mit Hilfe eines Maststellwagens (Bild 353). Bei Abständen des Maststandortes von mehr als 6 m von Gleismitte wird ein Hilfsmast (Bild 354) notwendig. Alle Maste erhalten beim Stellen eine gewisse Neigung entgegengesetzt der späteren Belastung, da die Fundamente und Maste unter der Belastung etwas nachgeben. Im guten Boden stellt man die Maste so, daß die Hinterkante senkrecht steht; in Felsboden ist diese Vorneigung etwas geringer zu bemessen, im nachgiebigen Gelände etwas größer. Die Aufsetzmaste müssen ebenso eingerichtet und danach gut mit Zement untergossen werden. Maste, die an Brücken oder Mauern (Anklammermaste) zu befestigen, oder durch Bahnsteigdächer hindurchzuführen sind, erfordern von Fall zu Fall besondere Vorrichtungen für das Aufstellen.

Bild 353. Stellen eines Mastes mit Maststellwagen.

Zur Montage der bei den Masten verteilten Ausleger auf der freien Strecke wird unter Führung eines Hilfsmonteurs und in Begleitung eines Vereidigten eine Kolonne von 4—6 Mann mit dem erforderlichen Werkzeug (Seilflaschenzug, ein kleiner Galgen, der in die Mastspitze eingehängt wird, Schraubenschlüssel usw.) ausgeschickt. Die Ausleger werden zweckmäßig in zusammengebautem Zustande hochgezogen, wodurch eine wirtschaftlich gute und schnelle Tagesleistung (bis 30 Stück) gewährleistet wird. Das Hochnehmen von Querträgern erfordert je nach Größe und Schwere eine Verstärkung der Kolonne und geschieht am leichtesten mit starken Galgen, die in die Köpfe zweier einander gegenüberstehender Maste gesteckt werden.

Zugleich mit diesen Arbeiten beginnt eine mit fahrbarer Leiter versehene und von einem Hilfsmonteur und Vereidigten begleitete zweite Kolonne mit dem Zusammenbau und Anbringen der Einzelteile der festen und beweglichen Tragseil- bzw. Fahrdrahtabfangungen, der Tragseilstützpunkte und der seitlichen Festlegungen für den Fahrdraht, wobei für die freie Strecke auch bereits die Rohre zugeschnitten werden können. Die Länge der letzteren richtet sich nach dem Abstand des Mastes und der verlangten Verschiebung des Fahrdrahtes von Gleismitte unter Berücksichtigung der Gleiserhöhung in Kurven. Die genauen Maße werden dabei am einfachsten an einer auf den beiden Holmen der fahrbaren Leiter richtig befestigten Meßlatte mit Zentimetereinteilung, oder einem Meßgestell, das am Stützpunkt auf die Schiene gestellt wird, abgelesen. Es ist stets dabei zu beachten, daß alle montierten Teile, insbesondere die Rohre der seitlichen Festlegung, profilfrei sind.

Bild 354. Stellen eines Mastes mit Hilfsmast.

Die Montage des Querwerks erfordert besondere Erfahrung und Sorgfalt bei der Berücksichtigung aller Faktoren. Als erstes werden die oberen Richtseile, deren Höhenlage über SO nach der festgelegten Konstruktion gegeben ist, hochgenommen, auf der einen Seite endgültig und auf der anderen Seite vorläufig über Hakenklemmen, Strupps und Spannschloß mittels Seilflaschenzug straff gezogen. Damit ist für die Quertragseile das Maß des vorher berechneten zulässigen Durchhangs auch festgelegt und es können diese in der gleichen, eben geschilderten Art wie das obere Richtseil angebracht werden. Der geringste Abstand zwischen oberem Richtseil und den Quertragseilen (20—30 cm) wird so bemessen, daß ein entstehender Flammenbogen die Quertragseile nicht erreichen kann. Das untere Richtseil wird erst nach dem Auszug des Tragseiles durchgeführt, um ein Durchfädeln des Tragseiles zwischen den Richtseilen zu vermeiden. Die tatsächliche Belastung durch die Fahrleitung wird mit Hilfe von eingehängten Blindgewichten markiert, damit die Seile eine dem Polygonzug entsprechende richtige Gewichtsverteilung erhalten. Erfahrene Monteure können auf dieses Hilfsmittel verzichten. Das Aufhängen der Stützpunkte an den Spreizklemmen der beiden Quertragseile geschieht vorläufig mittels Bindedraht, da erst nach Belastung durch die Fahrdrähte und Tragseile eine endgültige Regulierung des Tragwerks möglich ist. Die Bindedrähte werden zuletzt durch Hängedrähte aus flexiblem Seil ersetzt. Die Montage der Befestigungsteile für die festen und beweglichen Abspannungen der Tragseile und Fahrdrähte auf den Bahnhöfen wird einer eigenen Kolonne zugewiesen. Im Gegensatz zum vorzeitigen Einbau der Rohre auf der freien Strecke muß in den Bahnhöfen mit dem Abmessen der Längen und der Anfertigung bis nach Regulierung der Fahrleitung gewartet werden. Das wichtigste Gerät für alle Arbeiten am Quertragwerk sind Stehleitern in den erforderlichen Längen von 7—14 m, die nicht zu schwer sein dürfen. Die im Querwerk stehenden und dort arbeitenden Leute müssen Sicherheitsgürtel und gegebenenfalls zur Schonung der Seile und Schuhe Lederschuhschützer erhalten.

Bild 355. Arbeitszug für Fahrdrahtmontage.

Das Ausziehen des Tragseils und Fahrdrahts erfolgt am besten mittels Arbeitszuges (Bild 355), der aus einer Lokomotive, einem offenen Güterwagen mit den in erforderlicher Menge aufgetrommelten Tragseil- und Fahrdrahtlängen, und einem Turmwagen zusammengestellt und mit einem Monteur, einem Vereidigten und etwa 8 Mann besetzt ist. Um das Tragseil beim Ausziehen zu schonen und einen guten Ausgleich der Durchhänge in den verschieden großen Spannweiten zu erreichen, wird es zunächst in Rollen geführt, die am Auslegerkopf, an den Querträgern oder Querseilen eingehängt werden. Das Spannen des an einem Ende bereits endgültig zu befestigenden Seils geschieht auf Grund von vorher rechnerisch ermittelten Werten, welche die Abhängigkeit der Zugspannung von der Temperatur bei unbelastetem Tragseil (Tafel X) ausdrücken; es ist also

Tafel X

Temperatur in ° Celsius	Zugspannung „z" in kg bzw. Durchhang „f" in cm bei Mastabständen von „m"				
	75	70	65	60	55
— 20°	z = 745 f = 42	790 35	830 28	874 23	910 18
— 15°	z = 700 f = 45	740 37	782 30	820 24	860 20
— 10°	z = 650 f = 48	692 39	732 32	770 26	808 21
— 5°	z = 610 f = 51	648 42	686 34	722 28	758 22
± 0°	z = 565 f = 55	600 45	640 37	675 30	710 24
+ 5°	z = 525 f = 60	560 49	593 40	626 32	660 26
+ 10°	z = 490 f = 64	518 52	548 43	580 34	610 28
+ 15°	z = 457 f = 69	480 57	507 46	535 37	564 30
+ 20°	z = 420 f = 74	444 62	467 50	492 41	518 32
+ 25°	z = 390 f = 80	410 66	430 55	452 44	475 35
+ 30°	z = 365 f = 86	380 72	396 59	415 48	435 39
+ 35°	z = 340 f = 92	354 77	367 64	380 52	398 42
+ 40°	z = 320 f = 98	328 83	338 70	350 57	360 46

Für den Tragseilzug einer Nachspannlänge ist die mittlere Spannweite einzusetzen, und zwar $l\,m = \sqrt{\frac{\Sigma l^3}{\Sigma l}}$, bei dieser Arbeit ein Thermometer zu beobachten. Zu Tafel X ist zu bemerken, daß bei verschieden großen Spannweiten in einem Nachspannfeld die Werte für die Spannkraft des Tragseiles aus einer mittleren Spannweite zu bestimmen sind, deren Größe aus der unten auf der Tafel angegebenen Formel $l_m = \sqrt{\frac{\Sigma\, l^3}{\Sigma\, l}}$ zu berechnen ist. Der auszuziehende Fahrdraht wird in S-förmigen Stahlhaken, die sich in ihrer Länge ungefähr dem Durchhang des Tragseils anpassen, vorläufig gelagert und, ebenso wie vorher das Tragseil, einseitig abgespannt. Die S-Haken werden anschließend durch eine mit fahrbarer Leiter versehene Kolonne von 3 Mann vorläufig durch Bindedrähte aus 3 mm starkem, geglühtem Weicheisendraht ersetzt, wobei zugleich eine Grobregulierung des Kettenwerks, d. h. Festlegung des Fahrdrahts auf die vorgeschriebene Höhenlage und Einbau der Verankerung des Fahrdrahts am Tragseil in Mitte Nachspannfeld erfolgt. Das gleichzeitige Ausziehen von Fahrdraht und Tragseil wird selten geübt, da es besondere wirtschaftliche und baufortschrittliche Vorteile nicht ergibt. Der Drahtzug mit maschinellem Vorspann muß zur Vermeidung von Verdrehungen und Brüchen stets langsam vor sich gehen, und die Trommelböcke müssen mit Bremsen versehen sein. Die Möglichkeit einer schnellen Verständigung (insbesondere bei unübersichtlichen Strecken) muß stets gegeben sein, weshalb auf der Strecke Posten mit Signalhörnern aufzustellen sind, um jederzeit dem Arbeitszug über das Verhalten des abgerollten Leitungstückes Nachricht geben zu können.

Durch eine Patrouille ist nach erfolgtem Leitungszug nachzuprüfen, ob sämtliche Leitungen profilfrei sind, so daß der Zugverkehr ungestört bleibt.

Nunmehr wird auch der Fahrdraht mit der entsprechenden Zugspannung auf der anderen Seite endgültig abgespannt. Nach Herstellung der Abfangungen wird die Fahrleitung durch Verlängern oder Verkürzen der provisorischen Bindedrähte in die geforderte endgültige Lage gebracht. Die Hänger werden ausgemessen, deren Länge der Reihenfolge nach in eine Tafel eingetragen und im Montagewagen, der auf dem Bahnhof hinterstellt ist und in dem eine Werkbank mit dem nötigen Werkzeug zur Verfügung steht, von 2 Mann einbaufertig hergestellt. Eine 3 Mann umfassende Gruppe baut diese mit Hilfe einer fahrbaren Leiter ein. Dabei ist zu berücksichtigen, daß die Hänger bei mittlerer Temperatur (+ 10 ° C) senkrecht stehen müssen bzw. bei anderen Temperaturen entsprechend der Entfernung vom Fixpunkt schief gestellt werden. Am besten gibt man den Leuten für den Einbau eine kleine Tafel (Bild 356).

Wird das Nachspannfeld nicht mit Querträgern, sondern mit Auslegern ausgeführt, so entsteht an einem der Maste dieses Feldes eine Fahrdrahtkreuzung, in der die Drähte so zu legen sind, daß der am Stromabnehmer ablaufende Draht jeweils unten liegt.

Als letzte Arbeit an der Fahrleitung auf der freien Strecke sind der Einbau der elektrischen Verbindungen, Kreuzungen und der Beidrähte an den Tragseilstützpunkten, sowie die Leitungsführung unter Brücken zu verrichten; für letztere kommt insbesondere der Einbau der erforderlichen Hubbegrenzungen zwischen Fahrdraht und Tragseil in Frage. Bei günstigem Wetter kann auch noch gleichzeitig der Anstrich der kleineren Teile vorgenommen werden.

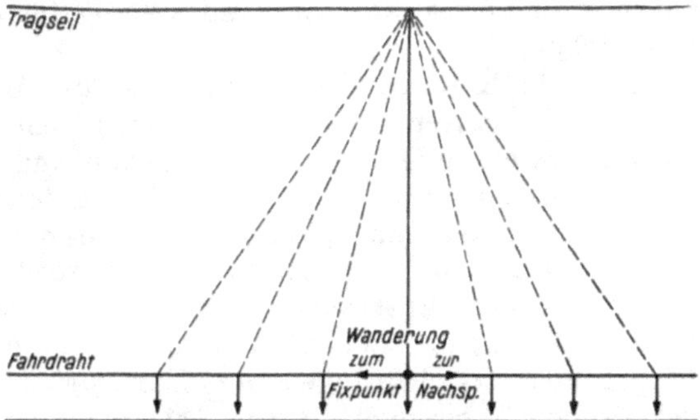

Entfernung des Hängers v. Fixpunkt	−20° C	−10° C	±0° C	+10° C	+20° C	+30° C	+40° C
	Schrägstellung der Hängedrähte in „cm"						
75m	3,5	2,3	1,2	0	1,2	2,3	3,5
150m	7,0	4,6	2,3	0	2,3	4,6	7,0
225m	10,5	7,0	3,5	0	3,5	7,0	10,5
300m	14,5	9,6	4,8	0	4,8	9,6	14,5
375m	18,0	12,0	6,0	0	6,0	12,0	18,0
450m	21,5	14,4	7,2	0	7,2	14,4	21,5
525m	25,0	16,6	8,3	0	8,3	16,6	25,0
600m	29,0	19,4	9,7	0	9,7	19,4	29,0
675m	33,5	22,4	11,2	0	11,2	22,4	33,5
750m	38,5	25,6	12,8	0	12,8	25,6	38,5

Bild 356. Einstellung der Hängedrähte bei verschiedenen Temperaturen.

Das Ausziehen, Regulieren und Fertigstellen der Fahrleitung auf Bahnhöfen geschieht in der gleichen Weise wie auf der freien Strecke. Für größere Bahnhöfe ist es angebracht, einen genauen Verspannungsplan zu machen, aus dem die Führung eines jeden Fahrdrahtes ersichtlich ist. Grundsätzlich werden zuerst jene Leitungen gezogen, die an Kreuzungen oben liegen müssen, damit ein Durchfädeln des Fahrdrahtes vermieden wird. Wenn wegen des starken Zug- und Rangierverkehrs die Seile und Drähte von Hand ausgezogen werden müssen, so ist der Trommelbock für das Tragseil am Ausgangsort des Leitungszuges gut zu verankern, der Turmwagen wird in diesem Falle durch eine fahrbare Leiter ersetzt, mit deren Hilfe das Tragseil in die Rollen gelegt wird. Für den Fahrdrahtzug wird der Trommelbock auf einem Bahnmeisterwagen angebracht. Sind die Drähte und Seile alle gezogen, so wird die Grob- und Feinregulierung der Fahrleitung in gleicher Weise wie auf der freien Strecke erzielt. Jedoch müssen alle vorkommenden Belastungen durch Streckentrenner, Luftweichen usw. bereits vorhanden sein, bzw. durch Einhängen entsprechender Gewichte hergestellt werden. Im Gegensatz zur freien Strecke können die Rohre für seitliche Festlegung erst nach Hochnehmen und Einregulieren des Kettenwerkes angefertigt werden, da ein Ausmessen nur stattfinden kann, wenn die Fahrleitung an den Weichen und Kreuzungen genau einreguliert worden ist. Zu beachten ist dabei, daß die Rohre möglichst auf Zug beansprucht werden. Für den Einbau der Streckentrenner, Zwischenisolatoren, Hörnerschalter und Schalterzuleitungen wird man zweckmäßig eine eigene Gruppe von drei geschickten Leuten anlernen und ständig für diese wichtigen Arbeiten heranziehen.

Für die Kettenwerksmontage auf der freien Strecke haben die SSW ein Verfahren ausgearbeitet, nach dem das gesamte Kettenwerk neben dem Geleise fertig zusammengebaut und mittels Flaschenzügen an den Masten hochgewunden wird. Dieses Verfahren ist bei sehr stark belegten Strecken mit geringen Zugpausen sehr am Platz (Bild 357).

Die zum Bau der Fahrleitung gehörenden Restarbeiten sind das Aufbringen des Anstrichs an den Eisenteilen, die Herstellung der Fundamentkappen, der Einbau der Erdungen und Schienenverbindungen und das Anbringen der Warnungschilder und Signale für die elektrischen Fahrzeuge. Diese Arbeiten können unabhängig von den angeführten Arbeiten durchgeführt werden und oft ist es zweckmäßig, sie dann vorzunehmen, wenn der Gang der übrigen Arbeiten eine Unterbrechung erleiden muß.

Wenn es die Witterungsverhältnisse erlauben, ist es am vorteilhaftesten, unmittelbar nach den beendeten Maststellarbeiten und dem Anbringen der Ausleger und Joche den ersten Deckanstrich aufzubringen. Der zweite Anstrich wird als Schlußarbeit in der gesamten Montage aufgebracht, wenn Gewißheit besteht, daß kein Arbeiter mehr die Maste besteigen muß.

Um eine saubere Ausführung der Fundamentkappen zu gewährleisten, soll in der mit dieser Arbeit betrauten Kolonne ein gelernter Maurer arbeiten. Bei Regenwetter können diese Arbeiten nicht ausgeführt werden, weil der Glattstrich durch den Regen abgewaschen würde. Für den Glattstrich selbst ist kein zu feiner Sand zu verwenden, da die Fundamentkappen sonst leicht Risse bekommen.

Die Erdungskolonne wird am besten in zwei Gruppen eingeteilt, die eine zum Bohren der Löcher, die andere zur Herstellung der Erdungen und Schienenverbinder. Geerdet werden sämtliche Maste, Signale, Schranken, Leitungszüge, Wasserkräne und sonstige in der Nähe der Fahrleitung befindliche Eisenkonstruktionen. Erdplatten mit Anschluß an die Schienen werden bei jedem schienengleichen Wegübergang verlegt, mindestens jedoch in einem Abstand von 1,5—2 km.

Bild 357. Montage an fertiggestelltem Tragwerk.

Beim Bau der Leitungsanlagen mit Einfachaufhängung des Fahrdrahtes ist mit den örtlichen Aufsichtsbehörden zu prüfen, ob unter der Straßendecke liegende Gas-, Wasser- oder Kanalisationsrohre, Elektrizitätswerks-, Feuerwehr- und Postkabel usw., dem Aufstellen der Maste Hindernisse in den Weg legen. Gleichzeitig sind schriftliche Genehmigungen der Hausbesitzer zur Anbringung der Wandrosetten einzuholen, meistens wird hierbei eine Kündigungsfrist ausgemacht. Wenn ein öffentliches Interesse für die Anbringung von Wandrosetten vorliegt, z. B. in sehr engen Straßen, wo die Aufstellung von Masten verkehrshemmend wirken würde, kann dem Bahnunternehmen ein Enteignungsrecht für das Anbringen der Wandrosetten verliehen werden.

Bei Gittermasten werden in öffentlichen Straßen die Betonklötze etwas über Straßenoberkante hochgeführt und oben nach allen Seiten abgeschrägt, damit das am Mast herunterlaufende Wasser abgeführt wird. Bei Rohrmasten bleibt der Beton etwas unter Straßenoberkante, der meist angewandte gußeiserne Verzierungsockel wird auf den Beton aufgesetzt und vom Straßenpflaster umschlossen. Es ist zweckmäßig, die Rückwärtsneigung der Maste etwas größer zu machen als notwendig ist, denn ein rückwärts geneigter Mast sieht besser aus als ein vornüber geneigter.

Die Wandrosetten werden je nach dem an ihnen angreifenden Querzug mit zwei oder vier Steinschrauben befestigt.

Nach Aufstellung der Stützpunkte beginnt man mit dem Aufbringen der Ausleger bzw. dem Spannen der Querdrähte. In Kurvenquerdrähte legt man des leichteren Regulierens wegen beiderseitig Spannvorrichtungen ein; der unbelastete Querdraht wird leicht gespannt. Zum Spannen der Querdrähte bedient man sich leichter Flaschenzüge.

Wenn ein längerer Teil der Strecke so vorgerichtet ist, hängt man den Fahrdraht mit S-Haken oder Bindedraht an die Querdrähte. Das Ende des Drahtes wird an einem Mast verankert, bei jedem Querdraht wird der Draht angehängt, bei jedem vierten bis fünften Querdraht wird er gespannt und eine Vorsatzklemme auf den Draht gesetzt, damit er nicht wieder durchrutschen kann; so fährt man fort, bis der ganze Draht von der Trommel abgerollt ist, das Ende verankert man dann wieder an einem Mast; in den Kurven werden die Knickpunkte am besten vorher durch Einsetzen der Fahrdrahtaufhängungen festgelegt, aber so, daß der Fahrdraht durchrutschen kann. Nun beginnt die Regulierung des Drahtes; in beide Anker werden Dynamometer eingebaut und der Draht mittels Flaschenzügen oder langen Spannschrauben auf den Zug gebracht, der bei der herrschenden Außentemperatur zulässig ist (Tafel S. 331).

Nach der Regulierung setzt man die Fahrdrahtaufhängungen ein und klemmt den Draht in die Fahrdrahtklammern. Fahrdrahtnachspannungen und Streckenisolatoren werden nachträglich eingebaut. Der Fahrdraht wird an der betreffenden Stelle durch eine besondere Spanntraverse vom Zug entlastet, durchschnitten und in die Endklemmen der betreffenden Vorrichtungen eingebogen. Zum Schluß wird die Oberleitung nochmals auf ihre Höhen- und Seitenlage hin nachgesehen. Die Seitenlage verbessert man durch Verschiebung der Aufhängung auf dem Querdraht, die Höhenlage durch Nachspannen der Querdrähte oder Verschieben der Mastschellen.

Um möglichst wenig Kupferabfall zu haben, verteilt man vorher die auf den Trommeln vorhandenen Längen möglichst so, daß die Enden entweder an einem Nachspanner oder an einem Streckentrenner liegen, ist das nicht zu erreichen, so muß man diese Punkte gegenüber dem Projekt etwas verschieben oder Fahrdrahtstoßverbindungen einbauen, die aber nur bei einem Querdraht angebracht werden dürfen.

b) Dritte Schiene.

Zunächst stellt man die Isolatorenträger auf die Schwellen und befestigt sie vermittels der üblichen Schwellenschrauben, bzw. bei eisernen Schwellen mit Hammerschrauben. Die Isolatorenböcke müssen eine ganz bestimmte Lage einnehmen, da Höhe und Entfernung der Fahrschiene genau eingehalten werden muß, und es empfiehlt sich, schon für die Aufstellung der Böcke eine Schablone zu verwenden, durch die man die Lage der Böcke nachprüfen kann. Die Isolatorenböcke sind auf eine geebnete Fläche zu stellen, weshalb die Schwellen meist nachgearbeitet werden müssen. Oft wird das Unterlegen von Holz- oder Eisenplatten notwendig. Die Isolatorenentfernung wird nach dem Gewicht der Schiene, im Durchschnitt zu 5 m gewählt. Nachdem die Isolatoren aufgesetzt sind, wird die Stromschiene an den Isolatorenböcken aufgehängt bzw. aufgelegt, nachdem sie gerichtet bzw. entsprechend der Gleiskurve gebogen sind. Dann werden die Laschen angelegt. Jede Schienenlänge muß an einem Isolator befestigt werden.

Mit Rücksicht auf Temperaturschwankungen muß etwa alle 40 bis 50 m ein beweglicher Stoß angeordnet werden, d. h. an diesem Stoß wird die Lasche nur an einer Schiene befestigt, die Schiene muß sich zwischen dem nicht verschraubten Laschenteil gut bewegen können. Gegebenenfalls sind unter die anzuschraubenden Laschenteile dünne Bleche unterzulegen. Selbstverständlich muß dieser Stoß durch kupferne Schienenverbinder überbrückt werden.

Die Schienen können bei einer Temperatur von etwa 35 ° zusammenstoßen. Die Größe des zu lassenden Zwischenraumes, der beim Verlegen durch eine Holzzwischenlage gesichert werden muß, richtet sich nach der herrschenden Temperatur und der Länge der festgekuppelten Stromschiene.

c) Speiseleitungen.

Für den Bau der Bahnstromleitungen kommen die gleichen Geräte und Verfahren in Betracht, wie sie beim Bau anderer Fernleitungen angewendet werden.

Der Aushub der Mastgrube erfolgt von Hand, dagegen geschieht das Mischen des Betons wegen der großen Menge, die je Fundament gebraucht wird, zweckmäßig mit Mischmaschinen. Bei Wasserandrang werden Hand- und Motorpumpen je nach der Stärke des Andranges angewendet. Die Mastschüsse werden getrennt zum Standort gebracht und dort in die für die Aufstellung geeignete Richtung gelegt. Nach dem Zusammenschrauben wird der Mast mittelst eines Stellbockes, der mit geeigneter Winde versehen ist, aufgerichtet (Bild 358) und durch 3 oder 4 Ankerseile solange verankert, bis die Fundierung standsicher ist. Besonders hohe Maste, z. B. bei Flußkreuzungen oder Maste, die in besonders schwierigem Gelände gestellt werden, müssen zuweilen auch aufgestockt werden, d. h. es wird zunächst der Unterschuß gestellt und auf diesen die übrigen Schüsse nacheinander mit Hilfe von geeigneten Aufzugsvorrichtungen aufmontiert.

Bild 358. Stellen eines Abspannmastes mit Winde.

Für den Leitungszug werden die Seiltrommeln in angemessener Entfernung vom ersten Endmast aufgebockt und die Seile durch Pferde oder auch Traktoren an den Masten entlang ausgezogen. Bei jedem Mast werden die Seile über an den Traversen angebrachten Montagerollen geführt. Mit Winden werden die einzelnen Leiter auf die der jeweils herrschenden Temperatur entsprechende Seilspannung gebracht. Das Einregulieren geschieht nach dem Durchhang der Leiter durch Durchvisieren über an den Masten angebrachte Meßlatten. Nach dem Einregulieren werden die Seile an den Abspannketten befestigt. Für diese Arbeiten verwendet man geeignete Montagebühnen, die an den Traversen der Maste eingehängt werden. Hierauf folgt das Umlegen der Leiter an den Tragmasten von den Montagerollen in die Hängeketten. Auch diese Arbeiten werden von leichten Hängebühnen aus gemacht.

Da beim Speiseleitungsbau die gleichen Arbeiten immer wiederkehren, ist es zweckmäßig, die Montage möglichst zu mechanisieren und insbesondere gleiche Arbeiten immer von den gleichen Montagegruppen vornehmen zu lassen.

C. Sondereinrichtungen.

1. Elektrische Weichenstellvorrichtungen für Straßenbahnen.

Zur leichteren und schnelleren Abwicklung des Verkehrs werden an Abzweigstellen häufig elektrische Weichenstellvorrichtungen eingebaut, die es dem Wagenführer ermöglichen, die Weichen für eine Fahrtrichtung zu stellen, ohne den Wagen anzuhalten.

Die Betätigung derartiger Stellvorrichtungen erfolgt bei allen Ausführungsformen durch Befahren eines parallel zur Fahrleitung, isoliert von dieser vor der Weiche angebrachten Oberleitungskontaktes mit ein- oder ausgeschaltetem Fahrschalter; der Fahrer hat also seinen Fahrschalter je nach seiner Vorschrift auf Nullstellung oder eine Fahrstufe zu stellen, um die Weiche in die von ihm erwünschte Richtung einzustellen. Es sind zwei Bedienungsvorschriften üblich, die eine lautet: Soll die Weiche gestellt werden, so ist der Oberleitungskontakt mit eingeschaltetem Fahrschalter zu befahren. Soll die Weiche nicht gestellt werden, so ist der Oberleitungskontakt mit ausgeschaltetem Fahrschalter zu befahren.

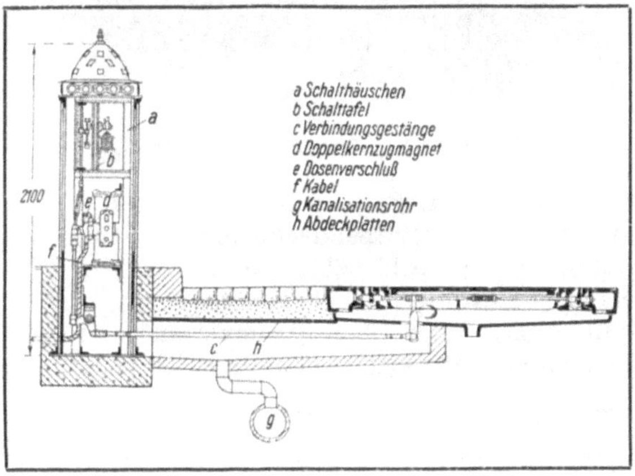

Bild 359. Weichenstellvorrichtung mit Schalthäuschen.

Die andere Vorschrift lautet:

Für die Fahrtrichtung „geradeaus“ Oberleitungskontakt „mit Strom“ befahren, für die Fahrtrichtung „abzweigend“ Kontakt „ohne Strom“ befahren.

Die Ausführungen der Stellvorrichtungen sind in der Grundform gleich. Das Betätigungsorgan ist fast immer ein Kernzugmagnet, selten ein Motor. Motoren werden bei Stellvorrichtungen für Eisenbahnweichen verwendet.

Der Kernzugmagnet ist mit der Weichenzunge gekuppelt und erhält in der Regel durch einen besonderen magnetischen Einschalter Strom von der Oberleitung.

Bild 359—361 zeigen die von den SSW gebauten Stellvorrichtungen.

Sämtliche Apparate werden entweder auf dem Bürgersteige in einem Häuschen eingebaut und die Bewegungsübertragung vom Kernzugmagneten zur Weiche wird durch ein Gestänge bewirkt, das in einem Kanal unter der Straßendecke verlegt wird (Bild 359),

Bild 360. Weichenstellvorrichtung unter Straßendecke.

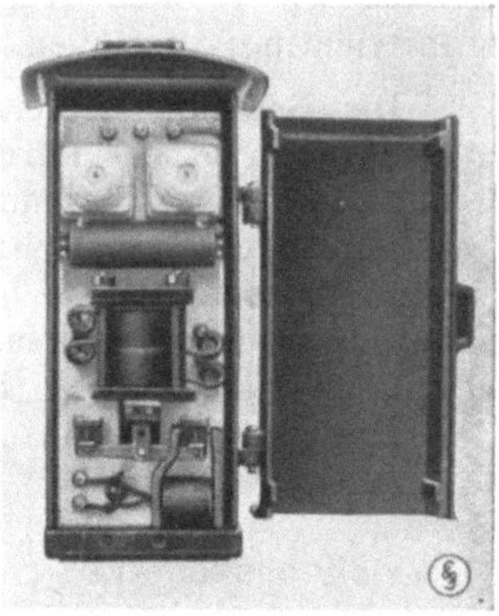

Bild 361. Einschaltkasten.

oder Kernzugmagnet und Umschalter werden in einem neben der Weiche in die Straßendecke einzubauenden, gut abgedichteten Kasten untergebracht (Bild 360). Der Einschalter wird in einem am Mast oder Haus befestigten Kasten eingebaut (Bild 361). Das Schaltbild (Bild 362) zeigt den Stromverlauf für die Stellvorrichtung nach Bedienungsvorschrift 1, das Schaltbild (Bild 363) den Verlauf für die

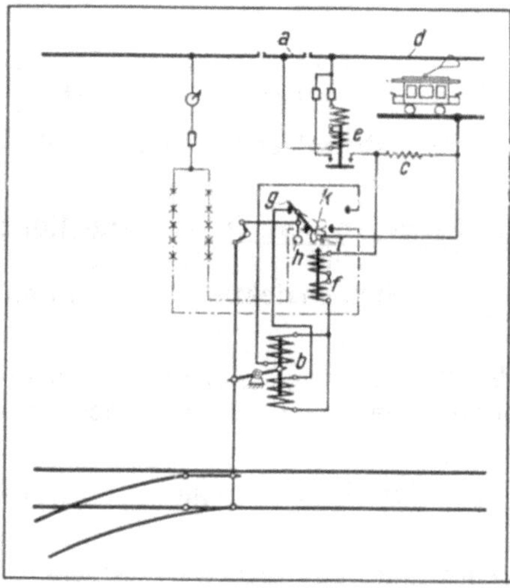

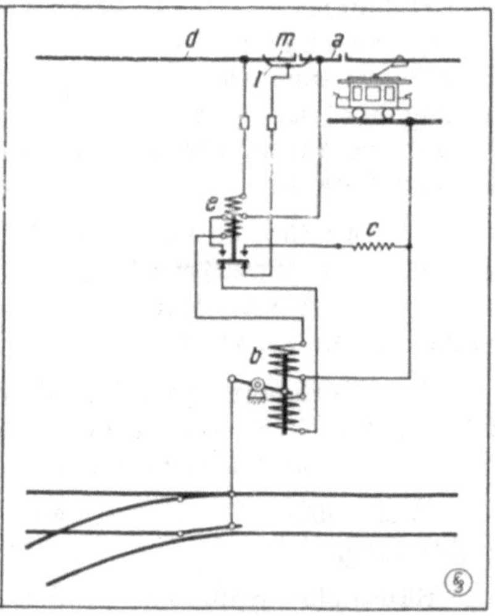

Bild 362. Schaltbild für Bedienungsvorschrift 1. Bild 363. Schaltbild für Bedienungsvorschrift 2. a = Isolierter Kontakt, b = Doppelkernzugmagnet, c = Parallelwiderstand zu den Doppelkernzugmagneten, d = Oberleitung, e = Einschalter, f = Verriegelspule des Umschalters, g = Kontakthebel, h = Gewichtshebel, i = Umschalterwelle, k = Umschalter.

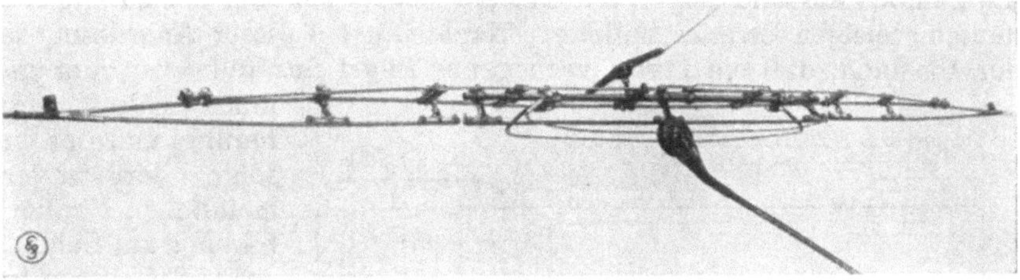

Bild 364. Oberleitungskontakt mit Bügel und Rolle.

Bedienungsvorschrift 2. An Hand dieser Bilder ist der Schaltvorgang leicht zu verfolgen.

Bild 364 zeigt den Oberleitungskontakt für Fahrvorschrift 1.

Nähere Einzelheiten der Stellvorrichtungen sind aus der Druckschrift SSW Nr. 2520 zu entnehmen.

2. Elektrische Signalanlagen für Straßenbahnen.

Bei eingleisigen Bahnstrecken mit Ausweichen, bei Kreuzungen mit anderen Bahnen und bei Kreuzungen verkehrsreicher Straßen, wenn die Kreuzungstelle unübersichtlich ist, bringt man elektrische Signale an, die das Herannahen eines Zuges anzeigen. Derartige Signale können entweder durch Handschalter oder selbsttätig durch den Stromabnehmer betätigt werden. Erstere Anordnung ist einfacher, betriebsicherer und billiger, erfordert aber das Anhalten der Wagen an der Schaltstelle, um den Schalter durch den Schaffner bedienen zu lassen (Schaltbild 365). Letztere ist im Betriebe bequemer, vermeidet Verzögerungen, erfordert aber ziemlich empfindliche Schaltapparate und daher dauernd eine sorgfältige Wartung.

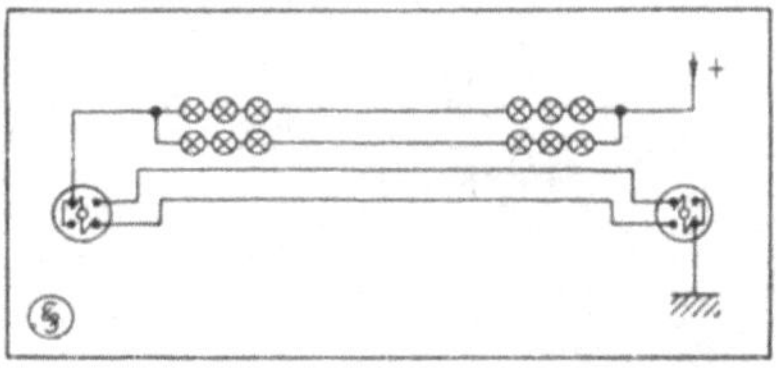

Bild 365. Schaltanordnung bei 2 parallel geschalteten Lichtleitungen.

Die einfache Anordnung nach Bild 365 genügt überall dort, wo der Verkehr nicht sehr dicht ist und immer nur abwechselnd ein Wagen in der einen oder anderen Richtung verkehrt. Die Handschalter kann man auch durch Oberleitungskontakte ersetzen, durch die einem Relais Spannung gegeben wird, das das Einschalten besorgt.

Bei Bahnen mit Bügelbetrieb spannt man auch in geringem Abstand vom Fahrdraht parallel zu diesem einen Signaldraht, der mit den Lampen verbunden ist, und legt den andern Pol der Lampen an die Fahrschienen; solange der Bügel beide Drähte berührt, leuchten die Lampen auf und zeigen an, daß ein Wagen sich auf der zu sperrenden eingleisigen Strecke befindet. Nachteilig bei dieser Anordnung ist der Umstand, daß ein etwas verbogener Bügel nur teilweise oder gar nicht beide Drähte berührt und daß infolge der unvermeidlichen Funkenbildung am Schleifdraht Störungen im Radioempfang verursacht werden. Bei Rollenoberleitung kann man diese Anordnung nicht anwenden.

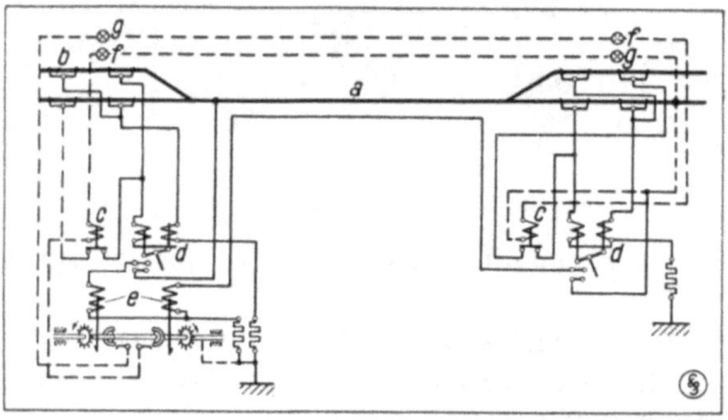

Bild 366. Schaltbild für Lichtsignalanlage.
a = Oberleitung, b = Schleifkontakt, c = Steuerschalter, d = Relaisschalter, e = Schaltwerk, f = rote Lampe, g = grüne Lampe.

Um die Möglichkeit zuzulassen, daß mehrere Wagen hintereinander in die eingleisige Strecke einfahren und die Sperrung nicht früher aufgehoben wird, als bis der letzte Wagen die Strecke verlassen hat, kann man Schaltwerke mit Fortschalter oder Zählwerk einbauen; bei jedem einfahrenden Wagen wird die Schaltwalze um einen Zahn vorgeschoben, und der Vorgang wiederholt sich bei der Ausfahrt in umgekehrter Richtung. Die eingleisige Strecke ist also für die Gegenstrecke solange gesperrt, wie ein Wagen sich in ihr befindet. (Bild 366).

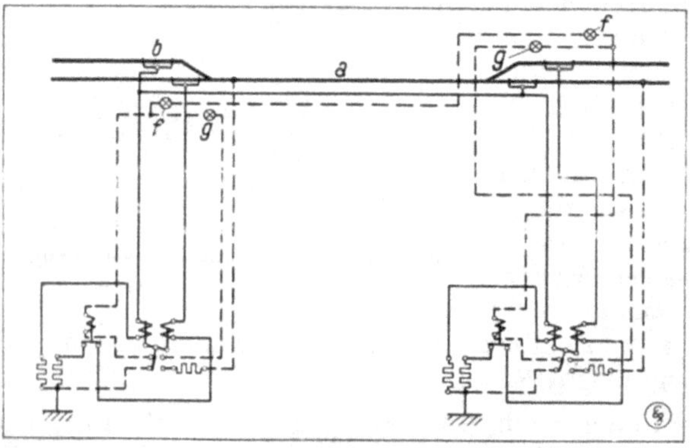

Bild 367. Schaltbild für Lichtsignalanlage.
a = Oberleitung, b = Schleifkontakt, f = rote Lampe, g = grüne Lampe.

Bei der Anordnung nach Bild 367 wird dem in der Ausweiche wartenden Wagen die Strecke durch den ankommenden Wagen freigegeben (bei der Staatsbahn Vorschrift), wodurch die Anlage natürlich wesentlich komplizierter wird und die doppelte Anzahl Signalleitungen erforderlich ist.

Auch bei zweigleisigen Strecken baut man Signale ein, wenn es sich darum handelt, bei dichter Zugfolge und großer Fahrgeschwindigkeit die Züge einen bestimmten Abstand einhalten zu lassen, die Sperrung geschieht durch rote, die Freigabe durch grüne Lichter (Bild 368).

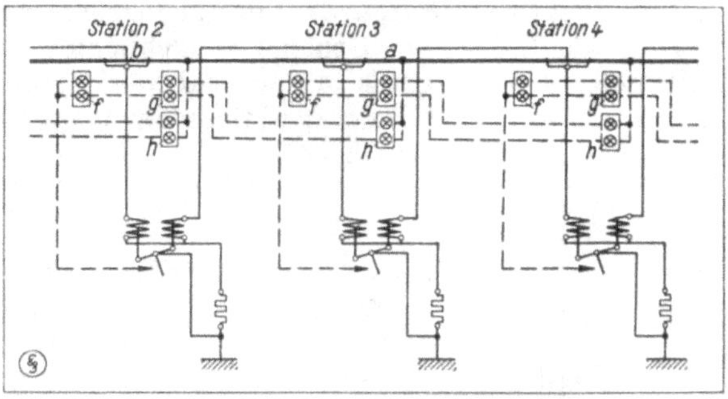

Bild 368. Schaltbild für Lichtsignalanlage.
a = Oberleitung, b = Schleifkontakt, f = rote Lampen, g = grüne Lampen, h = weiße Lampen.

Signalarme verwendet man in Straßen- und Kleinbahnanlagen fast nie, sondern beschränkt sich auf Lichtsignale, denen man einen besonderen Blendschirm gibt, um die Einwirkung der Sonnenstrahlen abzuhalten. Derartig eingerichtete Signallichter haben zu Beanstandungen keinen Anlaß gegeben.

Eine Beschreibung der elektrischen Signaleinrichtungen für Vollbahnen zu geben, geht über den Rahmen dieses Buches hinaus.

3. Selbsttätige Fahrsperren für Bahnen auf eigenem Bahnkörper.

Selbsttätige Fahrsperren sind heute fast überall auf den dicht befahrenen, mit verhältnismäßig geringer Fahrgeschwindigkeit betriebenen elektrischen Vorort- und Stadtbahnen eingeführt oder sie sind in der Einführung begriffen. Sie haben den Zweck, bei irrtümlichem oder mißbräuchlichem Überfahren des Haltesignals den Zug unabhängig vom Zugfahrer selbsttätig zu bremsen und zum Stillstand zu bringen. Auf diese Weise wird das Überfahren des Haltesignals mit seinen meist schwerwiegenden Folgen unschädlich gemacht.

Bild 369. Fahrsperre am Lichttagessignal der Berliner Hochbahngesellschaft.

Für die Betriebsverhältnisse der Stadtbahnen mit ihren Fahrgeschwindigkeiten bis zu etwa 60 km/h hat sich die mechanische, von einem elektrischen Antrieb bewegte Fahrsperre als vollständig sicher und zuverlässig erwiesen. Bei dieser Form wirkt der elektrische Antrieb auf ein am Gleis drehbar als Hebel und Schiene ausgebildetes Sperrglied ein, das bei Haltestellung des Signals in den neutralen Raum zwischen Wagen- und Lichtraumprofil hineinragt und einen am Wagen angeordneten Auslösehebel umlegt, der die Abschaltung des Triebstromes und die Inbetriebsetzung der Bremsen bewirkt.

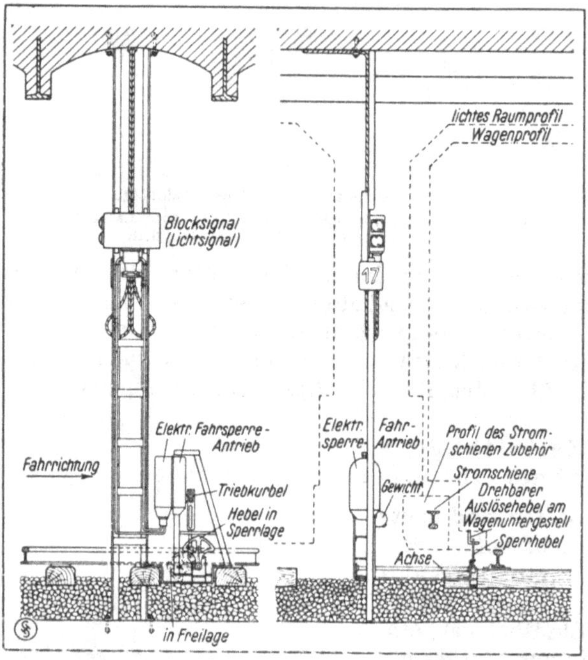

Bild 370. Fahrsperre der Berliner Nordsüdbahn A.-G.

Auf neueren Betriebstrecken der Berliner Hochbahngesellschaft ist die als Oberdachkonstruktion durchgebildete Fahrsperre mit dem Lichttagesignal zusammengebaut. Bei der Fahrtstellung des Signals weist, wie Bild 369 zeigt, der Fahrsperrhebel schräg nach oben. Er wird in dieser Lage durch den zwischen den beiden Blockschränken angeordneten Siemens-Antrieb gehalten. Der auf dem Wagendach drehbar angeordnete Auslösehebel fährt an dem Signal in der Fahrstellung ohne Wirkung vorbei. Bei Haltstellung des Signals steht der Fahrsperrhebel horizontal und ragt dann in den neutralen Raum zwischen Wagen und Lichtraumprofil hinein. Dadurch wird der Auslösehebel umgelegt.

Auf den Tunnelstrecken der Berliner Nordsüdbahn ist die Fahrsperre in anderer Weise durchgebildet worden, indem der Fahrsperrhebel unten seitlich von der einen Fahrschiene zwischen den Schwellen angeordnet wurde, siehe Bild 370. Der Hebel schlägt in der Sperrlage, also bei Haltsignal, gegen den am ungefederten Teil des Wagenuntergestells angebrachten Auslösehebel und legt diesen um.

Um den Fahrsperrhebel am Signal aus der Wirkungsebene von Eis und Schnee, Schotterhaufen oder dergl. möglichst herausheben zu können, und ihn so gegen Einflüsse der Witterung und des Betriebes unempfindlich zu machen, wurde der Fahrsperrhebel der Fahrsperreinrichtung auf der Berliner Vorortstrecke Stettiner Bahnhof—Bernau von Siemens & Halske und den Siemens-Schuckertwerken in besonderer

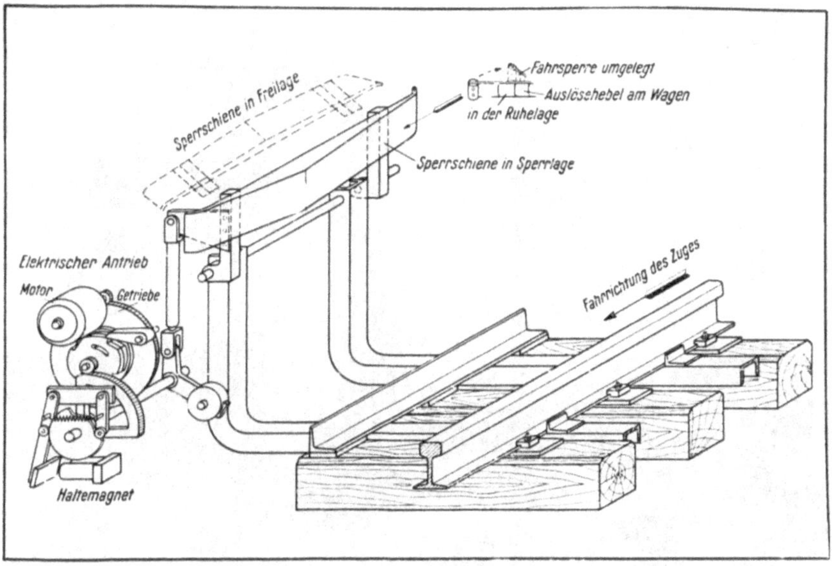

Bild 371. Zusammenhang der am Gleis angeordneten Teile der Fahrsperre auf der Strecke Berlin, Stettiner Bahnhof—Bernau.

Form als Schiene ausgebildet, die etwa 560 mm über SO drehbar befestigt ist.

Den vollständigen Zusammenhang aller am Gleis angeordneten Teile der Fahrsperre verdeutlicht Bild 371.

In der Grundstellung, der Haltlage des Signals, steht die Sperrschiene mit ihrer Auflauffläche in vertikaler Lage. Die Auflaufflächen sind zu beiden Seiten abgeschrägt, um ein sanftes Auflaufen des am Wagen drehbar befestigten Auslösehebels zu erzielen. Bei Fahrstellung erhält der elektrische Antrieb Strom und dreht die Sperrschiene nach oben in die gestrichelte Lage, so daß der Auslösehebel am Triebwagen ohne Eingreifen passieren kann. In dieser Lage verbleibt die Sperrschiene, solange der Haltemagnet stromdurchflossen ist und infolgedessen seinen Anker angezogen hält.

Bei Ausbleiben des Stellstromes infolge einer Störung wird durch ein Gewicht die Sperrschiene in die Sperrlage gebracht. Der Störungsfall wird in einfacher Weise dem Stellwerkwärter gemeldet.

Bild 372 zeigt die Anbringung der Fahrsperre an einem mechanisch gestellten Einfahrsignal.

Einen Einblick in das Innere des Siemens-Antriebes gibt Bild 373, wobei Motor und Kontakteinrichtungen zu erkennen sind.

Bild 372. Signal in Fahrstellung, Fahrsperre in Freilage.

Bild 373. Vorderseite des Fahrsperrantriebes.

Die Strombelieferung geschieht durch Wechselstrom von 500 V Spannung. Den schaltungstechnischen Zusammenhang der Fahrsperreinrichtungen am Gleis mit den im Stellwerk angeordneten Nebeneinrichtungen verdeutlicht Bild 374.

Bei der Durchbildung der Fahrsperreinrichtung am Wagen sind folgende grundsätzliche Forderungen zu erfüllen:

1. Der Steuer- und damit der Triebstrom muß abgeschaltet und gleichzeitig die Luftdruckbremse angestellt werden.
2. Es dürfen nur die Fahrsperreinrichtungen der an den Zugenden laufenden Triebwagen angestellt sein.

Jeder Führerstand eines Zuges erhält eine Sperreinrichtung, die aus dem Auslösehebel, Auslöseventil und dem zugehörigen Träger, Verbindungschlauch, Entlüftungsventil, Rückschlagventil, Abschalthahn und Erdschalter besteht. Die Ausbildung der Apparate und ihre Schaltung sind im Bilde 375 schematisch dargestellt.

Es ist hier die Einrichtung beim Überfahren eines in der Haltestellung stehenden Signals in Tätigkeit gezeigt. Der Auslösehebel ist auf die Sperrschiene aufgelaufen, der Hebel ausgeschwenkt, die Nockenscheibe gedreht und dadurch das Auslöseventil gelüftet. Die in der Leitung hinter dem Ventil stehende Druckluft gelangt durch den Kanal hinter den Kolben des Auslöseventils und bewirkt die rasche und völlige Öffnung und die Offenhaltung des Ventils zum Abströmen der Luft aus der Bremsleitung. Infolge der hierdurch eintretenden Druckminderung in der Leitung vor dem Erdschalter und in dessen vorderer Kammer entsteht in der zweiten Kammer Überdruck und der Kolben des Erdschalters bewegt sich nach links, der Schalter wird eingelegt, das Steuerstromrelais fällt ab und Steuer- und Triebstrom sind abgeschaltet. Da nun auch in der Leitung zwischen Abschalthahn und Rückschlagventil Überdruck herrscht, so öffnet sich das Rückschlagventil, die Bremsluft strömt durch das Auslöseventil ungehindert ins Freie, wodurch eine scharfe Bremsung des Fahrzeuges etwa wie bei Betätigung der Notbremse bewirkt wird.

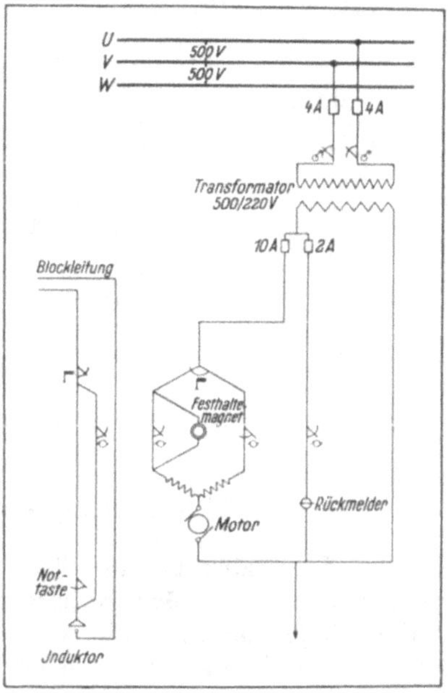

Bild 374. Schaltbild des Fahrsperrantriebes.

Ist der Druck in der Bremsleitung so weit gesunken, daß die Kraft der Feder hinter dem Auslöseventil den Druck der ausströmenden Luft auf den Kolben überwindet, so schließt sich das Auslöseventil; der Erdschalter bleibt jedoch eingelegt.

Um das Fahrzeug wieder in Fahrbereitschaft zu bringen, muß, wie nach einer gewöhnlichen Betriebsbremsung, Druckluft über das Führerventil in die Bremsleitung eingelassen werden, wodurch die Bremsen gelöst werden.

Soll ein auf „Halt" stehendes Signal überfahren werden, so wird mit Hilfe eines Schlüssels das Entlüftungsventil um 90° gedreht. Es kann dann beim Öffnen des Auslöseventils durch den Anschlag des Sperrhebels keine Luft aus der Bremsleitung entweichen und keine Bremsung eintreten.

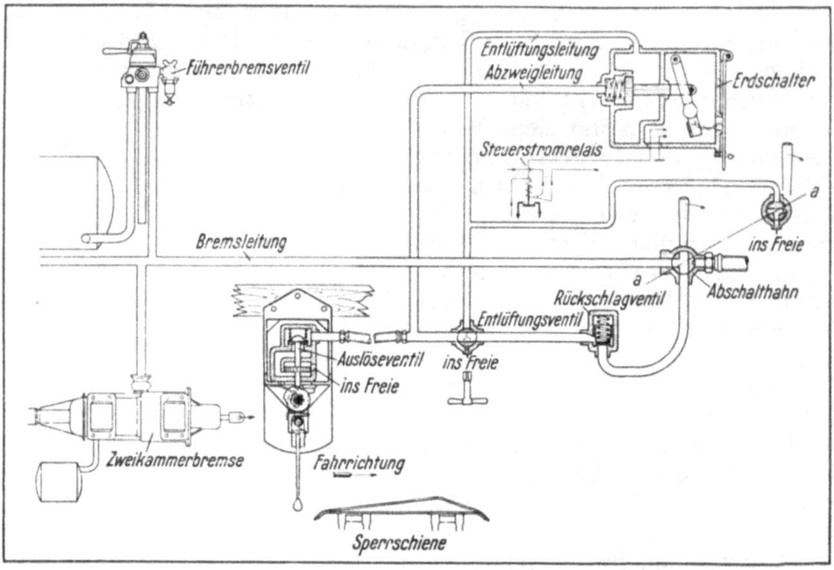

Bild 375. Fahrsperreinrichtung im Wagen.

Ist das Fahrzeug am Signal vorbeigefahren, so läßt der Führer den Schlüssel los, das Entlüftungsventil stellt sich wieder in die Anfangslage ein und die sofort nachströmende Druckluft füllt die Apparate und Leitungen wieder auf. Die Anlage ist wieder betriebsfertig.

Bild 376. Auslöseventil auf dem Stromabnehmerbalken.

An den Mittelwagen eines Zuges, bei denen die Einrichtung nicht in Tätigkeit treten soll, gibt der umgelegte Abschalthahn den Durchgang zum nächsten Wagen frei, die Fahrsperreinrichtung ist dadurch abgeschaltet und alle Apparate entlüftet.

Bild 376 zeigt die Anordnung des Auslöseventils am Drehgestell eines Triebwagens.

4. Wirbelstromgleisbremse.

Die Rangiertechnik bedient sich bei den fast ausschließlich verwendeten Schwerkraftrangieranlagen (Eselsrücken, Gefällsbahnhöfen) zur Regelung des zeitlichen Abstandes der einzelnen Wagen im Bereich der Verteilungsweichen sowie zur Regelung der Laufweite in den Richtungsgleisen sogenannter Gleisbremsen, mit deren Hilfe den gutlaufenden Wagen die überschüssige Energie entzogen wird. Die Bremskraft muß möglichst weitgehend, je nach der Lauffähigkeit der einzelnen Wagen regelbar sein. Dieser Bedienung genügte der bisher

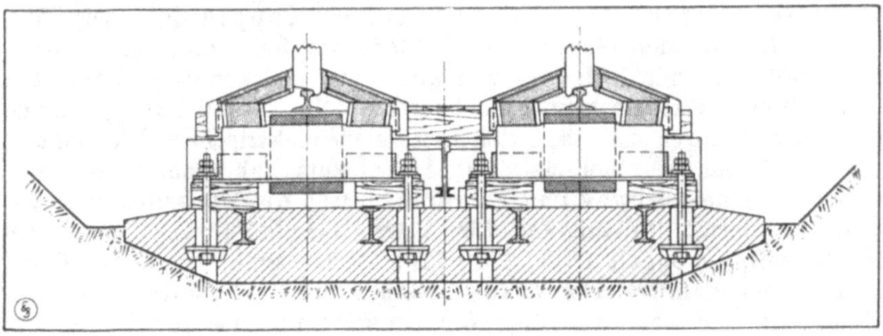

Bild 377. Wirbelstromgleisbremse.

verwendete Hemmschuh mit zeitlicher Auswurfvorrichtung (Büssing-Bremse) nicht. Man ist daher in neuerer Zeit dazu übergegangen, für diesen Zweck eine kräftige, fest am Gleis angeordnete ferngesteuerte Backenbremse zu bauen. Neben den mit reiner mechanischer Reibung arbeitenden durch Druckwasser oder Druckluft gesteuerten Bremsen, ist hier besonders eine neue Konstruktion zu erwähnen, bei der die Energievernichtung durch Wirbelströme und Reibung erfolgt und die Regelung auf rein elektrischem Wege vorgenommen wird: die sogenannte Wirbelstromgleisbremse (Bild 377). Diese besteht aus 15—16 m langen zu beiden Seiten jeder Schiene angeordneten Bremsschienen, die durch ein, unterhalb der Laufschiene angeordnetes System von Elektromagneten in der Weise erregt werden, daß die eine Bremsschiene zum Nordpol, die andere zum Südpol wird. Die beiden Bremsschienen ziehen sich also mit großer Kraft an und klemmen das Rad, das zwischen ihnen durchläuft, fest ein, wodurch Reibung erzeugt wird. Außerdem durchsetzt der magnetische Kraftfluß noch dieses durchlaufende Rad, so daß in ihm Wirbelströme erzeugt werden, die ebenfalls bremsend auf den Wagen wirken. Diese Bremse arbeitet mit wesentlich geringeren Anpressungsdrücken und schont dadurch die Bremsbacken und Räder. Sie hat keine empfindlichen Teile und ist in weitesten Grenzen feinstufig regelbar.

5. Beeinflussung der Fernmeldeleitungen durch elektrische Bahnen.

Bei den elektrischen Bahnen, deren Rückströme über die Schienen durch die Erde fließen, erzeugen die den Fahrdraht umgebenden elektrischen und magnetischen Felder starke Fernwirkungen, die insbesondere den in der Nähe der Bahn verlaufenden Fernmeldeleitungen gefährlich werden können. Die in die Fernmeldeleitungen eingestrahlten Energien können hierbei so stark werden, daß nicht nur der Fernmeldebetrieb unmöglich gemacht wird, sondern auch die Benutzer der Fernmeldeanlage gefährdet sind.

Influenzwirkungen (elektrische Kopplung): Die Wirkungen, die von den elektrischen Feldern der Bahn ausgeübt werden, bezeichnet man mit Influenzwirkungen. Das elektrische Feld des Fahrdrahtes influenziert in benachbarten Leitern eine Ladespannung, deren Größe durch die Lage des Leiters im elektrischen Feld bedingt ist. Führt eine Fernmeldeleitung parallel zum Fahrdraht einer Bahn, so sind Fernmeldeleitung und Fahrdraht durch die Kapazität zwischen beiden Leitern, die mit C_{12} für 1 km Parallelführung bezeichnet werden soll, gekoppelt (Bild 378). Die Betriebspannung E der Bahn, die zwischen Fahrdraht und Erde besteht, lädt die isolierte Fernmeldeleitung, die mit der Erde über die Erdkapazität, C_{20} für 1 km, verbunden ist, auf das Potential V gegen Erde auf. Ist E eine Wechselspannung mit der Kreisfrequenz ω, so ergibt sich V rechnerisch aus der Stromstärke, die über die Kapazitäten C_{12} und C_{20} fließt. V ist hierbei der Spannungsabfall zwischen Fernmeldeleitung und Erde und l die Länge der Parallelführung in km.

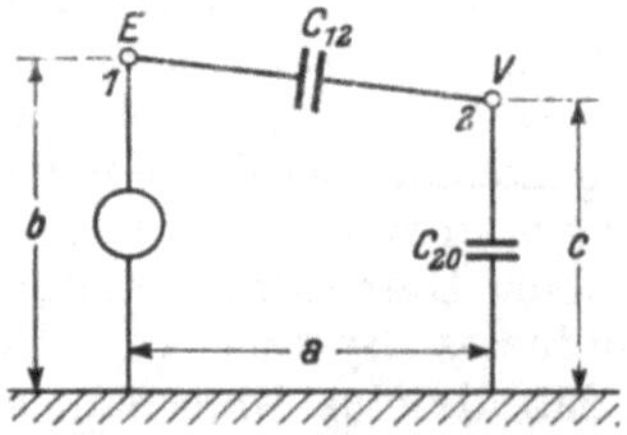

Bild 378. Influenzwirkung einer Bahnleitung auf eine parallel laufende Fernmeldeleitung.
1 = Fahrdraht, 2 = Fernmeldeleitung, a, b, c = Längen in mm.

$$V = \frac{E}{\frac{1}{\omega C_{12} l} + \frac{1}{\omega C_{20} l}} \cdot \frac{1}{\omega C_{20} l}$$

$$= E \frac{C_{12}}{C_{12} + C_{20}}$$

C_{12} ist immer klein gegen C_{20}, ($C_{20} \sim 6 \cdot 10^{-9}$ F/km), so daß man im Nenner C_{12} gegen C_{20} vernachlässigen kann, mithin

$$1) \quad V = E \frac{C_{12}}{C_{20}}.$$

Ist die Fernmeldeleitung geerdet, so ist der vom Fahrdraht über die Fernmeldeleitung nach Erde fließende Strom

$$2)\quad J = \frac{E}{\frac{1}{\omega C_{12} l}} = E \omega C_{12} l.$$

V bezeichnet man mit Ladespannung, J mit Ladestrom. C_{12} läßt sich theoretisch berechnen; eine für die Regelfälle ausreichende Näherungsformel lautet:

$$3)\quad C_{12} = 1{,}5 \frac{b\ c}{a^2 + b^2 + c^2} \cdot 10^{-9}\ \mathrm{F/km}.$$

Die Bedeutung der Buchstaben a b und c ist aus Bild 378 zu ersehen. Bei Fahranlagen wird C_{12} durch die Aufhängedrähte erhöht, dem kann dadurch Rechnung getragen werden, daß der Faktor 1,5 in Gl. 3 auf 3 erhöht wird. Bild 379 stellt den Verlauf von C_{12} in Abhängigkeit vom Abstand unter Berücksichtigung der Aufhängedrähte dar, wobei $b = c = 6{,}5$ m angenommen ist. Man erkennt, daß C_{12} schnell mit dem Abstand abnimmt. Für $a = 10$ m erhält man $C_{12} = \backsim 6 \cdot 10^{-10}$ F/km, so daß $V = \frac{E}{10}$ ist, d. h. bei 16 000 V Fahrdrahtspannung tritt in einer in 10 m Abstand führenden Fernmeldeleitung eine Ladespannung V von 1600 V auf.

Die Größe der Ladespannung ist, wie Gl. 1 zeigt, unabhängig von der Frequenz und der Länge der Parallelführung zwischen Fahrdraht und Fernmeldeleitung. Selbst bei sehr kurzen Parallelführungen tritt demnach diese Spannung auf, die jedoch bei der geringsten Energieentnahme zusammenbricht. Die frei werdende Energie bzw. der Ladestrom werden dagegen um so größer, je größer die Frequenz und die Parallelführung ist. Die Kenntnis der Ladespannung ist jedoch wichtig; sie dient vor allem zur Feststellung, ob über die Spannungssicherungen der Fernmeldeleitungen, die bei etwa 300 V ansprechen, überhaupt ein Ausgleich der Ladespannungen erfolgen kann.

Der Ladestrom beträgt bei 10 m Abstand 16 000 V Fahrdrahtspannung und einer Frequenz von 16⅔ Hertz $= 16\,000 \cdot 105 \cdot 6 \cdot 10^{-10}$ = rund 1 mA bei 1 km Parallelführung; bei 10 km demnach 10 mA. Dieser Ladestrom wird bei Berührung isolierter Leitungen zum vollen Betrage durch den Körper, dessen Widerstand dabei gegen $\frac{1}{\omega C_{12} l}$ zu vernachlässigen ist, abfließen und unangenehme Wirkungen auslösen.

Geht der Fernmeldebetrieb in geerdeten Einzelleitungen vor sich (Telegraphenleitungen, Blockleitungen), so werden die nach Erde abfließenden Ladeströme die Betriebsapparate störend beeinflussen. In einer Telegraphenleitung beträgt der Betriebstrom etwa 20 mA; erfahrungsgemäß genügt ein Störstrom von 20 % des Nutzstromes, also etwa 4 mA, um einen Telegraphenbetrieb empfindlich zu stören.

Da in den Ausdruck für J die Größe ω eingeht, so werden die höheren Harmonischen der Spannungskurve E im Verhältnis der Frequenz stärker als die Grundwelle auf die Fernmeldeleitungen übertragen. Die Einwirkungen der höheren Harmonischen geben zu Geräuschen in den Fernsprechleitungen Veranlassung.

Das idealste Mittel, Influenzeinwirkungen zu verhindern, besteht darin, das elektrische Feld des Fahrdrahtes abzuschirmen. Umgibt man also die Fernmeldeleitung mit einer geschlossenen metallischen Hülle, so kann keine elektrische Kraftlinie bis zu ihr vordringen. Fernmeldeleitungen in Kabeln mit geschlossenen Hüllen sind also influenzfrei.

Ein weiteres Mittel zur Verhinderung von Influenzeinwirkungen besteht in der Kompensation des elektrischen Feldes. Führt man neben dem Fahrdraht einen Gegenspannungsdraht, dessen Spannung ebenso groß wie diejenige des Fahrdrahtes, aber um 180 ° in der Phase verschoben ist, so kompensiert das elektrische Feld dieses Gegenspannungsdrahtes das des Fahrdrahtes.

Schwachstromseitig sind eine ganze Anzahl Schutzvorkehrungen bekannt, wie z. B. Resonanzkreise, die auf den störenden Ladestrom abgestimmt sind und die parallel zum Betriebsapparat geschaltet werden, oder Erdungspulen, die zwischen beide Zweige einer Doppelleitung geschaltet sind und deren Mitten zur Ableitung der Ladespannung geerdet sind u. a. Sie gewährleisten aber alle nicht die notwendige Störungsfreiheit, rufen meistens sogar noch Betriebstörungen hervor. Das beste Mittel bleibt das Abrücken der Fernmeldeleitung vom Bahnkörper oder die Verkabelung der Fernmeldeleitungen. Man hätte also bei Kabeln einen idealen Schutz gegen die Fernwirkungen der Bahnanlagen, wenn die elektromagnetische Wirkung nicht wäre. Gegen diese sind auch die Kabeladern nicht geschützt.

Induktionswirkungen (magnetische Kopplung): Die magnetischen Einwirkungen, die man mit Induktionswirkungen bezeichnet, werden durch das magnetische Feld des Fahrdrahtstromes hervorgerufen. Dieses mit der Periodenzahl des Stromes wechselnde Feld induziert in einer benachbarten Fernmeldeleitung eine elektromotorische Kraft, deren Größe $\mathfrak{E}$ in vektorieller Darstellung proportional ist dem induzierenden Strom $\mathfrak{J}_0$, der Kreisfrequenz ω, dem induktiven Kopplungsfaktor oder Gegeninduktivitätskoeffizienten M je km und der Länge der Parallelführung l.

$$4)\quad \mathfrak{E} = -\, j\, \omega\, \mathfrak{J}_0\, M\, l.$$

Eine recht schwer zu bestimmende Größe ist der Gegeninduktivitätskoeffizient M, der in einfacher Weise sich nur dann richtig ermitteln läßt, wenn die induzierende und induzierte Schleife metallisch geschlossen sind; nicht aber, wenn die Schleifen über Erde geschlossen sind. Nach theoretischen Arbeiten von Rüdenberg, Breisig u. a. ist bei erdgeschlossenen Schleifen der Gegeninduktivitätskoeffizient M

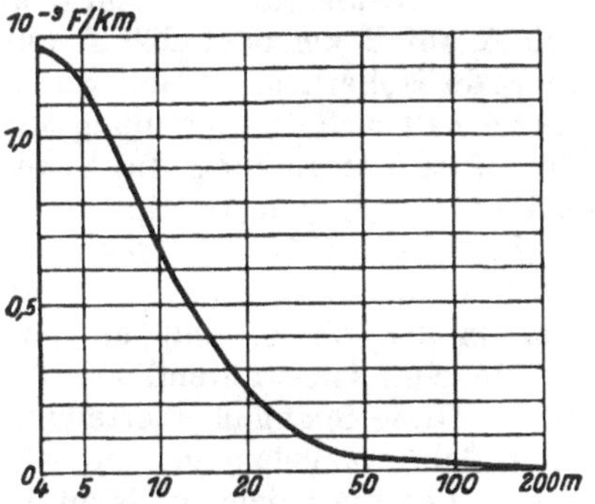

Bild 379. Verlauf der Kapazität zwischen Fahrdraht und Fernmeldeleitung in Abhängigkeit vom Abstand.

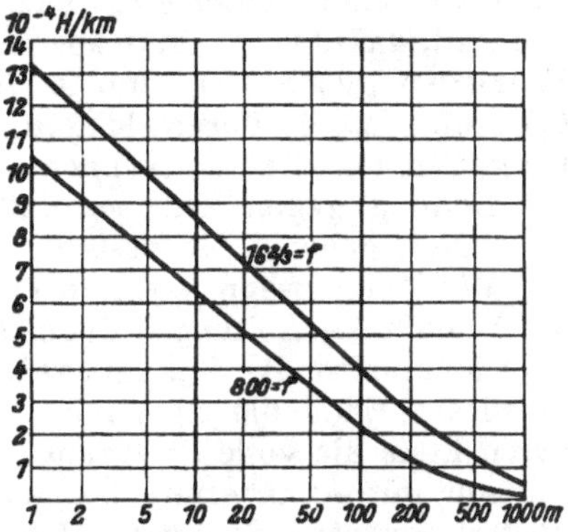

Bild 380. Verlauf der Gegeninduktivität zweier paralleler Einzelleiter für 2 verschiedene Periodenzahlen in Abhängigkeit vom Abstand der Leiter.

eine komplexe Größe, die außer von dem Abstand zwischen den beiden Schleifen von der Frequenz des induzierenden Stromes und dem spezifischen Erdwiderstand abhängig ist. Mit wachsender Frequenz wird M kleiner, und zwar um so mehr, je größer der Abstand zwischen den Schleifen ist. Die Ursache liegt darin, daß mit wachsender Frequenz die Erdrückströme immer mehr nach der Erdoberfläche gedrängt werden und somit die Schleifen schmäler werden. Hierdurch entsteht aber die Schwierigkeit der Bestimmung des spezifischen Erdwiderstandes. Das Erdreich ist nicht homogen, es besteht aus einzelnen Schichten, deren Leitfähigkeiten verschieden sind. Berücksichtigt werden müssen aber die Leitfähigkeiten der Schichten, durch die bei der betreffenden Frequenz der Hauptanteil der Rückströme fließt.

Bild 380 zeigt den absoluten Betrag der Gegeninduktivität M zweier geerdeter Einzelleiter in Abhängigkeit vom Abstand für 16⅔ und 800 Hertz. Die Werte sind durch genaue Messungen an besonders hergestellten parallel führenden Leitungen ermittelt, deren gegenseitige Abstände genau definiert waren. Danach beträgt M bei 16⅔ Hertz und 10 m Abstand $8{,}6 \cdot 10^{-4}$ H/km. Vom Fahrstrom einer praktisch mit Erdrückleitung arbeitenden Einphasenbahn wird demnach in einer in 10 m Abstand parallel zum Bahnkörper führenden geerdeten Fernmeldeleitung bei 100 A Fahrstrom mit 16⅔ Hertz und 10 km Parallelführung eine EMK induziert von

$$100 \cdot 16\tfrac{2}{3} \cdot 2\,\pi \cdot 8{,}6 \cdot 10^{-4}\, 10 = 90\ \mathrm{V}$$

oder 9 V für 100 Akm. Es ist gebräuchlich, die induzierte EMK oder Längsspannung, wie sie vielfach bezeichnet wird, für 100 induzierende Amperekilometer anzugeben, d. h. sie bezieht sich auf den Fall, daß das Produkt aus der Länge der Parallelführung und dem Fahrstrom gleich 100 Akm ist (z. B. 50 A auf 2 km oder 200 A auf 0,5 km). Ist die Fernmeldeleitung von Erde isoliert, so ist mit Spannungen gegen Erde zu rechnen. Hierbei verhält sich die Spannung auf der Leitung gegen Erde so, daß in der Mitte der Leitung die Spannung Null gegen Erde besteht, während an den Enden die Spannung auf V/2 steigt, wenn V die in der Ader induzierte EMK ist. Bekommt die beeinflußte Leitung jedoch an einem Ende einen Erdschluß, so verschiebt sich das Spannungsdiagramm in der Weise, daß an dem geerdeten Ende die Spannung gegen Erde Null ist, während am anderen Ende die volle Spannung V besteht. Diese Spannungsverteilung gilt nur mit Annäherung bei kurzen Parallelführungslängen und bei niederfrequenten Strömen. Da die Leitungen ja nicht vollständig isoliert sind, sondern mit der Erde über die Erdkapazitäten verbunden sind, finden Spannungsabfälle auf den Leitungen statt, so daß die Spannungsverteilung nach einem wesentlich komplizierteren Gesetz verläuft. Ist die Fernmeldeleitung eine Doppelleitung mit den beiden Zweigen 1 und 2, so wird in dieser neben der in jedem Zweig induzierten Längsspannung noch in der aus metallischer Hin- und Rückleitung bestehenden Schleife eine weitere Spannung induziert, die mit Querspannung bezeichnet wird. Diese Querspannung ist mit Annäherung die Differenz der in beiden Zweigen induzierten Längsspannungen. Die Querspannung wird demnach um so größer, je größer die Unterschiede der Gegeninduktivitätswerte M von Zweig 1 — Fahrdraht und Zweig 2 — Fahrdraht sind. Da M vom Abstand abhängt, ist die Größe der Querspannung durch die Verschiedenheit der Abstände bedingt. Bei Kabeladern, bei denen die beiden Zweige einer Doppelleitung eng miteinander verseilt sind, ist die Querspannung Null; bei Freileitungen kann sie durch Kreuzen der beiden Zweige stark vermindert werden.

Aus der Kurve für die Gegeninduktivität erkennt man, daß M nur sehr langsam mit dem Abstand abnimmt. Man hat demnach selbst in Fernmeldeleitungen, die in größerem Abstande vom Bahnkörper verlaufen, mit beträchtlichen induktiven Einwirkungen zu rechnen. Bei 1000 m Abstand ist $M = 0{,}5 \cdot 10^{-4}$ und die EMK demnach bei 16⅔ Per. 0,52 V/100 Akm. Die höchsten induzierten Spannungen sind im Kurzschlußfall zu erwarten. Erfolgt der Kurzschluß am Ende des Streckenabschnittes — bei den Einphasenbahnen ist die Länge eines Streckenabschnittes rund 30 km — so ist bei einem Kurzschlußstrom von 1000 A mit $30 \times 1000 = 30\,000$ induzierenden Akm zu rechnen unter der Annahme, daß die Fernmeldeleitung dem gesamten Streckenabschnitt parallel verläuft.

Die induzierten Spannungen können nun durch Kompensationswirkungen benachbarter Leiter wesentlich vermindert werden. Solche benachbarten Leiter sind u. a. die Schienen der Bahn und, wenn die Fernmeldeleitungen verkabelt sind, der Mantel des Kabels.

Wie in allen dem Fahrdraht benachbarten Leitern wird auch in den Schienen eine EMK induziert. Diese EMK erzeugt gemäß den Widerstandsverhältnissen der Schienen in letzteren einen Strom, der seinen Schluß über die Erde findet und der nun seinerseits wieder eine EMK in benachbarten Fernmeldeleitungen induziert, welche die vom Fahrstrom induzierte mehr oder weniger kompensiert. Je stärker der Strom in den Schienen und je vorteilhafter seine Phase ist — möglichst nahe 180 ° zum Fahrstrom — desto günstiger ist die kompensierende Wirkung. Ist m_s die Gegeninduktivität zwischen Fahrdraht und Schienen je km, R_s der kilometrische Widerstand und L_s die kilometrische Eigeninduktivität der Schienen, so ist der Strom in den Schienen $\mathfrak{J}_s = \frac{-j\,\omega\,m_s\,\mathfrak{J}_0}{R_s + j\,\omega\,L_s}$. Man erkennt, daß man m_s groß und R_s klein machen muß, um für $\mathfrak{J}_s$ möglichst hohe Werte zu erhalten.

Erwähnt sei, daß ein direkter Rückstrom in den Schienen keine kompensierenden Wirkungen ausübt. Der Strom, der am Belastungspunkte aus der Lokomotive in die Schienen übertritt, teilt sich in zwei Teile. der eine fließt in Richtung der Schienen weiter, der andere in entgegengesetzter Richtung, beide allmählich ins Erdreich sickernd. Das Gleis ist hierbei wie eine große Erdplatte aufzufassen, die den Übergang des Stromes nach dem Erdreich vermittelt. Längs der Schienenleitung wird dieser Rückstrom gedämpft, d. h. er wird, vom Belastungspunkt aus betrachtet, immer kleiner und kleiner, bis er schon in geringer Entfernung vom Belastungspunkt praktisch auf Null gesunken ist. Die entsprechenden Verhältnisse liegen am Speisepunkt vor. Diese Rückströme liefern so gut wie keinen Beitrag zur Induktionswirkung, denn, führen die Fernmeldeleitungen über Belastungs- und Speisepunkt hinaus, was ja in der Praxis meistens der Fall ist, so heben sich die von den Schienenströmen in den Fernmeldeleitungen induzierten Spannungen auf. Der Rückstrom, der in der Schienenleitung vorwärts läuft, induziert eine EMK, die um 180 ° in der Phase verschoben ist, gegen die, welche von den rückwärts laufenden Schienenströmen erzeugt wird.

Die Phase des induzierten Schienenstromes $\frac{\omega L_s}{R_s}$ wird um so größer, je kleiner R_s ist. Bei fehlenden Schienenverbindern liegt der Hauptwiderstand des Gleises in den Stoßstellen. Dieser Stoßstellenwiderstand ist außerordentlich veränderlich und stark von der Stromstärke abhängig, und zwar wird er mit wachsender Stromstärke geringer. Dieses Verhalten der Stoßstelle hat zur Folge, daß sich bei den Kurzschlüssen ein Gleis ohne Schienenverbinder nahezu ebenso verhält wie ein Gleis mit Schienenverbindern. Es tritt hierdurch eine Verminderung der induzierten EMK für 100 Akm gegenüber normaler Belastung um 30—40 % ein. Dabei sinkt der Gleiswiderstand auf den zehnten Teil seines Wertes, den er bei geringer Belastung hat.

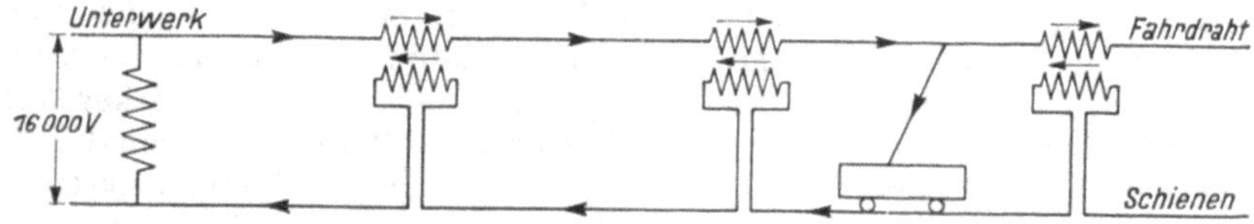

Bild 381. Anordnung von Saugtransformatoren in einer Bahnleitung.

Eine weitere Möglichkeit, den Schienenstrom zu vergrößern, besteht in der Erhöhung der Gegeninduktivität m. Man kann dies dadurch erreichen, daß man Fahrdraht und Schienen durch Transformatoren (Saugtransformatoren) enger koppelt (Bild 381).

Da die Schienen infolge ihrer hohen Erdableitung eine große Dämpfung des Stromes verursachen, müssen die Transformatoren in engen Abständen gesetzt werden. Im allgemeinen baut man die Transformatoren, die in besonderen Häusern an der Strecke untergebracht sind, in Abständen von etwa 1.5 km ein. Das Übersetzungsverhältnis der Transformatoren beträgt 1 : 1. Man erreicht hierdurch, wenn außerdem das Gleis noch mit Schienenverbindern ausgerüstet ist, einen Schienenstrom, dessen Betrag etwa 95 % vom Fahrstrom beträgt und dessen Phase annähernd um 180 ° gegen letzteren nacheilt. Demzufolge sind auch die induktiven Einwirkungen auf benachbarte Fernmeldeleitungen gering. Sie betragen etwa $^1/_{10}$—$^1/_{15}$ der Einwirkungen, die unter sonst gleichen Verhältnissen von einer Bahnanlage ohne Gleistransformatoren ausgeübt werden.

Noch günstigere Verhältnisse erhält man, wenn man eine besondere Leitung verwendet, die durch Transformatoren mit dem Fahrdraht gekoppelt ist und außerdem mit den Schienen in Verbindung steht (Bild 382).

Da hierbei nicht allein die Schienenleitung mit ihrer großen Dämpfung benutzt wird, können die Transformatoren in größeren Abständen eingebaut werden. Ist die besondere Leitung in größter Nähe des Fahrdrahtes geführt, so wird der in dieser Leitung fließende Strom das Feld des Fahrdrahtstromes so erheblich schwächen, daß es auf parallel verlaufende Fernmeldeleitungen nur noch geringe Einwirkungen ausübt. In Schweden, wo diese Anordnung zur Ausführung gekommen ist, sind die Einwirkungen auf die dem Bahnkörper parallel verlaufenden Fernmeldeleitungen so gering, daß der Telegraphenbetrieb in Einzelleitungen durchgeführt werden kann.

Sind die Fernmeldeleitungen, die längs des Bahnkörpers verlaufen, verkabelt, so kann man auch den Kabelmantel als Saugleitung benutzen. Man koppelt Fahrdraht und Kabelmantel mittels Transformatoren und macht durch passende Wahl des Übersetzungs-

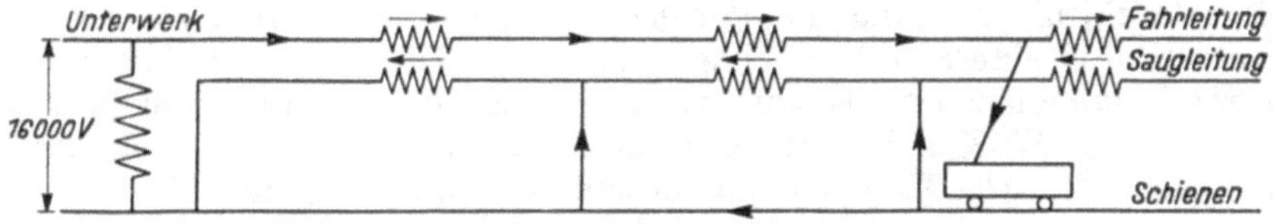

Bild 382. Anordnung von Saugtransformatoren mit besonderer Saugleitung.

verhältnisses den Mantelstrom gerade so stark, daß die vom Mantelstrom in der Kabelader induzierte EMK die vom Fahrstrom induzierte kompensiert.

Als eine weitere Schutzschaltung kann die Speisung einer Fahrdrahtstrecke von zwei Seiten angesehen werden. Im allgemeinen speist man den Fahrdraht von den Unterwerken, die in etwa 60 km Abstand voneinander stehen, bis zur Mitte der Strecke, wo eine Trennung des Fahrdrahtes stattfindet. Schaltet man den Fahrdraht durch, so daß das auf der Strecke befindliche Fahrzeug von beiden Unterwerken Strom erhält, so sind die induzierenden Akm Null, wenn die beiden Unterwerke absolut gleiche Spannung haben. Es gelten die Beziehungen (Bild 383).

1) $V_1 = J_1\, r\, l_1 + (J_1 + J_2)\, R$

2) $V_2 = J_2\, r\, l_2 + (J_1 + J_2)\, R$

$$V_1 - V_2 = r\,(J_1\, l_1 - J_2\, l_2)$$

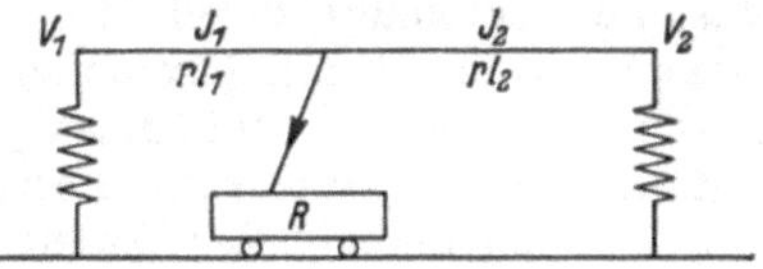

Bild 383. Stromverteilung bei Speisung der Strecke aus 2 Unterwerken.

Ist $V_1 - V_2 = 0$, so ist $J_1\, l_1 = J_2\, l_2$, d. h. unabhängig vom Standort des Fahrzeuges sind die induzierenden Akm beider Seiten gleich. Sofern also die beeinflußte Leitung dem ganzen Speiseabschnitt in gleichem Abstande parallel verläuft, ist die induzierte Spannung praktisch Null. Leider ist die Schutzmaßnahme unwirksam im Kurzschlußmoment. Da die Höchststromschalter der Unterwerke nicht in absolut gleichem Zeitmoment abschalten, findet während einer kurzen Zeit eine einseitige Speisung über eine unter Umständen lange Strecke statt, wobei besonders hohe Induktionspannungen auftreten.

Schutzschaltungen an den Fernmeldeleitungen sind in großem Umfange bekannt. Sie beruhen z. T. auf der Kompensierung der induzierten EMK (Scott-Schaltung u. a.), z. T. darauf, daß dem induzierten Strom ein günstigerer Weg geboten wird als der über den Betriebsapparat (Brückenschaltungen) und z. T. auf Einrichtungen, die das Entstehen eines induzierten Stromes überhaupt verhindern, wie z. B. durch Einschalten eines sehr hohen induktiven Widerstandes in die Leitung oder durch Sperrung des Fremdstromes mittels Kathoden rohrschaltungen u. a. Alle diese Schutzschaltungen bewähren sich in der Praxis nicht. Sind die Fernmeldeleitungen verkabelt, so übt der Kabelmantel eine Schutzwirkung aus, die bei richtiger Ausbildung des Mantels erheblich ist. Genau wie in den Schienen, wird auch in dem Mantel eine EMK induziert, die die vom Fahrdrahtstrom induzierte kompensiert. Die Kompensations- und Schutzwirkung des Mantels ist um so größer, je höher die Eigeninduktivität und je kleiner der Widerstand des Mantels sind. Durch Spezialkabelmäntel, bei denen diese Forderung weitgehend erfüllt wird, können die in den Adern induzierten Spannungen erheblich kompensiert werden.

Während nun von der Grundwelle des Bahnstromes eine Gefährdungspannung in den Fernmeldeleitungen induziert wird, rufen die von den oberen Harmonischen der Bahnstromkurve induzierten Spannungen Störspannungen hervor, die in den Fernsprechkreisen Geräusche verursachen. Da die Induktionswirkungen linear mit der Frequenz zunehmen, ferner auá das menschliche Ohr stark frequenzabhängig ist in dem Sinne, daß mit wachsender Frequenz bis zu einer gewissen Grenze die Hörempfindlichkeit zunimmt, so können Oberwellen bereits bei kleinem Betrage erhebliche Störungen auslösen. Die Störspannungen entstehen entweder durch die von den Oberwellen induzierte Querspannung oder durch Verschiedenheit der Spannungsabfälle auf den Leitungszweigen, wobei die Spannungsabfälle durch die in jedem Leitungszweig induzierten Längsspannungen hervorgerufen werden. Die Verschiedenheit der Spannungsabfälle bezeichnet man mit Unsymmetrie der Doppelleitung, so daß die Störspannung außer von der Querspannung von dem Produkt aus Längsspannung und Unsymmetrie abhängig ist.

Die Oberwellen, die in der Fahrstromkurve enthalten sind, rühren teils vom Generator, teils von den Transformatoren und teils von den Lokomotiven her. Bei den umlaufenden Maschinen entstehen die Oberwellen entweder durch die Einwirkung von Wicklungsnuten auf

Ständer und Läufer oder durch die Einwirkungen von stromwendenden Ankerspulen auf das Magnetfeld, oder durch periodische Widerstandsänderungen an den Kommutatoren bzw. Bürsten. Bei den Transformatoren ist es der Magnetisierungstrom des Eisens, der stark von der Sinusform abweicht und mit zunehmender Sättigung des Eisens immer mehr hervortritt. Zur Verminderung der Oberwellen kommt bei den Maschinen vor allem eine entsprechende Ausbildung der Nuten in Frage, Schrägung der Nuten, Verwendung halb oder ganz geschlossener Nuten oder Abschluß offener Nuten durch Eisenkeile.

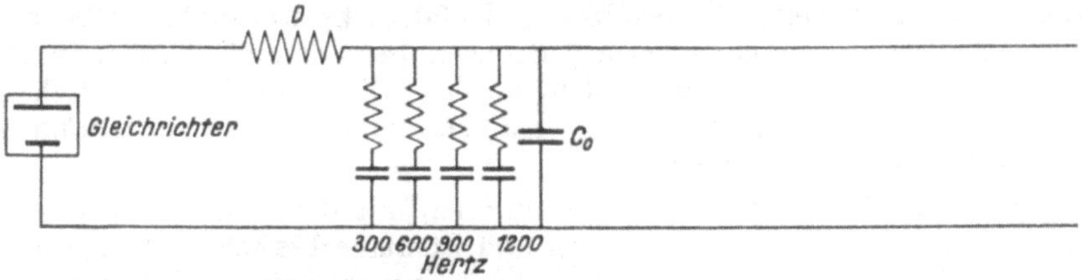

Bild 384. Anordnung von Schwingungskreisen bei Gleichrichterbetrieb.

Starke Oberwellen erhält man bei Bahnanlagen, die mit Quecksilberdampfgleichrichtern betrieben werden. Die Spannungskurve des Gleichrichters besteht aus einer Gleichspannung und einer mehrwelligen Wechselspannung. Die Grundfrequenz der Wechselspannung ergibt sich aus dem Produkt Phasenzahl des Gleichrichters mal Frequenz des Wechselstromes, an den der Gleichrichter angelegt ist. Bei einem Sechsphasengleichrichter, der an ein 50per. Drehstromnetz angeschlossen wird, beträgt die Grundfrequenz demnach 300 Hertz. Außer dieser Grundwelle sind in der Wechselspannung der Gleichrichterspannungskurven noch die 2., 3., 4. und 5. Harmonische mit verhältnismäßig hohen Amplituden vertreten.

Fernsprechleitungen, die in der Nähe dieser Bahnanlagen verlaufen, sind starken induktiven Einwirkungen von diesen überlagerten Wechselströmen ausgesetzt. Diese Einwirkungen sind besonders störend, weil die induzierten Wechselströme innerhalb des Frequenzbandes der Sprache liegen und weil sie wegen der großen Ströme, mit denen Gleichrichterbahnen betrieben werden, bedeutend höhere Werte annehmen können als die bei Einphasen-Wechselstrombahnen auftretenden Oberschwingungen.

Zur Verhütung von Fernsprechstörungen ist die Glättung der Spannungskurve notwendig. Zu diesem Zwecke werden Schwingungskreise, die auf die einzelnen Harmonischen abgestimmt sind, parallel zum Netz geschaltet (Bild 384). Da der innere Widerstand des Gleichrichters sehr klein ist, wird ferner vor die Schwingungskreise zwischen

Gleichrichter und Netz eine Drosselspule D geschaltet, in der ein Spannungsabfall für die Oberwellen entsteht.

Zweckdienlich legt man noch einen großen Kondensator C_0 parallel zum Netz zur Unterdrückung schwingungsfähiger Kreise, die durch die Netzkapazität in Verbindung mit den Induktivitäten des Gleichrichter-Haupttransformators entstehen können.

Die an den Fernsprechkreisen vorzunehmenden Maßnahmen erstrecken sich auf die Durchbildung der Symmetrie der Fernsprechkreise. Da die Verbindungsämter der Fernsprechkreise jedoch die Erde als Stromweg für bestimmte Hilfstromkreise nicht entbehren können, sind der Symmetrierung Grenzen gesteckt. Sie kann daher nicht so weit durchgeführt werden, um auf alle Fälle Störungsfreiheit gegen parallel führende Bahnen mit besonders stark ausgeprägten Oberwellen zu gewährleisten.

Es sind Meßgeräte geschaffen worden, mit denen die Fernsprechstörwirkungen von Stromerzeugern und Stromverbrauchern festgestellt werden können. Hierzu gehören das amerikanische Interference-Factor-Meter und der Störfaktormesser von S. & H. Mit letzterem wird die Bestimmung der Störwirkung in folgender Weise vorgenommen: Die zu untersuchende Starkstromleitung, z. B. der Fahrdraht einer Bahn, wird mit dem Meßgerät kapazitiv oder induktiv gekoppelt, so daß die Wirkungsweise der Oberwellen des Stromkreises entsprechend ihrer Frequenz vervielfätigt wird. In einem Fernhörer des Meßgerätes erzeugen die Oberwellen ein Störgeräusch, dessen Stärke durch Vergleich mit einem regelbaren Normalton (800 Hertz) geeicht wird. Regelt man den Normalton so, daß er gleichen Lautstärkeneindruck wie das Geräusch im Ohr hervorruft, so ist die EMK des Normaltones, die gemessen werden kann, äquivalent der Stör- oder Geräusch-EMK. Als Störfaktor definiert man das Verhältnis der äquivalenten Normaltonspannung zur Eingangspannung am Meßapparat. Dieser Faktor stellt ein neues Kriterium für die Kurvenform des untersuchten Stromes dar.

6. Schutz der Kabel gegen Korrosion.

Obwohl das Blei als Werkstoff im allgemeinen eine außerordentliche Widerstandsfestigkeit gegenüber chemischen Einflüssen besitzt, wie die zwei Jahrtausende alten Wasserleitungsrohre von Blei aus der Römerzeit beweisen, ist doch der Bleimantel von Kabeln gewissen Korrosionserscheinungen ausgesetzt, deren Kenntnis sowohl für den Kabeltechniker als auch für den Eisenbahntechniker, für den ja die Kabel, Starkstromkabel wie Schwachstromkabel, eine wichtige Rolle spielen, von Bedeutung ist.

Die Kabeltechnik unterscheidet 3 Arten von Korrosion: Elektrolytische. Korrosion, chemische Korrosion und interkristalline Brüchigkeit. Infolge der Wichtigkeit der Aufgabe, die wertvollen Kabelanlagen durch geeignete Mittel vor der Zerstörung durch Korrosion zu schützen, haben sich neuerdings auch die im Comité consultatif international (CCJ) zusammengeschlossenen Telegraphen- und Fernsprechverwaltungen der europäischen Kulturstaaten eingehend mit diesen Fragen beschäftigt. Das CCJ hat in seiner Vollversammlung in Como im Herbst 1927 eine Reihe von Entschlüssen betreffend den Schutz der Kabel gegen Korrosion gefaßt und im Mai 1928 „vorläufige Richtlinien des CCJ über den Schutz der Kabel gegen Korrosion" herausgegeben, welche die wichtigsten Punkte, die von seiten der Eisenbahntechniker wie von seiten der Kabeltechniker zu beobachten sind, behandeln.

Eine Gefährdung des Bleimantels durch elektrolytische Korrosion besteht bei Gleichstrombahnen, seien es städtische Straßenbahnen oder mit Gleichstrom betriebene Überlandbahnen. Gemäß den erwähnten Richtlinien kann man annehmen, daß keine Korrosionsgefahr zu befürchten ist, wenn die Kabelanlage durchweg mehr als 200 m von den Schienen der elektrischen Bahnen entfernt ist. Der elektrolytischen Korrosion sind in erster Linie blanke Kabel ausgesetzt, wie sie als Röhrenkabel innerhalb der Städte oder in Betonröhren-Kanälen auf der Landstraße verlegt sind. Bei der elektrolytischen Korrosion wird der Bleimantel durch die Irrströme, die zwischen Kabelmantel und den Schienen der elektrischen Bahnanlagen fließen, zerstört, sobald der Bleimantel ein höheres Potential besitzt als die Schienen, und zwar tritt die Zerstörung des Bleimantels an den Stellen ein, wo der Irrstrom aus dem Bleimantel austritt. Es muß daher die wichtigste Aufgabe sein, das Auftreten von Irrströmen möglichst einzuschränken. wenn man die Korrosionserscheinungen an Kabeln wirksam bekämpfen will. Daher stellen die erwähnten vorläufigen Richtlinien des CCJ auch die Schutzmaßnahmen, die an der elektrischen Bahnanlage zu treffen sind, an erster Stelle. Um das Auftreten von Irrströmen möglichst zu beschränken, sind seitens der Bahntechniker folgende 3 Forderungen zu beachten:

1. Der Übergangswiderstand zwischen den Schienen und dem Erdboden muß durch geeignete Unterlagen möglichst vergrößert werden.

2. Die Leitfähigkeit der Schienen ist, besonders durch bestimmte Maßnahmen an den Schienenstößen (Schienenverbinder), möglichst zu erhöhen.

3. Die Potentialdifferenz zwischen den Schienen und dem Erdboden ist möglichst herabzusetzen.

Da an der Bekämpfung der Korrosionschäden sowohl die Starkstromtechnik als die Schwachstromtechnik interessiert ist, wird ein enges Zusammenarbeiten der beiderseitigen Verwaltungen (Eisenbahnverwaltung, Straßenbahnverwaltung, Post- und Telegraphenverwaltung usw.) dringend empfohlen.

Die Leitfähigkeit der Schienen und die Potentialdifferenz zwischen den Schienen und den Kabeln soll im Mittel gewisse Grenzwerte nicht unter- bzw. überschreiten. Diese Verhältnisse sollen durch regelmäßige Messungen dauernd kontrolliert werden.

Von seiten der Kabeltechnik ist zur Vermeidung von elektrolytischer Korrosion hauptsächlich folgendes zu beachten. Es empfiehlt sich, die Kabelanlage so weit wie möglich von den Schienen der Gleichstrombahnen entfernt zu führen. Ganz allgemein muß angestrebt werden, das Auftreten von Irrströmen im Kabelmantel möglichst zu verhindern oder wenigstens so weit wie erreichbar herabzusetzen. Gewisse Bodenarten begünstigen das Auftreten der elektrolytischen Korrosion besonders. Als besonders schädlich ist das Auftreten von Chloriden oder Nitraten im Erdboden zu erwähnen. Das beste Mittel, die Kabel gegen elektrolytische Korrosion zu schützen, ist der Schutz des Bleimantels durch Umhüllung mit geeigneten Substanzen. Dieser Schutz besteht praktisch darin, daß man auf dem Bleimantel mit bituminösen Substanzen getränkte Faserstoffe (Jute) aufbringt, die je nach den Bedürfnissen und der Bodenbeschaffenheit besonders gewählt werden. Um diesen Compoundschutz über dem Bleimantel und das Kabel selbst vor mechanischer Verletzung zu schützen, wird das Kabel mit einer Eisenbewehrung versehen, die ihrerseits wieder eine Hülle aus mit Compoundmasse getränktem Faserstoff trägt. Ein derartiger den besonderen Verhältnissen angepaßter Compoundschutz wird in den allermeisten Fällen ausreichende Sicherheit gegen die elektrolytische Korrosion gewähren. In besonders schwierigen Fällen kann man auch Kabel mit doppeltem Bleimantel verwenden oder auf kürzeren Strecken das Kabel mit Holzröhren umkleiden, die ihrerseits mit einer schützenden Compoundmasse gefüllt werden.

Stellenweise sind zur Abwehr der elektrolytischen Korrosion mit Erfolg mit dem Bleimantel verbundene, in die Erde eingegrabene Zinkplatten verwendet worden. Ihre Wirkung beruht darauf, daß die Zinkionen leichter in Lösung gehen als die Bleiionen, so daß an Stelle des Bleimantels die Zinkplatten zerstört werden, die nach einer gewissen Zeit leicht ausgewechselt werden können. Die Anwendung solcher Zinkplatten hat natürlich nur an solchen Stellen Sinn, wo das Potential des Bleimantels mit Sicherheit positiv ist, d. h., wo der Irrstrom aus dem Bleimantel austritt.

Unter Umständen ist es auch möglich durch besondere Leitungen, die den Bleimantel mit der Stromrückleitung der elektrischen Bahn verbinden, dafür zu sorgen, daß das Potential des Bleimantels, wenn es sonst positiv gegenüber Erde wäre, negativ wird (elektrische Dränage). Dieses Verfahren hat aber, abgesehen von der Umständlichkeit und Kostspieligkeit, auch noch andere Nachteile, beispielsweise die Gefährdung des Kabels durch starke Ströme im Kurzschlußfall, so daß dieses Mittel nur in Sonderfällen Verwendung finden wird.

Die zweite Gefahr, die dem Bleimantel der Kabel droht, ist die Zerstörung durch chemische Korrosion. Auch dieser Gefahr können die Kabel von Eisenbahnanlagen ausgesetzt sein. Es handelt sich hier um chemische Gefährdung durch bestimmte Stoffe, insbesondere Zement, kalkhaltigen Mörtel, alkalische Bestandteile oder Bodenarten, die organische Säuren enthalten. Beispielsweise kann der Bleimantel durch organische Säuren enthaltendes Sumpfwasser angegriffen werden. Es wird nicht immer möglich sein, die Verlegung von Kabeln in Sumpfstrecken zu vermeiden, wenn beispielsweise der Bahndamm durch große Sumpfgebiete geführt wird, und man die Kabel aus bestimmten Gründen nicht auf den Bahndamm selbst verlegen will. Auch Schlackenhalden können durch die immer in ihnen anwesenden alkalischen Bestandteile zersetzend auf den Bleimantel einwirken, wenn das Kabel unter den Schlackenhalden verlegt ist. Als bestes Mittel gegen die chemische Korrosion ist auch wieder der Schutz des Bleimantels durch gute Compoundmassen zu nennen, die gegebenenfalls auf Grund von Bodenuntersuchungen, welche die besondere Angriffsfähigkeit der im Boden enthaltenen Stoffe gegenüber dem Bleimantel berücksichtigt, eigens zusammengestellt werden müssen. Unter Umständen kann man auch hier Kabel mit doppeltem Bleimantel oder auf kürzeren Strecken Holzkanäle zum Schutze der Kabel verwenden, die mit einem entsprechenden Schutzmittel ausgegossen werden.

Zum Schluß sei noch die Gefährdung des Bleimantels durch interkristalline Brüchigkeit erwähnt. Diese Gefahr besteht dann, wenn das Kabel regelmäßig und andauernd mechanischen Erschütterungen oder Schwingungen ausgesetzt ist. Unter diesen Verhältnissen kann es vorkommen, daß der Bleimantel brüchig und undicht wird, und zwar zeichnen sich im allgemeinen diese Bleimantelfehler durch scharf abgegrenzte Quer- und Längsrisse aus. Eine solche Gefährdung liegt gerade im Eisenbahnbetrieb häufig vor, besonders ausgeprägt bei Kabeln, die über Brücken geführt werden, wenn sie nicht unabhängig vom Brückenkörper so verlegt sind, daß sie die Schwingungen nicht mitmachen können. Auch bei Kabeln, die auf dem Bahndamm längs der Schienen verlegt sind, können durch die mechanischen Erschütterungen die Erscheinungen der interkristallinen Brüchigkeit auftreten. Als Schutzmittel hiergegen kommen diejenigen Mittel in Betracht, die die mechanische Widerstandsfähigkeit des Bleimantels erhöhen. Es empfiehlt sich daher in solchen Fällen die Bleimäntel der Kabel nicht aus reinem Blei herzustellen, sondern das Blei zu legieren, z. B. mit bis zu 3 % Zinn. Diese Legierung gibt dem Bleimantel eine höhere mechanische Widerstandsfähigkeit und setzt die Gefahr der interkristallinen Brüchigkeit erheblich herab.

In Anbetracht der Gefährdung der Kabel durch die verschiedenen Arten von Korrosion ist in jedem Falle, besonders aber bei Kabeln längs elektrischer Gleichstrombahnen, eine Reihe wichtiger Einzelheiten zu beachten, wenn die Kabelanlagen möglichst widerstandsfähig sein und eine möglichst lange Lebensdauer haben sollen. Es empfiehlt sich daher mit Rücksicht hierauf, die geringen Mehrkosten, die gegebenenfalls durch die Verwendung von zinnlegierten Bleimänteln oder besonders guten Compoundmassen zum Schutz gegen die Korrosionsgefahr entstehen, nicht zu scheuen, besonders auch im Hinblick darauf, daß diese zusätzlichen Mehrkosten sehr klein im Verhältnis zu den Gesamtanlagekosten sind. In zweifelhaften Fällen ist die chemische Untersuchung der in Frage kommenden Bodenarten dringend anzuraten, damit bei der Festlegung der anzuwendenden Compoundmasse die Eigenart der Bodenbeschaffenheit hinreichend berücksichtigt werden kann.

VIII. Industriebahnen

A. Allgemeines.

Unter Industriebahnen versteht man im Gegensatz zu Straßen-, Vorort- und Vollbahnen solche Bahnanlagen, die nicht dem öffentlichen Verkehr dienen, sondern die eine Fabrik, ein Hüttenwerk, eine Grube oder sonst ein industrielles Unternehmen für eigenen Bedarf anlegt. Die Anforderungen, die an solche Bahnen gestellt werden und deren Betriebsbedingungen sind so mannigfaltig, daß sich bei den Lokomotiven für diese Bahnen eine große Reihe von Sonderkonstruktionen herausgebildet hat, die weiter unten näher beschrieben werden sollen. Es tritt hierbei wiederum die Überlegenheit des elektrischen Antriebes in der Anpassungsfähigkeit an die Betriebsbedürfnisse und in der Wirtschaftlichkeit vor allen anderen Betriebsarten augenfällig zu Tage. Wenn es trotzdem heute noch Industriebahnen gibt, die durch Zugtiere, Dampf- oder Benzol-Lokomotiven betrieben werden, obwohl elektrische Energie zur Verfügung steht oder leicht zu beschaffen wäre, so geschieht dies meist deshalb, weil sich die Besitzer der Werke davor scheuen, die für die Elektrisierung der Bahn notwendigen

Kapitalien aufzuwenden und befürchten, daß durch die hohen Anschaffungskosten der Betrieb der Bahn unwirtschaftlich werden könnte. Diese Ansicht stellt sich aber bei näherer Prüfung fast stets als unrichtig heraus, denn man darf bei einem Vergleich der Kosten für die verschiedenen Arten von Betriebsmitteln nicht einfach die Anschaffungskosten zugrunde legen, sondern muß sich stets die Betriebskosten genauer ansehen. Die Anschaffungskosten für eine elektrische Bahn werden immer höher sein als bei einer Dampf- oder Benzolbahn. Wenn man jedoch die Betriebskosten vergleicht, so wird sich herausstellen, daß beim elektrischen Betrieb schon nach kurzer Zeit erhebliche Ersparnisse erzielt werden, ganz abgesehen von den sonstigen Annehmlichkeiten des elektrischen Betriebes.

Die Vorteile des elektrischen Betriebes liegen neben den geringen Betriebskosten vornehmlich in der Sauberkeit des Betriebes, der steten Betriebsbereitschaft, der Ersparnis an Bedienungspersonal, der Feuersicherheit und der Einfachheit der Handhabung.

Es mag an dieser Stelle gleich auf einen Punkt aufmerksam gemacht werden, der gewöhnlich nicht berücksichtigt wird, nämlich die Überlastungsfähigkeit des Elektromotors. Diese Eigenschaft gestattet es, die Größe der elektrischen Lokomotive nach der mittleren Leistung des Betriebes zu bemessen, während die Größe der Dampf- und Benzollokomotive für die auftretende Höchstleistung zu berechnen ist. Zum Beispiel ist es zum Ersatz einer 100pferdigen Dampf- oder Benzollokomotive nicht nötig, auch eine 100pferdige elektrische Lokomotive anzuschaffen, sondern es genügt aus obigen Gründen eine Lokomotive für die mittlere Beanspruchung, die meistens erheblich kleiner sein wird.

Wegen der Berechnung von elektrischen Bahnen wird auf Abschnitt IV F verwiesen, nachstehend soll die Berechnung einer einfachen normalen Anlage herausgegriffen werden, die Angabe der ausführlichen Berechnungen für alle vorkommenden Bahnanlagen würde zu weit führen.

Bei der Bestimmung der Lokomotivleistung gilt auch hier als allgemeine Regel, daß eine gleichmäßige Förderung mit mehreren kleinen Zügen vorteilhafter ist, als eine stoßweise Förderung mit einem oder wenigen aber dafür sehr langen Zügen. Die elektrischen Lokomotiven und die Stromerzeugungsanlage werden im ersteren Falle kleiner und besser ausgenutzt als im letzteren.

Zunächst ist festzulegen, mit welcher Geschwindigkeit die Züge gefahren werden sollen und wieviel Zeit für den Aufenthalt an den Endpunkten zum Beladen und Entladen der Wagen erforderlich ist, um hieraus die Anzahl der in einem Zuge zu befördernden Wagen zu bestimmen. Ein Beispiel dürfte den Gang der Rechnung am besten klarmachen:

Eine Fabrik, die 1500 m von dem nächsten Bahnhof entfernt liegt, hat auf ihrem normalspurigen Anschlußgleis täglich 80 Wagen zur Bahn und wieder zurück zu befördern. Die durchschnittliche Fahrgeschwindigkeit soll 11—12 km/h, d. h. also etwa 3,2 m/s betragen und an den beiden Endpunkten sind zum Beladen und Entladen der Wagen je 20 Minuten erforderlich, dann beträgt die Fahrzeit für eine einmalige Hin- und Rückfahrt:

$$\frac{2 \cdot 1500}{3{,}2} = 938 \text{ Sekunden} = \text{rd. } 16 \text{ Minuten,}$$

hierzu kommen die Aufenthalte an den Enden von $2 \cdot 20 = 40$ Minuten, so daß jede Hin- und Rückfahrt

$$40 + 16 = 56 \text{ Minuten} = \text{rd. } 1 \text{ Stunde}$$

erfordert. In achtstündiger Arbeitszeit können somit 8 Doppelfahrten gemacht und es müssen mit jeder Fahrt $\frac{80}{8} = 10$ Wagen mitgenommen werden.

Für die Bestimmung des notwendigen Adhäsionsgewichtes gilt nachstehende Formel:

$$L = \frac{Q \cdot (w + s)}{1000 \cdot \mu - (w + s)}$$

worin bedeutet:

L = Gewicht der Lokomotive in t,
Q = Anhängelast in t,
w = Bewegungswiderstand in kg für die t Zuggewicht,
s = Steigung in ‰,
μ = Reibungskoeffizient zwischen Rad und Schiene.

Die beiden Werte μ und w sind veränderlich und richten sich nach dem Zustand der Gleise und der Betriebsmittel. Als Anhalt können folgende Zahlen dienen, die sich aus dem praktischen Betrieb ergeben haben:

Der Reibungskoeffizient μ beträgt im allgemeinen $^1/_5$ bis $^1/_7$, jedoch kann er bei schlüpfrigen und glatten Schienen bis auf $^1/_{10}$ und noch weiter heruntergehen und bei trockenen Schienen bis auf $^1/_4$ ansteigen.

Der Bewegungswiderstand w ist vornehmlich von dem Zustand der Anhängewagen und der Gleisanlage abhängig. Im allgemeinen kann man, einigermaßen gute Verhältnisse vorausgesetzt, mit folgenden Werten rechnen:

5— 7 kg/t bei Normalspur,
10—12 kg/t bei 900—1000 mm Spur,
13—20 kg/t bei kleinerer Spur.

Nimmt man im vorliegenden Beispiel an $\mu = 1/6$ und w = 6, das Eigengewicht eines Wagens = 7 t und seine Nutzlast = 15 t und befindet sich auf der Strecke von der Fabrik zum Bahnhof eine 700 m lange Steigung von 5 ‰, während die übrige Strecke wagerecht ist, so muß das Lokomotivgewicht betragen:

$$L = \frac{10 \,.\, (15 + 7) \,.\, (6 + 5)}{(1000 : 6) - (6 + 5)} = \text{rd. } 16 \text{ t.}$$

Für die Leistung gilt folgende Formel:

$$N = \frac{Z \,.\, v}{75 \,.\, \eta}$$

Hierin bedeutet:
N = Leistung der Lokomotive in PS,
Z = Zugkraft in kg,
v = Geschwindigkeit in m/s,
η = mechanischer Wirkungsgrad des Zahnradvorgeleges
= 0,9 bis 0,95.

Die mittlere Zugkraft der Lokomotive errechnet sich aus

$$Z_m = G \,.\, (w + s_m)$$

Hierin bedeutet:
Z_m = mittlere Zugkraft der Lokomotive in kg,
G = Zuggewicht in t (also Anhängelast plus Lokomotivgewicht),
s_m = mittlere Steigung.

In dem angeführten Beispiel beträgt das Zuggewicht

$$220 + 16 = 236 \text{ t}$$

und die mittlere Steigung

$$\frac{5 \,.\, 700}{1500} = 2{,}35 \text{ ‰},$$

da die Steigung von 5 ‰ nur auf 700 m Länge vorhanden ist.

Die mittlere Zugkraft ist mithin

$$Z_m = 236 \,.\, (6 + 2{,}35) = 1970 \text{ kg}$$

und die Leistung der Lokomotive ergibt sich zu

$$N = \frac{1970 \,.\, 3{,}2}{75 \,.\, 0{,}9} = \text{rd. } 93 \text{ PS.}$$

Industriebahnen erhalten entweder eine Fahrleitungsanlage, deren Bau im wesentlichen mit derjenigen der Straßenbahnen übereinstimmt, oder sie werden durch Akkumulatoren betrieben. Für besondere Fälle, in denen die Oberleitung nicht in normaler Weise angebracht werden kann, gibt es Sonderausführungen, die bei den einzelnen Arten von Industriebahnen später besprochen werden. Zur Stromabnahme vom Fahrdraht dient fast stets ein Bügelstromabnehmer und nur in besonderen Fällen ein Rollen- oder Walzenstromabnehmer.

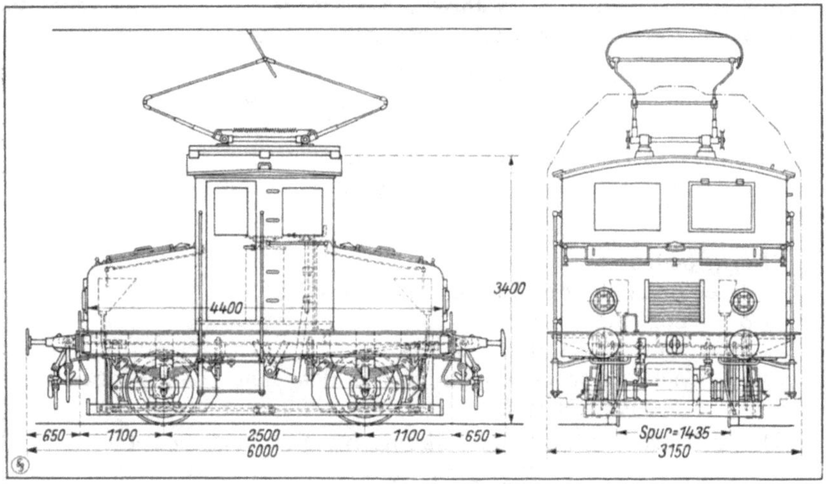

Bild 385. Normalspurlokomotive.

Die übliche Ausführung der zweiachsigen Lokomotive zeigt Bild 385. Jede Achse ist durch einen Motor von rd. 50 PS angetrieben, der sein Drehmoment durch ein einfaches Stirnradvorgelege auf die Laufachse überträgt. Eine Ausführung etwa derart, daß nur eine Achse durch einen 100pferdigen Motor angetrieben und die andere Achse zwecks vollständiger Ausnutzung des Adhäsionsgewichtes mit der ersten durch Kuppelstangen verbunden wird, vermeidet man bei Industriebahnen nach Möglichkeit; denn Kuppelstangen beanspruchen erhöhte Wartung, wenn sie nicht durch Heißlaufen Betriebstörungen verursachen sollen. Bei Industriebahnen aber müssen alle Teile so durchgebildet sein, daß für ihre Instandhaltung nur eine geringe Wartung erforderlich ist, weil in derartigen Anlagen meist ungeschultes Personal mit der Handhabung der Maschinen betraut wird. Man verwendet hier daher grundsätzlich den Einzelachs-Antrieb und weicht hiervon nur in Ausnahmefällen ab, wenn sich Kuppelstangen nicht umgehen lassen.

Der mechanische Aufbau der Lokomotive ist kurz folgender: Auf den beiden Radsätzen ruht durch Blattfedern gut abgefedert das Rahmengestell. Auf dieses baut sich das völlig geschlossene durch Türen zugängliche Führerhaus auf mit den vorn und hinten anschließenden schrägen Kästen, in denen die Anfahrwiderstände, Sandstreukästen und, falls vorhanden, auch der Motorkompressor und die Luftbehälter für die Luftdruckbremse untergebracht sind. Die im Lokomotivrahmen aufgehängten Motoren sind durch Öffnen der in

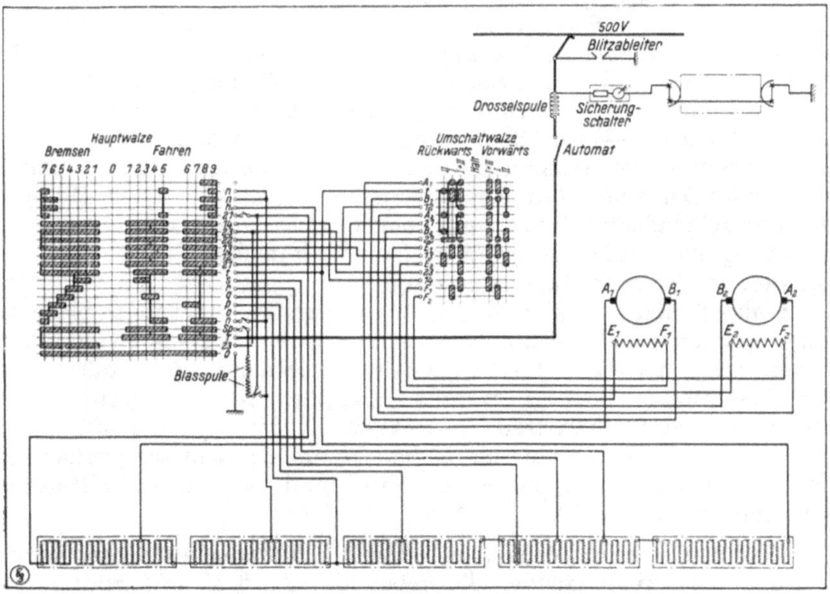

Bild 386. Schaltbild.

den abgeschrägten Kästen angeordneten Klappen zugänglich. Bei Akkumulatorenlokomotiven werden die Räume vor und hinter dem Führerhaus zum Einbau der Akkumulatorenbatterie benutzt, die dort sonst untergebrachten Widerstände und Ausrüstungsteile für die Luftdruckbremse müssen dann unterhalb des Lokomotivrahmens untergebracht werden.

Die elektrische Ausrüstung der Oberleitungslokomotive besteht aus dem Stromabnehmer, der Blitzschutzvorrichtung, dem selbsttätigen Höchststromausschalter, zugleich Handausschalter, dem Fahrschalter nebst Anfahr- und Bremswiderständen und den Fahrmotoren. Hierzu kommen noch die Strecken- und Führerhauslampen und einige Meßinstrumente. Die Schaltung der einzelnen elektrischen Ausrüstungsteile mag an Hand des Schaltbildes (Bild 386) verfolgt werden:

Von dem Stromabnehmer fließt der Strom zunächst durch die Drosselspule des Blitzableiters, die etwa auftretende Überspannungen von dem Fahrzeug fernhält, zum selbsttätigen Höchststromausschalter. Dieser Schalter schaltet den Strom bei Überschreitung einer gewissen einstellbaren Höchstgrenze selbsttätig ab. Er ist so gebaut, daß er auch als Handausschalter benutzt werden kann und besitzt Freiauslösung, d. h. er kann, solange wie die Überlastung anhält, nicht wieder eingeschaltet werden. Sodann geht der Strom durch den Fahrschalter und über die Widerstände und Motoren wieder zur Erde. Der Fahrschalter hat 5 Stellungen für Hintereinanderschaltung, 4 Stellungen für Parallelschaltung der Motoren und 7 Stellungen für elektrische Bremsung. Die Stellungen 1—4 und 6—8 sind Widerstandstellungen, dürfen also nur kurzseitig eingeschaltet bleiben, während die Stellungen 5 und 9 Fahrstellungen sind. Auf der Stellung 5 liegen die beiden Motoren in Hintereinanderschaltung, bekommen also jeder nur die halbe Spannung und laufen demnach auch nur mit halber Umdrehungszahl. Die Lokomotive fährt daher auf dieser Stellung mit halber Geschwindigkeit; auf Stellung 9 sind die Motoren parallel geschaltet, erhalten volle Spannung und die Lokomotive fährt mit voller Geschwindigkeit. Mit der Umschaltwalze des Fahrschalters, die nur in der Nullstellung der Hauptwalze betätigt werden kann, werden die Motoren für Vorwärts- und Rückwärtslauf geschaltet. Außerdem kann mit dieser Walze auch der eine oder der andere Motor abgeschaltet werden, so daß die Lokomotive nur mit einem Motor fährt, falls einer der Motoren schadhaft werden sollte.

Auf den Bremsstellungen arbeiten die Motoren als Generatoren, geschaltet auf Widerstände. Sie geben also Kraft ab und wirken dadurch verzögernd auf die Geschwindigkeit der Lokomotive. In der letzten Bremsstellung 7 werden die Motoren in sich kurzgeschlossen, so daß hierbei eine sehr stark bremsende Wirkung erzielt wird. Bis auf diese Bremsstellung wird man also nur bei Schluß der Bremsperiode gehen, wenn die Lokomotive schon nahezu zum Stillstand gekommen ist, da sonst die Motoren übermäßig hoch beansprucht werden.

In den Stromkreis zwischen Stromabnehmer und Fahrschalter ist noch ein Stromzeiger und ein Spannungszeiger eingeschaltet, um die Belastung der Lokomotive und die Höhe der Fahrdrahtspannung jederzeit feststellen zu können. Unmittelbar hinter dem Stromabnehmer zweigt ein Stromkreis für die Beleuchtung der Lokomotive ab. Bei Fahrdrahtspannungen bis zu 250 V schaltet man alle Lampen parallel, bei höheren Spannungen soviel Lampen in Reihe, daß jede höchstens

250 V Spannung erhält. Man wird also z. B. bei 550 V Fahrdrahtspannung mindestens 3 Lampen in Reihe schalten.

Der Strom wird der Lokomotive bei Oberleitungsbetrieb durch einen über Gleismitte aufgehängten Fahrdraht zugeführt.

Bei der Berechnung des Leitungsquerschnittes ist zu beachten, daß der Spannungsabfall am Ende der Strecke und bei in Fahrt befindlicher Lokomotive nicht größer sein darf als 25 %. Der Spannungsabfall wird nach der Formel berechnet:

$$E = \frac{J \cdot l}{\lambda \cdot q}$$

Hierin ist:

E = Spannungsabfall,
J = Stromstärke in A,
l = Streckenlänge in m,
q = Querschnitt der stromführenden Leitung in mm^2,
λ = Leitfähigkeit (für Kupfer 50—57, für Stahl 5—6).

Der Spannungsabfall in den Schienenverbindern wird ebenso wie der der Fahrleitung ermittelt, d. h. als L wird die Summe der Verbinderlängen eines Schienenstranges und als q der doppelte Querschnitt eines Schienenverbinders eingesetzt, da jeder Schienenstrang mit Schienenverbindern ausgerüstet ist. Dieser Verlust ist aber im Verhältnis zu den Verlusten in der Fahrleitung und in den Gleisen so gering, daß er in den allermeisten Fällen ganz vernachlässigt werden kann.

Die normalen Kupferquerschnitte für Fahrleitungen und die gebräuchlichsten Profile für die Fahrschienen sind in den nachstehenden Tafeln zusammengestellt.

Fahrdrähte aus Kupfer.

Querschnitt in mm^2	Gewicht in kg für den lfd. m	Widerstand in Ohm je km Länge bei $\lambda = 57$
55	0,489	0,32
65	0,579	0,27
80	0,712	0,22
100	0,890	0,176

Fahrschienenprofile.

Gewicht für den lfd. m	Höhe der Schienen mm	Querschnitt mm^2 rd.	zulässiger Raddruck in kg bei 1000 mm rd.	bei 800 mm Schwellenentfernung rd.
12	80	1500	1800	2100
14	85	1750	2000	2250
16	93	2000	2650	3180
20	100	2500	3500	4000
33,4	134	4250	6500	7500
41	138	5200	7500	8500

Zum besseren Verständnis sei die zahlenmäßige Rechnung für das vorher erwähnte Beispiel weiter durchgeführt.

Die Formel für die Stromaufnahme J der Lokomotive heißt:

$$J = \frac{N \cdot 736}{V \cdot \eta}$$

Hierin bedeutet:

N = Lokomotivleistung in PS,
V = Klemmenspannung an den Lokomotiv-Motoren,
η = elektrischer Wirkungsgrad der Motoren.

Da die mittlere Leistung der Lokomotiven rd. 93 PS beträgt, so ergibt sich unter der Annahme, daß die Klemmenspannung 500 V und der elektrische Wirkungsgrad der Motoren 0,85 beträgt, eine Stromaufnahme der Lokomotive von

$$J = \frac{93 \cdot 736}{500 \cdot 0{,}85} = \text{rd. } 160 \text{ A.}$$

Die auf dem Anschlußgleis verlegte Fahrschiene möge ein Gewicht von 33,4 kg lfd. m haben, dann beträgt der Querschnitt der Schiene nach vorstehender Zahlentafel 4250 mm^2, also der Querschnitt der beiden zu einem Gleis gehörigen Fahrschienen zusammen 8500 mm^2. Der Spannungsabfall in dem 1500 m langen Gleis beträgt demnach

$$E_1 = \frac{160 \cdot 1500}{5 \cdot 8500} = 5{,}6 \text{ V.}$$

Der Spannungsabfall in den Schienenverbindern beträgt unter der Annahme, daß das Gleis aus Schienen von durchschnittlich 10 m Länge besteht und daß die Schienenverbinder selbst eine Länge von 800 mm haben und aus Kupferseil von 80 mm^2 Querschnitt bestehen:

$$E_2 = \frac{160 . 150 . 0{,}8}{50 . 2 . 80} = \text{rd. } 2{,}5 \text{ V.}$$

Da der Spannungsabfall insgesamt nicht mehr als 25 % betragen darf, bleibt als höchstzulässiger Spannungsabfall für die Fahrleitung noch übrig

$$E = [0{,}25 . 500] - [5{,}6 + 2{,}5] = 117 \text{ V.}$$

Der Querschnitt in der Fahrleitung muß also sein:

$$q = \frac{J . l}{\lambda . E} = \frac{160 . 1500}{50 . 117} = \text{rd. } 41 \text{ mm}^2.$$

Da der kleinste verwendbare Leitungsquerschnitt mit Rücksicht auf die Festigkeit des Fahrdrahtes nicht unter 55 mm^2 gewählt wird, so würde in dem vorliegenden Beispiel dieser Fahrdrahtquerschnitt zu nehmen sein.

Die Fahrleitung wird bei kleineren Anlagen, wo es auf Billigkeit ankommt, an imprägnierten Holzmasten aufgehängt, bei größeren Anlagen dagegen entweder an eisernen Masten oder Betonmasten. Wenn nur ein Gleis zu überspannen ist, so werden zur Aufhängung der Fahrleitung Ausleger verwandt, die an den Masten befestigt werden; wenn dagegen mehrere Gleise zu überspannen sind, wird der Fahrdraht an Querdrähten aufgehängt, die zwischen zwei gegenüberstehenden Masten gespannt werden. In Bergwerken wird der Fahrdraht mit Porzellandoppelglockenisolatoren unmittelbar am First der Strecke aufgehängt.

Die Leitungshöhe über Schienenoberkante muß bei Anlagen über Tage, die auf öffentlichen Wegen liegen, an der tiefsten Stelle mindestens 5 m betragen, auf eigenem Bahnkörper kann sie bis auf 3,8 m heruntergehen. Bei Anlagen unter Tage muß die Fahrleitung, falls die Spannungen 250 V nicht überschreiten, mindestens 1,8 m über Schienenoberkante, bei höheren Spannungen mindestens 2,3 m über Schienenoberkante liegen, oder der Draht muß durch Schutzverkleidungen gegen zufällige Berührung geschützt sein.

Für die Speisung der elektrischen Bahn wird es meistens erforderlich sein, einen Drehstrom-Gleichstrom-Umformer aufzustellen, da auf den Werken in der Regel nur Drehstrom zur Verfügung steht und sich diese Stromart für solche Bahnen nicht eignet. Auch der Einphasenstrom kommt in Industrieanlagen sehr selten vor, weil die Streckenentfernungen verhältnismäßig kurz und die zu übertragenden Energiemengen verhältnismäßig klein sind. Man kommt daher mit Spannungen aus, die noch bequem mit Gleichstrom bewältigt werden können und zieht diesen vor, weil der Gleichstrom für derartige Betriebe wegen der Einfachheit der Steuerapparate und der Motoren dem Wechselstrom überlegen ist.

Für die Umformung kommen die 4 verschiedenen Umformerarten in Frage, wie sie auf S. 232 ff. und in Band 1 S. 115 ff. beschrieben sind.

Für die Wahl der richtigen Umformerart und der Umformerspannung eines Bahnbetriebes sind die Betriebsverhältnisse ausschlaggebend und es wird daher für jeden einzelnen Fall eine diesbezügliche Untersuchung anzustellen sein.

Die Größe des Umformers richtet sich nach der Leistung und Anzahl der gleichzeitig im Betrieb befindlichen Lokomotiven. Bei ihrer Bestimmung ist bei wechselnden Anhängelasten oder beim Vorhandensein von Steigungen und Gefällen die Stellung der einzelnen Lokomotiven auf der Strecke zu berücksichtigen.

Für die Höhe der Spannung ist die Größe der zu übertragenden Energiemengen und die Länge der Strecke maßgebend. Der Spannungsabfall darf am Ende der Leitung den zulässigen Wert (20—25 %) nicht überschreiten. Um ihn in den richtigen Grenzen zu halten, kann man zwei Wege beschreiten, entweder vergrößert man die Leitungsquerschnitte, unter Umständen unter Verwendung von Speiseleitungen, oder man erhöht die Spannung. Beide Wege haben natürlich ihre praktischen Grenzen. Mit der Gleichstrom-Spannung ist man in Deutschland bis jetzt noch nicht über 2000 V gegangen.

Um die Wirtschaftlichkeit einer Bahnanlage zu beurteilen, ist es zunächst erforderlich, die Anlagekosten der Bahn zu bestimmen und bei einem Vergleich mit anderen Betriebsarten darauf zu achten, daß die Anlagekosten für den gleichen Umfang eingesetzt sind. Bei einem Vergleich mit Dampfbetrieb wird man also bei der Dampfbahnanlage nicht nur die Beschaffungskosten der Dampflokomotiven einzusetzen haben, sondern auch diejenigen der Kohlenlagerplätze, der Speisewasserbehälter mit Zuleitung, der Schlacken- und Aschenräume und dergleichen. Die Betriebskosten setzen sich aus folgenden Posten zusammen:

1. Verzinsung der Anlagekosten
2. Abschreibung der Anlage
3. Löhne
4. Unterhaltungskosten
5. Stromkosten.

Für die Berechnung der erforderlichen Ausgaben für Löhne ist zu beachten, daß für eine elektrische Lokomotive im Gegensatz zu Dampflokomotiven nur ein Bedienungsmann erforderlich ist und daß dieser Mann kein geprüfter Maschinist zu sein braucht.

Für die Unterhaltungskosten kann man schätzungsweise folgende Werte zugrunde legen:

für Lokomotiven 7—10 % der Anschaffungskosten,
für die Fahrleitunganlage etwa 2 % der Anschaffungskosten,
für die Umformeranlage etwa 3 % der Anschaffungskosten.

Zur Bestimmung der Stromkosten ist es notwendig, zunächst die durchfahrenen Gesamt-tkm festzustellen. Für jeden durchfahrenen Gesamt-tkm kann man unter normalen Verhältnissen mit einem Stromverbrauch bei Normalspur von 35—45 und bei Schmalspur von 45—60 Wattstunden, gemessen an den Gleichstrom-Sammelschienen des Umformers, rechnen. Unter Zugrundelegung des Preises für die kW-Stunde sind dann leicht die Stromkosten festzustellen.

Für ein gutes und störungsfreies Arbeiten jeder Bahn ist es unerläßlich, daß ihrer Wartung und Unterhaltung die nötige Aufmerksamkeit geschenkt wird, und jeder Schaden bereits im Anfangszustand erkannt und beseitigt wird, bevor er größeren Umfang angenommen hat. Es ist daher erforderlich, daß für die dem Verschleiß unterworfenen Teile Ersatz ständig auf Lager gehalten wird, da nicht damit zu rechnen ist, daß die Lieferwerke den etwa dringend benötigten Gegenstand jedesmal auf Lager haben und sofort absenden können. Diese Lagerhaltung muß vielmehr unbedingt von den Betrieben selbst übernommen werden, anderenfalls ist man gezwungen, die Fahrzeuge oder Stromerzeuger mit beschädigten oder abgenutzten Teilen weiter in Betrieb zu halten, wodurch Betriebstörungen hervorgerufen werden können; solche zu weit abgenutzten oder nicht mehr vollkommen unversehrten Teile ziehen auch häufig umfangreiche weitere Beschädigungen an der betreffenden Maschine nach sich.

B. Abraum- und Sandtransportbahnen.

Abraumbahnen nennt man im Braunkohlenbergbau Bahnanlagen, die dazu dienen, den über der Braunkohle lagernden Boden, die Decke, abzuräumen, um die Kohle freizulegen. Die Gewinnung der Braunkohle geschieht in Deutschland meistens im Tagebau, d. h. der Abraum wird durch Eimerbagger in Kippwagen oder Selbstentlader geschüttet (Bild 387), und durch elektrische Lokomotiven in der ersten Zeit auf eine Halde gefahren, später aber, wenn die Kohle z. T. abgebaut ist, wieder in dieses Loch zurückgekippt. Die elektrischen Lokomotiven, die meist für 900 mm Spurweite gebaut sind, müssen besonders niedrig

Bild 387. Abraumbahn und Eimerbagger.

ausgeführt werden, da sie unter der Schüttklappe des Baggers, die häufig bis auf 2,5 m über Schienenoberkante herunterragen, hindurch fahren müssen (Bild 388). Innerhalb des Durchfahrtsprofils des Baggers müssen auch die Maste für die Fahrleitungsanlage hindurchgehen, so daß der für die Lokomotive zur Verfügung stehende Raum sehr stark eingeengt wird. Eine elektrische Abraumlokomotive, wie sie auf zahlreichen Braunkohlenbergwerken in Betrieb ist, zeigt Bild 389. Die Stundenleistung dieser Lokomotiven beträgt 480 bis 640 PS bei 600 oder 1200 V Gleichstromspannung. Ihr Dienstgewicht schwankt je nach der Leistung

Bild 388. Abraumbahn für ein Braunkohlenbergwerk.

Bild 389. Abraumlokomotive.

zwischen 45—55 t. Die Lokomotiven sind dem Verwendungszweck entsprechend außergewöhnlich kräftig konstruiert. Die Seitenwände bestehen aus durchgehenden Blechen von 30—35 mm Stärke, die durch kräftige Eisenkonstruktion untereinander verbunden sind. Da das Gleis der Abraumbahnen mit dem Fortschreiten des Abbaues ständig umgelegt werden muß, so kann auf die Verlegung des Gleises keine besondere Sorgfalt verwendet werden, so daß die

Bild 390. Verschiebbare Fahrleitungsanlage.

Bild 391. Sandtransportbahn und Löffelbagger.

Lokomotiven auch auf diesem schlechtliegenden Gleis verkehren müssen. Sie sind deshalb mit zwei in Kugeldrehzapfen gelagerten Drehgestellen ausgerüstet, deren Radsätze von je einem Elektromotor angetrieben werden. Da die Fahrleitungsanlage, auf der Baggerstrecke ebenfalls mit dem Gleis verschoben werden muß, so ist sie unmittelbar mit einer besonderen Mastkonstruktion an den Schienen befestigt (Bild 390). Auf den festverlegten Strecken zwischen der Baggerstrecke und der Kippstrecke ist die Fahrleitung wie bei Straßenbahnen üblich, an Auslegermasten oder Querdrähten aufgehängt. Näheres über Abraumbahnen siehe Band 13.

Bei einer anderen Art von Sandtransportbahnen wird der Sand nicht durch Eimerbagger, sondern durch Löffelbagger gewonnen. Bei diesen Bahnen fällt zwar die Beschränkung des Umgrenzungsprofiles für die Lokomotiven fort, dafür tritt aber eine andere Schwierigkeit auf. Denn auf dem Teil der Strecke, wo der Löffelbagger arbeitet, muß die Fahrleitung so verlegt werden, daß ihre Berührung durch den Löffel beim Beladen des Zuges ausgeschlossen ist. Auch diese Schwierigkeit ist durch die nachstehend beschriebene Konstruktion einwandfrei überwunden worden.

Am Beginn der Baggerstrecke wird die sonst auf der übrigen Strecke über Mitte Gleis liegende Fahrleitung abgefangen und seitlich neben dem Gleis im geeigneten Abstand von Mitte Gleis eine neue Fahrleitung verlegt, und zwar in solcher Höhe über SO, daß der Löffel des Baggers beim Beladen der Förderwagen oberhalb der Fahrleitung bleibt (Bild 391). Die Lokomotive erhält demgemäß außer dem auf dem sitzenden Stromabnehmer (für die Fahrt auf der Zufahrt- und Kippstrecke) noch einen zweiten seitseitlich herausschwenkbaren Stromabnehmer zur Abnahme des Stromes von der außerhalb des Gleises liegenden Fahrleitung auf der Baggerstrecke (Bild 392). Die Lokomotive ist als Drehgestell-Lokomotive mit 4 Motoren von zusammen 185 PS Leistung bei 650 V Gleichstromspannung für 1067 mm Spurweite gebaut. Das Dienstgewicht beträgt 20 t, die Lokomotiv-Kastenbreite 2000 mm und die Länge über Puffer 7200 mm. Auf der Abbildung sind die beiden Stromabnehmer (einer auf dem Dach und der andere auf einem abgeschrägten Vorbau der Lokomotive) deutlich zu sehen. Der auf dem Vorbau drehbar sitzende Stromabnehmer kann vom Führerstand aus durch Drehung eines Handrades herausgeschwenkt und wieder eingezogen werden. Die über Mitte Gleis liegende und die seitlich verlegte Fahrleitung werden an der Stelle, wo das Zufahrtgleis in das Baggergleis übergeht, eine Strecke weit parallel geführt derart, daß sich die über Mitte Gleis liegende Fahrleitung allmählich bis auf ein gewisses Maß senkt und die seitlich liegende Fahrleitung um etwa 400 mm hebt. Hierdurch wird erreicht, daß der auf dem Dach sitzende Stromabnehmer soweit zusammengedrückt wird, bis er in eine Haltevorrichtung einschnappt und in dieser tiefsten Lage festgehalten wird, wenn die über Mitte Gleis liegende Fahrleitung auf der Baggerstrecke aufhört, während der ausgeschwenkte Stromabnehmer allmählich unter die seitliche Fahrleitung läuft. Auf der Rückfahrt wird dann der seitliche Stromabnehmer bei der Ausfahrt aus der Baggerstrecke seinen Kontakt mit der Fahrleitung ver-

Bild 392. Sandtransportlokomotive mit Stromabnehmer für seitliche Stromabnahme.

lieren und der Führer muß sodann den auf dem Dach sitzenden Stromabnehmer an die Fahrleitung anlegen und den seitlichen Stromabnehmer wieder einschwenken.

Die seitlich liegende Fahrleitung wird, da sie gleichzeitig mit dem Gleis dem Abbau entsprechend verschoben werden muß, durch gebogene U-Eisenmaste unmittelbar an den Fuß der Fahrschiene angeklemmt, wie Bild 393 zeigt.

Es können nun aber Fälle eintreten, wo eine derartige Verlegung der Fahrleitung nicht angebracht ist, so daß auf der Baggerstrecke überhaupt nicht mit Oberleitung gefahren werden kann. Dieser Fall ist z. B. bei dem Abbau der Diamantfelder in Südwestafrika gegeben, wo der Sand der Diamantfelder durch Bagger in große Förderwagen geladen und dann zwecks Aussonderung der Diamanten zur Wäsche gefahren wird. Zur Beförderung dieser Sandzüge sind sehr schwere, kräftige Lokomotiven erforderlich, die auf einem Gleis mit nur 600 mm Spurweite verkehren müssen. Die Ausrüstung der Baggergleise mit einer verschiebbaren Fahrleitungsanlage, wie oben beschrieben, war wegen der kleinen Spurweite, die eine solide Befestigung der Auslegermaste an den Schienen bei einer Förderwagenbreite von rund 2400 mm nicht zuließ und wegen der häufigen Sandstürme, die die Mastfüße verwehen würden, nicht angängig. Außerdem gab es hier auch noch sehr lange Verbindungstrecken von 30—40 km Länge zwischen den einzelnen Diamantfeldern, die nur äußerst selten einmal befahren werden mußten. Es wäre natürlich unwirtschaftlich gewesen, diese langen Strecken mit Oberleitung auszurüsten. Man hat daher hier eine andere Betriebsart gewählt, und zwar Lokomotiven, die sowohl auf den häufig befahrenen, festverlegten Strecken mit Oberleitung fahren können, als auch auf den nicht mit Fahrleitung ausgerüsteten Bagger- und selten befahrenen langen Verbindungstrecken ihre Energie von einer auf der Lokomotive selbst aufgestellten Benzin-Dynamo erhalten. Die Dauer-

Bild 393. Verschiebbare Fahrleitung für seitliche Stromabnahme.

leistung dieser Lokomotiven beträgt auf den Oberleitungstrecken 500 PS, wobei die Lokomotiven eine Geschwindigkeit von 12 km/h entwickeln. Da auf den Bagger- und langen Verbindungstrecken nicht mit der vollen Geschwindigkeit gefahren werden mußte, bzw. die Anhängelasten erheblich geringer waren, so war es nicht nötig, die

Bild 394. Sandtransportlokomotive für Oberleitungs- und benzinelektrischen Betrieb.

Benzin-Dynamo ebenfalls für die Abgabe der vollen Lokomotivleistung von 500 PS zu bemessen, sondern man kam bei Reihenschaltung der Fahrmotoren mit etwa einem Drittel der Leistung aus. Infolge der in Südwestafrika häufig auftretenden heftigen Sandstürme mußten sämtliche Lager durch Labyrinthdichtungen gegen das Eindringen des Flugsandes besonders geschützt werden, aus gleichem Grunde mußte auch bei der Konstruktion die Verwendung von Kuppel- oder Pleuelstangen wegen der Gefahr von Heißläufern durch eingedrungenen Sand unbedingt vermieden werden. Außerdem war auf eine gute Kühlung aller Motoren Rücksicht zu nehmen, da der Sand in der Sonne eine Temperatur von 70 ° C und mehr annehmen kann.

Eine diesen Betriebsbedingungen entsprechende Lokomotive zeigt Bild 394. Die Lokomotive hat eine Gesamtlänge über Puffer gemessen von 17 570 mm, eine größte Breite von 2400 mm und eine Höhe von Schienenoberkante bis Oberkante Dach von 3500 mm. Die Spurweite beträgt 600 mm, das Dienstgewicht 68 t. Die Lokomotive ist

Bild 395. Drehgestell mit eingebauten Motoren und doppeltem Zahnradvorgelege zu der Lokomotive (Bild 394).

als vierachsige Drehgestelllokomotive gebaut. Die Längsträger des Oberkastens sind zwischen den Drehgestellen tief nach unten gezogen, einmal, um die nötige Höhe zur Unterbringung des Benzin-Motors für den Antrieb der Dynamo zu erhalten und zweitens um den Schwerpunkt der Lokomotive möglichst nach unten zu verlegen. Jede Achse der Drehgestelle wird durch einen Elektromotor von 130 PS Dauerleistung und 186 PS Stundenleistung angetrieben, so daß die Lokomotive eine Gesamtdauerleistung von 520 PS und eine Stundenleistung von 744 PS entwickelt. Bei der kleinen Spurweite von 600 mm war es natürlich nicht möglich, die Motoren innerhalb der Radsätze unterzubringen, sondern sie mußten vor die Radsätze gelegt werden und arbeiten von hier aus entweder mit doppeltem Zahnradvorgelege oder mit einem Schneckengetriebe auf die Laufachsen. Bild 395 zeigt das Drehgestell mit eingebautem Zahnradmotor und Bild 396 das Drehgestell mit Schneckenantrieb. Beide Antriebsarten sind ausgeführt worden. Die Motoren haben Ankerrollenlager und werden durch Zuführung von Frischluft gekühlt. Die Luft zur Kühlung der Motoren wird durch Zentrifugalventilatoren erzeugt, die die Kühlluft zur Reinigung von Sand und Staub durch einen Satz Delbag-Viszin-Zellenluftfilter ansaugen. Die Umdrehungszahl des Motors bei der Dauerleistung betrug sowohl bei den Zahnradmotoren wie bei den Schneckenradmotoren 700 i. d. Min. Um die verlangte Geschwindigkeit zu erreichen, mußte demnach eine Übersetzung zwischen Motor und Laufachse von 1 : 11 eingeschaltet werden.

Die Ausführung des Antriebes mit doppeltem Zahnradvorgelege bietet keine Besonderheiten, dagegen weist die Ausführung mit Schneckengetriebe (Bild 397), deren Einfachheit und große Übersichtlichkeit sofort in die Augen springt, manche Neuerung auf, so daß auf diese nachstehend etwas näher eingegangen werden soll.

Da wegen des beengten Raumes eine Kardankupplung zwischen Motor und Schneckenantrieb nicht unterzubringen war, wurde das Schneckengehäuse so weit nach der einen Seite verlängert, daß ein Konsol entstand, auf dem der Motor festgeschraubt werden konnte. Schneckenantrieb und Motor wurden auf diese Weise ein Ganzes. Der Motor wurde am Ende federnd am Drehgestell aufgehängt, so daß er um die Laufachse zusammen mit dem Schneckengehäuse schwingen konnte. Infolge der großen zu übertragenden Leistung von dauernd 135 PS war die Verwendung eines einfachen Schneckengetriebes nicht möglich, weil mit Rücksicht auf die Bauhöhe der Lokomotive ein größerer Laufraddurchmesser als 1000 mm nicht zulässig war. Es wurde daher ein Doppelschneckengetriebe (DRP.) verwendet, das so ausgebildet ist, daß auf der Laufachse zwei nebeneinanderliegende viergängige Schneckenräder angeordnet wurden, während die oberhalb liegenden zugehörigen Schnecken durch ein Stirnräderpaar gekuppelt wurden (Bild 398). Die Welle der einen Schnecke war zur Aufnahme einer elastischen Kupplung verlängert und wurde durch den Motor angetrieben. Durch diese Anordnung wurde erreicht, daß jede Schnecke nur die Hälfte der Motorleistung zu übertragen hat.

Bild 396. Drehgestell mit eingebauten Motoren und Schneckenantrieb zu der Lokomotive (Bild 394).

Bild 397. Treibachse mit Schneckenantrieb und Motor.

Um den bei jedem Schneckengetriebe auftretenden, in Richtung der Laufachse wirkenden Seitenschub zu beseitigen, wurde das eine Schneckenrad rechtsgängig und das andere linksgängig geschnitten. Die Seitenkräfte wurden also gleich innerhalb des Getriebes selbst ausgeglichen, so daß auf das Schneckengehäuse überhaupt keine seitlichen Kräfte mehr einwirken konnten. Für ein einwandfreies Arbeiten der Doppelschnecke war es ein unbedingtes Erfordernis, daß sich die zu übertragenden Kräfte gleichmäßig auf beide Schnecken verteilten. Dieses wurde auf folgende Weise erreicht:

Auf die Laufachse wurde ein Radstern aufgepreßt (Bild 399), in dem in vier Aussparungen Blattfedern schwenkbar gelagert waren. Auf diesen Radstern wurden zu beiden Seiten die Schneckenräder drehbar aufgesetzt derart, daß die Enden der Blattfedern

Bild 398. Doppelschneckenantrieb.

Erste elektrische Schnellzuglokomotive der vorm. Preußischen Staatsbahn für Einphasen-Wechselstrom 1911

in Aussparungen der Schneckenräder hineinragten und die Übertragung der Kräfte auf die Laufachse übernahmen (Bild 400). Die Schneckenräder bildeten also gegenseitig die Widerlager für die Blattfedern, wodurch eine vollkommen gleichmäßige Belastung beider Schneckenräder erzielt wurde. Durch die Zwischenschaltung der Federn wurde gleichzeitig auch noch ein sanftes, stoßfreies Anfahren erreicht. Das Getriebe läuft in einem vollständig staub- und öldicht abgeschlossenen Gehäuse, dessen unterer Teil mit Öl gefüllt ist. Alle Lager und Gehäuse sind gegen das Eindringen von Flugsand durch Labyrinthdichtungen oder feste Verschraubungen gesichert. Eine durch einen besonderen Motor angetriebene Ölumlaufpumpe saugt das Öl aus dem unteren Teil des Gehäuses und drückt es durch eine Kühlvorrichtung und einen Reiniger wieder von oben auf die Schnecke herauf, um eine ausreichende Schmierung und Kühlung des Getriebes zu gewährleisten. Zur Reinigung des Gehäuses befindet sich in seinem unteren Teil eine Ölablaßschraube.

Bild 399. Federnde Schneckenräder.

Der Oberkasten der Lokomotive ist durch Querwände in drei Teile geteilt, und zwar befindet sich an jedem Ende ein Führerstand, in dem ein Fahrschalter und die zur Steuerung und Bremsung der Lokomotive erforderlichen Apparate und Instrumente untergebracht sind, während der mittlere Teil der Lokomotive fast vollständig durch die Benzin-Dynamo mit Schaltanlage eingenommen wird. Bild 401 zeigt den Längsschnitt und Grundriß der Lokomotive, aus denen die Anordnung der einzelnen Apparate und die Abmessungen ersichtlich sind.

Der Benzinmotor ist ein sechspoliger Viertaktmotor für 500 Uml/min mit einer

Bild 400. Federnde Schneckenräder.

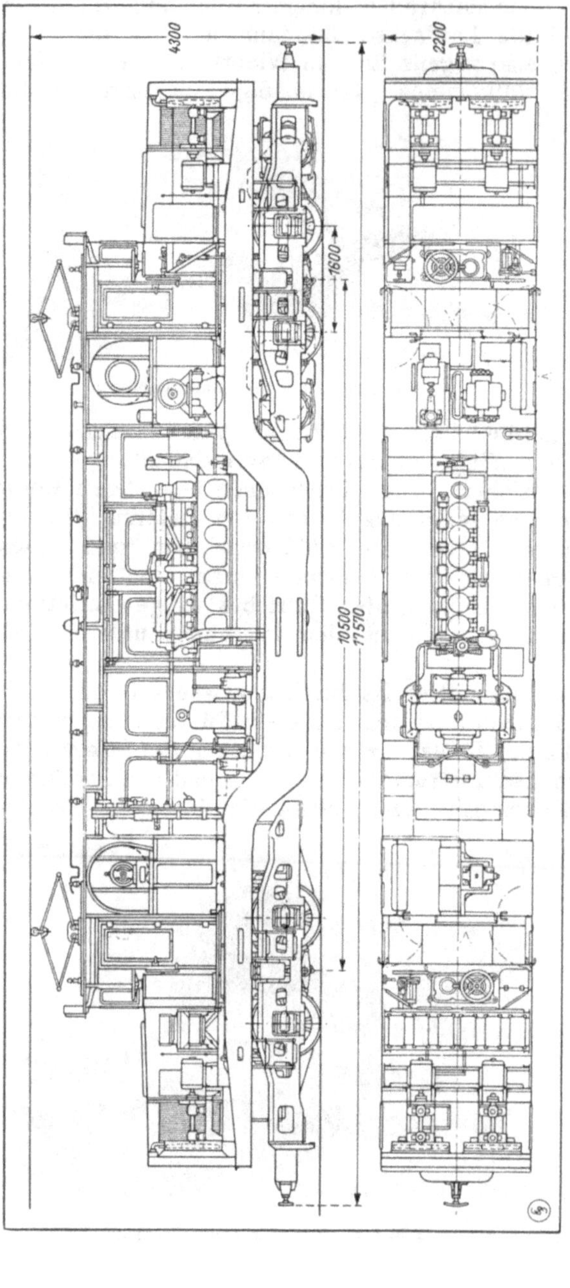

Bild 401. Längsschnitt und Grundriß der Lokomotive (Bild 394).

Dauerleistung von 200 PS und einer Höchstleistung von 220 PS, der mit einem Gleichstrom-Nebenschluß-generator mit Verbundwicklung für 120 kW Dauerleistung bei 500 V Klemmenspannung gekuppelt ist. Das Anlassen des Benzinmotors erfolgt durch Preßluft, die von dem Benzinmotor selbst erzeugt wird, und zwar wird die Luft zunächst auf 60 at verdichtet. Die zum Anlassen des Benzinmotors benötigte Druckluft wird durch ein Reduzierventil auf 10 at herabgesetzt und in einen Anlaßbehälter geleitet. Von diesem Anlaßbehälter aus geschieht dann das Anlassen des Benzinmotors. Der Anlaßbehälter kann auch für das erste Anlassen des Benzinmotors durch den Kompressor der Luftdruckbremse gefüllt werden. Zu diesem Zweck ist der

Bremskompressor so gebaut, daß er ausnahmsweise die angesaugte Luft auch auf 10 at verdichten kann, während betriebsmäßig für die Luftdruckbremse nur eine Verdichtung der Luft bis auf 8 at erforderlich ist. Der Kompressor ist imstande in jeder Minute eine Luftmenge von 990 l auf 8 at zu verdichten. Der Sicherheit wegen ist außerdem noch für den Fall, daß einmal infolge Schadhaftwerdens des Kompressors keine Preßluft zur Verfügung stehen sollte, ein Anlassen ohne Preßluft nach dem System Bosch vorgesehen, bei dem durch eine besondere Vorrichtung zur Erzeugung eines zündfähigen Gasgemischs die Zündung durch einen Hochspannungs-Handanlasser erfolgt. Die Luftdruckbremsausrüstung ist nach dem System Kunze-Knorr gebaut.

Im mittleren Maschinenraum befinden sich ferner noch außer der Benzin-Dynamo und dem Bremskompressor eine Kühlwasserumlaufpumpe mit Filteranlage für den Benzinmotor und Zentrifugalventilatoren für die Motorlüftung. Die Kühler zur Rückkühlung des Kühlwassers des Benzinmotors sind in den Vorbauten vor dem Führerstande an den Stirnwänden der Lokomotive untergebracht. Um eine kräftige Luftströmung durch die Kühler, die zusammen eine Kühlfläche von 320 m^2 haben, zu erzielen, sind hinter jedem Kühler zwei Betz-Propeller für je 7,5 m^3/s Kühlluft eingebaut. Außerdem befinden sich in diesen Vorbauten auch noch die Anfahrwiderstände für die Fahrmotoren und ein Behälter zur Aufnahme von 800 l Benzin. Über jedem Führerstand ist ein Stromabnehmer mit Hüpferwalze angeordnet. Diese Anordnung hat den Vorteil, daß die Stromabnehmer nahezu über die Mitte einer Laufachse zu liegen kommen und die Abweichungen der Stromabnehmer aus der Fahrmitte in den Krümmungen hierdurch auf ein Mindestmaß beschränkt werden.

Die Steuerung der Lokomotive erfolgt von jedem Führerstand aus durch einen Fahrschalter, mit dem die 4 Fahrmotoren

1. sämtlich in Reihe,
2. zwei und zwei parallel und die beiden Gruppen in Reihe,
3. alle vier Motoren parallel geschaltet

werden können. Die Dauerzugkraft der Lokomotive beträgt bei Betrieb mit Oberleitung 10000 kg bei einer Geschwindigkeit von 12 km/h. Die Lokomotive ist imstande, 12 Förderwagen, die beladen je 50 t wiegen, also eine Anhängelast von 600 t zu befördern.

C. Grubenbahnen.

Für die Lokomotiven der elektrischen Grubenbahnen, die infolge ihrer Zuverlässigkeit und Wirtschaftlichkeit immer mehr an Verbreitung gewinnen, hat sich im Laufe der Jahre eine Regelbauart

Bild 402. Grubenlokomotive, Regelbauart.

herausgebildet, die in Bild 402 dargestellt ist. Wie ersichtlich, gewährt die Bauart der elektrischen Lokomotive dem Führer einen guten Ausblick über die Strecke in jeder Fahrtrichtung. Das Fahrgestell der Lokomotive ist ganz aus Schmiedeeisen mit vollständig glatten Seitenwänden hergestellt. Die größte Breite der Lokomotive beträgt 900 mm bei einer Gesamtlänge von 4300 mm. Die Lokomotiven werden für eine Leistung von 36 PS bei 6200 kg Gewicht und für eine Leistung von 50 PS bei 6800 kg Gewicht ausgeführt. Auf Strecken, wo die Anbringung einer Fahrleitungsanlage nicht angängig ist, werden Akkumulatoren-Lokomotiven (Bild 403) verwendet. Näheres über elektrische Grubenbahnen siehe Band 13.

Bild 403. Akkumulatorenlokomotive für Grubenbahnen.

Eine besondere Bauart der Akkumulatorenlokomotiven ist die sogenannte Abbau-Lokomotive (Bild 404), die in ihren Abmessungen so klein gehalten ist, daß sie bis unmittelbar vor Ort gelangen kann und hier die teure Schlepper- und Pferdebeförderung ersetzen soll. Sie ist aus diesem Grunde vollkommen schlagwetter-geschützt gebaut, ihre äußere Breite beträgt 760 mm, ihre Länge einschließlich Führersitz jedoch ohne die abnehmbaren Buffer 1700 mm und ihre Höhe bis Oberkante Akkumulatorenbatterie 1120 mm. Die Lokomotive ist so gebaut, daß der Führersitz durch eine einfache Vorrichtung leicht und schnell abgetrennt werden kann (Bild 405). Hierdurch wird die Länge der Lokomotive auf 1250 mm herabgesetzt, so daß sie noch bequem von einer Sohle auf die andere befördert werden kann. Die Lokomotive hat eine Stundenleistung von 4 kW = 5,4 PS bei 50 V Spannung und entwickelt bei dieser Leistung eine Geschwindigkeit von etwa 1 m/s. Die Wahl der Akkumulatorenbatterie ist abhängig von den jeweiligen Förderverhältnissen. Es können sowohl Bleibatterien als auch Edisonbatterien Verwendung finden.

Bild 404. Abbaulokomotive.

Bei Verwendung einer Bleibatterie kommt eine Batterie von 28 Zellen der Gattung II J 150 mit einer Kapazität von 111 Ah bei einstündiger bzw. 180 Ah bei fünfstündiger Entladung in Frage. Falls jedoch eine Edisonbatterie gewählt worden ist, so verwendet man eine Batterie bestehend aus 43 Zellen der Gattung C 6 mit einer Kapazität von 337 Ah bei fünfstündiger Entladung. Die Akkumulatorenbatterien sind leicht auswechselbar, so daß sie bei Erschöpfung gegen eine frisch aufgeladene Batterie ausgetauscht werden können. Die Edisonbatterie hat gegenüber der Bleibatterie den Vorzug der größeren Kapazität bei gleicher Bodenfläche und der höheren Lebensdauer, selbst bei

Bild 405. Abbaulokomotive mit abgetrenntem Führersitz.

Bild 406. Vierachsige Nutzlastlokomotive

rauher Behandlung. Überladungen und zu tiefe Entladungen schaden der Edisonbatterie ebensowenig wie langes Stehen in unbenutztem Zustand. Die Laufräder werden durch einen Motor angetrieben, der sich unterhalb des Führersitzes befindet und von hier aus durch eine lösbare Kupplung ein Schneckengetriebe betätigt. Dieses ist mit den beiden Laufrädern durch Ketten gekuppelt. Das Schnecken- und Kettengetriebe ist in einem vollständig geschlossenen Kasten untergebracht und läuft in Öl, wodurch ein guter Wirkungsgrad des Getriebes erzielt wird. Die Lager des Getriebes sowie die der Lokomotive sind als Wälzlager ausgebildet. Zur Erhöhung der Zugkraft hat die Lokomotive vor jedem Laufrad eine Sandstreuvorrichtung. Der Radstand der Lokomotive beträgt 470 mm, so daß selbst sehr kleine Krümmungen von der Maschine leicht durchfahren werden können. Das Gewicht der Lokomotive ausschließlich Batterie beträgt 1,2 t, das der Bleibatterie 1,6 t und das der Edisonbatterie 1,2 t. Die Zugkraft der Lokomotive beträgt am Radumfang bei der Stundenleistung des Motors etwa 335 kg.

D. Nutzlast-Lokomotiven.

Nutzlast-Lokomotiven sind Lokomotiven, bei denen die ganze Ladung oder ein großer Teil des Ladegutes auf der Lokomotive selbst untergebracht wird. Ihr Vorteil gegenüber den gewöhnlichen Zuglokomotiven besteht darin, daß ein Teil des Fördergutes zur Erhöhung des erforderlichen Adhäsionsgewichtes nutzbar gemacht und dadurch die Anhängelast verkleinert wird. Dieses ist besonders vorteilhaft bei Bahnen mit großen Steigungen, wie an Hand nachstehender Betrachtung gezeigt werden soll.

Bild 407. Zweiachsige Nutzlastlokomotive mit kippbarem Kasten.

Angenommen, es wäre mit einem Zuge eine Nutzlast von 28 t, verteilt auf 4 Wagen von je 3 t Eigengewicht und 7 t Nutzlast, über eine Steigung von 82 ‰ zu befördern. Wollte man diese Last mit einer gewöhnlichen Zuglokomotive bewältigen, so ergeben sich folgende Verhältnisse:

Das notwendige Reibungsgewicht der Lokomotive errechnet sich aus der Formel

$$L = \frac{Q\,(w + s)}{(1000 \,.\, \mu) - (w + s)}$$

Die beiden Werte w und μ richten sich nach dem Zustande der Gleise und Betriebsmittel. Nimmt man im vorliegenden Falle w zu 6 kg und μ zu $^1/_7$ an, so errechnet sich das erforderliche Reibungsgewicht der Lokomotive zu:

$$\frac{4 \,.\, (7 + 3) \,.\, (6 + 82)}{(1000 : 7) - (6 + 82)} = \text{rd. } 64 \text{ t.}$$

Das Gesamtzuggewicht würde also betragen:

Lokomotivgewicht	64 t
4 Anhängewagen je 10 t	40 t
	104 t

Verwendet man nun aber eine Nutzlastlokomotive nach Bild 406, die zur Aufnahme von 14 t des Ladegutes also der halben Nutzlast eingerichtet ist, so braucht man statt 4 nur 2 Anhängewagen mitzuführen und das erforderliche Reibungsgewicht der Lokomotive wäre demnach nur halb so groß, also nur 32 t. Da aber auf der Lokomotive selbst noch 14 t Nutzlast untergebracht sind, so ist nur ein Eigengewicht der Lokomotive von 32 — 14 = 18 t statt 64 t erforderlich und das gesamte Zuggewicht beläuft sich demnach auch nur auf:

Lokomotivgewicht einschl. Nutzlast	32 t
2 Anhängewagen je 10 t	20 t
	52 t statt 104 t,

ist also nur halb so groß und infolgedessen ist für die Lokomotive zur Beförderung der Last auch nur die halbe Zugkraft erforderlich. Man kommt also bei Verwendung der Nutzlast-Lokomotiven bei der gleichen Förderleistung mit einer Lokomotive aus, die nur 18 % des Konstruktionsgewichtes und nur 50 % der Leistung einer gewöhnlichen Zuglokomotive zu haben braucht. Für kleinere Leistungen werden auch Lokomotiven gewählt, bei denen der zur Aufnahme der Ladung bestimmte Kasten je nach Wunsch fest oder kippbar eingerichtet werden kann (Bild 407).

E. Hüttenbahnen.

Bei Hüttenbahnen hat man es meistens mit Betrieben zu tun, in denen infolge hoher Beanspruchung, starker Verschmutzung oder un-

Bild 408. Hüttenwerkslokomotive für Akkumulatorenbetrieb.

zureichender Wartung besonders große Anforderungen an die Fahrzeuge gestellt werden. Es müssen daher die Lokomotiven für diese Bahnanlagen ganz besonders kräftig gebaut werden. Die vielseitigen Betriebsbedingungen haben es mit sich gebracht, daß sich bei Hüttenbahnen eine ganze Reihe von Lokomotivformen entwickelt hat. Man findet auf den Werken reine Akkumulatorenlokomotiven, reine Oberleitungslokomotiven und Lokomotiven für gemischten Betrieb. Bild 408 zeigt eine schmalspurige Akkumulatorenlokomotive zur Beförderung

Bild 409. Hüttenwerkslokomotive für Oberleitungsbetrieb.

von glühenden Eisenblöcken. Die Akkumulatorenbatterie ist abrollbar eingerichtet, so daß sie nach Erschöpfung in wenigen Minuten gegen eine neue inzwischen aufgeladene Batterie ausgewechselt werden kann. Gegen die Wärmestrahlung ist der Führer durch ein vollkommen geschlossenes Führerhaus ausreichend geschützt.

Eine andere größere Lokomotive für Normalspur und reinen Oberleitungsbetrieb zur Beförderung von Pfannenwagen ist auf Bild 409 zu sehen. Ihr Dienstgewicht beträgt 20 t, ihre Stundenleistung 200 PS bei 500 V Fahrdrahtspannung.

Auf Hüttenwerken kommt es häufig vor, daß man innerhalb des Werkes wegen vorhandener Krananlagen oder dergl. keine Fahrleitung verlegen kann, sondern mit Akku-

Bild 410. Hüttenwerkslokomotive für gemischten Oberleitungs- und Akkumulatorenbetrieb.

mulatoren fahren muß, während andererseits dieselben Züge außerhalb des Werkes über längere Strecken verkehren, wo die Anlage einer Fahrleitung keine Schwierigkeiten bietet. In diesem Falle verwendet man Lokomotiven für gemischten Betrieb, die also sowohl eine Akkumulatorenbatterie tragen als auch mit einem Stromabnehmer für Oberleitungsbetrieb ausgerüstet sind; eine solche Lokomotive zeigt Bild 410. Die Lokomotive ist vierachsig und hat eine Leistung von 480 PS bei 600 V Fahrdrahtspannung, ihr Dienstgewicht beträgt 68 t. Die Akkumulatorenbatterie wird während der Fahrt auf der Oberleitungsstrecke durch eine besondere stromsparende Ladeeinrichtung, die sich auf der Lokomotive selbst befindet, aufgeladen.

F. Anschluß- und Verschiebelokomotiven.

Diese Lokomotiven dienen zur Überführung von normalspurigen Güterwagen der Staatsbahn zu den Werken und zum Verschiebedienst innerhalb der Werke, auf Bahnhöfen oder in Eisenbahnwerkstätten. Auf den Anschlußgleisen wird es meistens möglich sein, Oberleitung zu verlegen, so daß die Lokomotiven als Oberleitungslokomotiven gebaut werden können. Bild 411 zeigt eine derartige zweiachsige Lokomotive für eine Leistung von 70 PS bei 500 V Gleichstrom. Die Zugkraft am Laufradumfang beträgt hierbei 1700 kg bei einer Geschwindigkeit von 10,5 km/h. Das Gewicht der Lokomotive beträgt 14 t.

Bild 411. Zweiachsige Lokomotive für Verschiebedienst und Anschlußgleise.

Größere Anhängelasten erfordern auch hier viermotorige Drehgestelllokomotiven, wie sie z. B. Bild 412 darstellt. Diese Lokomotive im Dienstgewicht von 36 t ist ausgerüstet mit vier Motoren von zusammen 260 PS bei 1000 V Gleichstrom, die der Lokomotive bei einer Zugkraft am Laufradumfang von 5000 kg eine Geschwindigkeit von 13,5 km/h verleihen. Da die Verschiebelokomotiven meist nur verhältnismäßig kurze Strecken zurückzulegen haben, dafür aber häufig anfahren und bremsen müssen, so wird man nicht nur auf eine kräftige motorische Ausrüstung, sondern auch auf eine zuverlässige und leicht zu bedienende Bremse großen Wert zu legen haben. Die Lokomotiven sind daher mit einer auf alle Räder wirkenden Luftdruckbremse als Gebrauchsbremse ausgerüstet. Die erforderliche Druckluft wird durch einen auf der Lokomotive befindlichen motorisch angetriebenen Kompressor erzeugt. Daneben haben sie noch eine Handbremse und als Notbremse eine elektrische Kurzschlußbremse. Zur Vergrößerung der Reibung zwischen Laufrad und Schiene bei schlüpfrigem Wetter sind Luftdrucksandstreuer angebracht, die Sand zwischen Rad und Schiene blasen können.

Bild 412. Vierachsige Lokomotive für Verschiebedienst und Anschlußgleise.

Bei Verwendung einer viermotorigen Ausrüstung ist es zweckmäßig, nicht wie üblich nur zwei Geschwindigkeiten (volle und halbe Geschwindigkeit) vorzusehen, sondern die Schaltung so auszuführen, daß drei Geschwindigkeitstufen (volle, halbe und viertel Geschwindigkeit) erreicht werden können, und zwar dadurch, daß zuerst alle vier Motoren hintereinander, dann je 2 Motoren hintereinander und diese beiden Gruppen parallel und schließlich alle vier Motoren parallel geschaltet werden. Der Führer ist dann eher in der Lage, die Fahrgeschwindigkeit den jeweiligen Bedürfnissen anzupassen. Außerdem erreicht man damit noch den Vorteil, daß beim Anfahren des Zuges der Energieverbrauch geringer ist, was besonders bei Akkumulatorenlokomotiven von Wichtigkeit ist, denn gerade bei Verschiebelokomotiven wird häufig Akkumulatorenbetrieb verwendet, weil ein Überspannen der viel verzweigten Gleise eines Verschiebebahnhofes mit Oberleitung zu teuer werden würde, oft auch mit Rücksicht auf die Ausdehnung des Bahnhofes und die Schwierigkeit der Mastaufstellung zwischen den Gleisen gar nicht möglich ist.

Die Akkumulatoren-Verschiebelokomotiven können zweiachsig, dreiachsig und vierachsig ausgeführt werden. Bild 413 zeigt z. B. eine dreiachsige Verschiebelokomotive. Jede der drei Achsen wird durch einen Hauptstrommotor von 40 PS Leistung bei 310 V Klemmenspannung angetrieben. Die Zugkraft der Lokomotive am Laufradumfang beträgt 3300 kg bei einer Geschwindigkeit von 8,7 km/h. Das Dienstgewicht der Lokomotive einschließlich Batterie beträgt 42 t. Die Akkumulatorenbatterie besteht aus 160 Zellen der Form IV J spez. der Akkumulatorenfabrik A.-G. Hagen i. Westf. mit einer

Bild 413. Verschiebelokomotive für Akkumulatorenbetrieb.

Bild 414. Rollbock.

Kapazität von 333 Ah bei einstündiger Entladung. Das Gewicht der Batterie beträgt 18,35 t. Die Steuerung der Motoren erfolgt durch einen Fahrschalter mit 9 Fahr- und 4 Bremsstufen. Wird ein Motor betriebsunfähig, so kann er durch einen Schalter abgeschaltet und der Betrieb kann mit den beiden andern Motoren weitergeführt werden.

Zur Überführung der Staatsbahngüterwagen zu den einzelnen Werken steht oft ein normalspuriges Anschlußgleis nicht zur Verfügung und die Zustellung muß unter Benutzung von Straßen erfolgen, die kleine Kurven aufweisen und nicht so breit sind, daß eine Verlegung von Normalspur zulässig ist. In solchen Fällen muß man entweder die Güter in Schmalspurwagen umladen oder es werden die normalspurigen Güterwagen auf niedrige schmalspurige Unterwagen (Rollbock) geschoben und auf diesen mit Lokomotiven zu den Werken gefahren. Eine Anlage letzterer Art ist in Bild 414 dargestellt. Die hier abgebildete Lokomotive ist für 1000 mm Spurweite gebaut und ausgerüstet mit zwei Motoren von zusammen 66 PS normaler Leistung bei 550 V Spannung. Das Gewicht der Lokomotive beträgt 18 t. Die Lokomotive ist imstande, Anhängelasten bis zu 85 t zu befördern und ist so gebaut, daß sie noch Krümmungen von 18 m Halbmesser auf Rillenschienengleis befahren kann. Die Geschwindigkeit durfte mit Rücksicht darauf, daß die Züge durch belebte Straßen fahren mußten, nicht größer als 10—11 km/h sein. Derartige Betriebe wird man überall dort zur Anwendung bringen, wo ein Umladen der Güter mit Rücksicht auf deren Schonung oder infolge Platzmangels nicht zulässig ist.

G. Kokslöschlokomotiven.

Bei der Gewinnung des Kokses in Kokereien wird in neuerer Zeit ein Verfahren angewendet, bei dem der Koks aus den Öfen durch Koksausdrückmaschinen in Selbstentladewagen gedrückt wird. Mit diesen Wagen, den sogenannten Kokslöschwagen, wird er dann zum Ablöschen unter eine Brause gefahren und von hier aus unmittelbar zu den Bunkern der Verladestelle. Zum Verfahren dieser Kokslöschwagen von den Koksöfen zur Lösche und zu den Bunkern benutzt man fast ausschließlich elektrische Lokomotiven nach Bild 415. Das Führerhaus ist bei diesen Lokomotiven erhöht angeordnet (Fußbodenhöhe 2,5—3,9 m über SO), damit der Führer die richtige Verteilung der Kokskuchen in dem Löschwagen beobachten und auch das hochliegende Ventil zum Ablöschen des Kokskuchens von der Plattform des Führerhauses aus bedienen kann. Die Lokomotiven werden sowohl für Gleichstrom als auch für Drehstrom ausgeführt. Bei Gleichstrombetrieb werden die beiden Achsen der Lokomotive in üblicher Weise durch je einen Motor mit einem einfachen Stirnradvorgelege angetrieben. Bei Drehstrombetrieb befindet sich zwischen den beiden Achsen ein Drehstrommotor, der beiderseits eine elastische Kupplung hat und hiermit die

Bild 415. Kokslöschlokomotive mit erhöhtem Führerstand.

beiden Achsen durch je ein Schneckenvorgelege antreibt (Bild 416). Die Leistung der Lokomotive beträgt in beiden Fällen rd. 64 PS.

Die Bremsung der Lokomotive und des Kokslöschwagens wird durch Druckluft bewirkt, ebenso werden auch die Klappen des Kokswagens zur Entleerung des abgelöschten Kokses vom Führerstande aus durch entsprechende Hähne mittels Druckluft geöffnet und geschlossen. Die Druckluft wird auf der Lokomotive durch eine Motorluftpumpe erzeugt, die in der Minute 700 l Luft gegen 8 at Überdruck fördert.

Infolge der sich beim Ablöschen des Kokses entwickelnden Dämpfe müssen sowohl Motoren wie Apparate gut gekapselt sein, ebenso müssen auch die isolierten Leitungen einen Schutz erhalten, der von diesen Dämpfen nicht angegriffen wird.

Die Stromzuführung zur Lokomotive geschieht durch seitlich neben dem Gleis in etwa 2 m Höhe über SO angebrachte Schleifleitungen von denen die Lokomotive den Strom abnimmt. Die Höhe der Lokomotive bis Oberkante Dach beträgt 4500—6000 mm und das Dienstgewicht etwa 16 500 kg.

Bild 416. Drehstrommotor mit Schneckenvorgelege zu der Kokslöschlokomotive (Bild 415).

Die Spurweite ist 1435 mm.

H. Schlepper und Plattformwagen.

Überall dort, wo ein verhältnismäßig geringer Verschiebedienst zu leisten ist oder wo verhältnismäßig geringe Mengen von Nutzlasten

Bild 417. Normalspuriger Schlepper zum Verschieben von Reichsbahnwagen.

auf Fabrikhöfen, Baustellen, Werkstätten und dergleichen zu befördern sind, würden normale elektrische Lokomotiven nicht ausgenutzt werden und daher unwirtschaftlich arbeiten. Es werden daher in solchen Betrieben mit Vorteil Schlepper oder Plattformwagen verwendet. Die Antriebskraft erhalten diese Fahrzeuge aus einer mitgeführten Akkumulatorenbatterie, die bei Schleppern auf dem Fahrzeug aufgebaut und bei Plattformwagen unter der Plattform angeordnet ist. Durch Einbau einer entsprechenden Motorleistung und Batterietype können die Fahrzeuge für die verschiedensten Zug- bzw. Traglasten geliefert werden. Bild 417 zeigt einen normalspurigen Schlepper für eine

Bild 418. Schlepper für max. 180 t Anhängelast.

Anhängelast von 180 t zum Verschieben von Reichsbahnwagen. Ein ähnlicher Schlepper, jedoch mit Überdachung. ist auf Bild 418 dargestellt. Derartige Schlepper, die nur von einem Mann bedient werden,

Bild 419. Schmalspuriger Schlepper mit Rollbock

können häufig unwirtschaftlich arbeitende Dampflokomotiven vollkommen ersetzen. Im allgemeinen kommt man mit einer Batterieladung je Tag aus. Zur Ladung wird zweckmäßig der billige Nachtstrom

Bild 420. Schlepper für Schmalspurgleise mit engen Kurven.

ausgenutzt bei gleichzeitiger Verwendung eines selbsttätigen Ladeschalters, so daß für die Ladezeit kein Personal erforderlich wird.

Die Schlepper werden sowohl für Normalspur als auch für Schmalspur hergestellt, Bild 419 zeigt einen Schlepper für eine Spurweite von 1000 mm bei der Beförderung eines normalspurigen Wagens unter Benutzung eines schmalspurigen Unterwagens. Selbst in sehr kurvenreichen Fabrikhöfen können diese Schlepper mit Erfolg verwendet werden (Bild 420).

Wenn es sich darum handelt, einzelne Stückgüter zu befördern, so geschieht dies zweckmäßig auf Plattformwagen, die selbst elektrisch angetrieben werden. Bild 421 zeigt einen Plattformwagen für 780 mm Spur und 5 t Tragkraft. Der Führerstand ist an einem Ende angeordnet und der Aufstieg so niedrig gelegt, daß der Führer bequem auf- und absteigen kann. Da es vorkommen kann, daß auch sperrige über die Plattform hinausragende Güter, z. B. Träger, Schienen und dergleichen, befördert werden sollen und daher ein Führerstand nicht angebracht werden kann, so werden die Plattformwagen auch ohne Führerstand geliefert.

Bild 421. Plattformwagen für 780 mm Spur und 5 t Tragkraft.

Auf Bild 422 ist ein derartiger Plattformwagen für Normalspur und 20 t Traglast dargestellt. Die Geschwindigkeit dieses Wagens ist so gering, daß der Führer neben dem Fahrzeug hergehen und den seitlich unter der Plattform angeordneten Fahrschalter sowie den daneben liegenden Bremshebel bequem bedienen kann.

Bild 422. Normalspuriger Plattformwagen für 20 t Traglast (Fahrschalter und Bremshebel seitlich unterhalb der Plattform angeordnet).

Ein Fahrzeug besonderer Bauart stellt Bild 423 dar. Es handelt sich hierbei um einen führerlosen Plattformwagen, der dazu dient, Wagen zu zwei bestimmten Punkten in regelmäßigem Verkehr zu befördern. Die Akkumulatorenbatterie und der Antriebsmotor befinden sich unter der Plattform, während der Steuerapparat und die Bremsbetätigung seitlich — wie aus dem Bild deutlich zu erkennen ist — angeordnet sind. Zur Inbetriebsetzung des Wagens wird zunächst der Bremshebel angehoben, wobei er durch eine Klinkvorrichtung in der oberen Stellung festgehalten wird. Dann wird der Fahrschalter eingeschaltet, und das Fahrzeug setzt sich mit einer Geschwindigkeit von etwa 1,5 m/s in Bewegung. Am anderen Ende der Strecke, wo der Wagen halten soll, befindet sich an einer Fahrschiene ein Anschlag, der die Bremse ausklinkt und den Fahrschalter abschaltet, so daß der Wagen nach wenigen Metern zum Stillstand kommt. Durch Wiedereinschalten der Steuerwalze unter gleichzeitigem Lösen der Bremse kann der Wagen für die Rückfahrt wieder in der anderen Richtung in Bewegung gesetzt werden.

Bild 423. Führerloser Plattformwagen.

Der mechanische Aufbau all dieser Fahrzeuge ist der denkbar einfachste. Das Untergestell besteht aus einem stabilen schmiedeeisernen Rahmen und ruht abgefedert auf zwei Radsätzen. Die Achslager werden meistens des leichteren Laufes wegen als Rollenlager ausgebildet.

Als Akkumulatorenbatterien werden im allgemeinen Großoberflächenbatterien verwendet, die gegen die im Verschiebedienst unvermeidlichen mechanischen und elektrischen Stöße besonders unempfindlich sind und sich durch lange Lebensdauer auszeichnen. Wenn es auf besondere Billigkeit ankommt und die Beanspruchung der Batterie nicht so groß wird, können auch Gitterplattenbatterien verwendet werden. Die einzelnen Zellen der Batterie sind in Hartgummigefäße eingebaut und diese wiederum in einen säurefest ausgekleideten auswechselbaren Behälter.

Für den elektrischen Antrieb der Laufachsen sind je nach der erforderlichen Leistung entweder ein oder zwei Motoren vorhanden. Die Übertragung des Drehmomentes von Motoren auf die Laufachsen geschieht bei kleinen Leistungen durch ein Schneckengetriebe. Bei größeren Leistungen wird jede Achse durch einen Bahnmotor mit Stirnradgetriebe angetrieben. Durch eine Steuerwalze nebst Vorschaltwiderständen werden die Motoren angelassen und für die jeweilige Fahrtrichtung geschaltet. Alle Apparate sind den Anforderungen des Betriebes entsprechend ausgebildet und so angeordnet, daß sie zwecks Prüfung leicht zugänglich sind.

J. Elektrokarren im Bahnbetriebe.

Es liegt nahe, daß die Eisenbahn als Verkehrsunternehmen mit am ersten die Vorteile des Elektrokarrenbetriebes für das Kleingutförderwesen erkannte. Daher fand dieses Fahrzeug denn auch bald in den Eisenbahn-Ausbesserungswerken Eingang, weil hier der Materialtransport demjenigen in der privaten Maschinenindustrie, wo der Elektrokarren sich bereits bewährt hatte, stark ähnelt und zudem die große Ausdehnung dieser Anlagen eine Verwendung von Elektrokarren besonders dringend erforderlich machte. Bisher hatte man die bei der Demontage von Lokomotiven und Waggons anfallenden schweren Stücke auf Gleiswagen, die leichteren auf Handwagen zu den Bearbeitungsplätzen befördert, in beiden Fällen mit dem früher allgemeinen, unwirtschaftlichen Aufwand von Menschenkraft. Die Gleiswagen konnten bequem natürlich nur zu den längs den Gleisen liegenden Arbeitstellen gelangen, in Querbahnen ließen sie sich nur mittels der schwerfälligen Umlenkung durch Drehscheiben fahren. Demgegenüber bot der Elektrokarren, der sämtliche Wege benutzen kann, sofern sie nur einen festen Fahrboden aufweisen, ein universelleres Transportmittel, das auch in der Lage war, von einem Gebäude über Hof und Straße hinweg zum anderen, von Arbeitsplatz zu Arbeitsplatz auch noch schwere Lasten bis etwa 1,5 t zu befördern.

Nach den guten Erfahrungen, die man in den Eisenbahn-Ausbesserungswerkstätten besonders hinsichtlich der schnellen und pünktlichen Anlieferung des Materials mit Elektrokarren gemacht hatte, griff deren Verwendung auch auf andere Zweige der Reichsbahn über, nämlich auf die Gepäckbeförderung auf den Bahnsteigen, den Eilgutverkehr und den Transport auf den Umladebahnhöfen. Neuerdings werden auch vereinzelt Elektrokarren für die Bestellung von Expreßgut durch die Eisenbahn in Dienst genommen.

Bei dem Werkstättenbetrieb der Eisenbahn handelt es sich um die Ausbesserungswerkstätten für Lokomotiven, Personen- und Güterwagen. In diesen wurden dem Elektrokarren im allgemeinen dieselben Aufgaben gestellt, die er bereits in der Privatindustrie zu erfüllen hatte. Nur die häufige Überquerung von nicht versenkt liegenden Eisenbahngleisen stellte zunächst hinsichtlich der mechanischen Beanspruchung besonders hohe Anforderungen, bis man dann auf den bei den regelmäßigen Fahrten einzuhaltenden Wegen durch Holzbrücken auch für eine versenkte Anordnung der Schienen sorgte. Soweit die Fahrstraßen aus Sandwegen bestanden, die bei nassem Wetter, also besonders im Frühling und Herbst aufweichten, wurden sie im Laufe der Zeit durch Bohlen- oder Eisenplattenbelag und durch künstliche Befestigung wie Colasdecke u. ä. auch für den Elektrokarrenbetrieb genügend widerstandsfähig gemacht.

Bild 424. Fahrgestell des Vierradlenkers L 1500.

Als meist gebrauchter Elektrokarren in Eisenbahnausbesserungswerkstätten hat sich der Typ des Vierradlenkers durchgesetzt, dank dem Umstande, daß er noch bei einer normalen Tragfähigkeit von 1,5 t eine ganz außerordentliche Wendigkeit aufzuweisen vermag, die seinen Fahrbereich auch auf so winklige Gänge und kleine Plätze erstreckt, daß diese für den Zweiradlenker von gleicher Tragfähigkeit nicht mehr passierbar sind. Wie aus Bild 424 ersichtlich, liegt seine Eigenart darin, daß gleichzeitig sämtliche 4 Räder nach der einen oder anderen Richtung eingeschlagen werden, um auf diese Weise die größte Wendigkeit zu erzielen, die bei einem Elektrokarren überhaupt erreichbar ist. Die Einstellung der Achsen geschieht durch Heben und Senken des Lenkhebels.

Die Vierradlenkertype L 1500 der Siemens-Schuckertwerke hält bei völlig symmetrischer Bewegung während des Einschwenkens noch einen äußeren Fahrkreisradius von 2000 mm ein und ist dank ihrer ausgezeichneten Wendigkeit selbst in der Lage, bei rechtwinkligen Wegkreuzungen im Winkel von 90° unmittelbar um die Ecke zu lenken, ohne zum Einfahren in die neue Wegrichtung in besonderem Bogen ausholen zu müssen und dafür also Platz zu beanspruchen. Eine derartige Kurvenbeweglichkeit läßt sich nur nach dem Vierradlenkerprinzip lösen, weil der für gleiche Leistungsfähigkeit gebaute Zweiradlenker wegen seiner unsymmetrischen Schwenkbewegung in der Kurvenfahrt stets mehr Raum erfordert.

Bild 425. Schaltschrank des L 1500.

Um diese große Wendigkeit zu erreichen, erhielt der Vierradlenker L 1500 eine als Doppel T-Rahmen gebaute Triebachse, durch welche die mit den Triebrädern festverbundenen Motoren von wahlweise 0,65 kW oder 1,05 kW nach beiden Seiten hindurchschwenken können. Auf die Anordnung des Fahrgestelles mit dem stärksten Profil am äußersten Rande und einem Batteriekasten in der Mitte, der die Batterien von 40 Zellen in zwei Trögen enthält, sei als Konstruktionsrichtlinie, die bei sämtlichen Führerstandstypen der SSW-Elektrokarren konsequent durchgeführt wurde, nur kurz hingewiesen. Ebenso ist stets die Schaltanlage in einem verschließbaren Schrank zusammengefaßt (Bild 425). Sie besteht aus der Schaltwalze mit je 1 Brems- und 3 Fahrstellungen für Vor- und Rückwärtsfahrt, einem Widerstande, der in der ersten Fahrstufe zur Verhinderung eines zu starken Anfahrstromstoßes liegt, dem Hauptschalter, mit dem der gesamte Stromkreis auch bei geschlossenem Schaltschrank abgeschaltet und damit das Fahrzeug unbeweglich gemacht werden kann und einer Steckdose zum Anschluß des Kabels für das Aufladen der Batterie. Die Geschwindigkeitsregelung geschieht verlustlos durch Änderung der Feldstärke in der zweiten und dritten Stufe, den eigentlichen Fahrstufen. Der Schalthebel bewegt sich in einer Kulissenführung, die bei Fahrtrichtungswechsel den Führer dazu zwingt, in der Nullstellung des Fahrschalters kurze Zeit zu verharren, ehe er weiterschaltet. Auf ruhigen und sicheren Stand des Führers ist besonderer Wert gelegt und dafür durch Hüftstützen am Schaltschrank und Ausrüstung der Fußtritte mit einem Holzrost gesorgt. Zum Schalten und Lenken arbeitet der Führer allein mit den Händen. Wie allgemein bei Elektrokarren nötig, hat auch der L 1500 eine mechanische Bremse, die erst beim Besteigen

Bild 426. Triebrad des L 1500.

Bild 427 L 1500 mit Anhängern im R.A.W.

und Heruntertreten der hochstehenden Fußtritthälfte gelüftet wird und den Elektrokarren selbsttätig abbremst, sobald der Führer beim Fahren die Fußtritthälfte freigibt oder das Fahrzeug womöglich führerlos wird. Die Bremse arbeitet als Innenbackenbremse (Bild 426). Als Signaleinrichtung dient eine elektrische Hupe.

Derartige Elektrokarren werden in Ausbesserungswerken entweder allein oder in Verbindung mit einem oder mehreren Anhängern (Bild 427) gebraucht. Sie bieten indessen noch nicht in allen Fällen das Mittel, das den Transport am wirtschaftlichsten gestaltet, weil sie während des Auf- und Abladens der Last stillstehen müssen und damit während dieser Zeit dem eigentlichen Transport entzogen werden. Wo mit einem Elektrokarren eine größere Anzahl von Arbeitstellen gleichzeitig zu bedienen bleibt, vermeidet man diese Zeitverluste, indem man den Elektrokarren mit mehreren Ladebänken zusammenarbeiten läßt. Hierdurch verbessert sich der Ausnutzungsfaktor der Elektrokarren ganz wesentlich, d. h. bei Einhaltung der gleichen Leistung brauchen weniger Elektrokarren verwendet zu werden; Voraussetzung ist allerdings, daß für die Aufstellung der Ladebänke genügend Platz zur Verfügung steht.

Das Ladebanksystem hat bei den Eisenbahnausbesserungswerken sehr weitgehende Anwendung gefunden, wobei die Aufgabe des Absetzens und Aufnehmens der Ladebank durch den Elektrokarren in verschiedener Weise gelöst wurde. Entweder ordnete man ein feststehendes, auf der Einfahrseite offenes Ladegestell mit schrägen Fahrschienen auf beiden Längsseiten an, auf die der Elektrokarren beim Hineinfahren die Ladeplattform hinaufschiebt, oder man verlegte die Einrichtung für das Heben und Senken in die Ladebank selbst, indem man ihre Füße mit exzentrischen Segmentscheiben ausrüstete, auf denen sie unter dem Gewicht der Last oder dem Druck des gegenfahrenden Karrens abrollen kann und sich dadurch senkt oder hebt.

Schließlich versieht man zur Aufnahme der Ladebank den Elektrokarren selbst mit einer Hubvorrichtung. Der Hubkarren der Siemens-Schuckertwerke (Bild 428) wird entweder mit einer Handkurbelvorrichtung ausgerüstet, die mittels Spindel und Wandermutter die mit Rollen versehene Hubplattform auf vier am Karren sitzenden schrägen Führungen bis in die ebene Endstellung hinaufzieht oder mit elektrohydraulischer Hubvorrichtung, bei der ein kleiner, von der Batterie gespeister Motor eine Pumpe antreibt. Diese drückt Öl unter den Kolben eines Preßzylinders und schiebt dadurch die in diesem Falle mit keilförmigen Ansätzen ausgerüstete Hubplattform über die am Karren befestigten Rollen hinauf.

Bei diesen Hubkarren liegt indessen die Plattform der Ladebank 875 mm über dem Fußboden. Das ist zu hoch, wenn schwere Werkstücke ohne Kran auf die Ladebank gehoben werden sollen. Alsdann bevorzugt man Tieflade-Hubkarren mit einer Plattformhöhe von un-

Bild 428. L 1500 mit Handhubvorrichtung und Ladetisch.

gefähr 300 mm nach Bild 429. Während die Triebachse der Ausführung beim L 1500 gleicht und nur nach dem Führerstande hin verlegt ist, und die Schaltapparatur nur um die Walze und das Schaltgestänge für den Hubmotor erweitert wurde, zeigt das Fahrgestell eine völlig andere Durchbildung. Unter der niedrigen Plattform können nur Räder von geringem Durchmesser verwendet werden, die die Anwendung dieses Karrens auf glatten Fußboden beschränken. Die Plattform selbst wird von einem besonderen Hubmotor über ein Spezialgetriebe an einer Spindel um etwa 100 mm gehoben oder heruntergelassen. Da für die Batterie unter der Plattform kein Raum mehr ist, so findet sie darüber, am besten über der Triebachse unmittelbar vor dem Führerstand, Platz. Die Lenkung erfolgt als Zweiradlenkung allein durch Einschwenken der Triebräder mit den an ihnen befestigten Motoren.

Wo in Eisenbahnausbesserungswerken die Radbandagen abgezogen und auf Waggons verladen werden sollen, kann, falls hierzu ein besonderer Kran nicht zur Verfügung steht, auch vorteilhaft der Stapelkarren nach Bild 430 Verwendung finden. Seine Ausführung ähnelt sehr derjenigen des

Bild 429. Tiefladehubkarren mit Ladebank.

Bild 430. Hochhub-(Stapel-)Karren.

Tiefladehubkarrens, nur daß die Plattform auf ungefähr 1,6 m gehoben werden kann. Da sie auch mit Last in jeder Zwischenstellung verbleibt, so bietet dieser Elektrokarren für den erwähnten Zweck ein sehr bequemes Transportmittel in horizontaler und vertikaler Richtung, so daß die Bandagenreifen von der genügend hoch gehobenen Plattform lediglich auf den Waggon hinüberzurollen sind. Heben und Senken der Plattform geschieht längs der Führungsschienen mittels eines Hubmotors von 1,05 kW und Kettenantrieb.

Im Gepäckdienst treten so schwere Beanspruchungen des Elektrokarrens durch das Ladegut wie in den Ausbesserungswerkstätten nicht auf. Dafür werden hier bezüglich der Abmessungen sehr oft besondere Anforderungen gestellt. Der Elektrokarren, der an der Gepäckabfertigung das Reisegepäck aufnimmt, um es möglichst schnell zum Packwagen des Zuges zu bringen, hat sehr oft entweder die Bahnsteige zu wechseln, indem er an deren Ende über die Eisenbahngleise hinüberfährt, oder er muß von der Gepäckabfertigung zunächst einmal mit dem Fahrstuhl auf den Bahnsteig befördert werden. Der erste Transportweg verlangt eine erhöhte Bodenfreiheit unter dem Führerstande, damit der Elektrokarren,

Bild 431. L 1500 mit erhöhter Plattform für Gepäckbeförderung.

wenn er vom Bahnsteig über das tiefer liegende Gleis hinunterfährt und zum nächsten Bahnsteig wieder hinauffährt, infolge der beträchtlichen Vertiefung des Gleises bei der nur kurzen Strecke nicht gegen die Bordsteine des Bahnsteiges stößt. Für Beförderungen auf diesem Wege dient im allgemeinen der normale Vierradlenker L 1500 in der erwähnten Abänderung. Man rüstet ihn nötigenfalls auch noch mit einer erhöhten und verlängerten Plattform aus, damit diese gleich hoch wie der Fußboden des Packwagens liegt und damit das Umladen der Gepäckstücke erleichtert wird (Bild 431).

Bild 432. P 752 für Gepäckbeförderung im Fahrstuhl.

Wenn der Elektrokarren aber mittels des Fahrstuhls zum Bahnsteig hinaufbefördert werden soll, ist wegen der Abmessungen des Fahrstuhls und seiner zu geringen Tragfähigkeit die Verwendung eines Elektrokarrens für 1500 kg meistens ausgeschlossen, und es bleibt allein noch der Zweiradlenker für 750 kg mit oder ohne Anhängewagen zu benutzen (Bild 432).

Diese Type P 752 (Bild 433) hält sich in der Anordnung des Fahrgestells und der Unterbringung der Batterie sowie der Schaltanlage an die beim Vierradlenker erwähnten Richtlinien. Völlig anders ist jedoch das Triebwerk durchgebildet. Zwar wurde auch hier die als wichtig erkannte Forderung verwirklicht, die Bewegungen der beiden Triebräder voneinander unabhängig zu machen, aber nicht wie beim Vierradlenker durch Einzelantrieb jedes Triebrades, sondern mit Hilfe eines mechanischen Differentials, das über eine

Bild 433. Fahrgestell des P 752.

Bild 434. P 752 mit Niederplattformanhängern auf dem Güterboden.

Kardanwelle von einem am Fahrgestell aufgehängten Motor von 0,65 kW oder 1,4 kW angetrieben wird. Die bei dieser Type verwendete Schaltwalze bedeutet gegenüber derjenigen des L 1500 bereits eine Weiterentwicklung insofern, als sie für jede der beiden Fahrtrichtungen nur nach einer Seite hin gedreht und der Wechsel von einer Fahrtrichtung in die andere allein durch Verschieben zweier Kontakte bewirkt wird. Durch eine Verriegelung ist dafür gesorgt, daß letzteres nur beim Stillstand des Elektrokarrens geschehen kann. Abgesehen von der Verringerung der Kontaktfinger und des Walzenbelages wird bei diesem Schalten in nur einer Richtung der Schaltweg größer, so daß sich für den Schalthebel eine besonders sichere Rastung ausbilden läßt. Um für den Transport in Fahrstühlen die Länge dieses Elektrokarrens soweit wie nur möglich einschränken zu können, sind die Fußtritte, Schalt- und Lenkhebel sowie die Hüftstützen abklappbar eingerichtet.

Wegen ihres geringen Eigengewichtes, das z. B. mit einer Gitterplattenbatterie von 132 Ah etwa 700 kg beträgt, ist diese Type auch für Güterbahnhöfe die gegebene, denn infolge der geringen Tragfähigkeit des Fußbodens der Schuppen und Rampen muß hier auf besonders leichtes Gewicht geachtet werden. Wenn auch bei diesem Betriebe, der seine stärkste Steigerung auf den Umladebahnhöfen erfährt, bisweilen Elektrokarren allein Verwendung finden, so arbeiten sie doch im allgemeinen in Verbindung mit besonders niedrig gebauten Anhängewagen (Bild 434). Die Fahrzeuge sind dabei vom Güterboden in die an der Rampe bereitstehenden Waggons selbst hineinzubefördern, um dort schnellstens abgeladen werden zu können. Wie Bild 435 zeigt, hat der P 752 eine so schmale Bauart und ausreichende Wendigkeit, daß er allein auch auf den zwischen den Zügen befindlichen schmalen Rampen verkehren und in die Waggons hineinschwenken kann.

Bild 435. P 752 bei der Einfahrt in den Waggon.

Im Güterladedienst haben sich ebenso wie in den Eisenbahnausbesserungswerken Elektrokarren bereits als sehr wirtschaftliche Transportmittel erwiesen. Nach umfangreichen Erhebungen der Deutschen Reichsbahngesellschaft betrug für das Jahr 1927 die Ersparnis im Transportbetrieb auf Güterböden bei Benutzung von 468 Elektrokarren und Schleppern und 1228 Anhängern nach Abzug der Abschreibungsquote, Zinsen, Unterhaltungskosten der Lademittel, des Stromverbrauches u. ä. 1 288 639 RM.*)

Bei dem Gepäckdienst auf den Bahnsteigen bleibt der Vollständigkeit halber noch zu erwähnen, daß dort auch Elektrokarren oder Schlepper mit Anhängern im Dienste der Reichspost laufen. Die Beförderung der Pakete und Postsäcke vom Waggon zum Bahnpostamt und zurück, in kleineren und mittleren Städten auch weiter zum Hauptpostamt, erfolgt seit einiger Zeit ebenfalls mit Elektrokarren. Das zeitraubende Umladen vom Handwagen auf Automobil oder Pferdewagen läßt sich beim Elektrokarrenbetrieb vollkommen umgehen, weil dieses Fahrzeug überall, wo nur die örtlichen Verhältnisse es gestatten, von der Straße auf den Bahnsteig und unmittelbar an den Postwagen heranfahren kann. Für Fahrten allein auf dem Bahnsteig wird sehr oft der Schlepper eingesetzt, der, wie schon sein Name sagt, die Lasten nicht auf eigener Plattform transportiert, sondern lediglich Anhänger schleppt (Bild 436).

*) Siehe Reffler: Der Elektrokarrenbetrieb für die Stückgutbeförderung im Eisenbahnverkehr in betrieblicher und wirtschaftlicher Beziehung. Zeitung des Vereins deutscher Eisenbahnverwaltungen 1928, Nr. 38, Seite 1022.

Bild 436. Schlepper SL 1502 mit Bahnpostanhängern.

Später und in wesentlich geringerem Umfange als bei der Reichsbahn fand der Elektrokarren in Straßenbahnbetrieben Eingang. Das liegt daran, daß die Straßenbahnwerkstärtten wegen ihrer geringen Ausdehnung nicht in gleichem Maße wie die Eisenbahnausbesserungswerkstätten zur Verwendung von Elektrokarren herausfordern und andererseits die Brauchbarkeit des Elektrokarrens zu Sonderzwecken im Dienst des Straßenbahnbetriebes sich erst im Laufe der Zeit ergab, als er immer mehr neben dem Dienst in Innenbetrieben auch zu Straßenfahrten herangezogen wurde.

Die Aufgaben, die der Elektrokarren in den Straßenbahnwerkstätten und ebenso natürlich auch in den Werkstätten von Hoch- und Untergrundbahnen zu erfüllen hat, weichen nicht sonderlich von denjenigen in den Eisenbahnausbesserungswerkstätten ab, außer daß er hier auch bisweilen zum Rangieren der Wagen benutzt wird. Infolgedessen findet er auch hier in den gleichen Typen und Sonderbauten als Hubkarren Verwendung. Es sei an dieser Stelle noch bemerkt, daß zum Beladen mit schweren Werkstücken die Elektrokarren auch einen Kran mit Handwinde oder elektrischem Antrieb für eine Trag-

Bild 437. L 1500 im Betrieb einer Straßenbahnwerkstatt.

fähigkeit von normal 500 kg, im äußersten Falle 1000 kg erhalten können (Bild 438). Der Kranträger ist um etwa 180° schwenkbar und hat eine von Hand verfahrbare Laufkatze, welche die Last auf jeder Stelle der Karrenplattform abzusetzen gestattet. Zur Vermeidung der Kippgefahr wird das Fahrgestell noch besonders abgestützt.

Bild 438. L 1500 mit Handdrehkran für 500 kg Tragkraft.

Bemerkenswert bleibt aber im Straßenbahndienst noch die Verwendung des Elektrokarrens zu besonderen Aufgaben, z. B. der Weichenreinigung, der Neuverlegung und Reparatur von Fahrleitungen u. a.

Die erste Betriebsart hat sich in einer Stadt, in der die Erhöhung der Rillenzungenweichen von 40 mm Zungenhöhe auf 70 mm notwendig wurde, als sehr zweckmäßig erwiesen. Diese Erhöhung verursacht zugleich eine Erschwerung der Reinigung, die aber doch in wirtschaftlicher Weise durchgeführt werden konnte, da Elektrokarren mit einem Spezialaufbau die Möglichkeit bieten, die zum Spülen benötigten Wassermengen bequem an die

Bild 439. L 1502 mit Aufbau für Weichenreinigung.

Bild 440. Elektrokarren mit Anhänger für Fahrdrahtverlegung.

Weichen heranzuschaffen, zugleich das Reinigungsgerät mitzuführen und die Spülkolonnen schnell zu den einzelnen Arbeitsplätzen zu befördern. Ein Elektrokarren mit zwei Bedienungsmännern reinigt dort zur Zeit etwa 25 Weichen in der Schicht. Wie Bild 439 zeigt, ist auf den Elektrokarren ein Wasserbehälter aufgebaut, der 1000 l faßt und durch eine Schlauchleitung vom Hydranten aus gefüllt werden kann. Eine Handpumpe drückt das Wasser durch die Schlauchleitung mit abstellbarem Mundstück zur Reinigungsstelle. Der Antrieb der Pumpe kann natürlich auf Wunsch auch elektrisch erfolgen.

Auch für die Instandhaltung des Fahrdrahtes der Straßenbahn ist der Elektrokarren mit Erfolg eingesetzt worden. Bei der Neuverlegung der Leitung befördert er zunächst auf der eigenen Plattform oder auf einem Anhänger die Trommeln mit dem Kupferdraht zur Arbeitstelle und legt denselben dort aus. Hierfür hat er sich als sehr dienlich erwiesen. Ebenso zum späteren Einsammeln der abgeschnittenen Enden der ausgewechselten Leitung. Schließlich wird bei der Kürze der Zeit in der solche Auswechslungen oft auf 1 bis 2 km langen Strecken vorgenommen werden müssen, auch der hierbei nötige schnelle Transport zum Ausgleich von Mannschaften und Material vom Elektrokarren am geeignetsten durchgeführt. Er erreicht dabei eine wesentlich größere Leistung und Verbilligung der auf den Meter Fahrdraht entfallenden Kosten als dies

Bild 441. L 1502 mit Turmaufbau.

beim Pferdebetrieb möglich ist. Zur Reparatur des Fahrdrahtes erhält er, wie aus Bild 440 ersichtlich, einen Turmaufbau. Dank dem bequemen und stoßfreien Anfahren und Halten und vor allem dank seiner Wendigkeit vermag er sehr leicht mit dem Turmaufbau unter die zu reparierende Stelle des Fahrdrahtes zu fahren (Bild 441).

Diese Spezialaufbauten sind auf den Zweiradlenker L 1502 gesetzt, eine Elektrokarrentype, die weniger für Fahrten im Inneren als in erster Linie für den Dienst auf Höfen und Straßen gedacht ist. Stimmt sie auch in der grundsätzlichen Anordnung des Fahrgestelles, der Schaltapparatur und der Bremsung mit dem Vierradlenker L 1500 überein, so hat sie doch mit Rücksicht auf den Außendienst zur ruhigeren Fahrt einen wesentlich größeren Achsabstand, erhöhte Bodenfreiheit, doppelte Triebachsbereifung, größere Plattform und einen geräumigeren Batteriekasten zur Aufnahme einer Batterie von beträchtlich größerer Kapazität. Gelenkt werden die beiden am Führerstande befindlichen Laufräder; die Triebräder arbeiten unabhängig voneinander, jedes angetrieben von einem besonderen Motor von 1,05 oder wahlweise 1,4 kW.

K. Zahnradlokomotiven.

Für Beförderung der im Tagebau gewonnenen Braunkohle zu den Kohlenbunkern bzw. zur Brikettfabrik dienten bisher fast allgemein Kettenbahnen. Nachdem jedoch bei großen Braunkohlenfeldern die zu befördernden Mengen eine beträchtliche Vermehrung erfahren haben, ist man auch hier zur Lokomotivförderung übergegangen. Bei tiefen Braunkohlengruben, wo also große Höhenunterschiede von dem Kohlenflöz bis zum Kohlenbunker zu überwinden sind, erfordern Adhäsionsbahnen eine Gleisentwicklung, für die meistens nicht genügend Platz vorhanden ist, da die Förderung mittels Adhäsionslokomotiven bei Steigungen von mehr als 30 ‰ keine günstigen Werte mehr ergibt. Es werden daher für diese Bahnen neuerdings elektrische Zahnradlokomotiven verwendet. Die Vorteile dieser Förderart liegen in der günstigen Linienführung für die Bahn, da Steigungen bis zu etwa 100 ‰ überwunden werden können und in der Beweglichkeit und Elastizität, da man durch die Inbetriebnahme der entsprechenden Anzahl von Lokomotiven die Förderung den jeweiligen Bedürfnissen anpassen kann.

Da die Zahnradstrecken im Bergbau im Verhältnis zu den übrigen Strecken eine nur verhältnismäßig kurze Ausdehnung haben, so verwendet man aus technischen und wirtschaftlichen Gründen im allgemeinen nur reine Zahnradlokomotiven, die also als Schublokomotive nur die Zahnstangenstrecke befahren. Es werden daher auch nur die in die Zahnstange eingreifenden Zahnräder dieser Lokomotiven angetrieben, und man verzichtet, um die Lokomotiven nicht zu komplizieren, auf den Antrieb der Laufräder. Der Betrieb spielt sich dann folgendermaßen ab:

Der Kohlenzug fährt durch eine Weiche in die gerade Zahnstangenstrecke hinein, die Zahnradlokomotive setzt sich hinter den Zug und drückt ihn zusammen mit der Adhäsionslokomotive die Steilstrecke hinauf. Oben fährt der Zug ohne anzuhalten weiter, während die Zahnradlokomotive stehen bleibt und den nächsten Zug zur Talfahrt erwartet. Bei der Talfahrt setzt sich der ankommende Zug hinter die Zahnradlokomotive und wird, ohne angekuppelt zu werden, durch die Zahnradlokomotive hinuntergebremst. Unten angekommen, hält der Zug einen Augenblick, die Zahnradlokomotive fährt allein weiter bis hinter die Weiche, worauf der Zug durch die Zahnstangenweiche zum Bagger fährt. Die Züge werden also nicht an- und abgekuppelt, so daß für das Einfahren in die Zahnstangenstrecke bzw. das Ausfahren nur ein kurzer Aufenthalt von je etwa einer Minute entsteht. Es wäre nicht wirtschaftlich, wenn man die Zahnradlokomotive so bauen würde, daß auch die Adhäsionsräder angetrieben werden und die Züge über die ganze Strecke, also auch über die Adhäsionstrecke, durch die Zahnradlokomotiven befördert werden würden. Man muß in diesem Falle jede Maschine als Zahnradlokomotive ausbilden, was wesentlich höhere Anschaffungskosten erfordern würde, während man sonst mit 1—2 Zahnradlokomotiven auskommt.

Bild 442. Drehstrom-Zahnradlokomotive.

Bild 442 zeigt eine Drehstrom-Zahnradlokomotive für eine rheinische Braunkohlengrube im Dienstgewicht von 31 t mit einer Dauerleistung von 400 kW bei 3000 V Spannung und 50 Hertz. Die Lokomotive kann einen Zug von rd. 200 t über eine Steigung von 80 ‰ mit einer Geschwindigkeit von etwa 6,5 km/h befördern. Die Zugkraft beträgt hierbei rd. 20 000 kg. Die Lokomotive hat zwei Triebzahnräder, so daß jedes Rad also rd. 10 000 kg zu übertragen hat. Der mechanische Teil der Lokomotive ist von der Firma Borsig A.-G., Berlin, konstruiert und hergestellt. Der Rahmen der Lokomotive und der Lokomotivkasten sind aus starken, mit Winkeleisen versteiften Eisenblechen gebildet und stützen sich vermittels einfacher Blattfedern auf die beiden Tragachsen. Zwischen den beiden Tragachsen sind die beiden Triebzahnräder gelagert, die von zwei hochliegenden Motoren unter Zwischenschaltung einer als Lamellenkupplung ausgebildeten Rutschkupplung mittels Stirnradgetriebe angetrieben werden. Der an der einen Seite befindliche Führerstand ist durch eine Wand, in der sich eine Tür zum Begehen des Maschinenraumes befindet, gegen den Maschinenraum abgeschlossen. Der Führerstand selbst enthält alle zur Bedienung erforderlichen Apparate und Instrumente. An dem andern Ende der Lokomotive befindet sich ein durch verriegelte Gittertüren abgetrennter Raum, in dem sämtliche Hochspannungsapparate einschließlich Hilfstransformator und Anfahrwiderstände untergebracht sind. Das gesamte Dach der Lokomotive über dem Maschinenraum ist abnehmbar, so daß die Motoren von oben ausgebaut werden können.

Ein ganz besonderer Wert mußte bei dieser Lokomotivart auf die Ausbildung der Bremsen gelegt werden, damit selbst beim Versagen der einen oder der anderen Bremse noch ein sicheres Anhalten bzw. Zutalfahren des Zuges möglich ist. Die Lokomotive ist daher mit folgenden Bremsen ausgerüstet:

1. 1 Triebzahnradbremse, die vom Führerstand aus durch eine Handspindel betätigt wird und auf beide Triebzahnräder wirkt.
2. 1 Reibungsbremse, die mit je einem Klotz auf die 4 Laufräder wirkt; sie wird ebenfalls vom Führerstand aus von Hand betätigt und dient als Zusatzbremse für die vorher erwähnte Triebzahnradbremse.
3. 1 selbsttätig wirkende Sicherheitsbremse, die auf die beiden Motorachsen arbeitet. Diese Bremse ist in erster Linie als Sicherheitsbremse gegen Durchgehen der Lokomotive bei Talfahrt bestimmt. Sie wird auf elektrischem Wege bei Überschreitung einer bestimmten Geschwindigkeit ausgelöst und bringt die Lokomotive mit Zug auf kurzem Wege zum Stehen. Die Auslösung erfolgt auch beim Ansprechen eines Überstromauslösers sowie beim Ausbleiben der Netzspannung. Durch einen im Führerstand befindlichen Notschalter kann sie auch jederzeit durch den Führer von Hand ausgelöst werden.
4. Zur betriebsmäßigen Abbremsung des Zuges bei Talfahrt werden normalerweise die beiden Drehstrommotoren herangezogen, die hierbei als übersynchron angetriebene Asynchrongeneratoren auf das Netz zurückarbeiten.

Der Strom wird der Lokomotive durch eine dreipolige Fahrleitung, die über dem Gleis liegt, zugeführt. Von einer Umwandlung des vorhandenen Drehstroms in Gleichstrom wurde abgesehen, da die dreipolig verlegte Fahrleitung hier, wo keine Luftweichen und Krümmungen vorkommen, sehr einfach war. Wenn jedoch Gleichstrom vorhanden ist, so können die Zahnradlokomotiven selbstverständlich auch mit Gleichstrommotoren ausgerüstet werden und unterscheiden sich in ihrem Aufbau nicht von der vorher beschriebenen Drehstromlokomotive.

Der Strom wird von der dreipolig verlegten Drehstrom-Oberleitung durch 3 auf dem Lokomotivdach nebeneinander angeordnete Scherenstromabnehmer mit je 2 Schleifstücken abgenommen. Von hier geht der Strom über einen dreipoligen Trennschalter, der gleichzeitig die Gittertür der Hochspannungskammer verriegelt, zu den Hochspannungschützen, die als Hauptschalter gleichzeitig auch als Fahrtwenderschütze für die beiden Motoren dienen. Die beiden Schütze für Bergfahrt und Talfahrt werden durch die im Fahrschalter befindliche Umschaltwalze gesteuert, wobei beide Schütze derart gegeneinander verriegelt sind, daß jeweils nur das der eingestellten Fahrtrichtung entsprechende Schütz eingeschaltet werden kann.

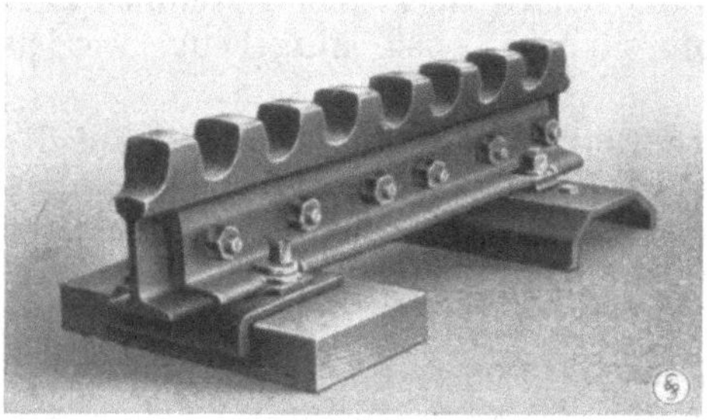

Bild 443. Strub'sche Zahnstange.

Die beiden Drehstrommotoren zum Antrieb der Triebzahnräder sind selbstlüftende Motoren mit Schleifringläufer von je 200 kW bei 3000 V und 735 Uml/min. Das Kippmoment der Motoren beträgt das 3,2fache des normalen. Die Motoren werden über Anlaßwiderstände durch den im Führerstand untergebrachten Fahrschalter angelassen. Der erforderliche Strom für die Steuerung der Hochspannungschütze des Bremsmagneten sowie für die Nebenstromkreise für Licht und Heizung wird einem 5 kVA-Transformator mit belastbarem Nulleiter entnommen, der die Fahrdrahtspannung von 3000 V auf 110/70 V herabsetzt.

Die bei diesen Zahnrad-Werkbahnen auftretende hohe Zugkraft der Lokomotive von 20 000 kg und mehr, die bei weitem die Zugkräfte übersteigt, die sonst bei Personen-Zahnradbahnen üblich sind, erforderte naturgemäß eine sorgfältige Auswahl des Zahnstangensystems.

Bei der vorliegenden Bahn hat man sich nach Prüfung der verschiedenen Zahnstangen-Systeme zu der Strub'schen Zahnstange entschlossen, die Zahndrücke von 10 000 kg je Zahn ohne weiteres zuließ. Zu berücksichtigen war hierbei noch, daß der Betrieb bei diesen Industriebahnen Tag und Nacht ohne Unterbrechung durchgeht und daher an die Zahnstange bzw. die Triebzahnräder auch bezüglich der

Bild 444. Zahnstangenweiche.

Abnutzung hohe Anforderungen gestellt werden. Auch war bei der Wahl des Zahnstangen-Systems darauf zu achten, daß die Reinigung der Zahnstangen leicht möglich ist, weil ein Verschmutzen durch herabfallende Kohle und Sand kaum zu vermeiden ist. Die Strub'sche Zahnstange (Bild 443) hat das Profil einer Eisenbahnschiene mit wesentlich verstärktem Kopf, in dem die Zähne eingefräst sind. Sie wird in Längen von 4 m hergestellt und durch Speziallaschen verlascht. Auf je 4 m Zahnstange kommen 6 eichene Holzschwellen, auf denen die Zahnstange durch Haken-Unterlagplatten befestigt ist. Bild 444 zeigt die Anordnung der Zahnstangenweiche für die Einfahrt des Zuges in die Steilstrecke. Das Umlegen der Zahnstangenweiche geschieht gleichzeitig mit der Fahrschienenweiche, mit der sie fest durch ein Gestänge verbunden ist.

IX. Bahnen besonderer Art für Personenverkehr

A. Zahnradbahnen.

1. Allgemeines.

Die größte Steigung, die mit Reibungsbetrieb überwunden werden kann, ist durch die nutzbare Reibung zwischen Triebrädern und Schienen und das zu befördernde Gesamtzuggewicht begrenzt entsprechend der Formel

$$Z = \frac{Q_1}{6} \text{ (siehe Abschnitt IV F Seite 62).}$$

Die größte Zugkraft tritt meist beim Anfahren auf. Bei einer bestimmten Größe der Anfahrbeschleunigung und der Reibungszahl läßt sich für verschiedene Steigungen das Verhältnis $\frac{Q_2}{Q_1}$ des Anhängegewichts Q_2 zum Reibungsgewicht Q_1 des Triebfahrzeuges bestimmen. In Bild 445 ist das Ergebnis dieser Rechnungen mit einer mittleren Reibungsziffer von einem Sechstel für verschiedene Anfahrbeschleunigungen dargestellt.

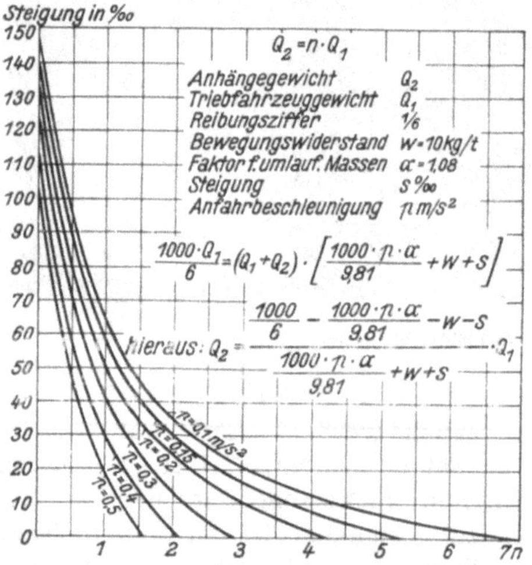

Bild 445. Grenzkurven für Reibungsbetrieb bei verschiedenen Anfahrbeschleunigungen.

Obwohl in technischer Hinsicht Steigungen von 200 ‰ und mehr mit Reibungsbahnen befahren werden können (Versuchsfahrt auf der Zahnradbahn Triest—Opcina auf einer Steigung von 240 ‰), muß mit Rücksicht auf Wirtschaftlichkeit des Betriebes die Grenze für die Steigungen von Reibungsbahnen für Vollbahnen mit Lokomotivbetrieb bei etwa 40 ‰, für straßenbahnähnliche Transportaufgaben bei etwa 100 ‰ (Verwendung von alleinfahrenden Triebwagen) angesetzt werden. Wie aus Bild 445 hervorgeht, wird selbst bei kleiner Anfahrbeschleunigung das Verhältnis von Anhängelast zum Reibungsgewicht des Triebfahrzeuges bei größerer Steigung zu ungünstig, und besonders bei Lokomotivbetrieb wird dann von dem an sich schon sehr hohen Kraftverbrauch der größte Teil für Fortbewegung des Lokomotivgewichts verbraucht.

Bei der Deutschen Reichsbahn-Gesellschaft sind mit Rücksicht auf Betriebsicherheit auf Hauptbahnen höchstens 25 ‰, auf Nebenbahnen 40 ‰ zugelassen (Bau- und Betriebsordnung § 7). Größere Steigungen bedürfen der Genehmigung des Reichsverkehrsministers. Im Ausland kommen größere Steigungen vor z. B. Wadenswyl—Einsiedeln (Schweiz) 50 ‰ und auf Nebenbahnen wie Uetli-Bergbahn (Schweiz) und Salida Zweigbahn (Nordamerika) 70 ‰. Bei elektrischen Straßenbahnen sind Reibungstrecken mit Steigungen bis 115 ‰ (Le Havre) ausgeführt.

Bei größeren Steigungen läßt sich ein besseres Verhältnis von Anhängelast zu Triebfahrzeug-Gewicht durch Anwendung einer Zahnstange erreichen. Die Verwendung solcher Zahnstangen läßt ohne Verminderung der Betriebsicherheit Steigungen bis zu 450 ‰ und mehr zu, bedingt allerdings erheblich kleinere Fahrgeschwindigkeiten, als sie beim Reibungsbetrieb üblich sind. Die zur Überwindung des vorhandenen Höhenunterschiedes erforderliche Bahnlänge wird durch die mögliche größere Steigung erheblich gekürzt. Trotz erhöhter Baukosten für 1 km Bahnoberbau und trotz höherer Kosten für die Triebfahrzeuge wird dadurch eine Zahnstangenbahn im Bau und Betrieb oft billiger als eine Reibungsbahn. Bei Bahnprojekten in gebirgigen Gegenden ist daher stets nachzuprüfen, welche Bauart die wirtschaftlich bessere ist.

Andere Lösungen zur Überwindung großer Steigungen sind Standseilbahnen und Schwebeseilbahnen (bis $s = 850$ ‰), bei denen aber immer nur ein Wagen in Bergfahrt und einer in Talfahrt sich befindet, die beide durch ein Seil verbunden sind, so daß sie nur für ganz schwachen Verkehr in Frage kommen.

2. Oberbau und Zahnstangensysteme.

Die Zahnstangenbahnen fahren in der Regel auf eigenem Bahnkörper, gelegentlich liegt der Oberbau auf kurzen Strecken auch in der Straße. Der Oberbau besteht aus Vignol- bzw. Rillenschienen als Laufschienen und der Zahnstange, die meist auf eisernen Querschwellen, gelegentlich auch auf Holzschwellen in Schotter- oder Kiesbettung verlegt sind. Die Schwellen werden in Abständen von 0,75 bis 1 m vorgesehen und in den erforderlichen Abständen durch Felsanker, Betonklötze, Mauerwerk oder einbetonierte Eisenstangen sorgfältig gegen Abrutschen gesichert.

Eine Zahnstange zwischen den Laufschienen wurde zum erstenmal 1847 in Amerika verwendet. Diese Zahnstange war aus Gußeisen hergestellt und ließ daher nur kleine Zuggewichte zu. Für größere Wagengewichte wurden von Marsh (1866) und Riggenbach (1870) Zahnstangen ausgebildet, die sich durch sehr große Widerstandsfähigkeit auszeichnen.

Die Zahnstange von Riggenbach (Bild 446) besteht aus zwei senkrecht angeordneten U-Eisen, zwischen die trapezförmige Zähne aus Walzeisen eingenietet sind. Die Zahnköpfe werden meist etwas höher als die Laufschiene angeordnet. Damit die Zahnstange nicht zu hoch und schwer ausfällt, wird sie daher oft auf besonderen Sätteln verlegt. Hierdurch wird auch ein leichteres Freihalten der Zahnstange von Schmutz, Schnee und Eis ermöglicht, da die Unterkante der U-Eisen-Wangen höher über der Bettung liegt.

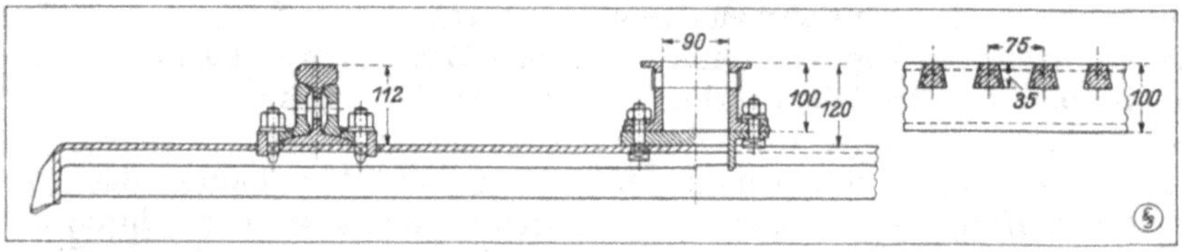

Bild 446. Anordnung der Riggenbach-Zahnstange auf Eisenschwelle bei Vignolgleis (Barmer Bergbahn).

Die Länge der Zahnstangenstücke wird möglichst klein gewählt, meist 3,0 bis 3,5 m, damit die zwischen zwei Stücken erforderliche Wärmelücke klein ausfällt. Eine stark veränderliche Wärmelücke ergibt nämlich eine Unregelmäßigkeit der Zahnteilung und damit ruckweise Geschwindigkeitsänderung beim Überfahren der Stoßstelle. Außer dieser Zahnstange wurden noch verschiedene Systeme ausgebildet, die aber weniger häufig zur Anwendung kamen. Erwähnt seien nur die Zahnstange von Abt (1882), die aus zwei oder drei hochkantig befestigten mit Zähnen versehenen Flacheisen besteht, und die Zahnstange von Strub (1896, S. 419).

Bei allen Zahnstangenbahnen, bei denen der Zahneingriff in einer lotrechten Ebene stattfindet, entsteht durch die Komponente der Zugkraft, die in Richtung der etwas geneigten Zahnflanke fällt und durch die Reibung zwischen Zahnrad und Zahnstangenflanke im ersten Teil des Eingriffs eine nach oben gerichtete Kraft, der sogen. „Auftrieb“, der zusammen mit den Drehmomenten durch die Zugkraft der Anhängewagen und die Schwerkraftkomponente des Triebfahrzeuges in Richtung der Bahnneigung das Triebfahrzeug zu heben oder um die talseitige Achse zu kippen sucht. (Berechnung der Standsicherheit siehe Seefehlner, Elektr. Zugförderung, Teil V). Auch hier ist also das Verhältnis von Anhängelast zu Triebfahrzeuggewicht von der größten Steigung abhängig. Zur Sicherung gegen Entgleisen werden zuweilen besondere Verankerungen vorgesehen, die beim Aufsteigen des Fahrzeuges in entsprechende Vorsprünge der Zahnstange eingreifen und deren Spiel so bemessen wird, daß beim Aufsteigen der Zahneingriff nicht verloren gehen kann (Bild 447).

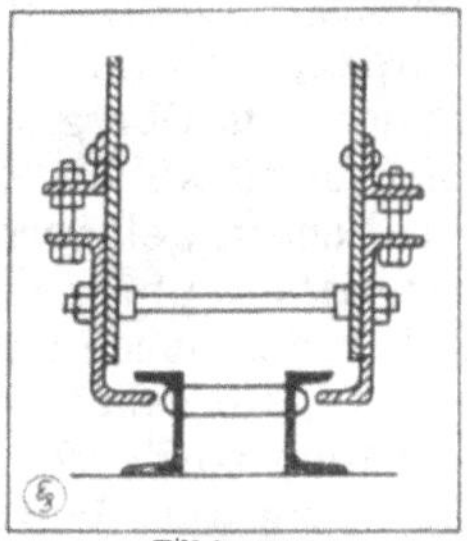

Bild 447.
Fahrzeugverankerung für Riggenbach-Zahnstange.

Für Steigungen von mehr als 250‰ kommen Zahnstangen mit in der Ebene der Bahnneigung liegender Eingriffsebene zur Ausführung, die auf beiden Seiten Zähne besitzen, in die ebenfalls in der Ebene der Bahnneigung liegende Zahnräder von beiden Seiten eingreifen. Derartige Ausführungen, bei denen der Auftrieb vermieden ist, sind die von Locher-Stehlin (1885) und neuerdings die von Peter (1918). Die letztere zeichnet sich durch einfache Ausführung aus und läßt sehr große Steigungen zu (Projekt Dreikreuzberg-Bahn, $s_{max.} = 500$ ‰).

Die Spurweite der Zahnradbahnen zwischen den Laufschienen beträgt 0,75 bis 1,435 m. Die Mehrzahl, so auch die Barmer Bergbahn und Filder-Bahn haben Meterspur.

Als kleinste Krümmungshalbmesser werden bei Normalspur 180 bis 100 m, bei 1,0 bis 0,8 m Spurweite solche von 80 bis 60 m angewendet. Kleinere Halbmesser sollten möglichst vermieden werden. Spurerweiterung oder Überhöhung der äußeren Schiene müssen besonders bei Schmalspurbahnen berücksichtigt werden. Weichen auf der Zahnstangenstrecke können bei nicht ganz sorgfältiger Konstruktion zu Entgleisungen des Zahnrades Anlaß geben, es wird daher meist vermieden, auf der Steilstrecke Weichen anzuwenden. Man legt die Ausweichen und Bahnhöfe möglichst in die Ebene oder in geringe Neigung (Bild 448) oder sieht, wenn dies nicht möglich ist, Schiebebühnen zum Umsetzen vor (Bild 452).

Bild 448. Weichenanordnung der Filder-Bahn.

Bei Bahnen mit gemischtem Betrieb, bei denen für

Reibungs- und Zahnstangenstrecke dieselben Triebfahrzeuge verwendet werden, muß für einen glatten Einlauf und sicheren Eingriff der Zahnräder beim Übergang auf die Zahnstangenstrecke gesorgt werden. Die Einfahrstücke der Zahnstange sind senkrecht zur Bahnebene beweglich auf Federn gelagert. Beim etwaigen Aufeinandertreffen der beiderseitigen Zahnköpfe wird Aufsteigen des Fahrzeuges oder Beschädigung des Zahnrades durch das Nachgeben der Zahnstange verhindert. Außerdem werden die Zahnteilungen am Anfang des Einfahrtstückes etwas größer gewählt, sowie die Zähne etwas tiefer gesetzt und ein allmählicher Übergang auf die Teilung und Zahnhöhe der Zahnstange herbeigeführt.

Die Zahnbreite richtet sich nach dem Zahndruck. Um die Abnutzung in mäßigen Grenzen zu halten, sollte der spez. Zahndruck $\left(= \frac{\text{Zahndruck}}{\text{Zahnbreite}}\right)$ 100 kg/mm nicht überschreiten. Übliche Zahnbreiten sind 80 bis 140 mm.

Bei allen Zahnstangensystemen kommt Evolventenverzahnung zur Anwendung. Je größer der Triebraddurchmesser und je kleiner die Teilung t ist, um so größer ist die Eingriffsdauer bzw. die Anzahl der gleichzeitig in Eingriff befindlichen Zähne. Dies ist erwünscht, um den Zahndruck klein zu halten und ruhigen Gang des Zahntriebes zu erreichen. Übliche Teilungen sind t = 100 bis 120 mm, es kommen auch kleinere Werte vor, z. B. bei der Barmer Bergbahn t = 75 mm.

3. Motorleistung und Triebfahrzeuggewicht.

Die Berechnung der Motorenleistung unterscheidet sich im wesentlichen nicht von der für Reibungsbahnen (siehe Abschnitt IV F). Der Bewegungswiderstand für das Triebfahrzeug ist durch die Reibung des Zahnrades natürlich größer als bei Reibungsbahnen und beträgt im Mittel 15—20 kg/t. Von dem Zuggewicht kommt für die Berechnung des Zugwiderstandes nur die Komponente senkrecht zur Bahnlängsachse in Frage (Bild 449). Der Luftwiderstand braucht bei den kleinen Geschwindigkeiten nicht berücksichtigt zu werden. Infolge der großen Steigungswiderstände sind kleine Ungenauigkeiten bei der Bestimmung der Reibungswiderstände ohne Bedeutung. Die meist erforderliche doppelte Übersetzung zwischen Motor und Triebzahnrad muß bei der Bestimmung des Getriebwirkungsgrades beachtet werden.

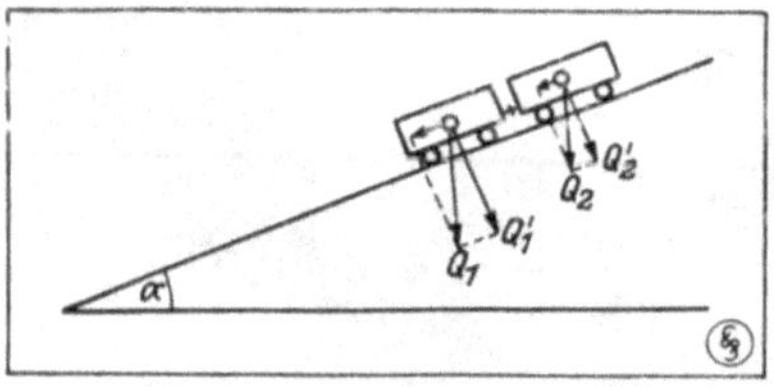

Bild 449. Gewichtskomponenten für Berechnung des Zugwiderstandes.

$Q'_1 = Q_1 \cos \alpha$
$Q'_2 = Q_2 \cos \alpha$

Da besonders bei steilen Zahnradbahnen mit Lokomotivbetrieb das Eigengewicht der Lokomotive einen beträchtlichen Anteil an dem Zuggewicht erreicht, muß bei der Konstruktion auf äußerste Materialausnutzung geachtet werden. Das für die Standsicherheit erforderliche Lokomotivgewicht darf natürlich nicht unterschritten werden. Bei Anwendung von Triebwagen ergeben sich oft erhebliche Gewichtsersparnisse.

Um die Starrheit im Getriebe etwas zu mildern, sieht man meist eine Rutschkupplung vor, die auf der Ankerwelle angeordnet wird. Wie Versuche gezeigt haben, wird nämlich bei Zahnradlokomotiven die lebendige Kraft der linear bewegten Massen durch die der rotierenden Massen oft vervielfacht. Unregelmäßigkeiten der Zahnteilung (Stöße der Zahnstange) ergeben bei vollkommener Starrheit des Getriebes stoßweise Geschwindigkeitsänderungen und könnten leicht zu Beschädigungen der Triebwerksteile Anlaß geben.

4. Stromversorgung.

Über die Stromerzeugung gilt das für Straßenbahnen Gesagte; da es sich besonders bei reinen Zahnstangenbahnen meist um kürzere Strecken handelt, wird auch hier Gleichstrom mit 500 bis 1500 V Fahrdrahtspannung bevorzugt, weil dieser in einfacher Weise die Anwendung von Pufferbatterien gestattet, die bei größter Leistung Energie abgeben und bei Anwendung von Nutzbremsung bei Talfahrt die freiwerdende Energie aufnehmen.

Bei der Filder-Bahn, die Stuttgart mit der höher gelegenen Filderebene verbindet, wird der Strom im eigenen Kraftwerk Möhringen erzeugt und den etwa 30 km langen Adhäsionstrecken als Gleichstrom von 600 V direkt zugeführt. Für die 3 km vom Kraftwerk entfernte, etwa 2 km lange Zahnradstrecke ist ein Umformerwerk in Stuttgart vorgesehen, in dem die in Form von Drehstrom mit 6000 V, 50 Hertz durch Kabel zugeführte elektrische Energie durch Motorgeneratoren in Gleichstrom umgeformt wird. Für die Wahl dieses gemischten Systems war die Absicht mitbestimmend, gleichzeitig Strom für Licht- und Kraftversorgung für die umliegenden Gemeinden abzugeben. Bild 450 zeigt das Schaltbild des Umformerwerkes, dessen elektrische Ausrüstung von Siemens & Halske geliefert wurde. Auf der Zahnradstrecke befindet sich immer gleichzeitig ein Zug in Tal- und ein Zug in Bergfahrt. Da Nutzbremsung vorgesehen ist, braucht das Umformerwerk nur den Unterschied zwischen der Stromaufnahme des bergfahrenden und der Stromrückgabe des talfahrenden Zuges zu liefern. Es erhielt daher nur zwei kleine Drehstrom-Gleichstrom-Umformer, aber eine große Pufferbatterie, die so groß bemessen ist, daß unter Umständen ein Bergzug auch ohne einen entsprechenden Gegenzug befördert werden kann. Übersteigt bei Unregelmäßigkeiten des Fahrplans der rückgewonnene Strom den zulässigen Ladestrom der Batterie, so wird die überschüssige Energie in dem vorgesehenen Wasserwiderstand vernichtet.

Auch das Kraftwerk der Barmer Bergbahn, das neben verschiedenen Reibungsbahnen die Zahnradstrecke Barmen—Toelleturm speist, hat eine starke Pufferbatterie zum Ausgleich der Belastungstöße und zur Aufnahme der durch die Nutzbremsung rückgewonnenen Energie. Diese Zahnradbahn, deren gesamte elektrische Ausrüstung von Siemens & Halske geliefert wurde, ist bereits im Jahre 1894 dem Verkehr übergeben worden und ist somit die älteste, elektrisch betriebene Zahnradbahn der Welt.

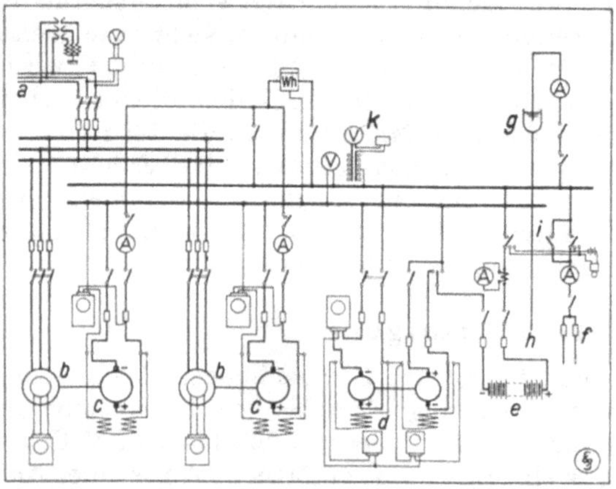

Bild 450. Umformerwerk Stuttgart

a = vom Kraftwerk kommende Drehstromleitung, b = Drehstrommotoren, c = Gleichstrom-Generatoren, d = Batteriezusatzmaschine, e = Pufferbatterie, f = abgehende Streckenspeiseleitungen, g = Wasserwiderstand, h = Rückleitung, i = Sicherheits- und Streckenautomat, k = Umschaltvoltmeter.

Die Stromzuführung zu den Triebfahrzeugen geschieht entweder durch Oberleitung oder seltener durch dritte Schiene. Da es sich bei Zahnradbahnen um kleine Geschwindigkeiten handelt, wird Einfachaufhängung des Fahrdrahtes gewählt (vgl. Bild 448), deren Ausführung sich nicht von der bei Reibungsbahnen üblichen unterscheidet (siehe Abschnitt VII B, S. 268). Die Stromrückleitung erfolgt hier ebenfalls durch die Schienen, wobei auch die Zahnstange zur Rückleitung mit herangezogen wird.

5. Triebfahrzeuge.

Entsprechend der Gestaltung des Höhenprofils lassen sich zwei Gruppen von Zahnradbahnen unterscheiden, und zwar:

a) Reine Zahnstangenbahnen, d. h. solche, die auf ihrer ganzen Länge mit Zahnstange ausgerüstet sind,

b) Bahnen mit gemischtem Betrieb, bei denen eine oder mehrere Zahnstangenstrecken zwischen Reibungstrecken liegen.

Entsprechend diesen beiden Gruppen lassen sich auch die Triebfahrzeuge in Lokomotiven und Motorwagen für reinen Zahnstangenbetrieb und solche für gemischten Betrieb einteilen.

Triebfahrzeuge für reinen Zahnstangenbetrieb benötigen keinerlei Einrichtung für Reibungsbetrieb; die Reibungsachsen dienen nur als Lauf- und Führungsachsen.

Bei Fahrzeugen für gemischten Betrieb müssen sowohl die Triebzahnräder als auch die Laufräder angetrieben werden. Dies kann auf verschiedene Weise geschehen. Überwiegt die Zahnstrecke und sind bloß kurze Bahnhofstrecken oder Anfangs- und Endstrecken als Reibungstrecken ausgebaut, so wird meist eine direkte Kupplung beider Triebräderarten vorgesehen. Es müssen dann natürlich Reibungstriebräder und Zahntriebräder (Teilkreis) gleichen Durchmesser haben. Infolge der Abnutzung der Radbandagen läßt sich dies nie ganz erreichen. Es hat sich aber gezeigt, daß der durch das Gleiten der Reibungsräder bedingte Arbeitsverlust sehr gering ist, weil wegen der Schmierung der Zahnstange auch die Laufschienen meist etwas schlüpfrig sind. Neuerdings schaltet man aber trotzdem in den Antrieb der Reibungsräder eine lösbare Kupplung ein und verzichtet dann auf der Steilstrecke auf den Reibungsantrieb.

Sind längere Reibungstrecken vorhanden, so wird man, um die Leistungsfähigkeit der eingebauten Motoren voll auszunutzen, verschiedene Fahrgeschwindigkeiten für beide Streckenarten anstreben. Eine kleine Erhöhung der Geschwindigkeit auf der Reibungstrecke läßt sich durch Feldschwächung der Motoren erreichen. Eine bessere Lösung ist die Anordnung verschiedener Übersetzungsgetriebe für den Antrieb der Reibungsachsen und des Triebzahnrades. Durch lösbare Kupplungen läßt sich von der einen auf die andere Antriebsart umschalten. Will man diese mechanische Umschaltung vermeiden, so müssen zwei voneinander unabhängige Motorgruppen vorgesehen werden. Nachteilig ist bei dieser Anordnung das große Gewicht der elektrischen Ausrüstung.

Es folgt hieraus, daß Lokomotiven und Motorwagen für reinen Zahnstangenbetrieb viel einfacher im Bau und Betrieb sind, und bei nicht allzu großem Verkehr und nur einer Steilstrecke ist es daher oft vorteilhaft, für Bahnen mit gemischtem Zahnstangen- und Reibungsbetrieb für die Steilstrecke besondere Triebfahrzeuge vorzusehen und an den Enden dieser Strecke Umsteigebetrieb auf reine Reibungsbahnen vorzusehen.

Dieser Weg ist auch bei der von Siemens & Halske ausgerüsteten Filder-Bahn und Barmer Bergbahn beschritten. Die Motorwagen der Zahnradstrecken dieser beiden Bahnen, die wegen der Einrichtungen für Nebenschlußbetrieb und Stromrückgewinnung besonderes Interesse haben, sollen im folgenden kurz beschrieben werden:

Für den Verkehr auf der Steilstrecke der Barmer Bergbahn, Barmen—Toelleturm, sind große und kleine Zahnradmotorwagen vor-

Bild 451. Großer Triebwagen der Zahnradstrecke Barmen—Toelleturm.

handen. Die großen Wagen (Bild 451) wiegen etwa 15 t und fassen 46 Personen, die kleinen wiegen 11 t und fassen 24 Personen. Die großen zweiachsigen Wagen haben zwei Gleichstrom-Nebenschluß-Motoren von je etwa 44 kW Stundenleistung, die kleinen nur einen Motor von etwa 63 kW Stundenleistung bei 550 V Betriebspannung. Bild 452 zeigt das Untergestell eines großen Wagens. Der Antrieb des Zahnrades erfolgt über ein doppeltes Vorgelege (Bild 453). Der Wagenkasten ruht federnd auf dem Untergestell und gleicht in seiner äußeren Ausstattung einem Straßenbahnwagen.

Das Bremsen bei Talfahrt geschieht durch Nutzbremsung, wobei vom Wagenführer nur die Motoren ans Netz geschaltet werden müssen. Sie erzeugen dann eine etwas größere Spannung als die im Netz herrschende und arbeiten so als Generatoren. Die Geschwindigkeit ist, da die am Netz liegende Erregung konstant ist, durch die Netz-

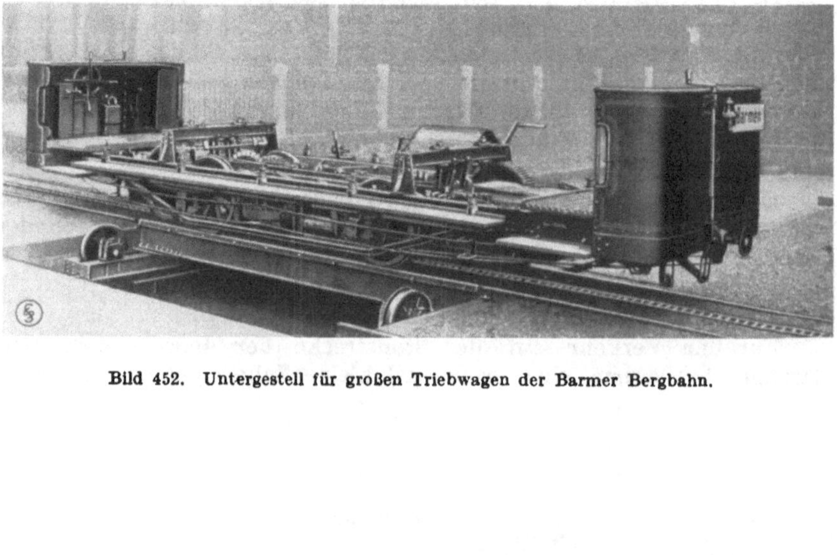

Bild 452. Untergestell für großen Triebwagen der Barmer Bergbahn.

spannung festliegend und beträgt etwa 9 km/h. Zum Stillsetzen dient eine Backenbremse, die auf an den Zahnstangenrädern sitzende Rillenscheiben wirkt. Unter dem Wagen befindet sich noch eine selbsttätige Bremse, die anspricht, wenn die zulässige Geschwindigkeit überschritten wird. Ein Fliehkraftregler löst die Hemmung einer hochgespannten Feder aus, und die Feder drückt dann die Bremsbacken an. Als dritte mechanische Bremse ist eine Hemmschuhbremse vorge-

Bild 453. Motor und Zahnradübersetzung.

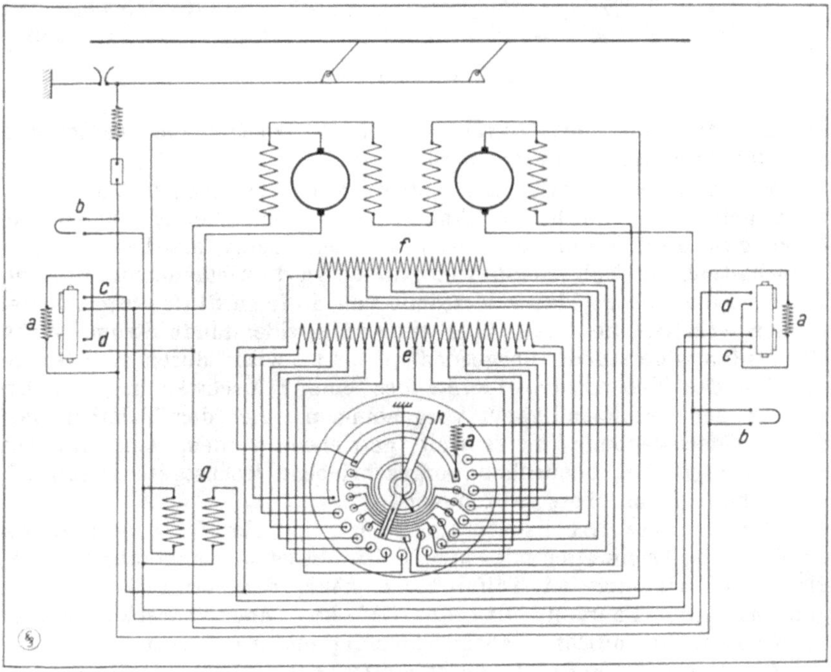

Bild 454. Schaltbild für große Zahnradwagen.

a = Löschspule, b = Notschalter, c = Umschalter, d = Nebenschlußschalter, e = Fahrwiderstände, f = Nebenschlußwiderstände, g = Ankervorschaltwiderstand, h = Fahrschalter.

Bild 455. Motorwagen der Filder-Bahn.

sehen, die auf alle vier Laufräder wirkt und bei Mängeln am Zahnrad oder der Zahnstange betätigt wird.

Wie aus dem Schaltbild für den großen Triebwagen (Bild 454) hervorgeht, sind die beiden Anker parallel, die Felder dagegen in Reihe geschaltet. Beim Anfahren werden zuerst die Felder unter Vorschaltung der Nebenschlußwiderstände an die Netzspannung gelegt. Während die Nebenschlußwiderstände von Stufe zu Stufe ausgeschaltet werden, erhalten die Anker über die Anfahrwiderstände Strom. Wenn alle Anfahrwiderstände ausgeschaltet sind, wird durch Wiedereinschalten des Nebenschlußwiderstandes eine Feldschwächung zur Erhöhung der Geschwindigkeit vorgenommen. Bei der Talfahrt darf diese Feldschwächung nur soweit getrieben werden, daß die aus Sicherheitsgründen behördlich vorgeschriebene Höchstgeschwindigkeit von 9 km/h nicht überschritten wird.

Der mittlere Arbeitsverbrauch für eine Bergfahrt beträgt bei einem großen Triebwagen mit einem Drittel Besetzung ungefähr 11 kWh, die Rückgewinnung bei Talfahrt 5,6 kWh, d. h. etwa 51 % Rückgewinn. Die Fahrzeit für die 1,64 km lange Strecke beträgt 12 Minuten, die mittlere Fahrgeschwindigkeit also 8,2 km/h.

Die Motorwagen der Filder-Bahn (Bild 455) haben zwei Motoren von je 150 PS Stundenleistung bei 550 V. Das Leergewicht des zweiachsigen Motorwagens beträgt 24 t. Jeder Motorwagen kann einen Anhängewagen für Personenverkehr von 6,1 t Leergewicht mitführen. Die größte Steigung beträgt 172 ‰. Die Fahrgeschwindigkeit beträgt 10 km/h zu Berg und 11 bis 12 km/h zu Tal. Die Wagen haben zwei zweiachsige Drehgestelle (Bild 456) mit je einem Motor und einem Triebzahnrad, das über eine doppelte Zahnradübersetzung (ü = 1 : 9,2) mit dem Motor gekuppelt ist. Die zweite Achse mit kleinemRaddurchmesser dient zur Aufnahme eines Teiles des Motorgewichtes und zur Führung des auf der Laufachse lose gelagerten Triebzahnrades. Das Motorritzel steht in Eingriff mit einem großen Zahnrad, das auf einer Vorgelegewelle aufgekeilt ist. Auf derselben Vorgelegewelle sitzt ein kleines Zahnrad, das direkt in die Zähne des Zahnradtriebrades eingreift (Bild 457). Diese Anordnung ergibt eine sehr gedrängte Bauart des Drehgestelles und eine sehr günstige Lagerung des Triebzahnrades. Die sonstige Ausführung des mechanischen Teiles unterscheidet sich nicht von der bei Straßenbahnen üblichen.

Bild 456. Drehgestell des Triebwagens der Filder-Bahn.

Zur Stillsetzung des Zuges dient die mechanische Handbremse, die auf die mit dem Triebzahnrad fest gekuppelten Bremsscheiben wirkt. Sie wird vom Führer auf der talseitigen Plattform bedient. In Notfällen kann vom Zugbegleitpersonal von der bergseitigen Plattform aus durch eine auf die Bremsscheiben des bergseitigen Drehgestells wirkende Handbremse der Zug mit Sicherheit zum Stehen gebracht werden. Bei Talfahrt wird stets elektrische Nutzbremsung angewendet, wobei die Nebenschlußmotoren ohne besondere Regulierung an das Netz geschaltet werden. Der Führer hat also beim Anfahren im Gefälle den Zug durch Lösen der Bremsen ohne Strom auf die normale Fahrgeschwindigkeit zu bringen, und dann durch schnelles Schalten der Fahrkurbel die Motoren an die Fahrleitung zu schalten. Die Regulierung der Fahrgeschwindigkeit erfolgt hierbei unabhängig vom Wagenführer durch Spannungsreglung im Umformerwerk. Bei Überschreitung der zulässigen Geschwindigkeit bei Talfahrt tritt eine

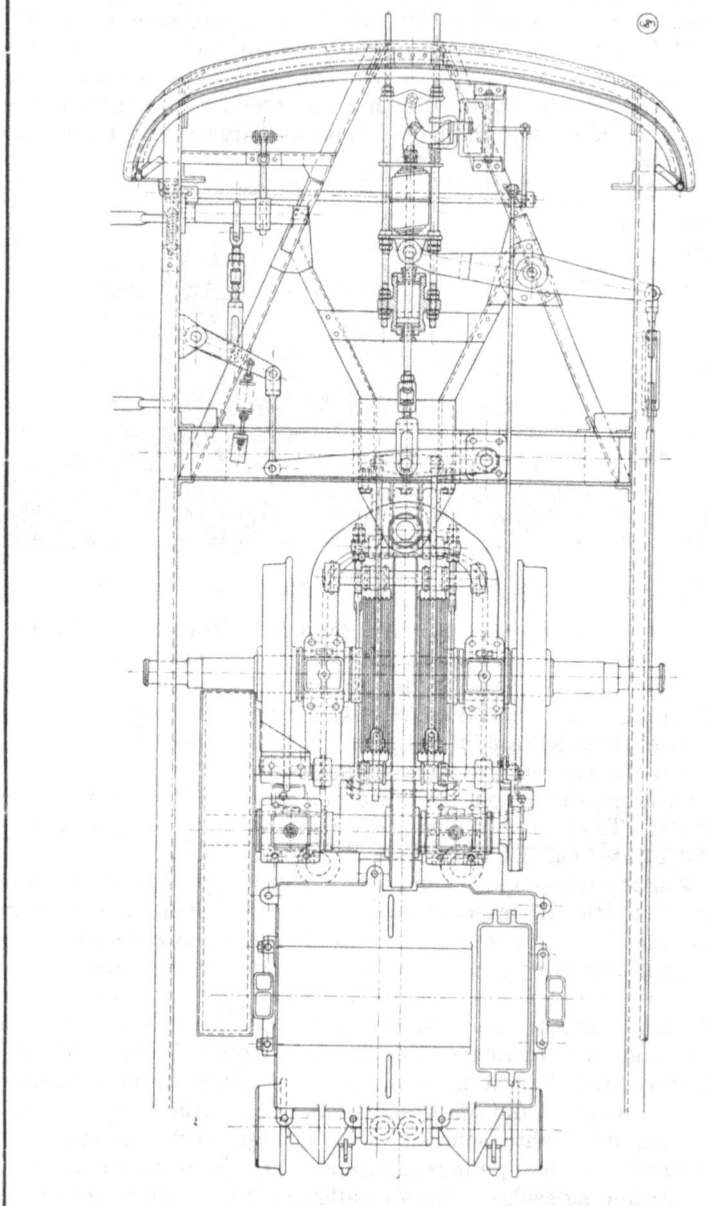

Bild 457. Einbau des Drehgestells.

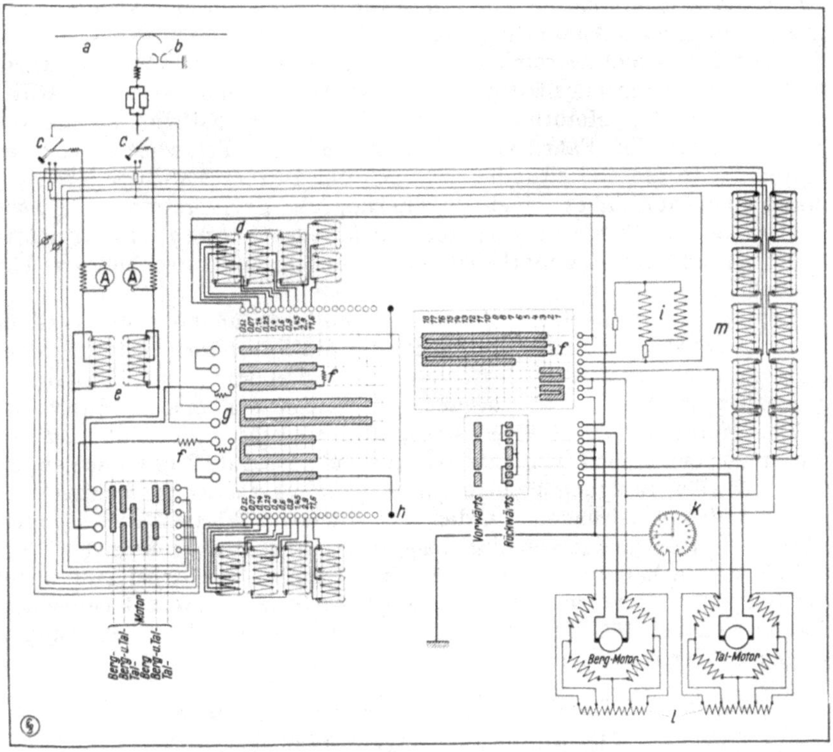

Bild 458. Schaltbild des Motorwagens der Filder-Bahn.
a = Oberleitung, b = Blitzableiter, c = Automat und Handausschalter, d = Anfahrwiderstände, e = Ballastwiderstände, f = Funkenlöscherspule, g = Fingerkontakt, h = Wanderkontakt, i = Hilfswiderstände, k = Regulierwiderstand, l = Induktionsfreier Widerstand, m = Vorschaltwiderstände.

selbsttätige Bremsung in Tätigkeit, wobei durch einen Zentrifugalregulator gespannte Federn ausgelöst werden, die die Bremsklötze gegen die Bremsscheiben drücken. Wenn alle diese Bremseinrichtungen versagen, kann noch durch Gegenstrom gebremst werden; da diese Bremsung wegen der unelastischen Kupplung zwischen Motoren und Zahnstange sehr heftig und stoßweise wirkt, soll sie nur im äußersten Notfall angewendet werden. Der Anhängewagen, der mit dem Triebwagen durch kräftige Schraubenkupplungen fest verbunden wird, ist mit einem Bremszahnrad versehen, mit dessen Hilfe von der Bergplattform aus ebenfalls der ganze Zug abgebremst werden kann.

Die elektrische Ausrüstung der Wagen unterscheidet sich nicht von der bei Straßenbahnen üblichen mit Ausnahme der durch die

Nebenschlußschaltung der Motoren erforderlichen, in den Nebenschlußkreisen liegenden Apparate (Schaltbild 458).

Der Nebenschlußstromkreis geht über die Fahrschalterhauptwalze und die mit ihr zwangsläufig gekuppelte Nebenschlußwalze über Hilfswiderstände, den Motorumschalter und die Vorschaltwiderstände zur Abdrosselung der Fahrdrahtspannung zu den Feldwicklungen der Motoren. In die Erdleitungen ist noch ein Differential-Regulierwiderstand eingebaut zur etwaigen Regulierung des Erregerstromes. Dieser Widerstand ist in einem Schutzkasten auf der Führerplattform untergebracht, und der Regulierhebel ist nur durch eine verschließbare Tür zugänglich.

Bei Störung an einem Motor kann mit dem anderen Motor allein nach Umschaltung des Motorumschalters die Fahrt fortgesetzt werden. Es sind dann die beiden Automaten und Ballastwiderstände parallel geschaltet, so daß ihre Belastung nicht größer wird als bei Fahrt mit beiden Motoren. Die Motoren selbst sind so kräftig gewählt, daß ein Motor vorübergehend imstande ist, den vollbesetzten Zug zu schleppen und auf allen Steigungen anzufahren, ohne überlastet zu werden.

Mit den Triebwagen wurden von Siemens & Halske Messungen über die Stromrückgewinnung ausgeführt, und zwar wurde das Verhältnis der Arbeitsrückgabe in Wh bei Talfahrt zur Arbeitsaufnahme bei Bergfahrt als Stromrückgewinnungsverhältnis in Prozent berechnet. Es ergaben sich für die Beharrungsfahrt auf verschiedenen Steigungen folgende Werte:

Steigung:	Rückgewinnung:
118 ‰	55 %
132 ‰	56 %
150 ‰	59 %
172 ‰	62 %

Eine von Siemens-Schuckert ausgerüstete reine Zahnstangenlokomotive mit Drehstrommotoren für Grubenbetrieb ist in Abschnitt VIII B, S. 416 beschrieben. Auch für Drehstrombahnen wurde elektrische Bremsung vorgesehen, und zwar entweder Kurzschlußbremsung oder, wenn sich immer gleichzeitig ein Zug in Berg- und ein Zug in Talfahrt befindet, Nutzbremsung. Die Drehstrommotoren werden dann durch eine kleine Gleichstromhilfsmaschine erregt und wirken als Synchrongeneratoren.

Allgemein muß bei der Konstruktion von Lokomotiven und Triebwagen zur Verminderung des Kippmomentes darauf geachtet werden, daß alle schweren Teile möglichst tief gelager werden, daß der Schwerpunkt des Triebfahrzeuges von der Mitte aus etwas bergseitig verschoben ist, und daß die Puffer möglichst tief angeordnet sind. Damit guter Zahneingriff gewährleistet ist, wird eine Federung ganz weggelassen oder auf ein Minimum beschränkt, was wegen der kleinen Fahrgeschwindigkeiten auch ohne weiteres zulässig ist. Bei gemischtem Betrieb, wo die Fahrzeuge auf den Reibungstrecken mit größeren Geschwindigkeiten fahren, werden meist zwei Rahmen vorgesehen, der innere mit dem Zahnradantrieb ruht ungefedert auf den Laufachsen, der äußere, auf dem der Wagenkasten ruht, erhält die übliche Federung.

Die Anhängewagen für Zahnradbahnen werden alle mit einer Zahnradbremse ausgerüstet. Bei Lokomotivbetrieb werden die zwei oder höchstens drei geschobenen Wagen eines Zuges meist untereinander und mit der Lokomotive nicht gekuppelt, um bei Unglücksfällen, wie Aufsteigen oder Entgleisen der Lokomotive, jeden Wagen für sich zum Stehen zu bringen. Es muß dann natürlich in jedem Wagen ein Zugbegleiter mitfahren.

B. Schwebebahnen.

1. Allgemeines.

Unter den Stand- und Hängebahn-Systemen nehmen die einschienigen Schwebebahnen infolge der Eigenheit ihrer Bauart einen besonderen Platz ein.

Bei den ersten eingleisigen Bahnen waren besondere Führungen vorgesehen, um den seitlichen Ausschlag der Wagen in den Krümmungen zu verhindern.

Die Idee der einschienigen Hänge- oder Schwebebahnen ohne eine solche Seitenführung stammt von Eugen Langen. Nach seinen Plänen wurde im Jahre 1893 von den beiden Firmen Elektrizitäts-A.-G. vorm. Schuckert & Co. in Nürnberg und van der Zypen & Charlier in Köln-Deutz gemeinsam eine kurze Probestrecke ausgeführt. Für diese Probestrecke wurde zwar noch ein zweigleisiger Bahnkörper mit Schienenüberhöhung in den Krümmungen gewählt und für die Wagen 2 Drehgestelle mit je 4 Rädern verwendet, an denen die Wagenkästen angehängt waren. Die auf dieser Probestrecke gemachten günstigen Erfahrungen und weiteren Versuche zeigten, daß es möglich war, ohne die obenerwähnten seitlichen Führungen auszukommen und daß einer einschienigen Bahn mit an zweirädrigen Drehgestellen aufgehängten Wagenkästen der Vorzug zu geben sei. Die Elektrizitäts-A.-G. vorm. Schuckert & Co. führte im Einvernehmen mit den Städten Barmen, Elberfeld und Vohwinkel längs der Wupper eine etwa 13,3 km lange zweigleisige Hochbahn nach diesem einschienigen Schwebebahn-System in den Jahren 1898 bis 1901 aus.

Die Wagen stellen sich bei dieser einschienigen Ausführungsform der Schwebebahn beim Stillstand und auch bei jeder Geschwindigkeit stets wie ein Pendel in ihre Gleichgewichtslage ein. Sie hängen also auf gerader Strecke lotrecht und nehmen in den Krümmungen eine durch ihre Fahrgeschwindigkeit und die Gleiskrümmung bedingte Neigung gegen die Lotrechte ein. Bei richtig gebautem Krümmungsübergang der Gleisanlage nehmen die Wagen in den Krümmungen naturgemäß die ihrer Geschwindigkeit entsprechende schiefe Lage stoßfrei an, so daß der Übergang des Zuges aus der Geraden in die Krümmung von den Reisenden nicht empfunden wird. Eine wesentliche Verringerung der Zuggeschwindigkeit in den Krümmungen ist dabei nicht erforderlich. Infolge der Verwendung von zweirädrigen Drehgestellen ist es möglich, mit den Wagen kleinere Krümmungen zu befahren als mit gleich großen, mit vierrädrigen Drehgestellen versehenen Wagen auf einer zweischienigen Standbahn.

Einem etwaigen Entgleisen der Wagen ist durch geeignete, weiter unter angegebene Sicherungen und durch die zuverlässige Konstruktion der Wagenaufhängung vorgebeugt. Die mit der Schwebebahn in Barmen—Elberfeld bisher gemachten Erfahrungen sind in jeder Beziehung als gut zu bezeichnen.

2. Bahnkörper.

Als Bahnkörper dient ein längs der Strecke angeordnetes, brückenförmig konstruiertes Hochbaugerüst, das auf Stützen ruht, die hinsichtlich ihrer Bauart der jeweiligen Örtlichkeit und nach Möglichkeit auch

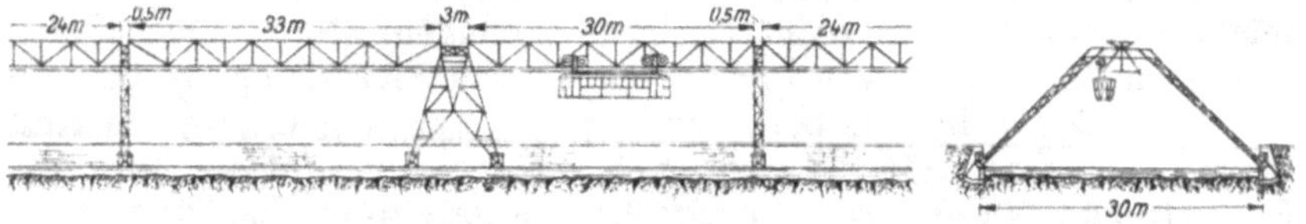

Bild 459. Schwebebahn Barmen—Elberfeld. Viadukt auf der Flußstrecke.

architektonisch dem Straßenbild angepaßt sind. Bei der Schwebebahn Barmen—Elberfeld—Vohwinkel, die aus Raumersparnisgründen zum größeren Teil über der Wupper und im übrigen über den Straßen geführt wird, sind die etwa 24—25 m überspannenden, eisernen Brückenträger und Stützen über der Wupper nach Bild 459 und in den Straßen nach Bild 460 ausgebildet. Um das Aussehen des Bahnkörpers in Straßenzügen noch einfacher und durchsichtiger und dabei doch gefällig zu gestalten, können auch Einzelpfeiler mit Ausladungen nach beiden Seiten ähnlich Bild 461 gewählt werden. Wegen weiterer Ausführungsvorschläge für die Stützen sei auf den Aufsatz in der E. T. Z. 1905 Seite 988 und auf E. T. Z. 1906 Seite 998 verwiesen.

Ein Teil der Schwebebahnstützen wird wie bei Standbahnen ähnlich Bild 459 und 460 als Verankerungsjoch ausgebildet, um die in der Längsrichtung der Bahn wirkenden Kräfte aufzunehmen. Die dazwischen stehenden Stützen dienen lediglich als Tragpfeiler. Dem

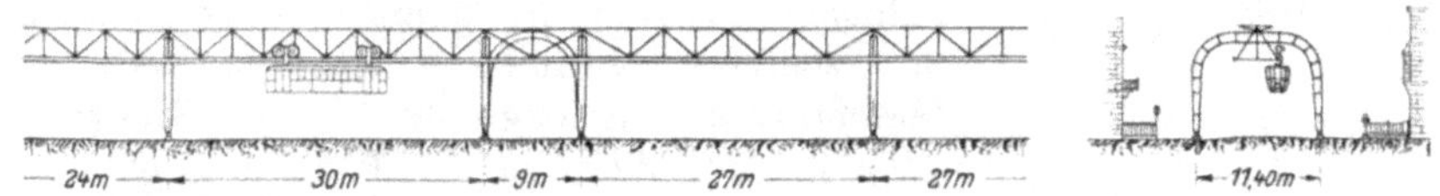

Bild 460. Schwebebahn Barmen—Elberfeld. Viadukt auf der Straßenstrecke.

durch Temperaturänderungen hervorgerufenen Längenunterschied der einzelnen Brückenabschnitte wird durch hierfür besonders ausgebildete Dilatationstützen Rechnung getragen.

An den beiden Seiten längs der Brückenkonstruktion werden starke Träger aus Walzprofil angebracht, auf denen die eigentlichen, als Vignolschienen ausgebildeten Fahrschienen auf einer schalldämpfenden Zwischenlage derart befestigt sind, daß eine geringfügige Verschiebung der Schienen über der Dilatationstütze in der Längsrichtung ohne Unterbrechung des Schienenstranges an dieser Stelle möglich ist. Da die Schwebebahnwagen, bezogen auf ihren Fassungsraum, verhältnismäßig leicht sind, genügen bei der üblichen Wagengröße Vignolschienen von etwa 24 kg/lfd. m. Um das beim Fahren entstehende Geräusch nach Möglichkeit herabzumindern, empfiehlt sich außer der Verwendung einer unter den Schienen verlegten, schalldämpfenden Unterlage auch die Schienen an den Schienenstößen zu überlappen. Durch solche verhältnismäßig einfache und billige Mittel ist bei der Elberfelder Schwebebahn ein nur wenig Lärm verursachender Lauf der Züge erreicht worden.

Infolge der Ausführung der Drehgestelle mit nur zwei Rädern wird ein gleichmäßigerer Lauf der Radgestelle als bei vierrädrigen Radgestellen erzielt. Der Bewegungswiderstand auf den Schienen gegenüber demjenigen bei zweischienigen Bahnen wird geringer. In den Gleiskrümmungen kann man bis auf 8—9 m Halbmesser herabgehen. Bei der bestehenden Schwebebahn hat man die Endkehren dementsprechend auch mit 9 m Halbmesser ausgeführt, während der kleinste Halbmesser auf der Strecke 50 m beträgt. Dies ist ein nicht zu verkennender Vorteil der Schwebebahnen gegenüber den Standbahnen, weil es dadurch möglich ist, auch enge, krümmungsreiche Straßenzüge ohne Schwierigkeit zu befahren.

Die Weichen der Schwebebahn sind als Kletterweichen mit seitlicher Führung an der Zungenschiene ausgebildet, um beim Gleiswechsel den einen der beiden den Schienenkopf umgreifenden Flansche des Wagenrades über die durchlaufenden Schienen hinüberzuführen und das Rad auf die abzweigende Schiene — diese wieder mit beiden Flanschen umfassend — überlaufen zu lassen. Dabei ist Vorsorge getroffen, daß der die Schienen zur Verhütung eines Wagenabsturzes mit wenigen Millimetern Abstand stets umfassende Aufhängebügel der Wagen (Bild 462)*) auch in den Weichen die Weichenzungen umgibt. Wie hieraus ersichtlich ist, bietet der Bau geeigneter Weichen und damit der Ausbau eines aus einer Reihe von Haupt- und Zweigstrecken bestehenden Verkehrsnetzes große Schwierigkeiten. Um die schwierige Weichenkonstruktion bei den Schwebebahnen nach Möglichkeit zu vermeiden, empfiehlt es sich, an den Endpunkten der Strecke und an den Hauptzwischenstationen, auf denen neue Züge eingesetzt werden, Kehren vorzusehen, wie es bei der erwähnten Schwebebahn auch geschehen ist. Auf den Zwischenstationen ist es dabei erforderlich, daß die Gleise der Kehren die Gleise der durchgehenden Strecke über- oder unterfahren. Näheres über solche Weichen und Kehren sowie über zweckmäßige Bahnkörperkonstruktionen für Schwebebahnen ist aus dem Aufsatz im Jahrgang 1900 der Zeitschrift des Vereins Deutscher Ingenieure, Seite 1373 ersichtlich.

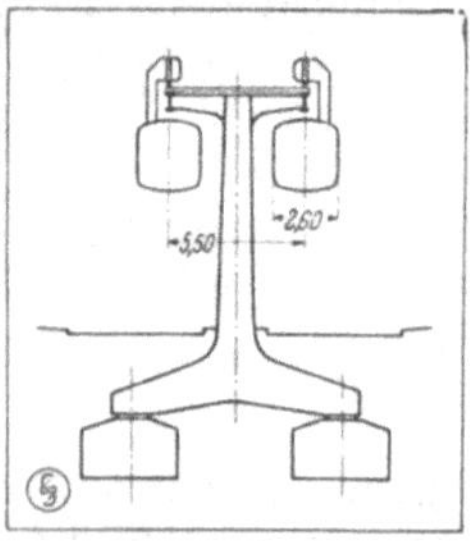

Bild 461. Schwebebahnviadukt mit Mittelstütze.

Für die Speisung der Elberfelder Schwebebahn ist ein besonderes Bahnkraftwerk errichtet und als Spannung 600 V gewählt worden.

3. Stromzuführung.

Für die Arbeitsleitung werden zu einem fortlaufenden Strang verbundene eiserne Stromschienen von entsprechendem Querschnitt verwendet, die am Bahnkörpergerüst unter Zwischenschaltung einer doppelten Isolation befestigt sind, siehe Bild 462. Der Schienenquerschnitt beträgt 500 mm². Die einzelnen Schienen sind möglichst lang, etwa 15—18 m, zu wählen, um eine kleinste Zahl von Schienenstößen zu erhalten, weil die Stromabnahme an den Schienenstößen zu Stromunterbrechungen Veranlassung geben kann. Zur Erzielung einer einwandfreien Stromabnahme an den Schienenstößen ist ferner eine sorgfältige Verlaschung erforderlich, durch die gleichzeitig eine zu früh-

*) Siehe E. T. Z. 1901 Seite 526 Fig. 28.

zeitige Abnutzung der Stromabnehmer und eine Zerstörung der Schienen an den Stößen verhütet wird. Um dem Längenunterschied der Stromschienen bei den verschiedenen Temperaturen Rechnung zu tragen, sind in Abständen von etwa 150 bis 200 m Dilatationstöße in der Arbeitsleitung vorgesehen.

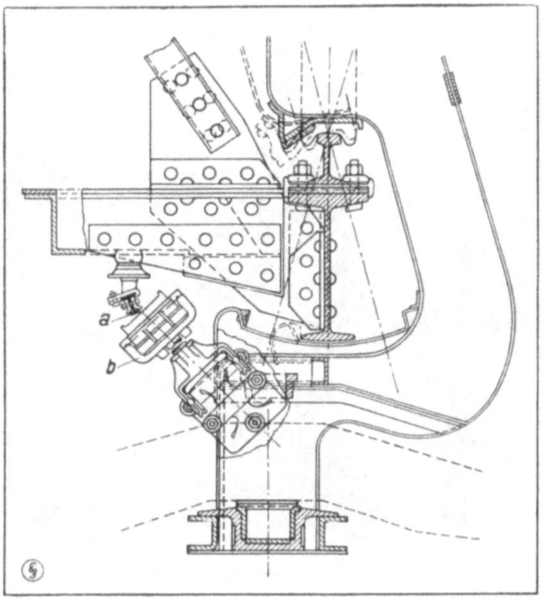

Bild 462. Aufhängebügel der Wagen
a = Zuleitungschiene, b = Stromabnehmer.

Die einzelnen Schienen werden in ähnlicher Weise wie bei den Fahrschienen der elektrischen Bahnen durch kupferne Schienenverbinder miteinander verbunden, um einen guten Stromübergang von Schiene zu Schiene zu sichern. Mit Rücksicht auf die Längenänderungen der Stromschienen bei verschiedenen Temperaturen müssen diese Schienenverbinder mit einer gewissen Bewegungsfreiheit eingebaut werden.

Soweit die als Arbeitsleitung dienenden Stromschienen hinsichtlich ihres Querschnittes nicht ausreichen um einen zu großen Spannungsabfall zu verhindern, sind besondere Verstärkungskabel in der bei Hoch- und Untergrundbahnen üblichen Weise vorgesehen.

An den Weichen ist eine besondere Konstruktion erforderlich, um den Übergang der Stromabnehmer von der durchgehenden Stromschiene auf den ablenkenden Strang zu ermöglichen.

4. Rollendes Material.

Der mechanische Teil der Schwebebahnwagen besteht, wie bei den vierachsigen Wagen der Standbahnen, aus einem Wagenkasten und zwei Radgestellen. Die Wagen der Schwebebahnen unterscheiden sich jedoch — wie früher schon erwähnt — von den Wagen der Standbahnen dadurch, daß die Wagenkästen nicht auf zwei vierrädrigen Radgestellen aufgebaut, sondern an zwei zweirädrigen Radgestellen

Bild 463. Triebwagen neuerer Bauart.

Bild 464. Radgestell der Triebwagen neuerer Bauart.

angehängt sind. Die Radgestelle befinden sich also über den Wagenkästen. Die neue Wagenbauart zeigt Bild 463. Das für diese Wagen benutzte Radgestell ist in Bild 464 dargestellt. Die Wagenkästen sind an den Radgestellen durch besondere Bügel aufgehängt, die aus Bild 462 zu ersehen sind. Die Bügel greifen oberhalb und unterhalb um die Laufschiene und den Schienenträger herum. Sie lassen unter dem Schienenträger einen Spielraum von nur etwa 7 mm, während die beiden Flansche der mit rillenförmigem Laufkranz versehenen Laufräder den Schienenkopf dagegen mit einer Höhe von etwa 30 mm umfassen. Am Aufhängebügel sind ferner auf beiden Seiten der Schienen und der Schienenträger besondere Nocken angebracht, die das Ausschlagen der Bügel seitlich begrenzen. Ein Entgleisen und Abstürzen der Wagen bei Achs- oder Radbruch ist durch diese Sicherungen in lot- und wagerechter Richtung ausgeschlossen.

Die abgebildeten Wagenbauarten werden auch bei etwaigen künftigen Bauten von Schwebebahnen im allgemeinen wieder als Vorbild dienen können. Der Fassungsraum der Elberfelder Wagen beträgt etwa 50 Personen. Die Züge führen zwei oder drei Wagen. Ein Betrieb mit vier oder mehr Wagen ist an und für sich möglich, aber bei der jetzigen Länge der Bahnsteige nicht durchführbar.

Bei der Elberfelder Schwebebahn mußte mit Rücksicht auf die verhältnismäßig hohe Reisegeschwindigkeit von etwa 23,5 km/h bei dem nur kleinen mittleren Haltestellenabstand von etwa 700 m auf eine hohe Anfahrbeschleunigung und auf eine ebenfalls hohe Bremsverzögerung Wert gelegt werden. Man verwendet deshalb nur Triebwagen im Zuge und hat alle Wagen mit je zwei Antriebsmotoren ausgerüstet. Bei einem Teil der Wagen arbeiten die seitlich am Radgestell angebauten Motoren über eine einfache Stirnradübersetzung auf beide Achsen der Radgestelle, bei den übrigen Wagen jeweils nur auf eine der beiden Radgestellachsen. Bei einer späteren Ausführung ist der Motor unter der Laufbahn angebracht; hierbei arbeitet der Motor vermittels doppelter Kegelradübersetzung nach Bild 464 jeweils auf eins der beiden Laufräder des Drehgestells. In beiden Fällen ist es möglich, auch unter Berücksichtigung der großen auf der Strecke vorkommenden Steigungen von etwa 30 ‰ mit einer mittleren Beschleunigung von etwa 0,6 m/s^2 anzufahren und mit einer Verzögerung von 1,0 m/s^2 zu bremsen.

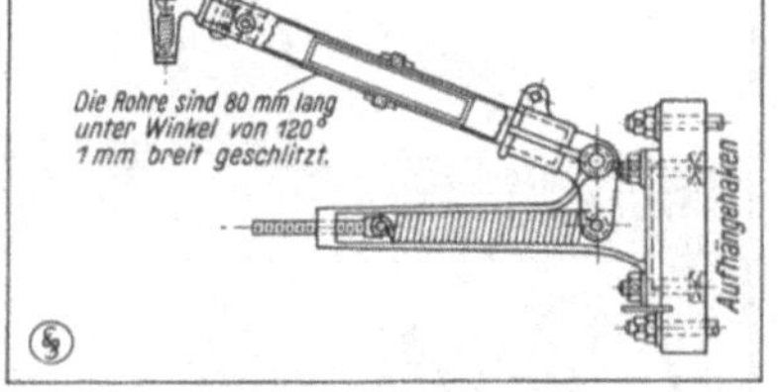

Bild 465. Stromabnehmer.

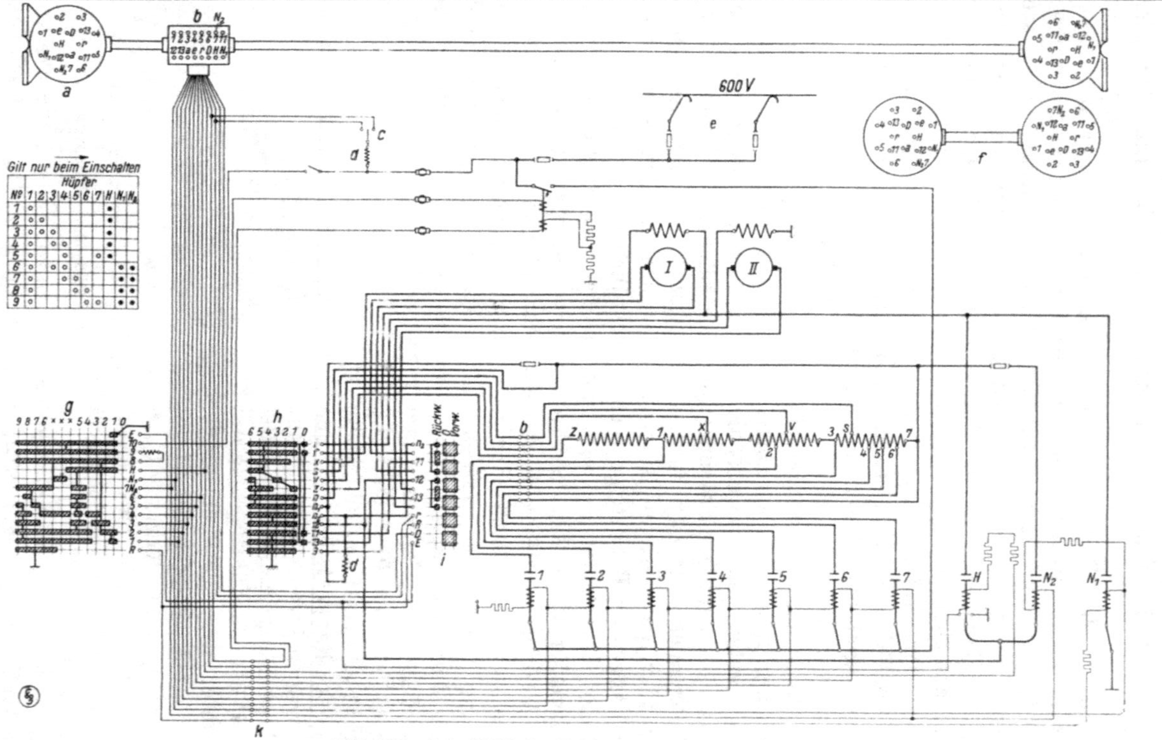

Bild 466. Schaltbild der Triebwagen neuerer Bauart.

a = Kupplung, b = Klemmbrett, c = Fernschalter, d = Blasspule, e = Stromabnehmer, f = Kabelkupplung, g = Fahrwalze, h = Bremswalze, i = Umschaltwalze, k = Vielfachschalter, 1 - 7 = Schütze für Widerstandsregelung, H = Schutz für Hintereinanderschaltung der Motoren, N_1, N_2 = Schütze für Nebeneinanderschaltung der Motoren.

Der Strom wird von den Stromschienen durch zwei Schleifkontakte nach Bild 465*) abgenommen, die mit doppelter Isolation an die Radgestelle angebaut sind. Von diesen Schleifkontakten fließt der Strom über Sicherungen und selbsttätige Höchststromschalter zu den Steuerapparaten der Motoren. Die Schaltung der Wagenausrüstungen ist aus Bild 466 ersichtlich. Die Schaltung zeigt die Steuerung der Wagen mit Vielfachschaltung. Mit der Vielfachsteuerung lassen sich die Motoren von drei und mehr Wagen schalten. Die Umschaltwalzen stehen im normalen Betrieb auf Vorwärts-Fahren. Ein Rückwärts-Fahren erübrigt sich infolge der an den Streckenendpunkten vorgesehenen Kehren. Eine durchgehende elektrische Kurzschlußbremse ist wegen der in den Wagen vorhandenen als Betriebsbremsen dienenden Luftdruckbremsen nicht erforderlich. Im Notfalle kann jedoch die Kurzschlußbremse des Führerwagens betätigt werden.

Die Wagentüren haben besondere Türverschlüsse, die vom Führer elektrisch ausgelöst werden, sobald der Zug auf einem Bahnhof zum Stillstand gekommen ist. Die Türen werden von Hand geschlossen.

C. Personen-Seilschwebebahnen.

Die Seilbahnen, insbesondere die Seilschwebebahnen, sind für Bergbahnen besonders geeignet, da sie es ermöglichen, einen gegebenen Höhenunterschied bei kleinster Längenentwicklung und bei geringstem Aufwand an Bauarbeiten zu bewältigen (Bild 467). Die Leistungsfähigkeit ist jedoch im allgemeinen aus technischen und wirtschaftlichen Gründen geringer als bei den übrigen Bahnsystemen.

Während die Seilschwebebahnen seit langem für die Güterbeförderung ein wichtiges Verkehrsmittel bildeten, fanden sie für die Personenbeförderung erst größere Verwendung, seitdem die Aufsichtsbehörden eine stärkere Beanspruchung der Tragseile im Personenverkehr zuließen. Damit konnten die Anlagekosten durch Verringerung der Stützenzahl vermindert und die Vorteile einer stärkeren Spannung des Tragseiles — längere Lebensdauer der Seile infolge kleinerer Biegungsbeanspruchung und daher geringere jährliche Abschreibungen, höhere Geschwindigkeit infolge ausgeglichener Fahrbahn und größere Leistungsfähigkeit — zugunsten der Wirtschaftlichkeit der Seilschwebebahn ausgenutzt werden.

Systeme. Die Seilschwebebahnen können allgemein als Einseil- und Zweiseil-Bahnen oder als Bahnen mit Umlauf- und Umkehr-Betrieb unterschieden werden.

Bei den Einseil-Bahnen bildet das Zugseil gleichzeitig das tragende Mittel für die Last. Die Zweiseil-Bahnen haben dagegen besondere

*) Siehe E. T. Z. 1901 Seite 527 Fig. 30.

Bild 467. Teilstrecke der Zugspitzbahn.

in Ruhe befindliche Tragseile, auf denen die Lasten mittels Rollen laufen, während sie von einem zweiten schwächeren Seil, dem Zugseil, gezogen werden.

Die Bahn mit Umlauf-Betrieb (Bild 468) ist dadurch gekennzeichnet, daß das Zugseil ständig im gleichen Sinn mit gleichbleibender Geschwindigkeit umläuft. Die Lasten folgen einander in gleichen

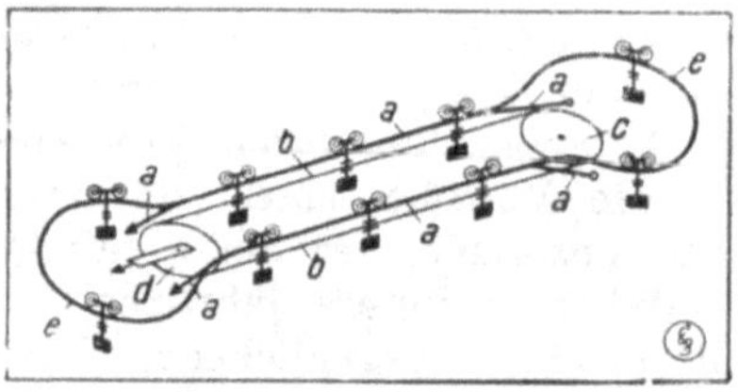

Bild 468. Schema einer Zweiseilbahn mit Umlaufbetrieb.
a = Tragseil, b = Zugseil, c = Antriebscheibe, d = Spannscheibe, e = Umführungschiene.

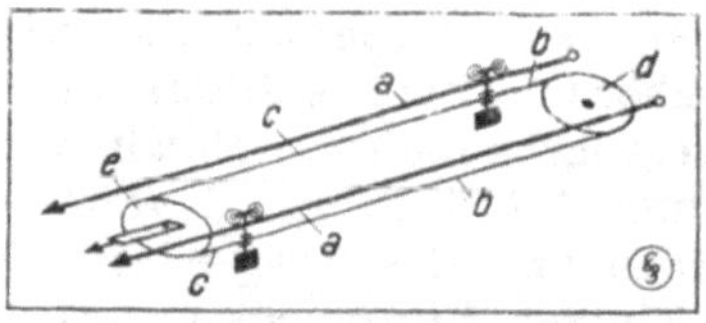

Bild 469. Schema einer Zweiseilbahn mit Umkehrbetrieb.
a = Tragseil, b = Zugseil, c = Gegen- oder Ballastseil, d = Antriebscheibe, e = Spannscheibe.

Abständen. In den Stationen werden sie selbsttätig an das Zugseil gekuppelt bzw. von diesem gelöst, auf Laufschienen um die Seilscheiben geführt und vor dem Ankuppeln ungefähr auf Zugseilgeschwindigkeit gebracht, damit das Ankuppeln ziemlich stoßlos vor sich geht.

Bei den Bahnen mit Umkehr-Betrieb (Bild 469) verkehren zwischen zwei Stationen im Höchstfall 2 Lasten, die mit dem Zugseil im Stationsabstand voneinander entfernt meistens dauernd fest verbunden sind. Die Lasten bewegen sich gegenläufig, begegnen sich in der Mitte und kommen gleichzeitig in den beiden Stationen an. Nach jeder Fahrt wird die Umlaufrichtung des Zugseiles gewechselt. (Pendelbahn.)

Für die Personenbeförderung kommt vorläufig wegen der von den staatlichen Aufsichtsbehörden geforderten Sicherheitseinrichtungen nur der Umkehr-Betrieb als Zweiseil-Bahn in Betracht. Bei der normalen Ausführung verkehren 2 Wagen zwischen 2 Stationen; es sind dazu 2 Tragseile erforderlich. Es ist jedoch auch eine Ausführung mit 1 Tragseil und 1 Wagen möglich.

Eine Erhöhung des Leistungsvermögens der Personen-Pendelbahnen kann durch Unterteilung der Strecke in Zwischenstationen, in denen umgestiegen werden muß, erreicht werden. Jede Teilstrecke erhält hierbei einen eigenen Antrieb, ist also eine Seilbahn für sich und kann unabhängig von den anderen Teilstrecken in Betrieb gesetzt werden. Diese Lösung ist die teuerste, jedoch bestehen keine technischen Schwierigkeiten, beliebig viele Teilstrecken aneinander zu reihen. Eine weitere Möglichkeit besteht darin, die Spannscheibe des Zugseiles der oberen Teilstrecke mit der Antriebscheibe des Zugseiles der nächst unteren Teilstrecke zu kuppeln.

Nach der Art, wie die Sicherheitsvorrichtungen ausgebildet sind, die beim Reißen des Zugseiles ein Durchgehen der Wagen verhindern und die Bergung der Fahrgäste ermöglichen sollen, kann man bei den Personenbahnen drei Systeme unterscheiden:

1. Außer dem mit dem Wagen fest verbundenen Zugseil ist ein Hilfseil vorhanden, das einen eigenen Antrieb ähnlich wie das Zugseil hat. Das Hilfseil ist im normalen Betrieb in Ruhe und durch Zusatzgewichte so gespannt, daß es über dem Trag- und Zugseil hängt. Wenn das Zugseil reißt, klemmt sich der Wagen mittels selbsttätiger Backenbremse am Tragseil fest. Es wird nun das Hilfseil durch Verminderung des Spanngewichtes soweit gesenkt, daß es mit den Wagen gekuppelt werden kann. Diese werden dann nach Lösung der Bremsen mit dem Hilfseil in die Station gezogen. Mit dem Hilfseil können auch kleine Reservewagen verbunden und an die Hauptwagen zur Bergung der Fahrgäste herangefahren werden.
2. Wie bei vorstehendem System ist außer dem Zugseil noch ein zweites Seil, das Bremsseil, vorhanden, das normal in Ruhe ist und einen eigenen Antrieb hat. Dieses Seil ist zwischen den Backen der Wagenbremsen hindurchgeführt. Beim Reißen des Zugseiles

bremsen sich die Wagen an diesem Bremsseil fest und werden dann in die Station gezogen, wobei die Bremsbacken als Kupplung zwischen Wagen und Bremsseil dienen.

3. Es sind zwei Zugseile vorhanden, die beide mit den Wagen verbunden sind und daher auch gleichzeitig im Betrieb stehen. Der Antrieb erhält Vorkehrungen zum selbsttätigen Ausgleich der Zugseilspannungen, so daß die Zugkraft auf beide Seile gleichmäßig verteilt wird. Wenn ein Zugseil reißt, klemmen sich die Wagen wie beim ersten System am Tragseil fest. Nach Lösung der Bremsen werden sie mit dem intakt gebliebenen Zugseil in die Station gezogen.

Jedes Tragseil ist bei Personen-Seilschwebebahnen in einem Stück angefertigt, da die Kupplung einzelner Stücke durch Muffen wie bei Güterseilbahnen nicht zulässig ist.

Die Tragseile bestehen aus bestem Gußstahl von etwa 165 bis 180 kg/mm² Zerreißfestigkeit. Die Drähte werden in Längen von mehreren hundert Metern gezogen und die Enden hart verlötet. Die Lötstellen der einzelnen Drähte sind über die ganze Länge des Seiles verteilt. Beim Verseilen werden die Seile stark mit starrem Fett durchsetzt, damit sie keiner inneren Korrosion unterliegen. Mit Ausnahme der Schweiz, wo 2 Tragseile für jede Fahrbahn vorgeschrieben sind, wird ein Tragseil als genügend angesehen.

Das Zugseil ist bei den Personenseilbahnen (Umkehrbetrieb) in zwei Teile geteilt, deren Enden mit den Wagen durch vergossene Muffenkupplungen verbunden sind. Das über die Scheibe in der Bergstation laufende Seiltrum ist das eigentliche Zugseil, das über die Scheibe in der Talstation laufende Trum wird als Ballast- oder Gegenseil bezeichnet. Hilfseil bzw. Bremsseil sind als geschlossener, verspleißter Ring ausgebildet. Die Führungsrollen des Zugseiles erhalten meistens Kugellagerung, während die für das Hilfseil und Bremsseil wegen seltener Benützung mit Gleitlagerung ausgeführt werden. Die Seilscheiben erhalten in den Rillen eine Lederung zur Schonung des Seiles und Erhöhung der Reibung. Die Spannscheiben sind auf kleinen Wagen mit Rollen gelagert, die auf einer schiefen Laufbahn geführt sind.

Die Stützen werden in Eisen- oder Eisenbetonkonstruktion ausgeführt und erhalten meistens Hammer- (Joch-) Form (Bild 470). Die Portalform (Bild 471) kommt für Stützen nahe den Stationen in Frage, wenn die Spurweite an der betreffenden Stelle noch nicht so groß ist, daß eine genügende Schaftstärke für die Hammerform zu erhalten ist.

Die Wagen (Bild 472) bestehen aus dem Wagenkasten, dem Gehänge und dem Laufwerk. Der Wagenkasten ist mit 4 Laschen am

Bild 470. Hammerstütze.

Gehänge aufgehängt. Letzteres bildet einen dreieckförmigen Rahmen, der mit der Spitze um einen Bolzen drehbar mit dem Laufwerksrahmen verbunden ist. Der Wagen kann daher in der Fahrtrichtung schwingen und stellt sich unabhängig von der Neigung der Bahn senkrecht ein. Die Schwingungen werden durch eine entsprechende Vorrichtung gedämpft. Diese Dämpfungsvorrichtung kommt in verschiedenen Ausführungen vor, z. B. als Bremse am Drehpunkt oder als Strebe, die sich gegen das Ballastseil abstützt und in einem Rohr mit einer Feder oder Ölfüllung geführt ist. Bei fast allen neueren Seilschwebebahnen enthält das Laufwerk 8 Räder. Je zwei sind durch seitliche Schilde zu einem Paar vereinigt. Die Räderpaare sind untereinander durch Balken derart drehbar verbunden (Bild 473), daß sich das Laufwerk der Form der Seilkurve gut anschmiegen kann, wodurch die Last gleichmäßig auf alle Räder verteilt wird. In der Mitte des Laufwerkes ist die Wagenbremse angebracht, die entweder auf das Tragseil oder ein eigenes Bremsseil wirkt. Die Bremse wird durch eine gespannte Feder betätigt, diese wird durch eine Klinke ausgelöst, wenn die Spannung im Zugseil unter einen bestimmten Wert sinkt, was beim Reißen des Zugseiles der Fall ist. Die Bremse kann aber auch durch den Wagenbegleiter gezogen werden.

Ein Neigungsmesser nach dem Prinzip kommunizierender Gefäße gestattet dem Wagenbegleiter die seitliche Neigung des Wagens bei Wind zu erkennen. Für die Beleuchtung ist eine kleine transportable Batterie von etwa 12 V vorhanden, die eine Deckenlampe und zwei Stirnlampen speist. Außerdem hat jeder Wagen ein Telephon zur

Bild 471. Portalstütze.

Bild 472. Personenwagen.

Verständigung mit der Antriebstation und einen Notschalter, um im Gefahrfalle die Bahn stillzusetzen. Das Einsteigen geschieht meistens durch seitliche Schiebetüren, seltener auf den Stirnseiten (Bild 474).

Bei den neuen Bahnen erhalten die Wagen fast ausschließlich Stehplätze und nur wenige Klappsitze, meistens in den 4 Ecken, um den Raum möglichst auszunützen und an totem Gewicht zu sparen.

Der Antrieb liegt gewöhnlich in der Bergstation, während in der Talstation die Spannvorrichtungen für die Seile angeordnet sind. Nur in besonderen Fällen, wenn es z. B. wegen klimatischer und Geländeschwierigkeiten nicht vorteilhaft ist, den Antrieb in die Bergstation zu legen, ist die Talstation gleichzeitig Antriebs- und Spannstation, dann wird in der Bergstation das Zugseil nur um eine Umlenkscheibe geführt.

Sowohl für Zugseil- als auch für Hilfseil- bzw. Bremsseilantrieb werden von den Behörden meist je 3 Bremsen vorgeschrieben. Davon wirkt eine als Handbremse auf einen an der Seilscheibe angebrachten Bremskranz, während zwei auf der Motor- oder Vorlegewelle angeordnet werden. Letztere sind gewöhnlich Fallgewichtsbremsen, von denen eine von Hand aus oder durch einen mechanischen Fliehkraftregler bei Überschreitung der normalen Geschwindigkeit um etwa 15 bis

Neuzeitliche elektrische Schnellzuglokomotive der Deutschen Reichsbahn 1928

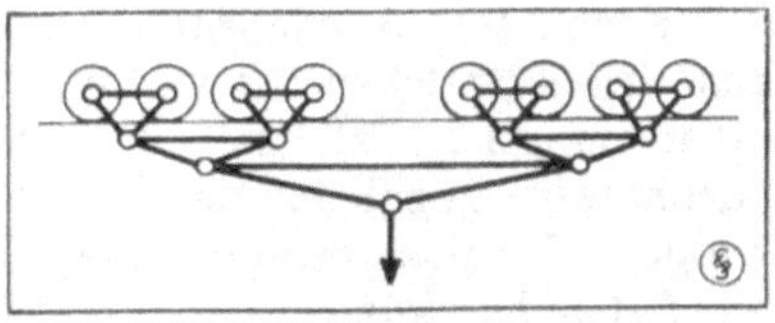

Bild 473. Schema eines Laufwerkes.

20 % zum Einfallen gebracht werden kann, während die andere durch einen Bremsmagnet betätigt wird, der bei Stromunterbrechung das Fallgewicht losläßt. Diese dient als Sicherheitsbremse in allen Fällen, in denen die Bahn durch einen elektrischen Kontakt stillgesetzt wird, gleichzeitig dient sie als Haltebremse in den normalen Betriebspausen.

Die Fahrgeschwindigkeit beträgt bei den neuen Personen-Seilschwebebahnen 4 bis 5 m/s gegenüber 2,5 m/s bei den früheren Bahnen. Eine weitere Steigerung dürfte kaum möglich sein, solange die Wagenfangbremsen als Sicherheitsvorkehrung bei Zugseilriß vorgeschrieben sind, da deren Einfallen bei höheren Geschwindigkeiten für die Fahrgäste äußerst unangenehm wäre.

Bild 474. Bahnsteig mit Wagen.

Für den Antrieb der Seilbahn werden immer 2 Motoren vorgesehen, davon einer als Reserve meistens mit einer kleineren Leistung, da mit diesem durch Einschaltung einer weiteren Zahnradübersetzung mit entsprechend geringerer Geschwindigkeit gefahren wird. Mit dem Reservemotor wird auch das Hilfseil bzw. Bremsseil angetrieben. Als Antriebsmotoren werden ausschließlich Elektromotoren wegen ihrer einfachen und guten Regelfähigkeit verwendet. Infolge der in der Größe und im Vorzeichen wechselnden Belastung kommen nur Motoren mit Nebenschlußcharakter in Frage.

S t r o m a r t und A n t r i e b s m a s c h i n e n. Für den Antrieb der Seilschwebebahnen wird sowohl der Gleichstromnebenschlußmotor als auch der Asynchronmotor verwendet. Bei Bahnen, bei denen aus irgendwelchen Gründen der Anschluß an ein Überlandwerk nicht möglich ist, ist der Antrieb mit Gleichstrommotoren von vornherein gegeben, da die Erzeugung von Gleichstrom in einer kleinen Explosionsmotoranlage, wie sie für solche Verhältnisse in Betracht kommt, eine einfachere und billigere Lösung darstellt, als die Erzeugung von Drehstrom. In den Ländern, in denen für die Reserve von den Behörden eine Akkumulatorenbatterie verlangt wird, kommt nur Gleichstrom für die Antriebsmotoren in Frage. Es sind bei jeder Bahn entweder 2 Explosionsmotoren vorhanden, wenn kein Überlandanschluß möglich ist, oder ein Überlandanschluß und ein Explosionsmotor. Im letzteren Falle werden aus Billigkeitsgründen Drehstrommotoren verwendet, wenn keine Batterie vorgeschrieben ist, und der Explosionsmotor arbeitet entweder direkt auf die Seilbahn oder er treibt einen Drehstromgenerator entsprechend der Leistung des Hilfsmotors an. Wenn der Strom für den Energiebedarf der Seilbahn unter Zuhilfenahme von Explosionsmotoren erzeugt wird, ist es vorteilhaft, auf jeden Fall eine Batterie vorzusehen. Denn es kommen bei den Personenseilbahnen doch längere Zeitabschnitte vor, in denen vorwiegend Personen hinunterfahren; die Überschußenergie könnte ohne Batterie nur mechanisch und nutzlos abgebremst werden, während sie bei Vorhandensein einer Batterie nutzbringend und fast selbsttätig aufgespeichert werden kann.

Die Gleichstrommotoren können beim Anlassen entweder durch Widerstände im Ankerstromkreis (Widerstandschaltung) oder nach Ward-Leonard gesteuert werden. Der Unterschied in den Anlagekosten ist nicht bedeutend, denn im ersteren Falle, wo Generator, Batterie und Motor parallel geschaltet sind, ist ein zweiter Generator als Reserve-Energiequelle erforderlich. Bei der Leonard-Schaltung bildet die Puffermaschine diese Reserve, da mit ihr auf jeden Fall der Hilfsmotor gespeist werden kann. Es sind daher bei beiden Systemen 2 Generatoren erforderlich. Bei der Leonardschaltung kommt noch die Erregermaschine hinzu; diese ist von kleiner Leistung und kann entfallen, wenn die Erregung aus der Batterie genommen wird.

Bei der Widerstandschaltung der Gleichstrommotoren wird der Motor meist außerdem mit weitgehender Regelung im Nebenschluß ausgeführt. Verlangt wird fast immer die erzwungene Einhaltung einer Einfahrgeschwindigkeit, die etwa ⅓ der normalen beträgt. Damit diese Geschwindigkeitsverminderung in einfacher Weise mit dem elektrischen Steuergerät ohne Bremse vorgenommen werden kann, werden die Motoren für diesen Drehzahlbereich im Nebenschluß regelbar gemacht. Das erfordert größere Maschinentypen als für die betreffende Leistung ohne Nebenschlußregelung notwendig wäre, während bei der Leonard-Schaltung trotz Beherrschung des ganzen Regelbereiches von 0 bis zur vollen Geschwindigkeit keine Vergrößerung der Maschinentype des Motors eintritt. Bild 475 zeigt ein Schema für die Energie-Umformung mit Leonard-Schaltung und Batterie. Es sind für den Antrieb des Steuermaschinensatzes gemäß behördlicher Vorschrift 2 Explosionsmotoren (1 als Reserve) vorhanden. Ist der Anschluß an ein Überlandnetz möglich, so wird der Steuermaschinensatz normal durch einen Drehstrommotor und bei Ausbleiben des Überlandstromes durch einen Explosionsmotor angetrieben. Der Steuermaschinensatz besteht aus Steuermaschine, Puffermaschine und Erregermaschine. Der Hauptantriebsmotor ist direkt mit der Steuermaschine gekuppelt. Die Puffermaschine ist parallel zur Batterie geschaltet und an den Sammelmaschinen beider ist der Hilfsantriebsmotor angeschlossen. Steuermaschine und Hauptmotor sind fremd erregt. Der Erregerstrom für Steuermaschine und Hauptmotor kann entweder aus der Erregermaschine oder aus der Batterie bzw. Puffermaschine genommen werden. Bei Antrieb des Steuermaschinensatzes durch einen Drehstrommotor würde eine Pufferung nicht unbedingt notwendig sein, da die Leistungspitzen gewöhnlich nicht so groß sind, daß er sie bei Bemessung für die mittlere Leistung nicht übernehmen könnte. Jedoch ist die Pufferung auch in diesem Fall zur Aufspeicherung der Überschußenergie von Vorteil. Diese könnte ohne Pufferung durch Rückgabe in das Drehstromnetz elektrisch verwertet werden, ginge aber verloren, da die Stromlieferanten meistens kein Interesse daran haben, diese Energie rückzuvergüten.

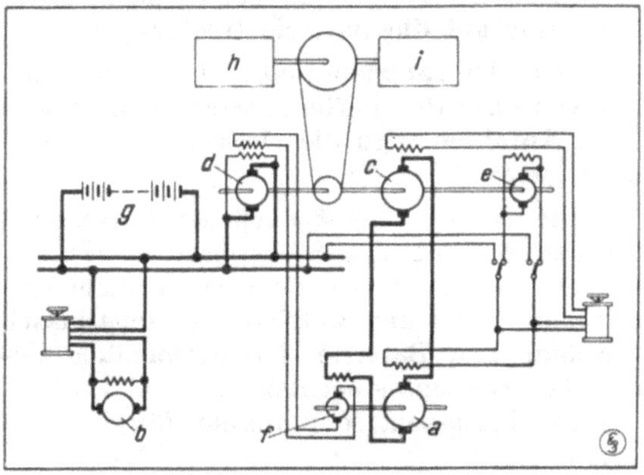

Bild 475. Schema der Leonard-Schaltung.
a = Hauptantriebsmotor, b = Hilfsantriebsmotor, c = Steuermaschine, d = Puffermaschine, e = Erregermaschine, f = Hilfserregermaschine, g = Batterie, h = Rohölmotor I, i = Rohölmotor II.

Das tatkräftige Mitpuffern der Batterie wird durch die sogenannte Ifflandschaltung erzielt. Eine kleine Hilfserregermaschine ist mit dem Seilbahnmotor gekuppelt und wird vom Strom dieses Motors erregt. Diese Hilfserregermaschine speist die Hilfserregerwicklung auf der

Puffermaschine. Die Spannung der Hilfserregermaschine und damit auch der Strom in der Hilfserregerwicklung der Puffermaschine ändert sich im Verhältnis der Leistung der Steuermaschine. Bei Leistungsabgabe des Hauptmotors an die Seilbahn wird die Puffermaschine als Motor zur Unterstützung des Antriebsmotors des Steuermaschinensatzes herangezogen und entnimmt dabei Strom aus der Batterie. Wird der Motor, wenn der abwärtsfahrende Wagen schwerer als der aufwärtsfahrende ist, von der Seilbahn angetrieben, so arbeitet er als Generator auf die Batterie (Ladung).

Der Hilfsantriebsmotor kann seinen Energiebedarf aus der Batterie oder der Puffermaschine oder aus beiden gleichzeitig decken. Beim Anfahren wird die Drehzahl durch Widerstände im Ankerstromkreis geregelt.

Die Batterie dient auch als Notreserve für den Fall, daß beide für den Antrieb des Steuermaschinensatzes vorgesehenen Maschinen versagen bzw. der Überlandstrom ausbleibt. Dann kann die Puffermaschine allein den Antrieb der Steuermaschine übernehmen. Puffermaschine und Batterie sind gewöhnlich nicht für die volle Leistung der Steuermaschine bei Belastungsfall: voller Wagen aufwärts — leerer abwärts bemessen, sondern nur für die der Pufferung entsprechende Leistung.

In Bild 476 ist ein vollständiges Schaltbild für eine Seilbahn mit Drehstromanschluß und Leonard-Schaltung dargestellt. Die Erregung der Steuermaschine wird durch eine Steuerwalze mit 18 Schaltstellungen für jede Fahrtrichtung und „Aus“- (Null) Stellung in der Mitte geregelt. Die Steuerwalze hat außer den Kontaktfingern für die Regelung noch weitere für die Sperrung mit dem Sicherheitschütz, für die Feldschwächung des Motors in den Pausen, für die Steuerung des Bremsmagneten, für die Vernichtung der Remanenz in der Nullstellung, für die End- und für die Prüfschaltung. Zwischen Nullstellung und erster Schaltstellung ist eine Zwischenstellung, damit der Motor beim Einschalten bereits das volle Feld besitzt. Eine bekannte Siemens-Schuckert-Schaltung für die Vernichtung der Remanenz der Steuermaschine besteht darin, daß in der Nullstellung die Erregung im entmagnetisierenden Sinne an die Remanenzspannung der Steuermaschine gelegt wird. Der Bremsmagnet wird auf der ersten Schaltstellung gelüftet und läßt das Bremsgewicht bei Übergang in die Nullstellung wieder fallen. Die Bremse dient daher außer als Sicherheitsbremse auch als Stopp- und Haltebremse in den Pausen. Die Kontakte für die Endschaltung sind derart angeordnet, daß bei Überfahren der Endstellung sofort, aber nur in der Gegenrichtung wieder angefahren werden kann. Die Überwachung der bereits erwähnten Geschwindigkeitsverminderung beim Einfahren in die Stationen er-

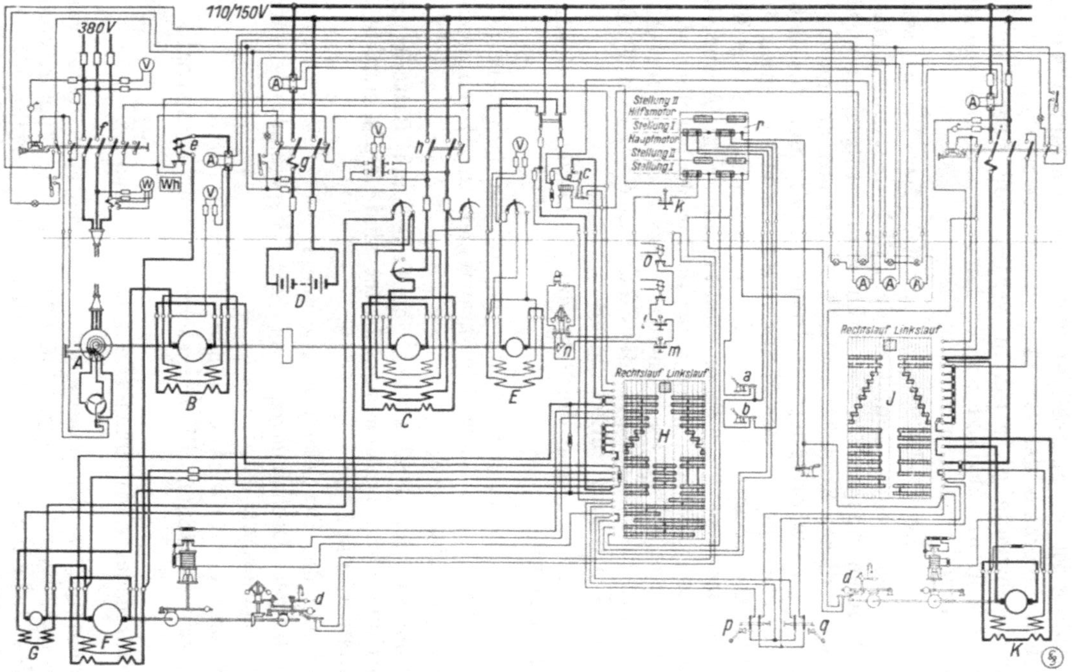

Bild 476. Schaltbild einer Seilschwebebahn.

A = Drehstrommotor, B = Steuermaschine, C = Puffermaschine, D = Pufferbatterie, E = Erregermaschine, F = Hauptmotor, G = Hilfserregermaschine, H = Hauptmotor-Steuerwalze, I = Hilfsmotor-Steuerwalze, K = Hilfsmotor a u. b = Prüfschalter, c = Sicherheitschütz, d = Kontakt am autom. Fliehkraftregler, e = Überstromrelais, f = Drehstrommotorschalter, g = Batterieschalter, h = Puffermaschinenschalter, i = Hilfsmotorschalter, k = Druckknopf an der Schalttafel, l = Druckknopf am Führerstand, m = Druckknopf am Bahnsteig, n = Fliehkraftschalter, o = Relais für den Wagen, p u. q = Endschalter, r = Umschaltwalze für den Sicherheitstromkreis.

folgt durch die Prüfschalter a und b, von denen je nach der Fahrtrichtung immer einer vor Einfahrt der Wagen in die Station durch einen Anschlag am Fahrbild- (Teufen-) zeiger geöffnet wird.

Die Schaltung ist so ausgebildet, daß beim Ausfahren aus den Stationen schon innerhalb der Strecke, in der beim Einfahren mit verminderter Geschwindigkeit gefahren werden muß, über diese Geschwindigkeit hinaus beschleunigt werden kann, so daß eine unnötige Verkehrsverzögerung vermieden wird.

Das Schütz S c dient als Sicherheitschütz. Der Strom seiner Spule ist über alle jene Kontakte der Sicherheitseinrichtungen geführt, durch deren Ansprechen die Bahn sofort stillgesetzt werden soll. Öffnet einer dieser Kontakte, so fällt das Schütz ab und unterbricht den Strom für die Erregung der Steuermaschine und des Motors und für den Bremsmagnet. Der Motor wird daher stromlos und gleichzeitig fällt die Bremse ein. Das Schütz kann nur in der Nullstellung der Steuerwalze über deren Nullkontakt zum Ansprechen gebracht werden und hält sich dann beim Weiterschalten über seinen Abhängigkeitskontakt selbst unter Strom. Bei Fahrtunterbrechung ist daher der Maschinist gezwungen, die Steuerwalze vor dem Wiederanfahren in die Nullstellung zurückzudrehen.

In folgenden Fällen kommt die Bahn durch Abfallen des Schützes sofort zum Stillstand:

1. Bei Überschreitung der höchstzulässigen Geschwindigkeit (Kontakt d 1 an der automatischen Fliehkraftregler- und Handbremse).
2. Bei Überlastung (Überstromrelais e).
3. Bei Ausbleiben des Drehstromes im Falle, daß Batterie und Puffermaschine nicht zusammengeschaltet sind (Hilfskontakte an den Schaltern f, g und h).
4. Bei Betätigung der Druckknöpfe i, k und l.
5. Bei unzulässiger Drehzahlsteigerung des Steuermaschinensatzes (Fliehkraftschalter m).
6. Bei Betätigung der Notschalter in den Wagen (Relais n).
7. Bei unvorschriftsmäßiger Einfahrgeschwindigkeit (Prüfschalter a und b).
8. Bei Überfahren der Endstellung (Endschalter o und p).

Der Steuerung des Hilfsmotors dient eine normale Schaltwalze wie für Kranmotoren mit 8 Schaltstellungen für jede Fahrtrichtung. Die Rolle des Sicherheitschützes beim Hauptmotor erfüllt hier der Schalter i, der außer der Überstromauslösung auch einen Spannungsrückgangsauslöser hat. Einen Teil der Kontakte der Sicherheitseinrichtungen haben beide Motoren gemeinsam. Die Kontakte werden durch den Umschalter r abwechselnd in den Stromkreis der Spule der Schütze c und der Spule des Spannungsauslösers von Schalter i geschaltet. Eine Geschwindigkeitsverminderung ist nicht erforderlich, da beim Fahren mit dem Hilfsmotor die Geschwindigkeit ohnehin nur ⅓ von der des Haupttriebes beträgt.

Bild 477 zeigt die Schaltung einer Seilbahn, die mit Drehstromasynchronmotoren ausgerüstet ist. Bei diesen wird die Geschwindigkeit beim Anfahren durch Änderung des Widerstandes im Läuferstromkreis geregelt. Je größer dieser Widerstand ist, um so mehr nimmt der Motor den Charakter eines Serienmotors an, um so stärker ist daher die Geschwindigkeit von der Belastung des Motors abhängig. Durch Zurückdrehen der Steuerwalze in die Nullstellung, also Einschaltung von Widerstand in den Läuferstromkreis, wird nur bei motorischem Drehmoment eine Verringerung der Geschwindigkeit erreicht. Bei generatorischem Drehmoment (Energierückgabe der Seilbahn infolge durchziehender Last) würde jedoch eine unzulässige Steigerung der Drehzahl entstehen, wenn nicht gleichzeitig mechanisch gebremst wird. Die bei der Einfahrt in die Station erforderliche Geschwindigkeitsverminderung kann daher bei durchziehender Last durch Zurückdrehen der Steuerwalze wie bei der Leonard-Schaltung nicht erreicht werden. Es ist dazu entweder eine Steuerbremse oder die Anwendung der Gegenstrombremsung erforderlich. Letztere besteht darin, daß durch Umsteuern mittels der Steuerwalze zwei Ständerphasen vertauscht werden. Der Motor entwickelt dann ein seiner Drehrichtung entgegengesetztes Drehmoment, das ihn elektrisch abbremst. Die Gegenstrombremsung hat aber gewisse Nachteile und erschwert die Tätigkeit des Maschinisten besonders bei häufig wechselnder Belastung. Außerdem läßt sich damit nur sehr feinstufig regeln, wenn ein teuerer Flüssigkeitsanlasser verwendet wird. Die Siemens-Schuckertwerke verwenden nun ihre SS-Bremse, die gleichzeitig Handsteuer- und Sicherheitsbremse ist. Das Regeln des Bremsdruckes beim Steuern geschieht durch einen Handhebel. Als Sicherheitsbremse kommt sie durch das Fallgewicht zur Wirkung. Dieses wird durch den Haltemagneten g (Bild 477) in gehobener Lage gehalten. Bei Unterbrechung des Stromes des Haltemagneten wird eine Klinke ausgelöst, und das fallende Gewicht zieht die Bremse an. Die Bremse wirkt als Schnellschlußbremse. Das Anlegen der Bremse erfolgt mit kleiner Übersetzung, wodurch eine schnelle Überwindung des Leergangsweges der Bremsbacken und ein Anlegen an den Bremskranz mit geringem Druck erzielt wird. Das Anlegen geht daher fast stoßlos vor sich. Erst wenn die Bremsbacken anliegen, wird die Übersetzung selbsttätig vergrößert, so daß jetzt die am Hebel bzw. vom Fallgewicht ausgeübte Kraft mit entsprechend großem

Bremsdruck zur Wirkung kommt. Infolge dieser Ausführung kann mit der Bremse sehr feinfühlig geregelt werden, da von dem für den Steuerhebel zur Verfügung stehenden Weg nur ein kleiner Teil zur Überwindung des Leergangs benötigt wird, während der größte Teil für die eigentliche Bremsung benutzbar ist. Um beim Einfallen der Bremse auch den Motorstrom abzuschalten, ist der Haltemagnet mit einem Schalter gekuppelt, der beim Fahren mit dem Hauptmotor den Stromkreis des Spannungsrückgangsauslösers des Schalters e bzw. beim Fahren mit dem Hilfsmotor des Schützes Sch unterbricht. Da Haupt- und Hilfsmotor in diesem Fall einen gemeinsamen Wellenstrang haben, wird die SS-Bremse für beide Motoren benutzt. Durch den Umschalter s wird der Sicherheitstromkreis jeweils an die Zuleitungen von Haupt- und Hilfsmotor gewechselt. Die Sicherheitseinrichtungen sind grundsätzlich die gleichen, wie bei der Leonard-Schaltung beschrieben. Die Erzwingung der verminderten Einfahrgeschwindigkeit läßt sich jedoch nicht in gleicher Weise wie dort durch Abhängigkeit von der Stellung der Steuerwalze ausführen. Denn durch die Stellung der Steuerwalze ist, wie aus obigem hervorgeht, die Geschwindigkeit nicht eindeutig bestimmt. Die Prüfschalter werden daher durch einen mit dem Motor gekuppelten Fliehkraftschalter c überbrückt, der seine Kontakte nur unterhalb der verminderten Drehzahl geschlossen hält. Die Erreichung der verminderten Geschwindigkeit wird durch das Aufleuchten einer grünen Lampe angezeigt. Die vier Endschalter, die von den Ausgleichscheiben der Zugseile betätigt werden, sind durch das System der Bahn bedingt. Die Bahn hat 2 Zugseile, die über Ausgleichscheiben geführt sind, um eine gleichmäßige Verteilung der Zugkraft auf beide Seile zu erzielen. Diese Endschalter sollen nun die Bahn stillsetzen, bevor ein Seil reißt. Man nimmt an, daß es sich vor dem Reißen zuerst entsprechend dehnt, wodurch die betreffende Ausgleichscheibe in Bewegung kommt und den Endschalter öffnet.

Die Sicherheitsbremse kann auch mechanisch ausgelöst werden, indem der Haltmagnet durch eine äußere Kraft abgerissen wird. Dies kann entweder durch Betätigung des Handnothebels oder des Notausrückungshebels geschehen. Letzterer wird in vorliegendem Fall durch einen Fliehkraftregler bei Überschreitung der Geschwindigkeit betätigt.

Um zu verhindern, daß bei Unachtsamkeit des Maschinisten eine Drehzahlsteigerung eintritt, indem er bei durchziehender Last die Steuerwalze ohne mechanische Bremsung auf Widerstandsstellungen zurückdreht, ist eine selbsttätige Einrichtung für den Hauptmotor vorgesehen. Diese besteht aus dem Läuferschütz a, das bei Überschreitung der synchronen Drehzahl den Läufer durch die Wirkung des Fliehkraftschalters c selbsttätig kurzschließt. Diese Einrich-

A = Hauptmotor, B = Anlaßwiderstand, C = Umschalter für den Hauptmotor in der Steuerwalze, D = Hilfsmotor, E = Umschalter für den Hilfsmotor in der Steuerwalze, a = Läuferkurzschlußschütz, b = Hilfschütz, c = Fliehkraftregler, d = Kontakte in der Endstellung der Steuerwalze, e = Nullspannungs-Auslöser, f = Kontakte in der Nullstellung der Steuerwalze, g = Haltemagnet der Sicherheitsbremse, h = Rutschkupplung mit Umschalter, i = Endschalter rechter bzw. linker Wagen, k_1, k_2 = Endschalter für die Ausgleichscheiben des Zugseiles 1 bzw. 2, l_1, l_2 = Endschalter für die Spannscheiben des Zugseiles 1 bzw. 2, m = Endschalter für die Notbremse, n = Prüfschalter für die rechte bzw. linke Fahrrichtung, o = Notschalter auf der Talstation, p_1, p_2 = Notschalter in den Wagen 1 bzw. 2, q = Druckknopfschalter, r = Differentialrelais, s = vierpoliger Umschalter, t = Läuferschütz, u = Nullpunkt in der Steuerwalze, v = Signallampe, w = Tragseil geerdet.

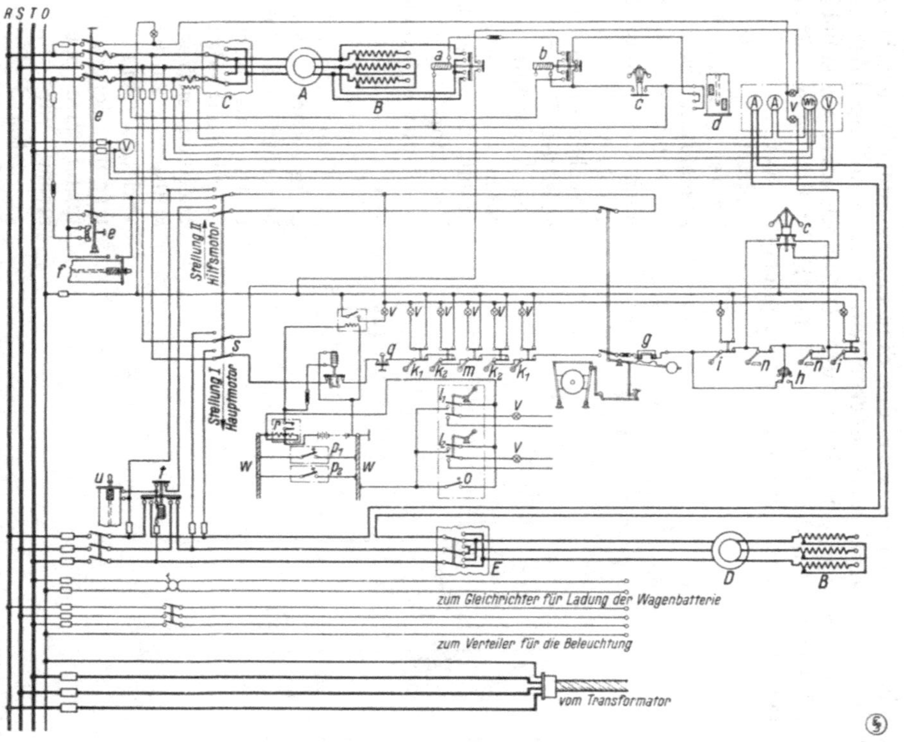

Bild 477. Schaltschema einer Seilschwebebahn.

tung ist mit der Steuerwalze derart elektrisch verriegelt, daß das Schütz in den Endstellungen der Steuerwalze ständig geschlossen bleibt, wenn es einmal angesprochen hat, auch wenn der Fliehkraftschalter seine Kontakte wieder öffnet. Dies verhindert ein ständiges Aus- und Einschalten des Schützes in den Endstellungen der Steuerwalze bei wechselnder Last und schont daher die Kontakte. In den Endstellungen ist der Läufer ohnehin kurzgeschlossen, es ist daher belanglos, ob auch noch das Schütz eingeschaltet ist. Bei Ansprechen des Schützes zeigt dem Maschinisten das Aufleuchten einer roten Lampe an, daß er mit durchziehender Last fährt.

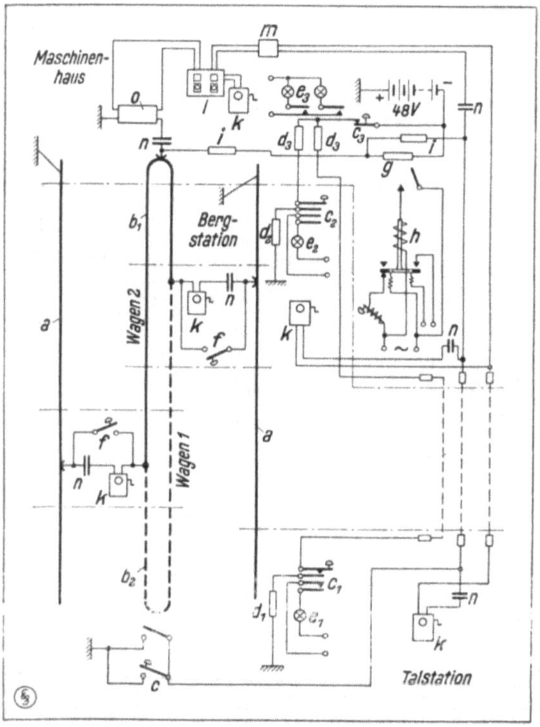

Bild 478. Schema der Telephonverbindung-Fernsteuerung- und Abfahrtsignalanlage.

a = Tragseil geerdet, b_1 = Zugseil isoliert, b_2 = Zugseil nicht isoliert, c_1 = Taste in der Talstation, c_2 = Taste in der Bergstation, c_3 = Taste im Maschinenhaus, d_1, d_2, d_3 = Relais für die Signallampen, e_1, e_2, e_3 = Signallampen, f = Nottaste, g = Fallklappenrelais, h = Steuerrelais, i = Drosselspulen, k = Fernsprecher mit Induktor, l = Klappenschrank, m = Verzögerungsrelais, n = Kondensatoren, o = Ringübertrager.

Schwachstromeinrichtungen: Es wird sowohl eine telephonische Verständigung zwischen Wagenbegleiter und Maschinisten, als auch die Möglichkeit, den Antrieb von den Wagen aus stillsetzen zu können, verlangt. Zur Übertragung der dazu erforderlichen Schwachströme wird für den geerdeten Pol immer das Tragseil und für den isolierten Pol entweder das Zugseil oder ein eigenes Telephonseil benutzt. Die Führungsrollen des Zugseiles auf den Stützen erhalten dann isolierte Lagerung. Als Isolierung an der Antriebs- und Spannscheibe wird die Lederung der Rillen benutzt. Die Isolierung dieser Teile, die durch starke Kräfte beansprucht sind, läßt sich natürlich nur durch sorgfältigste Wartung dauernd aufrechterhalten.

Es wird daher ein eigenes Telephonseil trotz der höheren Kosten vorteilhaft sein, da es weniger zu Störungen Veranlassung geben wird. Dieses Seil wird isoliert neben dem Tragseil verlegt. Der Strom wird durch einen kleinen Kontaktwagen abgenommen, der mit dem Laufwerk der Wagen isoliert verbunden ist. Wenn die Rollen des Laufwerkes mit Gummi belegt sind, so ist immer eine davon ausgenommen, damit die elektrische Verbindung mit dem Tragseil hergestellt ist.

Bild 478 zeigt die Schaltung einer Abfahrtsignal-, Fernsteuerungs- und Fernsprechanlage für Personen-Seilschwebebahnen.

1. Abfahrtsignal: Wird auf die Taste c_1 in der Talstation gedrückt, so werden die Relais d_1, d_2 und d_3 in den Glühlampenkästen der Talstation, der Bergstation und des Maschinenhauses erregt, und die Lampen e_3 und e_2 eingeschaltet. Das gleiche geschieht beim Drücken der Taste in der Bergstation. Durch das Drücken der Taste wird dem Maschinisten angezeigt, daß die Wagen abfahrtbereit sind. Vor dem Anfahren gibt der Maschinist das Quittungszeichen, indem er durch die Taste c_3 alle Lampen auslöscht.

2. Fernsteuerungsanlage: Durch die Nottasten f in den Wagen wird das Fallklappenrelais g eingeschaltet. Dieses betätigt ein weiteres Relais h, das den Sicherheitstromkreis (Haltemagnet oder Schütz) des Antriebes unterbricht, wodurch die Bahn zum Stillstand kommt. Um die auf der gleichen Leitung übertragenen Wechselströme der Fernsprechanlage von dem Fallklappenrelais fernzuhalten, sind Drosselspulen i mit hoher Induktion vorgeschaltet.

3. Fernsprechanlage: Zur Verständigung zwischen Berg- und Talstation und mit dem Maschinenhaus sind in beiden ersteren Stationen je ein Fernsprecher für Induktoranruf und im Maschinenhaus ein Klappenschrank mit Fernsprecher angebracht, durch den auch eine Verbindung mit den Fernsprechern der Wagen hergestellt werden kann. Damit bei Anrufen zwischen Berg- und Talstation nicht immer die Klappe im Schrank fällt, ist ein Verzögerungsrelais m vor diese geschaltet, das den Wecker erst einschaltet, wenn 6 Kurbelumdrehungen in der Berg- oder Talstation gemacht werden. Letztere beiden Stationen rufen einander mit kurzen Zeichen an, während bei Anruf des Maschinenhauses lange Zeichen gegeben werden müssen. Die beiden Wagen können sowohl untereinander als auch über den Klappenschrank mit den anderen Sprechstellen verkehren. Zur Fernhaltung des für die Fernsteuerungsanlage benutzten Gleichstromes sind Kondensatoren n vor die Sprechapparate geschaltet.

D. Gleislose elektrische Bahnen.

Da, wo ein gewisses Verkehrsbedürfnis vorliegt, wo aber die hohen Kosten einer Gleisanlage nicht aufgebracht werden können, hat man auch wohl gleislose elektrische Bahnen eingerichtet. Es werden elektrisch betriebene Fahrzeuge von einer Oberleitungsanlage aus gespeist. Die Leitungsanlage wird ähnlich wie bei Straßenbahnen,

Bild 479. Zweipolige Fahrleitung für gleislose elektrische Bahnen.

aber zweipolig ausgeführt, die Leitungsdrähte werden in einem Abstand von etwa 300 mm nebeneinander oder übereinander und isoliert voneinander aufgehängt. Zur Stromabnahme dienen Kontaktstangen mit Dickinson-Rollen, die von unten an den Fahrdraht angedrückt werden und auf dem Dach gefedert und nach allen Seiten drehbar gelagert sind oder kleine Wagen, die auf den Speisedrähten entlangrollen und von dem angetriebenen Fahrzeug gezogen werden. Die Kontaktstange bzw. die Leitung, die das Fahrzeug mit dem Stromabnehmer verbindet, ist so lang, daß das elektrische Fahrzeug Fuhrwerken und Hindernissen in den Straßen ausweichen kann. Sofern für beide Fahrtrichtungen nur ein Leitungstrang (Hin- und Rückleitung) vorhanden ist, muß bei Begegnung zweier elektrischer Fahrzeuge entweder das eine seine Kontaktstangen von der Leitung abheben bis das andere vorbeigefahren ist, oder die beiden elektrischen Fahrzeuge tauschen ihre Stromabnehmer. Die Anlage getrennter Leitungen für jede Fahrtrichtung ist vorzuziehen (Bild 479). Luftweichen und isolierte Luftkreuzungen werden möglichst vermieden, da sie wegen der doppelpoligen Anordnung sehr verwickelt werden und leicht zu Betriebstörungen Anlaß geben. Aus diesem Grunde sind an den Streckenendpunkten Endschleifen an Stelle von Weichenverbindungen üblich (Bild 480).

Bild 480. Endschleife bei zweipoliger Fahrleitung.

Gleislose Bahnen wurden zuerst in Deutschland im Jahre 1901 von Schiemann gebaut. Eine Einführung in größerem Umfange haben diese Verkehrsmittel in Deutschland nicht gefunden. In den letzten Jahren haben sich besonders englische Firmen bemüht, den gleislosen Betrieb einzuführen, aber auch hier blieb das Eingangsgebiet bisher auf Einzelfälle beschränkt. Als Massenverkehrsmittel kommt der gleislose Wagen nicht in Betracht.

Die Betriebskosten einschließlich Verzinsung, Abschreibung und Erneuerung sind für die beförderte Person, sehr gute Straßen vorausgesetzt, bei der gleislosen Bahn etwa ebenso hoch wie bei einer Straßenbahn. Näheres siehe Zeitschrift „Elektrische Kraftbetriebe und Bahnen" 1921 Heft 21 und Seefehlner „Elektrische Zugförderung" 2. Auflage Seite 511.

X. Betriebsführung

Die folgenden Ausführungen über Betrieb und Unterhaltung von elektrischen Bahnen gründen sich hauptsächlich auf die langjährigen Erfahrungen eines Straßenbahnbetriebes, der den Ruf besonders guter Instandhaltung seiner Anlage genießt. Wie weit diese Mitteilungen auf andere Betriebe anwendbar sind, wird je nach Art des Betriebes verschieden sein. Wegen der Betriebserfahrungen auf den elektrisch betriebenen Vollbahnen wird auf den Bericht des Reichsbahnoberrates Naderer im Organ für die Fortschritte des Eisenbahnwesens, 83. Jahrgang, 1928, Heft 17: „Betriebserfahrungen mit der elektrischen Zugförderung in Südbayern" hingewiesen.

A. Auswahl und Ausbildung des Personals.

1. Technisches Personal.

a) Büro. Bei Betrieben kleineren und mittleren Umfanges ist die Auswahl des technischen Büropersonals mitunter sehr schwer, da von einer Person alle oder doch mehrere Abteilungen geleitet werden müssen, also Vielseitigkeit verlangt werden muß; größere Betriebe sind in der Lage, für jeden Dienstzweig Spezialisten zu halten und diese gegebenenfalls selbst heranzubilden. Das eine gilt aber wohl für alle elektrischen Bahnen: es gibt keinen Ingenieur oder Techniker, der von der Schule weg für dieses Fach auch nur einigermaßen fertig ist. — Das Arbeitsgebiet der elektrischen Bahnen umfaßt nicht nur den Maschinenbau und die Elektrotechnik, den Hoch- und Tiefbau, sondern auch Rechtspflege, Psychologie, Volks- und Privatwirtschaftskunde. Während für die Wagen-, Kraftwerk- und Fahrleitungsabteilung Maschinen- und Elektroingenieure in Frage kommen, werden für den Gleisbau Tiefbau- oder Maschineningenieure zu wählen sein. Jedenfalls läßt sich eine feste Regel nicht aufstellen, es wird immer davon abhängen, welche Person eine Stelle bekleidet. Grundsätzlich aber sollte kein Überfluß an Personal bestehen, besser wenige, aber gute Kräfte. Andererseits muß durch Einstellung jungen Personals für Nachwuchs ausreichend gesorgt werden. Jeder soll möglichst große Verantwortung erhalten. Dies ist auch das beste Mittel zur Selbstausbildung. Der Tätigkeitskreis jedes Beamten darf nur ganz allgemein, nicht scharf abgegrenzt sein. Ist, wie vorerwähnt, nicht zuviel Personal vorhanden, so wird, da jeder genug zu tun hat, ein Übergreifen des einen in das Arbeitsgebiet eines anderen nie zu Unannehmlichkeiten führen. Die Ausbildung des technischen Büropersonals sollte nicht zu einseitig sein.

b) Werkstätten. Die vorgesetzten Stellen: Werkmeister, Werkführer und Vorarbeiter in den Werkstätten werden meist aus den Arbeitern hervorgehen. Doch wird es in vielen Fällen von Nutzen sein, neues Blut von außerhalb hereinzunehmen. Für die Wagenmontagewerkstätten eignen sich in der Regel als Meister besser solche Leute, die früher Maschinen- und nicht Bauschlosser oder Schmiede gewesen sind. Ein sachgemäßer Wagenunterhalt erfordert genaueste Arbeit und diese liegt in der Regel den erstgenannten Handwerkern besser. Vorausgesetzt, daß die richtige Auswahl möglich war, soll auch den Meistern usw. möglichst Freiheit in ihren Arbeiten gelassen werden. Die Auswahl der Arbeiter ist je nach den örtlichen und sonstigen Verhältnissen ganz verschieden zu treffen, Regeln gibt es hier nicht. Je nach Umfang des Betriebes empfiehlt sich die Mehrzahl oder doch einen größeren Teil des Werkstättenpersonals im Fahren auszubilden. Die in den Bahnhöfen für den Wagenunterhalt tätigen Arbeiter erfahren ihre Ausbildung am besten in den Hauptwerkstätten.

c) Strecke. Bei größeren Betrieben werden die Bahnmeister aus Fach- oder technischen Mittelschulen hervorgegangen sein. Die Posten von Meistern und Vorarbeitern sollten bei der zunehmenden Verwendung maschineller Einrichtungen im Gleisbau nur mit Handwerkern besetzt werden. Für die Fahrleitungsabteilung ist dies von jeher selbstverständlich gewesen. Neben den ungelernten Arbeitern empfiehlt sich als Führer von Schweißkolonnen, für die Weichenunterhaltung und den Zusammenbau größerer Abzweig- und Kreuzungsanlagen Schlosser zu verwenden.

2. Fahrpersonal.

Die Grundsätze, nach denen die Auswahl des erforderlichen Fahrpersonals erfolgt, sind ziemlich verschieden. Von besonderer Bedeutung ist vielfach die Art der Verwaltung, d. h. ob es sich um einen städtischen oder privatwirtschaftlichen Betrieb handelt, ob das Fahrpersonal im Beamten- oder Arbeiterverhältnis steht. Im ersteren Fall wird die Auswahl strenger getroffen werden, da bei Beamten, falls sie sich im Laufe der Zeit als ungeeignet erweisen sollten, im allgemeinen eine anderweitige Beschäftigung schwer möglich ist.

Viele Verwaltungen entnehmen das Fahrpersonal den Reihen ihrer Arbeiter und stellen Außenstehende gar nicht oder nur im Notfalle ein. Andere wiederum nehmen nur Außenstehende. Die Übernahme der Arbeiter zum Fahrdienst hat jedenfalls den Vorteil, daß jeder Übernommene schon eine Probezeit im Arbeiterverhältnis hinter sich hat. Andererseits aber hat diese Art der Einstellung den nicht zu unterschätzenden Nachteil des ständigen Wechsels im Arbeiterpersonal. Ist mit der Übernahme in den Fahrdienst eine wirtschaftliche Verbesserung verbunden, so zieht das unter Umständen für die Werkstatt den Verlust der besten Arbeitskräfte nach sich. Ob es für die Dienstausübung und den Unterhalt der Wagen vorteilhafter ist, frühere Arbeiter des Betriebes, sogar Handwerker als Schaffner und Führer zu verwenden, mag dahingestellt sein. Es besteht für diese Leute leicht die Versuchung, Schäden selbst zu beheben, eine Aufgabe, die sie nur unvollständig und nie so wie die Werkstätte ausführen können. Auch liegt die Gefahr nahe, daß die Leute, wenn sie aus den Werkstätten kommen, glauben, alles schon zu können, so daß sie beim Fahren weniger aufmerksam sind als ein fremd hinzugekommener.

Ein anderer Weg, bei dem es auch nicht nötig ist, ganz unerfahrene Leute in den ständigen Fahrdienst aufzunehmen, ist folgender:

Fast bei jeder Straßenbahn gibt es Verkehrszeiten, zu welchen das ständige Personal nicht ausreicht. Manche Verwaltungen entnehmen die erforderlichen Verstärkungen ihren Arbeitergruppen (mit Vorliebe der Schneiderei) andere haben für solche Fälle Bedarfspersonal (in der Regel Schaffner). Als solche fanden sich früher wohl überall gelernte und ungelernte Arbeiter, die z. B. an Sonntagen oder bei anderen Gelegenheiten gerne durch Dienstleistung bei der Straßenbahn sich einen kleinen Nebenverdienst verschaffen wollten. Nach dem neuen Arbeitszeitgesetz ist dies nicht mehr möglich, es können nur noch Erwerbslose oder Kurzarbeiter auf diese Weise beschäftigt werden.

Die Bedingungen, die ein Bewerber erfüllen muß, sind bei den einzelnen Verwaltungen, wenn auch nicht wesentlich, verschieden. Im allgemeinen werden aber folgende Forderungen zu erfüllen sein: Ungetrübter Leumund. Tauglichkeit zum Fahrdienst (auf Grund eines amtsärztlichen Zeugnisses), Alter nicht unter 22 und nicht viel über 30 Jahre, Körpergröße mindestens 1,68 m, volle Sehschärfe mit Glas, nicht unter zwei Drittel ohne Glas, Farbentüchtigkeit, gute Volksschulbildung, Besitz der Reichsangehörigkeit seit 5 Jahren. Bei einzelnen Betrieben wird die Tauglichkeit zum Fahrdienst nicht allein vom Gutachten des Arztes, sondern auch vom Bestehen einer psychotechnischen Aufnahmeprüfung abhängig gemacht. Bei den Untersuchungsverfahren werden in der Regel die Prüflinge auf die Reaktionszeit bei Gefahren und auf Geschicklichkeit beobachtet. Zum Teil werden die Eignungsprüfungen schon ziemlich weit ausgedehnt. Ob sie den erhofften Erfolg bringen, ist eine andere Frage, denn es ist nicht gesagt, daß derjenige, der rasch begreift und daher die Prüfung besser besteht als ein etwas schwerfälliger, im Dienst so zuverlässig sein wird wie letzterer. Mit anderen Worten, man kann einigermaßen feststellen, wer voraussichtlich nicht geeignet sein wird, weiß aber nicht, ob der, welcher die Prüfung bestanden hat, tatsächlich auf die Dauer geeignet ist. Jedenfalls sollte das Ergebnis der Eignungsprüfung nicht allein den Ausschlag bei der Beurteilung geben. Wichtig ist, die Anwärter einer einfachen Rechtschreib- und Rechenprüfung zu unterziehen.

Wenn irgend möglich, sollte jeder neu Eingestellte als Führer und auch als Schaffner ausgebildet werden, um ihn je nach Bedarf verwenden zu können. Es ist dabei nicht nötig, beide Ausbildungen sofort hintereinander vorzunehmen, im Gegenteil, ist ein zeitlicher Abstand von Vorteil. Die Ausbildung als Schaffner wird zweckmäßig zuerst vorgenommen. Der theoretische Unterricht erstreckt sich hierbei auf die Bekanntmachung mit den Dienstvorschriften, die Einrichtungen der technischen Anlage und die Behandlung der Fahrscheine. Letztere Aufgabe wird am besten an einer großen Schultafel mit Abbildung der Fahrscheinvorderseite vorgeführt und später von den Lehrlingen auf kleinen abwischbaren Handtafeln, die ebenfalls eine Abbildung des Fahrscheines tragen, geübt. Hierauf folgt praktische Ausbildung bei älteren Schaffnern. Die Lehrzeit für Schaffner beträgt etwa 6 bis 20 Tage.

Die Führer erhalten ihren ersten Unterricht je nach Umfang und Einrichtung der sogenannten Fahrschule, in dieser zuerst an festen Führerständen. Neben dem theoretischen Unterricht wird dort die praktische Handhabung der Fahrschalter und Bremsen geübt. Ob es von besonderem Vorteil ist, dem Führer am Anfang zuviel Einzelheiten am Wagen, den genauen Verlauf der Leitungen, des Stromes usw. beizubringen, erscheint sehr zweifelhaft. Ganz abgesehen davon, daß es dem Fahrpersonal nicht möglich sein wird, eintretende Schäden auf der Strecke zu beheben, sollte der Lehrling nicht mit Lehrstoff gequält werden, den er höchstens mechanisch auswendig lernen kann, um ihn dann möglichst bald nach der Prüfung wieder zu vergessen. Die Bekanntmachung der Führerlehrlinge mit dem Wagen und den einzelnen Strecken erfolgt durch die Fahrmeister. Jeder Lehrling soll, wenn der Betrieb nicht zu umfangreich ist, alle Strecken mehrmals befahren haben, um ihre Besonderheiten kennen zu lernen. Auch jede Triebwagentype, soweit Unterschiede in deren Handhabung bestehen, muß er gefahren haben. Nachdem der Lehrling die nötigen Vorkenntnisse erworben hat, beginnt neben dem weiteren Unterricht durch den Fahrmeister die praktische Tätigkeit auf Kurswagen unter Anweisung und Aufsicht eines älteren Führers (Lehrführers). Im allgemeinen kann nach spätestens 3 Wochen die Führerprüfung abgelegt werden. In einzelnen Betrieben, wo auf gründliche Ausbildung und Sicherheit besonderer Wert gelegt wird, fährt auch nach bestandener Prüfung der Lehrling noch 8 bis 14 Tage unter Aufsicht eines Lehrführers, jedoch unter eigener Verantwortung. Die Ausbildung ist um so besser, je weniger Schüler gleichzeitig von einem Fahrlehrer auszubilden sind und ist außerdem von den vorhandenen Einrichtungen abhängig. Für die Ausbildung und ständige Überwachung der Führer und Schaffner, von außergewöhnlichen Personalvermehrungen abgesehen, kann ein Aufsichtsbeamter auf 30 bis 60 Mann gerechnet werden, je nach Heranziehung zu sonstigen Diensten (Posten, Vernehmungen, Vertreten der Bahnhofsvorsteher usw.).

Bei großen Betrieben wird zeitweise Aufsicht und Überwachung durch Beamte in Zivil gute Erfolge zeitigen.

B. Dienstanweisungen.

Jeder Betrieb wird seiner Eigenart entsprechende Dienstanweisungen herausgeben und jedem Führer und Schaffner eine Ausfertigung aushändigen. Viele Punkte der Anweisungen sind indessen allen Straßenbahnen gemeinsam, und es haben daher mehrere in naher Verbindung stehende Verwaltungen einheitliche Vorschriften herausgegeben. Es würde zu weit führen, hier alle Punkte einer Dienstanweisung auch nur streifen zu wollen. Im Bedarfsfalle werden jedem Betriebsleiter solche Anweisungen von anderen Verwaltungen gerne zur Verfügung gestellt. Neben den Dienstanweisungen müssen für alle außergewöhnlichen Vorfälle, Neueinführungen usw. rechtzeitig Bekanntmachungen in den Aufenthaltsräumen des Fahrpersonals angeschlagen werden.

Ferner ist äußerst wichtig, daß das Personal mindestens halbjährig Belehrungstunden erhält, in denen es über wissenswerte Vorgänge in ihrem Beruf aufgeklärt wird. An Hand von praktischen Beispielen, die sich aus dem Betrieb selbst ergeben haben, muß gezeigt werden, wie es in jedem Falle gemacht oder nicht gemacht werden soll, wie Fahrgäste zu behandeln sind, wie Einrichtungen zu handhaben sind usw. Durch solche mündlichen Belehrungen läßt sich, wenn sie dazu noch mit einer offenen Aussprache verbunden sind, viel erreichen.

Die Anweisungen über die Behebung von Betriebstörungen sind in der Regel in einem gesonderten Abschnitt der Dienstvorschriften aufgenommen. Nur in der Minderzahl von Fällen wird das Fahrpersonal in der Lage sein, die Ursache selbst zu beheben. Es ist zumeist auch nicht von so großer Wichtigkeit; Hauptsache ist, die Störung selbst auf dem schnellsten Wege zu beseitigen, damit der Betrieb nicht stockt. Für den Fall, daß Menschen verletzt werden, müssen die Dienstanweisungen Vorschriften über erste Hilfeleistung enthalten. Bei Fahrdrahtbrüchen z. B. sind dem Fahrpersonal nur soweit Anweisungen zu geben, als es sich um das Abschneiden herabhängender Leitungen handelt zur Beseiti-der Gefahr einerseits und Wiederherstellung der Befahrungsmöglichkeit der Strecke andererseits. Im übrigen soll sofort auf dem kürzesten Wege die zuständige Störungsstelle gerufen werden. Ähnlich werden die Verhaltungsmaßregeln bei größeren Zusammenstößen, Entgleisungen, Achsbrüchen usw. sein. Das Betriebsgleis für die Durchfahrt frei machen und dann erst an die Behebung des Schadens gehen. Zur schnellen Behebung von Straßenbahnstörungen ist es vorteilhaft, ein Übereinkommen mit der Berufsfeuerwehr zu treffen, da diese wegen ihrer ständigen Dienstbereitschaft rascher eingreifen kann, als die Straßenbahn selbst. In größeren Städten werden heute die Mannschaften der Feuerwehr nach dieser Richtung hin ausgebildet.

Soweit es sich um den normalen Unterhalt der Streckeneinrichtungen und deren regelmäßige Nachschau handelt, ist die zuständige technische Abteilung dazu berufen, diese durchzuführen. Treten jedoch plötzlich Fehler auf oder liegt die Annahme nahe, daß ein Schaden von den technischen Stellen nicht bemerkt wurde, so muß dieser gemeldet werden.

Besonderes Augenmerk hat das Fahrpersonal und hier wieder der Führer den Gleisanlagen zu schenken. Merkt er z. B., daß an einer spitz befahrenen Weiche die Zungen schlecht oder ungleich anliegen, so darf er sie erst nach richtiger Zungenstellung befahren; besteht die Gefahr, daß nach dem Überfahren mit der ersten Achse die Zungen sich wieder verstellen, so müssen vor jedem Befahren mit einer weiteren Achse beide Zungen erst wieder zum Anliegen gebracht werden. Am besten ist es, in jedem Triebwagen oder in jedem Weichenkasten einige Gummiwürfel zu hinterlegen, die in solchen Fällen zwischen die Zungen und Schienen geklemmt werden, um ein sicheres Anliegen zu gewährleisten. Ferner müssen Fremdkörper, die auf den Schienen liegen oder die sich in die Rille eingeklemmt haben, sofort entfernt werden. Es geht nicht an, daß tagelang z. B. über einen in die Rille eingeklemmten Hufeisenstollen gefahren wird, nur weil das Personal jedes darüberfahrenden Wagens glaubt, daß er von dem nächsten Wagen schon herausgenommen würde.

Bezüglich der Fahrleitung hat das Personal alle Stellen, an denen häufig Entgleisungen der Rolle vorkommen, zu melden. Wird an einer Stelle der Bügelstromabnehmer infolge Hängenbleibens an der Fahrleitung verbogen oder ein Schleifstück beschädigt, so ist dies sofort dem nächsten Aufsichtsbeamten oder der Störungsstelle zu melden, wenn irgend möglich, ist ein Posten an der schadhaften Stelle zu belassen, um nachfolgende Wagen zu warnen. Ebenso wichtig ist die Meldung über versagende Signale (Lichter).

Sonstige Beobachtungen der Strecke, wie z. B. Anlage von Haltestellen, Anbringung der Haltestellentafeln, Beleuchtung der Strecke usw. können am besten vom Fahr- und Aufsichtspersonal gemacht und Verbesserungsvorschläge eingebracht werden.

Die Überwachung bezüglich des Verkehrs ist ein Gebiet für sich und wird im allgemeinen durch das Aufsichtspersonal erfolgen. Scheint eine Verschwächung oder Verstärkung geboten, so muß erst durch wiederholte Beobachtung das tatsächliche Bedürfnis festgestellt werden. Unter Umständen sind von der Verkehrsabteilung Zählungen vorzunehmen. Die Überwachung der Abfahrtszeiten an den Endpunkten und Haupthaltestellen, der Fahrgeschwindigkeiten an gefährlichen Stellen usw. gehört ebenfalls zu den regelmäßigen Aufgaben des Aufsichtspersonals.

C. Untersuchung und Unterhaltung der Fahrzeuge.

Für die Unterhaltung der Fahrzeuge empfiehlt sich die Festlegung der regelmäßig wiederkehrenden Arbeiten und Untersuchungen in besonderen Vordrucken, in denen diese einzeln einzutragen sind. Dadurch ist ein leichtes Überprüfen der ausgeführten Arbeiten durch das Personal möglich. Außerdem sind noch die Bau- und Betriebsvorschriften zu beachten.

1. Laufende Unterhaltung. Folgende Arbeiten und Untersuchungen an den Wagen müssen im allgemeinen täglich vorgenommen werden:

Puffer, deren Führungen und die Zug- und Stoßvorrichtungen auf etwaigen Bruch und toten Gang prüfen.

Bahnräumer auf lockere oder gebrochene Bretter und Höhenstellung nachsehen, Fallschutzvorrichtungen auf Wirksamkeit prüfen.

Sandstreuer auf gleichmäßige reichliche Sandabgabe und Rohrstellung untersuchen, nötigenfalls Sand nachfüllen.

Untergestell- und Kastenfedern auf Bruch prüfen.

Bremsen auf Wirksamkeit untersuchen, Gelenke nachschmieren und Bremsklötze gleichmäßig einstellen, nötigenfalls erneuern.

Perrontüren auf leichten Gang und guten Verschluß nachsehen.

Signal- und Fußglocken auf Wirksamkeit und guten Klang prüfen.

Stromabnehmer bzw. Kontaktstange auf leichte Beweglichkeit. hemmungslosen Zug des Zugriemens bzw. der Zugleine, Leinenfänger, abgenützte Schleifstücke oder Rollen nachsehen.

Hauptschalter durch mehrmaliges Ein- und Ausschalten untersuchen.

Fahrschalter (älterer Bauart) reinigen, Kontakte prüfen und leicht einfetten, Erdanschlüsse nachsehen.

Motoren, besonders Kollektor sofort nach Einrücken des Wagens auf Temperatur untersuchen, desgl. Motor- und Tatzenlager, Sitz der Kohlen prüfen.

Motor und Stützlager schmieren. Die Häufigkeit der Schmierung richtet sich nach Art der Lager- und Schmiermittel.

Erdanschlüsse an dem Untergestell auf festen Sitz und Güte der Zuleitungen prüfen.

Schienenbremsen auf Temperatur prüfen.

Selbstverständlich kann man je nach Bauart und Zustand der Wagen bzw. von Einzelteilen, Inanspruchnahme, besonderer Betriebsgefahr und anderen die tägliche Überwachung noch weiter ausdehnen.

Jeder Wagen muß täglich gereinigt werden.

Neben diesen täglichen Arbeiten und Untersuchungen gibt es auch eine Reihe solcher, die in kürzeren oder längeren Zwischenräumen nötig sind.

Für die Getriebe mit Dochtschmierung sind die Ölgefäße etwa alle 3 Tage nachzufüllen.

Tasterrechen zu den Fangschutzvorrichtungen müssen mindestens alle 8 Tage auf die richtige Höhenlage geprüft werden.

Dreikantkohlenschleifstücke sind alle 8 Tage zu drehen, der Bügeldruck ist zu prüfen.

Kontaktrollen sind je nach Bauart zu schmieren, an Aluminiumschleifstücken die eingelaufenen Stellen zu beseitigen.

Schienenbremsschuhe sind alle 8 Tage auf die vorgesehene Höhe über Schiene einzuregulieren.

Reservelampen und Sicherungen sind alle 8 Tage zu ergänzen

Solenoidbremsen müssen halbmonatlich geschmiert werden.

Der Einstiegtrittbelag ist halbmonatlich nachzusehen.

Achskisten mit Liderungschmierung sind halbmonatlich nachzuschmieren.

Fußbodenbelag ist monatlich nachzusehen.

Radsätze und Reifen sind monatlich abzuklopfen und nachzumessen.

Motorlager müssen mit konsistentem Fett alle 2 Monate nachgeschmiert werden.

2. Periodische Untersuchungen. Als solche sind die etwa halbjährigen Zwischenuntersuchungen anzusprechen. Der Wagen wird bei diesen zwar nicht zerlegt, doch werden die wichtigeren Einzelteile einer gründlichen Nachschau unterzogen.

Vom Wagenkasten werden die Bremsspindeln, Sperräder und Bremsketten gereinigt, auf Abnützung geprüft und frisch geschmiert. Die Puffer, Zug- und Stoßvorrichtungen und Pufferführungen werden ähnlich behandelt, soweit nötig, frisch gestrichen, auch die Kupplungszungen müssen auf Abnützung und Bruch untersucht werden. Bei den Sandstreuern sind besonders die Rohre auf Ansatz zu prüfen, alle Gelenke sind zu säubern und zu schmieren. Die Schutzvorrichtungen und Tasterrechen sind zu reinigen, Gelenke werden geschmiert und alle Teile auf gute Wirkung geprüft. Fußtrittstufen und Fußbodenbelag müssen auf Abnützung, etwa hervorstehende Schrauben, scharfe Kanten usw. untersucht werden. Besonders die Abschlußtüren sind gründlich auf Führung und Arretierung der Schlösser zu prüfen, nachzuschmieren und von äußerlich anhaftendem Oel und Fett zu reinigen. Die Glockenzugriemen werden nötigenfalls nachgestellt. Alle im Wageninnern und auf den Plattformen angeschraubten Teile sind auf guten Sitz und Vorhandensein hervorstehender Spitzen oder Kanten, die zur Beschädigung von Kleidungstücken Anlaß geben könnten, zu untersuchen. Die sämtlichen Fenster werden auf festen Sitz, die beweglichen auf richtige Gangbarkeit und die Zugriemen auf Festigkeit geprüft. Die seitlichen Wagen- und die Kopfschilder samt Befestigungsteilen sind zu prüfen, die Dachlaternen zu reinigen. Schließlich müssen noch die Befestigungen des Wagenkastens auf dem Untergestell nachgesehen und nötigenfalls in Ordnung gebracht werden.

Am Untergestell oder, falls ein solches nicht vorhanden, an den entsprechenden Wagenteilen werden bei der Zwischenuntersuchung folgende Arbeiten vorgenommen:

Die Achskisten (bei Gleitlagern) sind auf gute Schmierung nachzusehen und das seitliche Spiel der Achsen ist festzulegen bzw. einzuregulieren. Die Laufräder müssen mittels Schablone auf Abnützung und durch Abklopfen auf Bruch geprüft werden. Alle an Quer- und Längsverbindungen des Untergestelles etwa gelockerten Schrauben und Niete sind in Ordnung zu bringen. Die Befestigung und Höhenstellung der Bahnräumer ist zu prüfen. Die Bremsgestänge, ihre Führungen und die zugehörigen Spannschlösser sind zu prüfen, nachzustellen, zu reinigen und nachzuschmieren. Untergestell- und Kastenfedern werden auf Bruch geprüft und die Aufhängungen geschmiert. Die Untergestelle selbst werden gereinigt und nötigenfalls teilweise frisch gestrichen.

Die Motoren sind durch Ausblasen zu reinigen, die Anker auf festen Sitz der Drahtbandagen zu untersuchen und der untere Luftzwischenraum zwischen Anker und Polschuhen zu prüfen. Ferner müssen Anker- und Stützlager auf guten Sitz nachgesehen werden. Die Kohlenhalter müssen auf Abnützung und Federdruck geprüft und gereinigt werden, bei den Kohlen selbst ist auf guten Sitz zu achten. Die Motordeckel haben dicht abzuschließen. Bei den Zahnrädern ist auf sauberes Aussehen der Zahnflanken zu achten, Dochtöler der

Zahnradschutzkasten sind nötigenfalls richtig einzustellen und die Aufhängung ist nachzusehen.

Von der elektrischen Ausrüstung müssen besonders die Widerstände und Leitungen auf die Güte der Verbindungen und Anschlüsse und auf sicheren Kontakt geprüft werden.

Desgleichen sind die Kontakte der Höchststromschalter zu prüfen.

An den Fahr- und Steuerschaltern sind die Kontakte, Federn und Anschlüsse nachzusehen.

Besonderes Augenmerk ist den Motoranschlußkabeln zuzuwenden, etwa losgelöste Kabel werden neu befestigt, blanke Stellen frisch isoliert bzw. schlechte Leitungen ausgewechselt, Erdleitungen auf festen Sitz und guten Kontakt geprüft. Die Licht- und Heizschalter sind auf schlechte Federn, die Sicherungen, Kupplungsdosen und Schalter auch auf ordnungsmäßige Kontakte zu untersuchen und die Beleuchtungskörper einschl. der Scheinwerfer zu reinigen.

Die Hörner der Blitzableiter sind zu säubern, auf die vorgeschriebene Entfernung und auf gute Anschlüsse und Erdung zu prüfen.

Die Höhe und Federspannung der Stromabnehmer und der Hauptleitungsanschluß am Federbock müssen nachgesehen werden.

Die elektrischen Bremsen sind auf die Güte des Widerstandes der Spulen zu prüfen.

Schließlich hat eine Isolationsmessung stattzufinden.

Die vorstehend aufgeführten Arbeiten können natürlich nach Bedarf eingeschränkt oder ausgedehnt werden.

Zur Ausführung der Arbeiten empfiehlt sich die Anlegung von Vordrucken für jeden Wagen, die nach Beendigung der Prüfung auszufüllen sind. Gleichzeitig bilden diese einen Beleg für sachgemäßen Unterhalt, der mitunter bei Verhandlungen mit Aufsichts- oder Gerichtsbehörden eine wichtige Rolle spielen kann.

3. Die Hauptuntersuchungen werden in der Regel dann vorgenommen, wenn die Radreifen abgelaufen sind, d. h. nach 80 000 bis 130 000 km Laufleistung. Es sind dabei folgende Arbeiten auszuführen:

a) Am Wagenkasten: Abheben des Kastens vom Untergestell, Anstrich des Wagendaches, Ausbesserung und Ölen des Wagenfußbodens, Instandsetzung lose sitzender Fenster, Erneuerung abgenutzter Teile der Schiebetüren, besonders der Führungseisen, Instandsetzung der Türschlösser und der Perrontüren.

b) Am Wagenuntergestell: Ausbau der Radsätze, Untersuchung der Untergestelle auf Risse, lose Nieten, auf Parallelität und Winkeleinstellung, Nachrichtung, Nacharbeiten von abgenutzten Achskisten und deren Führungen, Ausbuchsen bzw. Erneuerung von abgenutzten Hängelaschen und Bolzen, dgl. von abgenutzten Bremsgestängen, Auswechseln von Bremsklötzen, Prüfung sämtlicher Tragfedern auf Bruch und Sprengung (nötigenfalls sind die Federn frisch zu sprengen), Nacharbeiten oder Auswechselung der Zahnräder, Ausgießen und Nachschaben von Achslagerschalen, Prüfung der Achsen auf seitliches Spiel, Wiedereinstellen auf richtiges Maß durch Erneuerung der abgenutzten Teile, Prüfung der Bahnräumer und Fallschutzvorrichtungen auf lose Teile und Einstellung auf genaue Höhe über S. O., Untersuchung der Sandstreuer auf gute Wirkung und Einstellung.

Da die Hauptuntersuchung des Untergestelles mehr Zeit erfordert, als die des Kastens, sollte für alle in größerer Zahl vorhandenen Wagentypen (mindestens 20 Stück) ein Ersatzuntergestell vorhanden sein. Dadurch ist es möglich, den Wagen viel rascher dem Betrieb wieder zuzuführen, als wenn erst die vollständige Wiederinstandsetzung des Untergestelles abgewartet werden muß.

c) Die Unterhaltungsarbeiten an der elektrischen Ausrüstung sind im wesentlichen die gleichen wie bei der periodischen Zwischenuntersuchung. Es sind aber außerdem noch die Kabel und ihre Einführungen zu prüfen bzw. zu erneuern, die Höchststromschalter zu reinigen, Abbrennstücke zu erneuern und auf Abschaltstromstärke neu einzustellen, im Fahrschalter abgenutzte Kontaktfinger, Abbrennstücke und Isolierplatten zu ersetzen, lahme Federn auszuwechseln. Es ist darauf zu achten, daß die Fahrschalter nicht schlagen, nötigenfalls ist die Kontaktwalze abzudrehen. Zum Einfetten der Kontaktringe wird vorteilhaft Thomafix verwendet, man kann ohne weitere Nachschau den Schalter etwa eine Woche im Betrieb lassen. Bei den neuzeitlichen Nockenfahrschaltern erübrigt sich an und für sich die Überwachung auf lange Zeit. Vor allem sind die Motoren genau zu prüfen. Wegen ihrer Wichtigkeit empfiehlt es sich, diese Untersuchung nicht erst mit der Hauptuntersuchung des Untergestells, sondern in häufigerer Folge (etwa nach 60 000 km Laufleistung) vorzunehmen. Hierbei wird der Anker ausgebaut, gereinigt und neu angestrichen, eingelaufene Kollektoren werden abgedreht, der Glimmer wird ausgefräst und die Isolation der Feldspulen gemessen.

Vor Beginn der Untersuchung und Instandsetzungsarbeiten an den Einzelteilen ist eine Reinigung entweder von Hand oder in Abkoch- bzw. Ablauganlagen vorzunehmen. Letztere sind für mittlere und größere Betriebe unentbehrlich und meist so bemessen, daß ganze Untergestelle auf einmal in die Bottiche eingesetzt werden können. Soweit keine solchen Anlagen vorhanden sind oder sich die Anlage wegen ungenügender Größe des Betriebes nicht verlohnt, empfiehlt sich das Abspritzen mit Wasser (möglichst mit erhöhtem Druck).

Daneben können noch kleine Behälter zum Ablaugen von Einzelteilen, wie Radsätzen, Bremsgestängen, Radschutzkästen usw. ohne große Anlagekosten errichtet werden.

Die Auswechselung der Radreifen wird dann erfolgen müssen, wenn sie bis auf 25 mm Stärke abgelaufen sind, da bei weiterer Verwendung die Gefahr des Aufwalzens besteht. Es kann aber auch sein, daß der Spurkranz zu dünn oder zu niedrig geworden ist. Zur Messung benützt man mit Vorteil Schablonen nach Bild 481 u. 482. Bezüglich der Reifen ist zu beachten, daß man nur solche gleicher Stärke auf dieselbe Achse bringt, da sonst eine ungleichmäßige Abnützung und damit ein Schräglaufen des Wagens eintritt. Es muß daher auch jeder Reifen auf seine Härte untersucht werden.

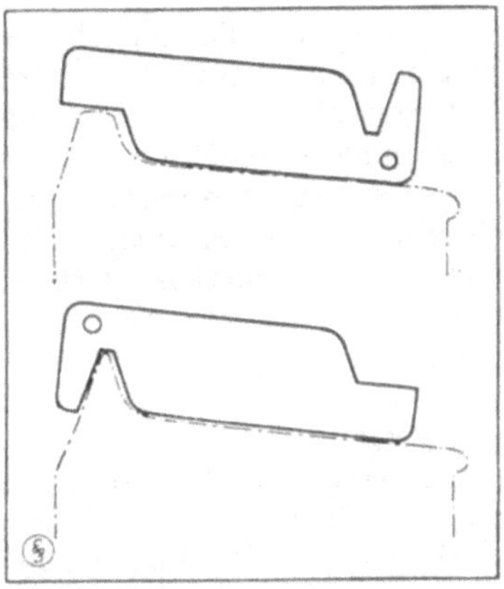

Bild 481. Schablone zum Messen der Radreifenabnutzung.

Ebenso wichtig ist aber, daß die Reifen auf genau gleiche Durchmesser abgedreht werden, da sich bekanntlich Unterschiede hierin im Laufe der Zeit noch vergrößern und zu unruhigem Lauf des Wagens führen. Die Neigung, die man neuen Reifen gibt, wird von den einzelnen Betrieben verschieden gewählt. Einzelne machen die Lauffläche anfangs horizontal, andere geben dagegen geringe Neigung (z. B. 1 : 30). Bei Wahl horizontaler Laufflächen geht man von dem Gedanken aus, daß diese die Schienenlauffläche allmählich ebenfalls horizontal gestalten sollen. Doch ist diese Einwirkung gering. Bei horizontaler Lauffläche müssen die Spurkränze entsprechend höher sein, damit sie ebenso tief in die Rille eintauchen, wie die konischen. Spurkranz und Hohlkehle zwischen Lauffläche und Spurkranz soll der Abnützungsform angepaßt werden, damit eine möglichst große Anlagefläche erzielt wird. Feine Risse in den Achsen lassen sich mit

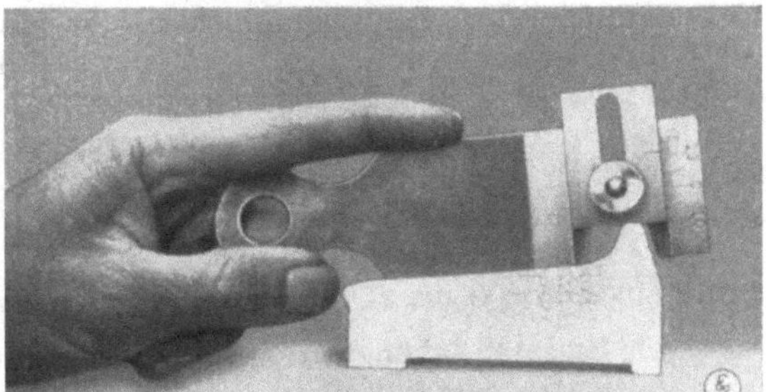

Bild 482. Meßwerkzeug für Spurkränze.

bloßem Auge ohne weiteres meist nicht feststellen. Man erwärmt durch Auflage je eines glühend gemachten Eisenringes auf die Achsschenkel die Achse und schlägt dann unter Zwischenlage einer starken Kupferplatte kräftig gegen die Stirn der Achsschenkel. Das in einem Haarriß befindliche Öl tritt dadurch heraus und kennzeichnet diesen.

Nachdem alle Einzelteile wieder angeliefert sind, kann mit dem Zusammenbau begonnen werden. Hierbei ist zu beachten, daß das Untergestell die richtige Lage der Achskistenführungen aufweist. Diese müssen nicht nur für eine Achse, sondern alle unter sich parallel sein, sie dürfen außerdem nicht gegeneinander versetzt sein, so daß sie ein Parallelogramm, statt ein Rechteck, bilden. Es muß also auch über die Diagonalen gemessen werden. Zwischen den Achskistenführungen und den Achskisten soll ein möglichst geringes Spiel sein, damit der Wagen ruhig läuft; sind die Führungen ausgeschlagen, so wird entweder aufgeschweißt oder die abnehmbaren Füllstücke werden ausgewechselt. Ferner ist noch zu beachten, daß auch das Achsmittel mit dem der Achskiste übereinstimmt und daß die Lager in der Achskiste in der Fahr- und Achsrichtung stramm sitzen. Die Auflagefläche der Lager soll etwas gewölbt (ballig) sein, damit das Untergestell gegen die Achskiste eine wiegende Bewegung ausführen kann.

Vor dem Zusammenbau wird das Untergestell frisch gestrichen, desgleichen der Unterteil des Wagenkastens.

Spätestens alle 3 bis 4 Jahre ist der Anstrich des ganzen Wagens zu erneuern. Bei dem heute wegen des geringen Kostenaufwandes fast allgemein üblichen Japanlackverfahren (Lackfarben) werden die Flächen mit Sodalösung abgezogen, dann grundiert, drei- bis viermal gespachtelt, mit Grundfarbe (Halbölfarbe) gestrichen, einmal mit Mattlack und einmal mit Japanfertiglack überzogen. Die Wagen werden dabei auch innen erneuert, d. h. schlechte Stellen des Holzes werden abgezogen bzw. ersetzt und alles frisch lackiert. Für die Lackiererei erfordert diese Arbeit je nach Größe der Wagen und deren Zustand 300 bis 350 Stunden Arbeitszeit (dabei nichts gespritzt).

Das bessere, aber wesentlich umständlichere und daher auch teuerere Kutschenlackverfahren (Farbe und Lacke getrennt) zerfällt in der Hauptsache in folgende Arbeiten: Abziehen, Grundieren, dreimal Spachteln, zweimal Grundfarbe (Halbölfarbe), Schleiflack, Abziehen (mit Wasser und Bimsmehl auf Filz), Anbringen der Schriften und Verzierungen, nochmals Schleiflack und Abziehen, schließlich Überzuglack. Zur Ausführung dieses Verfahrens werden 500 bis 600 Stunden aufgewendet (dabei nichts gespritzt).

Es ist besser mit der Instandsetzung des Anstriches nicht drei bis vier Jahre zu warten, sondern diesen schon nach höchstens ein bis zwei Jahren zu erneuern, da nach Ablauf dieser Zeit die Überzuglacke beginnen spröde zu werden. Es brauchen dann nur schlechte Stellen ausgebessert und ein frischer Anstrich mit Japanlack aufgebracht zu werden. Hierfür werden 120 bis 160 Arbeitstunden aufgewandt.

Mit der großen Instandsetzung kann dann entsprechend länger gewartet werden und außerdem sind für sie weniger Arbeitstunden nötig; der Hauptvorteil dabei ist der, daß die Wagen im allgemeinen besser aussehen.

4. Umänderungen und Verbesserungen. Inwieweit Änderungen und Verbesserungen der Wagen in den eigenen Werkstätten vorgenommen werden können, und ob dies aus wirtschaftlichen oder anderen Gründen vorteilhaft erscheint, kann nur von Fall zu Fall entschieden werden. Im allgemeinen werden die Werkstätten nur für die Unterhaltung eingerichtet sein, so daß sich die Ausführung größerer Umänderungsarbeiten nicht durchführen läßt. Andererseits wird es immer Verbesserungsarbeiten geben, die in den eigenen Werkstätten durchgeführt werden müssen, da bestehende Teile der Wagen dabei Verwendung finden oder die Neuerungen jeweils angepaßt werden müssen. Auch die Lohnverhältnisse, das Vorhandensein geeigneter Firmen am Orte und ähnliche Umstände spielen bei der Entscheidung eine Rolle. Jedenfalls ist heute der Standpunkt fast allgemein verlassen, alles selbst machen zu wollen. Man beschränkt sich meist auf den Einbau der zugelieferten Teile.

Daß man fast an allen Wagen im Laufe der Jahre Umänderungen vornehmen wird, um so gut es geht auf der Höhe zu sein, ist selbstverständlich. Am besten zeigen die anfallenden Unterhaltsarbeiten, wo einzugreifen ist. Hier sind es wieder die täglich nötigen Verrichtungen, deren Verminderung man gerade in den letzten Jahren besonderes Augenmerk zuwendet. Oft lassen sich auf diesem Gebiet, ohne hohe Kosten, große laufende Einsparungen erzielen.

5. Stärke der Belegschaft. Die Zahl der für den Wagenunterhalt benötigten Arbeiter hängt in der Hauptsache von vier Faktoren ab:

1. von dem Durchschnittsalter der verwendeten Wagen,
2. davon, ob alle Arbeiten in den Werkstätten oder ob sie zum Teil in den Betriebsbahnhöfen vorgenommen werden,
3. in welchem Umfange Umänderungen und Verbesserungen im eigenen Betriebe ausgeführt werden,
4. von der Länge der Arbeitszeit.

Es kommt ferner auf die Werkstättenanlage und Einrichtung an und auf die Arbeitsweise (die wiederum von der Größe des Betriebes abhängig ist, z. B. teilweise Fließarbeit), Dauer der Urlaube usw.

Unter der Voraussetzung, daß auf beste Unterhaltung und gutes Aussehen der Wagen Wert gelegt wird, daß etwa die Hälfte der Wagen nicht älter als 15 Jahre ist, in den Betriebsbahnhöfen nur die täglichen Unterhaltsarbeiten und Zwischenrevisionen ausgeführt, Umänderungen und Verbesserungen wohl laufend, aber in mäßigem Umfange vorgenommen werden und die wöchentliche Arbeitszeit 48 Stunden beträgt, kann für einen mittleren Betrieb mit einer Zahl von 250 Trieb- und 250 Beiwagen (Zahl der vorhandenen, nicht der täglichen Betriebswagen) mit einer Belegschaft von 200 Mann einschließlich der Vorarbeiter und Meister gerechnet werden. Die in der Schneiderei und im Lager beschäftigten Arbeiter sind dabei nicht mitgezählt.

D. Untersuchung und Unterhaltung der Gleise.

1. Ständige Unterhaltung. Eine gute Verlegung und Unterhaltung der Gleise ist für jede Bahn von großer Bedeutung. Bekanntlich ist der gelaschte Stoß die schwächste Stelle des Gleises und er erfordert die meiste Unterhaltsarbeit. Sind die Schienen noch verhältnismäßig gut, d. h. hat der Kopf noch genügende Höhe und sind die Stöße selbst noch nicht stark abgefahren, so empfiehlt sich unter allen Umständen die nachträgliche Thermitschweißung nach dem Keilpreßverfahren. Jedenfalls ist zu raten, diese Arbeit nicht zu lange hinauszuschieben, damit die Stöße nicht schon ausgeschlagen sind. Es besteht auch noch die Möglichkeit, durch elektrische Anschweißung der Laschen das Gleis zu erhalten. Die Thermitschweißung ist jedoch weitaus sicherer, da die elektrisch angeschweißten Laschen bei weitem nicht die gleiche Gewähr für dauernden Halt bieten. Man hat sich wohl auch damit geholfen, zu beiden Seiten der abgefahrenen Stöße ein Stück von 0,5 bis 1 m herauszuschneiden und ein entsprechendes Zwischenstück einzusetzen, das dann durch Thermit- oder Laschenschweißung mit den alten Schienen verbunden wird. Das Verfahren ist infolge der vielen vorzunehmenden Schnitte und Schweißungen verhältnismäßig teuer. Zudem muß darauf gesehen werden, daß die eingesetzten Zwischenstücke ungefähr die gleiche Abnützung des Kopfes haben wie die auszubessernden Schienen, um ohne zu große Nacharbeit ein stoßfreies Überlaufen der Räder zu gewährleisten. Man wird daher dieses Verfahren auf besondere Einzelfälle beschränken.

Erscheint es infolge stark fortgeschrittener Abnützung der Stöße nicht mehr wirtschaftlich, eines der vorgenannten Verfahren zur Befestigung anzuwenden, so bleibt nichts übrig, als die gewöhnlichen

Laschen durch sogenannte Spannlaschen oder Hochlaschen (Melaun) zu ersetzen. Es sind dies Laschen, die bis zu 3 mm gesprengt sind; sie müssen stramm in der Laschenkammer sitzen und dürfen, wenn der Schienenkopf schon stark abgenützt ist, keine zu starke Sprengung erhalten, damit der Kopf nicht abspringt. Eine andere Möglichkeit der Ausbesserung schlechter Stöße besteht in der Verwendung von Laschen mit besonders eingebohrten und eingepaßten Stiften. Schließlich kann man auch, um den durchgedrückten Stoß zu heben, die Schiene durch Anwenden von Ölwinden oder ähnlichen Hebezeugen auf kurze Längen beiderseits des Stoßes hochbiegen. Früher hat man sich meistens dadurch zu helfen versucht, daß man am Stoß die Schienen freigelegt und frisch unterstopft und dazu womöglich eine andere Lasche angebracht hat, die stramm paßte. Aber all diese Mittel helfen in der Regel nur auf ganz kurze Zeit. Ein schlechter Stoß ist und bleibt schlecht, wenn er nicht durch Verschweißung verschwindet.

Mit der Unterhaltung des Gleises selbst muß mitunter schon bald nach der Neuverlegung begonnen werden, nämlich sobald sich Riffeln auf dem Fahrkopf zeigen. Dann wird das Gleis nie ruhig liegen bleiben und das Dröhnen der Wagen, besonders wenn die Schienen in Asphalt und Beton liegen, wird von Tag zu Tag stärker werden. Solange es keine Möglichkeit gibt, die Riffelbildung zu verhüten, bleibt nichts anderes übrig, als sie von Anfang an zu bekämpfen, ehe sie großen Umfang angenommen hat. Der Erfolg ist dann leichter und schneller zu erzielen, als wenn das Übel schon länger besteht. Ganz abgesehen aber von der schwierigeren und kostspieligeren Beseitigung wird durch starke Riffeln das Gleis auch bei sonst guter Verlegung lose. Die Riffelbildung tritt nicht bei allen Bahnen im gleichen Umfang auf, jedoch gibt es wohl kaum eine Straßenbahn, die nicht darunter zu leiden hat. Man kann im allgemeinen damit rechnen, daß auf etwa 3 bis 4 Millionen Rechnungskilometer (Wagenkilometer, wobei die Anhängewagenkilometer zu einem halben Triebwagenkilometer gerechnet sind) ein Schienenschleifwagen nötig ist, wenn die Riffeln laufend beseitigt werden sollen.

Je nach Art des Untergrundes, der Verlegung und der Inanspruchnahme werden sich bei gewöhnlichem Stopfunterbau einige Jahre nach der Neuverlegung die Schienen soweit gesetzt haben, daß sie frisch unterstopft werden müssen. Besonderes Augenmerk ist bei diesen Arbeiten auf diejenigen Krümmungen zu richten, bei denen die Außenschienen — es ist ja leider nicht immer möglich — überhöht sind. Sie müssen, wenn sie sich gesenkt haben, wieder herausgehoben werden, damit die Wagen in die Krümmung ohne Stoß einlaufen. Beim Übergang von der Geraden in die Krümmung oder von einer solchen in einen anderen Halbmesser müssen im Laufe der Zeit entstandene Knicke beseitigt werden.

In früheren Jahren hat man meist zweiteilige Schienen verlegt zum mindesten in den Krümmungen. Da sich bekanntlich die Beischienen in den Krümmungen je nach Größe des Halbmessers mehr oder weniger rasch abnützen, ist deren Erneuerung erforderlich, bevor die Laufschiene ausgewechselt wird. Soweit es sich um alte, zweiteilige Profile handelt, bietet diese Auswechslung keine Schwierigkeiten. Es empfiehlt sich dabei, den Stoß in der Beischiene gegen den der Fahrschiene mindestens um die Lochentfernung zweier Verbindungschrauben zu versetzen. Es wird dadurch erreicht, daß der Wagen wenigstens immer an einer Seite eine lückenlose Führung behält. In Krümmungen tritt mitunter der Fall ein, daß die Fahrschiene stark abgefahren und die Rille sehr erweitert ist, während die Beischiene noch die ursprüngliche Höhe hat. Solche Stellen sind für den Verkehr mit Fahrzeugen gefährlich. Es empfiehlt sich in diesem Fall, den Kopf der Beischiene (ohne sie herauszunehmen) autogen abzuschneiden. Beim Ersatz von Beischienen ist ferner zu erwägen, daß viele Bahnbetriebe aus früheren Jahren noch eine große Anzahl solcher Schienen aus geraden Strecken besitzen (z. B. vom Profil 47 F), die sich sehr gut für diesen Zweck verwenden lassen. Es brauchen nur entsprechende Zwischenklötze beschafft zu werden; sie sind jedenfalls billiger als neue Beischienen.

Schließlich können auch Schienenbrüche zu einer plötzlichen Auswechslung von Schienen Anlaß geben. Ganz abgesehen von solchen, die durch Bergschäden entstehen, werden sie bei harten Schienen weit häufiger sein als bei weichen. An den Stellen, wo eine Querschnittverminderung vorliegt, wie bei Entwässerungskästen, wird man, besonders bei abgenutztem Gleis, zuweilen einen Bruch erhalten. Soweit die Schienen gut eingepflastert oder betoniert sind, wird sich die Bruchstelle meist noch längere Zeit gefahrlos befahren lassen. Ist ein kleineres Stück des Kopfes einer in der Geraden liegenden Schiene herausgebrochen, so kann man bis zur Behebung des Schadens jede Betriebstörung vermeiden, wenn man die Lücke mit feinkörnigem Schotter ausfüllt.

Auch die Weichen sind verhältnismäßig starkem Verschleiß unterworfen und bedürfen daher einer ständigen Unterhaltung. Eine schwache Stelle der Weiche ist die Weichenstange. Sie bricht besonders leicht an der Stelle, an der das Gewinde ansetzt, das die Muttern zum Halten der Zungen trägt. Versuche mit federnden Scheiben, Gummi und ähnlichen Mitteln zur Dämpfung des Stoßes und damit zur Verhütung des Bruches haben nicht den gewünschten Erfolg. Neuerdings versucht man, diese schwache Stelle dadurch zu vermeiden, daß man eine andere Befestigung, z. B. mit Keil wählt (Bild 483). Das Aufschneiden der Weichen soll auf ein Mindestmaß beschränkt werden, da es starke Abnützung hervorruft. Es sind daher solche Weichen, die nur zeitweise (z. B. während des Aus- und Einrückens der Wagen) benützt werden, möglichst auf die Fahrtrichtung zu stellen, in der sie am meisten befahren werden. Ein weiterer schwacher Punkt der meisten Weichen ist der Zungendrehpunkt. Ältere Bauarten haben den Nachteil, daß der Teller zu kleinen Durchmesser hat und sich infolgedessen stark abnützt. Andererseits wird auch das Lager dadurch ausgearbeitet. Der Teller kann wohl durch Aufschweißen wieder auf das ursprüngliche Maß gebracht werden, jedoch macht die Bearbeitung Schwierigkeiten, da ein Abdrehen, wenigstens im eigenen Betriebe, mangels geeigneter Werkzeugmaschinen in der Regel nicht möglich ist. Aus demselben Grunde ist auch das Abdrehen und Aufziehen eines Ringes nicht leicht durchführbar. Kommt der Zungenteller infolge eingearbeiteten Lagers zu tief zu liegen, so kann durch Einlage von Stahlblech abgeholfen werden.

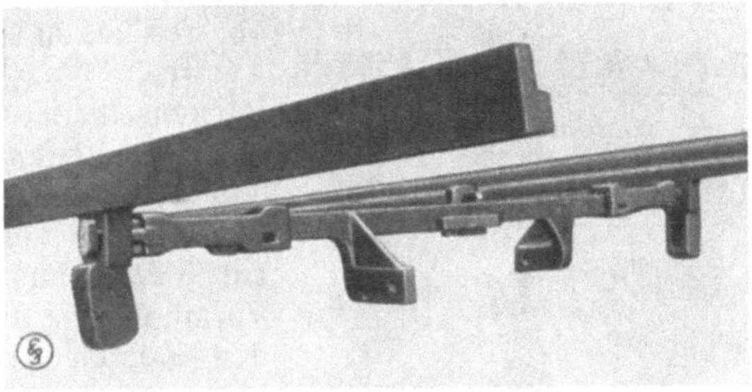

Bild 483. Befestigung der Weichenstellvorrichtung.

Bei den Weichen neuerer Bauart mit Drehpunkt hat der Zungenteller bereits einen aufgezogenen oder aufgepreßten Ring, der nach erfolgter Abnützung leicht durch einen neuen ersetzt werden kann (Bild 484).

Bild 484. Zungenteller mit Ring.

Neben den Drehzapfen sind die Lager, auf denen die Zungen aufliegen, der Abnützung unterworfen. Kommt infolge Verschleißes der Zunge und dieser Lager die Zunge zu tief zu liegen, so erhöht sich die Entgleisungsgefahr. Abgenützte Lager werden aufgeschweißt und geschmirgelt. Abgenutzte Zungen durch neue ersetzt. Ein Aufschweißen dieser oder Aufbringung von Platten verlohnt sich heute nicht mehr.

Von den bei den Weichen verwendeten Schienen nützen sich die Köpfe an den Backenschienen bei der Zungenspitze am raschesten ab, und bedingen dadurch eine vorzeitige Auswechselung der sonst noch guten Backenschiene. Außerdem werden im gleichen Umfang die Zungen abgenützt und die Gefahr des Aufsteigens der Wagen wird vermehrt. Es empfiehlt sich zur Vermeidung dieser Mißstände und Verminderung der Unterhaltungskosten an den Köpfen auswechselbare Stücke aus härterem Material einzusetzen (Bild 485), die von verschiedenen Weichenbauwerken auf Verlangen geliefert werden.

Bild 485. Auswechselbares Einsatzstück am Schienenkopf bei der Zungenspitze.

Die Gleiskreuzungen sind gewissermaßen Ansammlungen von Stößen, und dementsprechend als solche zu behandeln. Auch hier ist Verschweißen das beste Hilfsmittel gegen die Notwendigkeit häufiger Instandsetzung. Bietet das Verschweißen mit Thermit wegen Platzmangels und Eigenart der Stücke Schwierigkeiten, so muß elektrisch geschweißt werden. Hierbei sind möglichst lange, durchgehende Laschen und große Unterlagplatten zu verwenden Zur Verhütung des Schlagens werden die Rillen nur wenig tief ausgeführt und dann wieder aufgeschweißt, wenn die Radreifen auf den Schienenköpfen auflaufen. Nach dem Aufschweißen ist sauber auszuschmirgeln und zu feilen, da sich sonst der Auftrag bald wieder losschlägt. Sind die Kreuzungen mit Rillenkeilen ausgefüllt, so werden diese zum genannten Zeitpunkt erneuert. Die Rillentiefe macht man von Anfang an mindestens 2 bis 3 mm größer, als das Maß für die kleinste zulässige Höhe des Spurkranzes. Dies gilt besonders dann, wenn für einzelne Linien mehrfache Kreuzungen vorkommen, da sich sonst die Spurkränze gegenüber der Lauffläche des Rades zu stark abnützen. Kreuzungen von Straßenbahngleisen unter sich sind billiger aus Schienen herzustellen als aus Stahlguß und halten bei mäßiger Beanspruchung ebensogut wie letztere, dagegen ist bei solchen mit sehr starkem Verkehr und bei Kreuzungen mit Eisenbahnen wegen der stärkeren Beanspruchung Stahlguß vorzuziehen.

2. Erneuerung. Vieles, was für die Erneuerung und vollständige Neuanlage von Gleisen zu beachten ist, enthält schon der vorhergehende Abschnitt; aber es läßt sich nicht alles beim Unterhalt so machen, wie man es bei einer Neuanlage ausführen kann.

Die Gleisanlage in der Straße richtet sich in der Hauptsache nach den Straßen- und Streckenverhältnissen. Bei vielen Straßenbahnen ist jetzt die Zeit der großen Gleiserneuerungen gekommen, und es gibt wohl keine Strecke, bei der nicht Verbesserungen gegen die vor 20 und mehr Jahren verlegte Anlage angebracht sind. Ist die Straße breit genug, so legt man die Gleise am vorteilhaftesten in die Mitte und schafft beiderseits eine Fahrbahn für die anderen Verkehrsmittel. Man darf nicht mit der heute vorhandenen Zahl von Kraftwagen rechnen, sondern mit deren weiterem starken Wachstum. Größere Änderungen an den Gehsteigen dürfen nicht gescheut werden, wenn sich dadurch eine bessere Linienführung erreichen läßt. Für die Fußgänger und die Fahrgäste müssen in vermehrtem Maße Verkehrs- und Haltestelleninseln geschaffen werden.*) Grundsätzlich sollten sich heute alle Organe, die berufen sind, bei der Gestaltung der Straßen und ihres Verkehrs mitzusprechen, verständigen, bevor irgendwelche Veränderungen vorgenommen werden.

Bei Neuanlage von Gleisen kann der Verlegung von Krümmungen nicht genug Beachtung geschenkt werden. Daß man versuchen wird, die Halbmesser so groß wie irgend möglich zu machen, ist eigentlich selbstverständlich. Mehr und mehr gehen die Betriebe, wenn möglich, von den vierachsigen Wagen ab und dadurch verbieten sich enge Krümmungen von selbst. Man sollte bei Regelspur und Verwendung zweiachsiger Wagen bei ständig befahrenen Krümmungen nicht mehr unter 20 m Halbmesser herabgehen. Beim Übergang von der Geraden in die Krümmung sind unter allen Umständen entsprechend große Übergangsbögen vorzusehen.**) Die kurzen Bögen bei Straßenkrümmungen, wie sie teilweise vom Pferdebahnbetrieb noch herrühren, müssen restlos und schleunigst verschwinden. Solche Stellen, an denen auf einige Meter eine Verschmälerung der Fahrstraße entsteht, so daß Fahrzeuge und Straßenbahn nicht gleichzeitig nebeneinander fahren können, müssen, wenn irgend möglich, beseitigt werden (Unfallstatistik). In den Krümmungen verwendet man in der Regel für die Innenschienen die „a“-Profile mit verstärkter Beischiene.

---

*) Siehe Giese, Schnellstraßenbahnen, ferner Giese und Paetsch, Polizei und Verkehr.

**) Siehe Verkehrstechnik 1926, Heft 6 und 7, Übergangsbögen von Dir. Thomas, Köln.

Vielfach wird die Verlegung besonderer Beischienen aus Hartstahl empfohlen, die nach erfolgter Abnützung umgedreht nochmals verwendet werden können. Es ist jedoch Materialverschwendung, wenn man von den normalen neuen „a“-Schienen die Beischiene abschneidet und durch solche besonderen Hartstahlbeischienen ersetzt. Man sollte daher mit der Anwendung solcher besonderer Beischienen ruhig warten, bis der normale Kopf verschlissen ist.

Bezüglich der Spurweite ist allgemein zu bemerken, daß diese besser zu knapp als zu reichlich bemessen werden soll. Da die Radreifen, auch wenn sie anfangs keine oder geringe Neigung haben, im Laufe der Benützung sich schräg ablaufen, wird bei zu großer Spurweite ein Aufklettern der Räder und damit ein Schleudern des Wagens eintreten.

Bei der Anlage von neuen Weichen ist auf eine möglichst große Neigung (1 : 7) Rücksicht zu nehmen. Je kürzer die Weiche, desto schlechter befährt sie sich und um so rascher nützt sie sich ab. Kurvenweichen, d. h, solche, bei denen beide abzweigende Gleise in Krümmungen abgehen, sind wegen der verstärkten Abnützung möglichst zu vermeiden. Als Einlaufweichen werden am besten Weichen mit Parabelzungen gewählt, da sie sich sehr sanft befahren und daher verhältnismäßig wenig abnützen. Für reine Ausfahrtsweichen sind mit Vorteil Federzungenweichen einzulegen; sie sind in der Anlage billiger und erfordern wenig Unterhalt.

Solange die Schienen verlascht werden mußten, hing ihre Lebensdauer in geraden Strecken von dem Zustand der Stöße ab; heute, bei geschweißtem Gleis, wird sie nach der zulässigen Abnützung des Kopfes bemessen. Je nach Gewicht der Wagen, Verlegungsart und Pflege war bei gelaschtem Gleis in gerader Strecke nach 10 bis 13 Millionen darüber gerollten Achsen die Auswechslung nötig. Die Schweißung ist noch zu wenig alt, als daß größere Erfahrungen über die Lebensdauer geschweißter Schienen vorliegen könnten; jedenfalls ist aber anzunehmen, daß sie um mehr als ein Viertel länger sein wird.

In den Krümmungen hängt die Lebensdauer nicht nur vom Halbmesser der Krümmung und von der Zahl der durchfahrenden Achsen, sondern auch von dem Radstand, dem verwendeten Material, der Art und Häufigkeit der Schmierung und nicht zuletzt der Ueberhöhung der Außenschiene ab. Auch die Lage, d. h. ob die Schienen in Pflaster, Asphalt oder chaussierter Straße gelagert sind, spielt insofern eine Rolle, als die dauernd feste Lage und die Verschmutzung durch Straßenstaub von Einfluß sind. Als Maßstab kann z. B. dienen, daß in einer Krümmung von 20 m Halbmesser nach 2,8 Millionen darübergefahrenen Achsen von 2,8 m Achsstand die Auswechslung der Beischiene erfolgen mußte, während unter gleichen Bedingungen in einer

Krümmung von 100 m Halbmesser die Auswechslung der Beischiene erst nach 6,6 Millionen Achsen nötig war. Die Abnützung je Million Achsen beträgt bei Krümmungen von 20 m etwa 320 mm² und die in der geraden nur 80 bis 150 mm² je nach Achsdruck.

Ist ein auszuwechselndes, in Pflaster verlegtes Gleis vollständig frei gelegt, so können unter der Voraussetzung, daß die neuen Schienen neben dem auszuwechselnden Gleis fertig verschweißt und die Stöße bearbeitet sind, in einer nächtlichen Betriebspause von etwa 4 Stunden bis zu 150 m Doppelgleis ausgewechselt werden. Hierzu sind etwa 45 Mann (einschl. 15 Transportarbeitern für Wegschaffung der ausgebauten Gleise) erforderlich. Von der Freilegung des genannten Stückes von 2×150 m bis zur vollständigen Wiederherstellung der Straße werden etwa 6 Tage und 1 Nacht Arbeitszeit bei einem Gesamtaufwand von 460 Tagschichten ausschließlich Pflasterarbeiten benötigt.

Die Unterhaltungskosten je km Gleis sind je nach Material, Inanspruchnahme, Verlegung in eigenem Bahnkörper, Makadam, Pflaster oder Asphalt sehr verschieden. Ausschließlich Gleiserneuerung und Pflasterkosten kann ein durchschnittlicher Satz von 20 000 bis 30 000 RM. für eine Million Rechnungskilometer angenommen werden.

3. Gleisbauwerkzeuge und Werkstätte. Vielfach wird leider der Gleisbau etwas stiefmütterlich gegenüber der Wagenunterhaltung behandelt und dies drückt sich auch in der Verwendung veralteter Werkzeuge und Arbeitsweisen aus. Ganz abgesehen davon, daß hierdurch die Instandsetzungen längere Arbeitszeit erfordern und dadurch teuerer werden, erschweren sie den Betrieb und werden weniger gut ausgeführt. Gute Werkzeuge, nicht ausgeleierte Schlüssel, gute Hämmer, Meißel, Schaufeln usw. sind für den Gleisbau ebenso notwendig, wie für jede Werkstätte. Jede Gruppe von Arbeitern muß über einen gut eingerichteten Werkzeugwagen verfügen, in dem alle erforderlichen Werkzeuge übersichtlich aufbewahrt sind. Ordnung ist die Vorbedingung für rasche und gründliche Arbeit (Bild 486 u. 487). Kleinere Stücke, wie Spurstangenbolzen, Beilagplättchen, werden nicht lose auf die Straße und in den Sand geworfen, sondern in kleinen Kästen mit Handgriff verwahrt. Beim Umbau umfangreicher Kreuzungen und Bahnhofsanlagen lohnt sich die Aufstellung eines Werkstattwagens, in dem sich Schraubstock, Feldschmiede, Schleif- und Bohrmaschinen befinden. Der weite Transport abgenützter Werkzeuge und umzuarbeitender Teile der Anlagen wird dadurch vermieden. Solche Bahnen, die viele Gleise in Asphaltstraßen liegen haben, können ohne Druckluftwerkzeuge zum Aufbruch nicht mehr auskommen, andernfalls genügen für diesen Zweck pyramidenförmig zugespitzte Stahlkeile.

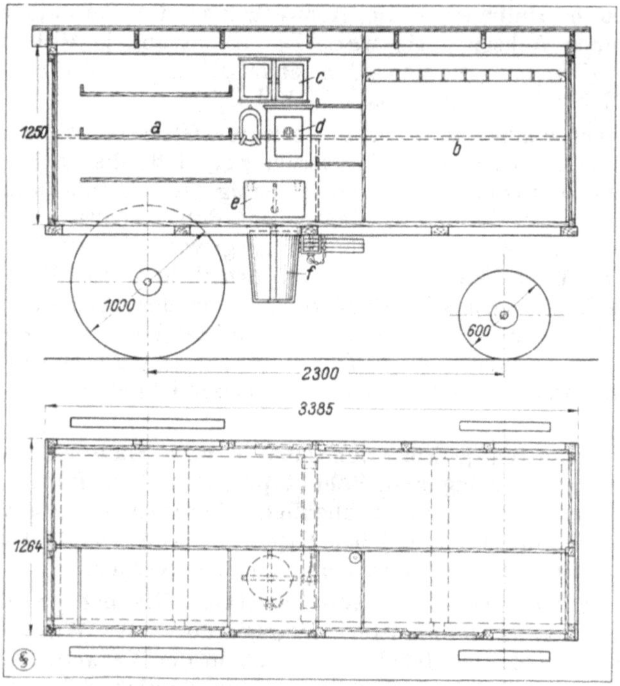

Bild 486. Werkzeugwagen für eine Gleisbau-Streckenkolonne.
a = Raum für Geräte, b = Raum für Kleiderablage, c = Kasten für den Kolonnenführer, d = Verbandkasten, e = Schreibpult, f = Schmiereimer.

Solange die Verkehrsdichte es nicht unmöglich macht, werden zum Transport Gleiswagen verwendet. Für diese Fahrzeuge ist geringe Bauhöhe Bedingung, um ein rasches und gefahrloses Be- und Entladen zu erreichen. Diese Forderung gilt besonders für die Schienentransportwagen (Bild 488 u. 489) und solche, auf denen die Werkzeugwagen, elektrische Schweißmaschinen usw. befördert werden (Bild 487). Zum Verfahren der Grundbaustoffe, des Sandes und der Pflastersteine sollten in Zukunft nur noch Kippwagen verwendet werden, und zwar teils solche, die auf einmal sich entleeren und teils solche, die durch besondere Hebevorrichtungen ein allmähliches Entleeren während der Fahrt ermöglichen. Bahnen

Bild 487. Niederflurwagen mit Gleisgerätewagen.

größeren Umfanges bedienen sich mit Vorteil der Kranmotorwagen zum Heben und Abladen von Schienen, Weichen usw. Sobald die Verkehrsdichte so groß ist, daß durch die Gleistransportwagen der übrige Wagenverkehr gestört wird, muß man zu automobilen

Bild 488. Schienentransportwagen, unbeladen.

Fördereinrichtungen übergehen. Auch da, wo es sich laufend um umfangreiche Neubauten handelt, ist der Autobetrieb von Vorteil. Zur Thermitverschweißung werden die Werkzeuge in der Regel von den Lieferanten der Schweißportionen gestellt, so daß es sich erübrigt, hierauf näher einzugehen. Grundsätzlich soll die Schweißung bei starker Kälte (mehr als minus 10°) nicht vorgenommen werden; die Verlegung größerer Längen geschweißter Gleise erfolgt am besten bei mittleren Temperaturen. Bei Kälte verlegte Gleise werden sich in der Sommerhitze stark ausdehnen, so daß sie sich unter Umständen verwerfen; bei Hitze verlegte Gleise erhalten

Bild 489. Schienentransportwagen, beladen.

im Winter starke Spannungen, so daß dann Brüche eintreten. Es ist selbstverständlich, daß zur Erzielung eines ruhigen Laufes der Wagen und zur Vermeidung von Schlaglöchern hinter dem geschweißten Stoß dieser nach dem Schweißen abgeschmirgelt und gehobelt werden muß. Für Neubaustrecken verwendet man, da in der Regel eine Fahrleitung noch nicht vorhanden ist, Schmirgelmaschinen mit Benzinantrieb. Geeignete Maschinen zum Feilen der Stöße sind leider nicht vorhanden, es muß daher zur Feinarbeit der Handhobel benützt werden. Die elektrische Schweißung wird in der Regel mit kleinen, fahrbaren Schweißumformern zur Verbindung an Kreuzungen und Weichen angewandt. Zum Abschneiden von Schienen auf der Strecke bedient man sich des Schneidbrenners, für den die Wasser- und Sauerstofflasche auf einem kleinen zweiräderigen Handkarren untergebracht sind. Bei Straßenbahnen läßt sich auch bei dichter Wagenfolge ohne Verkehrstörung das Einsetzen von Schienenpaßstücken durchführen, wenn entsprechend vorgegangen wird. Das Paßstück muß schon die Löcher für die Laschen haben; es wird an Ort und Stelle auf die auszuwechselnde Stelle gelegt und die Länge angerissen. Alsdann werden erst Kopf und Steg der schlechten Schiene an beiden Seiten und nach Vorbeifahrt eines Wagens schnell noch der Fuß durchgebrannt. Nach Einsetzen des Paßstückes und Anbringung der Laschen an diesem können die Wagen die Stelle wiederum befahren; die Löcher für die Laschenschrauben in den alten Schienen werden nachträglich durchgebrannt. Für mittlere und größere Bahnen lohnt sich bei Umbauten, die durch den normalen Betrieb nicht gestört werden, und für Neubauten die Verwendung von Gleisstopfmaschinen. Zum Durchwerfen des ausgebauten und wieder zu verwendenden Schotters, benützt man mit großem Vorteil eine durch Benzinmotoren angetriebene Sortiertrommel. Auch Förderbänder zum Ab- und Aufladen von Grundbaustoffen und Pflastersteinen finden infolge der wirtschaftlichen Vorteile immer mehr Aufnahme. Da es nicht möglich ist, alle Löcher für die Spurstangen und Laschen schon vor der Verlegung anzubringen, ist eine elektrische Schienenbohrmaschine für den Bau unerläßlich. Für die Bedienung dieser empfiehlt es sich, immer dieselben Arbeiter heranzuziehen, da sonst Störungen an der Tagesordnung sind.

Zur Beseitigung der Riffeln, sofern sie noch nicht zu weit fortgeschritten sind, dient meist ein aus einem älteren Triebwagen hergestellter Schleifwagen. Die Motoren dieser Wagen sollen eine möglichst große Leistung haben, da sie stark beansprucht werden. Die Carborundumschleifstücke werden durch Handhebel oder mittels Druckluft auf die Schienen gedrückt. An Weichen sind sie abzuheben, um ein Ausbrechen der Schleifstücke zu vermeiden. Es empfiehlt sich auch nicht, auf Bremsstrecken, wo Schienenbremsen betriebsmäßig gebraucht werden, die Schienen abzuschleifen, weil eine Riffelbildung hier nicht auftritt und der Schienenkopf an und für sich schon stärker abgenutzt wird. Der Wagen erhält 4 Wasserbehälter (1 je Schiene und Fahrrichtung). Da der Schienenkopf infolge verschieden starker Abnützung ständig seine Form verändert, wird mit Schleifstücken, die sich in einem Kugelgelenk drehen können, die

Beseitigung der Riffeln rascher erfolgen als mit festen. Auch die Lebensdauer der beweglichen Schleifstücke ist länger als der festen.

In der Gleisbauwerkstatt werden in der Hauptsache die Vorarbeiten für die Gleisverlegung ausgeführt. Schneiden und Bohren von Schienen stehen an erster Stelle. Schienensäge und Bohrmaschine werden am besten versenkt aufgestellt, so daß die Schienen nur ganz wenig gehoben werden müssen. Zu dem Transport können schmalspurige Rollwägelchen von etwa 20 cm Höhe verwendet werden. Bei großen Betrieben ist unter Umständen die Aufstellung eines Kranes nötig. Zahl und Art der Arbeitsmaschinen richtet sich nach Umfang der auszuführenden Arbeiten. Auch die Herstellung der Thermitschweißformen wird am besten in der Werkstätte vorgenommen. Außerdem wird jede Gleisbauwerkstätte je nach Bedarf ein oder mehrere Anschlußstellen für elektrische Schweißumformer haben. Auch die Autogenschweiß- bzw. Schneideanlage wird vertreten sein. Unter allen Umständen werden die Handbiegemaschinen (System Penckert) und bei größeren Betrieben elektrisch angetriebene Biegemaschinen (z. B. System Robel) nicht fehlen. Beim Biegen von Krümmungen wird man da, wo auf Genauigkeit Wert gelegt wird, die Enden der Schienen etwa einen halben Meter nach vollendeter Biegung abschneiden, da es mit keiner Biegevorrichtung möglich ist, bis an das Ende der Schiene eine gleichmäßige Krümmung zu erzielen. Schwierige Gleisknotenpunkte werden mit Vorteil vor der Verlegung an Ort und Stelle erst am Gleisbauplatz ausgelegt, zusammengepaßt und alle Teile ordnungsgemäß bezeichnet. Diese Arbeit macht sich in der Regel bezahlt, denn man erreicht dadurch einen wesentlich rascheren Fortgang der Verlegungsarbeiten an Ort und Stelle und vermeidet andererseits manche unliebsame Betriebstörung.

Den Gleisbauwerkstätten untersteht in der Regel auch die Werkstätte für die Weichenunterhaltung. Bei Betrieben größeren Umfanges werden eine oder mehrere ständige Wachen für die Weicheninstandsetzung erforderlich.

Bei dieser Gelegenheit sei auch noch der Streckengeher gedacht, die das ganze Bahnnetz ständig zu überwachen und alle Schäden aufzuzeichnen und zu melden haben. Diese Einrichtung sollte auch bei Straßenbahnen nicht fehlen.

4. Gleisreinigung. In Betrieben geringeren, auch zum Teil größeren Umfanges erfolgt die Reinigung der Rillen nach der altüblichen Art, mittels der durch Menschen vorwärts geschobenen Rillenschaufeln. Das Verfahren ist umständlich und erfordert viel Personal. Der entfernte Schmutz muß in Karren mitgefahren und dann mittels anderer Fahrzeuge gesammelt und abgefahren werden. Der Schienenreinigungswagen, (System Schörling) dagegen saugt den

Schmutz auf und nimmt ihn sofort mit. Die Reinigung ist auch mit diesen Wagen gut, vorausgesetzt, daß sie nicht zu selten stattfindet. Für diese Wagen sind kräftige Motoren Bedingung, damit während der Reinigung der andere Wagenverkehr nicht aufgehalten wird. Mit einem Wagen können bei Gleisen, die in der Hauptsache in Steinpflaster und Macadam liegen, mit 2 Schichten 120 km und mehr laufend gereinigt werden. Für die Weichenreinigung und Schmierung ist natürlich gesondertes Personal nötig. Für den Schienenreinigungswagen ist ferner die Anlage einer günstigen Entleerungstelle erforderlich (Bild 490). Bei größeren Netzen empfiehlt sich zur Vermeidung von Leer-Kilometern und zwecks besserer Ausnützung des Wagens die Anlage mehrerer solcher Entleerungstellen. Das vorerwähnte Weichenreinigungspersonal, dem einzelne Bezirke zugeteilt sind, übernimmt das Schmieren der Gleisbögen. Je nach der Größe des Krümmungshalbmessers, dem Grad der Verschmutzung, der Betriebsdauer und der Jahreszeit muß die Schmierung mitunter bis zu viermal täglich erfolgen.

Bild 490. Entleerungsbrücke für Schienenreinigungswagen.

Die Gleis- und Weichenentwässerungskästen sind in der Regel an die Kanalisation angeschlossen und müssen von Zeit zu Zeit vom Schlamm gereinigt und durchgespült werden. Der Schlamm wird vorteilhaft (bei größeren Betrieben) durch Absaugen mit hierfür besonders gebauten Kraftwagen entfernt.

Im Winter muß der Schnee beseitigt werden. Die hierzu verwendeten Schneepflüge werden entweder an besonders dazu eingerichteten Wagen angehängt oder sie haben besondere Laufgestelle. Das Wiener System (Anhängen an den Triebwagen) kann nur bei Wagen mit geringer Ausladung (kurzer Plattform) Anwendung finden, da sonst in den Krümmungen die Schneeflüge sich zu weit von den Schienen entfernen. Das Kasseler System (auch Nürnberger) sieht einen besonderen Schneepflug mit federnd aufgehängter Schaufel vor, der vor dem Triebwagen hergeschoben wird. Ein Salzstreuen bei Schneefall ist nur bei Temperaturen um 0 ° zweckmäßig;

bei Temperaturen unter 6 ° ist es zwecklos. Wegen der starken Verrostung der Schienen und der Gefahr, die Zuleitungen zu den Motoren und diese selbst durch Salzwasser zu schädigen, ist ein Zuviel an Salz zu vermeiden. — Salzverbrauch je km Einfachgleis 100—130 kg.

5. Personal. Für die Gleisunterhaltung je km Gleis die Zahl der erforderlichen Arbeiter anzugeben, ist nicht möglich, da die Unterhaltungsarbeiten besonders von der Verkehrsdichte abhängen und außerdem von den einzelnen Betrieben ganz verschieden durchgeführt werden. Während die einen alles selbst machen, vergeben andere z. T. an Unternehmer bzw. lassen sich alles liefern. Besonders aber wird die Zahl vom Gleiszustand und dann davon abhängig sein, welchen Wert man auf die Gleisunterhaltung legt, ob Neubauten ganz, teilweise oder gar nicht ausgeführt werden, auf jeden Fall muß ein guter Stamm von Arbeitern gehalten werden, der vorteilhaft während der Bauzeit durch vorübergehend eingestellte Leute verstärkt wird. Da, wie anfangs hervorgehoben, der Pflege des Gleises das größte Augenmerk zuzuwenden ist, und infolge der immer umfangreicheren Benützung von Maschinen auch im Gleisbau, dürfen auch in dieser Abteilung die gelernten Handwerker nicht fehlen. Jedenfalls sollten in Zukunft als Vorarbeiter nur noch Handwerker genommen werden.

Für die reine Gleisunterhaltung kann auf 1 Million Rechnungskilometer mit 4—6 Mann gerechnet werden.

E. Untersuchung und Unterhaltung der Leitungen und Zubehör.

1. Für Straßenbahnen.

a) Kabel. Die Kabel bedürfen im allgemeinen gar keiner Unterhaltung, besonders dann, wenn sie von Anfang an sachgemäß verlegt worden sind. Die meisten Schäden an Kabeln entstehen infolge von Aufgrabungen. Es ist deshalb unbedingt erforderlich, daß jede Straßenaufgrabung, bei der Bahnkabel in Mitleidenschaft gezogen werden können, rechtzeitig gemeldet wird, so daß die Freilegung des Kabels beobachtet und die sachgemäße Wiederabdeckung vorgenommen werden kann. Von der Güte der Isolation überzeugt man sich am besten durch wöchentliche Messung. Ergibt diese ungenügende Werte, so wird am Speisepunkt die Fahrleitung abgeschaltet und die Messung wiederholt, so daß ohne weiteres festgestellt werden kann, ob der Fehler im Kabel oder in der Fahrdrahtleitung liegt. Vielfach sind Uebergänge an den Endverschlüssen der Kabel und an den Schalttafeln der Speisemaste die Ursachen schlechter Isolation. Bei Kabeldurchschlägen handelt es sich meist um ältere Anlagen. Die Fehler liegen häufig in den Verbindungsmuffen, so daß schon mit deren Öffnung die Fehlerquelle verschwindet. Ist aber ein Kabel selbst durchgeschlagen, so weist es bei der hohen Gleichstromspannung der Bahnen meist gleich mehrere schlechte Stellen auf, es ist gleichsam wie ein Sieb durchlöchert. Bei der Instandsetzung darf daher nicht gespart werden, lieber also etwas mehr als zu wenig auswechseln.

b) Fahrleitung. Die Unterhaltung der Fahrleitung ist wesentlich verschieden, je nachdem Rollen- oder Bügelstromabnehmer verwendet werden.

Die Unterhaltung umfaßt in der Hauptsache die Auswechslung abgenützter Fahrdrähte, schlechter Isolatoren, Aufhängungen, besonders der Luftweichen und Kreuzungen, der Spanndrähte, Streckentrenner usw. Infolge der Abnützung des Fahrdrahtes durch die Rolle ist die Auswechslung besonders in Krümmungen oft nötig und bedingt, da sie während des Betriebes nicht vorgenommen werden kann, viel Nachtarbeit. Auf geraden Strecken mit 5 Minutenbetrieb muß der Fahrdraht bei Rollenstromabnehmern etwa alle 10 Jahre erneuert werden, bei Krümmungen von 20 m Halbmesser und 3 Minutenbetrieb ist diese Auswechslung sogar alle 3 Jahre nötig. Bei Bügelbetrieb ist die Lebensdauer des Fahrdrahtes wesentlich länger, besonders dann, wenn Kohleschleifbügel oder ähnliche Bügel verwendet werden. Die Abnützung ist dabei so gering, daß sich die wahrscheinliche Lebensdauer nach den bisherigen Erfahrungen schwer voraussagen läßt. Zur Auswechslung von 3 km Fahrleitung (bei wenig Weichen) braucht eine Abteilung von 9 Mann mit 3 Turmwagen etwa 5 Stunden (Nachtarbeit). Infolge der unvermeidlichen Entgleisungen der Rolle und der starken Abnützung der Fahrleitung treten weit mehr Fahrdrahtbrüche auf als beim Bügelbetrieb. Bei Unterführungen, in denen der Fahrdraht tief liegt, bieten die Rollenstromabnehmer wegen erhöhter Entgleisungsgefahr viel mehr Schwierigkeiten als die Bügel. Es sind daher an solchen Stellen die Fahrdrähte sehr sorgfältig zu verlegen.

Auf gute Isolation der Fahrleitung ist Wert zu legen. Die früher meist verwendete Umpressung der Fahrdrahthalterbolzen wird vorteilhaft durch Porzellanisolation ersetzt. Legt man auf leichtes Aussehen der Fahrleitung Wert und ist die Isolation der Querdrähte gut, so empfiehlt sich die Verwendung unisolierter Fahrdrahthalter. Dadurch wird die Unterhaltung außerdem wesentlich vereinfacht, da sie sich auf die Querdrähte beschränkt. Zur Isolation der Spanndrähte empfiehlt sich das neuerdings auch für Straßenbahnen immer mehr Eingang findende Porzellan wegen der geringen Unterhaltungsarbeiten. Für die Spanndrähte empfiehlt sich die Verwendung von nicht rostendem, mit Kupfer legiertem Draht. Die regelmäßige Unterhaltung umfaßt bei Rollenbetrieb und bei Aluminiumschleifstücken auch die Schmierung der Fahrleitung (etwa alle 3 Monate). Bei Kohlenschleifstücken bedarf die Fahrleitung keiner Schmierung.

Sofern in die Fahrleitung Nachspannvorrichtungen eingebaut sind, sollen diese im Herbst und Frühjahr eingestellt werden. Die Abnützung der Schleifbügel ist trotz der üblichen Zickzackverschiebung des Fahrdrahtes in der Mitte meist größer als außen. Es ist daher von Vorteil, in der Geraden den Draht entsprechend Bild 491 zu verlegen.

Soweit bei Ueberkreuzungen durch Schwachstromleitungen der Schutz durch Schutznetze, geerdeten Schutzdraht, Holz- oder Gummileisten erfolgt, sind diese ebenfalls zu unterhalten. Die regelmäßigen Untersuchungen der Fahrleitungen sind mindestens alle Vierteljahre vorzunehmen und erstrecken sich auf die Isolatoren, Streckentrenner, Spanndrähte und Schutzleisten. Die Isolationsmessungen sind zweimal jährlich vorzunehmen.

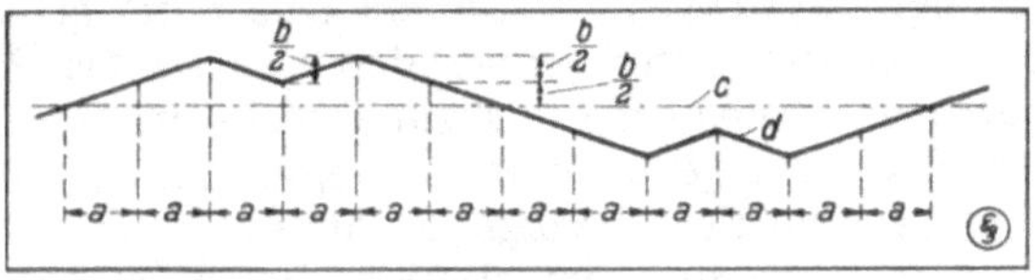

Bild 491. Fahrdrahtverlegung bei Bügelbetrieb.
a = Spannweite, b = größte seitliche Verschiebung, c = Gleismitte, d = Fahrdraht.

Schließlich darf auch die Unterhaltung der Maste nicht vergessen werden. Je nach deren Standort und dem Säuregehalt der Luft sind die Eisenmaste alle 8—15 Jahre zu streichen. Die Mastfüße sind auf ihre Beschaffenheit besonders an der Stelle, wo sie aus dem Erdboden heraustreten, zu untersuchen, nötigenfalls sind die Maste auszuwechseln. Zur Vermeidung dieser ständigen Unterhaltsarbeiten empfiehlt es sich, an solchen Stellen, an denen die Maste voraussichtlich für lange Zeit stehen bleiben müssen, und in Hauptstraßen Schleuderbetonmaste zu verwenden. Rohrmaste haben den Nachteil, daß sie unter den aufgelegten Verzierungsringen und Mastsockeln auch bei guter Wartung leicht rosten. Wenn Rohrmaste aufgestellt werden, ist es daher für die Unterhaltung der Maste am besten, wenn Sockel und Ring möglichst wegbleiben.

c) Signalanlagen und Haltestellen für Straßenbahnen. Wenn die Signalanlagen ihren Zweck als solche erfüllen sollen, so müssen sie ständig in gutem Zustand erhalten werden, d. h. sie bedürfen einer häufigen Nachschau. Es ist daher zu empfehlen, die Zahl der Signale möglichst zu beschränken und die Bauart einfach zu wählen. Am geeignetsten sind bei Bügelbetrieb Schleifleitungen längs des Fahrdrahtes. Sie erfordern bedeutend weniger Unterhaltung und sind zuverlässiger als mechanische, am Fahrdraht angebrachte Schalter und Relais.

Die Haltestellenständer bedürfen des regelmäßigen Anstriches und sollten besonders auch in der Beschriftung, Linien- und sonstiger Bezeichnung in möglichst gutem Zustand erhalten werden. Dies ist nicht nur wegen des Ansehens des Betriebes, sondern auch im Interesse eines guten Straßenbildes nötig. Ein Teil der Unterhaltsarbeit wird neuerdings durch die von den Reklamefirmen gestellten Plakat-Haltestellensäulen abgenommen. Sache der Straßenbahn ist es dann, für saubere Linien- und Fahrpläne zu sorgen.

d) Elektrische Weichenstellvorrichtungen für Straßenbahnen. Da ihr Unterhalt meist durch die Fahrleitungsabteilung erfolgt, werden sie in diesem Abschnitt behandelt.

Für die Unterhaltung der elektrischen Weichenstellvorrichtungen kommen besonders die Schleifstücke in der Fahrleitung, die Kontakte an den Weichenstellvorrichtungen selbst und die Spulen in Frage. Für regelmäßige, häufige Reinigung und gute Entwässerung muß besonders bei den im Boden liegenden Stellvorrichtungen gesorgt werden. Mit Vorteil wird für diese Arbeiten bei umfangreicheren Anlagen ein besonderes Kleinauto (Elektrokarren, Motorrad oder ähnl.) benützt.

e) Werkstätte und Werkzeuge. Die Werkstätte für die Fahrleitungsabteilung wird meist nicht sehr groß sein und mit den Einrichtungen einer guten Schlosserwerkstätte auskommen. Die Arbeiten beschränken sich in der Hauptsache auf Wiederinstandsetzung ausgebauter Fahrleitungsteile und Maste. Durch Rost stark verschwächte Mastsockel können in der Werkstätte durch angeschweißte neue Profileisen wieder verwendungsfähig gemacht werden. Außerdem werden vorteilhaft in Zeiten, in denen auf der Strecke wegen schlechter Witterung weniger gearbeitet werden kann, die Turmwagen in Stand gesetzt.

Von den Werkzeugen spielt der Turmwagen die Hauptrolle. Je nach Art der Stromabnehmer (Rolle oder Bügel) und Dichte des Betriebes (Abnützung der Fahrleitung) genügt auf 30—50 km Fahrleitungslänge ein Wagen. Diese Turmwagen fahren neben dem Gleis und können elektrisch angetrieben oder mit Benzinantrieb versehen werden (bzw. benzinelektrisch). Der Vorteil des elektrischen Antriebes ist nahezu stoßfreies Anfahren und bessere Manöverierfähigkeit auf kurze Entfernungen. Dasselbe gilt für den benzinelektrischen Antrieb. Nachteile für den rein elektrischen Antrieb sind die tägliche Ladung der Batterie, ihre Wartung, häufige Erneuerung und der beschränkte Fahrbereich. Auch die Leistung dieser Wagen bezüglich Höchstgeschwindigkeit und in Steigungen ist bei den bisher bekannten Arten noch beschränkt. Wesentlich besser ist in dieser Beziehung der benzinelektrische Antrieb. Die bisher übliche Bauart hat jedoch noch den gleichen Nachteil, wie die reinen Akkumulatorenwagen, daß sie durch sogenannte Radnabenmotoren auf der Hinterachse angetrieben werden. Das ungefederte Gewicht dieser ist weder für die Motoren noch für die Hinterachsbereifung gut. Der reine Benzinmotorantrieb hat den Nachteil unsanfteren Anfahrens, aber den Vorteil größeren Fahrbereiches und größerer Geschwindigkeit. Man wird also in kleineren und mittleren Betrieben am besten Wagen mit elektrischem oder benzinelektrischem Antrieb wählen, während in solchen größeren Umfanges neben der erstgenannten Antriebsart der reine Benzinmotorwagen in größerem Umfang Verwendung findet. Außer den Turmwagen wird jede Fahrleitungsabteilung einige, auf den Schienen fahrbare Leitern und Arbeitswagen haben. Die Zahl dieser hängt hauptsächlich von der Länge der auf eigenem Bahnkörper verlaufenden Strecken und davon ab, ob Maste mit Auslegern verwendet werden. Neuerdings finden auch Fahrzeuge Eingang, die sowohl auf den Schienen als auch auf der Straße fahrbar sind.

An wichtigeren Werkzeugen verlohnt sich für solche Betriebe, die häufiger Neubauten selbst ausführen, die Beschaffung einer Betonmischmaschine zum Setzen der Maste. Diese mit Benzinmotor betriebenen Maschinen machen sich bei geringem Anschaffungspreis mitunter in kurzer Zeit bezahlt.

f) Personal. Das Personal für die Fahrleitungsabteilung setzt sich aus Handwerkern (Schlosser, Schmiede und Elektromonteure) und Hilfsarbeitern zusammen. Von diesen sollte mindestens die Hälfte als Kraftwagenführer für die Turmwagen ausgebildet sein. Die Handwerker sind vorteilhaft in der Überzahl. Für eine Fahrdrahtlänge von 100 km benötigt man bei Rollenbetrieb etwa 25 Arbeiter, vorausgesetzt, daß von diesen folgende Arbeiten ausgeführt werden:

1. Unterhaltung und Erneuerung der gesamten Fahrleitungsanlagen,
2. desgleichen des gesamten Kabelnetzes,
3. der Signalanlagen,
4. der Haltestellen,
5. Neubauten in mäßigem Umfang, diese nötigenfalls unter Hinzuziehung von Hilfskräften.

Bei Bügelbetrieb mit Kohlenschleifbügel ist die Zahl der erforderlichen Arbeiter auf 100 km nur etwa 10 bis 11 Mann. Für die ständige Unterhaltung und den Einbau der Weichenstellvorrichtungen bedarf man für 30 bis 40 Weichen 2 Mann. — Bezüglich der für die Fahrleitungen angegebenen Zahlen ist vorausgesetzt, daß besondere Wachen nach der üblichen achtstündigen Tagesschicht nicht zu stellen sind. Bei Betrieben kleineren und mittleren Umfanges besonders bei solchen mit Bügelstromabnehmern sind sie nicht erforderlich, wenn die Einrichtung getroffen ist, daß die in der Nähe der Werkstätte wohnenden Fahrleitungsarbeiter durch Fernsprecher gerufen werden können. Solche Rufanlagen machen sich in kuzer Zeit bezahlt, da Wachen bekanntlich nie richtig ausgenützt werden können. Große, weit verzweigte Netze werden in Bezirke geteilt und jedem Bezirk wird eine besondere, dort ansässige Abteilung der Fahrleitung zugeteilt. Sie hat ihre Werkstätte in der Regel in einem der im Bezirk liegenden Betriebsbahnhöfe.

2. Untersuchung und Unterhaltung der Leitungen und Zubehör für Bahnen mit eigenem Bahnkörper.

Die Leitungsunterhaltung wird bei Vollbahnen wegen der Eigenart des Betriebes von der für Straßenbahnen in vielen Punkten abweichen. Verschiedenheiten ergeben sich beispielsweise durch die größere Streckenausdehnung, die abweichende Stromart und Spannung und auch durch die höhere Fahrgeschwindigkeit der Züge, die umfangreichere Sicherungsmaßnahmen zum Schutze des Bahnverkehrs einerseits und der Leitungsunterhaltungsmannschaft andererseits nötig macht.

Bild 492. Fahrbare Leiter.

Je nach Größe, Umfang und Wichtigkeit der Bahnanlage wird die erforderliche Anzahl eingearbeiteter Leute unter Führung eines Monteurs oder Fahrleitungsmeisters zweckmäßig im Schwerpunkt der Bahn untergebracht und daselbst eine Werkstätte zur Vornahme kleinerer Reparaturen eingerichtet, sowie die erforderlichen Fahrzeuge, Baustoffe und Werkzeuge bereitgestellt. Die hierfür notwendigen Fahrzeuge sind: Fahrbare Leitern (Bild 492) entweder von Hand zu verschieben oder mit vorgespannter Motordraisine zu ziehen, oder Turmwagen, die im Innern als Werkstätte und Lagerraum ausgestattet sind und auf dem Dach eine zusammenklappbare Arbeitsbühne tragen. Neuerdings verwendet man benzolelektrische oder

Bild 493. Turmwagen mit drehbarer Bühne.

rein elektrische Fahrleitungsuntersuchungswagen (Bild 199 und 493).*) Diesem Wagen werden erforderlichenfalls einige Hilfsgerätewagen angehängt, die alle zur Behebung einer größeren Störung notwendigen Werkzeuge enthalten.

Die auf Revision arbeitende Kolonne verständigt sich mit ihren Dienststellen durch Fernsprecher, wobei der tragbare Fernsprechapparat entweder mittels Kontaktstange in die auf den Fahrleitungsmasten mitverlegte Fernsprechleitung eingehängt wird, oder, bei Wechselstrombahnen mit verkabelten Fernsprechleitungen, von einem etwa alle 750 m neben dem Gleis aufgestellten Fernsprechhäuschen aus durch ein auf Trommeln aufgewickeltes Fernsprechkabel. Das fernmündliche Zusammenarbeiten zwischen Revisionskolonnen und übergeordneten Dienststellen (Kraftwerken, Unterstationen usw.) muß nach einem vorher genau geregelten Schlüssel erfolgen, damit Unfälle, die sich aus unklaren Dispositionen ergeben könnten, vermieden werden.

Den mit der Überwachung der Fahrleitung betrauten Leuten bzw. Fahrleitungsmeistereien ist die Einhaltung eines bestimmten Turnus für regelmäßige Untersuchungen vorzuschreiben, über die genaue Aufzeichnungen zu führen sind.

---

*) Beschreibung des abgebildeten Turmwagens siehe Zentralblatt für den elektrischen Zugbetrieb, März 1928.

Erster Grundsatz aller Leute, die Arbeiten an Hochspannungsfahrleitungen auszuführen haben, ist die beiderseitige Sicherung des Arbeitsortes durch in den Fahrdraht eingehängte Erdungstangen, deren Seil vor dem Einhängen in die Leitung entweder mit der Schiene oder mit dem Mast einwandfrei zu verbinden ist. Zur Schonung des etwa noch Spannung führenden Fahrdrahtes, d. h. zur Verhinderung etwaigen An- oder Durchschmorens bei Einhängen der Erdungstange kann das Rohr der seitlichen Festlegung zunächst zum Abtasten und Spannungslosmachen der Fahrleitung benützt werden. Eine weitere Vorsichtsmaßregel für die Leute besteht in der grundsätzlichen Benutzung von Sicherheitsgürteln bei Arbeiten in größeren Höhen, sowie in der Vorschrift, daß als Standort bei Arbeiten die Innenseite eines Fahrdraht- oder Seilwinkelzugs zu vermeiden ist. Die Anordnung, Prüfung und Befolgung dieser Schutzmaßnahmen obliegt dem verantwortlichen Kolonnenführer, Monteur oder Fahrleitungsmeister, der auch in den Grundzügen zur ersten Hilfeleistung bei Unfällen (Verbrennungen, Abstürzen) bewandert sein soll.

Die Eisenkonstruktionen unterliegen dem Anrosten, sowie der Einwirkung der Rauchgase der Dampflokomotiven. Wenn die Luft nicht außerdem noch durchsetzt ist mit säurehaltigen Bestandteilen naher chemischer Fabriken, genügt im allgemeinen eine Erneuerung des Farbanstrichs nach vorherigem, sorgfältigem Entrosten alle 5 bis 7 Jahre.

Unter der mechanischen Einwirkung äußerer Einflüsse, insbesondere durch starken Sturm und große Kälte und damit verbundene größere Leitungszüge, sowie nach lang andauerndem Regen gibt die Standfestigkeit einzelner Maste oft nach und die Rohre der seitlichen Festlegungen verbiegen sich. Das Einbringen von Betonplatten vor die Druckseite der Mastfundamente, Ersatz von Gasrohren durch Stahlrohr bzw. der Druck- durch Zugrohre beheben die Fehler. Fundamentkappen neigen mit der Zeit zum Rissigwerden ihrer Oberhaut, falls beim Bau ein Glattstrich aufgebracht wurde. Das Aufrauhen durch Abklopfen und Wiederaufbringen einer Betonschicht aus nicht zu feinem Sand schafft meist dauernd Abhilfe.

Die wichtigste Forderung für Ermöglichung eines einwandfreien elektrischen Betriebes ist die einer guten Stromabnahme auch bei den höchsten vorkommenden Zuggeschwindigkeiten, d. h. der Fahrdraht muß stets das richtige Maß seiner Zick-Zack-Führung und eine mittlere Höhenlage beibehalten; es dürfen ferner nicht irgendwelche Teile der seitlichen Festlegungen oder Klemmen (z. B. verdrehte Fahrdrahtstoßklemmen) in den Weg des Stromabnehmerbügels gelangen. Sind keine selbsttätigen Nachspannvorrichtungen vorhanden, so müssen die Spannschrauben im Frühjahr und Herbst angezogen oder nachgelassen werden. Zu einer guten Stromabnahme gehört es endlich auch, daß die Schleifseite des Fahrdrahtes frei ist von Unebenheiten, wie Knicken, rissigen Stellen und Verdrehungen; nötigenfalls muß diesen Übelständen mit Hammer und Richtklotz, Feile und Dreheisen zu Leibe gegangen werden. Die mechanische Abnutzung des Fahrdrahts durch den Stromabnehmer ist am größten an den Fahrdrahtklemmen, sowie an allen Punkten plötzlicher Richtungsänderung des Fahrdrahtes, daher ist diesen Punkten bei den Revisionen besondere Aufmerksamkeit zu schenken. Zur Feststellung der Fahrdrahtabnutzung genügt eine jährliche Querschnittsnachmessung, wobei Aufschreibungen darüber ein gutes Bild über den Verlauf der Abnutzung vermitteln und den Weg für etwaige zu ergreifende Gegenmaßnahmen weisen. Bei der Kontrolle des Klemmenmaterials ist besonders auch auf die erforderliche Auswechslung stark verrosteter Eisenschrauben zu achten, ferner darauf, ob die meist starken, spezifischen Beanspruchungen nicht eine Lagenveränderung oder gar Rissebildung eingeleitet haben. In Querseilen sind durch übermäßigen Zug oder durch das Nachgeben von Klemmen etwa schiefgewordene Hängestützen wieder gerade zu stellen, ferner schlapp gewordene Richtseile nachzuziehen.

Bei Weichenstützpunkten und Kreuzungen stellt sich gern ein sogenannter Bügelfang ein, der es zu einem Kampf zwischen der Festigkeit des Stromabnehmers und der Fahrleitung kommen läßt; hier hilft nur sauberes Einregulieren der Fahrleitung. Die Untersuchung der Streckentrenner muß sich auf einwandfreies Öffnen und Schließen der Messerkontakte, leichte Gängigkeit des Gestänges und einwandfreien Abstand (30 cm) der Schalterzuleitungen im geöffneten und geschlossenen Zustand des Schalters erstrecken. Die Handantriebe der Schalter sollen gut gefettet werden und ihre Sperrung auf einwandfreies Arbeiten geprüft werden. Bei mechanischem oder elektrischem Fernantrieb ist insbesondere das Übereinstimmen von deren Endschaltstellungen mit denen des Schalters zu prüfen. Bei elektrischen Fernantrieben in Stellwerken oder Betriebsgebäuden ist auf das richtige Arbeiten der Lichtkontrollen zu achten und Fehlern hierbei sofort nachzugehen, um Beschädigungen der Schalterantriebsmotoren zu verhindern. Bei mechanischen Fernantrieben der Schalter sind Drahtzüge und Führungsrollen zu untersuchen und gut gängig zu halten.

Der Einfluß atmosphärischer Verhältnisse auf die modernen Fahrleitungsisolatoren ist mit Ausnahme unmittelbarer Blitzschläge gering. Bei den Untersuchungsfahrten sind die Isolatoren gegebenenfalls durch Abklopfen lediglich auf das Vorhandensein gefährlicher Rissebildungen zu untersuchen. Durch Steinwurf beschädigte Isolatoren sind, soweit es sich nicht bloß um kleinere Aussplitterungen handelt, auszuwechseln. Durch Ruß verschmutzte Isolatoren müssen von Zeit zu Zeit sorgfältig innen und außen abgewaschen werden. Irgendwie kranke, d. h. elektrisch nicht mehr dichthaltende Isolatoren beobachtet man am zweckmäßigsten in der Dunkelheit, wo am besten die Glimmentladungen zu beobachten sind. Die Erdungen der Schienen, Maste, Signale, Brücken usw. müssen in tadellosem Zustande sein, ebenso alle übrigen Schutzeinrichtungen wie Warnungschilder, Schutzgitter und Fußbelag an Brücken, die Erdung von Bahnsteigdachsäulen usw. Über die Fahrten zur Beseitigung von plötzlichen Störungen ist genau so Buch zu führen wie bei normalen Revisionsfahrten.

Die Ursache des Umbruchs von Eisenmasten, oft mit daran befindlichen Querträgern oder Auslegern ist meist eine rein äußere, verursacht durch entgleiste Fahrzeuge. Der Inhalt des mitgenommenen Hilfsgerätewagens erlaubt in verhältnismäßig kurzer Zeit zunächst die Strecke profilfrei und dann mittelst Holzmastprovisorien die Fahrleitungen behelfsmäßig wieder betriebsfertig zu machen.

Der Bruch von Fahrleitungen bei rein mechanischer, betriebsmäßiger Beanspruchung ist verhältnismäßig selten. Häufiger hat dagegen das Reißen des Fahrdrahtes oder Tragseils seine Ursache in Kurzschlüssen, entweder hervorgerufen durch unmittelbaren Durchschlag eines Isolators oder durch Überschlag zur Erde, die oft durch größere Vögel oder geerdete der Fahrleitung zu nahe kommende Fremdkörper hervorgerufen werden. Nach jedem gemeldeten Kurzschluß ist der Störungsort und seine nähere Umgebung genau auf die Ursache und etwaige eingeleitete weitere Schädigungen der Anlage hin zu untersuchen. Neben den Störungen durch Vögel ergibt sich wohl die häufigste Ursache von Überschlägen und Drahtgefährdungen aus dem gemischten Bahnbetrieb infolge der Verschmutzung der Isolatoren durch Rauch und Ruß der Dampflokomotiven.

F. Werkstätten und Betriebsbahnhöfe.

1. Einrichtungen der Werkstätten.

Gesamtbau. Die Hauptwerkstätten sollen, wenn möglich nicht zu weit abgelegen sein, um die Zahl der Leerkilometer nicht unnötig zu erhöhen. Läßt sich mit der Werkstätte ein Betriebsbahnhof verbinden, so hat dies den Vorteil der ständig guten Fühlung zwischen Betrieb und Werkstätte. Ferner muß die Hauptwerkstätte so gelegt werden, daß sie Gleisanschluß an die Reichsbahn erhalten kann.

Allgemein ist bei Anlage des Gesamtbaues folgendes zu beachten: Fast alle bis auf einige vor kurzem neu errichteten Werkstätten leiden an dem Übel, daß zuviel Zeit für Transporte und den Weg zwischen den einzelnen Werkstätten und den zu bearbeitenden Wagen verloren geht. Durch den Charakter der Hauptwerkstätten als Ausbesserungswerk muß allerdings mit einem gewissen Zeitverlust für Wege gerechnet werden; immerhin aber kann durch richtige Anlage der Gleise und Werkstätten dieser auf ein erträgliches Maß herabgesetzt werden.

Mit Ausnahme der Hauptuntersuchungen sind die Arbeitszeiten für die Ausführung der jeweils an den eingelieferten Wagen auszuführenden Arbeiten sehr verschieden. Die auf dem gleichen Gleis stehenden Wagen werden daher zu verschiedenen Zeiten wieder betriebsfertig sein. Um fertige Wagen ohne viele Umstände wieder abgeben zu können, müssen daher die Aufstellgleise kurz sein. Es ergibt sich aus dieser Forderung, daß die Werkstätten wenig tief, aber langgestreckt anzulegen sind, daß sie besser viele kurze als wenige lange Gleise erhalten. Durch die Erfüllung vorstehender Bedingung ist wiederum die zu den Werkstätten führende Gleisanlage bestimmt. Steht genügend Platz vor den Werkstätten zur Verfügung, so kann die Zusammenfassung der Gleise durch Weichen erfolgen, andernfalls muß eine Schiebebühne angeordnet werden. Innerhalb des Gebäudes wird die Verteilung nach folgenden allgemeinen Grundsätzen erfolgen. Der ganze Bau wird durch eine Gleisbahn für eine Schiebebühne in 2 Teile zerlegt, auf der einen Seite dieser Schiebebühne sind Gleisstutzen für die Aufstellung von 2 Wagen, auf der anderen Seite solche für 3, höchstens 4 Wagen. Um die genannte Gleisanlage herum gruppieren sich die Werkstätten. Auf der Seite, auf der die kürzeren Gleise sich befinden, wird die Dreherei und die Schmiede, anschließend die Schreinerei und Lackiererei angeordnet. Ist auf dieser Seite genügend Platz vorhanden, so kann auch die Sattlerei und Klempnerabteilung eingefügt werden. An dem einen Kopfende der Schiebebühne werden weitere Werkstätten (wie die für Mechaniker, die Werkzeugmacherei, Gießerei, auch Ankerwickelei und Prüfraum) untergebracht werden. Speiseräume, Instruktionsräume und sonstige Nebenräume lassen sich im ersten Stockwerk über den anderen Werkstätten anordnen, während im Keller die Wasch- und Ankleideräume untergebracht werden. Ein Beispiel für die Anlage einer Werkstätte für 250 bis 300 Trieb- und 250 bis 300 Beiwagen gibt Bild 494. Es bestehen natürlich je nach Größe des Betriebes und Form des zur Verfügung stehenden Geländes viele Möglichkeiten der Anordnung der einzelnen Werkstätten. Alle Gleise in der Montagehalle und am besten auch eines in der Schreinerei erhalten Gruben.

Die Anordnung der Werkstatt muß wesentlich anders werden, wenn die Arbeiten z. T. im Fließverfahren durchgeführt werden.

An Nebenanlagen sind zum Teil auch außerhalb oder als Anbau zum Hauptgebäude, teils im Keller unterzubringen: das Kesselhaus,

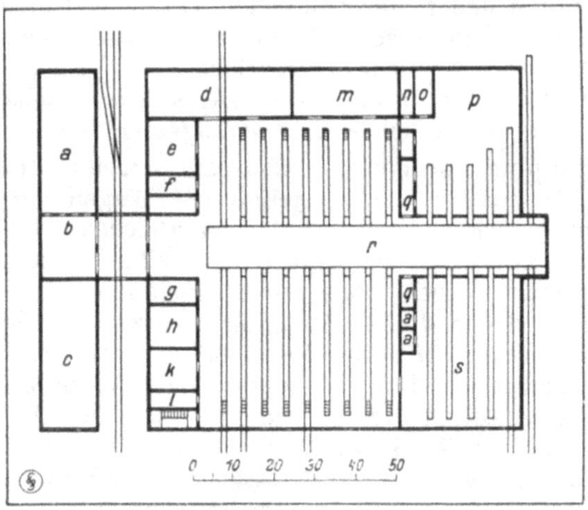

Bild 494. Werkstättenanlage für etwa 250 Trieb- und 250 Beiwagen.

a = Lager, b = Warenausgabe, c = Büros, d = Dreherei, e = Mechaniker, f = Lichtmonteure, g = Werkzeugmacher, h = Gießerei, k = Ankerwickelei, l = Prüfraum, m = Schmiede und Schweißer, n = Sattler, o = Klempner, p = Schreiner, q = Meister, r = Schiebebühne, s = Lackiererei.

eine Reinigungsanlage zum Abkochen der Untergestelle, Sandstrahlgebläse, Acetylenschweißanlage, Altmaterialschuppen usw. Bei der Anlage soll wie bei allen Werkstätten, auf möglichst gute Beleuchtung durch Tageslicht geachtet werden, um so mehr, als durch die Wagen viel Schatten in die Gänge geworfen wird. Mit Rücksicht auf gute und billige Heizbarkeit sind die Räume nicht zu hoch zu gestalten. Als Heizung hat sich die Warmluftheizung gut bewährt.

Transportanlagen. Für die Verschiebung der Wagen kommen zunächst Schiebebühnen in Frage. Innerhalb der Werkstätten sind unversenkte Schiebebühnen zu empfehlen, bei denen der Übergang zu den festen Gleisen mit kurzen Abläufen erfolgt. Außerhalb der Hallen können meist ohne besondere Nachteile versenkte Schiebebühnen verwendet werden.

Bild 495. Laufkran zum Heben der Wagen.

Die Werkstätte ist möglichst so einzurichten, daß das Heben der Wagen immer an den gleichen Stellen erfolgt. Es werden daher dort meist feste versenkbare Hebestände mit elektrischem Antrieb angeordnet. Die früher gebräuchlichen handbedienten Hebeböcke kommen aus wirtschaftlichen Gründen für größere Betriebe nicht mehr in Frage. Für die genannten, versenkbaren Hebestände wird allerdings seitlich der Wagen noch Platz in Anspruch genommen. Dieser Nachteil wird bei Verwendung von Laufkranen vermieden. Am besten werden diese so angeordnet, daß sie wenigstens über 2 Gleise reichen. Für jede Hebung sind natürlich gleichzeitig 2 solcher Krane in Verwendung (Bild 495). Ein weiterer Vorteil der Krane ist die gleichzeitige Verwendungsmöglichkeit zum Heben einzelner Teile der Wagen. Allerdings haben die Krane wiederum zur Folge, daß die Wagenhallen höher werden müssen, also mehr Anlage- und Heizungskosten erfordern. Der abgehobene Wagenkasten bleibt entweder auf den Hebeständen oder wird auf untergeschobene Holzböcke gestellt. Besser ist, ihn auf Eisenböcke (Bild 496) zu stellen, die im Gleis leicht fahrbar sind. Dadurch ist die Möglichkeit gegeben, den Kasten auf jedes beliebige Gleis bzw. in die Schreinerei oder Lackiererei zu verbringen. Bei Einführung der Fließarbeit sind solche fahrbaren Böcke Bedingung. Von noch größerem Vorteil sind fahrbare Böcke für die Untergestellrahmen (Bild 497), da diese Teile zur Reinigungsanlage und Lackiererei gebracht werden müssen. Bei Verwendung der Böcke für Wagenkasten und Untergestell kann der Platz bei den Hebeständen rasch frei gemacht werden für die nächste Hebung, es wird somit an Hebeständen gespart. Zur Herausnahme der Motoren aus dem Untergestell für das Aufheben der Untergestellrahmen und sonstiger schwerer Teile werden entweder die großen

Bild 496. Fahrbare Böcke für den Wagenkasten.

Bild 497. Fahrbare Böcke für das Untergestell.

Laufkrane verwendet oder, falls solche nicht vorhanden, an einzelnen Stellen kleinere Auslegerkrane angebracht. Bei günstiger Anlage der einzelnen Werkstätten empfiehlt sich, alle durch eine Hängebahn zu verbinden, die vorteilhaft auch in das Warenlager geführt wird. An Elektroflaschenzügen soll nicht gespart werden. Kleine Aufzugsanlagen werden je nach Bedarf in der Dreherei, Schmiede und Ankerwickelei angebracht. An sonstigen Transportmitteln sind niedere Karren, z. T. mit hebfähiger Plattform (zum Unterfahren aufgestellter Werkstücke), Sonderkarren für Radsätze, Anker und solche zum Ausbau der Anker (mit Hebevorrichtung) unbedingt nötig. In größeren Betrieben kommen unter Umständen auch Elektrokarren zur Anwendung (siehe auch S. 403 ff.). Es muß jedenfalls vermieden werden, daß ständig eine Anzahl Arbeiter nur damit beschäftigt ist, größere und kleinere Stücke von einer zur anderen Stelle zu tragen. Wo regelmäßig gleiche Teile gebraucht werden, schaffe man ein kleines Lager, um unnötige Wege zu sparen.

Werkstatteinrichtungen. In den Montagehallen sind außer den im vorhergehenden Abschnitt erwähnten Transportanlagen in der Hauptsache nur Werkbänke anzutreffen; außerdem kleinere Werkzeugmaschinen, wie elektrische Handbohrmaschinen, Druckluftwerkzeuge und gegebenenfalls auch eine größere Blech- und Profileisenschere. Zu empfehlen ist, neben einer reichlichen Anzahl von Anschlußstellen an elektrische und Druckluftleitungen auch solche für Acetylenschweißung vorzusehen, um wenigstens an verschiedenen Plätzen die Möglichkeit zu haben, verbogene Teile zwecks Ausrichtens anwärmen zu können. Die ganze Fläche zwischen den Gruben wird am besten unterkellert, einerseits der besseren Übersichtlichkeit halber, andererseits um dort je nach den an den einzelnen Stellen in der Regel auszuführenden Arbeiten die Ersatzteile, Öle, Fette, Sonderwerkzeuge usw. unterbringen zu können. Die regelmäßig von dem einzelnen Arbeiter benötigten Werkzeuge erhält dieser auf Grund einer Werkzeugliste ausgehändigt, er hat sie in seiner abschließbaren Werkzeugkiste zu verwahren, und ist für seine Sachen verantwortlich. Allen von mehreren Arbeitern abwechselnd gebrauchten Werkzeugen ist ein fester Platz zuzuweisen. Wertvollere Werkzeuge, besonders feinere Meßwerkzeuge, werden gegen Marken von der Werkzeugmacherei ausgegeben. Diese hat dafür zu sorgen, daß in angemessenen Abständen alle ausgeliehenen Stücke wieder hereinkommen, um leichtsinniges Verschleudern zu verhindern und sie auf weitere Brauchbarkeit prüfen zu können. Außerdem wird in den Montagehallen auch eine Abschleifvorrichtung für Räder mit Schleifflächen eingebaut sein. Diese Vorrichtungen, die bisher nur wenig bekannt sind, sollten in keinem Betrieb fehlen, der auf ruhigen Gang der Wagen Wert legt. Die Schleifmaschine besteht aus 2 auf besonderen Supporten aufgesetzten, von je einem Motor angetriebenen Schleifscheiben. Die ganze Einrichtung ist in der Grube untergebracht (Bild 498). Von dem Wagen wird zunächst eine, dann die andere Achse hochgewunden und unterstützt. Je nachdem es sich um Trieb- oder Anhängewagen handelt, wird die abzuschleifende Achse durch den entsprechenden Motor des Wagens (mit verringerter Spannung) oder einen besonderen zur Schleifeinrichtung gehörigen Motor in Umdrehung versetzt. Während zum Abschleifen zweier Radsätze etwa 12 Arbeitstunden erforderlich sind, werden zum Abdrehen bis zu 60 Arbeitstunden gebraucht.

Bild 498. Abschleifvorrichtung für Radreifen.

Nicht zu vergessen sind die Meßwerkzeuge, die dazu dienen, am Untergestell oder Wagenkasten die genaue Parallelität der Achskistenführungen und die Gleichheit der diagonalen und axialen Entfernung zu messen.

Auch eine einfache Vorrichtung zur Prüfung der vorschriftsmäßigen Höhe der Rolle bzw. des Bügels ist erforderlich.

Die Dreherei weist je nach Umfang Radsatzdrehbänke, Karussellbänke, Drehbänke verschiedener Größe und Verwendungszwecke, Fräsmaschinen, Hobel-, Stoß- und Bohrmaschinen auf. Sofern es sich um ausgedehntere Betriebe handelt, in denen laufend größere Mengen Räder abzudrehen sind, werden Radsatzdrehbänke mit Schablonensupporten zur Anwendung gelangen. Radsatzdrehbänke stellt man versenkt auf, damit die Radsätze ohne Anheben zwischen die Spitzen gebracht werden können. Bezüglich der Radreifen ist genauestes Abdrehen beider Räder einer Achse auf gleiche Durchmesser von großer Wichtigkeit. Es soll der Durchmesser auf 0,03 mm genau gemessen und gleich sein. Hierzu bedient man sich besonderer Meßwerkzeuge

(Bild 499). Außerdem ist darauf zu achten, daß die beiden Radreifen einer Achse die gleiche Festigkeit haben. Sofern nicht vom Lieferwerke schon eine Prüfung und Kennzeichnung der Festigkeit eines jeden Radreifens erfolgt, muß daher auf einer in der Dreherei aufgestellten Kugeldruckprüfmaschine die Festigkeit eines jeden Reifens festgestellt werden.

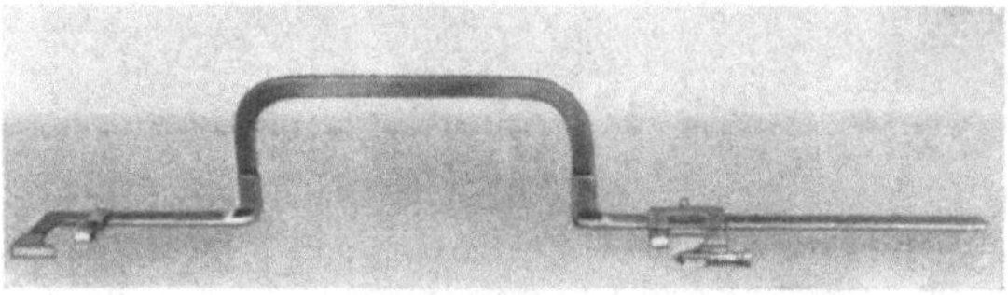
Bild 499. Radreifenlehre.

Etwa verbogene Achsen werden auf der Drehbank gerade gerichtet, indem sie mit dem Schweißapparat angewärmt und durch eine Schraubspindel gerade gedrückt werden (Bild 500). Durch Schläge mit einem Hammer wird die erzielte Geraderichtung zu einer dauernden gemacht. In der Dreherei wird ferner eine Presse zum Auf- und Abziehen der Räder und eine Reifen-Anwärmeeinrichtung vorhanden sein, wobei zweckmäßig die Radreifen während des Anwärmens in Drehung versetzt werden. Die früher meist verwendeten Gasfeuer mit festliegenden Radreifen haben den Nachteil, daß die einzelnen Teile ungleich erwärmt und daher nach dem Erkalten ungleich hart werden, außerdem ist der Gasverbrauch dieser Öfen größer als der mit sich drehenden Radreifen.

Bild 500. Geraderichten verbogener Achsen.

Zwei Kaltsägen zum Aufschneiden abgelaufener Reifen werden vorteilhaft so aufgestellt, daß beide Reifen gleichzeitig aufgeschnitten werden können.

Die Schmiede weist neben der erforderlichen Zahl von Schmiedefeuern, Ambossen usw. bei größeren Betrieben Feder- oder Motorhämmer und Tiefspannschraubstöcke auf. Außerdem werden nicht fehlen: Härteofen, Federnprüfmaschine, Biegemaschinen, Blech- und Profileisenscheren, größere und kleinere Bohrmaschinen, Kaltsägen, Sägeschleifmaschinen, Schmirgel- und Feilmaschinen und Richtplatten.

In der Lackiererei finden wir neben den Farbmühlen heute besonders die Farbspritzeinrichtungen. Gerade auf diesem Gebiete werden seit einigen Jahren überall Versuche unternommen. Die ersten Spritzen hatten den Nachteil, daß sich in ihrer Nähe starke, belästigende Farbnebel bildeten, so daß das Spritzen nur unter gleichzeitiger Anwendung kräftiger Abzugsvorrichtungen möglich war. Heute gibt es indessen schon sehr gut durchgebildete Spritzvorrichtungen, bei denen ohne jede Belästigung der Arbeiter die Abzugsvorrichtungen entbehrt werden können. Für Lacke sind sie allerdings zur Zeit noch nicht geeignet. Mit Rücksicht auf die großen Ersparnisse an Arbeitszeit werden die Spritzeinrichtungen immer mehr Eingang finden. Für kleinere Massengegenstände, die anzustreichen sind und die wegen vieler Ecken verhältnismäßig lange Zeit für die Anstricharbeiten erfordern würden, ist das Spritzen besonders zu empfehlen, da wesentlich an Arbeitszeit gespart wird. Man benützt hierfür kleinere Spritzstände mit Absaugvorrichtung (Bild 501). Vorläufig werden beide Spritzverfahren, d. h. Hochdruck mit Absaugung und Niederdruck ohne Absaugung, z. T. allein, z. T. nebeneinander angewandt. Nitrocellulosefarben können nach dem heutigen Stand nur mit Hochdruck gespritzt werden. Für das Spritzen bzw. Aufbringen regelmäßig wiederkehrender Schriften usw. werden, soweit nicht Abziehbilder oder abnehmbare Tafeln verwendet werden können, Schablonen angefertigt. Verzierungen und zuviel Aufschriften sollten schon wegen der hohen Kosten für die Unterhaltung unterbleiben, ganz abgesehen davon, daß das Aussehen der Wagen darunter leidet. Alle Aufschriften sollen mit Abziehbildern oder abnehmbaren Täfelchen angebracht werden. Das Aufmalen ist teuer und bedingt eine längere Außerbetriebsetzung der Wagen. Zum Abschleifen werden z. T. Schleifmaschinen verwendet. Für das Arbeiten an den oberen Teilen des Wagens werden mit Vorteil fahrbare Treppen benutzt. In größeren

Bild 501. Spritzstand mit Absaugvorrichtung für kleinere Teile.

Betrieben ist ein Trockenraum zwecks Abkürzung der Dauer der Lackierarbeiten unerläßlich.

Die Schreinerei hat neben der nötigen Anzahl von Hobelbänken je nach Umfang des Betriebes Hobel- und Schlichtmaschinen. Am besten werden alle Arbeitsmaschinen von einem unter der Schreinerei gelegenen Raum aus angetrieben. In diesem verlaufen auch die von den einzelnen Maschinen abgehenden Spänesaugeleitungen. Für die Warmhaltung des Leimes sollten elektrische Warmwassertöpfe verwendet werden. An kleineren Werkzeugen werden mit Vorteil elektrische Handbohr- und Schraubenzieher benützt, die durch einfachen Handgriff auf Rechts- oder Linksgang geschaltet werden können.

Die Werkzeugmacherei braucht neben den üblichen Schraubstöcken und Schlosserwerkzeugen eine Leitspindel- und Universaldrehbank, Schleifmaschine, Bohrmaschine, ein Schmiedefeuer mit Zubehör, Richtplatten, Gasmuffelofen, Handbohrmaschinen, Spiralbohrerschleifmaschinen und einen elektrischen Lötapparat für Bandsägeblätter. Die für die Ausgabe bestimmten Werkzeuge werden in Schränken untergebracht.

In der Mechanikerwerkstätte, in der hauptsächlich die Fahrschalter, Automaten, Widerstände und sonstige kleinere Wagenteile unterhalten werden, sind nur wenige Maschinen (Bohr- und Schleifmaschinen) nötig. Höchstens in Werkstätten ganz großer Bahnbetriebe wird unter Umständen eine Drehbank, kleinere Schweißanlage usw. zu finden sein. Grundsätzlich sollen Arbeiten, die eigentlich anderen Abteilungen, z. B. Dreherei, Schmiede, Schweißerei zugehören, von diesen ausgeführt werden; nur wenn soviel solcher Arbeiten anfallen, daß die ausführenden Spezialarbeiter und die entsprechenden Werkzeugmaschinen voll davon in Anspruch genommen werden, können sie in der Mechanikerwerkstätte ausgeführt werden. Auch Platzmangel in einer Werkstätte kann mitunter der Grund sein für Aufstellung einer Maschine in einer anderen Abteilung. Es ist aber falsch deshalb, z. B. in der Mechanikerwerkstätte eine Drehbank aufzustellen, weil sie dort vielleicht alle Tage durchschnittlich 1 bis 2 Stunden gebraucht wird. Ganz abgesehen von den Kosten für Anschaffung und Unterhaltung der Drehbank wird diese und die auf ihr geleistete Arbeit darunter leiden, daß sie nicht immer vom gleichen Arbeiter bedient bzw. ausgeführt wird. In der Dreherei wird dagegen die gleiche Arbeit immer vom nämlichen Arbeiter gemacht werden. Er hat infolgedessen, was er hierzu an Werkzeug braucht, beisammen und wird wegen der größeren Übung auch viel rascher fertig sein als ein Mechaniker, der nur hie und da diese Arbeit ausführt. Der durch Übergabe der Arbeit von der Mechanikerwerkstätte an die Dreherei erwachsene Zeitverlust wird dadurch reichlich eingebracht. Solche Fälle von Übergreifen der Arbeiten einer Abteilung in die andere ergeben sich sehr oft und hier darf der Betriebsleiter den häufigen Wünschen seiner Meister nach mehr Unabhängigkeit nicht nachgeben, wenn er nicht voll davon überzeugt ist, daß es für den Betrieb von Vorteil ist.

Die Installateure und Lichtmonteure haben die für ihre Arbeiten nötigen kleineren Sonderwerkzeuge und in ihrer Werkstätte Prüfeinrichtungen für die Isolationsmessung, Eichung der Höchststromschalter und eine Anzahl von elektrischen Meßinstrumenten.

In jeder Hauptwerkstätte wird sich auch eine Gießerei befinden, die je nach Bedarf für Lagermetall, Rotguß und Aluminiumgießerei eingerichtet ist. Die Formerwerkzeuge für Handformerei, Schmelz- und Trockenofen sind die Hauptwerkzeuge. Bei Ölfeuerung wird ein Kompressor mit Antriebsmotor aufgestellt, auch ein Ventilator ist in der Gießerei erforderlich. Das Ausgießen der Lager geschieht am besten in Stahlformen, die bereits die Schmiernuten enthalten. Ein Ausdrehen der Lager erübrigt sich dadurch. Soweit noch von älteren Motoren einteilige Lager vorhanden sind, können auch diese, mit Schmiernuten versehen, in Eisenformen ausgegossen werden. Ein Ausdrehen ist auch hier nicht nötig, wenn die Bearbeitung mittels eines Dornes erfolgt, der durch das Lager gepreßt wird.*) Unentbehrlich ist für eine größere Gießerei ferner eine Maschine zur Entfernung der Einguß- und Steigzapfen und eine solche zur Reinigung des Gusses. Auch zur Aufbereitung des Formsandes wird man sich maschineller Einrichtungen bedienen. Besonders der Umfang der Gießereieinrichtungen wird davon abhängen, inwieweit man die Selbstherstellung nicht nur einzelner Ersatzteile für den Wagen, sondern auch für Fahrleitung, Gleisbau usw. betreibt.

Zur Auffrischung der Messingbeschläge wird eine mit den vorgeschriebenen Reinigungsanlagen für die Abgase versehene Gelbbrennerei oder Poliereinrichtung vorhanden sein. Neuerdings gehen einzelne Betriebe zur Verchromung über, manche haben sich z. T. schon selbst entsprechende Anlagen dafür eingerichtet.

Die Ankerwickelei hat in der Regel ein oder mehrere Rahmenbiegemaschinen, Spulenwickelmaschinen und Trockenöfen aufzuweisen. Von großem Vorteil sind Vacuumtränkeinrichtungen für die gewickelten Spulen. Ferner wird eine Prüfeinrichtung für die Untersuchung ausgebauter oder instandgesetzter Spulen und Anker nirgends fehlen. An weiteren Einrichtungen empfiehlt sich je nach Umfang des Betriebes die Aufstellung von Maschinen zum Schneiden bzw. zur Herstellung von Scheiben aus Preßspan und Glimmerfräsmaschinen. Von der Wichtigkeit des Ausfräsens des

*) Siehe Verkehrstechnik 1920, Seite 422.

Glimmers an den Kollektoren ist wohl jeder Betriebsleiter überzeugt; daß die Handarbeit langwieriger und weniger genau wird, als mit einer Fräsmaschine, steht ebenfalls fest. Eine einfache Ausführung einer solchen Einrichtung, bei der eine einwandfreie Führung des etwa 17 mm ∅ aufweisenden Fräsrädchens gewährleistet ist, zeigt Bild 502. Ein ¼ PS-Motor treibt mittels biegsamer Welle den Fräser an. Elektrische und gasgeheizte Lötkolben wird heute jede Ankerwickelei verwenden. Was allgemein über den Umfang von Werkstätten gilt, nämlich daß nicht der Betrieb der beste ist, der für seine Verhältnise die größten Werkstätten hat, gilt für die Ankerwickelei in allererster Linie. Eine große Ankerwickelei ist meist eine schlechte Empfehlung für den Betriebsleiter.

Bild 502. Vorrichtung zum Ausfräsen des Glimmers am Kollektor.
a = Antrieb durch biegsame Welle.
b = Handgriff zum Vorschub des Fräsers.

Auf kleinere Abteilungen, wie Sattlerei, Glaserei, Schneiderei einzugehen, dürfte sich erübrigen.

Personal der Werkstätten. Im Abschnitt C 5 (S. 475) wurde die Höhe der Belegschaft für einen Betrieb mit 250 Trieb- und 250 Beiwagen zu rund 200 Mann für die Hauptwerkstätte angegeben. Diese setzt sich wie folgt zusammen:

Montagehalle und Motorrevision	60	Mann	(Handwerker, angelernte und Hilfsarbeiter)
Dreherei	15	„	
Schmiede und Schlosserei . . .	20	„	
Schreinerei	25	„	
Lackiererei	25	„	
Mechaniker	15	„	
Elektromonteure	7	„	
Klempnerei	4	„	
Werkzeugmacherei	6	„	
Ankerwickelei	9	„	
Gießerei	2	„	
Sattlerei und Glaserei	3	„	
Heizung, Hofarbeiter, Kantine .	9	„	

Von dem Personal der Montagehalle wird dabei noch ein Teil zur Ablösung der in den Betriebsbahnhöfen beschäftigten Schlosser- und Handwerkerhelfer verwendet. Die angeführten Zahlen sind einem Betrieb entnommen und werden natürlich je nach Lage der Verhältnisse mehr oder weniger große Abweichungen zeigen.

2. Aufgaben der Betriebsbahnhöfe.

Wagenhinterstellung. Der Hauptzweck der Betriebsbahnhöfe ist der der Wagenhinterstellung. Zahl und Lage der Bahnhöfe ist nicht nur von den örtlichen Verhältnissen in hohem Maße abhängig, sondern bei den bestehenden Bahnen von deren Alter und Entwicklung. Fast alle werden noch den einen oder anderen Bahnhof aufweisen, der an ungünstiger Stelle liegt, oder wegen zu kleinen Fassungsvermögens nicht so wirtschaftlich arbeitet, wie ein neuer. Aber die Kosten und was heute nicht außer Betracht gelassen werden darf, die Schwierigkeit, für das zugehörige Fahr- und Werkstättenpersonal Wohnungen in der Nähe zu beschaffen, verbieten in zahlreichen Fällen den Neubau. Bei kleineren Betrieben bis zu etwa 100 Wagen wird man 1 bis 3 Bahnhöfe haben. Handelt es sich dabei um Überlandbahnen, so werden solche in der Regel in der Nähe einzelner Endpunkte liegen, um Leerkilometer zu vermeiden und Personal und Wagen möglichst günstig ausnützen zu können. Bei Stadtbetrieben mit den üblichen Vor- und Nachbarortlinien sind heute Bahnhöfe bis zu 300 Wagen keine Seltenheit mehr. Sie werden nicht an die Endpunkte der Linien, sondern meist in der Nähe von größeren Abzweigpunkten in den äußeren Stadtteilen liegen.

Reinigung. Alle hinterstellten Wagen werden vor dem Ausrücken gereinigt. Die Reinigungsarbeiten beschränken sich nicht nur auf das Auskehren des Wageninnern, sondern auf das Abstauben, Fensterwaschen, Putzen von Metallbeschlägen, Waschen des ganzen Wagenkastens und der Schilder und Ölen der Fußböden. Während das Auskehren und Abstauben täglich nötig ist, braucht das Putzen der Metallbeschläge nur hin und wieder, bei Chromung gar nicht vorgenommen zu werden. Der Zeitpunkt für Fenster- und Kastenreinigung hängt von der Witterung oder Jahreszeit, Farbe des Anstriches und Art der Bahn (Stadt-, Überlandbahn, Industriegebiet usw.) ab.

Instandsetzung. Die ständigen Unterhaltungsarbeiten sind unter C (S. 468 ff.) bereits aufgeführt. In jedem Betriebsbahnhof werden täglich mehrere Wagen stehen bleiben, an denen die periodischen Überprüfungen vorgenommen werden. Neben diesen müssen, soweit die Werkstätten der Betriebsbahnhöfe es gestatten, auch diejenigen

Mängel behoben werden, die vom Fahrpersonal bei Einlieferung der Wagen gemeldet wurden.

3. Einrichtungen der Betriebsbahnhöfe.

Gesamtbau. Die Anlage eines Bahnhofes besteht in der Hauptsache aus dem eigentlichen Bahnhof mit zugehörigen Werkstätten, der Gleisanlage und den Räumen für das Fahrpersonal.

Während man früher die Bahnhöfe fast durchweg unmittelbar an die Straße legte, wird heute mit Recht die Straßenfront für Wohngebäude verwendet und der Bahnhof auf dem dahinterliegenden Gelände errichtet, und zwar aus folgenden Gründen: Wegen der Wohnungsnot wird es bei Errichtung eines Bahnhofes regelmäßig an Wohnungen für das Fahr- und Werkstättenpersonal fehlen und es muß daher auch gleichzeitig für den Bau von Wohnhäusern gesorgt werden. Diese stehen am vorteilhaftesten an der Straßenfront. Ferner kann das Straßenbild bei Anlage von Wohnungen schöner ausgestaltet werden. Es sei denn, man gibt dem Bahnhof entsprechende Fassaden, diese aber erhöhen die Anlagekosten nicht unwesentlich. Eine breite, übersichtliche Ausfahrt zur Straße, unter Umständen auch Durchfahrt durch etwas zurückgesetzte Häuser ist das Gegebene. Die meisten neuzeitlichen Bahnhöfe in Deutschland sind als ebenerdige Betonhallen mit Decken und Oberlichtern in Eisenfachwerk ausgebildet. Betondecken fallen schwer aus und werden etwa 20 % teurer als solche aus Eisen. Da die Feuergefahr nicht sehr groß ist, können Eisenkonstruktionen ohne Bedenken angewendet werden. Es empfiehlt sich wegen der besseren Lichtverteilung die Oberlichter nicht in der Gleisrichtung, sondern quer dazu anzuordnen, da andernfalls durch die Wagen Schatten entstehen. Auf besonders gute Tagesbeleuchtung braucht nicht allzuviel Wert gelegt zu werden, da die Hauptarbeiten doch nachts auszuführen sind; etwa ein Viertel der Grundfläche genügt für die Oberlichter. Von großem Wert ist die Unterkellerung möglichst vieler Gleise. Es erleichtert die Arbeiten an den Wagen sehr und das lästige Umsetzen der Wagen fällt zum großen Teil fort. Die Auflager für die Gleise lassen sich in Eisenbeton oder in Eisen ausführen. Es muß aber für eine hinreichende Verbindung mehrerer Joche untereinander zur Erzielung einer genügenden Standfestigkeit gesorgt werden. Während man bis vor einigen Jahren die gesamten Weichenanlagen vor die Halle legte, sind in letzter Zeit auch diese häufig in die Halle hereingenommen worden, einerseits um an Aufstelllänge zu gewinnen und andererseits, um Nebenräume, die sonst besonders zu errichten wären, zwischen den Gleisen unterbringen zu können. Je nach Größe des Bahnhofes und der Gestaltungsmöglichkeit werden die Werkstätten seitlich oder besser am Ende der Hallen angeordnet. Vereinzelte Betriebsbahnhöfe sind so angelegt, daß von beiden Seiten aus ein- und ausgefahren werden kann. Für den Betrieb wohl sehr praktisch, werden sie in der Anlage wegen des großen Platzbedarfes der Gleisanlagen und doppelten Toranordnung ziemlich teuer. Bei großen Bahnhöfen ist die Anlage der Werkstätten in der Mitte zwischen den Gleisen praktisch. Die Größe der Werkstätten hängt im wesentlichen davon ab, ob und welche Arbeiten außer den unter C aufgeführten Unterhaltungsarbeiten dort verrichtet werden sollen. Sind nur jene vorzunehmen, so genügt ein verhältnismäßig kleiner Raum, da nur einige Maschinen und Werkbänke untergebracht werden müssen. Aufenthaltszimmer, Wasch- und Ankleideraum und ein kleiner Lagerraum sind ebenfalls vorzusehen. Je nachdem der für die Sandstreuvorrichtungen benötigte Sand in dem zu erbauenden Bahnhof selbst bereitet oder nur gestapelt werden soll, wird entsprechend Platz benötigt. Bei neuzeitlichen Anlagen wird ein Sandtrockenofen aufgestellt und der getrocknete Sand in Silos befördert, von denen er in handlicher Höhe entnommen werden kann. Sofern der Sand noch nach früherer Art auf Böden ausgebreitet und dort getrocknet werden soll, müssen kräftige, ausgedehnte und daher kostspielige Bauten dafür errichtet werden.

Die Gleisentwicklung erfordert viel Platz und ist von der Gestalt des Grundstückes und der Gesamtanlage abhängig. Sofern ein Teil der Weichenanlagen mit überbaut wird, kann an Toren gespart und zwischen den sich fächerförmig verzweigenden Zufahrtsgleisen ein Teil der Aufenthalts-, Werkstätten-, und sonstigen Räume untergebracht werden. Jedenfalls sollen neben den Hallen noch einige Aufstellgleise im Freien oder mit offener Überdachung und wenn irgend möglich, ein Gleisdreieck und eine Gleisschleife eingelegt werden, um alle vorkommenden Umsetzungsmanöver rasch vornehmen zu können. Die Frage der raschen inneren Wagenreinigung, des Waschens und der Sandergänzung dürfte für große Bahnhöfe in Zukunft ähnlich gelöst werden, wie für Kraftomnibusse, d. h. jeder Wagen wird beim Einrücken durch einen Raum gefahren, in dem diese Arbeiten vorgenommen werden. Es wäre noch auf die für das Fahrpersonal nötigen Räume einzugehen. Als solche sind vorzusehen: Aufenthaltsraum, Abrechnungsraum, Kassenraum und Unterrichtsraum. Man kann auf etwa 100 Mann dem Bahnhof zugeteilten Personals 10 m² Aufenthaltsraum, 10 m² Abrechnungsraum, 7 m² Kassenraum rechnen.

Einrichtung. Die Werkstätten der Bahnhöfe werden in Umfang und Einrichtungen ganz davon abhängen, welche Arbeiten vorgenommen werden, d. h. ob nur der reine Unterhalt und die periodische

Untersuchung, oder ob auch Instandsetzungsarbeiten ausgeführt werden. Je nach Umfang der letzteren werden Maschinen aufzustellen sein. Vielfach werden auch aus Platzmangel in der Hauptwerkstätte größere Arbeiten in den Bahnhöfen ausgeführt. Man gibt der Bahnhofwerkstätte am besten Ersatzstücke von den Teilen des Wagens, die dem Verschleiß unterworfen sind, bzw. die häufiger schadhaft werden und leicht ausgewechselt werden können, z. B. Stromabnehmer, Puffer usw. Die Wiederinstandsetzung der beschädigten Teile kann dann der besser eingerichteten Hauptwerkstätte überlassen werden. — Für die täglich anfallenden Fensterauswechselungen und kleineren Schreinerarbeiten (Fußbodenleisten ausbessern, Türen in Ordnung bringen usw.) hält man sich einen Schreiner, dem zu bestimmter Zeit von den verschiedenen Bahnhöfen die angefallenen Arbeiten gemeldet werden, die er dann der Reihe nach erledigt.

Da die Hauptarbeit des Reinigens nachts zu leisten ist, spielt die zweckmäßige Beleuchtung eine wichtige Rolle. Als solche hat sich die Unterteilung in drei Hauptgruppen erwiesen: 1. Grubenbeleuchtung von einzelnen in ihrer Zahl nicht zu knapp bemessenen Steckkontakten aus; 2. hoch angebrachte Allgemeinbeleuchtung der Halle, bei großen Bahnhöfen mit Wechselschaltern von verschiedenen Stellen aus ein- und abschaltbar, und 3. reichliche Beleuchtung zwischen den einzelnen Gleisen in solcher Höhe, daß die Wagenreinigung ohne Einschalten der Wagenbeleuchtung möglich ist. Letzterer Umstand ist besonders für die Beiwagen von Wichtigkeit. Die Lampen werden zwischen 2 Gleisen hängend, je nach Länge der Halle in mehreren Gruppen zusammengefaßt und müssen durch Wechselschalter ein- und ausschaltbar sein.

Auch die Zapfstellen für Kalt- und Warmwasser sollen auf die ganze Halle verteilt sein, um unnötige Wege zu vermeiden.

An der Einfahrt in die Wagenhalle werden die verschiedenen Wagenschilder in übersichtlichen Gestellen untergebracht. Außerdem wird dort das Buch aufgelegt, in dem das mit einem Wagen aus- bzw. einrückende Fahrpersonal sich einschreibt und festgestellte Mängel einzutragen hat.

Von großer Wichtigkeit ist für jeden Betriebsbahnhof eine genaue Zeit zeigende Uhrenanlage mit elektrischer Mutteruhr und einer Anzahl Nebenuhren. Die Zeit muß täglich für alle Bahnhöfe entweder von einer Zentralstelle aus oder durch Radioanzeige geregelt werden.

Für die Betriebsbahnhöfe kann zur Reinigung und Unterhaltung der Wagen und der Bahnhöfe selbst auf 2 ausrückende Wagen 1 Mann gerechnet werden.

G. Lager und Vorräte.

1. Hauptlager.

Das Hauptlager ist in der Regel mit der Wagenhauptwerkstätte verbunden, da dort die meisten Einzelteile gebraucht werden. Eisenbahnanschluß ist Bedingung. Zwecks möglichst günstiger Platzausnützung kann das Lager ohne Nachteil mehrstöckig gebaut werden, wobei die einzelnen Stockwerke niedrig gehalten werden sollten, da die Lagerung fast nie sehr hoch vorgenommen wird und auch die Heizungskosten billiger werden. Elektrische Lastenaufzüge sind bei mehrstöckigen Bauten vorzusehen. Für die leichter brennbaren Stoffe, wie kleinere Benzinvorräte, Lacke usw. werden am besten im Keller besonders abgeschlossene Räume geschaffen. Desgleichen müssen gebrauchte Putzlappen und Putzwolle in abgetrennten Räumen aufbewahrt werden. Öle und Fette werden mit Vorteil im Keller gelagert. Größere Mengen Öl werden außerhalb des Lagergebäudes, neben einem Eisenbahngleis in eingegrabenen Kesseln aufbewahrt und mittels Druckluft gefördert. Daß in einem Hauptlager neuzeitliche Transporteinrichtungen, Regale, Wiege- und Zähleinrichtungen nicht fehlen dürfen, ist selbstverständlich. Warenannahme und -ausgabe sind getrennt anzulegen. Um unnützes Warten an der Ausgabe zu vermeiden, empfiehlt sich, für die verschiedenen Abteilungen, wie Hauptwerkstätte, Fahrleitungsabteilung usw. bestimmte Faßzeiten festzulegen und nur durch einige, wenige Arbeiter die Waren fassen zu lassen. Für jede Bestellung muß unter allen Umständen ein Bestellzettel vorliegen. Jeder Zu- und Abgang an Waren ist sofort in den bei diesen aufliegenden Lagerkarten zu buchen. Für den täglichen Wareneingang wird mit Vorteil ein Laufzettel angelegt, der den in Betracht kommenden Stellen zugeleitet wird. Für den Gleisbau werden in der Hauptsache nur Werkzeuge durch das Hauptlager gehen, während alle Oberbauteile unmittelbar der Gleisbauabteilung zugehen. Bretter, Maste und sonstige größere Gegenstände werden im Freien, am besten in offenen Hallen gelagert, desgleichen ein Teil des Altmaterials wie Drehspäne, Alteisen usw. Neben einer genügenden Anzahl von Feuerlöschhydranten sind im Lager auch Feuerlöschapparate unterzubringen. Damit diese im Bedarfsfalle auch tatsächlich wirken, empfiehlt sich, deren regelmäßige Nachschau durch ein Fachgeschäft vornehmen zu lassen.

Lagerverwaltung und Bestellabteilung werden bei kleineren und mittleren Betrieben in einer Hand liegen, so daß eine rechtzeitige Ergänzung der Waren gewährleistet ist. Bei großen Betrieben muß für gute Fühlungnahme beider getrennt geleiteter Abteilungen gesorgt werden. Soweit ein außergewöhnlicher Bedarf nicht eintritt, sollte die Lagerverwaltung ohne weitere Anweisung die Nachbestellung vornehmen. Eine Verständigung zwischen den verbrauchenden technischen Abteilungen und der Lagerabteilung soll nicht nur dann stattfinden, wenn eine Lieferung nicht entspricht, sondern jedesmal dann, wenn aus irgendwelchen Gründen beabsichtigt ist, zu einem anderen Baustoff oder einer von der früheren abweichenden Bauart überzugehen. Erst sollen vorher die Lagervorräte geprüft, gegebenenfalls soll eine Nachbestellung vermieden werden. Trotz aller vorbeugenden Maßnahmen wird sich nicht vermeiden lassen, daß sogenannte Ladenhüter sich ansammeln. Es ist daher gut, wenigstens einmal im Jahre sich die Vorräte auf ihren Verbrauch hin durchzusehen, damit für Abstoßen nicht mehr verlangter Waren gesorgt werden kann.

Ob man sich große Vorräte ins Lager legen oder mehr von der Hand in den Mund leben soll, läßt sich nur von Fall zu Fall entscheiden. Eine Stockung in den Arbeiten darf wegen Warenmangels nicht eintreten, mit Unterbrechung oder Verzögerung in der Anlieferung muß ebenfalls gerechnet werden; folglich muß immer ein gewisser, eiserner Bestand da sein. Andererseits liegt bei den hohen Zinssätzen, wie sie heute üblich sind, unter Umständen viel Kapital tot im Lager. Allgemein wird man daher bei solchen Waren, die mit einiger Sicherheit rasch zu erhalten sind, also Handelswaren, keine zu großen Vorräte halten.

2. Lager der Betriebsbahnhöfe und einzelner Abteilungen.

Es ist unbedingt nötig, daß jede Abteilung sich gewisse Vorräte an den dort verwendeten Waren hält, denn die Löhne für das Abholen jedes einzelnen Stückes im Hauptlager würden viel höher sein, als Zinsverluste und teilweise unnötiger Verbrauch. Allerdings sucht fast jeder Arbeiter möglichst viel Vorräte zu haben, um, wenn man vielleicht einmal einen Gegenstand braucht, diesen gleich zur Hand zu haben. Es entsteht daraus leicht die Möglichkeit, daß in den einzelnen Abteilungen ebensoviel Waren lagern wie im Hauptlager selbst und das darf nicht sein.

Für die Betriebsbahnhöfe wird kein großes Lager nötig sein, wenn dort nur die täglichen Unterhaltungsarbeiten und die periodische Nachschau vorgenommen wird.

Die Größe der Zwischenlager der Fahrleitungsabteilung und Gleisbauabteilung richtet sich insbesondere danach, ob diese Abteilungen in demselben Gebäude untergebracht sind, wie das Hauptlager oder ob sie sich in größerer Entferung befinden. Jedenfalls werden letztgenannte Abteilungen größere eigene Lager unterhalten, da sie vielfach auch außerhalb der üblichen Arbeitszeit eingreifen und dazu die erforderlichen Waren haben müssen.

H. Betriebserfahrungen und Statistik.

Manche Einrichtung im Betriebe wird sich im Laufe der Zeit nicht zur vollen Zufriedenheit bewähren, oder die erhöhten Anforderungen gebieten, Neues zu probieren und Versuche zu machen. Jeder Betriebsleiter wird über solche Vorgänge sich besondere Akten anlegen, nicht nur, um gegebenenfalls selbst darauf zurückgreifen zu können, sondern auch um anderen (Nachfolger, neuen Vorgesetzten und Untergebenen, Kollegen anderer Betriebe) damit dienen zu können. Geheimniskrämerei ist nicht am Platze.

Für die zur Erprobung gekauften Waren wird mit Vorteil ein Laufzettel hinausgegeben, auf dem nach Verwendung anzugeben ist, wie sie sich bewähren; nötigenfalls ist dieser Zettel in regelmäßigen Zeitabständen zwecks Urteilabgabe wieder vorzulegen. Werden solche Laufzettel geführt, dann wird jeder Betriebsleiter dem Lieferanten auch die gewünschte Auskunft über seine Ware erteilen können.

Zur Sammlung von Betriebserfahrungen braucht man Statistik. Diese hat aber nur dann einen Zweck, wenn sie einwandfrei ist und aus ihr die nötigen Schlüsse gezogen werden. Von den bei allen Straßenbahnen über die Wagenkilometer, beförderte Personen usw. geführten Aufzeichnungen erübrigt sich zu sprechen. Im Gleisbau wird neben der jährlichen Leistung an ausgeführten Arbeiten eine Statistik über die Lebensdauer von Schienen, Weichen und Kreuzungen sehr gute Dienste leisten. Besonders die Abnützung der Schienen sollte an verschiedenen Stellen etwa alle Jahre einmal gemessen und zeichnerisch aufgetragen werden. Nur so ist es möglich, über das Gleismaterial ein Bild zu erhalten.

Ähnlich verhält es sich mit Messungen an der Fahrleitung.

Bezüglich der Wagen gibt es sehr viele Vorgänge, die durch die Statistik erfaßt werden müssen, wie Lebensdauer der Radreifen, der verschiedenen Lager, Zahnräder, Stromabnehmer, Bremsklötze, Lackierung und anderes. Mitunter wird man zur Aufklärung auch nur über eine kürzere Zeit Aufschreibungen machen. Wichtig erscheint es, eine Statistik zu führen über die täglich aus dem Betrieb mit irgendwelchen Mängeln eingelieferten Wagen nebst Ursache der Einlieferung, um diesen auf den Grund gehen zu können.

Auch eine Aufzeichnung über die Fensterbrüche ist wertvoll, um entsprechende Schutzmaßnahmen treffen zu können.

Kolibri 360 GmbH
Ferdinand-Jühlke-Straße 7
99095 Erfurt, Deutschland
produktsicherheit@kolibri360.de